Wilfried Brauer
Automatentheorie

Leitfäden und Monographien der Informatik

Herausgegeben von

Prof. Dr. Volker Claus, Dortmund
Prof. Dr. Günter Hotz, Saarbrücken
Prof. Dr. Peter Raulefs, Kaiserslautern
Prof. Dr. Klaus Waldschmidt, Frankfurt

Die Leitfäden und Monographien behandeln Themen aus der Theoretischen, Praktischen und Technischen Informatik entsprechend dem aktuellen Stand der Wissenschaft. Besonderer Wert wird auf eine systematische und fundierte Darstellung des jeweiligen Gebietes gelegt. Die Bücher dieser Reihe sind einerseits als Grundlage und Ergänzung zu Vorlesungen der Informatik und andererseits als Standardwerke für die selbständige Einarbeitung in umfassende Themenbereiche der Informatik konzipiert. Sie sprechen vorwiegend Studierende und Lehrende in Informatik-Studiengängen an Hochschulen an, dienen aber auch den in Wirtschaft, Industrie und Verwaltung tätigen Informatikern zur Fortbildung im Zuge der fortschreitenden Wissenschaft.

Automatentheorie

Eine Einführung in die
Theorie endlicher Automaten

Von Dr. rer. nat. Wilfried Brauer
Professor an der Universität Hamburg

Mit 90 Figuren, 60 Beispielen
und 111 Übungsaufgaben

B. G. Teubner Stuttgart 1984

Prof. Dr. rer. nat. Wilfried Brauer

Geboren 1937 in Berlin. Von 1956 bis 1961 Studium der Mathematik an der Freien Universität Berlin. Von 1961 bis 1963 Mitarbeiter im Zentralinstitut für Angewandte Mathematik der KFA Jülich und von 1964 bis 1969 Wissenschaftlicher Assistent, Universität Bonn, 1969 Promotion. Von 1969 bis 1971 Mitarbeiter der GMD, Bonn, 1970 Habilitation an der Universität Bonn. Seit 1971 o. Professor für Informatik an der Universität Hamburg.

CIP-Kurztitelaufnahme der Deutschen Bibliothek

Brauer, Wilfried:
Automatentheorie : e. Einf. in d. Theorie endl.
Automaten / von Wilfried Brauer. – Stuttgart :
Teubner, 1984.
  (Leitfäden und Monographien der Informatik)
  ISBN 978-3-519-02251-0   ISBN 978-3-322-92151-2 (eBook)
  DOI 10.1007/978-3-322-92151-2

Softcover reprint of the hardcover 1st edition 1984
Gesamtherstellung: Zechnersche Buchdruckerei GmbH, Speyer
Umschlaggestaltung: W. Koch, Sindelfingen

Vorwort

Der endliche Automat und eng mit ihm verwandte Begriffe, wie
z.B. lineare Grammatik und rationaler Ausdruck, gehören zu
den wichtigen Grundbegriffen der Informatik. Endliche Automaten in verschiedenen Varianten und die mit ihnen verwandten
Begriffe dienen zur Beschreibung und Analyse von technischen
Geräten, von Systemen und Prozessen unterschiedlichster Art,
von Algorithmen und Programmen. Viele komplexe Konzepte der
theoretischen Informatik - nicht nur höhere Automatenmodelle,
wie Kellerautomaten und Turingmaschinen - bauen auf der Theorie der endlichen Automaten auf. Die Automatentheorie liefert
eine Reihe einfach zu formulierender aber nicht trivialer Probleme, die auf recht komplizierte Algorithmen führen und z.T.
schon Anfängern die Notwendigkeit systematischer Programment-
wicklung mit begleitenden Korrektheitsbeweisen und Komplexi-
tätsuntersuchungen deutlich machen können. Die Theorie der endlichen Automaten hat viele Anwendungen in der technischen und
der praktischen Informatik und bildet einen wesentlichen Teil
der theoretischen Informatik, so daß Grundkenntnisse der Automatentheorie von jedem Informatiker benötigt werden.

Dieses Buch gibt eine einführende Darstellung der wichtigen
klassischen Grundmodelle, Konzepte, Konstruktionsmethoden und
Resultate der Theorie endlicher Automaten.

Da die Automatentheorie eines der ältesten Teilgebiete der theoretischen Informatik und in vielen Richtungen sehr weit entwickelt ist, sind eine Reihe unterschiedlicher Zugänge und Dar-
stellungsweisen unter verschiedenen Aspekten und mit verschiedenen Methoden und Zielrichtungen möglich. In diesem Buch wird ein
"mittlerer Weg" zwischen einer rein mathematischen und einer nur
anwendungsorientierten Vorgehensweise eingeschlagen.
Endliche Automaten werden aufgefaßt als abstrakte Modelle einfacher datenverarbeitender Maschinen; das Hauptaugenmerk liegt
auf dem Ein/Ausgabeverhalten, d.h. der durch den Automaten definierten Abbildung oder Korrespondenz bzw. der vom Automaten

akzeptierten oder erzeugten Wortmenge. Dabei wird auf konstruktive und algorithmische Aspekte besonderer Wert gelegt.

Die Darstellungsweise orientiert sich vor allem an der Theorie formaler Sprachen, jedoch ohne diesbezüglich irgendwelches Wissen vorauszusetzen. Auch sonst werden keine besonderen Kenntnisse aus der Mathematik oder anderen Teilen der Informatik benötigt, die über das hinausgehen, was Studierende der Informatik im ersten Semester lernen.

Die verwendeten mathematischen Begriffe, Notationen und Beweismethoden sind in Kapitel 1 kurz zusammengestellt, die weniger üblichen Dinge werden außerdem auch an der Stelle im Text kurz erläutert, an der sie zum ersten Mal gebraucht werden, so daß man, nach der Einleitung zu Kapitel 1, gleich mit der Lektüre des zweiten Kapitels beginnen kann und nur im Notfall in Kapitel 1 nachzuschlagen braucht.

Jedes der Kapitel 2 bis 8 ist eine relativ geschlossene Einheit: Es behandelt eines der Grundmodelle (Kapitel 2 bis 5 und 8), befaßt sich mit speziellen Konstruktionen (Kapitel 6) oder stellt andersartige Zugänge dar (Kapitel 7); es beginnt jeweils mit einem oder mehreren einführenden Beispielen und schließt mit einer Aufgabensammlung, einem Abschnitt mit Literaturhinweisen und historischen Bemerkungen sowie dem Literaturverzeichnis.

Mit den einführenden und einer Reihe weiterer Beispiele im Text, die aus verschiedenen Bereichen der Informatik stammen, sollen einerseits die abstrakten Begriffe und theoretischen Konstruktionen motiviert und andererseits Anwendungsbezüge aufgezeigt werden.

Alle Sätze, Hilfssätze und Folgerungen (bis auf die Sätze über das Postsche Korrespondenzproblem und die Vollständigkeit des Axiomensystems für rationale Gleichungen) werden ausführlich bewiesen. Dabei wird möglichst wenig Formalismus (z.B. keine formale Logik) benutzt und, wenn möglich, konstruktiv vorgegangen.

Es wird eine einfache, systematische Terminologie verwendet, die sowohl historischen Gesichtspunkten als auch neueren

Entwicklungen gerecht zu werden versucht - auf eine Diskussion
der verschiedenen und zum Teil recht uneinheitlichen Bezeich-
nungsweisen, die in der Literatur verwendet werden, wurde verzichtet; gelegentlich werden jedoch einige Anmerkungen im jeweiligen Abschnitt über Literaturhinweise und historische Bemerkungen gemacht. Diese Abschnitte sind jedoch vor allem dazu
da, die Erstveröffentlichungen der dargestellten Ideen und Resultate anzugeben, ferner werden dort auch einige ergänzende
Arbeiten und viele Lehrbücher zitiert. Im Text wird nicht speziell auf die Literatur verwiesen.

Die zahlreichen Aufgaben dienen zur Übung und Vertiefung aber
auch zur Ergänzung des Stoffes (besonders schwierige Aufgaben
sind mit einem * gekennzeichnet). Sie sind ein wichtiger Bestandteil des Buches und sollten, wenn schon nicht sämtlich
ausführlich gelöst, so doch wenigstens aufmerksam gelesen und
überdacht werden.

Um die Orientierung zu erleichtern, wurde das Inhaltsverzeich-
nis mit kurzen Inhaltsangaben der einzelnen Abschnitte versehen, und es wurden diejenigen Abschnitte durch Unterstrei-
chung ihrer Nummern hervorgehoben, die die zentralen Teile der
Automatentheorie enthalten, die zum Grundwissen eines jeden
Informatikers gehören sollten und schon im Grundstudium gelehrt
werden können.

Dem Konzept dieses Buches entsprechend werden viele Teile der
Automatentheorie nicht behandelt; u.a. die mit der technischen
Konstruktion von Automaten zusammenhängenden Gebiete (wie
Schaltkreis- und Schaltwerktheorie, Automatenzerlegungen,
lineare Automaten etc.), eine Reihe von stärker mit der Theorie
formaler Sprachen oder der Komplexitätstheorie verknüpfter Pro-
blemkreise (z.B. höhere Automatentypen wie Kellerautomaten,
Stapelautomaten, Turingmaschinen, Baumautomaten etc.) sowie
die stärker mathematisch orientierten Theorien (wie algebra-
ische Strukturtheorie, stochastische Automaten, topologische
Automaten, rationale Potenzreihen, algebraische Theorie der
Codes etc.).

Sehr danken möchte ich Herrn Prof.Dr. G. Hotz, Saarbrücken
und Herrn Dr. P. Spuhler, Teubner-Verlag, für ihre Auffor-
derung an mich, dieses Buch zu schreiben und für die Geduld,
die sie mit mir hatten.
Herr Dr. K.-J. Lange hat mehrere Versionen des Manuskripts
sehr gründlich durchgearbeitet, viele Korrekturen und eine
Reihe wichtiger Verbesserungsvorschläge gemacht.
Herr Dipl.-Inform. K. Buttler hat die allerletzte Fassung des
Textes äußerst sorgfältig gelesen und dabei noch viele Vor-
schläge für weitere Korrekturen gemacht. Außerdem hat er das
Symbol- und das Sachverzeichnis zusammengestellt.
Ihnen beiden danke ich ganz besonders.
Auch meinen anderen Mitarbeitern sowie einer Reihe von Studen-
ten möchte ich für Anregungen und Kritik danken.
Für die Ausdauer und Sorgfalt bei der Anfertigung der Rein-
schrift danke ich meiner Sekretärin, Frau A. Zilz, sehr.
Vor allem aber muß ich meiner Frau für ihre Mitarbeit und
Unterstützung sehr dankbar sein - daß sie mir viele didaktische,
methodische und stilistische Ratschläge gegeben, die Zeichnun-
gen gemacht, mehrere Versionen des Manuskripts getippt und Kor-
rektur gelesen hat, ist nur ein kleiner Teil ihres Beitrages.
Damit ich an diesem Buch arbeiten konnte, ohne meine Tätigkeit
in der Universität, in wissenschaftlichen Gremien etc. einschränken zu müssen, hat meine Frau manche meiner vielen Aufgaben mit übernommen sowie viele Belastungen von mir ferngehal-
ten. Und sie hat stets Verständnis dafür gehabt, daß ich meine
ohnehin geringe Freizeit überwiegend für dieses Manuskript verwendet habe.
Ohne ihre Mihilfe wäre dieses Buch nie geschrieben worden.

Hamburg, im Dezember 1983

                                        W. Brauer

Inhaltsverzeichnis

10 Inhaltsverzeichnis

Transduktionen, Zweiwegautomaten und rationale Transduktio-
nen, Beispiele für nicht von 2-EMA'n akzeptierte Mengen,
Übertragung des Satzes vom iterierenden Faktor, Verallgemei-
nerung der Ergebnisse aus 8.5., Durchschnitte erkennbarer
Teilmengen mit rationalen Teilmengen eines Monoids, Nicht-
entscheidbarkeit der Frage, ob eine rationale Menge Leistung
eines 2-RSA ist, Automaten mit Bandendemarkierungen

Symbolverzeichnis

1. Mathematische Grundbegriffe

Einleitung

Die in diesem Buch behandelten Automatenmodelle sind abstrakte
Beschreibungen von technischen Geräten, sozio-ökonomischen,
biologischen oder anderen dynamischen Systemen oder von Programmen, Algorithmen oder Prozessen. Allen Modellen liegt die Vorstellung zugrunde, daß diese "Automaten" in diskreten Schritten
arbeiten, sich vor und nach Ausführung eines Schrittes in einem
wohldefinierten Zustand befinden und in den einzelnen Schritten
Eingaben verarbeiten oder Ausgaben erzeugen, wobei vorausgesetzt
ist, daß jeder Automat nur endlich viele verschiedene Zustände
annehmen kann und daß seine Ein- und Ausgaben durch endlich viele verschiedene Zeichen dargestellt werden können. Was in den
einzelnen Schritten geschieht, wird durch Abbildungen oder Korrespondenzen beschrieben.

Wir benötigen also Kenntnisse über Mengen, Abbildungen, Korrespondenzen (mengenwertige Abbildungen), Relationen und Graphen,
die wegen der Einfachheit der zu behandelnden Automatenmodelle
nicht über die üblicherweise in der Schule oder zumindest im
ersten Semester vermittelten Grundkenntnisse hinausgehen - sie
sind in den Abschnitten 1.1. bis 1.3. zusammengestellt.

An einem Automaten interessiert aber nicht nur das Ein-Schritt-
Verhalten, die Verarbeitung einer Eingabe, die Erzeugung einer
Ausgabe, sondern das Verhalten über längere Zeiträume hinweg.
Um das formal darzustellen, brauchen wir Kenntnisse über end-
liche Folgen von Zeichen, ihre Verknüpfungs- und Transforma-
tionsmöglichkeiten, sowie über Folgen von Abbildungen einer
Menge in sich. Das heißt wir benötigen Grundkenntnisse über
Halbgruppen und Monoide, die - soweit sie nicht in den späteren
Kapiteln gebracht werden - in Abschnitt 1.4. zusammengestellt
sind.

Da keine besonderen mathematischen Kenntnisse und Fähigkeiten
vorausgesetzt werden sollen, werden in Abschnitt 1.5. noch kurz

die wichtigsten im folgenden benutzten Beweismethoden vorgestellt.

Die in 1.1. bis 1.5. nicht bewiesenen Aussagen können aufgrund der gegebenen Definitionen durch einfaches Nachrechnen verifiziert werden - oft sind kurze Beweisskizzen oder Hinweise gegeben.

Auf formale Logik wird verzichtet, die logischen Verknüpfungen und Quantoren werden umgangssprachlich formuliert - nur die Wortfolge "genau dann, wenn" wird durch "g.d.,w." abgekürzt. Vorausgesetzt wird aber, daß der Leser ein Grundwissen über Algorithmen und die Problematik der Berechenbarkeit und Entscheidbarkeit besitzt, so daß Begriffe wie effektiv konstruierbar, berechenbar etc. nicht weiter erläutert zu werden brauchen. Hier soll nur noch daran erinnert werden, daß ein Problem als entscheidbar (bzw. unentscheidbar) bezeichnet wird, wenn ein (bzw. kein) Algorithmus existiert, der es löst. Unentscheidbare Probleme tauchen erst im Kapitel 8 auf, eine nicht-effektive Konstruktion wird in Kapitel 5 angegeben (Satz 5.5.7.).

Zum Verständnis einiger Beispiele und der angegebenen Verfahren ist es nötig, daß der Leser über einige Kenntnisse der Programmierung in höheren Programmiersprachen und über die formale Beschreibung von Programmiersprachen (BNF-Syntax, Syntax-Diagramme) verfügt und sich bewußt ist, daß bei einem komplizierten Algorithmus ein Korrektheitsbeweis und eine Abschätzung des Zeit- und Speicherplatz-Aufwandes nötig ist.

1.1. Mengen

Nur der naive Mengenbegriff im Sinne von G. Cantor wird benötigt: "Unter einer Menge verstehen wir jede Zusammenfassung von bestimmten, wohlunterschiedenen Objekten unserer Anschauung oder unseres Denkens (welche _Elemente_ der Menge genannt werden) zu einem Ganzen". Da wir stets von endlichen Mengen ausgehen und unendliche Mengen nach bestimmten Verfahren aus ihnen konstruieren, brauchen wir das Auftreten der in der naiven

Mengenlehre möglichen Antinomien im folgenden nicht zu befürchten - wenn man will, kann man sich stets vorstellen, daß alle betrachteten Mengen aus einem Universum stammen, aus dem die verwendeten Operationen nicht hinausführen.

Mengentheoretische Notationen

Wir bezeichnen i.a.
- Mengen mit großen lateinischen Buchstaben, etwa M, M', M_i
- Mengen von Mengen mit großen handschriftlichen Buchstaben, etwa $\mathcal{M}$, $\mathcal{R}$
- Elemente von Mengen mit kleinen lateinischen Buchstaben, etwa m, m', m_i.

$m \in M$ steht für die Aussage "m ist Element von M"; wir schreiben dafür auch "m liegt in M" oder "m ist aus M" und ähnliches.

$m \notin M$ bezeichnet die Negation der Aussage $m \in M$, d.h. die Aussage "m ist nicht in M".

$M_1 \subseteq M_2$ steht für die Aussage "Jedes Element von M_1 ist auch Element von M_2"; wir schreiben dafür auch "M_1 ist Teilmenge von M_2" oder "M_2 umfaßt M_1" sowie "Es gilt die Inklusion $M_1 \subseteq M_2$".

$M_1 = M_2$ steht für "$M_1 \subseteq M_2$ und $M_2 \subseteq M_1$"; wir schreiben dafür auch "M_1 und M_2 sind gleich".

$M_1 \neq M_2$ ist die Negation von $M_1 = M_2$.

$M_1 \subsetneq M_2$ ist gleichbedeutend mit "$M_1 \subseteq M_2$ und $M_1 \neq M_2$"; wir schreiben dafür auch "M_1 ist echte Teilmenge von M_2".

$|M|$ sei für eine endliche Menge M die Anzahl ihrer Elemente.

$\emptyset$ bezeichnet die eindeutig bestimmte Menge, die kein Element enthält. Man sieht sofort, daß $\emptyset \subseteq M$ für jede Menge M gilt und daß für eine Menge M die Aussage $M \subseteq \emptyset$ impliziert, daß $M = \emptyset$ ist.

Spezielle Mengen

Als gegeben betrachten wir die Mengen
$\mathbb{N}$ der natürlichen Zahlen $1,2,3,\ldots$
$\mathbb{N}_0$ der nichtnegativen ganzen Zahlen $0,1,2,\ldots$

Z der ganzen Zahlen $\ldots,-2,-1,0,1,2,\ldots$, sowie die darauf definierten arithmetischen Operationen und die Relationen $\leq$ (kleiner oder gleich) und $<$ (echt kleiner), ebenso wie die Begriffe Primzahl, gerade Zahl, ungerade Zahl usw.

Bildung neuer Mengen

Mengen können mit Hilfe der Mengenklammern {,} wie folgt gebildet werden:

- Durch <u>Angabe aller ihrer Elemente</u>.

  Beispiele: $X=\{a,b\}$, $Y=\{1\}$, $Z=\{1,2,\ldots,8\}$,

  $\qquad M_n=\{m_1,m_2,\ldots,m_n\}$ mit $n\in\mathbb{N}_0$ (für $n=0$ ist dann $M_0=\emptyset$).

  Aufgrund der Definition von "$M_1=M_2$" gilt z.B. $\{x,y\}=\{y,x\}$.

- Durch Angabe einer <u>charakteristischen Eigenschaft</u> unter Bezugnahme auf eine oder mehrere andere Mengen.

  Beispiele: $\mathbb{N}=\{n\mid n\in\mathbb{Z},\ n>0\}$, $\{m\mid m\neq m\}=\emptyset$,

  $\qquad \{m\mid$ Es gibt ein $n\in\mathbb{N}$ mit $m=n^2\}$ ist die Menge aller

  $\qquad$ Quadratzahlen.

- Durch eine <u>Erzeugungsvorschrift</u> unter Bezugnahme auf eine oder mehrere andere Mengen.

  Beispiele: Die Menge der Quadratzahlen läßt sich auch angeben

  $\qquad$ als

  $\qquad \{n^2\mid n\in\mathbb{N}\}$,

  $\qquad \{\{m,n\}\mid m\in\mathbb{N}$ und $n\in\mathbb{N}\}$ ist die Menge aller zweielementigen Mengen natürlicher Zahlen,

  $\qquad \{8x_1+14x_2+32x_3\mid x_1,x_2,x_3\in\mathbb{Z}\}$ ist die Menge aller geraden Zahlen.

Die Booleschen Operationen

Mit Hilfe der Mengenklammern und charakteristischer Eigenschaften lassen sich spezielle Mengenbildungsoperationen, die <u>Booleschen Operationen</u> definieren. Seien M,M' zwei Mengen.

Die <u>Vereinigung</u> von M und M' ist die Menge

$\qquad M\cup M'=\{m\mid m\in M$ oder $m\in M'\}$

Der <u>Durchschnitt</u> von M und M' ist die Menge

$\qquad M\cap M'=\{m\mid m\in M$ und $m\in M'\}$

$\qquad$ M und M' heißen <u>disjunkt</u>, wenn $M\cap M'=\emptyset$ ist.

Die $\underline{\text{Differenz}}$ von M und M' ist die Menge

$$M-M'=\{m\mid m\in M \text{ und } m\notin M'\}.$$

Ist $M'\subseteq M$, so heißt $M-M'$ das $\underline{\text{Komplement von } M' \text{ in } M}$.

Die $\underline{\text{symmetrische Differenz}}$ von M und M' ist die Menge

$$M\oplus M'=(M-M')\cup(M'-M).$$

Beispiel: Es gilt $M\oplus M'=(M\cup M')-(M\cap M')$.
Solche Gleichungen beweist man einfach, indem man zeigt, daß jedes auf der einen Seite vorkommende Element auch auf der anderen Seite vorkommt.

Beweis: Der erste Teil der Behauptung, d.h. die Aussage $M\oplus M'\subseteq(M\cup M')-(M\cap M')$ gilt, weil offensichtlich $M\oplus M'\subseteq M\cup M'$ gilt, und ein Element, das sowohl in M als auch in M' liegt, weder in $M-M'$ noch in $M'-M$ enthalten sein kann. Andererseits liegt ein Element der rechten Seite der Gleichung in M oder M' aber nicht in $M\cap M'$, d.h. es liegt in M aber nicht in M' oder in M' aber nicht in M; also liegt es in $M\oplus M'$.

Sind M und M' endliche Mengen, so gelten folgende Gleichungen:

$$|M\cup M'|=|M|+|M'|-|M\cap M'|$$

$$|M-M'|=|M|-|M\cap M'|$$

$$|M\oplus M'|=|M-M'|+|M'-M|=|M|+|M'|-2|M\cap M'|.$$

Die Potenzmenge, Boolesche Algebren von Teilmengen einer Menge

Zu jeder Menge M existiert ihre Potenzmenge $\mathcal{P}(M)$; sie ist die Menge aller Teilmengen von M, d.h. es ist

$$\mathcal{P}(M)=\{M'\mid M'\subseteq M\}.$$

$\mathcal{P}(M)$ enthält insbesondere $\emptyset$ und M selbst als Elemente, so daß jede Menge auch als Element einer (anderen) Menge aufgefaßt werden kann.

Ist M endlich, etwa $|M|=n$, so ist $|\mathcal{P}(M)|=2^n$ (vgl. Abschnitt 1.5.).

Für jedes M ist $\mathcal{P}(M)$ $\underline{\text{abgeschlossen unter den Booleschen Opera-}}$ $\underline{\text{tionen}}$, d.h. für je zwei Elemente M_1, M_2 von $\mathcal{P}(M)$ sind auch $M_1\cup M_2$, $M_1\cap M_2$ und M_1-M_2 (und damit auch $M_1\oplus M_2$) Elemente von $\mathcal{P}(M)$.

Für die Booleschen Operationen auf $\mathcal{P}(M)$ gelten u.a. folgende Rechenregeln, die man nach oben angegebener Methode leicht verifizieren kann:

$$M \cup \emptyset = M, \quad M - \emptyset = M, \quad M \cap \emptyset = \emptyset, \quad \emptyset - M = \emptyset,$$

$$M \cup (M - M') = M,$$

$$M \cup M = M, \quad M \cap M = M \quad \text{(Idempotenzgesetze)}$$

$$M \cup N = N \cup M, \quad M \cap N = N \cap M \quad \text{(Kommutativgesetze)}$$

$$(M \cup N) \cup P = M \cup (N \cup P), \quad (M \cap N) \cap P = M \cap (N \cap P) \quad \text{(Assoziativgesetze)}$$

$$\left.\begin{array}{l} M \cup (N \cap P) = (M \cup N) \cap (M \cup P) \\ M \cap (N \cup P) = (M \cap N) \cup (M \cap P) \end{array}\right\} \quad \text{(Distributivgesetze)}$$

$$M \cap (M \cup N) = M, \quad M \cup (M \cap N) = M \quad \text{(Absorptionsgesetze)}$$

$$\left.\begin{array}{l} M - (N \cup P) = (M - N) \cap (M - P) \\ M - (N \cap P) = (M - N) \cup (M - P) \end{array}\right\} \quad \text{(De Morgansche Regeln)}$$

$\mathcal{P}(M)$ bildet mit den Booleschen Operationen eine sogenannte
<u>Boolesche Algebra</u>; jede Teilmenge $\mathcal{T}$ von $\mathcal{P}(M)$, die gegenüber den
Booleschen Operationen abgeschlossen ist und sowohl eine Menge
(z.B. $\emptyset$) enthält, die in jeder Menge aus $\mathcal{T}$ enthalten ist, als
auch eine Menge (z.B. M) enthält, die jede Menge aus $\mathcal{T}$ umfaßt,
ist ebenfalls eine Boolesche Algebra bezüglich der Operationen
$\cup$, $\cap$ und $-$.

<u>Vereinigungen und Durchschnitte beliebig vieler Mengen</u>

Wegen der Assoziativgesetze können wir Vereinigungen und Durchschnitte beliebig vieler Mengen aufschreiben, ohne Klammern benutzen zu müssen.

Sei $n \in \mathbb{N}$, und seien $M_1, M_2, \ldots, M_n$ Mengen. Dann sei

$$M_1 \cup M_2 \cup \ldots \cup M_n = \cup \{M_i \mid 1 \leq i \leq n\} = \{m \mid \text{Es gibt ein } i \text{ mit } 1 \leq i \leq n \text{ und } m \in M_i\}.$$

$$M_1 \cap M_2 \cap \ldots \cap M_n = \cap \{M_i \mid 1 \leq i \leq n\} = \{m \mid \text{Für jedes } i \text{ mit } 1 \leq i \leq n \text{ gilt } m \in M_i\}.$$

Diese Schreibweise läßt sich verallgemeinern auf den Fall, daß
die Mengen M_i als Elemente einer Menge $\mathcal{M}$ von Mengen gegeben
sind und eventuell eine weitere Bedingung B erfüllen:

$\cup \{M \mid M \in \mathcal{M} \text{ und } M \text{ erfüllt die Bedingung B}\} = \{m \mid \text{Es gibt ein } M \in \mathcal{M}, \text{ das}$
       die Bedingung B erfüllt, so daß $m \in M$ gilt$\}$, analog für $\cap$.

Beispiel: $\cup \{M \mid M \in \mathcal{P}(\mathbb{Z}) \text{ und } M \cap \mathbb{N}_0 = \emptyset\}$ ist die Menge aller negativen
       ganzen Zahlen.

Statt $\cup \{M_i \mid i \in \mathbb{N}\}$ schreibt man auch $\bigcup_{i=1}^{\infty} M_i$; analog für $\cap$.

Paare, n-Tupel, Folgen, kartesische Produkte

Eine weitere Möglichkeit, neue Mengen aus gegebenen Mengen zu bilden, beruht auf dem Konzept des (geordneten) Paares und, allgemeiner, dem des (geordneten) n-Tupels.

Seien $x_1, x_2, \ldots, x_n$ (für $n \in \mathbb{N}$) n nicht notwendig verschiedene Objekte (d.h. Elemente von Mengen oder Mengen). Dann existiert das Objekt $(x_1, x_2, \ldots, x_n)$ und wird n-Tupel genannt; x_i ist die i-te Komponente dieses n-Tupels.

Sind die x_i ($1 \leq i \leq n$) paarweise verschieden, so ist das Objekt $(x_{i_1}, x_{i_2}, \ldots, x_{i_n})$ mit $1 \leq i_j \leq n$ sowie $i_j \neq i_k$ für $j \neq k$ und $1 \leq j, k \leq n$ von $(x_1, \ldots, x_n)$ verschieden, wenn es ein q mit $1 \leq q \leq n$ und $i_q \neq q$ gibt; insbesondere sind für $x \neq y$ die 2-Tupel (x,y) und (y,x) verschieden. Ein n-Tupel ist also geordnet.

Ein n-Tupel heißt Paar für $n=2$, Tripel für $n=3$, Quadrupel für $n=4$, Quintupel für $n=5$, Sechstupel für $n=6$ usw.

Ein n-Tupel kann auch als (endliche) Folge angesehen werden – in diesem Fall läßt man die Klammern weg – n heißt dann die Länge_der_Folge.

Seien $M_1, M_2, \ldots, M_n$ (für $n \geq 2$) nicht notwendig verschiedene Mengen. Dann ist das kartesische Produkt der Mengen M_i die Menge
$M_1 \times M_2 \times \ldots \times M_n = \{(m_1, m_2, \ldots, m_n) \mid m_i \in M_i \text{ für } i=1, \ldots, n\}$.

Ist eines der M_i, $1 \leq i \leq n$, leer, so ist auch $M_1 \times \ldots \times M_n$ leer. Ist $M_1 = M_2 = \ldots = M_n = M$, so heißt $M^n = M_1 \times \ldots \times M_n$ das n-fache_kartesi- sche_Produkt_von_M mit sich selbst. Für $n=0$ und $n=1$ definiert man $M^1 = M$ und $M^0 = \{\emptyset\}$.

Beispiel: $\mathbb{Z}^2$ ist die Menge aller Paare ganzer Zahlen, d.h. aller Koordinaten der Gitterpunkte der euklidischen Ebene.

Es gelten u.a. folgende Regeln:

$(M_1 \cup M_2) \times M_3 = M_1 \times M_3 \cup M_2 \times M_3$

$(M_1 \cap M_2) \times M_3 = M_1 \times M_3 \cap M_2 \times M_3$

$(M_1 - M_2) \times M_3 = M_1 \times M_3 - M_2 \times M_3$

$T_1 \times M_2 \cap M_1 \times T_2 = T_1 \times T_2$ falls $T_i \subseteq M_i$, $i = 1, 2$.

Eine wichtige Teilmenge des kartesischen Produkts $M \times M$ ist $\Delta_M = \{(m,m) \mid m \in M\}$, die Diagonale_von_M.

Vektoren, Matrizen

n-Tupel werden auch (n-komponentige) <u>Vektoren</u> (oder auch <u>Zeilen-vektoren</u>) genannt. Schreibt man die Komponenten eines n-Tupels vertikal untereinander, so bezeichnet man dieses Gebilde als <u>Spaltenvektor</u>.

Ein n-Tupel von m-komponentigen Spaltenvektoren (für $m,n \in \mathbb{N}$) heißt <u>m×n-Matrix</u>. Eine m×n-Matrix ist also ein rechteckiges Schema aus m Zeilen und n Spalten:

$$A = (a_{ik}) = \begin{pmatrix} a_{11} & a_{12} & \cdots & a_{1n} \\ a_{21} & a_{22} & \cdots & a_{2n} \\ \cdot & & & \\ \cdot & & & \\ \cdot & & & \\ a_{m1} & a_{m2} & \cdots & a_{mn} \end{pmatrix}$$

Die a_{ik} heißen <u>Elemente</u> der Matrix; das n-Tupel der i-ten Komponenten der Spaltenvektoren ($1 \leq i \leq n$) in der entsprechenden Reihenfolge heißt <u>Zeile</u> der Matrix. Wir fassen eine Matrix auch als Spaltenvektor ihrer Zeilen auf.

Im Falle m=n heißt das n-Tupel $(a_{11}, a_{22}, \ldots, a_{nn})$ die <u>Hauptdiagonale von A</u>.

Vereinfachende Schreibweisen

Um Klammern zu sparen, lassen wir, wenn keine Mißverständnisse zu befürchten sind, bei einelementigen Mengen häufig die Mengenklammern weg, d.h. wir schreiben

m statt {m} und insbesondere M∪a statt M∪{a} und M−a statt M−{a} sowie M×a statt M×{a} u.Ä.

Ferner schreiben wir oft abkürzend:

{m∈M|m erfüllt die Bedingung B} statt {m|m∈M und m erfüllt die Bedingung B}.

Bei kartesischen Produkten und n-Tupeln lassen wir meist geschachtelte Klammern weg, d.h. wir betrachten die kartesische Produkt- bzw. die n-Tupelbildung als assoziativ und identifizieren z.B. $(M_1 \times M_2) \times M_3$ und $M_1 \times (M_2 \times M_3)$ mit $M_1 \times M_2 \times M_3$.

1.2. Korrespondenzen und Abbildungen

Korrespondenzen

Seien X,Y Mengen.

Eine Korrespondenz k von X in Y (oder nach Y) ist ein Tripel
$k=(X,Y,K)$ mit $K \subseteq X \times Y$; dabei heißt K der Graph von k, und man
schreibt *graph* k = K.

$D(k)=\{x \in X \mid Es$ gibt ein $y \in Y$ mit $(x,y) \in$ *graph* $k\}$ ist der Definitionsbereich von k - wir schreiben meist kürzer D_k statt $D(k)$.

Für jedes x aus X sei $k(x)=\{y \in Y \mid (x,y) \in$ *graph* $k\}$.
Es ist also $D_k=\{x \in X \mid k(x) \neq \emptyset\}$.
Für jede Teilmenge X' von X sei $k(X')=\cup\{k(x) \mid x \in X'\}$.
Beispiel: Sei P die Menge aller Primzahlen. Ordnen wir jedem
$n \in \mathbb{N}$ alle seine Primteiler (Primzahlen, durch die n teilbar
ist) zu, so erhalten wir eine Korrespondenz $t=(\mathbb{N},P,$ *graph* $t)$,
die durch $t(n)=\{p \in P \mid p$ teilt $n\}$ definiert ist.
Ist $X=X_1 \times X_2 \times \ldots \times X_n$, so schreiben wir klammersparend $k(x_1, \ldots, x_n)$
statt $k((x_1, \ldots, x_n))$, und ist $X_i' \subseteq X_i$ für $i=1, \ldots, n$, so sei
$k(X_1', \ldots, X_n')=k(X_1' \times \ldots \times X_n')$.

Bildung neuer Korrespondenzen aus gegebenen

Die konverse Korrespondenz zu k ist die Korrespondenz
$k^{-1}=(Y,X,K^{-1})$ mit $K^{-1}=\{(y,x) \in Y \times X \mid (x,y) \in K\}$.
k^{-1} wird oft auch inverse Korrespondenz genannt, obwohl i.a.
$k^{-1}(k(x)) \neq \{x\}$ und $k(k^{-1}(y)) \neq \{y\}$ gilt.
Beispiel: $X=\{a,b\}=Y$, $k=(X,Y,\{(a,b),(b,b)\})$
$k^{-1}(k(a))=k^{-1}(b)=\{a,b\}$, $k(k^{-1}(a))=\emptyset$.

Ist $T \subseteq X$, so heißt die Korrespondenz $k'=k/T=(T,Y,$ *graph* $k \cap T \times Y)$
die Einschränkung von k auf T, und k heißt eine Fortsetzung
von k'.

Für $i=1,2$ sei k_i eine Korrespondenz von X_i in Y_i.
Dann gilt $k_1 \subseteq k_2$, d.h. k_1 ist in k_2 enthalten, g.d.,w.
$X_1 \subseteq X_2$, $Y_1 \subseteq Y_2$ und *graph* $k_1 \subseteq$ *graph* k_2 gilt.
Die Vereinigung von k_1 und k_2 ist die Korrespondenz
$k_1 \cup k_2=(X_1 \cup X_2, Y_1 \cup Y_2,$ *graph* $k_1 \cup$ *graph* $k_2)$.

Es ist $k_1 = k_2$, d.h. $\underline{k_1\ und\ k_2\ sind\ gleich}$ g.d.,w. $X_1 = X_2$, $Y_1 = Y_2$ und $graph\ k_1 = graph\ k_2$, d.h. $k_1 \subseteq k_2$ und $k_2 \subseteq k_1$ gilt.
Das $\underline{kartesische\ Produkt\ von\ k_1\ und\ k_2}$ ist die Korrespondenz $k_1 \times k_2 = (X_1 \times X_2, Y_1 \times Y_2, \{((x_1,x_2),(y_1,y_2)) \mid (x_i,y_i) \in K_i$ für $i=1,2\})$.
Ist $X_2 = Y_1$, so ist die $\underline{Hintereinanderausführung}$ (oder $\underline{Komposi-}$ $\underline{tion)\ von\ k_1\ und\ k_2}$ die Korrespondenz $k_2 k_1 = (X_1, Y_2, K_1 \cdot K_2)$ mit $K_1 \cdot K_2 = \{(x,y) \in X_1 \times Y_2 \mid$ Es gibt ein z mit $(x,z) \in K_1$ und $(z,y) \in K_2\}$.
Es gilt $k_2 k_1 (x_1) = k_2 (k_1 (x_1))$ für jedes x_1 aus X_1.

<u>Abbildungen</u>

Sei $f = (X, Y, graph\ f)$ eine Korrespondenz.
f heißt $\underline{Abbildung\ von\ X\ in\ Y}$, wenn $|f(x)| = 1$ für jedes x aus X gilt, d.h. wenn jedes x aus X in genau einem (x,y) aus $graph\ f$ vorkommt; wir schreiben dann auch $f: X \longrightarrow Y$.
Man sieht leicht, daß f genau dann eine Abbildung ist, wenn sowohl $\Delta_X \subseteq graph(f^{-1}f)$ als auch $graph(ff^{-1}) \subseteq \Delta_Y$ gilt.
f heißt partielle Abbildung von X in Y, wenn $|f(x)| \leq 1$ für $x \in X$, d.h. wenn $graph(ff^{-1}) \subseteq \Delta_Y$ gilt; wir schreiben dann auch $f: (X) \longrightarrow Y$.
Eine partielle Abbildung f ist also eine Abbildung, wenn $D_f = X$ ist, d.h. wenn sie überall definiert ist, d.h. wenn $\Delta_X \subseteq graph(f^{-1}f)$ gilt.
Gelegentlich bezeichnet man Abbildungen auch als $\underline{totale\ Abbil-}$ $\underline{dungen}$, um den Unterschied zu partiellen Abbildungen hervorzuheben.
$f(x)$ (bzw. $f(X')$) heißt $\underline{Bild}$ von $x \in X$ (bzw. $X' \subseteq X$) $\underline{unter\ f}$.
Statt $f(x) = \{y\}$ schreiben wir bei (partiellen) Abbildungen einfach $f(x) = y$.
$f^{-1}(y)$ (bzw. $f^{-1}(Y')$) heißt $\underline{Urbild}$ von $y \in Y$ (bzw. von $Y' \subseteq Y$) $\underline{unter\ f}$.

<u>Eigenschaften von Abbildungen</u>

Eine Abbildung f heißt

- $\underline{surjektiv}$ (oder Abbildung $\underline{auf}$ oder $\underline{Surjektion}$), wenn $f(X) = Y$ ist.

- $\underline{injektiv}$ (oder $\underline{eineindeutig}$ oder $\underline{umkehrbar\ eindeutig}$ oder $\underline{Injektion}$), wenn f^{-1} eine partielle Abbildung ist.

f^{-1} heißt dann das <u>Inverse</u> (oder die <u>Umkehrabbildung</u>) von f (oder die <u>zu f inverse partielle Abbildung</u>).

- <u>bijektiv</u> (oder eine <u>Bijektion</u>), wenn f injektiv und surjektiv ist.

Man sieht schnell, daß f genau dann injektiv (bzw. surjektiv, bzw. bijektiv) ist, wenn $f^{-1}(y)$ für jedes $y \in Y$ höchstens (bzw. mindestens, bzw. genau) ein Element enthält.

Ist f eine surjektive (bzw. injektive) Abbildung, so gilt $f(f^{-1}(y)) = y$ (bzw. $f^{-1}(f(x)) = x$).

Alle für Korrespondenzen eingeführten Begriffe werden natürlich auch für (partielle) Abbildungen verwendet.

Insbesondere sind zwei (eventuell partielle) Abbildungen $f_i = (X_i, Y_i, \mathit{graph}\ f_i)$, $i = 1,2$ gleich g.d.,w. sie als Korrespondenzen gleich sind; sie sind also ungleich, auch wenn $\mathit{graph}\ f_1 = \mathit{graph}\ f_2$ gilt, falls $X_1 \neq X_2$ oder $Y_1 \neq Y_2$ ist.

Das kartesische Produkt zweier Abbildungen ist offenbar eine Abbildung.

Die Hintereinanderausführung von zwei (partiellen bzw. injektiven, bzw. surjektiven, bzw. bijektiven) Abbildungen ist eine (partielle bzw. injektive, bzw. surjektive, bzw. bijektive) Abbildung.

Statt Abbildung schreiben wir auch <u>Funktion</u>.

Eine Abbildung f einer endlichen Menge $\{m_1, \ldots, m_n\}$ in sich stellt man oft als $2 \times n$-Matrix dar:

$$\begin{pmatrix} m_1 & m_2 & \cdots & m_n \\ f(m_1) & f(m_2) & \ldots f(m_n) \end{pmatrix} .$$

Die Hintereinanderausführung solcher Abbildungen läßt sich mit diesen Matrizen leicht bestimmen.

Ist M endlich, so ist eine Injektion (oder eine Surjektion) von M in sich schon eine Bijektion (vgl. Abschnitt 1.5.) und wird auch <u>Permutation</u> genannt.

Aufgrund der Definition von $k(X')$ für $X' \subseteq X$ kann eine Korrespondenz k auch als Abbildung von $\mathcal{P}(X)$ in $\mathcal{P}(Y)$ aufgefaßt werden - analog für k^{-1}.

Sei $f = (X, Y, \mathit{graph}\ f)$ eine Abbildung sowie $X', X'' \subseteq X$ und $Y', Y'' \subseteq Y$.

Dann gelten folgende Rechenregeln:

$f(X'\cup X'') = f(X')\cup f(X'')$

$f(X'\cap X'') \subseteq f(X')\cap f(X'')$ (Gleichheit gilt, wenn f injektiv ist)

$f^{-1}(Y'\cup Y'') = f^{-1}(Y')\cup f^{-1}(Y'')$

$f^{-1}(Y'\cap Y'') = f^{-1}(Y')\cap f^{-1}(Y'')$.

Ferner sind folgende drei Aussagen äquivalent:

(1) $f: X\to Y$ ist injektiv (bzw. surjektiv).

(2) $f: \mathcal{P}(X)\to\mathcal{P}(Y)$ ist injektiv (bzw. surjektiv).

(3) $f^{-1}: \mathcal{P}(Y)\to\mathcal{P}(X)$ ist surjektiv (bzw. injektiv).

Spezielle Abbildungen

Ist M' eine Teilmenge der Menge M, so ist die charakteristische Funktion von M' in M die folgende Abbildung c_M^M,

$$c_{M'}^M: M\to\{0,1\}, \quad c_{M'}^M(m)=\begin{cases}1, & \text{falls } m\in M' \text{ gilt}\\ 0 & \text{sonst.}\end{cases}$$

Sei $M=M_1\times\ldots\times M_n$ ein kartesisches Produkt. Dann seien für jedes i aus $\{1,\ldots,n\}$ die folgenden Abbildungen pr_i und $\overline{pr}_i$ (Projektionen genannt) erklärt durch

$pr_i: M\to M_i$, $pr_i(m_1,\ldots,m_n)=m_i$

$\overline{pr}_i: M\to M_1\times\ldots\times M_{i-1}\times M_{i+1}\times\ldots\times M_n$,

$\quad\overline{pr}_i(m_1,\ldots,m_n)=(m_1,\ldots,m_{i-1},m_{i+1},\ldots,m_n)$.

Seien ferner $1\leq k\leq n$ und $1\leq i_1<i_2<\ldots<i_k\leq n$. Dann sei die Projektion

$pr_{i_1,i_2,\ldots,i_k}: M\to M_{i_1}\times M_{i_2}\times\ldots\times M_{i_k}$

definiert durch $pr_{i_1,i_2,\ldots,i_k}(m_1,\ldots,m_n)=(m_{i_1},m_{i_2},\ldots,m_{i_k})$.

Diagramme

Zur Erleichterung des Rechnens mit Abbildungen verwendet man Diagramme. Seien etwa $f_i=(X_i,X_{i+2}, graph\ f_i)$ für i=1,2 und $f'_j=(X_j,X_{j+1}, graph\ f'_j)$ für j=1,3 Funktionen. Dann zeichnen wir das Diagramm (Rechteck)

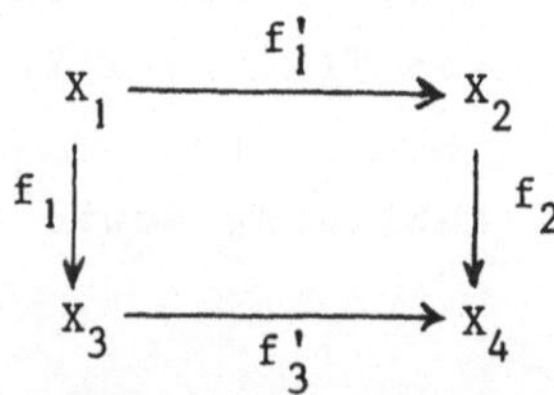

Das Diagramm heißt k̲o̲m̲m̲u̲t̲a̲t̲i̲v̲ g.d.,w.

$f_3^!f_1(x)=f_2f_1^!(x)$ für alle x aus X_1 gilt.

Analoges gilt für Dreiecke etc.

Beispiel: Seien $f_i=(X_i,Y_i,$ *graph* $f_i)$ für i=1,2 Abbildungen.
Dann ist für i=1 und für i=2 folgendes Diagramm kommutativ:

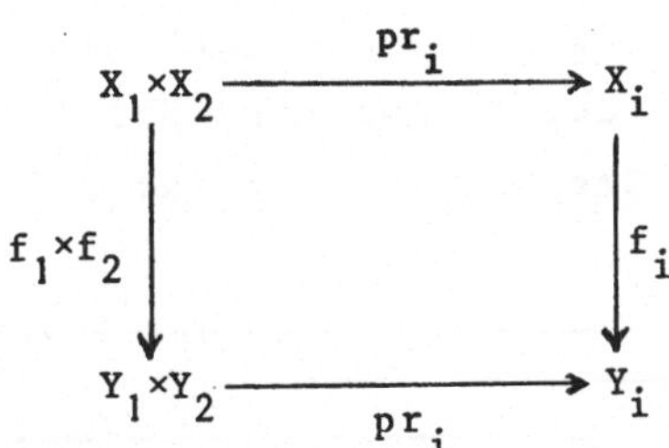

1.3. Relationen und Graphen

R̲e̲l̲a̲t̲i̲o̲n̲e̲n̲

Sei M eine Menge. Eine R̲e̲l̲a̲t̲i̲o̲n̲ ̲a̲u̲f̲ ̲M̲ ist eine Teilmenge R von
M×M.
Gilt $(x,y)\in R$, so sagen wir x̲ ̲u̲n̲d̲ ̲y̲ ̲s̲t̲e̲h̲e̲n̲ ̲i̲n̲ ̲d̲e̲r̲ ̲R̲e̲l̲a̲t̲i̲o̲n̲ ̲R̲.
Beispiel: Sei M=$\mathbb{N}$ und $R_\leq$ die Relation ≤. Dann ist

$$R_\leq=\{(i,j)\in\mathbb{N}^2\mid i\leq j\}.$$

Bei Relationen verwendet man meist die Infixschreibweise, d.h.
statt $(x,y)\in R$ schreibt man xRy.

Die Menge der Relationen auf M ist genau gleich $\mathcal{P}(M^2)$, bildet
also bezüglich der Booleschen Operationen eine Boolesche Algebra mit den ausgezeichneten Elementen $\emptyset$ (N̲u̲l̲l̲r̲e̲l̲a̲t̲i̲o̲n̲) und
M^2(A̲l̲l̲r̲e̲l̲a̲t̲i̲o̲n̲).

Relationen kann man als Graphen von Korrespondenzen auffassen,
so daß sich eine Reihe von Begriffen direkt übernehmen lassen,
insbesondere ist also R^{-1} d̲i̲e̲ ̲k̲o̲n̲v̲e̲r̲s̲e̲ ̲R̲e̲l̲a̲t̲i̲o̲n̲ zu R und R̲·̲R̲'̲
d̲a̲s̲ ̲P̲r̲o̲d̲u̲k̲t̲ ̲d̲e̲r̲ ̲R̲e̲l̲a̲t̲i̲o̲n̲e̲n̲ ̲R̲ ̲u̲n̲d̲ ̲R̲'̲.

G̲e̲r̲i̲c̲h̲t̲e̲t̲e̲ ̲G̲r̲a̲p̲h̲e̲n̲,̲ ̲D̲a̲r̲s̲t̲e̲l̲l̲u̲n̲g̲ ̲d̲u̲r̲c̲h̲ ̲P̲f̲e̲i̲l̲d̲i̲a̲g̲r̲a̲m̲m̲e̲
u̲n̲d̲ ̲M̲a̲t̲r̲i̲z̲e̲n̲

Eine Relation R auf M kann als gerichteter Graph dargestellt

werden: Ein <u>gerichteter Graph</u> (oder <u>Digraph</u>) ist ein Paar
G=(E,K), wobei E eine Menge (die Menge der <u>Ecken</u> (oder Knoten)
von G) und K⊆E×E die Menge der <u>gerichteten Kanten</u> von G ist.
Der gerichtete Graph G wird graphisch durch ein Pfeildiagramm
dargestellt, und zwar: Ecken durch Kreise, gerichtete Kanten
durch Pfeile.

Auch die graphische Darstellung nennt man abkürzend Graph.

Beispiel: Der zur Relation $\leq$ auf $\mathbb{N}$ gehörige Graph ist $(\mathbb{N}, R_{\leq})$,
ein Teilstück des Graphen von $\leq$ zeigt folgendes Dia-
gramm

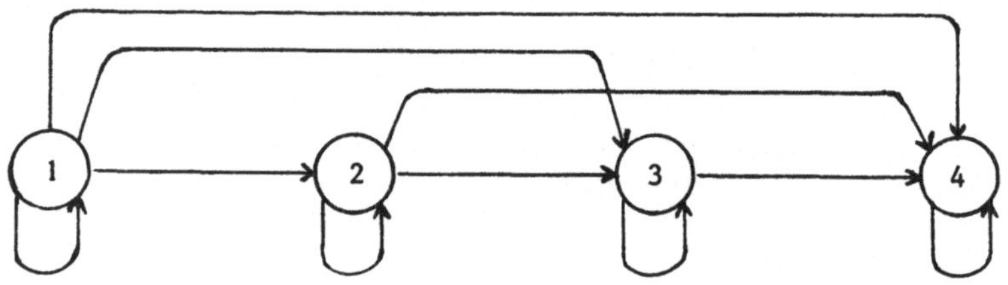

Ebenso wie eine Relation läßt sich natürlich auch der Graph
einer Korrespondenz (oder einer Abbildung) als gerichteter Graph
auffassen und zeichnerisch durch ein Pfeildiagramm darstellen.
Ein endlicher gerichteter Graph G (also auch eine Relation auf
einer endlichen Menge oder eine Korrespondenz zwischen endlichen
Mengen) läßt sich auch durch eine Matrix repräsentieren:
Sei G=(E,K) mit E={$e_1,\ldots,e_n$}.
Dann ist die <u>Adjazenzmatrix</u> (oder <u>Verbindungsmatrix</u>)von G die
n×n-Matrix M=(m_{ik}) mit

$$m_{ik} = \begin{cases} 1, \text{ falls } (e_i,e_k)\in K \\ 0 \text{ sonst.} \end{cases}$$

Ein <u>(gerichteter) Weg der Länge k+1 von e nach e'</u> im gerichteten
Graphen G=(E,K) ist eine Folge $(e,e_1),(e_1,e_2),\ldots,(e_k,e')$ von
gerichteten Kanten aus K.

<u>Bewertete gerichtete Graphen</u>

Sind auf M mehrere Relationen (oder Korrespondenzen) definiert,
und will man diese in einer graphischen Darstellung zusammenfassen, so muß man die zu den verschiedenen Relationen gehörigen

gerichteten Kanten verschieden bezeichnen. Das führt zu folgendem Begriff:

Ein <u>kantenbewerteter gerichteter Graph</u> (oder kurz: <u>bewerteter Digraph</u>) ist ein Tripel G=(E,X,K), wobei E die <u>Eckenmenge</u>, X die Menge der <u>Kantenbewertungen</u> und K⊆E×X×E die Menge der <u>bewerteten gerichteten Kanten</u> ist.

Ist (e,x,e')∈K, so sagt man, die Kante (e,e') sei mit x bewertet; in der Zeichnung wird die gerichtete Kante von e nach e' mit x beschriftet. Anders als bei dem zuvor definierten gerichteten Graphen kann es hier zwischen zwei Ecken mehrere gerichtete Kanten geben, die allerdings verschieden beschriftet sein müssen.

Beispiel: M={3,4,6}. Für t=1,2,3 und v=6,12 sei

R_t={(i,j)∈M^2|Der größte gemeinsame Teiler von i und j ist t, und es gilt i<j}

R_v={(i,j)∈M^2|Das kleinste gemeinsame Vielfache von i und j ist v, und es gilt i<j}.

Dann ist G=(M,{1,2,3,6,12},{(i,t,j)|(i,j)∈R_t}∪{(i,v,j)|(i,j)∈R_v}) der folgende bewertete gerichtete Graph der fünf Relationen R_1,R_2,R_3,R_6,R_{12}.

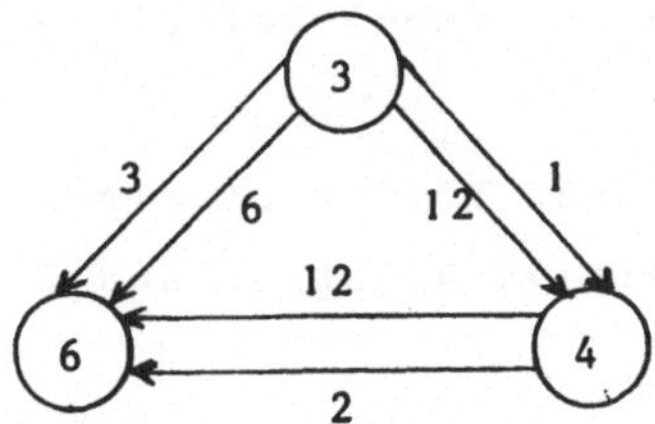

In Analogie dazu führt man folgende Verallgemeinerung des Begriffes des gerichteten Graphen ein:

Ein <u>eckenbewerteter gerichteter Graph</u> ist ein Quadrupel G=(E,K,Y,b), wobei (E,K) ein gerichteter Graph, Y die Menge der <u>Eckenbewertungen</u> und b: E⟶Y die <u>Eckenbewertungsabbildung</u> sei.

<u>Eigenschaften von Relationen</u>

Eine Relation R auf M heißt

- <u>reflexiv</u>, wenn Δ_M⊆R gilt, d.h. wenn (x,x)∈R für alle x aus M ist.

- <u>symmetrisch</u>, wenn $R=R^{-1}$ gilt, d.h. wenn aus $(x,y) \in R$ stets $(y,x) \in R$ folgt.
- <u>transitiv</u>, wenn $R \cdot R \subseteq R$ gilt, d.h. wenn aus $(x,y) \in R$ und $(y,z) \in R$ stets $(x,z) \in R$ folgt.
- <u>Äquivalenzrelation</u>, wenn sie reflexiv, symmetrisch und transitiv ist.
- <u>antisymmetrisch</u>, wenn $R \cap R^{-1} \subseteq \Delta_M$ gilt, d.h. wenn aus $(x,y) \in R$ und $(y,x) \in R$ stets $x=y$ folgt.
- <u>partielle</u> (oder <u>teilweise</u>) <u>Ordnung</u>, wenn sie reflexiv, antisymmetrisch und transitiv ist.
- <u>totale</u> (oder <u>lineare</u>) Ordnung (kurz: <u>Ordnung</u>), wenn sie eine partielle Ordnung ist und $R \cup R^{-1} = M \times M$ gilt, d.h. wenn für alle x und y aus M stets entweder $(x,y) \in R$ oder $(y,x) \in R$ gilt.

Im gerichteten Graphen (Pfeildiagramm), der eine transitive Relation R darstellt, gibt es zu jedem Weg von e nach e' auch eine Kante $(e,e') \in R$.

<u>Hüllen von Relationen</u>

Die <u>transitive</u> (bzw. die <u>reflexive und transitive</u>) <u>Hülle</u> R^+ (bzw. R^*) der Relation R ist der Durchschnitt aller transitiven (bzw. reflexiven und transitiven) Relationen, die R enthalten. Es gilt $R^* = \Delta_M \cup R^+$ und

$R^+ = \{(x,y) \in M^2 \mid$ Im Graphen von R gibt es einen Weg von x nach y$\}$.
Daher ist R^+ eine transitive Relation und R^* reflexiv und transitiv.

Die reflexive und transitive Hülle von R berechnet man für endliches M mit dem <u>Verfahren von Warshall</u> wie folgt: Sei $|M|=n$
1. Setze $R_0 = \Delta_M$.
2. Für $i=0,\ldots,n-1$ bestimme man $R_{i+1} = R_i \cdot R = \{(x,y) \mid$ Es gibt ein $z \in M$ mit $(x,z) \in R_i$ und $(z,y) \in R\}$.
3. Setze $R^* = R_0 \cup R_1 \cup \ldots \cup R_n$.
Ein Beweis für die Korrektheit des Verfahrens wird in Abschnitt 1.5. gegeben.

<u>Abschluß unter Operationen</u>

Sei P eine Menge, $n \in \mathbb{N}$ und $k = (P^n, P, K)$ eine Korrespondenz.

Eine Teilmenge A von P heißt abgeschlossen unter k, wenn $k(A,A,\ldots,A)\subseteq A$ gilt; ist zusätzlich P effektiv angebbar und k effektiv berechenbar, so heißt A effektiv abgeschlossen unter k.
Beispiel: Sei $P=\mathcal{P}(M)$ und k_b die Korrespondenz von P^2 in P, die je zwei Teilmengen U und V von M die drei Mengen $U\cup V$, $U\cap V$ und U-V zuordnet. Besteht A_e aus $\emptyset$ und allen endlichen Teilmengen von M, dann ist A_e abgeschlossen unter k_b.

Zu jedem $B\subseteq P$ gibt es eine (bzgl. $\subseteq$) kleinste B umfassende Teilmenge A von P, die abgeschlossen unter k ist und k-Abschluß von B (oder Abschluß von B unter k) genannt wird, und zwar ist $A=\cap\{A'\,|\,B\subseteq A'$, und A' ist abgeschlossen unter k$\}$.
Denn ist $B\subseteq A''\subseteq P$ und A" abgeschlossen unter k, so ist $A\subseteq A''$.
Beispiel: Sei $P=M^2$ und $k=(P^2,P,\{((x,y),\,(y,z),\,(x,z))\,|\,x,y,z\in M\})$.
Für eine Relation R auf M ist dann R^+ gerade der Abschluß von R unter k.

Die Eindeutigkeit des k-Abschlusses macht man sich bei induktiven Definitionen zunutze: Um eine Menge M zu definieren, deren Elemente gewissen Bedingungen genügen, gibt man eine Teilmenge T explizit an und definiert die gesamte Menge M als Abschluß von T unter gewissen Operationen.
Beispiel: Sei $F_{12}=\{(1,1),(2,2)\}$ und k_f die Abbildung von $\mathbb{N}^2\times\mathbb{N}^2$, die (m,m') und (m+1,m") das Paar (m+2,m'+m") zuordnet. Ist F der k_f-Abschluß von F_{12} und f die Abbildung $f=(\mathbb{N},\mathbb{N},F)$, so ist f(n) die n-te Fibonnacci-Zahl.

Geordnete Mengen, Verbände

Eine geordnete Menge ist ein Paar $(M,\leq)$, wobei $\leq$ eine Ordnung auf M ist (für die die Infixschreibweise benutzt wird).
Seien $T\subseteq M, t,t'\in T, m\in M$. Dann heißt
- t minimales Element von T, wenn für $x\in T$ aus $x\leq t$ stets x=t folgt.
- m untere Schranke von T, wenn $m\leq x$ für alle x aus T gilt.
- t' kleinstes Element von T, wenn $t\leq x$ für alle x aus T gilt.
Analog sind die Begriffe maximales und größtes Element von T sowie obere Schranke von T definiert.
Jede Teilmenge von M (z.B. auch die Menge der oberen (bzw. unteren) Schranken einer festen Teilmenge T von M) besitzt höchstens

ein kleinstes (bzw. größtes) Element, aber möglicherweise mehrere minimale (bzw. maximale) Elemente.

Eine geordnete Menge $(M, \leq)$ heißt <u>Verband</u>, wenn jede endliche
Teilmenge von M eine kleinste obere und eine größte untere
Schranke besitzt.
Beispiele: 1) $(\mathcal{P}(M), \subseteq)$ ist ein Verband: $U \cup V$ ist die kleinste
obere und $U \cap V$ die größte untere Schranke von $\{U, V\} \subseteq \mathcal{P}(M)$.
2) $\mathbb{N}$ mit der Teilerrelation | (d.h. $i|j$, wenn i ein Teiler von
j ist) ist ein Verband, die größte untere Schranke von $\{i, j\}$ ist
der größte gemeinsame Teiler von i und j, die kleinste obere
Schranke von $\{i, j\}$ ist das kleinste gemeinsame Vielfache von
i und j.

<u>Äquivalenzrelationen, Äquivalenzklassen</u>

Sei R eine Äquivalenzrelation auf M.
Für $m \in M$ ist $[m] = \{m' \in M \mid (m, m') \in R\}$ die <u>Äquivalenzklasse von m be-
züglich R</u> (oder <u>modulo R</u>).
Je zwei Äquivalenzklassen sind entweder disjunkt oder identisch,
denn ist $x \in [m] \cap [m']$, so gilt $(m, x) \in R$ und $(x, m') \in R$, also wegen
der Transitivität von R auch $(m, m') \in R$.
Umgekehrt bestimmt jede Zerlegung von M in nichtleere, disjunkte
Teilmengen, deren Vereinigung ganz M ist, eine Äquivalenzrelation R auf M, deren Äquivalenzklassen gerade die Teilmengen der
Zerlegung sind - man definiere einfach die Relation R durch:
$(m, m') \in R$ g.d.,w. m und m' in der gleichen Teilmenge liegen.

Die Menge der Äquivalenzklassen von M bezüglich R heißt <u>Quotien-
tenmenge von M nach R</u>, in Zeichen: M/R.
Die Abbildung $\nu_R : M \rightarrow M/R$ mit $\nu_R(m) = [m]$ für jedes m aus M heißt
<u>natürliche</u> (oder <u>kanonische</u>) <u>Abbildung</u>; sie ist surjektiv.

Eine wichtige Beziehung zwischen Abbildungen und Äquivalenzrelationen beschreibt der folgende <u>Abbildungssatz</u>: Eine Abbildung f: $X \rightarrow Y$ <u>induziert</u> auf X folgende Äquivalenzrelation
$\rho_f = \{(x, x') \mid f(x) = f(x')\}$. Zu ρ_f wiederum gibt es genau eine injektive Abbildung $i_f : X/\rho_f \rightarrow Y$ derart, daß das folgende Diagramm
kommutiert, d.h. daß $i_f \nu_{\rho_f} = f$ gilt:

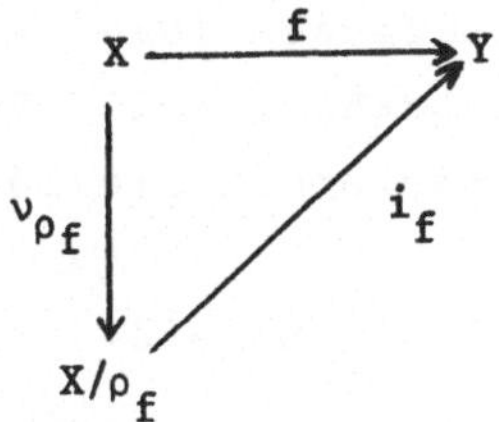

Ist f surjektiv, so ist i_f bijektiv.

Beispiel: Auf $\mathbb{Z} \times \mathbb{N}$ definiere man die Relation $\sim$ wie folgt: $(z,n) \sim (z',n')$ g.d.,w. $zn'=nz'$ gilt. Dann ist $\sim$ eine Äquivalenz- relation. Sei weiter q die Abbildung von $\mathbb{Z} \times \mathbb{N}$ auf die Menge $\mathbb{Q}$ der rationalen Zahlen, die durch $q(z,n)=z/n$ definiert ist. Dann ist $\rho_q = \sim$ und i_q ist eine Bijektion von $\mathbb{Z} \times \mathbb{N} / \sim$ auf $\mathbb{Q}$.

1.4. Monoide und Homomorphismen

Halbgruppen und Monoide

Sei M eine Menge und $\circ$ eine Abbildung von $M \times M$ in M (für die die Infixschreibweise verwendet wird) mit folgender Eigenschaft: Für alle m_1, m_2, m_3 aus M gilt $(m_1 \circ m_2) \circ m_3 = m_1 \circ (m_2 \circ m_3)$ (Assoziativgesetz). Dann heißt das Paar $(M, \circ)$ Halbgruppe und $\circ$ die Verknüpfung (oder Multiplikation) auf M. Wenn klar ist, welche Verknüpfung gemeint ist, spricht man auch einfach von der Halbgruppe M. Meist benutzt man die multiplikative Sprechweise (die jeweils in Klammern angegeben ist).

Besitzt M ein Element e so, daß $e \circ m = m \circ e = m$ für jedes m aus M gilt, so heißt $(M, \circ)$ Monoid und e neutrales (oder Eins-)Element von $(M, \circ)$. Ein Monoid besitzt nur ein einziges Einselement, denn ist $e' \in M$ so, daß $e' \circ m = m$ für jedes m aus M gilt, so gilt insbesondere $e' = e \circ e' = e' \circ e = e$. Wir bezeichnen das Einselement von M mit e_M. Ist M endlich, etwa $M = \{m_1, \ldots, m_n\}$, so läßt sich M durch die $n \times n$-Matrix $V = (v_{ik})$ mit $v_{ik} = m_i \circ m_k$, die sogenannte Verknüpfungs- tabelle (oder Multiplikationstafel) darstellen.

Beispiele: 1) Die Menge aller Korrespondenzen (bzw. aller Abbildungen) einer Menge in sich bildet bezüglich der Hintereinanderausführung ein Monoid, dessen Einselement die identische
Abbildung ist.
2) $(\mathbb{N},+)$ ist eine Halbgruppe, $(\mathbb{N}_0,+)$ ein Monoid.

Für Teilmengen U,V einer Halbgruppe M sei die <u>Komplexverknüp-
fung</u> (das <u>Komplexprodukt</u>) von U und V die Menge
$U \circ V = \{u \circ v \mid u \in U, \ v \in V\}$.
Damit wird $(\mathcal{P}(M), \circ)$ zu einer Halbgruppe (bzw. einem Monoid mit
dem Einselement $\{e_M\}$).
Ferner sei $U^{i+1} = U^i \circ U$ für $i \in \mathbb{N}$ und $U^1 = U$; ist M ein Monoid, so
sei außerdem $U^0 = \{e_M\}$.

<u>Unterhalbgruppen und Untermonoide</u>

Die Teilmenge U von M heißt <u>Unterhalbgruppe</u> von M, wenn $U \circ U \subseteq U$
gilt. Ist überdies M ein Monoid und $e_M \in U$, so heißt U <u>Untermonoid</u>
von M.
Es gibt Unterhalbgruppen von Monoiden, die zwar Monoid, aber
kein Untermonoid sind. Als Beispiel betrachte man eine Menge M,
das Monoid A der Abbildungen von M in sich, eine Teilmenge T
von M mit $|M-T| \geq 2$, ein festes Element m_0 von M-T und die Unter-
halbgruppe $A_T = \{f \in A \mid f(T) \subseteq T, \ f(m) = m_0 \text{ für } m \in M-T\}$. Dann ist die
durch $f(t) = t$ für $t \in T$ und $f(m) = m_0$ für $m \in M-T$ definierte Abbildung
zwar Einselement von A_T, ist aber von Δ_M verschieden.

Für $X \subseteq M$ ist $X^+ = \bigcup_{i=1}^{\infty} X^i = \{x_1 \circ x_2 \circ \ldots \circ x_n \mid n \in \mathbb{N}, \ x_i \in X \text{ für } i=1,\ldots,n\}$
eine Unterhalbgruppe von M; ist M ein Monoid, so ist $X^* = X^0 \cup X^+$
ein Untermonoid von M.
X^+ (bzw. X^*) heißt die (bzw. das) <u>von X erzeugte Unterhalbgruppe</u>
(bzw. <u>Untermonoid</u>) - es ist der Durchschnitt aller X enthaltenden Unterhalbgruppen (bzw. Untermonide) von M (d.h. X^+ ist der
Abschluß von X unter Komplexproduktbildung).
Offenbar gilt $X^+ = X \circ X^* = X^* \circ X$, falls M ein Monoid ist.
Ist $M = X^+$ (bzw. $M = X^*$, falls M ein Monoid ist) so heißt X <u>Erzeu-
gendensystem von M</u>. Z.B. ist $\{1\}$ ein Erzeugendensystem von $(N,+)$.
M heißt <u>endlich erzeugt</u>, wenn M ein endliches Erzeugendensystem
besitzt.

Gruppen und Halbringe

Ein Monoid $(M,\circ)$ heißt <u>Gruppe</u>, wenn es zu jedem Element m von M ein Element m^{-1} in M mit $m\circ m^{-1}=m^{-1}\circ m=e_M$ gibt; m^{-1} heißt <u>invers</u> zu m. Jedes m aus M besitzt höchstens ein inverses Element, denn aus $m'\circ m=e_M$ folgt

$$m'=m'\circ e_M=m'\circ(m\circ m^{-1})=(m'\circ m)\circ m^{-1}=e_M\circ m^{-1}=m^{-1}.$$

Beispiel: Die Menge der Bijektionen einer Menge auf sich ist eine Gruppe.

Ein Untermonoid einer Gruppe heißt <u>Untergruppe</u>, wenn es mit einem Element auch stets sein Inverses enthält.

Sei H eine Menge, auf der zwei Verknüpfungen (Abbildungen von $H\times H$ in H (in Infixschreibweise verwendet), etwa + (Addition) und $\circ$ (Multiplikation) erklärt sind derart, daß

- $(H,+)$ und $(H,\circ)$ beides Monoide sind,
- die Multiplikation distributiv bezüglich der Addition ist, d.h. daß
  $h\circ(h_1+h_2)=h\circ h_1+h\circ h_2$ sowie $(h_1+h_2)\circ h=h_1\circ h+h_2\circ h$
  für alle h,h_1,h_2 aus H gilt,
- für das neutrale Element (<u>Nullelement</u>) 0 von $(H,+)$ stets
  $h\circ 0=0\circ h=0$ für h aus H gilt,
- $(H,+)$ kommutativ ist, d.h. daß $h_1+h_2=h_2+h_1$ für alle h_1,h_2
  aus H gilt.

Dann heißt $(H,+,\circ)$ <u>Halbring</u>.

Beispiele: 1) $(\mathbb{N}_0,+,\circ)$ ist ein Halbring.

2) $(\mathcal{P}(M),\cup,\cap)$ ist ein Halbring mit $\emptyset$ als Nullelement.

3) $(\mathcal{P}(M),\cap,\cup)$ ist ein Halbring mit M als Nullelement.

4) Ist $(M,\circ)$ ein Monoid, so ist $(\mathcal{P}(M),\cup,\circ)$ ein Halbring mit $\emptyset$ als Nullelement.

Matrizen und Vektoren über Halbringen

Sei $(H,+,\circ)$ ein Halbring und $n\in\mathbb{N}$. Dann bildet die Menge der $n\times n$-Matrizen mit Komponenten aus H einen Halbring, wenn man die Addition "+" und die Multiplikation "$\cdot$" von Matrizen $A=(a_{ik})$ und $A'=(a'_{ik})$ wie folgt definiert:

$A+A'=(a_{ik}+a'_{ik})$ (d.h. man addiert komponentenweise)

$A \cdot A'=(b_{ik})$, $b_{ik}=a_{i1} \circ a'_{1k}+a_{i2} \circ a'_{2k}+\ldots+a_{in} \circ a'_{nk}$.

Das Nullelement des Matrizenhalbrings ist die Nullmatrix, deren sämtliche Elemente gleich dem Nullelement 0 von H sind; das Einselement ist die Einheitsmatrix $E=(e_{ik})$ wobei e_{ii} das Einselement von $(H,\circ)$ für $i=1,\ldots,n$ und $e_{ij}=0$ für $i \neq j$, $1 \leq i$, $j \leq n$ ist.

Die Menge der n-komponentigen Vektoren über einem (additiv geschriebenen) Monoid $(H,+)$ bildet ein Monoid mit dem Nullvektor $(0,\ldots,0)$ als Nullelement, wenn man die Addition komponentenweise (wie bei Matrizen) erklärt.

Seien z ein Zeilenvektor mit den n Komponenten $z_1,\ldots,z_n$ und s ein Spaltenvektor mit den n Komponenten $s_1,\ldots,s_n$ sowie $A=(a_{ik})$ eine n×n-Matrix. Dann sei $b=z \cdot A$ der Zeilenvektor mit den Komponenten $b_j=z_1 \circ a_{1j}+\ldots+z_n \circ a_{nj}$ und $c=A \cdot s$ der Spaltenvektor mit den Komponenten $c_j=a_{j1} \circ s_1+\ldots+a_{jn} \circ s_n$;
ferner sei $z \cdot s=z_1 \circ s_1+\ldots+z_n \circ s_n$, insbesondere ist also
$z \cdot (A \cdot s)=z \cdot c=b \cdot s=(z \cdot A) \cdot s \in H$.

Homomorphismen

Seien $(H_1,\circ_1)$ und $(H_2,\circ_2)$ Halbgruppen. Eine Abbildung $h: H_1 \rightarrow H_2$ heißt Halbgruppenhomomorphismus von H_1 in H_2, wenn $h(x \circ_1 y)=$ $=h(x) \circ_2 h(y)$ für alle x,y aus H_1 gilt, d.h. wenn h mit den Verknüpfungen verträglich (d.h. das Bild des Produktes gleich dem Produkt der Bilder) ist.
Ist überdies H_i für $i=1,2$ ein Monoid mit dem Einselement e_i und gilt $h(e_1)=e_2$, so heißt h Monoidhomomorphismus. $h(H_1)$ heißt homomorphes Bild von H_1.

Beispiel: Die durch $h(n)=2^n$ definierte Abbildung von $\mathbb{N}$ in $\mathbb{N}$ ist ein Halbgruppenhomomorphismus von $(\mathbb{N},+)$ in $(\mathbb{N},\cdot)$ und ein Monoidhomomorphismus von $(\mathbb{N}_0,+)$ in $(\mathbb{N},\cdot)$.

Das homomorphe Bild einer Unterhalbgruppe (bzw. eines Untermonoids) ist eine Unterhalbgruppe (bzw. ein Untermonoid - wenn es sich um einen Monoidhomomorphismus handelt).
Ist $(H_1,\circ_1)$ eine Gruppe, $(H_2,\circ_2)$ ein Monoid und h ein

surjektiver Monoidhomomorphismus von H_1 auf H_2, so ist $(H_2, \circ_2)$ ebenfalls eine Gruppe (mit $h(x)^{-1} = h(x^{-1})$), und h heißt Gruppen=homomorphismus.
Wenn kein Mißverständnis zu befürchten ist, sprechen wir auch einfach von Homomorphismen.
Ein Homomorphismus h heißt
- Epimorphismus, wenn h surjektiv ist
- Isomorphismus, wenn h bijektiv ist.
Die Hintereinanderausführung von Homomorphismen ist wieder ein Homomorphismus; die Umkehrabbildung eines Isomorphismus' ist ein Isomorphismus.

Kongruenzrelationen

Eine Äquivalenzrelation ρ (in Infixschreibweise) auf einer Halb-gruppe $(H, \circ)$ heißt Kongruenzrelation_auf_H, wenn sie mit der Verknüpfung $\circ$ verträglich ist, d.h. wenn für m_i, m_i' aus M, $i = 1, 2$, gilt:
Aus $m_i \rho m_i'$ für $i = 1, 2$ folgt $(m_1 \circ m_2) \rho (m_1' \circ m_2')$.
Die Äquivalenzklassen bezüglich ρ heißen dann Kongruenzklassen.
Die Quotientenmenge H/ρ läßt sich zu einer Halbgruppe (bzw. einem Monoid) machen, so daß die natürliche Abbildung ν_ρ ein Epimorphismus wird, indem man eine Verknüpfung $\circ$ durch $[x] \circ [y] = [x \circ y]$ für x,y aus H definiert; denn es läßt sich die Unabhängigkeit von der Wahl der Repräsentanten beweisen, d.h. man kann zeigen, daß für $x' \in [x]$ und $y' \in [y]$ gilt $[x \circ y] = [x' \circ y']$. (Ist H ein Monoid, so ist $[e_H]$ das Einselement von H/ρ).

Der Abbildungssatz (vgl. das Ende des Abschnitts 1.3.) liefert daher eine Methode, um eine Menge M, die Bild einer Halbgruppe (bzw. eines Monoids) $(H, \circ)$ unter einer Abbildung f ist, zu einer Halbgruppe (bzw. einem Monoid) zu machen. Man definiere die Verknüpfung $\cdot$ auf M durch $m \cdot m' = i_f(i_f^{-1}(m) \circ i_f^{-1}(m'))$.
Dem Abbildungssatz entspricht der Homomorphiesatz:
Ist $h: H \twoheadrightarrow H'$ ein Epimorphismus, so ist i_h ein Isomorphismus von H/ρ_h auf H'.

Ist ρ eine beliebige Relation auf einer Halbgruppe $(H, \circ)$, so erhält man die von_ρ_erzeugte_Kongruenzrelation als reflexive, transitive Hülle folgender symmetrischen Relation $\bar{\rho}'$: Es gilt $m\bar{\rho}m'$ g.d.,w. Faktorisierungen $m=x \circ y \circ z$ und $m'=x \circ y' \circ z$ so existieren, daß $y\rho y'$ oder $y'\rho y$ gilt.

Ist X ein Erzeugendensystem der Halbgruppe (bzw. des Monoids) $(H,\circ)$, so ist jeder Homomorphismus h von H nach H' schon durch die Bilder $h(x)$ für x aus X eindeutig bestimmt, denn jedes $m{\in}H$ läßt sich als Produkt $m=x_1 \circ x_2 \circ \ldots \circ x_n$ mit $x_i{\in}X$ für $i=1,\ldots,n$ schreiben, und jede Abbildung $f: X{\rightarrow}H'$ läßt sich eindeutig zu einem Homomorphismus von H in H fortsetzen, indem man $f(m)=$ $=f(x_1) \circ f(x_2) \circ \ldots \circ f(x_n)$ für jedes wie oben zerlegte m aus H definiert.

Freie Halbgruppen und freie Monoide

Sei $(H,\circ)$ eine von X erzeugte Halbgruppe. X heißt _freies Erzeugendensystem_ von H und H eine _freie_ (genauer: _von X frei erzeugte_) _Halbgruppe_, wenn aus $x_1 \circ x_2 \circ \ldots \circ x_k = y_1 \circ y_2 \circ \ldots \circ y_n$ mit $x_i, y_j{\in}X$ für $1{\leq}i{\leq}k$, $1{\leq}j{\leq}n$ stets $k=n$ und $x_i=y_i$ für $i=1,\ldots,n$ folgt. Sind X und X' freie Erzeugendensysteme von H, so ist $X=X'$, denn jedes x aus X hat eine Darstellung $x=x_1' \circ \ldots \circ x_n'$ mit Faktoren aus X' und die x_i' lassen sich wiederum als Produkte von Elementen aus X darstellen, woraus $n=1$ und damit $x{\in}X'$ folgt. Also hat jedes Element einer freien Halbgruppe genau eine Darstellung als Produkt von Elementen des freien Erzeugendensystems.

Ist $(M,\circ)$ ein Monoid derart, daß $(M-e_M,\circ)$ eine von X frei erzeugte Halbgruppe ist, so heißt $(M,\circ)$ _von X frei erzeugtes Monoid_. Beispiel: $(\mathbb{N},+)$ ist ein frei von $\{1\}$ erzeugtes Monoid.

Das freie Monoid der Worte über einer Menge

Zu jeder Menge X läßt sich auf folgende Weise ein von X frei erzeugtes Monoid F(X) bilden: Sei $n{\in}\mathbb{N}_0$. Eine Abbildung $w: \{1,\ldots,n\}{\rightarrow}X$ heißt Wort der _Länge_ n über X; wir schreiben w_i für $w(i)$ und $w=w_1 w_2 \ldots w_n$ sowie $|w|=n$. Für $n=0$ ist $\{1,\ldots,n\}=\emptyset$, also ist ein Wort der Länge 0 die Abbildung $w=(\emptyset,X,W)$ mit $W{\subseteq}\emptyset{\times}X=\emptyset$, so daß $W=\emptyset$ ist. Also gibt es genau ein Wort der Länge 0, es wird mit Λ bezeichnet und heißt

das leere_Wort.
Sei nun $W^+(X)$ die Menge aller Worte endlicher von 0 verschie-
dener Länge über X, d.h. $W^+(X)=\{x_1 x_2 \ldots x_n \mid n \in \mathbb{N}, x_i \in X$ für
$i=1,\ldots,n\}$ und $W(X)$ die Menge aller Worte endlicher Länge über
X, d.h. $W(X)=\{\Lambda\} \cup W^+(X)$.
Auf $W(X)$ sei folgendermaßen eine Verknüpfung $\cdot$ erklärt:
Für u,v aus $W(X)$ sei $u \cdot v: \{1,\ldots,|u|+|v|\} \to X$ definiert durch
$u \cdot v(i)=u(i)$ für $i=1,\ldots,|u|$ und $u \cdot v(j)=v(j+|u|)$ für $j=1,\ldots,|v|$.
Dann ist $(W(X),\cdot)$ ein Monoid und $(W^+(X),\cdot)$ ist eine von X frei
erzeugte Halbgruppe. Da jede von X frei erzeugte Halbgruppe zu
$(W^+(X),\cdot)$ isomorph ist, nennen wir $(W^+(X),\cdot)$ die_von_X_erzeugte
freie_Halbgruppe und bezeichnen sie mit $F^+(X)$, wobei wir das
Verknüpfungszeichen weglassen, so daß die Verknüpfung einfach
die Hintereinanderschreibung von Worten ist. Entsprechend heißt
$(W(X),\cdot)$ das von_X_erzeugte_freie_Monoid, das mit $F(X)$ bezeichnet wird.

Sei H eine Halbgruppe und $X \subseteq H$. Dann ist H eine von X frei erzeugte Halbgruppe g.d.,w. sich jede Abbildung f von X in eine
Halbgruppe H' eindeutig zu einem Homomorphismus von H in H'
fortsetzen läßt. Zum Beweis hat man zu beachten, daß H zu $F(X)$
isomorph sein muß, wenn sich die Injektion von X in $F(X)$ eindeutig zu einem Homomorphismus fortsetzen läßt, weil natürlich
die Injektion von X in H einen Homomorphismus von $F(X)$ in H
liefert.
Insbesondere ist jedes Monoid mit dem Erzeugendensystem X Bild
von $F(X)$ unter dem kanonischen Isomorphismus, der auf X die
identische Abbildung ist.

Ein Wort über X wird auch oft Zeichenreihe über X genannt; X,
als Erzeugendensystem von $F(X)$ gesehen, heißt auch oft Alphabet.
Bei der Darstellung eines Wortes w über X in der Form
$w=x_1 x_2 \ldots x_n$ setzen wir stets voraus, daß die x_i in dieser Darstellung eindeutig erkennbar sind. Ist z.B. Y Teilmenge eines
freien Monoids $F(X)$, so ist $F(Y)$ nicht notwendig isomorph zu
dem Untermonoid Y^* von $F(X)$ (z.B. für $Y=\{a,aa\}$), aber in $F(Y)$
betrachten wir die Elemente von Y als unzerlegbare Objekte, so

daß wir eine Darstellung eines Wortes w als Hintereinanderschreibung von Elementen von Y von einer Darstellung von w als
Hintereinanderschreibung von Elementen aus X unterscheiden können - wie das praktisch zu bewerkstelligen ist, weiß man von
der Behandlung von Wortsymbolen (reservierten Worten) in höheren Programmiersprachen.

Homomorphismen, Kürzungsregeln

Ist $h: F(X) \to F(X')$ ein Monoidhomomorphismus mit $h(X) \subseteq X' \cup \Lambda$, so
heißt h <u>alphabetisch</u>; ist $\Lambda \notin h(X)$, so heißt h <u>Λ-frei</u>.
Ist h alphabetisch, so ist $h(F(X))$ ein freies Monoid, außerdem
ist dann $h^{-1}: \mathcal{P}(F(X')) \to \mathcal{P}(F(X))$ ein Halbgruppenhomomorphismus,
d.h. es gilt $h^{-1}(UV) = h^{-1}(U)h^{-1}(V)$ und $h^{-1}(U^+) = (h^{-1}(U))^+$ für
$U,V \subseteq F(X')$; ist h außerdem Λ-frei oder gilt $\Lambda \in U$, so ist auch
$h^{-1}(U^*) = (h^{-1}(U))^*$.
Beispiele: 1) Die Abbildung $h: X \to F(X)$ mit $h(x) = xx$ für jedes x
aus X bestimmt einen nicht-alphabetischen Homomorphismus der
$F(X)$ isomorph auf ein freies Untermonoid von $F(X)$ abbildet.
2) Die durch $h(w) = |w|$ definierte Abbildung von $F(X)$ in $(\mathbb{N}_0, +)$
ist ein Λ-freier alphabetischer Monoidhomomorphismus.

In $F(X)$ gelten u.a. folgende Kürzungsregeln (für $u,v,w \in F(X)$):
Aus $uv = uw$ folgt $v = w$ und aus $uv = wv$ folgt $u = w$.
Allgemeiner gilt (Satz von Lewi): Seien u, v, u', v' aus $F(X)$ mit
$uv = u'v'$:
Ist $|u| > |u'|$, so gibt es genau ein w in $F^+(X)$ mit $u = u'w$ und
$\qquad\qquad v' = wv$.
Ist $|u| = |u'|$, so gilt $u = u'$ und $v = v'$.
Ist $|u| < |u'|$, so gibt es genau ein w' in $F^+(X)$ und $u' = uw'$
$\qquad\qquad$ und $v = w'v'$.
Der Beweis ergibt sich aus folgenden Figuren:

u	v
u'	v'

u	v
u'	v'

u	v
u'	v'

Insbesondere folgt natürlich aus $uv = \Lambda$ stets $u = v = \Lambda$.

1.5. Beweismethoden

Drei wichtige (und einfache) Beweismethoden, die dann einzu-
setzen sind, wenn explizite Konstruktionen und Nachrechnen allein nicht ausreichen, werden an Beispielen erläutert.

Indirekter Beweis

Grundidee: Soll eine Aussage der Form "Gilt die Voraussetzung
V, so gilt die Behauptung B" bewiesen werden, so beweist man
statt dessen für eine passende aus V ableitbare Aussage V_a (wobei V_a=V sein kann): "Aus der Negation von B folgt die Negation von V_a".
Daß das genügt, sieht man so: Gilt V, so gilt auch V_a, also
kann dann nach dem Satz vom ausgeschlossenen Dritten (tertium
non datur) die Negation von V_a nicht gelten. Für B ist, nach
dem tertium non datur genau einer der Fälle "B gilt" oder "Die
Negation von B gilt" möglich. Wenn wir nun beweisen können, daß
aus der Negation von B die Negation von V_a folgt, so führt die
Annahme, daß B nicht gilt, zum Widerspruch mit der Gültigkeit
von V_a, also auch von V. Daher muß B gelten, wenn V gilt.
Man nennt diese Art eines Beweises deshalb auch Widerspruchs-
beweis (reductio ad absurdum).

Um eine Behauptung der Form "Es gilt B" zu beweisen, muß man
eine gültige Aussage V finden, die eine hinreichende Voraussetzung für die Gültigkeit von B ist und deren Negation man aus
der Negation von B herleiten kann.
Beispiele: 1) Das klassische Beispiel ist Euklids Beweis für
die Behauptung B="Es gibt unendlich viele Primzahlen". Als gültige hinreichende Voraussetzung benötigen wir die Aussage
V="Ist $n \in \mathbb{N}$ mit $n \neq 1$, so ist n entweder selbst Primzahl oder es
gibt eine Primzahl, die n teilt".
Nehmen wir nun die Negation von B als gültig an; d.h. nehmen
wir an, es gibt nur endlich viele Primzahlen, etwa $p_1, \ldots, p_k$.
Die Zahl $m = p_1 p_2 \ldots p_k + 1$ ist durch keines der p_i (für $i = 1, \ldots, n$)
teilbar. Da es nach Annahme keine anderen Primzahlen als die p_i
gibt und $m \neq 1$ ist, folgt daraus, daß V nicht gelten kann. Also

war die Annahme falsch und B gilt.

2) Behauptung: Sei M eine endliche Menge. Eine Abbildung f von M in sich ist surjektiv g.d.,w. sie injektiv ist.

Beweis: a) Sei f injektiv. Dann ist $|f(M)|=|M|$. Wäre f nicht surjektiv, so gäbe es ein $m \in M$ mit $f(M) \subseteq M-\{m\}$, woraus $|f(M)| \leq |M|-1$ folgte, was nach obigem nicht sein kann.

b) Sei f surjektiv. Dann ist $|f(M)|=|M|$. Wäre f nicht injektiv, so gäbe es $m,m' \in M$ mit $m \neq m'$ und $f(m)=f(m')$. Dann wäre $f(M)=$ $=f(M-\{m\})$, also $|f(M)| \leq |M|-1$, was im Widerspruch zur Voraussetzung steht.

Das Dedekindsche Schubfächerprinzip

Ein sehr wichtiges und besonders in der Theorie endlicher Automaten vielfach verwendetes Beweishilfsmittel ist das folgende Dedekindsche Schubfächerprinzip:

Verteilt man m Gegenstände auf n Schubfächer, und ist $m>n$, so muß mindestens ein Schubfach mehr als einen Gegenstand enthalten. Formal ausgedrückt: Seien G und S endliche Mengen mit $|G|>|S|$. Dann gibt es keine Bijektion von G auf S.

Beweis: Indirekt: Gäbe es eine Bijektion f von G auf S, so wäre $|S|=|f(G)|=|G|$, was im Widerspruch zur Voraussetzung steht.

Beispiel: Als Teil des Korrektheitsbeweises für das Verfahren von Warshall (aus Abschnitt 1.3.) soll folgendes bewiesen werden.
Behauptung: Sei R eine Relation auf der endlichen Menge M. Dann gilt $(x,y) \in R^+$ g.d.,w. es im Graphen von R einen Weg der Höchstlänge $|M|$ von x nach y gibt, d.h. wenn ein $m \leq |M|$ und Paare (x_i,y_i), $i=1,\ldots,m$ so existieren, daß $x_1=x$, $y_m=y$ und $x_{i+1}=y_i$ für $i=1,\ldots,m-1$ gilt.
Beweis: Sei $(x,y) \in R^+$ und (x_j,y_j), $j=1,\ldots,n$ mit $x_1=x$, $y_n=y$ und $x_{j+1}=y_j$ ein Weg minimaler Länge von x nach y. Wäre nun $n>|M|$, so könnten nicht alle x_j, $j=1,\ldots,n$ verschieden sein, denn die Abbildung $f: \{1,\ldots,n\} \rightarrow M$ kann nach dem Dedekindschen Schubfächerprinzip nicht bijektiv sein. Sei also etwa $x_i=x_k$ für $1 \leq i<k \leq n$. Dann wäre $(x_1 y_1),(x_2,y_2),\ldots,(x_{i-1},y_{i-1}),(x_k,y_k),\ldots,(x_n,y_n)$ ein Weg von x nach y der kürzer als n ist, was im Widerspruch zur Minimalität von n steht. Also muß $n \leq |M|$ sein. ∎

Beweis mit vollständiger Induktion

Im obigen Beispiel haben wir benutzt, daß jede nichtleere Menge natürlicher Zahlen ein kleinstes Element besitzt. Diese Eigenschaft läßt sich auch wie folgt formulieren:

Prinzip der vollständigen Induktion: Für $T \subseteq \mathbb{N}_0$ und $k \in \mathbb{N}_0$ gelte (1) und (2):

(1) $k \in T$

(2) Für jedes n aus $\mathbb{N}_0$ mit $n \geq k$ gilt $(n+1) \in T$, wenn $\{k, k+1, \ldots, n\} \subseteq T$ ist.

Dann ist $\mathbb{N}_0 - \{1, \ldots, k-1\} \subseteq T$.

Ist speziell $k=0$, so ist $T = \mathbb{N}_0$.

Denn gäbe es eine Zahl $m \in (\mathbb{N}_0 - \{1, \ldots, k-1\}) - T$, so gäbe es auch eine kleinste Zahl m_0 dieser Eigenschaft. Nach (1) muß $m_0 > k$ sein. Dann wäre aber $\{k, k+1, \ldots, m_0-1\} \subseteq T$, so daß nach (2) auch $m_0 \in T$ gelten müßte.

Ein Beweis nach der Methode der vollständigen Induktion wird nach folgendem Schema geführt: Zu beweisen sei die Behauptung: Für alle $n \geq k$ gilt $P(n)$. Dann sind folgende Schritte durchzuführen.

(i) Induktionsanfang: Es ist die Gültigkeit von $P(k)$ zu zeigen.

(ii) Induktionsschluß, bestehend aus:

(a) Induktionsannahme: Es wird angenommen, daß für ein festes aber beliebiges $n \geq k$ die Aussage $P(i)$ für alle i mit $k \leq i \leq n$ gilt. (Das kann auch so abgeschwächt werden, daß man nur die Gültigkeit von $P(n)$ annimmt, weil n beliebig ist.)

(b) Induktionsschritt: Es ist zu zeigen, daß aus der Induktionsannahme folgt, daß $P(n+1)$ gilt.

Nach dem Prinzip der vollständigen Induktion gilt dann $P(n)$ für alle $n \geq k$.

Beispiele: 1) Behauptung: Seien M und K nichtleere endliche Mengen mit $|M|=m$ und $|K|=k$. Dann gibt es genau k^m verschiedene Abbildungen von M in K.

Beweis: Wir führen den Beweis mit vollständiger Induktion über m. Es sei K eine beliebige, aber feste Menge mit $|K|=k$. Für jede Menge M mit $|M|=m$ sei $a(m,k)$ die Anzahl der verschiedenen Abbildungen von M in K.

(i) Induktionsanfang: Sei $m=1$ (und k beliebig). Dann ist M einelementig etwa $M=\{x\}$, und zu jedem y aus K gibt es nur eine Abbildung f von M in K mit $f(x)=y$. Daher ist $a(1,k)=k=k^m$.
(ii) (a) Induktionsannahme: Sei m beliebig, aber fest aus $\mathbb{N}$,
und gelte die Behauptung $a(m,k)=k^m$ für jede Menge M mit $|M|=m\geq 1$
(und beliebiges k).
(b) Induktionsschritt: Sei M eine Menge mit $|M|=m+1$. Wegen $m\geq 1$
hat M dann mindestens zwei Elemente. Sei A_x für irgendein festes
x aus M die Menge der Abbildungen von M-x in K. Dann ist nach
Induktionsannahme $|A_x|=m^k$, und man erhält die Menge A aller Ab-
bildungen von M in K, indem man zu jeder Abbildung f' aus A_x die
k Abbildungen f bildet, die auf M-x mit f' übereinstimmen, und
für die f(x) eines der k Elemente von K ist. Also gilt für die
Menge A_G der Graphen der Abbildungen von M in K:
$A_G=\{graph\ f'\cup(x,y)\,|\,f'\in A_x,\ y\in K\}$,
und es ist $a(m,k)=|A_G|=|A_x|\cdot k=k^m\cdot k=k^{m+1}$. Damit ist die Behaup-
tung bewiesen.

Als Spezialfall für $k=2$ ergibt sich $|\mathcal{P}(M)|=2^m$, weil die Menge
der Abbildungen von M in $\{0,1\}$ genau die Menge der charakteristischen Funktionen der Teilmengen von M ist und diese Menge
sich bijektiv auf $\mathcal{P}(M)$ abbilden läßt.

2) Behauptung: Das Verfahren von Warshall ist korrekt.
Beweis: Seien M,R und R_0 wie im Verfahren angegeben sowie
$R_{j+1}=R_j\cdot R$ für beliebiges j aus $\mathbb{N}_0$. Wir brauchen nur noch zu
zeigen, daß für jedes j aus $\mathbb{N}$ gilt
$R_j=\{(x,y)\,|\,$Es gibt im Graphen von R einen Weg der Länge j von x
nach y$\}$.
(i) Induktionsanfang: Sei $j=1$. Dann ist $R_j=R$ und die Behauptung
gilt.
(ii) (a) Induktionsannahme: Gelte die Behauptung über R_j für
festes $j\geq 1$.
(b) Induktionsschritt: Nach Konstruktion ist $R_{j+1}=R_j\cdot R$. Also
gilt $(x,y)\in R_{j+1}$ g.d.,w. es ein $z\in M$ so gibt, daß im Graphen von
R ein Weg der Länge j von x nach z und eine Kante (z,y) existieren, so daß insgesamt ein Weg der Länge j+1 von x nach y vorhanden ist. ∎

Literatur zu 1.

<u>B.Buchberger, F.Lichtenberger</u>, Mathematik für Informatiker I, Die Methode der Mathematik, 2.Aufl. Springer, Berlin, 1981.

<u>G. Hotz</u>, Informatik: Rechenanlagen, Teubner, Stuttgart, 1972.

<u>P.Kandzia, H.Langmaack</u>, Informatik: Programmierung, Teubner, Stuttgart, 1973.

<u>G.Lallement</u>, Semigroups and Combinatorial Applications, Wiley, New York, 1979.

<u>H.R.Lewis, C.H.Papadimitriou</u>, Elements of the Theory of Computation, Prentice-Hall, Englewood Cliffs, 1981.

<u>K.Mehlhorn</u>, Effiziente Algorithmen, Teubner, Stuttgart, 1977.

2. Der Mealy-Automat (MlA)

2.1. Einführendes Beispiel

Zur Einführung wird eine praktische Aufgabe behandelt.
Später werden wir sehen, wie die hier gegebene Lösung verein-
facht werden kann.

<u>Beispiel 2.1.1.</u>: In einem Kraftübertragungssystem soll der Um-
drehungssinn einer zylindrischen Transmissionswelle durch ein
selbsttätig arbeitendes Gerät ständig überwacht werden; das
Gerät soll entsprechende Signale, die weiter verarbeitet werden
können, in regelmäßigen Zeitabständen aussenden.
Als Meßvorrichtung sei an einem Ende der Welle eine Scheibe be-
festigt, die in vier Sektoren eingeteilt sei, von denen ein Paar
gegenüberliegender Sektoren aus leitendem, das andere aus nicht
leitendem Material bestehen möge. Die Scheibe sei gegen die Welle
isoliert; über eine die freie Seite der Scheibe überstreichende
Bürste stehe die Scheibe stets unter einer konstanten Spannung.
Zwei weitere Bürsten B_1 und B_2 seien so angebracht, daß sie den
Rand der Scheibe berühren und die verschiedenen Sektoren sich
nacheinander an ihnen vorbeibewegen. Die beiden Bürsten müssen
so dicht stehen, daß sie auch den kleinsten Sektor gleichzeitig
berühren können. Die jeweils an B_1 und B_2 liegenden Spannungen
seien die Eingaben für den zu konstruierenden Automaten A; bei
entsprechender Normierung treten dann nur die Werte 0 und 1 an
den Eingängen von A auf. Am Ausgang des Automaten möge die
Spannung 1 liegen, wenn sich die Scheibe im Uhrzeigersinn dreht,
und die Spannung 0, wenn sie sich im entgegengesetzten Sinne
dreht.

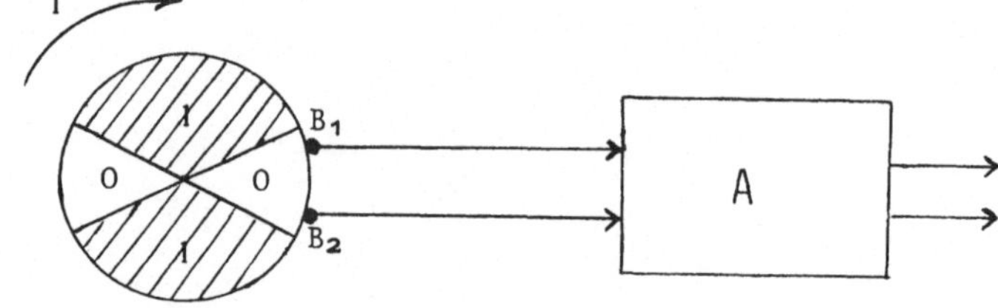

Figur 2.1.1.: Anzeigegerät

Was die technische Realisierung anbetrifft, auf deren Details jedoch hier nicht weiter eingegangen werden soll, muß noch die Existenz eines Taktgebers vorausgesetzt werden, der die Zeitpunkte festlegt, zu denen der Automat A die an den beiden Bürsten liegenden Spannungen feststellen und zum entsprechenden Ausgabesignal verarbeiten soll. Man beachte, daß die Zeitspannen, innerhalb derer jeweils die Spannungen an den Bürsten festgestellt werden, sehr kurz im Vergleich zur Umdrehungszeit der Scheibe sein müssen.

Wir haben also hier vier verschiedene Eingabekombinationen (kurz Eingaben) für A:
$a=(0,0)$, $b=(1,0)$, $c=(1,1)$, $d=(0,1)$,
wobei ein Paar (i,j) bedeute, daß an B_1 die Spannung i und an B_2 die Spannung j liege.

Da offensichtlich aus einer einzelnen Eingabe der Automat den Drehsinn nicht bestimmen kann, muß er die vorausgegangenen Eingaben speichern oder sich den jeweiligen Zustand des Systems im vorangegangenen Zeitpunkt merken. Als Zustände des Systems kommen die 8 Paare aus der letzten Eingabe und dem Drehsinn (0 oder 1) zum vorangegangenen Zeitpunkt in Betracht:

$z_1=(a,1)$, $z_2=(b,1)$, $z_3=(c,1)$, $z_4=(d,1)$,

$z_5=(d,0)$, $z_6=(c,0)$, $z_7=(b,0)$, $z_8=(a,0)$.

Aus Zustand und (neuer) Eingabe (etwa z_1 und a oder z_1 und b oder z_1 und d) ergibt sich der Drehsinn (Ausgabe 1 bzw.1 bzw.0) unmittelbar; einige Kombinationen von Zustand und Eingabe sind jedoch nicht erlaubt.

z_1 oder z_8 mit c , z_2 oder z_7 mit d ,

z_3 oder z_6 mit a , z_4 oder z_5 mit b .

In diesen Fällen muß ein Meßfehler vorliegen; der Automat A soll dann ein Fehlersignal (1) ausgeben. Es wird angenommen, daß der Fehler behoben ist, wenn A eine Eingabe erhält, die von der fehlerhaften verschieden ist.

A hat also zwei Ausgänge: einen für die Angabe des Drehsinns
und einen für die Fehleranzeige (0, falls kein Fehler vorliegt).
Das ergibt die 4 Ausgabekombinationen (kurz Ausgaben):

$p=(0,0)$, $q=(1,0)$, $r=(1,1)$, $s=(0,1)$,

wobei die erste Komponente in jedem Paar den Drehsinn angibt.

Wir können jetzt die Arbeitsweise von A durch eine Tabelle beschreiben, in der der neue Zustand und die jeweilige Ausgabe
in Abhängigkeit vom alten Zustand und der betreffenden Eingabe
angegeben sind; dabei schreiben wir kurz i statt z_i:

Zustand \ Eingabe	a	b	c	d
1	1/q	2/q	1/r	5/p
2	8/p	2/q	3/q	2/r
3	3/r	7/p	3/q	4/q
4	1/q	4/r	6/p	4/q
5	1/q	5/s	6/p	5/p
6	6/s	7/p	6/p	4/q
7	8/p	7/p	3/q	7/s
8	8/p	2/q	8/s	5/p

Figur 2.1.2.: Tabelle des Automaten A.

Man beachte noch, daß wir keine Voraussetzung darüber machen,
in welchem Zustand sich der Automat zu Beginn seiner Arbeit befinden soll, so daß die ersten Ausgaben falsch sein können -
ebenso kann nach dem Auftreten eines Fehlers die Ausgabe falsch
sein; nach spätestens einer Umdrehung der Welle ist aber (falls
kein Fehler eintritt) die Ausgabe korrekt.

Der Automat A läßt sich sehr schön durch einen Graphen beschreiben:

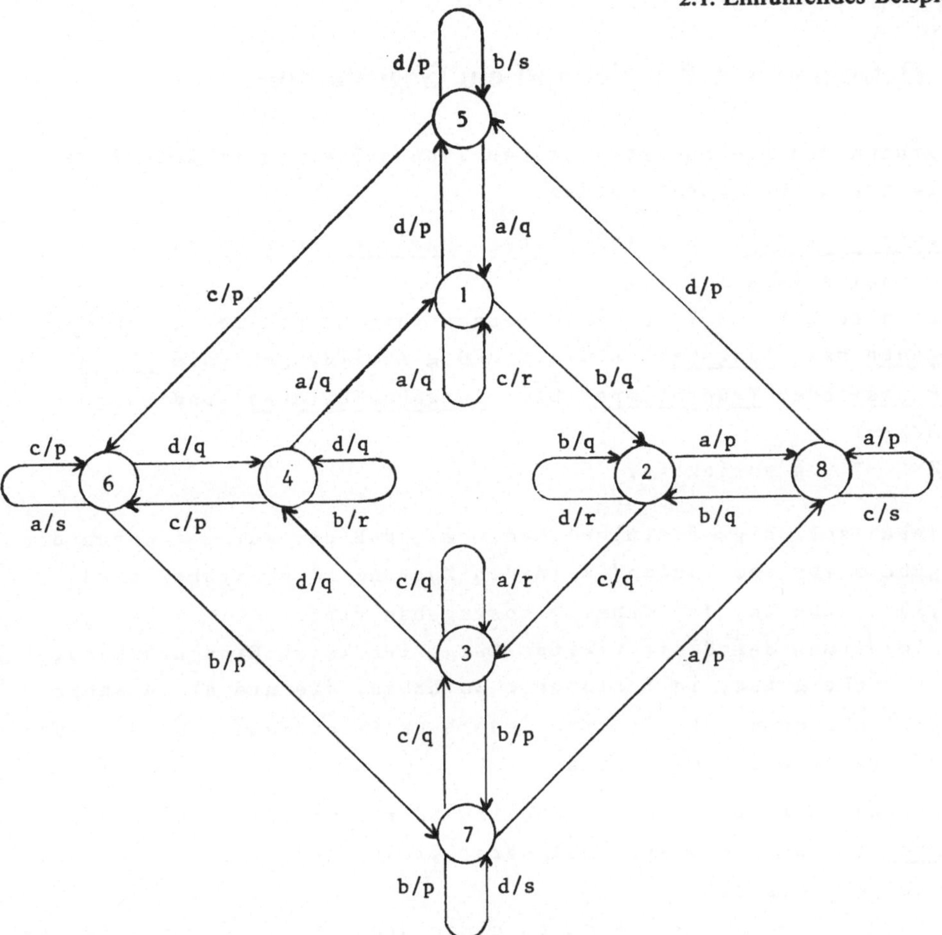

Figur 2.1.3.: Graph des Automaten A

Man vergleiche die Richtungen der Pfeile von 1 nach 2 bzw. 5
nach 6 etc. mit dem Drehsinn der Scheibe.

Das gesuchte Anzeigegerät läßt sich also beschreiben als ein
Automat mit der Eingabemenge $X=\{a,b,c,d\}$, der Zustandsmenge
$Z=\{z_1,\ldots,z_8\}$ und der Ausgabemenge $Y=\{p,q,r,s\}$, dessen Arbeitsweise (Änderung des jeweiligen Zustandes und Ausgabe, beides
bewirkt durch eine Eingabe im betreffenden Zustand) dargestellt
wird durch obige Tabelle, d.h. durch die zwei Funktionen
$f\colon Z\times X\longrightarrow Z$ und $g\colon Z\times X\longrightarrow Y$.

Weitere Beispiele liefern die Aufgaben 2.1. – 2.4.

2.2. Definition, ein Beispiel und ein Gegenbeispiel

Automaten des soeben betrachteten Typs sollen jetzt formal definiert und untersucht werden.

Definition 2.2.1.: Ein (endlicher) Mealy-Automat (M1A) ist ein Quintupel $A=(Z,X,Y,f,g)$.
Dabei sind Z,X und Y endliche Mengen (die Mengen der Zustände, Eingaben bzw. Ausgaben) sowie f und g Abbildungen (die Überführungs- oder Transitions- bzw. Ausgabeabbildung) und zwar:
$f:\ Z\times X\longrightarrow Z$
$g:\ Z\times X\longrightarrow Y$, g surjektiv.

Offenbar soll hier $f(z,x)=z'$ bedeuten, daß der Automat durch die Eingabe x aus dem Zustand z in den Zustand z' überführt wird; $g(z,x)=y$ gibt an, daß dabei y ausgegeben wird.
Die Forderung der Surjektivität für g ist keine Einschränkung, da es unnötig ist, in Y Elemente zu haben, die nie als Ausgabe auftreten können. Oft ist man jedoch großzügig und gibt die Ausgabemenge größer als nötig an.

Bemerkung: Wie M1A'n durch Tabellen oder bewertete gerichtete Graphen (bewertete Digraphen) darstellbar sind, ergibt sich aus dem obigen Beispiel.
Der Darstellung eines M1A durch einen Graphen entspricht die Angabe der sog. Übergangs/Ausgabe-Matrix: Sei $A=(Z,X,Y,f,g)$ mit $Z=\{z_1,\ldots,z_n\}$, dann ist die Übergangs/Ausgabe-Matrix von A die $n\times n$-Matrix $M=(m_{ik})$ mit
$m_{ik}=\{(x,y)\in X\times Y\mid f(z_i,x)=z_k, g(z_i,x)=y\}$.

Hinweis: Im folgenden wollen wir uns, wenn nichts anderes gesagt ist, einen M1A immer in der Form der Definition 2.2.1. gegeben denken. Dabei nehmen wir ferner stets an, daß keine der Mengen X,Y,Z leer ist.

Wir wollen jetzt versuchen, Automaten zu entwerfen, die arithmetische Operationen mit nicht-negativen, ganzzahligen Dualzahlen durchführen. Die Dualzahlen sollen seriell verarbeitet werden, d.h. im Takt i (i=1,2,...) sollen die i-ten Stellen aller Operanden gleichzeitig (beginnend mit der niedrigstwertigen Stelle) eingegeben und die i-te Stelle des Ergebnisses ausgegeben werden. Die Zahlen seien jeweils mit so viel führenden Nullen geschrieben wie nötig.

Beispiel 2.2.2.: Ein Automat zur seriellen Addition (Serienaddierer) ist dann durch folgenden Graphen bestimmt:

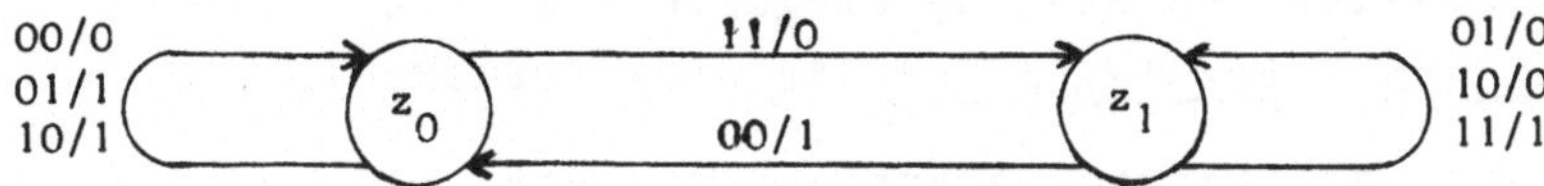

Figur 2.2.1.: Graph eines Serienaddierers

Im Zustand z_i beträgt der zu speichernde Übertrag gerade i. Der Automat muß im Zustand z_0 gestartet werden.

Dagegen gilt

Satz 2.2.3.: Es gibt keinen endlichen Mealy-Automaten, der beliebig lange Dualzahlen seriell multiplizieren kann.

Beweis: Annahme: Es existiere ein solcher Automat A; er habe n Zustände.
Sei dann p eine ganze Zahl größer als n.
Behauptung: A kann das Produkt $2^p \cdot 2^p$ nicht berechnen.
Beweis: A starte in irgendeinem Zustand. Während der ersten 2p Takte muß A stets 0 ausgeben, gleichgültig in welchem Zustand er sich befindet und unabhängig davon, ob die Eingabe 00 oder 11 ist. Im (2p+1)-ten Takt (d.h. wenn die letzte Ziffer des Ergebnisses bestimmt werden soll) muß sich A in einem Zustand befinden, den er bereits einmal nach der Ausgabe von 11 eingenommen hatte; denn es können wegen p>n nicht alle nach der Eingabe von 11 angenommenen Zustände verschieden gewesen sein - man beachte, daß nach 11 noch p-mal 00 eingegeben wird. Also muß die Eingabe 00 dann wie früher die Ausgabe 0 bewirken, was nicht sein darf. ∎

Der Satz und sein Beweis zeigen eine Beschränkung der Leistungsfähigkeit von MlA'n, die sich in einer gewissen "Vergeßlichkeit" äußert - bei langen Eingabefolgen hängen die letzten Ausgaben nur von den letzten Eingaben ab.

2.3. Leistung, Äquivalenz, Reduktion

Um die Leistungsfähigkeit von M1A'n und die soeben angedeuteten Beschränkungen genauer untersuchen zu können, muß das Verhalten eines M1A über längere Zeiträume hinweg formal beschrieben werden, d.h. es muß definiert werden, wie ein M1A auf endliche Folgen von Eingaben reagieren soll.

Dazu fassen wir endliche Folgen von Eingaben aus X auf als Elemente des <u>freien von X erzeugten Monoids</u> $F(X)$ (vgl.Kap.1):

- Eine Eingabefolge der Länge n schreiben wir dann als <u>Wort</u> $x_1...x_n$ aus $F(X)$ (mit x_i aus X).

- Die Folge der Länge O(die "keine Eingabe" bedeutet) ist das Einselement Λ von $F(X)$ (und wird <u>leeres Wort</u> genannt).

- Die Verknüpfung in $F(X)$ ist die <u>Hintereinanderschreibung</u> von Worten: $u \cdot v = uv$.

- Mit $|w|$ wird die Länge einer Eingabefolge w (eines Wortes w aus $F(X)$) bezeichnet.

- X^n sei die Menge aller Worte w aus $F(X)$, die die Länge n haben: $X^n = \{w \in F(X) \mid |w| = n\}$, also $X^0 = \{\Lambda\}$, $X^{n+1} = X^n \cdot X$.

Entsprechend betrachten wir Ausgabefolgen als Elemente von $F(Y)$.

<u>Definition 2.3.1.</u>: Seien $A = (Z,X,Y,f,g)$ ein M1A und $F(X)$ sowie $F(Y)$ die freien von X bzw.Y erzeugten Monoide mit dem Einselement Λ.

(i) Dann seien

f^*: $Z \times F(X) \longrightarrow Z$ und g^*: $Z \times F(X) \longrightarrow F(Y)$ definiert durch

$f^*(z,\Lambda) = z$ bzw. $g^*(z,\Lambda) = \Lambda$ für alle z aus Z,

$f^*(z,wx) = f(f^*(z,w),x)$ bzw. $g^*(z,wx) = g^*(z,w)g(f^*(z,w),x)$

für alle z aus Z, x aus X und w aus $F(X)$.

(ii) Als Leistung des Zustandes z (für jedes z aus Z) bezeichnen wir die durch ihn erzeugte Ein/Ausgabe-Abbildung, d.h. die Abbildung

g_z: $F(X) \longrightarrow F(Y)$, $g_z(w) = g^*(z,w)$.

Die <u>Leistung von A</u> ist dann die Menge der Leistungen aller Zustände:

$L(A) = \{g_z \mid z \in Z\}$.

(iii) Zwei <u>Zustände</u> z,z' aus Z heißen <u>äquivalent</u>, wenn sie die
      gleiche Leistung besitzen, d.h. wenn $g_z=g_{z'}$ gilt.
      Zwei MlA'n <u>A und A'</u> heißen <u>äquivalent</u>, wenn ihre Leistun-
      gen gleich sind, d.h. wenn L(A)=L(A') ist.
      Ein MlA A heißt <u>reduziert</u>, wenn je zwei verschiedene Zu-
      stände von A nicht äquivalent sind.
Bei (iii) beachte man, daß zur Gleichheit zweier Abbildungen auch
die Gleichheit ihrer Definitionsbereiche gehört, so daß äquivalente MlA'n mit nichtleerer Zustandsmenge gleiche Eingabe- und
Ausgabemengen haben müssen.

<u>Bemerkung</u>: Man überlegt sich leicht, daß die Äquivalenz von Zu-
ständen (bzw. MlA'n) eine reflexive, symmetrische und transitive
Relation auf der Menge aller Zustände eines MlA (bzw. auf der
Menge aller MlA'n) ist - sie ist also auch eine Äquivalenzrelation im mathematischen Sinne.

Wie man leicht sieht (man betrachte Eingabefolgen der Länge 1),
sind die Automaten der Beispiele 2.1.1. und 2.2.2. reduziert.

Anschaulich ist klar, daß die Reaktion eines MlA auf die Nachein-
andereingabe zweier Folgen v und w gleich der Reaktion auf die
Eingabefolge vw sein muß - das können wir auch tatsächlich aus
Definition 2.3.1. (i) ableiten, was zeigt, daß diese Definition
vernünftig ist.

<u>Satz 2.3.2.</u>: Sei A=(Z,X,Y,f,g) ein MlA. Dann gilt für beliebige
v,w aus F(X) und z aus Z
$$f^*(z,vw)=f^*(f^*(z,v),w)$$
$$g^*(z,vw)=g^*(z,v)g^*(f^*(z,v),w).$$

<u>Beweis</u>: Beide Behauptungen werden mit vollständiger Induktion
über die Länge von w bewiesen.
Sei $|w|=0$, d.h. $w=\Lambda$. Dann ist nach Definition 2.3.1.
$$f^*(z,v\Lambda)=f^*(z,v)=f^*(f^*(z,v),\Lambda),$$
$$g^*(z,v\Lambda)=g^*(z,v)=g^*(z,v)g^*(f^*(z,v),\Lambda).$$
Gelte nun die Behauptung für alle w aus F(X) mit $|w|=k\geq 0$ und sei
$w=w'x$ aus F(X) mit x aus X und $|w'|=k$. Aus Definition 2.3.1.
und der Induktionsvoraussetzung (angewendet auf w') folgt dann

$$f^*(z,vw)=f^*(z,vw'x)=f(f^*(z,vw'),x)=f(f^*(f^*(z,v),w'),x)=$$
$$=f^*(f^*(z,v),w'x)=f^*(f^*(z,v),w).$$
$$g^*(z,vw)=g^*(z,vw'x)=g^*(z,vw')g(f^*(z,vw'),x)=$$
$$=g^*(z,v)g^*(f^*(z,v),w')g(f^*(z,vw'),x)=$$
$$=g^*(z,v)g^*(f^*(z,v),w'x)=$$
$$=g^*(z,v)g^*(f^*(z,v),w).\quad\blacksquare$$

Wir können nun gleich den wichtigsten Satz der Theorie der M1A'n beweisen.

<u>Satz 2.3.3.</u>: (Huffman/Mealy): In einem M1A mit n Zuständen $(n>0)$ sind zwei Zustände schon dann äquivalent, wenn ihre Leistungen für alle die Eingabefolgen übereinstimmen, die höchstens die Länge $n-1$ haben.

<u>Beweis</u>: Sei A wie in Definition 2.2.1.

Für jede natürliche Zahl k definieren wir:

Zwei Zustände z,z' von A heißen <u>k-äquivalent</u>, wenn $g^*(z,w)=g^*(z',w)$ für alle w aus X^k gilt.

Die k-Äquivalenz von Zuständen ist offensichtlich eine reflexive, symmetrische und transitive Relation auf Z. Sei K_k die Menge der Äquivalenzklassen k-äquivalenter Zustände aus Z. Da $(k+1)$-äquivalente Zustände auch k-äquivalent sind, ist jede $(k+1)$-Äquivalenzklasse ganz in einer k-Äquivalenzklasse enthalten, also gilt $|K_k|\leq|K_{k+1}|$ für jede natürliche Zahl k.

<u>1. Zwischenbehauptung</u>: Gilt $K_i=K_{i+1}$, so gilt $K_i=K_j$ für alle $j>i$, d.h. dann sind i-äquivalente Zustände auch äquivalent.

<u>Beweis</u>: Es genügt zu zeigen, daß $K_{i+1}=K_{i+2}$ aus $K_i=K_{i+1}$ folgt. Seien also z und z' zwei Zustände. Dann implizieren offenbar die folgenden Aussagen einander sowohl in der Reihenfolge von oben nach unten als auch von unten nach oben:

- z und z' sind $(i+2)$-äquivalent
- $g(z,x)g^*(f(z,x),wx')=g(z',x)g^*(f(z',x),wx')$ für alle x,x' aus X, w aus X^i
- $g(z,x)=g(z',x)$ und $f(z,x)$ und $f(z',x)$ sind $(i+1)$-äquivalent für alle x aus X
- $g(z,x)=g(z',x)$ und $f(z,x)$ und $f(z',x)$ sind i-äquivalent für alle x aus X
- $g(z,x)=g(z',x)$ und $g^*(f(z,x),w)=g^*(f(z',x),w)$ für alle x aus X, w aus X^i

- $g^*(z,xw)=g^*(z',xw)$ für alle x aus X, w aus X^i
- z und z' sind (i+1)-äquivalent.

Damit ist die 1. Zwischenbehauptung bewiesen.

2. Zwischenbehauptung: Es gilt $|K_i|\geq i+1$, falls $K_i \neq K_{i+1}$

für i=1,2...

Beweis: Wir zeigen die Gültigkeit der Behauptung durch vollständige Induktion über i.

Sei also i=1 und $K_i \neq K_{i+1}$.

Wäre $|K_1|=1$, so wären je zwei Zustände z und z' ebenso wie ihre
Nachfolger f(z,x) und f(z',x) unter einer beliebigen Eingabe x
1-äquivalent, was besagt, daß z und z' 2-äquivalent sein müßten.
Dann müßte $K_1=K_2$ sein. Da das Gegenteil vorausgesetzt war, muß
$|K_1|\geq 2$, d.h. die Behauptung für i=1, gelten.

Nehmen wir nun an, die Behauptung gelte für i=k und es sei
$K_k \neq K_{k+1}$. Wäre die 2. Zwischenbehauptung falsch, so müßte aufgrund der Induktionsannahme gelten

$k+1 \leq |K_k| \leq |K_{k+1}| < k+2$.

Daraus würde $K_k=K_{k+1}$ folgen, was nach Voraussetzung nicht sein
darf.

Weil A nur n Zustände besitzt, folgt aus der 2. Zwischenbe-
hauptung $|K_{n-1}|=|K_n|$. Aufgrund der 1. Zwischenbehauptung im-
pliziert also die (n-1)-Äquivalenz schon die Äquivalenz der
Zustände von A. ∎

Daß sich die Schranke n-1 im Satz nicht verbessern läßt, ist in
Aufgabe 2.5.(i) zu zeigen.

Folgerung 2.3.4.: Für M1A'n ist die Äquivalenz von Zuständen
entscheidbar.

Verfahren zur Bestimmung der Äquivalenzklassen werden in 2.4.
und 2.5. angegeben.

Folgerung 2.3.5.: Zwei M1A'n A und A' mit m bzw. n Zuständen
sind äquivalent, wenn ihre Leistungen bei all den Eingabefolgen
übereinstimmen, deren Längen nicht größer als m+n-1 sind. Also
ist die Äquivalenz von M1A'n entscheidbar.

<u>Beweis</u>: Haben A und A' verschiedene Eingabe- oder verschiedene Ausgabemengen, so sind sie nicht äquivalent. Wir können also annehmen, daß $A=(Z,X,Y,f,g)$ und $A'=(Z',X,Y,f',g')$ sowie daß Z und Z' disjunkte Mengen sind. Dann können wir A und A' zu einem neuen Automaten $B=(\bar{Z},X,Y,\bar{f},\bar{g})$ vereinigen, indem wir setzen:
$\bar{Z} = Z \cup Z'$, *graph* $\bar{f}$ = *graph* f $\cup$ *graph* f', *graph* $\bar{g}$ = *graph* g $\cup$ *graph* g'.
Statt zu prüfen, ob A und A' äquivalent sind, genügt es jetzt zu untersuchen, ob es zu jedem Zustand z von B, der in Z liegt, einen äquivalenten Zustand z' von B gibt, der in Z' liegt und umgekehrt. Aufgrund des vorigen Satzes brauchen wir dazu nur jeweils Eingabefolgen von höchstens der Länge $|\bar{Z}|-1$ zu benutzen. ∎

Daß in der Folgerung 2.3.5. die Zahl m+n-1 durch keine kleinere ersetzt werden kann, zeigt Aufgabe 2.5.(ii).

<u>Satz 2.3.6.</u> (Reduktionssatz): Zu jedem M1A kann ein äquivalenter reduzierter M1A effektiv konstruiert werden.

<u>Beweis</u>: Einen zu A äquivalenten reduzierten M1A'n A_r erhalten wir, indem wir jeweils alle zu einem Zustand von A äquivalenten Zustände zu einem einzigen Zustand von A_r zusammenfassen und die Übergangs- und die Ausgabefunktionen entsprechend einschränken. Bezeichnet also [z] die Klasse aller zum Zustand z von A äquivalenten Zustände von A, so ist A_r wie folgt definiert:
$A_r=(\{[z]\,|\,z\in Z\},X,Y,f_r,g_r)$
mit $f_r([z],x)=[f(z,x)]$ und $g_r([z],x)=g(z,x)$.
Man prüft leicht nach, daß f_r und g_r wohldefiniert sind (unabhängig vom Repräsentanten der Klasse [z]) und daß A_r und A äquivalent sind.
Die Klassen [z] sind aufgrund von Satz 2.3.3. effektiv konstruierbar. ∎

Zum besseren Verständnis des Begriffs des reduzierten M1A versuche man, Aufgabe 2.6. zu lösen.
Weitere Möglichkeiten, das Ein/Ausgabeverfahren eines M1A darzustellen sind in den Aufgaben 2.7. - 2.10. angegeben.

2.4. Zur Bestimmung der Zustandsäquivalenz

Aus dem Beweis von Satz 2.3.3. läßt sich leicht ein sehr einfaches und für kleine Zustandsanzahlen einigermaßen schnelles Verfahren herleiten, mit dem die Äquivalenz von Zuständen festgestellt werden kann. Die Grundidee steckt in folgender, in diesem Beweis enthaltenen Regel:

(R_k): Zwei Zustände z und z' sind k-äquivalent $(k \geq 2)$ g.d.,w. sie 1-äquivalent sind, und wenn für jede Eingabe x ihre Nachfolger bzgl. x, d.h. $f(z,x)$ und $f(z',x)$ $(k-1)$-äquivalent sind.

Es ist also zunächst die Relation der 1-Äquivalenz zu bestimmen und dann iterativ daraus, aufgrund von (R_k), die Relation der k-Äquivalenz für $k \geq 2$, solange bis die $(k-1)$- und die k-Äquivalenz sich nicht mehr unterscheiden, was nach obigem Beweis spätestens für $k=n$ der Fall ist.

Da die k-Äquivalenz eine reflexive, symmetrische und transitive Relation ist, braucht man nicht alle Paare k-äquivalenter Zustände anzugeben, sondern nur die Einteilung der Zustandsmenge in die k-Äquivalenzklassen. Zu diesem Zweck numerieren wir die Zustände, $Z = \{z_1, \ldots, z_n\}$, und stellen die k-Äquivalenzrelation durch ein n-Tupel dar.
Dazu zunächst noch eine Bezeichnung: Für ein n-Tupel T sei $T(j)$ die j-te Komponente von T.

Nun sei die k-Äquivalenz durch dasjenige n-Tupel $\ddot{A}_k$ dargestellt, für das gilt: $\ddot{A}_k(j)$ ist der kleinste aller Indizes $i > 0$, für die z_i zu z_j äquivalent ist; dabei ist $i=j$ zugelassen, so daß insbesondere $\ddot{A}_k(1)=1$ ist. Dann sind also zwei Zustände z_p und z_q genau dann k-äquivalent, wenn $\ddot{A}_k(p)=\ddot{A}_k(q)$ ist.

Zur Bestimmung von $\ddot{A}_1$ numerieren wir zunächst die Eingaben: $X = \{x_1, \ldots, x_m\}$, und gehen wie folgt vor: Wir berechnen zunächst ein n-Tupel $\ddot{A}_1^1$ auf folgende Weise:

Für jedes $j=1,\ldots,n$ sei $\ddot{A}_1^1(j)$ der kleinste aller Indizes $i > 0$, für die $g(z_i,x_1)=g(z_j,x_1)$ gilt ($i=j$ ist zugelassen!). A_1^1 gibt also die Klassen von Zuständen mit gleicher Ausgabe bei Eingabe von x_1 an.

Nun bestimmen wir sukzessive für $r=2,\ldots,m$ aus $\ddot{A}_1^{r-1}$ jeweils ein n-Tupel $\ddot{A}_1^r$ wie folgt: Für $j=1,\ldots,n$ sei $\ddot{A}_1^r(j)$ der kleinste aller Indizes $i>0$, für die $\ddot{A}_1^{r-1}(i)=\ddot{A}_1^{r-1}(j)$ und $g(z_i,x_r)=g(z_j,x_r)$ gilt. $\ddot{A}_1^r$ gibt also die Klassen von Zuständen an, die bei jeder Eingabe x_s, $s=1,\ldots,r$ jeweils die gleiche Ausgabe liefern.
Offenbar ist dann $\ddot{A}_1^m=\ddot{A}_1$.

Zur Bestimmung von $\ddot{A}_k$ aus $\ddot{A}_1$ und $\ddot{A}_{k-1}$ gehen wir ganz ähnlich vor: Wir bestimmen sukzessive n-Tupel $\ddot{A}_k^r$ für $r=1,\ldots,m$, so daß $\ddot{A}_k^m=\ddot{A}_k$ wird und jeweils $\ddot{A}_k^r$ die Klassen der Zustände angibt, die 1-äquivalent sind und deren Nachfolger unter x_s, für $s=1,\ldots,r$, jeweils (k-1)-äquivalent sind.
Für $j=1,\ldots,n$ ist also $\ddot{A}_k^1(j)$ der kleinste aller Indizes $i>0$, für die z_i zu z_j 1-äquivalent sowie $f(z_i,x_1)$ zu $f(z_j,x_1)$ (k-1)-äquivalent ist.
Für $r=2,\ldots,m$ ist $\ddot{A}_k^r(j)$ der kleinste aller Indizes $i>0$, für die $\ddot{A}_k^{r-1}(i)=\ddot{A}_k^{r-1}(j)$ sowie $f(z_i,x_r)$ zu $f(z_j,x_r)$ (k-1)-äquivalent ist.

In vielen Fällen kann sich eine Beschleunigung des Verfahrens ergeben, wenn man für $k>1$ zur Bestimmung von $\ddot{A}_k^1$ statt $\ddot{A}_1$ gleich $\ddot{A}_{k-1}$ heranzieht, d.h. $\ddot{A}_k^1$ wie folgt festlegt: $\ddot{A}_k^1(j)$ sei der kleinste aller Indizes $i>0$, für die z_i und z_j sowie $f(z_i,x_1)$ und $f(z_j,x_1)$ jeweils (k-1)-äquivalent sind. Analog benutze man zur Bestimmung von $\ddot{A}_k^r$ für $r>1$ statt $\ddot{A}_{k-1}$ gleich $\ddot{A}_k^{r-1}$.

<u>Beispiel 2.4.1.</u>(Bestimmung der Klassen äquivalenter Zustände):
Gegeben sei der M1A A_1 durch folgenden Graphen

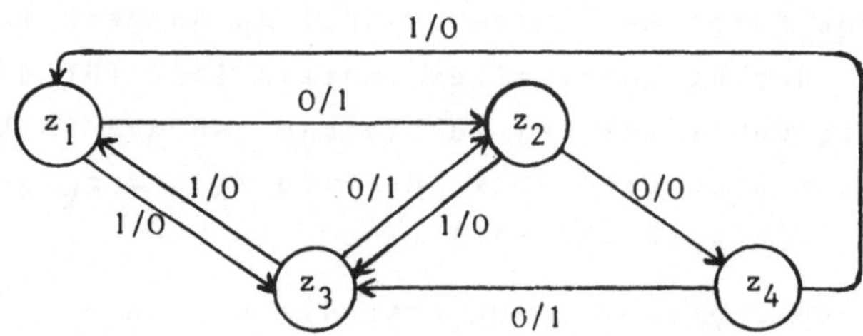

Figur 2.4.1.: Ein nicht reduzierter M1A A_1

Wir stellen den Automaten nun durch seine Tabelle dar (vgl. die Bemerkung zu Definition 2.2.1.) und erweitere diese Tabelle nach obigem Verfahren sukzessive um die Quadrupel $\ddot{A}_1^1,\ddot{A}_1^2=\ddot{A}_1,\ddot{A}_2^1,\ddot{A}_2^2=\ddot{A}_2$

etc. die als Spalten rechts an die Tabelle angefügt werden.

	$x_1 = 0$	$x_2 = 1$	$\ddot{A}_1^1$	$\ddot{A}_1^2$	$\ddot{A}_2^1$	$\ddot{A}_2^2$	$\ddot{A}_3^1$	$\ddot{A}_3^2$
z_1	$z_2 / 1$	$z_3 / 0$	1	1	1	1	1	1
z_2	$z_4 / 0$	$z_3 / 0$	2	2	2	2	2	2
z_3	$z_2 / 1$	$z_1 / 0$	1	1	1	1	1	1
z_4	$z_3 / 1$	$z_1 / 0$	1	1	4	4	4	4

<u>Figur 2.4.2.</u>: Tabelle von A_1 mit Äquivalenzklassenbestimmung.

Da $\ddot{A}_3^2 = \ddot{A}_2^2$ ist, ist $\ddot{A}_3 = \ddot{A}_2$. Also sind nur z_1 und z_3 äquivalent; sowohl z_2 als auch z_4 ist zu keinem anderen Zustand äquivalent.

Man sieht sofort, daß man das Verfahren weiter verbessern kann:

- Ist $\ddot{A}_{n-1}$ bestimmt, so ist man fertig, weil $\ddot{A}_{n-1} = \ddot{A}_n$ ist.
- Eine Eingabe, die in allen Zuständen die gleiche Ausgabe er-
  zeugt, kann bei $k=1$ unberücksichtigt bleiben.
- Für $k>1$ braucht man eine Eingabe x, die keine Zustandsänderun-
  gen bewirkt (d.h. für die stets $f(z,x)=z$ gilt) ebenso wie eine
  Eingabe, die alle Zustände auf einen einzigen abbildet, nicht
  mehr zu beachten.
- Man braucht nur noch Platz für zwei Spalten, nämlich zunächst
  für $\ddot{A}_1^{r-1}$ und $\ddot{A}_1^r$ ($r \geq 2$) und bei $k>1$ dann erst für $\ddot{A}_{k-1}$ und $\ddot{A}_k^1$
  sowie anschließend für $\ddot{A}_k^{r-1}$ und $\ddot{A}_k^r$ ($r \geq 2$).
- Sobald für igendein j, irgendein k und irgendein r sich
  $\ddot{A}_k^r(j)=j$ ergeben hat, braucht man die j-te Komponente nicht
  mehr neu zu berechnen - man muß nur noch $\ddot{A}_k^{r+1}(j)=j$, für $r<m$,
  bzw. $\ddot{A}_{k-1}^1(j)=j$ für $r=m$ setzen und kann die j-te Komponente
  dann unverändert lassen; insbesondere ist die erste Komponente
  jeder Spalte stets 1.
- Um zu vermeiden, daß man bei der Bestimmung von $\ddot{A}_k^r$ für jedes j
  alle $i<j$ prüfen muß, kann man so vorgehen, daß man neben die
  Spalte $\ddot{A}_k^{r-1}$ (bzw. $\ddot{A}_{k-1}$) eine weitere Spalte K_k^r (bzw. K_k^1) hin-
  zufügt; und zwar sei $K_k^r(j)=\ddot{A}_k^{r-1}(i)$ (bzw. $K_k^1(j)=\ddot{A}_{k-1}(i)$), wobei
  i durch $f(z_j,x_r)=z_i$ bestimmt sei. Die Spalte $\ddot{A}_k^r$ (bzw. $\ddot{A}_k^1$) läßt
  sich dann wie folgt bestimmen:

Man gehe die beiden Spalten $\ddot{A}_k^{r-1}$ und K_k^r (bzw. $\ddot{A}_{k-1}$ und K_k^1) parallel von oben nach unten durch. Trifft man in der Zeile i das erste Mal auf das Wertepaar $(a,b)=(\ddot{A}_k^{r-1}(i),K_k^r(i))$ (bzw. $(a,b)=(\ddot{A}_{k-1}(i),K_k^1(i))$, so ist $\ddot{A}_k^r(j)=i$ (bzw. $\ddot{A}_k^1(j)=i$) für alle j mit $(\ddot{A}_k^{r-1}(j),K_k^r(j))=(a,b)$ (bzw. $(\ddot{A}_{k-1}(j),K_k^1(j))=(a,b)$). Die Benutzung der K_k^r lohnt sich nur, wenn es nur wenige k-Äquivalenzklassen gibt (insbesondere für kleine k) oder wenn man die Beziehung zwischen den Wertepaaren (a,b) und den zugehörigen Zeilennummern i in einer $(n\times n)$-Tabelle T_k^r speichert, indem man beim ersten Auftreten von (a,b) das i an der Stelle (a,b) in T_k^r einträgt und bei jedem weiteren Auftreten von (a,b) in T_k^r den Wert an der Stelle (a,b) abliest. Man braucht nur eine einzige Tabelle T, wenn man die jeweils aktuellen Werte von k und r zusammen mit dem jeweiligen i in T speichert.

Das Verfahren ist nur für kleinere Zustandszahlen per Hand anwendbar, weil im schlechtesten Fall größenordnungsmäßig $m \cdot n^2$ Eintragungen in die Spalten $\ddot{A}_k^r$ (für jeden der höchstens $m \cdot n$ Fälle höchstens n Eintragungen in $\ddot{A}_k^r$) und außerdem zur Bestimmung jeder Eintragung bis zu n-1 Vergleiche mit früheren Eintragungen gemacht werden müssen; falls man die Spalten K_k^r und die Tabelle T zu Hilfe nimmt, benötigt man jedoch für festes k und r nur höchstens 3n Eintragungen (in $\ddot{A}_k^r$, K_k^r und T) und pro Eintragung zwei Vergleiche, so daß dann größenordnungsmäßig nur $m \cdot n^2$ Schritte nötig sind.

2.5. Das Verfahren von Hopcroft/Gries

In diesem Abschnitt wird ein Verfahren von J. Hopcroft in der Version von D. Gries zur Bestimmung der Klassen äquivalenter Zustände eines M1A hergeleitet, das für größere Zustandsanzahlen n wesentlich schneller als das in 2.4. angegebene Verfahren ist, weil es im schlechtesten Fall nur größenordnungsmäßig $c \cdot n \cdot \log(n)$ Zeiteinheiten benötigt (c eine Konstante, $\log(n)$ der Zweierlogarithmus von n). Das Verfahren ist natürlich komplizierter und eignet sich deshalb besser für die Durchführung auf einer Rechenanlage.

Die wesentlichen Unterschiede zum Verfahren aus 2.4. sind:
- Die Bestimmung der A_k^r wird noch weiter in Teilschritte zerlegt, dadurch daß nicht gleich gefragt wird, ob $f(z_i,x_r)$ und $f(z_j,x_r)$ (k-1)-äquivalent sind, sondern daß in einem solchen Teilschritt eine einzige (k-1)-Äquivalenzklasse ausgewählt und dann nur geprüft wird, ob alle Nachfolgezustände bezüglich x_r in dieser Klasse liegen oder nicht.
- Einsparungen ergeben sich dadurch, daß man nun auf die Auswahl einer Reihe solcher Klassen verzichten kann.
- Die k-Äquivalenzklassen der Zustände werden jeweils als Mengen dargestellt, und eine Klasse wird aufgespalten, indem man aus dieser Menge Zustände wegnimmt. Die Zahl dieser Wegnahme-Schritte kann man klein halten, wenn man die obigen auszuwählenden Klassen klein wählt.

Wir benötigen zunächst einige Definitionen und Hilfssätze. Darauf aufbauend wird der Algorithmus durch schrittweise Verfeinerung hergeleitet; anschließend wird die Komplexität des Verfahrens untersucht.

Im folgenden benutzen wir die Zeichen Z,X,Y,f,g,n,m,A etc. mit der gleichen Bedeutung wie in 2.4., ohne das jeweils zu erwähnen.

<u>Definition 2.5.1.</u>: (i) Die Teilmengen $B_1,B_2,\ldots,B_p$ von Z bilden eine <u>Zerlegung</u> von Z, und die B_i heißen dann <u>Blöcke</u> der Zerlegung, wenn sie nicht leer sowie paarweise disjunkt sind und ihre Vereinigung ganz Z ist, d.h. wenn $\cup\{B_i \mid i=1,\ldots,p\}=Z$ sowie $B_i\neq\emptyset$ und $B_i\cap B_j=\emptyset$ für $i\neq j$ und $1\leq i,j\leq p$ gilt.
(ii) Eine Zerlegung $B_1,\ldots,B_p$ von Z heißt <u>zulässig</u>, wenn alle Zustände eines jeden Blocks 1-äquivalent sind und wenn äquivalente Zustände im gleichen Block liegen, d.h. wenn aus der Äquivalenz von z und z' folgt, daß es ein i so gibt, daß z und z' in B_i liegen.

<u>Hilfssatz 2.5.2.</u>: Diejenige Zerlegung von Z, deren Blöcke die 1-Äquivalenzklassen sind (kurz: die 1-Äquivalenzklassenzerlegung), ist zulässig.

<u>Beweis</u>: Die Äquivalenzklassen bezüglich irgendeiner reflexiven, symmetrischen und transitiven Relation auf Z bilden offentsicht-

lich eine Zerlegung von Z, also auch die der 1-Äquivalenz. In
allen ihren Blöcken liegen nur 1-äquivalente Zustände. Zwei
äquivalente Zustände sind (nach dem Beweis von Satz 2.3.3.) auch
1-äquivalent, liegen also im gleichen Block. ∎

<u>Hilfssatz 2.5.3.</u>: Eine Zerlegung $B_1, B_2, \ldots, B_p$ ist genau dann die
Äquivalenzklassenzerlegung von Z (d.h. jeder Block ist eine Äquivalenzklasse), wenn folgendes gilt:

 (i) Die Zerlegung ist zulässig.

(ii) Für je zwei Blöcke B_i und B_j und jede Eingabe x aus X gilt:
     Aus $z,z' \in B_i$ und $f(z,x) \in B_j$ folgt $f(z',x) \in B_j$.

<u>Beweis</u>: a) Ist die Zerlegung $B_1, \ldots, B_p$ die Äquivalenzklassenzer-
legung von Z, so ist sie zulässig, weil äquivalente Zustände
auch 1-äquivalent sind, und da nach dem Beweis von Satz 2.3.3.
die Nachfolger zweier äquivalenter Zustände bezüglich einer Eingabe x wieder äquivalent sind, gilt auch (ii).

b) Gelten nun (i) und (ii) und seien z und z' zwei beliebige Zustände aus einem beliebigen Block B_i. Mit vollständiger Induktion
über k ergibt sich nun, daß z und z' k-äquivalent für jede natürliche Zahl k, also äquivalent sind:

Für k=1 folgt die Behauptung aus (i).

Gelte die Behauptung für k=q. Aus (ii) folgt, daß für jedes x
aus X die Nachfolger $f(z,x)$ und $f(z',x)$ 1-äquivalent sind. Aus
dem Beweis von Satz 2.3.3. folgt dann, daß z und z' (q+1)-äqui-
valent sind. ∎

Aus diesem Hilfssatz läßt sich durch Umformulierung ein wichtiger
Teilschritt des Verfahrens gewinnen.

<u>Folgerung 2.5.4.</u>: Sei $B_1, \ldots, B_p$ eine zulässige Zerlegung, die
nicht die Äquivalenzklassenzerlegung ist. Dann gibt es zwei
Blöcke B_i, B_j sowie eine Eingabe x, für die gilt:
Es existieren z,z' in B_i mit $f(z,x) \in B_j$, aber $f(z',x) \notin B_j$ (I)
Man erhält nun eine neue zulässige Zerlegung, indem man in obiger
Zerlegung B_i durch die zwei folgenden disjunkten Mengen ersetzt:
$\underline{B}_i = \{z \in B_i \mid f(z,x) \in B_j\}$
$\overline{B}_i = \{z \in B_i \mid f(z,x) \notin B_j\}$
Diese Aufspaltung von B_i in $\underline{B}_i$ und $\overline{B}_i$ sei als <u>Aufspaltung von B_i
bezüglich (B_j,x)</u> bezeichnet.

<u>Beweis</u>: Daß (I) gilt, folgt sofort aus Hilfssatz 2.5.3.
Weil $B_i = \underline{B}_i \cup \overline{B}_i$ und $\underline{B}_i \cap \overline{B}_i = \emptyset$ gilt, ist
$B_1, \ldots, B_{i-1}, \underline{B}_i, \overline{B}_i, B_{i+1}, \ldots, B_p$ eine Zerlegung von Z. Alle Zustände von $\underline{B}_i$ sowie die von $\overline{B}_i$ sind 1-äquivalent, weil sie in B_i
liegen.

Betrachten wir nun zwei äquivalente Zustände z_1 und z_2 aus B_i.
Läge etwa z_1 in $\underline{B}_i$ und z_2 in $\overline{B}_i$, so wäre $f(z_1,x)$ in B_j, aber
$f(z_2,x)$ nicht in B_j, was nicht sein kann. Also müssen beide im
selben Block liegen, d.h. die neue Zerlegung ist zulässig. ∎

Wir erhalten daraus sofort die erste Version des Verfahrens.

<u>Verfahren 2.5.5.</u>   (Version 1 der Äquivalenzklassenbestimmung):
• Beginne mit der Zerlegung von Z in die 1-Äquivalenzklassen.
• Solange es B_i, B_j und x gibt, für die (I) gilt,
    spalte man B_i bezüglich (B_j,x) auf.

<u>Beweis der Korrektheit</u>: Wir müssen zeigen, daß das Verfahren ter-
miniert, d.h. daß die "Solange"-Schleife nur endlich oft durchlaufen wird, und daß die dann vorliegende Zerlegung gerade die
Äquivalenzklassenzerlegung ist.
Jede Aufspaltung eines B_i bezüglich eines Paares (B_j,x) vergrößert die Anzahl der Blöcke um 1. Die Maximalzahl von Blöcken
einer Zerlegung von Z ist $n=|Z|$; also ist nach maximal n-1 Auf-
spaltungen die Bedingung (I) für kein Tripel B_i,B_j,x mehr erfüllt
und das Verfahren terminiert.
Sowohl zu Beginn der "Solange"-Schleife, als auch nach jedem
Durchlauf der Schleife ist die vorliegende Zerlegung nach Konstruktion zulässig. Ist kein weiterer Schleifendurchlauf mehr
möglich, d.h. ist die "Solange"-Bedingung nicht mehr erfüllt, so
gilt die Bedingung (ii) von Hilfssatz 2.5.3. Daraus folgt, daß
die am Schluß erhaltene Zerlegung gerade die Äquivalenzklassenzerlegung ist. ∎

Ähnlich wie wir aus der 1-Äquivalenzklassenzerlegung die Äquivalenzklassenzerlegung durch sukzessives Aufspalten von Blöcken erhalten können, läßt sich die 1-Äquivalenzklassenzerlegung ebenfalls durch geeignetes Aufspalten sukzessive konstruieren - und
zwar ausgehend von der trivialen, nur aus Z bestehenden Zerlegung
sowie der in folgender Definition angegebenen Art der Aufspaltung.

<u>Definition 2.5.6.</u>: Sei $B_1,\ldots,B_p$ eine Zerlegung von Z.
(i) Sei x eine Eingabe aus X und y eine Ausgabe aus Y und B_i ein Block der Zerlegung. Die <u>Aufspaltung von B_i bezüglich (y,x)</u> ist die Ersetzung von B_i durch die beiden Mengen
$\underline{B}_i=\{z\in B_i\,|\,g(z,x)=y\}$ und $\overline{B}_i=\{z\in B_i\,|\,g(z,x)\neq y\}$.
(ii) Die Zerlegung heißt <u>1-zulässig</u>, wenn 1-äquivalente Zustände im gleichen Block liegen.

Wir erhalten nun sofort die Analoga zu Hilfssatz 2.5.3. und Folgerung 2.5.4.

<u>Hilfssatz 2.5.7.</u>: (i) Eine Zerlegung $B_1,\ldots,B_p$ ist genau dann die 1-Äquivalenzklassenzerlegung von Z, wenn sie 1-zulässig ist und wenn für jeden Block B_i, jede Ausgabe y und jede Eingabe x gilt:

Aus $z,z'\in B_i$ und $g(z,x)=y$ folgt $g(z',x)=y$.
(ii) Sei $B_1,\ldots,B_p$ eine 1-zulässige Zerlegung, die nicht die 1-Äquivalenzklassenzerlegung ist. Dann gibt es einen Block B_i, eine Ausgabe y und eine Eingabe x so, daß gilt:
Es existieren $z,z'\in B_i$ mit $g(z,x)=y$ aber $g(z',x)\neq y$.　　　　　(II)

Man erhält eine neue 1-zulässige Zerlegung, indem man B_i bezüglich (y,x) aufspaltet.

<u>Beweis</u>: Da z und z' genau dann 1-äquivalent sind, wenn $g(z,x)=$ $=g(z',x)$ für alle x aus X gilt, ist Teil (i) der Behauptung trivial - genauso wie der erste Teil von (ii).
Die Aufspaltung von B_i bezüglich (y,x) ergibt natürlich wieder eine Zerlegung. Da ein zu einem z aus $\underline{B}_i$ 1-äquivalenter Zustand nicht in $\overline{B}_i$ liegen kann, aber in B_i liegen muß, liegt er auch in $\underline{B}_i$. Also ist die Zerlegung auch 1-zulässig. ∎

Dieser Hilfssatz liefert uns, analog zu 2.5.5. ein Verfahren zur Bestimmung der 1-Äquivalenzklassenzerlegung.

<u>Verfahren 2.5.8.</u>(Version 1 der Bestimmung der 1-Äquivalenzklassen):
• Beginne mit der trivialen, nur aus dem Block Z bestehenden Zerlegung.
• Solange es B_i,y,x gibt, für die (II) gilt, spalte man B_i bezüglich (y,x) auf.

<u>Beweis der Korrektheit</u>: Die aus dem Block Z bestehende Zerlegung

ist trivialerweise 1-zulässig. Jeder Durchlauf der "Solange"-Schleife erzeugt wegen Hilfssatz 2.5.7.(ii) aus einer 1-zulässigen Zerlegung wieder eine 1-zulässige Zerlegung.
Da eine Zerlegung von Z maximal n verschiedene Blöcke haben kann und jede Aufspaltung die Anzahl der Blöcke um 1 vergrößert, ist nach endlich vielen Durchläufen der "Solange"-Schleife die Bedingung (II) nicht mehr erfüllt, d.h. das Verfahren terminiert. Das Ergebnis ist dann nach Hilfssatz 2.5.7.(i) gerade die 1-Äquivalenzklassenzerlegung. ∎

Das Verfahren sieht ineffizienter aus, als es ist, denn ein Block $\underline{B}_i$, der durch Aufspaltung von B_i bezüglich (y,x) entstanden ist, sowie jeder daraus durch weitere Aufspaltung entstehende Block B wird bezüglich keines Paares (y',x) mehr echt aufgespalten, weil für die Tripel $(\underline{B}_i,y',x)$ bzw. (B,y',x) die Bedingung (II) nicht gilt, da ja für z aus $\underline{B}_i$ schon $g(z,x)=y$ ist, also $g(z,x)\neq y'$ sein muß.
Ferner wird natürlich kein Block, der aus einem bezüglich (y,x) aufgespaltenen Block entsteht, weiter bezüglich (y,x) echt aufgespalten.

Da die Reihenfolge, in der im Verfahren 2.5.8. die Tripel (B_i,y,x) ausgewählt werden, für die Korrektheit irrelevant ist, können wir eine spezielle Reihenfolge wählen, bei der vermieden werden kann, daß überflüssige Versuche gemacht werden, Blöcke aufzuspalten. Dazu gehen wir der Reihe nach alle x aus X durch und für jedes x alle y aus Y und führen jeweils in der Liste L nur die tatsächlich aufgespaltenen Blöcke auf. Wir führen dazu weitere Listen ein, in die wir jeweils die beim Aufspalten erhaltenen Blöcke bringen:
- In L' sammeln wir für festes x die $\underline{B}_i$ aus Aufspaltungen bezüglich (y,x).
- In L" sammeln wir für feste (y,x) die $\overline{B}_i$ aus Aufspaltungen bezüglich (y,x).
- In L_1 sammeln wir alle einelementigen Blöcke, die ja nicht mehr aufgespalten werden können.
Das Aufspalten von B_i erreichen wir durch sukzessives Prüfen aller Zustände z aus B_i daraufhin, ob $g(z,x)\neq y$ gilt.

Verfahren 2.5.9. (Version 2 der Bestimmung der 1-Äquivalenzklassen):

- Initialisierung: $L:=\{Z\}$, $L':=\emptyset$, $L'':=\emptyset$, $L_1:=\emptyset$.
- Für jedes x aus X führe man (1) und (6) aus.

    (1) Für jedes y aus Y führe man (2) und (5) aus.

    (2) Solange $L\neq\emptyset$ ist,

    wähle man einen Block B_i aus L, $L:=L-\{B_i\}$,
    und führe (3) und (4) aus.

    (3) Falls $|B_i|=1$ ist, bringe man B_i nach L_1,
    $L_1:=L_1\cup\{B_i\}$. Andernfalls bringe man B_i nach L',
    $L':=L'\cup\{B_i\}$.

    (4) Für jedes z aus B_i, für das $g(z,x)\neq y$ gilt, tue man
    folgendes:

    Man prüfe, ob schon ein Zwillingsblock B_k von B_i,
    der die Elemente aus $\overline{B}_i$ aufnehmen soll, in L''
    existiert.

    Wenn nicht, erzeuge man den Zwillingsblock B_k in
    L'': $B_k:=\emptyset$, $L'':=L''\cup\{B_k\}$. In jedem Falle bringe man z
    von B_i nach B_k:
    $B_i:=B_i-\{z\}$, $B_k:=B_k\cup\{z\}$.
    Wird dabei B_i leer, so streiche man B_i in L':
    $L':=L'-\{B_i\}$.

    (5) Man benenne L'' in L und L in L'' um.

    (6) Man benenne L' in L und L in L' um.

- Am Schluß vereinige man L und L_1 zur Liste L, $L:=L\cup L_1$. Diese
  enthält dann die 1-Äquivalenzklassen.

Beweis der Korrektheit: Das Verfahren terminiert, weil nacheinander die endlich vielen Paare (y,x) abgearbeitet werden, und
weil die "Solange"-Schleife (2) terminiert, da bei jedem Durchlauf die Anzahl der Elemente von L um 1 verringert wird.
Um die Richtigkeit des Ergebnisses einzusehen, überlege man sich
zunächst, daß für festes (y,x) die Listen L, L', L'' und L_1 vor
und nach jeder Ausführung der "Solange"-Schleife (2) die folgenden Eigenschaften haben, wenn das vor dem ersten Durchlauf von
(2) der Fall war:

- L enthält nur Blöcke, deren Aufspaltung bezüglich (y,x) noch
  nicht versucht wurde.

- L' enthält nur Blöcke, die bezüglich keines (y',x) mehr aufgespalten werden müssen.
- L" enthält nur Blöcke, deren Aufspaltung bezüglich weiterer
  (y',x) noch versucht werden muß.
- L_1 enthält nur einelementige Blöcke.

Dann ist klar, daß nach Beendigung der "Solange"-Schleife L"
alle Blöcke enthält, deren Aufspaltung bezüglich weiterer (y',x)
noch versucht werden muß, weil ja dann L=∅ ist. Deshalb ist das
Vertauschen von L und L" in (5) erlaubt, so daß auch vor dem
Durchlaufen von (2) mit dem nächsten (y,x) die obigen Bedingungen für die Listen erfüllt sind.

Da bei festem x während der Ausführung von (2) mit dem letzten y
aus Y gar keine Zwillingsblöcke B_k mehr angelegt werden, ist nach
Ausführung von (2) dann L"=∅, also nach Ausführung von (5) L=∅,
und L' enthält damit dann alle Blöcke. Also ist die Umbenennung
in (6) erlaubt und vor Eintritt in (2) mit dem nächsten x gelten
wieder die obigen Bedingungen für die Listen.

Aufgrund der Initialisierung der Listen gelten die Bedingungen
natürlich beim allerersten Erreichen von (2), so daß klar ist,
daß zum Schluß L'=L"=∅ ist und also in $L \cup L_1$ alle Blöcke enthalten sind und daß keiner dieser Blöcke mehr bezüglich irgendeines
Paares (y,x) aufspaltbar ist. ∎

Mit Hilfe dieses Verfahrens ergibt sich eine neue Version für
2.5.5., wenn wir beachten, daß die Reihenfolge, in der die Tripel (B_i, B_j, x) gewählt werden, auf die Korrektheit des Verfahrens
keinen Einfluß hat, wir also eine spezielle Reihenfolge wählen
können.

<u>Verfahren 2.5.10.</u>(Version 2 der Äquivalenzklassenbestimmung):
• Man benutze Verfahren 2.5.9.

• Solange es B_i, B_j, x gibt, für die ① gilt,
  spalte man alle vorhandenen Blöcke bezüglich (B_j, x) auf.

Offensichtlich ist dieses Verfahren noch sehr ineffizient, denn
es müssen alle Tripel (B_i, B_j, x) bezüglich der Existenz eines Paares
z,z', das ① erfüllt, untersucht werden. Also müssen wir - ähnlich wie bei der Verbesserung von 2.5.8. - einen Weg finden, um
die Zahl der zu untersuchenden Blöcke zu verringern. Er ergibt

sich aus den zwei folgenden Hilfssätzen.

Hilfssatz 2.5.11.: Haben wir im Verfahren 2.5.10. die "Solange"-Schleife für ein festes Tripel (B_i, B_j, x) durchlaufen, d.h. B_i bezüglich (B_j, x) in $\underline{B}_i$ und $\overline{B}_i$ aufgespalten, so brauchen wir bei keinem späteren Schleifendurchlauf einen aus $\underline{B}_i$ oder $\overline{B}_i$ entstandenen Teilblock mehr bezüglich (B_j, x) aufzuspalten.

Beweis: Sei B ein Block, der durch Aufspaltung eines Blockes bezüglich (B_j, x) entstanden ist. Dann gilt

entweder $f(z, x) \in B_j$ für alle z aus B

oder $f(z, x) \notin B_j$ für alle z aus B.

Für jeden aus solch einem B durch Aufspaltung bezüglich irgendeines Paares entstandenen Block B' gilt als Teilmenge von B natürlich das Entsprechende mit B' statt B. Die Aufspaltung eines solchen Blocks bezüglich (B_j, x) bewirkt daher nichts mehr. ∎

Hilfssatz 2.5.12.: Gegeben eine Zerlegung $B_1, \ldots, B_p$ und eine Zerlegung des (beliebigen) Blocks B_i in $\underline{B}_i$ und $\overline{B}_i$ (so daß $\underline{B}_i \cup \overline{B}_i = B_i$ und $\underline{B}_i \cap \overline{B}_i = \emptyset$ gilt). Sei x eine beliebige Eingabe. Statt alle Blöcke bezüglich (B_i, x), $(\underline{B}_i, x)$ und $(\overline{B}_i, x)$ aufzuspalten, genügt es, sie nur bezüglich zweier dieser drei Paare aufzuspalten.

Beweis: Nehmen wir an, wir hätten alle Blöcke bezüglich (B_i, x) und bezüglich $(\underline{B}_i, x)$ aufgespalten. Dann gilt, wie im Beweis von Hilfssatz 2.5.11. gezeigt, für jeden (neuen) Block B genau eine der folgenden vier Aussagen:

(1) Aus $z \in B$ folgt $f(z, x) \in B_i$ und $f(z, x) \in \underline{B}_i$.

(2) Aus $z \in B$ folgt $f(z, x) \in B_i$ und $f(z, x) \notin \underline{B}_i$.

(3) Aus $z \in B$ folgt $f(z, x) \notin B_i$ und $f(z, x) \in \underline{B}_i$.

(4) Aus $z \in B$ folgt $f(z, x) \notin B_i$ und $f(z, x) \notin \underline{B}_i$.

Wegen $\underline{B}_i \cup \overline{B}_i = B_i$ und $\underline{B}_i \cap \overline{B}_i = \emptyset$ gilt deshalb für B genau eine der folgenden zwei Aussagen:

(5) $z \in B$ impliziert $f(z, x) \in \overline{B}_i$

(6) $z \in B$ impliziert $f(z, x) \notin \overline{B}_i$.

Die Aufspaltung von B bezüglich $(\overline{B}_i, x)$ liefert daher nichts Neues, kann also weggelassen werden.

Aus Symmetriegründen folgt, daß wir auf die Aufspaltung bezüglich $(\underline{B}_i, x)$ verzichten können, wenn wir bereits bezüglich (B_i, x) und $(\overline{B}_i, x)$ aufgespalten haben.

Nehmen wir nun noch an, wir hätten alle Blöcke bezüglich $(\underline{B}_i,x)$ und bezüglich $(\overline{B}_i,x)$ aufgespalten. Dann gilt für jeden Block B genau eine der obigen Aussagen (1) bis (4) mit $\overline{B}_i$ anstelle von B_i, und wie oben folgt daraus, daß für B genau eine der Aussagen (5) oder (6) mit B_i anstelle von $\overline{B}_i$ gilt. ∎

Ähnlich wie beim Verfahren 2.5.9. führen wir jetzt eine Liste - und zwar die Liste P der Paare (B_i,x), bezüglich derer wir überhaupt Aufspaltungen versuchen wollen. Wenn wir gemäß Hilfssatz 2.5.12. ein Paar weglassen können, lassen wir das mit dem größeren Block weg. Da uns die genaue Struktur der Liste P nicht interessiert, schreiben wir sie einfach als Menge und benutzen die üblichen Mengenoperationen.

<u>Verfahren 2.5.13.</u>(Version 3 der Äquivalenzklassenbestimmung):
- Man führe das Verfahren 2.5.9. durch.
- Man setze $P:=\{(B_i,x)\mid B_i\in L, x\in X\}$.
- Solange $P\neq\emptyset$ ist, führe man die folgenden Schritte (1) bis (5) nacheinander aus:
  (1) Man wähle ein Paar (B_j,x) mit minimalem $|B_j|$ aus P.
  (2) Man bestimme die Aufspaltung der gesamten Menge Z bezüglich (B_j,x).
  (3) Man entferne (B_j,x) aus P: $P:=P-\{(B_j,x)\}$.
  (4) Man spalte die Blöcke aus L unter Verwendung des Ergebnisses von (2) bezüglich (B_j,x) auf.
  (5) Für jeden Block B_i aus L, der in (4) in $\underline{B}_i$ und $\overline{B}_i$ (mit $\underline{B}_i\neq\emptyset\neq\overline{B}_i$) aufgespalten worden war, und für jedes x' aus X tue man folgendes:
    - Falls (B_i,x') in P ist, entferne man es und füge $(\underline{B}_i,x')$ und $(\overline{B}_i,x')$ zu P hinzu: $P:=P-\{(B_i,x')\}\cup\{(\underline{B}_i,x')\}\cup\{(\overline{B}_i,x')\}$, andernfalls tue man folgendes:
      - Falls $|\underline{B}_i|$ kleiner als $|\overline{B}_i|$ ist, füge man $(\underline{B}_i,x')$ zu P hinzu, sonst füge man $(\overline{B}_i,x')$ zu P hinzu.
- Am Schluß enthält L die Blöcke der Äquivalenzklassenzerlegung.

<u>Beweis der Korrektheit:</u> (a) Termination: Die "Solange"-Schleife endet, sobald P leer wird, und das ist nach endlich vielen Durchläufen der Fall, weil
- jedes einmal in (1) ausgewählte Paar in (3) aus P entfernt wird,

- durch (5) die Anzahl der Paare in P nur dann erhöht wird,
  wenn tatsächlich ein Block echt aufgespalten wurde - pro
  Block kommen dann maximal m Paare zu P hinzu,
- maximal n Aufspaltungen von Blöcken möglich sind.

(b) Richtigkeit des Ergebnisses: Wir zeigen, daß vor Beginn und nach jedem Durchlauf der "Solange"-Schleife die aus den folgenden Aussagen S1, S2 und S3 bestehende Schleifeninvariante gilt:

S1: Die Blöcke aus L bilden eine zulässige Zerlegung.

S2: P enthält nur Paare (B,x), bezüglich derer versucht werden soll, Blöcke aus L aufzuspalten.

S3: Ist B aus L, aber für ein x aus X das Paar (B,x) nicht in P, so gilt bereits für alle Blöcke B_k aus L, daß für je zwei Zustände z,z' in B_k aus $f(z,x)\in B$ auch $f(z',x)\in B$ folgt.

Daraus folgt die Richtigkeit des Ergebnisses, denn gilt die Schleifeninvariante nach Beendigung der "Solange"-Schleife, so ist wegen S2 und S3 kein Block von L mehr aufspaltbar, und wegen S1 stellt L dann nach Hilfssatz 2.5.3. die Äquivalenzklassenzerlegung dar.

Die Schleifeninvariante gilt vor Beginn der Schleife aufgrund von Hilfssatz 2.5.2. und wegen des Anfangswertes von P.

Die Aussagen S1 und S2 gelten offenbar nach jedem weiteren Schleifendurchlauf. Die Gültigkeit von S3 wird von den Schritten (1) und (2) in der Schleife nicht geändert.

Gelte nun Aussage S3 vor der Ausführung von Schritt (3). Nach einmaliger Ausführung von (3), (4) und (5) sind für beliebige $B\in L$ und $x\in X$ mit $(B,x)\notin P$ dann folgende drei Fälle möglich:

(i) B war schon vor Ausführung von (4) in L. Dann folgt die Gültigkeit von S3 für B und x aus der Annahme.

(ii) (B,x) ist das in Schritt (3) aus P weggelassene Paar (B_j,x). Dann gilt S3 für dieses Paar wegen Hilfssatz 2.5.11., weil in Schritt (4) alle Blöcke aus L bezüglich (B,x) aufgespalten wurden.

(iii) (B,x) ist das in der letzten Alternative von (5) nicht in P aufgenommene Paar $(\bar{B}_i,x')$ bzw. $(\underline{B}_i,x')$. Dann gilt S3 für dieses Paar aufgrund von Hilfssatz 2.5.12., weil, aufgrund der Annahme, S3 vor Ausführung von (3) auch für (B_i,x') galt.

Also gilt auch die Aussage S3 und damit die gesamte Schleifeninvariante nach jedem weiteren Schleifendurchlauf. ∎

Die Teilschritte (2) und (4) müssen noch detaillierter beschrieben werden. In (2) wollen wir alle die Zustände bestimmen, die aus Blöcken entfernt werden müssen, um diese bezüglich (B_j,x) aufzuspalten. Wir wählen dafür diejenigen Zustände z, für die $f(z,x) \in B_j$ gilt, und sammeln sie in einer Liste D. Dann hat (2) die Form:

(2') • $D:=\emptyset$

      • Für jedes z' aus B_j füge man alle z aus Z mit $f(z,x)=z'$ zu D hinzu.

(4') Für jeden Block B aus L tue man folgendes:

      • Man bilde einen neuen Block $\underline{B}$, den wir den Zwillingsblock von B nennen wollen, und ersetze B durch $B-\underline{B}$:

        $\underline{B}:=B \cap D$; $B:=B-\underline{B}$.

Für die schnelle Durchführung von (2') ist es praktisch, sich eine Tabelle anzulegen, in der für jedes z' und jedes x alle z mit $f(z,x)=z'$ angegeben sind, d.h. eine Tabelle für die Abbildung $f':Z \times X \longrightarrow \mathcal{P}(Z)$ mit $f'(z,x)=\{z' \mid f(z',x)=z\}$.

Dann läßt sich (2) so schreiben:

(2") • $D:=\emptyset$

      • Für jedes z aus B_j setze man $D:=D \cup f'(z,x)$.

Der Teilschritt (4') ist noch immer recht ineffizient, weil in ihm jedesmal alle Blöcke aus L bearbeitet werden. Wir müssen also zunächst alle die Blöcke aussondern, die überhaupt aufgespalten werden können, d.h. die Zustände aus D enthalten. Unter diesen sind noch diejenigen, die nicht echt aufgespalten werden, auszusondern, nämlich diejenigen B, für die $f(z',x) \in B_j$ für alle z' aus B gilt. Um die übrigbleibenden, d.h. die wirklich aufzuspaltenden Blöcke leicht in L zu finden, ist es sinnvoll, jedem Block eine Nummer zu geben, d.h. L von Anfang an als geordnete Menge aufzufassen - den Block mit der Nummer i bezeichnen wir, wie schon oben getan, mit B_i. Die Einzelschritte ordnen wir ferner so, daß D nur einmal durchlaufen wird. Insgesamt erhalten wir:

(4") Für jedes z aus D tue man folgendes:

      • Sei i die Nummer des Blockes aus L, in dem z liegt.

      • Falls für alle z' aus B_i schon $f(z',x) \in B_j$ gilt, ist nichts weiter zu tun, andernfalls tue man folgendes:

- Falls B_i noch keinen Zwillingsblock $B_k = \underline{B}_i$ besitzt, erzeuge man einen solchen Block B_k und initialisiere ihn mit $B_k := \emptyset$.

- In jedem Fall bringe man nun den Zustand z von B_i nach B_k: $B_i := B_i - \{z\}$, $B_k := B_k \cup \{z\}$.

Da (2") und (4") aufgrund der obigen Herleitung offensichtlich korrekt sind, ist damit das Verfahren zur Bestimmung der Äquivalenzklassen soweit beschrieben, daß es in einer höheren Programmiersprache leicht programmiert werden kann - es sind im wesentlichen nur noch die <u>Datenstrukturen</u> geschickt zu wählen - und zwar vor allem so, daß (2"), (4") und (5) schnell ausgeführt werden können:

- Zusammen mit L sollte immer gleich eine Tabelle T_L geführt werden, die für jeden Zustand z die Nummer des Blockes aus L, in dem er liegt, angibt.

- Für jeden Block B_i aus L sollte gleich die Anzahl b_i seiner Elemente mit angegeben werden.

- Für jede Ausführung von (4") braucht man eine Tabelle der Nummern der Zwillingsblöcke, der tatsächlich aufzuspaltenden Blöcke; diese Tabelle ist am besten jeweils in (2") zu initialisieren.

- Ferner braucht man in (4") eine Tabelle T_j, die für jeden Block B_i aus L angibt, für wieviele z' aus B_i jeweils $f(z',x) \in B_j$ gilt; die Einträge in T_j müssen jeweils zu Beginn von (2") mit 0 initialisiert und beim Hinzufügen von $f'(z,x)$ zu D entsprechend erhöht werden. Damit ist die erste Fallunterscheidung in (4") in konstanter Zeit (unabhängig von m, n oder $|Y|$) durchführbar.

- Wie die Listen, Tabellen und Mengen (Blöcke) im einzelnen als Datenstrukturen zu realisieren sind, hängt stark von der verwendeten Programmiersprache ab. Es ist dabei nur darauf zu achten, daß die Zeit für den Zugriff auf ein einzelnes Element, ebenso wie die Zeit für das Einfügen eines neuen Elementes nicht von der Größe der Liste, Tabelle, Menge abhängig wird, sondern durch eine feste Größe nach oben beschränkt werden kann.

Diese Datenstrukturen wird man natürlich auch für das Verfahren

2.5.9. schon benutzen - insbesondere braucht man dort auch eine Tabelle der Zwillingsblocknummern. Bei der Realisierung der Listen muß man noch beachten, daß das Umbenennen in konstanter Zeit möglich sein muß.

Es fehlt nun nur noch die Analyse der Komplexität des Verfahrens. Man sieht sofort, daß der benötigte Speicherplatz $c_1 \cdot m \cdot n + c_2 \cdot n + c_3 \cdot m + c_4$ Speicherplätze für natürliche Zahlen beträgt ($c_1, \ldots, c_4$ sind kleine Konstanten) - wenn man die Zustände z_i, die Eingaben x_j und die Ausgaben y_k durch ihre Indizes i, j und k darstellt. Da wir nur vier Tabellen (oder Listen) der Größe $n \cdot m$ brauchen (für g,f,f' und für P), wenn man in P nicht die Paare (B_j,x) sondern die Paare (j,x) speichert, ist $c_1 = 4$. Für L, L', L", L_1, T_L, die Blockgrössen, D, die Zwillingsblocknummern, T_j braucht man je etwa n Plätze (wenn man in L, L', L", L_1 nur die Blocknummern speichert). Davon, ob man die nach Beendigung von 2.5.9. nicht mehr benötigten Plätze für die Listen L', L" und L_1 später für andere Zwecke verwendet oder nicht und von der Datenstruktur für die Blöcke hängt es ab, um wieviel sich die Konstante c_2 von 9 unterscheidet - Alle Blöcke einer Zerlegung haben zusammen nicht mehr als n Elemente. Auch die Werte von c_3 und c_4 hängen stark von der aktuellen Implementierung ab.

<u>Satz 2.5.14.</u>: Zur Durchführung des Verfahrens 2.5.13. werden maximal $c_1 \cdot m \cdot n + c_2 \cdot n + c_3 \cdot m + c_4$ Speicherplätze benötigt ($c_1, \ldots, c_4$ sind Konstanten).

Nun zur Bestimmung des Zeitaufwandes.
Wir gehen dabei wie üblich davon aus, daß wir für die Ausführung jeder der Grundoperationen, aus denen alle im Verfahren benötigten Operationen zusammengesetzt sind, eine Zeit benötigen, die kleiner ist als eine feste, vom jeweiligen Rechner und der jeweiligen Programmiersprache abhängige Größe, so daß es nur nötig ist, die Zahl der in der angegebenen Darstellung benötigten Ausführungen der Operation nach oben abzuschätzen.

<u>Hilfssatz 2.5.15.</u>: Sei $|Y| = p$. Dann ist der Zeitaufwand für das Verfahren 2.5.9. maximal $c_1' \cdot m \cdot n \cdot p + c_2' \cdot n + c_3'$, wobei c_1', c_2' und c_3' Konstanten sind.

<u>Beweis</u>: Für festes (y,x) wird der Teilschritt (4) in der "Solange"-Schleife (2) maximal n-mal ausgeführt - und deshalb diese Schleife auch nicht öfter als n-mal. Da wir annehmen können, daß jede Ausführung von (5) und (6) nur eine konstante Zeit und die Vereinigung $L:=L \cup L_1$ maximal $c_2' \cdot n$ Zeiteinheiten dauert, folgt daraus die Behauptung. $\blacksquare$

<u>Satz 2.5.16.</u>: Die Zeit zur Durchführung des Verfahrens 2.5.13. für einen M1A mit m Eingaben, n Zuständen und p Ausgaben beträgt maximal $k_1 \cdot m \cdot n \cdot \log(n) + k_2 \cdot m \cdot n \cdot p + k_3 \cdot m \cdot n + k_4 \cdot n + k_5$, wobei $k_1, \ldots, k_5$ Konstanten sind.

<u>Beweis</u>: Zur Initialisierung von P brauchen wir maximal $k_3 \cdot m \cdot n + k$ Zeiteinheiten.

Die einmalige Ausführung von (1) und von (3) dauert konstante Zeit - etwa t_1 bzw. t_3.

1. <u>Zwischenbehauptung</u>: Während aller Durchläufe der "Solange"-Schleife werden insgesamt maximal 2n verschiedene Blöcke erzeugt.

Beweis: Die Anzahl der 1-Äquivalenzklassen sei q_o. Etwa q_1 von diesen werden in zwei Blöcke aufgespalten, von diesen mögen wiederum q_2 in je zwei Blöcke aufgespalten werden usw. - bis schließlich mit dem Aufspalten nach dem r-ten Schritt, in dem q_r Blöcke aufgespalten werden, keine weiteren Blöcke mehr aufgespalten werden können. Das ist spätestens dann der Fall, wenn n Blöcke vorhanden sind. Da im s-ten Schritt jeweils die Zahl der vorhandenen Blöcke um q_s größer als im vorhergehenden Schritt ist, beträgt die Anzahl der Blöcke am Schluß also $q_o + q_1 + \ldots + q_r$. Die Anzahl der insgesamt erzeugten Blöcke ist $q_o + 2q_1 + 2q_2 + \ldots + 2q_r \leq 2 \cdot (q_o + \ldots + q_r) \leq 2n$.

Aus der 1. Zwischenbehauptung folgt sofort:

- Die "Solange"-Schleife wird maximal $(2n \cdot m)$-mal durchlaufen, weil jeder erzeugte Block B_j höchstens einmal zusammen mit einem x aus X als Paar (B_j, x) in P erscheint.

- Der Teilschritt (5) wird insgesamt (bei allen Durchläufen der Schleife zusammengenommen) höchstens $(2n)$-mal ausgeführt, so daß der gesamte Zeitverbrauch für (5) durch $t_5 \cdot m \cdot n$ (t_5 konstant) nach oben abgeschätzt werden kann.

- Der Gesamtzeitaufwand für die Teilschritte (1) und (3) ist maximal $t_1 \cdot m \cdot n$ bzw. $t_3 \cdot m \cdot n$.

Es fehlen also nur noch Abschätzungen für die Teilschritte (2")
und (4").

2. Zwischenbehauptung: Für jeden Zustand z aus Z und jede Eingabe x aus X ist im Laufe des Verfahrens 2.5.13. maximal
$(\log(n)+1)$-mal die Situation möglich, daß in (1) ein Paar (B_j,x)
mit $z\in B_j$ aus P ausgewählt wird.

Beweis: Nehmen wir zunächst an, daß z in einem Block B mit
$(B,x)\in P$ liegt und daß (B,x) in (1) ausgewählt wird. Nehmen wir
weiter an, daß irgendwann später B bezüglich irgendeines Paares
(B_j,x') echt aufgespalten wird in $\underline{B}$ und $\overline{B}$. Sei $\underline{B}$ der kleinere
dieser beiden Blöcke. Dann wird in (5) nur das Paar $(\underline{B},x)$ zu P
hinzugefügt. Offenbar gilt $|\underline{B}|\leq\frac{1}{2}|B|$.

Seien nun $B_1,B_2,\dots,B_r$ alle die Blöcke mit $z\in B_j$, $1\leq j\leq r$, die bei
der Ausführung der "Solange"-Schleife in den in (1) jeweils ausgewählten Paaren (B_j,x) auftreten - und zwar in dieser Reihenfol-
ge. Dann gilt $n\geq|B_1|\geq 2\cdot|B_2|\geq\dots\geq 2^{r-1}\cdot|B_r|\geq 2^{r-1}$. Also ist
$r-1\leq\log(n)$, d.h. die Zahl der Blöcke ist maximal $\log(n)+1$.

Aus der 2. Zwischenbehauptung erhalten wir nun:

- Die Gesamtzahl der Ausführungen der Anweisung $D:=D\cup f'(z,x)$ in
  (2") ist durch $m\cdot n\cdot\log(n)+m\cdot n$ nach oben beschränkt. (2") wird
  maximal $(2n\cdot m)$-mal ausgeführt (sooft wie die "Solange"-Schleife
  durchlaufen wird). Also ist die Summe der Ausführungszeiten für
  sämtliche Ausführungen von (2") nach oben beschränkt durch
  $t_2\cdot m\cdot n\cdot\log(n)+t_2'\cdot m\cdot n$ (t_2, t_2' konstant)
- Die Gesamtzahl aller Zustände z, die im Laufe aller Ausführungen von (2") nach D gebracht und in (4") dann wieder benötigt
  werden, ist nicht größer als $m\cdot n\cdot(\log(n)+1)$, denn in (2") können für festes x maximal $n\cdot(\log(n)+1)$ Zustände nach D gebracht
  werden. Ist t_4 die Ausführungsdauer für eine Ausführung von
  (4") - mit festem z - (wenn man die Tabelle T_j wie oben angegeben benutzt, kann man annehmen,daß t_4 eine Konstante ist !)
  so benötigt man für (4") also maximal $t_4\cdot m\cdot n\cdot\log(n)+t_4\cdot m\cdot n$
  Zeiteinheiten.

Insgesamt ergibt sich als obere Schranke für den Zeitbedarf des
Verfahrens 2.5.13. also

$c_1' \cdot m \cdot n \cdot p + c_2' \cdot n + c_3'$	für 2.5.9. nach Hilfssatz 2.5.15.
$+ k_3 \cdot m \cdot n + k$	für die Initialisierung von P
$+ t_1 \cdot m \cdot n$	für (1)
$+ t_2 \cdot m \cdot n \cdot \log(n) + t_2' \cdot m \cdot n$	für (2")
$+ t_3 \cdot m \cdot n$	für (3)
$+ t_4 \cdot m \cdot n \cdot \log(n) + t_4 \cdot m \cdot n$	für (4")
$+ t_5 \cdot m \cdot n$	für (5)
$+ t$	eine Konstante für die Initialisierung und Beendigung der "Solange"-Schleife

$$= (t_2 + t_4) \cdot m \cdot n \cdot \log(n) + c_1' \cdot m \cdot n \cdot p + (k_3 + t_1 + t_2' + t_3 + t_4 + t_5) \cdot m \cdot n + c_2' \cdot n + c_3' + t + k. \quad \blacksquare$$

<u>Folgerung 2.5.17.</u>: Für festes m und p und große n benötigt das Verfahren 2.5.13. im schlechtesten Fall größenordnungsmäßig $c \cdot n \cdot \log(n)$ Zeiteinheiten.

<u>Beweis</u>: Für konstante m und p hat die obere Schranke aus 2.5.16. die Form $c \cdot n \cdot \log(n) + c' \cdot n + c'' = n(c \cdot \log(n) + c') + c''$. Da die Konstanten c' und c'' klein sind, können wir sie bei großem n als Summanden jeweils vernachlässigen. $\quad \blacksquare$

2.6. Unterscheidbarkeit von Eingabefolgen

Wenn wir Automaten dazu benutzen wollen, Signalfolgen, die wir nicht direkt beobachten können, zu verarbeiten und aus ihnen für uns verständliche Ausgabefolgen zu erzeugen, so müssen wir u.a. fragen, wie gut ein bestimmter Automat uns helfen kann, Eingabefolgen anhand der Ausgabefolgen zu unterscheiden. Satz 2.2.3. zeigt uns, daß das nicht immer möglich ist.
Sei im folgenden, wie bisher, A immer ein M1A in üblicher Notation $A = (Z, X, Y, f, g)$.
Zuerst wollen wir fragen, wann zwei Eingabefolgen (völlig) ununterscheidbar sind.

<u>Definition 2.6.1.</u>: Zwei Eingabefolgen v,w aus F(X) heißen <u>ununterscheidbar für A</u>, wenn
$g^*(z, vu) = g^*(z, wu)$ für jedes z aus Z und jedes u aus F(X) gilt.
Andernfalls heißen v und w <u>unterscheidbar für A</u>.
A heißt <u>eingabeunterscheidend</u>, wenn je zwei verschiedene Eingabefolgen unterscheidbar für A sind.

Man beachte, daß zwei verschieden lange Folgen stets unterscheidbar für A sind.

Es ist leicht festzustellen, daß die M1A'n der Beispiele 2.1.1. und 2.2.2. nicht eingabeunterscheidend sind - bei Beispiel 2.1.1. betrachte man etwa die Eingabeworte cdd und bcd im Zustand 6.

Beispiel 2.6.2.: Ein eingabeunterscheidender M1A.

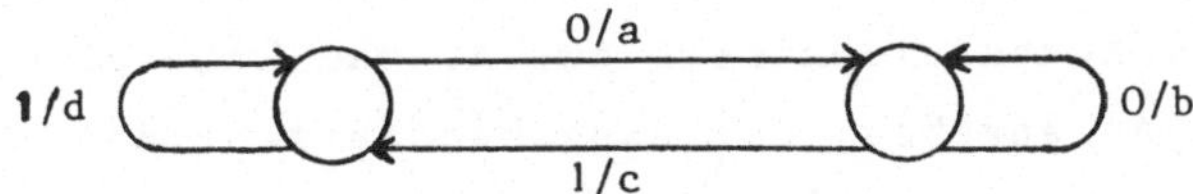

Figur 2.6.1.: Eingabeunterscheidender M1A

Hilfssatz 2.6.3.: Die Eingabefolgen v und w sind genau dann ununterscheidbar für A, wenn für jeden Zustand z von A die Zustände $f^*(z,v)$ und $f^*(z,w)$ äquivalent sind und $g^*(z,v)=g^*(z,w)$ gilt.

Beweis: Seien v und w ununterscheidbar für A und z ein beliebiger Zustand von A, dann gilt
$g^*(z,v)g^*(f^*(z,v),u)=g^*(z,vu)=g^*(z,wu)=g^*(z,w)g^*(f^*(z,w),u)$ für alle u aus $F(X)$.
Daraus folgt, daß die Leistungen der Zustände $f^*(z,v)$ und $f^*(z,w)$ gleich sind.
Die Umkehrung ergibt sich analog. ∎

Folgerung 2.6.4.: Sind v_i und w_i (i=1,2) ununterscheidbar für A, so sind auch v_1v_2 und w_1w_2 ununterscheidbar für A.

Beweis: a) Aus Hilfssatz 2.6.3. folgt unmittelbar: Sind v und w ununterscheidbar und z_1 und z_2 äquivalent, so sind auch $f^*(z_1,v)$ und $f^*(z_2,w)$ äquivalent.
b) Sei z ein beliebiger Zustand von A. Aus der Voraussetzung folgt dann nach Hilfssatz 2.6.3.
$$g^*(z,v_1v_2)=g^*(z,v_1)g^*(f^*(z,v_1),v_2)=g^*(z,w_1)g^*(f^*(z,w_1),v_2)=$$
$$=g^*(z,w_1)g^*(f^*(z,w_1),w_2)=g^*(z,w_1w_2)$$
Da $f^*(z,v_1)$ und $f^*(z,w_1)$ äquivalent sind, sind nach a) auch $f^*(z,v_1v_2)=f^*(f^*(z,v_1),v_2)$ und $f(2,w_1w_2)$ äquivalent. Also sind v_1v_2 und w_1w_2 nach Hilfssatz 2.6.3. ununterscheidbar für A. ∎

Für weitere zu dieser Folgerung ähnliche Aussagen vergleiche man Aufgabe 2.12.

Bemerkung: Nach Folgerung 2.6.4. ist die Relation der Ununterscheidbarkeit für A eine Kongruenzrelation auf dem Eingabemonoid $F(X)$. Daraus folgt, daß die Kongruenzklasse $[w]$ von $w = x_1 x_2 \ldots x_k$ (mit x_i aus X) das Produkt $[x_1] \cdot [x_2] \cdot \ldots \cdot [x_k]$ der Kongruenzklassen $[x_i]$ der x_i ist. Die Klassen $[x]$ der x aus X liefern eine Zerlegung von X. Das von den Klassen $[x]$ erzeugte freie Monoid $F(\overline{X})$ ist offenbar das Quotientenmonoid von $F(X)$ nach der Kongruenzrelation der Ununterscheidbarkeit für A. Man kann also zu jedem M1A A einen M1A A' angeben, der eingabeunterscheidend ist und im Prinzip dasselbe leistet wie A, indem man in A das Eingabealphabet X durch die Menge $\overline{X}$ der Ununterscheidbarkeitsklassen von X ersetzt. Auf die Details muß hier verzichtet werden.

Es soll jetzt gezeigt werden, daß die Frage, ob ein M1A eingabeunterscheidend ist, entscheidbar ist. Genauer gesagt, suchen wir zu jedem M1A A eine Zahl $k=k(A)$ derart, daß A eingabeunterscheidend ist, wenn je zwei Eingabefolgen einer Länge $\leq k$ unterscheidbar für A sind. Wir geben nur eine obere Schranke für $k(A)$ an. Ob zwei Eingabefolgen unterscheidbar sind, ist nach Hilfssatz 2.6.3. und dem Satz von Huffman/Mealy offensichtlich entscheidbar.

Satz 2.6.5. (Chang): Sei A ein M1A mit n Zuständen. Sind je zwei verschiedene Eingabefolgen der Länge $n^{2n}-1$ unterscheidbar für A, so ist A eingabeunterscheidend.

Beweis: Sei $k = n^{2n}-1$.

a) Sind alle Eingabefolgen der Länge k unterscheidbar für A, so sind auch alle kürzeren Eingabefolgen unterscheidbar für A; denn wären v und w aus $F(X)$ mit $|v| = |w| = j < k$ ununterscheidbar für A, und ist u ein Wort der Länge $k-j$ aus $F(X)$, so gälte $g^*(z, vu') = g^*(z, wu')$ für alle z aus Z und alle u' aus $F(X)$. Also wären die Worte vu und wu der Länge k ununterscheidbar für A.

b) Sei $Z = \{z_1, z_2, \ldots, z_n\}$. Ferner sei $T = Z^{2n}$ die Menge aller 2n-Tupel t von Zuständen von A. Mit $t(i)$ sei die i-te Komponente von t bezeichnet: $t = (t(1), t(2), \ldots, t(2n))$. Weiter sei

$$t_o = (z_1, z_2, \ldots, z_n, z_1, z_2, \ldots, z_n).$$

Wir definieren jetzt rekursiv eine Abbildung

$$\tilde{f}: T \times \left(\bigcup_{i=1}^{\infty} X^i \times X^i \right) \longrightarrow T,$$

indem wir für alle t aus T, alle x,x' aus X und alle w,w' aus X^j, $j=1,2,\ldots$ setzen

$$\tilde{f}(t,x,x')=(f(t(1),x),\ldots f(t(n),x),f(t(n+1),x'),\ldots f(t(2n),x')),$$
$$\tilde{f}(t,wx,w'x')=\tilde{f}(\tilde{f}(t,w,w'),x,x').$$

Annahme: Es existieren zwei verschiedene Worte $w=x_1\ldots x_m$ und $w'=x'_1\ldots x'_m$, die ununterscheidbar für A sind, und alle Worte kleinerer Länge sind paarweise unterscheidbar. Nach Voraussetzung und wegen a) gilt dann $m>k$. Daher muß in der Folge

$$t_0,t_1=\tilde{f}(t_0,x_1,x'_1),t_2=\tilde{f}(t_0,x_1x_2,x'_1x'_2),\ldots,t_m=\tilde{f}(t_0,w,w')$$

ein Element t aus T mindestens zweimal auftreten (T besitzt nur $k+1$ verschiedene Elemente). Es gibt also Indizes i und j mit $i<j\leq m$ und $t_i=t_j$.

Sei $w_0=x_1x_2\ldots x_{i-1}x_ix_{j+1}\ldots x_m$ und $w'_0=x'_1x'_2\ldots x'_{i-1}x'_tx'_ix'_{j+1}\ldots x'_m$.

1) Gelte $w_0\neq w'_0$ und seien

$$g^*(z_p,w)=y_{p1}y_{p2}\ldots y_{pm} \text{ sowie}$$

$$g^*(z_p,w')=y'_{p1}y'_{p2}\ldots y'_{pm} \text{ für } p=1,\ldots,n \text{ mit } y_{pq},y'_{pq} \text{ aus } Y.$$

Da w und w' ununterscheidbar sind, gilt

$$y_{pq}=y'_{pq} \text{ für } p=1,\ldots,n \text{ und } q=1,\ldots,m \text{ sowie}$$

$$g^*(f^*(z_p,w),u)=g^*(f^*(z_p,w'),u) \text{ für } p=1,\ldots,n \text{ und alle } u \text{ aus } F(X).$$

Also gilt für $p=1,\ldots,n$

$$g^*(z_p,w_0)=y_{p1}\ldots y_{pi-1}y_{pi}y_{pj+1}\ldots y_{pm}=y'_{p1}\ldots y'_{pi}y'_{pj+1}\ldots y'_{pm}=$$
$$=g^*(z_p,w'_0),$$

und, wegen $t_i=t_j$ auch $f^*(z_p,w_0)=f^*(z_p,w)$ sowie $f^*(z_p,w'_0)=f^*(z_p,w')$. Insgesamt folgt

$$g^*(z_p,w_0u)=g^*(z_p,w'_0u) \text{ für alle } u \text{ aus } F(X) \text{ und alle } p=1,\ldots,n.$$

Daher sind w_0 und w'_0 ununterscheidbar, aber kürzer als w, was nach Annahme ausgeschlossen ist.

2) Ist $w_0=w'_0$, so muß $x_{i+1}\ldots x_j\neq x'_{i+1}\ldots x'_j$ sein (wegen $w\neq w'$); also gilt auch $w_1=x_1\ldots x_j\neq w'_1=x'_1\ldots x'_j$. Wie in 1) ergibt sich dann

$$g^*(z_p,w_1)=g^*(z_p,w'_1) \text{ sowie}$$

$$f^*(z_p,w_1)=f^*(z_p,x_1\ldots x_i)=f^*(z_p,x'_1\ldots x'_i)=f^*(z_p,w'_1) \text{ für } p=1,\ldots,n$$

und daraus folgt die Ununterscheidbarkeit von w_1 und w'_1 im Widerspruch zur Annahme.

Also ist die Annahme falsch, d.h. je zwei verschiedene Eingabefolgen sind unterscheidbar für A. ∎

Aussagen über den Einfluß der Eingabemenge bringen die Aufgaben 2.13. und 2.14.

Bei langen Eingabefolgen können wir oft nicht alle Ausgaben sondern nur die k letzten Ausgaben vergleichen und feststellen, ob die jeweils nach Schluß der Eingabe erreichten Zustände äquivalent sind.

<u>Definition 2.6.6.</u>: Sei k eine natürliche Zahl.
(i) Für jedes u aus F(Y) sei das <u>k-Endstück</u> $\eta_k(u)$ von u wie folgt definiert:
a) ist $|u| \leq k$, so ist $\eta_k(u) = u$
b) ist $u = y_1 \ldots y_n$, $n > k$, so ist $\eta_k(u) = y_{n-k+1} \ldots y_n$.
(ii) Zwei Eingabefolgen v und w heißen <u>k-final ununterscheidbar für A</u>, wenn gilt
$\eta_k(g^*(z,vu)) = \eta_k(g^*(z,wu))$ für alle z aus Z und alle u aus F(X). Andernfalls heißen v und w <u>k-final unterscheidbar für A</u>. A heißt <u>k-final eingabeunterscheidend</u>, wenn je zwei Eingabefolgen k-final unterscheidbar für A sind.

Natürlich sind v und w k-final ununterscheidbar für A, wenn sie ununterscheidbar für A sind (das gilt für jedes k). Die Umkehrung gilt nicht, da auch verschieden lange Worte k-final ununterscheidbar für A sein können. Ferner sieht man sofort, daß aus k-final ununterscheidbar stets j-final ununterscheidbar für $j \leq k$ folgt.

<u>Satz 2.5.7.</u>: Sei k eine beliebige natürliche Zahl.
  (i) Sind zwei gleichlange Eingabeworte nicht länger als k und k-final ununterscheidbar für A, so sind sie ununterscheidbar für A.
 (ii) Die Aussagen von Hilfssatz 2.6.3. und Folgerung 2.6.4. bleiben gültig, wenn man "ununterscheidbar" durch "k-final ununterscheidbar" und die angegebenen Ausgabefolgen durch ihre k-Endstücke ersetzt.
(iii) Besitzt A n Zustände, und ist A $(n^{2^n}-1)$-final eingabeunterscheidend, so ist A eingabeunterscheidend.

<u>Beweis</u>: (i) prüft man unmittelbar nach. (ii) ergibt sich direkt durch Umformulierung der Beweise des Hilfssatzes und der Folgerung. (iii) ergibt sich mit Hilfe von (i) sofort aus Satz 2.6.5. ∎

Abschließend sei folgende Frage gestellt: Einem M1A A werden im Zustand z gemischt periodische Eingabefolgen w_p eingegeben, d.h. Worte $w_j = x_1 \ldots x_j$ mit $x_{m+p} = x_m$ für $m \geq r$, wobei r und p gegeben sein mögen. Lassen sich verschieden lange Folgen w_j, w_i stets unterscheiden, wenn man nur die k letzten Ausgaben vergleicht?

Satz 2.6.8. (Periodizitätssatz): Sei z ein beliebiger Zustand von A. Die Anzahl aller von z aus erreichbaren Zustände von A sei n, d.h. es sei
$$n = | \{z' \in Z \mid z' = f^*(z,w), \; w \in F(X)\} |.$$
Weiter sei $x_1, x_2, x_3, \ldots$ eine beliebige gemischt periodische Folge von Eingaben x_i aus X, d.h. es gebe natürliche Zahlen r und p mit $x_{m+p} = x_m$ für alle $m \geq r$. Sei nun $w_j = x_1 x_2 \ldots x_j$ für jedes j aus $\mathbb{N}$. Dann existieren natürliche Zahlen s und q mit

   (i) $r \leq s \leq r + (n-1)p$

  (ii) $q \leq p \cdot n$

(iii) $s + q \leq r + pn$

so, daß für jedes i mit $i \geq s$ und jedes $k \leq i - s + 1$ die k letzten der von w_i und w_{i+q} beim Start in z erzeugten Ausgaben gleich sind, d.h.
$$\eta_k(g^*(z,w_i)) = \eta_k(g^*(z,w_{i+q})).$$

Beweis: Sei $z_1 = z$ und $z_m = f(z_{m-1}, x_{m-1})$ für $m > 1$. Man betrachte die Folge der $pn+1$ Paare (z_m, x_m) für $m = r, \ldots, r+pn$. Da nur n der z_m verschieden sein können, muß es nach dem Schubfächerprinzip mindestens $p+1$ Indizes $m_1, \ldots, m_t$, $t \geq p+1$, $r \leq m_j \leq r+pn$ mit $z_{m_1} = z_{m_2} = \ldots = z_{m_t}$ geben. Denn verteilt man die $pn+1$ Indizes auf n Fächer, so kann nicht jedes Fach weniger als $p+1$ Indizes enthalten. Da es ferner nur p verschiedene Reste bei Division durch p geben kann $(0,1,\ldots,p-1)$, gibt es unter den Indizes m_j mindestens zwei, etwa m_a und m_b, die bei Division durch p den gleichen Rest lassen, d.h. für die es eine natürliche Zahl c mit $m_b = m_a + cp$ gibt. Dann gilt aber wegen der Periodizität der Folge $x_1, x_2, \ldots$, daß $x_{m_a} = x_{m_b}$ ist. Sei $s = m_a$ und $q = cp$. Dann ist $(z_s, x_s) = (z_{s+q}, x_{s+q})$, woraus $z_{s+1} = z_{s+q+1}$ und wegen $x_{s+1} = x_{s+q+1}$ auch $z_{s+2} = z_{s+q+2}$, also allgemein $(z_j, x_j) = (z_{j+q}, x_{j+q})$ für $j \geq s$ folgt. Ist $k \leq i - s + 1$, also $i - k + 1 \geq s$, so folgt aus der Periodizität der

Folge der Paare $\eta_k(g^*(z,w_i))=g^*(z_{i-k+1},x_{i-k+1}\cdots x_i)=$
$=g^*(z_{i-k+1+q},x_{i-k+1+q}\cdots x_{i+q})=\eta_k(g^*(z,w_{i+q}))$.
Schließlich folgen aus $r\leq m_a=s\leq m_a+p\leq m_b=s+q\leq r+pn$ und $q\geq p$ sofort
(i), (ii) und (iii). ∎

<u>Folgerung 2.6.9.</u>: Sei A ein M1A, in dem von jedem Zustand aus
nur höchstens n verschiedene Zustände erreichbar sind.

  (i) Mit den Bezeichnungen aus Satz 2.6.8. gilt dann: Je zwei
      Eingabeworte w_i und w_{i+q} sind k-final ununterscheidbar für A.
(ii) A liefert zu einer Eingabefolge der Periode p eine Ausgabe-
      folge mit einer Periode $q\leq p\cdot n$.

<u>Beweis</u>: (i) ergibt sich durch Anwendung von Satz 2.6.8. auf jeden
Zustand z von A; daß auch die Zustände $f^*(z,w_i)$ und $f^*(z,w_{i+q})$
äquivalent sind, folgt aus dem Beweis des Satzes.
(ii) erhält man, wenn man in Satz 2.6.8. k=1 setzt. ∎

Der Periodizitätssatz und seine Folgerung ist ein wichtiges Hilfsmittel, um zu zeigen, daß gewisse Dinge von M1A'n nicht getan
werden können, d.h. daß gewisse Abbildungen von F(X) in F(Y)
nicht als Leistung eines Zustandes eines M1A dargestellt werden
können, z.B. ist Satz 2.2.3. offensichtlich eine direkte Konsequenz aus Folgerung 2.6.9.(ii).
Aus Folgerung 2.6.9.(i) ergibt sich im Unterschied zu Beispiel
2.6.2.:

<u>Folgerung 2.6.10.</u>: Zu jedem M1A A gibt es unendlich viele natür-
liche Zahlen k derart, daß A nicht k-final eingabeunterscheidend
ist.

<u>Beweis</u>: Mit den Bezeichnungen von Satz 2.6.8. wähle man k=i-s+1
für i=s, s+1,... und wende Folgerung 2.6.9.(i) an. ∎

2.7. Mealy-Automaten mit endlichem Gedächtnis

Jeder Zustand eines M1A ist nach Satz 2.3.3. eindeutig bestimmt
durch endlich viele Eingabeworte mit den zugehörigen Ausgabewor-
ten, d.h. ein M1A kann nur endlich viele Ein-/Ausgabebeziehungen
speichern. Die Ausgabe hängt also nur von endlich vielen früheren
Eingaben ab. Wir werden aber sehen, daß es keine funktionale

Abhängigkeit, auch nicht bei Einbeziehung früherer Ausgaben als
zusätzliche Argumente, zu geben braucht.

<u>Definition 2.7.1.</u>: Ein M1A $A=(Z,X,Y,f,g)$ heißt M1A mit <u>endlichem
Gedächtnis</u>, wenn es natürliche Zahlen p und q und eine Abbildung
$h:X^{p+1}\times Y^q\to Y$
derart gibt, daß für alle z aus Z und alle $w=x_1\ldots x_k$ aus F(X) mit
$k\geq\max(p,q)$ gilt:

$$y_k=h(x_k,x_{k-1},\ldots,x_{k-p},y_{k-1},y_{k-2},\ldots,y_{k-q}),$$
wobei $y_1\ldots y_k=g^*(z,x_1\ldots x_k)$ sei.

Die kleinste Zahl m, für die es Zahlen p,q wie oben derart gibt,
daß $m=\max(p,q)$, heißt das <u>Gedächtnis</u> von A.

Ein M1A hat also das (endliche) Gedächtnis m, wenn eine Funktion
h existiert, mit deren Hilfe man die Ausgabe von A in einem beliebigen Zeitpunkt k allein aus der Kenntnis der gerade gemachten
Eingabe x_k, der letzten m unmittelbar davor gemachten Eingaben
$x_{k-1},\ldots,x_{k-m}$ sowie den dazu gehörigen m Ausgaben $y_{k-1},\ldots,y_{k-m}$
berechnen kann, ohne die Zustände von A zu berücksichtigen.

<u>Satz 2.7.2.</u> (Gill): (i) Es gibt (endliche) M1A'n, die kein end-
liches Gedächtnis besitzen.
(ii) Sei A ein reduzierter M1A mit endlichem Gedächtnis m und n
Zuständen. Dann gilt
$m\leq\frac{1}{2}n(n-1)$.

<u>Beweis</u>: (i) Der durch folgenden Graphen beschriebene M1A hat kein
endliches Gedächtnis.

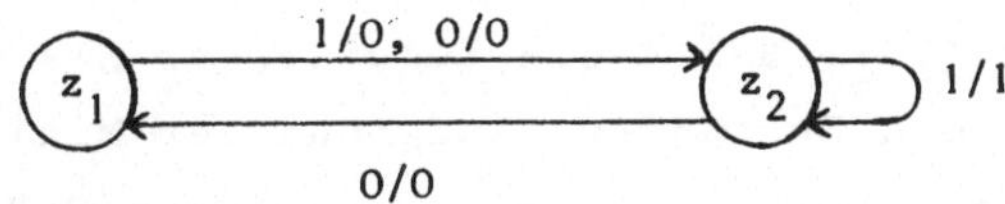

Figur 2.7.1.: M1A ohne endliches Gedächtnis

Zum Beweis betrachte man die Eingabeworte 0^k1 mit $k=1,2,\ldots$ und
die zugehörigen Ausgabeworte. Für beliebige p,q ist dann bei
$k\geq\max(p,q)$ allein aufgrund der letzten p+1 Eingaben und q Ausgaben nicht festzustellen, ob die Eingabe 1 eine 0 oder eine 1 als
Ausgabe erzeugt (auch wenn man weiß, in welchem Zustand die Eingabe jeweils begonnen wurde).

(ii) Zum Beweis benötigen wir folgenden

<u>Hilfssatz 2.7.3.</u>: Sei A ein reduzierter M1A mit endlichem Gedächtnis m wie in Definition 2.7.1. Dann gibt es eine Abbildung h', die den jeweiligen Zustand von A allein aus der Kenntnis der letzten m Eingaben und der letzten m Ausgaben zu berechnen gestattet, d.h. eine Abbildung

$h': X^m \times Y^m \longrightarrow Z$

derart, daß für alle z aus Z und alle $x_1 \ldots x_k$ aus F(X) mit $k \geq m$

gilt $h'(x_k, x_{k-1}, \ldots, x_{k-m+1}, y_k, \ldots, y_{k-m+1}) = f^*(z, x_1 \ldots x_k)$,

wobei $y_1 \ldots y_k = g^*(z, x_1 \ldots x_k)$ sei.

<u>Beweis des Hilfssatzes</u>: Annahme: Die Behauptung gelte nicht, d.h. es gebe mindestens ein Eingabewort $x_1 \ldots x_m$ und zwei verschiedene Zustände z,z' so, daß $g^*(z, x_1 \ldots x_m) = g^*(z', x_1 \ldots x_m)$ aber $z_m = f^*(z, x_1 \ldots x_m) \neq f^*(z', x_1 \ldots x_m) = z'_m$ ist.

Da A reduziert ist, sind z_m und z'_m nicht äquivalent; es gibt also ein kürzestes Wort $x_{m+1} \ldots x_{m+n}$ mit $1 \leq n \leq |Z| - 1$ (aufgrund des Satzes von Huffman/Mealy), so daß

$g^*(z_m, x_{m+1} \ldots x_{m+n}) \neq g^*(z'_m, x_{m+1} \ldots x_{m+n})$.

Daraus folgt:

$g^*(z, x_1 \ldots x_{m+n}) \neq g^*(z', x_1 \ldots x_{m+n})$, aber

$g^*(z, x_1 \ldots x_{m+n-1}) = g^*(z', x_1 \ldots x_{m+n-1})$.

Aufgrund der Voraussetzung über A (vgl. Def.2.7.1.) müßte aber

$g^*(z, x_1 \ldots x_{m+n}) = g^*(z, x_1 \ldots x_{m+n-1}) h(x_{m+n}, \ldots, x_n, y_{m+n-1}, \ldots, y_n) =$

$= g^*(z', x_1 \ldots x_{m+n})$ sein.

Das ist ein Widerspruch. ∎

<u>Beweis von Satz 2.7.2.(ii)</u>: Sei A ein reduzierter M1A mit endlichem Gedächtnis m und n Zuständen. Aufgrund der Minimalität von m gibt es dann ein Eingabewort $w = x_1 \ldots x_{m-1}$ aus F(X) und zwei verschiedene Zustände z_0, z'_0 aus Z mit $g^*(z_0, x_1 \ldots x_{m-1}) =$

$= g^*(z'_0, x_1 \ldots x_{m-1})$; denn wäre $g^*(z, u) \neq g^*(z', u)$ für alle $z \neq z'$ aus Z und alle u aus X^{m-1}, so wäre jede der Abbildungen $g_u: Z \longrightarrow Y^{m-1}$ mit $g_u(z) = g^*(z, u)$ injektiv, und für jedes z aus Z, jedes x aus X und jedes v aus X^j mit $j \geq m$ ließe sich dann $g(f^*(z, v), x)$ aus X und den letzten m-1 Eingaben und Ausgaben, d.h. aus $u = \eta_{m-1}(v)$ und $u' = \eta_{m-1}(g^*(z, v))$, wie folgt eindeutig bestimmen, so daß A das Gedächtnis m-1 hätte:

$g(f^*(z,v),x)=g(f^*(g_u^{-1}(u'),u),x).$

Ferner können wir annehmen, daß

$z_i=f^*(z_o,x_1\ldots x_i)\neq f^*(z_o',x_1\ldots x_i)=z_i'$ für $i=1,\ldots,m-1$ gilt;

denn würde für $z\neq z'$ und beliebiges u aus X^{m-1} stets

$f^*(z,u)=f^*(z',u)$ aus $g^*(z,u)=g^*(z',u)$ folgen, so ließe sich die

partielle Abbildung $t: X^{m-1}\times Y^{m-1}\longrightarrow Z$ mit $t(u,u')=f^*(z,u)$,

falls $g^*(z,u)=u'$, definieren, und für jedes $\bar{z}$ aus Z und jedes v

aus X^j mit $j\geq m$ wäre dann $f^*(\bar{z},v)=t(\eta_{m-1}(v),\eta_{m-1}(g^*(\bar{z},v)))$, woraus

folgen würde, daß A das Gedächtnis $m-1$ hat.

Falls wir jetzt zeigen können, daß für jedes Paar i,j natürlicher

Zahlen mit $0\leq i<j<m$ die Mengen $\{z_i,z_i'\}$ und $\{z_j,z_j'\}$ verschieden sind,

ist die Behauptung (ii) des Satzes bewiesen, denn die Anzahl m

dieser Mengen $\{z_i,z_i'\}$ kann nicht größer sein als die Anzahl aller

zweielementigen Teilmengen von Z, und diese ist offenbar

$\binom{n}{2}=\frac{1}{2}n(n-1).$

Um zu zeigen, daß die obigen zweielementigen Mengen jeweils ver-

schieden sind, nehmen wir also an, es gäbe i und j so, daß

$\{z_i,z_i'\}=\{z_j,z_j'\}$. Weil stets $z_i\neq z_i'$ ist, brauchen nur folgende zwei

Fälle betrachtet zu werden:

Fall 1: $z_i=z_j$, $z_i'=z_j'$.

Dann gilt

$f^*(z,x_1\ldots x_i\ldots x_jx_{i+1}\ldots x_j\ldots x_{m-1})=z_{m-1}\neq$

$\neq z_{m-1}'=f^*(z',x_1\ldots x_i\ldots x_jx_{i+1}\ldots x_j\ldots x_{m-1})$

aber

$g^*(z,x_1\ldots x_i\ldots x_jx_{i+1}\ldots x_j\ldots x_{m-1})=$

$=g^*(z',x_1\ldots x_i\ldots x_jx_{i+1}\ldots x_j\ldots x_{m-1})$

im Widerspruch zum Hilfssatz.

Fall 2: $z_i=z_j'$, $z_j=z_i'$.

Dann kommt man (ähnlich wie in Fall 1) durch die Eingabefolge

$x_{i+1}\ldots x_jx_{i+1}\ldots x_j$ von z_i (bzw. z_i') über $z_j=z_i'$ (bzw. $z_j'=z_i$) wie-

der nach $z_i=z_j'$ (bzw. nach $z_i'=z_j$) und erhält ebenfalls einen

Widerspruch zum Hilfssatz. $\blacksquare$

Bemerkung: Man beachte, daß Hilfssatz 2.7.3. umkehrbar ist, d.h.

daß die Existenz der Abbildung h' (anstelle von h) zur Definition

des M1A mit endlichem Gedächtnis hätte dienen können.

Die Frage, ob ein M1A endliches Gedächtnis besitzt, ist entscheidbar (vgl. Aufgabe 2.15.). Die Abschätzung im Satz 2.7.2.
ist scharf (vgl. Aufgabe 2.16.). Ein hinreichendes aber nicht
notwendiges Kriterium für endliches Gedächtnis zeigt Aufgabe
2.17.

Aufgaben

2.1. Man konstruiere einen Folgendetektor und zwar für die Folge 0101. D.h. man gebe einen M1A $A=(Z,X,Y,f,g)$ mit $X=Y=\{0,1\}$ an, der genau dann eine 1 ausgibt, wenn die Folge der letzten 4 Eingabezeichen die Folge 0101 war.

2.2. Man konstruiere einen "Parity-Bit-Generator"; d.h. einen M1A mit $X=Y=\{0,1\}$, der als Eingabe Folgen 3-stelliger Codeworte (Worte der Länge 3 aus $F(X)$) mit Trennzeichen 0 erhält und der diese Codeworte wieder ausgeben (seriell) und mit einem Parity-Bit versehen soll) d.h. nach den drei Zeichen des Codeworts soll eine 1 oder eine 0 ausgegeben werden, je nachdem, ob die Anzahl der Einsen im Codewort ungerade oder gerade war).

2.3. Man konstruiere einen M1A, der das Maximum (bzw. das Minimum) zweier positiver ganzzahliger Dualzahlen berechnet (Hinweis: Durch Anfügen führender Nullen bringe man die Zahlen auf die gleiche Stellenzahl. Dann gebe man, mit der höchstwertigen Stelle beginnend, nacheinander die Paare der i-ten Stellen beider Zahlen ein. Die zugehörige Ausgabefolge soll die Dualdarstellung des Maximums (Minimums) sein).

2.4. Man konstruiere einen sequentiellen Komplementierer, d.h. einen M1A mit 0,1 als Ein- und Ausgaben, der folgendes leistet:
a) Zu einer seriell, mit der niedrigstwertigen Stelle zuerst eingegebenen Dualdarstellung der natürlichen Zahl d, bei der führende Nullen zugelassen sind, liefert A als Ausgabefolge die Ziffernfolge der Dualdarstellung des Zweierkomplements 2^n-d von d, wobei n die Anzahl der eingegebenen Ziffern (führende Nullen mitgezählt) ist.
b) Eine ganze Zahl mit Vorzeichen werde wie folgt dargestellt: Nichtnegative Zahlen z durch $0d(z)$, wobei $d(z)$ die Dualdarstellung von z sei – führende Nullen in $d(z)$ sind zugelassen. Negative Zahlen $-z$ (mit $z>0$) durch $1d(2^n-z)$, wobei n größer als die Anzahl der gültigen Ziffern von $d(z)$ ist.
Zu einer solchen seriell, mit der niedrigstwertigen Stelle zuerst eingegebenen Darstellung einer ganzen Zahl z liefere A als Ausgabe die entsprechende Darstellung von $-z$.

2.5. (Mealy) (i) Für jede natürliche Zahl n gebe man einen M1A mit n Zuständen an, der zeigt, daß man in Satz 2.3.3. nicht mit kürzeren Eingabefolgen auskommt, d.h. man gebe jeweils einen M1A an, der zwei $(n-2)$-äquivalente Zustände besitzt, die nicht $(n-1)$-äquivalent sind.

(ii) Für jedes Paar m,n natürlicher Zahlen gebe man zwei M1A'n A und A' mit m bzw. n Zuständen und je einem ausgezeichneten Zustand z aus Z und z' aus Z' an, so daß folgendes gilt: z und z' sind $(n+m-2)$-äquivalent, aber nicht äquivalent, woraus folgt daß man in Folgerung 2.3.5. nicht mit kürzeren Eingabefolgen auskommt.

2.6. [*] Ein reduzierter M1A ist ein "kleinster" Repräsentant der Klasse aller zu ihm äquivalenten M1A'n. Kann man den Begriff "kleinster M1A" auch anders definieren? (Hinweis: man nenne einen M1A minimal, wenn kein zu ihm äquivalenter M1A weniger Zustände besitzt. Man zeige, daß jeder minimale M1A reduziert und jeder reduzierte M1A minimal ist. Man zeige weiter, daß zwei äquivalente minimale M1A'n bis auf die Bezeichnungen der Zustände gleich sind.)

2.7. [*] (Raney) Seien X, Y endliche Mengen. Eine Abbildung $h:F(X)\rightarrow F(Y)$ wird M1A-Abbildung (oder endliche sequentielle Wortfunktion) genannt, wenn es einen M1A A und einen Zustand z von A so gibt, daß h gleich der Leistung g_z von z ist. Man zeige, daß eine Abbildung $h:F(X)\rightarrow F(Y)$ genau dann eine M1A-Abbildung ist, wenn folgende drei Bedingungen erfüllt sind:

(i) $|h(w)|=|w|$ für jedes w aus F(X) ("längentreu").

(ii) Zu jedem u aus F(X) existiert eine Abbildung $h_u:F(X)\rightarrow F(Y)$ derart, daß für alle v aus F(X) gilt: $h(uv)=h(u)h_u(v)$ ("sequentiell").

(iii) Die Menge der in (ii) definierten Funktionen h_u (der sog. Zustände von h) ist endlich.

(Hinweis: Zum Beweis, daß (i) - (iii) hinreichend sind, wähle man die Zustände von h als die Zustände des zu konstruierenden Automaten.) Die Aussagen (i) - (iii) liefern ein weiteres Hilfsmittel für Beweise, daß gewisse Abbildungen nicht Leistungen eines Zustandes eines M1A sein können.

2.8.* (Gray, Harrison) Das Ein/Ausgabe-Verhalten eines M1A kann man auch anders als durch die Leistungen seiner Zustände beschreiben und zwar z.B. folgendermaßen:
Die durch den M1A A bestimmte Transduktion (auch sequentielle Relation genannt) ist die Menge
$T(A)=\{(v,w)\in F(X)\times F(Y)\,|\,$ Es gibt ein $z\in Z$ mit $g^*(z,v)=w\}$.
Eine Teilmenge T von $X^*\times Y^*$ heißt M1A-Transduktion, wenn es einen M1A A gibt mit $T=T(A)$.
Man zeige nun: Eine Teilmenge T von $F(X)\times F(Y)$ ist eine M1A-Transduktion g.d.,w. endlich viele M1A-Abbildungen (vgl. Aufgabe 2.7.) $h_1,\dots,h_n$ existieren, derart daß gilt
  (i) $T=\cup\{graph\ h_i\,|\,i=1,\dots,n\}$
(ii) Zu jedem x aus X und jedem h_i existiert ein h_j so, daß
      $h_i(xw)=h_i(x)h_j(w)$ für jedes w aus $F(X)$.
Ferner zeige man: Ist eine M1A-Transduktion Graph einer Abbildung, so ist diese Funktion eine M1A-Abbildung; aber nicht jeder Graph einer M1A-Abbildung ist eine M1A-Transduktion.

2.9. Zwei M1A'n $A=(Z,X,Y,f,g)$ und $A'=(Z',X,Y,f',g')$ mögen schwach äquivalent heißen, wenn es zu jedem z aus Z und jedem w aus $F(X)$ ein z' aus Z' gibt mit $g_z(w)=g'_{z'}(w)$ – und umgekehrt.
Gelten dann die folgenden Behauptungen? Wenn nein, gebe man Gegenbeispiele an.
  (i) Aus der Äquivalenz von A und A' folgt ihre schwache Äquivalenz.
 (ii) Sind A und A' schwach äquivalent, so sind sie auch äquivalent.
(iii) Sind A und A' schwach äquivalent, so ist $T(A)=T(A')$.
 (iv) Ist $T(A)=T(A')$, so sind A und A' schwach äquivalent.

2.10.* Im Hinblick auf die Aufgaben 2.1. und 2.2. liegt es nahe, zur Beschreibung eines Automaten jeweils nur die letzte Ausgabe, die von einer Eingabefolge produziert wird, zu betrachten. Das führt zu folgender Variante von Definition 2.3.1.(i): Sei A ein M1A. Das Verhalten des Zustandes z von A ist die folgendermaßen definierte Abbildung
$\tilde{g}_z:F(X)\longrightarrow Y\cup\Lambda$
$\tilde{g}_z(\Lambda)=\Lambda,\ \tilde{g}_z(x)=g(z,x)$ für alle x aus X
$\tilde{g}_z(wx)=g(f^*(z,w),x)$ für alle x aus X und w aus $F(X)$.

Die Begriffe "Verhalten von A", "verhaltensäquivalent" und "verhaltensreduziert" definiere man analog zu Definition 2.3.1. Man zeige nun, daß die Sätze 2.3.3. und 2.3.6. und die Folgerungen 2.3.4. und 2.3.5. sowie das Resultat der Aufgabe 2.5. gültig bleiben, wenn man überall "Leistung" durch "Verhalten", "äquivalent" durch "verhaltensäquivalent" und "reduziert" durch "verhaltensreduziert" ersetzt. Ferner beweise man, daß zwei Zustände bzw. zwei M1A'n genau dann äquivalent sind, wenn sie verhaltensäquivalent sind.

<u>2.11.</u> Man programmiere das in 2.4. angegebene Verfahren zur Äquivalenzklassenbestimmung sowie das Verfahren 2.5.13. in einer höheren Programmiersprache und vergleiche die Ausführungszeiten anhand der folgenden zwei Serien von M1A'n A_{4n} und B_{4n}, $n=1,2,3,\ldots$ für große n:

$A_{4n}=(\{1,2,\ldots,4n\},\{0,1\},\{0,1\},f,g)$

 mit $f(1,0)=f(1,1)=1$ und

  $f(i,0)=i-1$ sowie $f(i,1)=i$ für $2\le i\le 4n$,

  $g(1,0)=g(1,1)=g(2,0)=1$ und

  $g(2,1)=g(i,1)=g(i,0)=0$ für $3\le i\le 4n$

$B_{4n}=(\{1,2,\ldots,4n\},\{0,1\},\{0,1\},f,g)$

 mit $f(i,0)=f(i,1)=2n+2i-1$

  $f(n+i,0)=f(n+i,1)=2i-1$ für $1\le i\le n$

  $f(2n+i,0)=f(2n+i,1)=2i-1$ für $1\le i\le 2n$

  $g(n+i,0)=g(n+i,1)=g(2n+1,0)=g(2n+i,1)=1$ für $1\le i\le n$

  $g(i,0)=g(i,1)=g(3n+i,0)=g(3n+i,1)=0$ für $1\le i\le n$.

Man überlege sich ferner, daß die Automaten A_i für das Verfahren aus 2.4. und die Automaten B_i für das Verfahren 2.5.13. "schlechteste" Fälle darstellen.

<u>2.12.</u> (Ginsburg) Sei A ein M1A wie üblich und seien v_1,v_2,w_1,w_2 Eingabewörter für A.

Man zeige

(i) Sind v_2 und w_2 sowie v_1v_2 und w_1w_2 ununterscheidbar für A, so sind auch v_1w_2 und w_1v_2 ununterscheidbar für A, nicht notwendig aber v_1 und w_1.

(ii) Sind v_1 und w_1 sowie v_1v_2 und w_1w_2 ununterscheidbar für A, so sind v_2 und w_2 nicht notwendig ununterscheidbar für A. Gilt jedoch zusätzlich, daß zu jedem Zustand z von A ein z' mit $f^*(z',v_1)=z$ oder $f^*(z',w_1)=z$ existiert, dann sind v_2 und w_2 ununterscheidbar für A.

2.13.* (Ginsburg) Sei A ein M1A mit n Zuständen und m verschiedenen Ausgaben ($|Y|=m$).

Man zeige

(i) Hat A mehr als m^n verschiedene Eingaben: $m^n<|X|$, so ist A nicht eingabeunterscheidend.

(ii) Unter je $(mn)^n+1$ Eingaben (aus X) sind mindestens zwei ununterscheidbar für A.

(Hinweis: Man beweise zuerst: Ist k aus $\mathbb{N}$ und $T\subseteq X$ so, daß $(m^k n)^n<|T|^k$ gilt, so gibt es zwei verschiedene Eingabeworte $x_1 x_2\ldots x_k$ und $x_1' x_2'\ldots x_k'$ mit $x_i,x_i'\in T$, $i=1,\ldots,k$, die ununterscheidbar für A sind.)

2.14. (Ginsburg) Man zeige, daß sich für jedes $m\geq2$ und jedes n die Anzahl der Eingaben in beiden Behauptungen der Aufgabe 2.13. nicht verkleinern läßt.

2.15. (Gill) Man gebe ein Verfahren an, mit Hilfe dessen man bei jedem M1A feststellen kann, ob er von endlichem Gedächtnis ist, und wenn das der Fall ist, wie groß das Gedächtnis ist. (Hinweis: Man untersuche, welche Zustandspaare durch welche Eingaben wieder in Zustandspaare überführt werden.)

2.16. (Gill) Man gebe einen M1A mit 4 Zuständen an, der zeigt, daß die Abschätzung in Satz 2.7.2.(ii) scharf ist.

2.17. (Stucky, Walter) Ein M1A A besitze die Fundamentaleigenschaft, wenn für je zwei Wörter u,u' aus $F(X)$ und je zwei Zustände z,z' von A folgendes gilt:

(i) Ist $g^*(z,u)=g^*(z',u)$, so gilt $g^*(z,w)=g^*(z',w)$ für alle w aus $F(X)$ mit gleicher Länge wie u.

(ii) Gilt $g^*(z,u)=g^*(z,u')$, so ist $g^*(z'',u)=g^*(z'',u')$ für alle Zustände z'' von A.

Man zeige, daß ein M1A mit Fundamentaleigenschaft ein endliches Gedächtnis besitzt, daß aber nicht jeder M1A mit endlichem Gedächtnis die Fundamentaleigenschaft besitzt.

Literaturhinweise und historische Bemerkungen

Das hier beschriebene Modell eines endlichen Automaten geht zurück auf Mealy (1955), man vergleiche aber auch Burks, Wang (1957). Beispiel 2.1.1. stammt im wesentlichen von Florine (vgl. Mange (1972)). Zur Realisierung von M1A'n als Schaltwerke vergleiche man vor allem Hartmanis, Stearns (1966), Hotz (1974) und Wendt (1973).

Satz 2.2.3. und weitere Bemerkungen über die Grenzen der Leistungsfähigkeit von M1A'n finden sich in Minsky (1967) und Kohavi (1970). Die dem Beweis von Satz 2.3.3. zugrundeliegende Idee und das sich daraus ergebende Reduktionsverfahren steht im wesentlichen schon bei Huffman (1954) und explizit bei Mealy (1955). Man vergleiche hierzu auch Ginsburg (1962) und Gluschkow (1961). Das Verfahren 2.5.13. stammt ursprünglich von J. Hopcroft (1971). In 2.5. ist eine dem Fall der M1A'n angepaßte Version von D.Gries (1973) unter Berücksichtigung einer bereits dort angegebenen Beweisidee von S. Even dargestellt.

Die meisten Resultate in 2.6. sowie die Aufgaben 2.12. - 2.14. stammen aus Ginsburg (1960) - siehe dazu auch Ginsburg (1962); man vgl. weiter Pohl (1968).

Satz 2.7.2. und weitere Resultate aus der Theorie der M1A'n mit endlichem Gedächtnis enthält Gill (1962); man vgl. auch Kohavi (1970).

Die Untersuchung von sequentiellen Wortfunktionen (Aufgabe 2.7.) geht auf Raney (1958) zurück; man vgl. z.B. auch Starke (1969), Eilenberg (1974), Gécseg, Peák (1972), Wechsung (1972) und Valk (1972). Zu Aufgabe 2.8. siehe Gray, Harrison (1966) und Starke (1972) sowie Salomaa (1969).

Weitere Äquivalenzbegriffe (als in Definition 2.3.1. angegeben und aus den Aufgaben 2.8., 2.9. und 2.10. abzuleiten) finden sich in Starke (1969) und z.B. in Hummitzsch (1971, 1972), Walter (1973) sowie Glushkov, Letichevskii (1969).

Zu Aufgabe 2.17. vgl. Walter (1973) und Stucky (1969) - M1A'n mit Fundamentaleigenschaft (wie in Aufgabe 2.17. definiert) spielen eine wichtige Rolle in der Theorie der linearen Automaten.

Schließlich sei auf eine besondere Anwendung des M1A in der Theorie der Nachrichtenverarbeitung hingewiesen: Butz (1981).

Literatur zu 2.

A.W. Burks, H. Wang, The logic of automata I, II, J.Assoc.Comput.
Mach. 4 (1957) 193-218, 279-297.

A.R. Butz, Functions Realized by Consistent Sequential Machines,
Inf. and Control 48 (1981) 147-191.

S. Eilenberg, Automata, Languages, and Machines, Vol.A,
Academic Press New York, London, 1974.

F. Gécseg, I. Peák, Algebraic Theory of Automata, Akadémiai
Kiadó, Budapest, 1972.

A. Gill, Introduction to the Theory of Finite-State Machines,
McGraw-Hill, New York, 1962.

S. Ginsburg, Some remarks on abstract machines, Transactions
Amer.Math.Soc., 96 (1960) 400-444.

S. Ginsburg, An Introduction to Mathematical Machine Theory,
Addison-Wesley, Reading, Mass. 1962.

W.M. Gluschkow, Theorie der abstrakten Automaten, Dtscher Vlg.
d.Wiss., Berlin 1963 (Übersetzung aus dem Russischen,
Original 1961).

V.M. Glushkov, A.A. Letichevskii, Theory of algorithms and
discrete processors; in J.T. Tou (ed.), Advances in Information
Systems Science, Plenum Press, New York, 1969, 1-58.

J.N. Gray, M.A. Harrison, The theory of sequential relations,
Inf. and Control 9 (1966) 435-468.

D. Gries, Describing an Algorithm by Hopcroft, Acta Inf. 2
(1973) 97-109.

J. Hartmanis, R.E. Stearns, Algebraic Structure of Sequential
Machines, Prentice-Hall, Englewood Cliffs, New York, 1966.

J. Hopcroft, An n·log(n) Algorithm for Minimizing States in a
Finite Automaton; in Z.Kohavi, A.Paz (Hrsgb.), Theory of Machines
and Computations, Academic Press New York, London, 1971, 189-196.

G. Hotz, Der logische Entwurf von Schaltkreisen, W.de Gruyter,
Berlin, 1974.

D.A.Huffman, The synthesis of sequential switching circuits,
J.Franklin Institute 257 (1954) 161-190, 275-303.

P. Hummitzsch, Beziehungen zwischen einigen schwachen Äquivalenzen endlicher Automaten, EIK 8 (1972) 77-86.

P. Hummitzsch, Die Entscheidbarkeit der endlichen Ununterscheidbarkeit endlicher Automaten, Zeitschr.f.math.Logik u.Grundlagen
d.Math. 17 (1971) 315-322.

Z. Kohavi, Switching and Finite Automata Theory, McGraw-Hill,
New York, 1970.

D. Mange, Synthèse des machines séquentielles synchronisées,
Systèmes logiques - Cahiers de la C.S.L. 4 (Juli 1972) 198-212.

G.H. Mealy, Method for synthesizing sequential circuits,
Bell System Techn. J. 34 (1955) 1045-1079.

H. Minsky, Computation: Finite and Infinite Machines,
Prentice Hall, Englewood Cliffs, New York, 1967.

H.-J.Pohl, Über die Reduzierung der Anzahl von Eingabesignalen
von Automaten, Zeitschr.f.math.Logik und Grundlagen d.Math. 14
(1968), 93-96.

G.N. Raney, Sequential functions, J.Assoc.Comput.Mach. 5
(1958) 177-180.

A. Salomaa, Theory of Automata, Pergamon Press, Oxford, 1969.

P.H. Starke, Abstrakte Automaten, Dtscher Vlg.d.Wiss.,Berlin,1969.

P.H. Starke, Über die Experimentmengen determinierter Automaten,
EIK 8 (1972) 67-76.

W. Stucky, Linear realisierbare endliche Automaten, Dissertation,
Math.-Naturwiss.Fakultät, Universität Saarbrücken, 1969.

R. Valk, Topologische Wortmengen, topologische Automaten, zu-
standsendliche, stetige Abbildungen, Mitteilungen der Gesellschaft für Math. und Datenverarbeitung, Bonn, Nr. 19, 1972.

<u>H.K.-G. Walter</u>, Die relationale Äquivalenz von Automaten,
Techn. Hochschule Darmstadt, FB Informatik, Bericht AFS 73-3,
1973.

<u>G. Wechsung</u>, Die Gruppe der eineindeutigen längentreuen sequen-
tiellen Funktionen, EIK <u>8</u>, (1972), 335-352.

<u>S. Wendt</u>, Entwurf komplexer Schaltwerke, Springer-Verlag,
Berlin, 1974.

3. Der Moore-Automat (MrA)

3.1. Einführendes Beispiel

Zur Einführung betrachten wir ein vereinfachtes Beispiel aus
dem Gebiet der Programmiersprachen. Zum Verständnis ist es
nötig, daß dem Leser der Gebrauch der metalinguistischen
"Formeln" der Backus-Naur-Form (wie im ALGOL 60-Bericht
eingeführt) vertraut ist. Notfalls schlage man in der angegebenen Literatur nach).

<u>Beispiel 3.1.1.</u>: Sei $X_D = \{0,1,.\}$. Mit folgenden 8 metalingu-
istischen Formeln, die der Reihe nach mit den Buchstaben
m,n,...,t bezeichnet werden sollen, wird diejenige Teilmenge
von $F(X_D)$ definiert, deren Elemente als vorzeichenlose
Dualzahlen gelesen werden können.

```
m: <vorzeichenlose Dualzahl>::=<ganze Dualzahl>
n: <vorzeichenlose Dualzahl>::=<Dualbruch>
o: <vorzeichenlose Dualzahl>::=<ganze Dualzahl> <Dualbruch>
p: <Dualbruch>              ::=<Dualpunkt> <ganze Dualzahl>
q: <ganze Dualzahl>        ::=<ganze Dualzahl> <Dualziffer>
r: <ganze Dualzahl>        ::=<Dualziffer>
s: <Dualpunkt>             ::= .
t: <Dualziffer>            ::= 0|1
```

Wir wollen eine Auswertung einer metalinguistischen Formel
eine Rechtsauswertung nennen, wenn wir jeweils die am wei-
testen rechts stehende metalinguistische Variable gemäß einer Formel ersetzen. Die vorzeichenlose Dualzahl .1 erhält
man z.B. durch Rechtsauswertung der Formel n wie folgt:

```
<vorzeichenlose Dualzahl>::=<Dualbruch>
                         ::=<Dualpunkt> <ganze Dualzahl>
                         ::=<Dualpunkt> <Dualziffer>
                         ::=<Dualpunkt>  1
                         ::=.1
```

Zur Beschreibung dieses Auswertungsprozesses genügt es, die
benutzten Formeln in der Reihenfolge ihrer Anwendung, d.h.
die sog. Rechtsauswertungsfolge, anzugeben, also: n p r t s.
Man erhält z.B. 10.011 durch folgende Rechtsauswertungsfolge:
o p q t q t r t s q t r t.

Unser Ziel soll es jetzt sein, einen Analysator für vorzeichenlose Dualzahlen zu entwerfen, d.h. einen Automaten, der wie
folgt arbeitet:
Sei $X=X_D \cup \{\&\}$, wobei & ein von den Elementen von X_D verschiedenes Zeichen sei, das als Begrenzungszeichen dient. Legt man dem
Automaten ein Wort w aus F(X) vor, so soll er es von links nach
rechts zeichenweise lesen und jedesmal, wenn er ein Zeichen gelesen hat ein Zeichen aus
$Y=\{m,s,tr,tq,po,pn,piep,?\}$
ausgeben derart, daß folgendes gilt:
Wenn w=u&& und u eine vorzeichenlose Dualzahl im Sinne obiger
Definition ist, soll die Folge der Ausgaben (abgesehen von der
letzten) gerade die Rechtsauswertungsfolge für u in umgekehrter
Reihenfolge sein.
Hat der Automat das ganze Wort w gelesen, so macht er solange
"piep", bis er eine neue vorzeichenlose Dualzahl als Lesestoff
erhält. Ferner wollen wir, der Vollständigkeit halber vorsehen,
daß der Automat eine Fehlermeldung (das Zeichen "?") ausgeben
kann - sie muß mindestens einmal erscheinen, wenn das vorgeleg-
te Wort nicht die Form u&& hat; im übrigen soll uns jedoch nicht
weiter interessieren, wie der Automat auf Worte, die nicht die
gewünschte Form haben, reagiert.

Wir gehen jetzt von einer etwas anderen Vorstellung von der Arbeitsweise eines Automaten als in 2. aus. Und zwar soll in jedem Zustand des Automaten eine bestimmte Ausgabe erfolgen - unabhängig von der zuvor erhaltenen Eingabe.
Als Zustände des Automaten bieten sich dann die folgenden Situationen an - die jeweilige Ausgabe wird gleich mit angegeben:

z_0 : Start (Vorlage einer Dualzahl erwartet) : piep
z_1 : Nur eine Dualziffer gelesen : tr
z_2 : Nur Dualziffern gelesen, aber mindestens zwei : tq
z_3 : Nur Dualziffern und einmal & gelesen : m
z_4 : Nach mindestens einer Dualziffer einen Dualpunkt
       gelesen : s
z_5 : Im Zustand z_4 eine Dualziffer gelesen : tr
z_6 : Nach Erreichen von z_4 mindestens zwei Dualziffern
       gelesen : tq
z_7 : Nach Erreichen von z_4 mindestens eine Dualziffer
       und einmal & gelesen : po
z_8 : Erstes gelesenes Zeichen war der Dualpunkt : s
z_9 : In z_8 mindestens eine Dualziffer gelesen : tr
z_{10}: Nach Erreichen von z_8 mindestens zwei Dualziffern
       gelesen : tq
z_{11}: In z_9 oder z_{10} ein & gelesen : pn
z_{12}: Zustand, der in allen anderen Fällen eingenommen wird –
       man kann ihn nur verlassen, wenn man & eingibt : ?

Jetzt ist klar, wie der Automat arbeitet. Wir beschreiben ihn
durch einen gerichteten Graphen, dessen Ecken den Zuständen
entsprechen – außer der Bezeichnung des Zustandes wird in
die Ecken auch die Ausgabe, die dieser Zustand erzeugt,
geschrieben; die Kanten des Graphen geben die durch die
Eingaben bestimmten Zustandsübergänge an (dabei schreiben
wir der Kürze halber "sonst" an eine Kante, wenn an diese
Kante alle sonst noch nicht an einer von der gleichen Ecke
wegführenden Kante stehenden Eingabezeichen geschrieben
werden müßten).

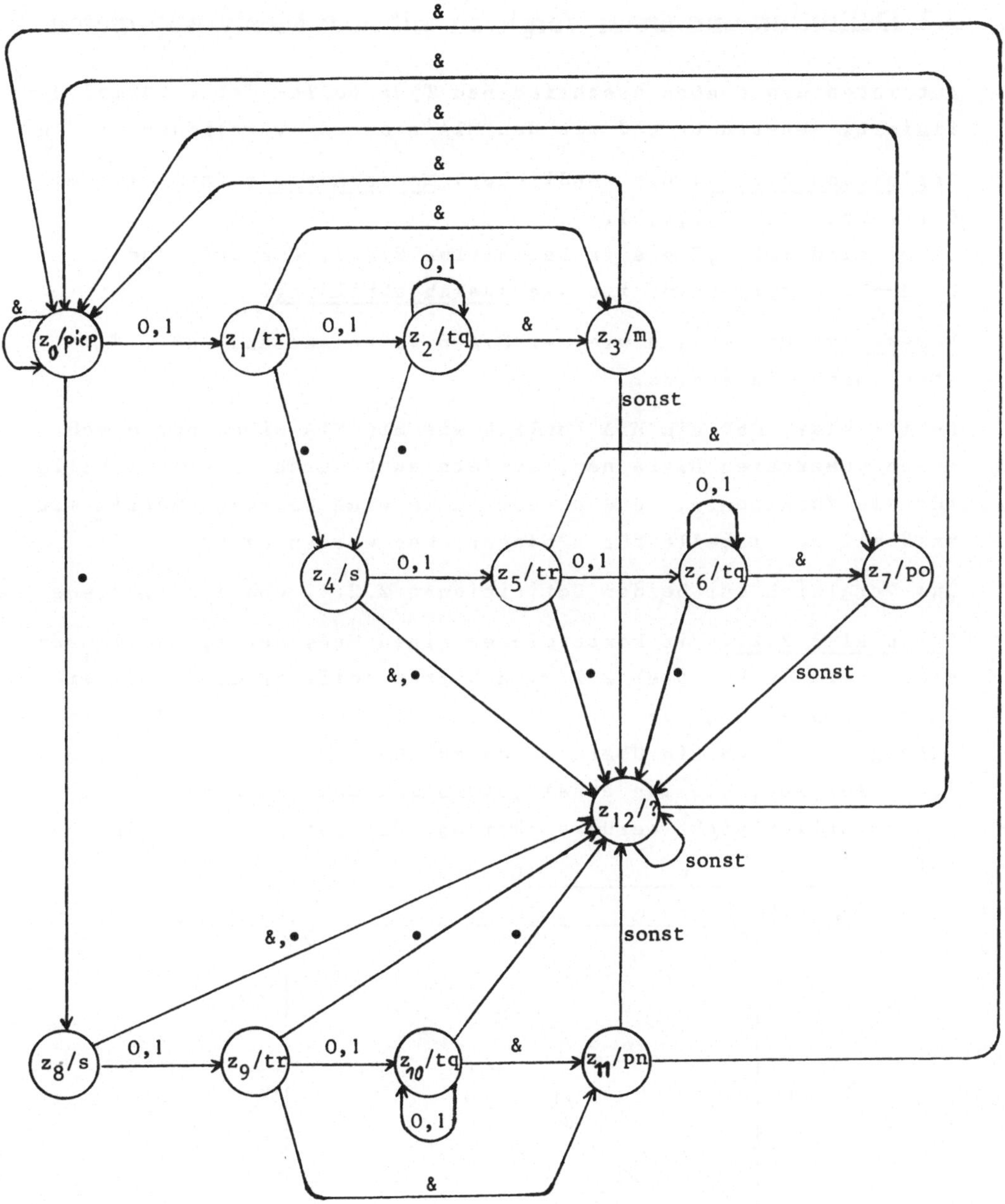

Figur 3.1.1.:   Analysator für vorzeichenlose Dualzahlen

3.2. Definition und erster Vergleich mit dem Mealy-Automaten

Automaten des soeben beschriebenen Typs sollen jetzt formal definiert, untersucht und mit den M1A'n aus 2. verglichen werden.

Definition 3.2.1.: Ein (endlicher) Moore-Automat (MrA) ist ein Quintupel A=(Z,X,Y,f,h).
Dabei sind Z,X,Y,f wie in Definition 2.2.1. erklärt, und
h: Z→Y, h surjektiv, ist die Ausgabeabbildung.

Bemerkung: Wir wollen wie bei M1A'n voraussetzen, daß Z,X,Y stets nicht leer sind.

Es ist klar, daß ein MrA ähnlich wie ein M1A nicht nur durch einen bewerteten Digraphen, sondern auch durch je eine Tabelle für die Funktionen f und h oder durch eine Übergangsmatrix mit zusätzlicher Tabelle für h beschrieben werden kann.

Zum Vergleich der beiden Definitionen 2.2.1. und 3.2.1. diene

Beispiel 3.2.2.: Wir konstruieren einen MrA, der als Serienaddierer wie in Beispiel 2.2.2. arbeiten soll. Er muß jetzt vier Zustände besitzen: je zwei für jede der Ausgaben 0 und 1, abhängig davon, ob ein Übertrag aufzuheben ist oder nicht. Die erste Ausgabe, die man erhält, wenn man den MrA startet, darf man natürlich nicht berücksichtigen. Wir geben nur den Graphen an:

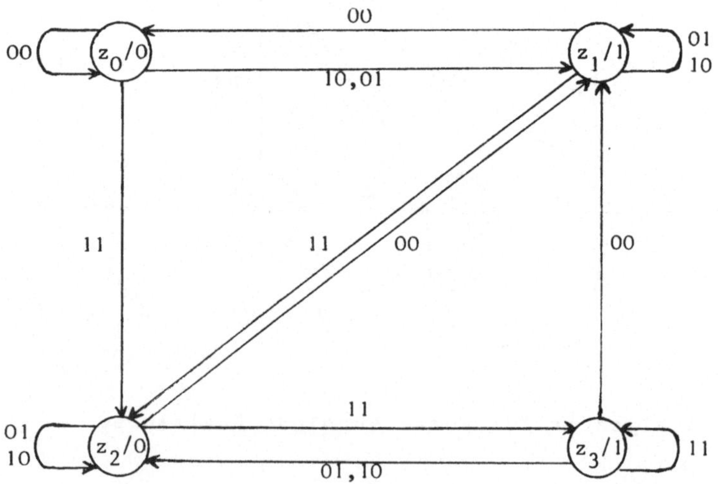

Figur 3.2.1.: Graph eines Serienaddierers

Vergleicht man die Definition 2.2.1. und 3.2.1. formal, so
scheint es nahe zu liegen, einen MrA als einen M1A aufzufassen,
bei dem die Ausgabe nicht von der Eingabe abhängt, d.h. bei dem
für die Ausgabeabbildung g gilt:
$g(z,x)=g(z,x')$ für alle x,x' aus X und z aus Z.
Einen M1A mit dieser Eigenschaft nennt man oft <u>eingabeunabhängig</u>.
Diese Interpretation eines MrA als M1A entspricht aber nicht der
Vorstellung von der Arbeitsweise eines MrA, die der Konstruktion
der MrA'n in den Beispielen 3.1.1. und 3.2.2. zugrunde lag: hier
ist an eine andere zeitliche Relation zwischen Zustandsübergang
und Ausgabe gedacht als beim M1A. Bei diesem geschah die Ausgabe,
die von einer Eingabe in einem bestimmten Zustand bewirkt wurde,
während des Übergangs zum nächsten Zustand; beim MrA stellen wir
uns vor, daß die Ausgabe erst geschieht, wenn der neue Zustand
angenommen wurde, und daß sie durch diesen Zustand allein eindeutig bestimmt ist. Ein MrA gibt insbesondere auch schon, bevor er
die erste Eingabe erhält, etwas aus: nämlich die Ausgabe, die zu
dem Zustand gehört, in dem er startet (vgl.Beispiel 3.1.1., Zustand z_0). Diese erste Ausgabe interessiert jedoch im allgemeinen
nicht besonders.
Im übrigen sieht man sofort, daß es überhaupt keinen eingabeunabhängigen M1A geben kann, der als Serienaddierer arbeitet, weil
bei einem M1A, der als Serienaddierer arbeiten soll, aus
$g(z,00)=0$, für irgendeinen Zustand z, folgen muß, daß $g(z,01)=1$
ist (da ja dann kein Übertrag vorgelegen haben kann).

Unserer Vorstellung von der Arbeitsweise des MrA entspricht eher
folgende Auffassung eines MrA als Spezialfall eines M1A: Gegeben
ein MrA wie in Definition 3.2.1. Man setze
$g(z,x)=h(f(z,x))$ für jedes z aus Z und jedes x aus X.
Dann ist $B=(Z,X,Y,f,g)$ ein M1A, der für alle nichtleeren Eingabefolgen dasselbe Ein/Ausgabeverhalten hat wie A, wenn man jeweils
die allererste Ausgabe von A nicht berücksichtigt.
Man mache sich das an den Beispielen 3.1.1. und 3.2.2. klar; dabei ist zu beachten, daß beim Übergang zum M1A eine leichte Änderung der anschaulichen Vorstellung nötig ist, die wir uns zur
Festlegung der Zustände gemacht hatten: Im Beispiel 3.2.2. ist

etwa z_1 dann als der Zustand aufzufassen, der angenommen wird,
wenn gerade eine 1 ausgegeben wurde, aber kein Übertrag aufzuheben blieb.
Umgekehrt können wir sagen, ein M1A B=(Z,X,Y,f,g) ist <u>auffaßbar</u>
als MrA, wenn eine Abbildung h so existiert, daß das folgende
Diagramm kommutiert

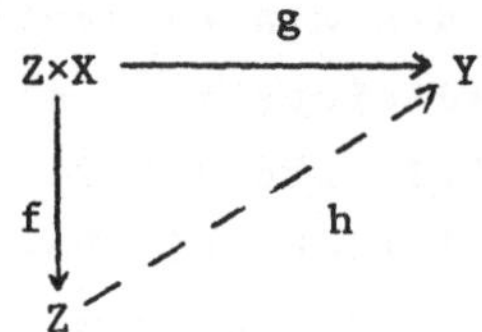

Denn dann folgt aus f(z,x)=f(z',x') für beliebige z,z' aus Z und
x,x' aus X stets g(z,x)=g(z',x'). Also muß an allen Kanten , die
im Graphen von B zum gleichen Zustand hinführen, dieselbe Ausgabe stehen. Verschiebt man diese Ausgabe in jenen Zustand,

so erhält man einen MrA A=(Z,X,Y,f,h), der - bei Nichtberück-
sichtigung der ersten Ausgabe - dasselbe Ein/Ausgabeverhalten
hat wie B, und aus dem B mit der zuvor angegebenen Konstruktion
wieder gewonnen werden kann.

In diesem Zusammenhang ist folgender leicht zu verifizierender
Hilfssatz nützlich:

<u>Hilfssatz 3.2.3.</u>: Zu zwei Abbildungen f: P→Q und g: P→R
existiert eine Abbildung h, so daß das Diagramm

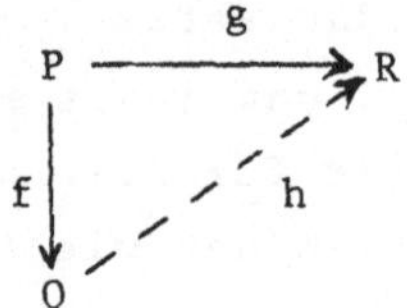

kommutiert genau dann, wenn
$\{(p,p')\,|\,f(p)=f(p')\}\subseteq\{(p,p')\,|\,g(p)=g(p')\}$.

<u>Beweis</u>: Wenn das Diagramm kommutiert, d.h. wenn die Abbildung h
existiert, so folgt aus
f(p)=f(p') sofort g(p)=h(f(p))=h(f(p'))=g(p').

Gilt andererseits die Inklusionsbeziehung, so kann eine Abbildung h wie folgt definiert werden:

$$h(q) = \begin{cases} g(p), & \text{falls } q=f(p) \\ \text{beliebig sonst} \end{cases}$$

Dann ist h wohldefiniert, weil aus $q=f(p)$ und $q=f(p')$ folgt, daß $g(p)=g(p')$ ist. ∎

Aus Hilfssatz 3.2.3. ergibt sich auch eine Charakterisierung der eingabeunabhängigen M1A'n mit Hilfe eines kommutativen Dreiecks.

<u>Folgerung 3.2.4.</u>: Der M1A $A=(Z,X,Y,f,g)$ ist eingabeunabhängig g.d.,w. eine Abbildung h so existiert, daß das folgende Diagramm kommutiert (wobei pr_1 die Projektion des kartesischen Produktes auf seine erste Komponente sei):

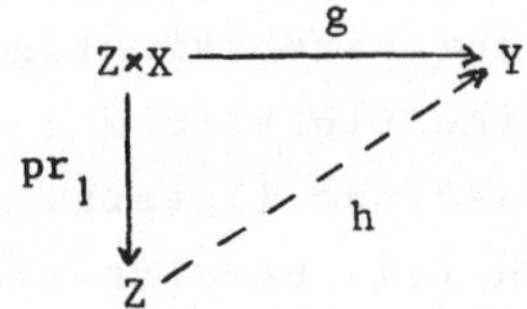

<u>Beweis</u>: Nach Hilfssatz 3.2.3. ist die Kommutativität des Diagramms gleichbedeutend mit:

Aus $z=z'$ folgt $g(z,x)=g(z',x')$ für alle x,x' aus X. ∎

3.3. Leistung, Äquivalenz, Reduktion

Um die Beziehungen zwischen MrA'n und M1A'n genauer studieren zu können, müssen wir jetzt das Verhalten von MrA'n über längere Zeiträume hinweg formal beschreiben.

<u>Definition 3.3.1.</u>: Sei A ein MrA in üblicher Notation und $f^*: Z\times F(X) \longrightarrow Z$ wie in Definition 2.3.1. definiert.

Die <u>Leistung h_z des Zustandes</u> z ist die Abbildung

$$h_z: F(X) \longrightarrow F(Y),$$

die definiert ist durch

$h_z(\Lambda)=h(z)$,

$h_z(x)=h_z(\Lambda)h(f(z,x))=h(z)h(f(z,x))$ für alle x aus X,

$h_z(wx)=h_z(w)h(f(f^*(z,w),x))=h_z(w)h(f^*(z,wx))$ für alle $w\neq\Lambda$ aus $F(X)$ und alle x aus X.

Die weiteren Begriffe aus Definition 2.3.1. lassen sich direkt übertragen.

Bemerkung: Man beachte, daß die leere Eingabe stets eine nicht-leere Ausgabe erzeugt, weshalb h_z hier etwas anders als in Definition 2.3.1. erklärt werden mußte.

Eine interessante Klasse von MrA'n gibt Aufgabe 3.1. an.
Die Sätze und Folgerungen aus 2. lassen sich leicht auf MrA'n übertragen - erwähnt sei nur

Satz 3.3.2. (Reduktionssatz): In einem MrA mit n Zuständen und m Ausgaben sind zwei Zustände schon dann äquivalent, wenn ihre Leistungen für alle die Eingabefolgen übereinstimmen, die höchstens die Länge n-m haben. Also ist zu jedem MrA effektiv ein äquivalenter reduzierter MrA konstruierbar.

Zum Beweis des ersten Teils kann man analog zum Beweis von Satz 2.3.3. vorgehen - man muß nur berücksichtigen, daß auch schon die Eingabefolge der Länge O eine Einteilung der Zustandsmenge in m Klassen O-äquivalenter Zustände liefert. (Man beachte, daß h surjektiv ist). Den zweiten Teil beweist man genauso wie den Reduktionssatz für M1A'n. Die angegebene Schranke ist scharf (vgl. Aufgabe 3.2.).

Es liegt die Frage nahe, ob es für jeden reduzierten MrA A eine Eingabefolge w gibt, für die jeder Zustand eine andere Ausgabefolge erzeugt, so daß man also aus der bei Eingabe von w beobachteten Ausgabefolge auf den Zustand von A zu Beginn schließen kann. Dies ist jedoch nicht der Fall.

Satz 3.3.3. (Moorescher Unbestimmtheitssatz): Es gibt einen reduzierten MrA $A=(Z,X,Y,f,h)$ derart, daß für kein w aus $F(X)$ gilt $h_z(w) \neq h_{z'}(w)$ für alle z,z' aus Z mit $z \neq z'$.

Beweis: Folgender MrA U leistet das Gewünschte.

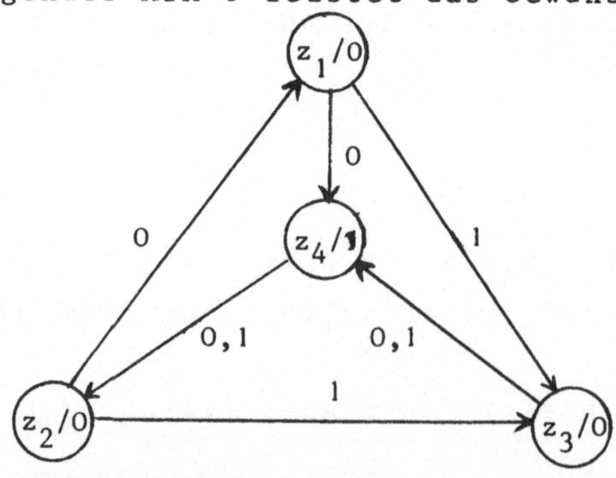

Figur 3.3.1.: Der MrA U

Denn jedes mit 0 beginnende Wort vermag nicht zwischen z_1 und z_3 zu unterscheiden (da beide durch 0 in z_4 übergehen), jedes mit 1 beginnende Wort nicht zwischen z_1 und z_2, und bei leerer Eingabe liefern z_1, z_2 und z_3 stets die gleiche Ausgabe. Aber U ist offenbar reduziert. Zur Ergänzung löse man Aufgabe 3.3.

<u>Warnung</u>: Der Beweis von Satz 3.3.2. ergibt sich nicht dadurch, daß man, wie oben angedeutet, einen MrA als Spezialfall eines MlA auffaßt. Man mache sich das an den Beispielen 3.2.2. und 2.2.2. klar: Faßt man den MrA A aus Beispiel 3.2.2. als MlA B auf, so erhält man folgende Übergangs/Ausgabe-Matrix für B.

$$\begin{pmatrix} (00,0) & (01,1),(10,1) & (11,0) & \emptyset \\ (00,0) & (01,1),(10,1) & (11,0) & \emptyset \\ \emptyset & (00,1) & (01,0),(10,0) & (11,1) \\ \emptyset & (00,1) & (01,0),(10,0) & (11,1) \end{pmatrix}$$

Figur 3.3.2.: Übergangs/Ausgabe-Matrix des Serienaddierers

Wie man aus der Matrix sofort erkennt, sind z_o und z_1 sowie z_2 und z_3 äquivalente Zustände von B im Sinne von Definition 2.3.1., und der reduzierte Automat B_r, den man nach der Konstruktion des Beweises von Satz 2.3.6. erhält, hat den Graphen von Figur 2.2.1., d.h. es ist im wesentlichen der Serienaddierer aus Beispiel 2.2.2. Dieser MlA ist aber offensichtlich (man vgl. die oben angegebene Bedingung) nicht als MrA auffaßbar. Der MrA aus Beispiel 3.2.2. andererseits ist ein reduzierter MrA. Das heißt also:

<u>Folgerung 3.3.4.</u>: Die Klasse der MlA'n, die als MrA'n aufgefaßt werden können, ist gegenüber der Operation der Reduktion nicht abgeschlossen.
Ein reduzierter MrA ist, wenn er als MlA aufgefaßt wird, nicht notwendig reduziert.

3.4. Gleichwertigkeit von Moore- und Mealy-Automaten

Wir haben gesehen, daß nicht jeder MlA als MrA aufgefaßt werden kann. Trotzdem sind beide Automatenbegriffe in bestimmtem Sinne gleichwertig.

Definition 3.4.1.: Sei $F^+(X)=F(X)-\Lambda$, d.h. die freie von X erzeugte Halbgruppe (vgl. Kapitel 1).

Seien $A=(Z,X,Y,f,g)$ ein M1A und $A'=(Z',X,Y,f',h)$ ein MrA.

Seien weiter $\bar{g}_z$ bzw. $\bar{h}_{z'}$ die **Beschränkungen** der Leistungen g_z bzw. $h_{z'}$ auf $F^+(X)$ für jeden Zustand z von A bzw. z' von A', d.h. sei $\bar{g}_z(w)=g_z(w)$ sowie $h_{z'}(\Lambda)\bar{h}_{z'}(w)=h_{z'}(w)$ für alle w aus $F^+(X)$. Dann heißen **A und A' gleichwertig**, wenn die Mengen ihrer auf $F^+(X)$ beschränkten Leistungen übereinstimmen, d.h. wenn

$$\bar{L}(A)=\{\bar{g}_z \mid z\in Z\}=\{\bar{h}_{z'} \mid z'\in Z\}=\bar{L}(A').$$

Satz 3.4.2.: Zu jedem MrA kann ein gleichwertiger M1A B so konstruiert werden, daß B reduziert ist, wenn A es ist.

Beweis: Sei $A=(Z,X,Y,f,h)$. Anschaulich beschrieben, handelt es sich um folgende Konstruktion: Man erhält den Graphen eines zu A gleichwertigen M1A, wenn man für jede Kante

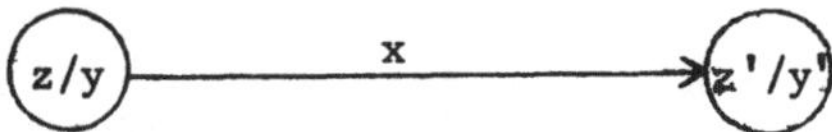

des Graphen von A eine Kante

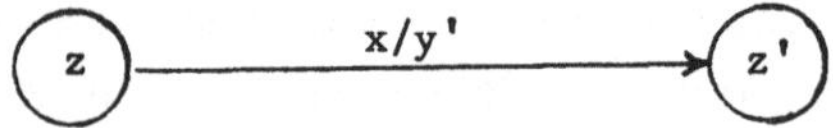

zeichnet. Es ist dann nur noch eine entsprechende Reduktion vorzunehmen.

Man definiere auf Z eine Relation R durch:

zRz' g.d.,w. $f(z,x)=f(z',x)$ für alle x aus X.

R ist offenbar eine Äquivalenzrelation, $\bar{Z}$ sei die Menge der Äquivalenzklassen $[z]$ der z aus Z. Dann ist $B=(\bar{Z},X,Y,\bar{f},g)$ mit $\bar{f}([z],x)=[f(z,x)]$ und $g([z],x)=h(f(z,x))$ für alle z aus Z und x aus X ein M1A, denn $\bar{f}$ und g sind wohldefiniert, weil für alle z' aus $[z]$ gilt: $[f(z',x)]=[f(z,x)]$ und $h(f(z',x))=h(f(z,x))$.

B und A sind gleichwertig, denn für jedes z aus Z und $\bar{z}=[z]$ gilt:

$$g_{\bar{z}}(x_1\ldots x_n)=h(f(z,x_1))h(f(f(z,x_1),x_2))\ldots h(f^*(z,x_1\ldots x_n))=$$
$$=\bar{h}_z(x_1\ldots x_n) \text{ für alle } x_1,\ldots,x_n \text{ aus X,}$$

d.h. $\bar{g}_{\bar{z}}=\bar{h}_z$.

Sei nun B nicht reduziert, d.h. es gebe z,z' aus Z mit $[z]\neq[z']$ aber $g_{[z]}=g_{[z']}$. Dann sind offenbar die Zustände $f(z,x)$ und $f(z',x)$ von A verschieden, aber äquivalent (als Zustände eines MrA), d.h. A ist nicht reduziert. ∎

Zur Übung bearbeite man Aufgabe 3.4.

<u>Satz 3.4.3.</u>: Zwei MlA'n, die demselben MrA gleichwertig sind, sind äquivalent.

Zum Beweis hat man nur zu berücksichtigen, daß bei einem MlA g_z schon durch $\bar{g}_z$ bestimmt ist, weil $g_z(\Lambda)=\Lambda$ ist. Man betrachte auch den ersten Teil der Aufgabe 3.5.

<u>Satz 3.4.4.</u>: Zu jedem MlA $A=(Z,X,Y,f,g)$ kann ein gleichwertiger MrA B mit höchstens $|Z|\cdot|Y|$ Zuständen konstruiert werden, der reduziert ist, wenn A es ist. B hat genau dann ebenso viele Zustände wie A, wenn A als MrA auffaßbar ist, d.h. wenn für alle z,z' aus Z und x,x' aus X stets $f(z,x)=f(z',x')$ auch $g(z,x)==g(z',x')$ zur Folge hat.

<u>Beweis</u>: Die Grundidee ist folgende: Ist A nicht selbst als MrA auffaßbar, so muß man versuchen, die Zustandsmenge passend zu erweitern. Das soll zuerst allgemein, an der Situation von Hilfssatz 3.2.3. klar gemacht werden:
Seien $f: P\longrightarrow Q$ und $g: P\longrightarrow Q$ gegeben; wenn ein h, wie es im Hilfssatz gebraucht wird, nicht existiert, dann gehe man zu folgendem Diagramm über, in dem die h entsprechende Abbildung h', die das Diagramm kommutativ macht, existiert.

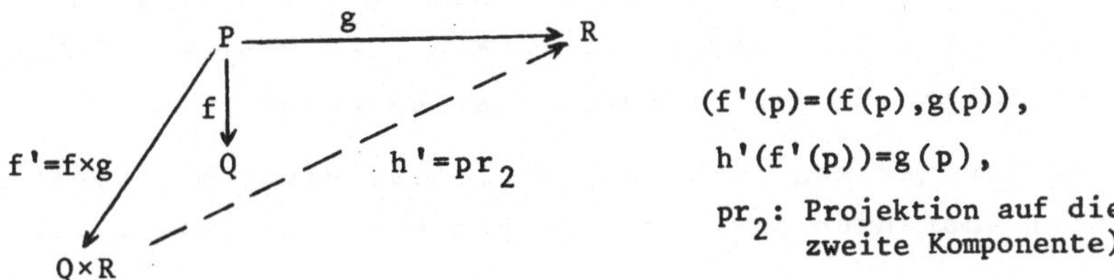

Man sieht übrigens leicht ein, daß die Abbildung h genau dann existiert, wenn $f'(P)$ der Graph einer partiellen Abbildung ist. Für unseren speziellen Fall erhalten wir

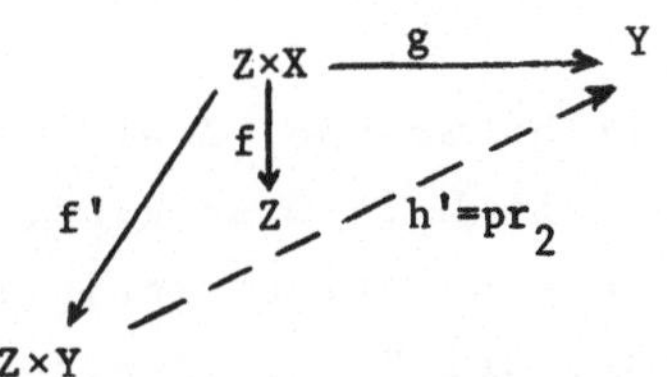

d.h. die neue Zustandsmenge ist $Z\times Y$; einen zu A äquivalenten MlA

A'=(Z*Y,X,Y,f",g') und einen zu A' gleichwertigen MrA
B'=(Z*Y,X,Y,f",h') erhalten wir, indem wir f" und g' so fest-
legen, daß das folgende Diagramm kommutiert.

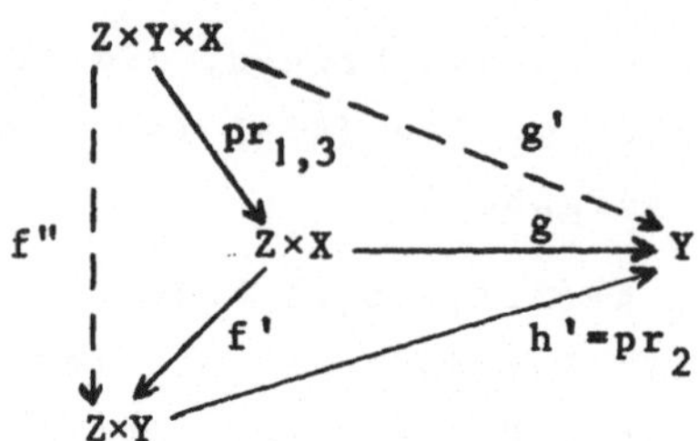

Also: $f"(z,y,x)=f'(z,x)=(f(z,x),g(z,x))$, $g'(z,y,x)=g(z,x)$.
Es ist offensichtlich, daß für jedes z aus Z alle Zustände (z,y)
des M1A A' untereinander und zum Zustand z von A äquivalent sind.
Ferner ist jeder Zustand (z,y) von B' dem Zustand (z,y) von A'
gleichwertig - zwei Zustände (z,y), (z,y') von B' mit y≠y' sind
jedoch nicht äquivalent. Also ist B' zu A gleichwertig und reduziert, wenn A es ist.
Trotzdem kann B' zu viele Zustände erhalten; wir brauchen nur
die Elemente von f'(Z,X) und für jedes z aus Z-f(Z,X) nur ein
Paar (z,y_o). Sei also y_o fest aus Y gewählt und
$\bar{Z}=f'(Z,X) \cup \{(z,y_o) \mid z \in Z-f(Z,X)\}$.
Dann ist $B=(\bar{Z},X,Y,\bar{f},\bar{g})$, wobei $\bar{f}$ bzw. $\bar{g}$ die Einschränkung von f"
bzw. g' auf $\bar{Z}$ ist, der gesuchte MrA. Der Rest der Behauptung des
Satzes folgt aus den früheren Überlegungen. ✠

Bemerkung: Daß man in Satz 3.4.4. i.a. nicht mit weniger als
|Z|·|Y| Zuständen auskommt, zeigen die Beispiele 2.2.2. und 3.2.2.

Als Ergänzung behandle man die Aufgaben 3.5., 3.6. und 3.7.
(i) - (iii).

3.5. Weitere Beispiele

Beispiel 3.5.1.: Sei G eine endliche Gruppe. Zwei Elemente g,g'
von G heißen konjugiert, wenn es ein h in G so gibt, daß
$g'=hgh^{-1}$. Man zeigt leicht, daß die Relation "konjugiert sein"
eine Äquivalenzrelation auf G ist. Sei K_G die Menge der Klassen
konjugierter Elemente von G und $\tilde{g}$ die (eindeutig bestimmte)

Klasse, in der g liegt (für jedes g aus G) - man sieht leicht ein, daß $\tilde{g}=\{hgh^{-1}\mid h\in G\}$.

Dann ist der Konjugiertenklassenautomat $K(G)$ von G folgender MrA:

$K(G)=(G,G,K_G,\cdot,\sim_G)$

wobei· die Multiplikation in G, d.h. $\cdot(g,g')=g\cdot g'$ und $\sim_G$ die Abbildung ist, die jedem Element g seine Konjugiertenklasse $\tilde{g}$ zuordnet.

Diese Automaten spielen eine Rolle in der Theorie der schnellen endlichen Fourier-Transformationen.

Zur Veranschaulichung betrachten wir die Gruppe S_3 aller Permutationen der Menge $\{1,2,3\}$ mit den Elementen

$$e=\begin{pmatrix}1 & 2 & 3\\1 & 2 & 3\end{pmatrix}, \quad a=\begin{pmatrix}1 & 2 & 3\\2 & 3 & 1\end{pmatrix}, \quad b=\begin{pmatrix}1 & 2 & 3\\3 & 1 & 2\end{pmatrix},$$

$$c=\begin{pmatrix}1 & 2 & 3\\2 & 1 & 3\end{pmatrix}, \quad d=\begin{pmatrix}1 & 2 & 3\\3 & 2 & 1\end{pmatrix}, \quad f=\begin{pmatrix}1 & 2 & 3\\1 & 3 & 2\end{pmatrix}.$$

Wie man leicht nachrechnet gilt:

$\tilde{e}=\{e\}$, $\tilde{a}=\{a,b\}$, $\tilde{b}=\{b,a\}$,

$\tilde{c}=\{c,d,f\}$, $\tilde{d}=\{d,c,f\}$, $\tilde{f}=\{f,c,d\}$.

Wir haben also drei Konjugiertenklassen $k_1=\tilde{e}$, $k_2=\tilde{a}$ und $k_3=\tilde{c}$. $K(S_3)$ ist dann durch folgende zusammenfassende Tabelle für die Transitions- und Ausgabefunktion beschrieben (Die Transitionstabelle ist nichts anderes als die Multiplikationstafel von S_3):

Eingabe Zustand	e	a	b	c	d	f	Ausgabe
e	e	a	b	c	d	f	k_1
a	a	b	e	f	c	d	k_2
b	b	e	a	d	f	c	k_2
c	c	d	f	e	a	b	k_3
d	d	f	c	b	e	a	k_3
f	f	c	d	a	b	e	k_3

Fig. 3.5.1. Transitions- und Ausgabefunktion von $K(S_3)$

Wir wollen im folgenden die Struktur von Automaten miteinander vergleichen - und zwar auch von Automaten, die nicht äquivalent sind, sondern nur "Ähnliches" leisten. Dazu zuerst einige Beispiele.

Beispiel 3.5.2.: (Überlaufkontrolle bei Addition) Gesucht ist ein MrA, der in serieller Arbeitsweise von zwei eingegebenen nichtnegativen, ganzzahligen Dualzahlen feststellen soll, ob ihre Summe größer oder gleich 2^n ist, wobei n das Maximum der Längen (Zahl der signifikanten Stellen) der beiden Zahlen sei. Das Ergebnis der Feststellung soll dadurch angezeigt werden, daß die zur Eingabe der letzten signifikanten Ziffer gehörige Ausgabe genau dann eine 1 ist, wenn die Bedingung erfüllt ist. Offenbar muß dieser Automat ähnliches wie der Serienaddierer aus Beispiel 3.2.2. tun; er kann aus diesem gewonnen werden, wenn man die Zustände z_0 und z_1 sowie z_2 und z_3 jeweils zu neuen Zuständen z_0' und z_1' zusammenfaßt, die Zustandsübergänge entsprechend durch Zusammenfassung festlegt und die Ausgabefunktion neu definiert. Der MrA hat dann folgenden Graphen

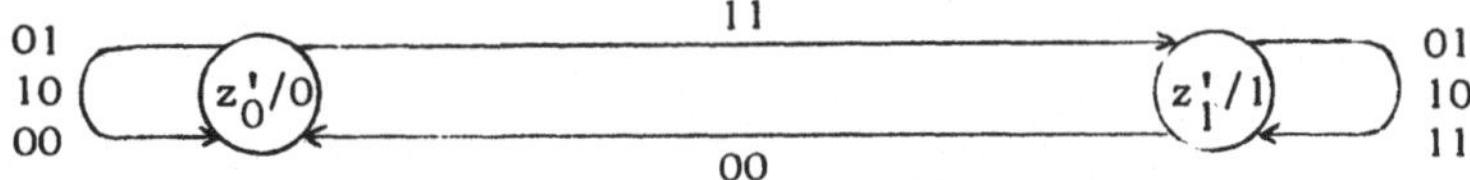

Figur 3.5.2.: MrA zur Überlaufkontrolle bei Addition

Beispiel 3.5.3.: (Test auf vorzeichenlose Dualzahlen) Gesucht ist ein MrA, der von einer Zeichenfolge feststellt, ob sie eine vorzeichenlose Dualzahl im Sinne von Beispiel 3.1.1. ist. Diesen MrA erhalten wir aus dem in Beispiel 3.1.1. angegebenen durch

a) Ersetzen der Ausgaben:

piep, m, s, tr, tq, po, pn durch 1

?   durch 0.

b) Zusammenfassen der Zustände:

z_1, z_2 zu z_1' ,

z_3, z_7, z_{11} zu z_2' ,

z_4, z_8 zu z_3' ,

z_5, z_6, z_9, z_{10} zu z_4' ,

c) Umbenennen der restlichen Zustände:

z_0 zu z_0' ,

z_{12} zu z_5' .

d) Entsprechende Änderung der Transitions- und der Ausgabefunktion.

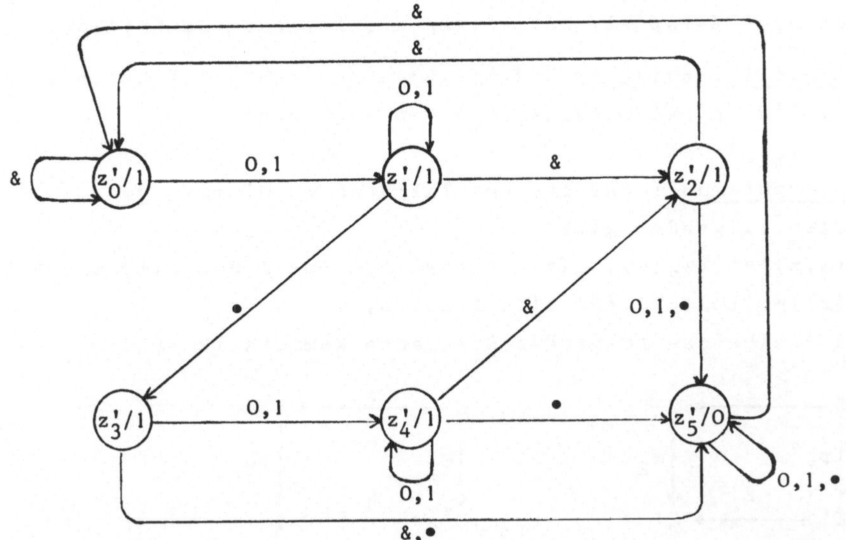

Figur 3.5.3.: MrA zum Testen auf vorzeichenlose Dualzahlen

<u>Beispiel 3.5.4.</u>: Seien $(G, \cdot)$ und $(G', \odot)$ zwei Gruppen, derart
daß G' homomorphes Bild von G ist, d.h. daß eine Surjektion
$\varphi: G \longrightarrow G'$
mit $\varphi(g \cdot f) = \varphi(g) \odot \varphi(f)$ für alle g,f aus G existiert. Seien weiter K(G) und K(G') die zugehörigen Konjugiertenklassenautomaten
aus Beispiel 3.5.1. Dann erhält man K(G') offensichtlich aus
K(G), indem man im Graphen von K(G)

  (i) die Eingaben g jeweils durch $\varphi(g)$ ersetzt,

 (ii) die Ausgaben k aus K_G jeweils durch die Klassen
      $\tilde{\varphi}(k) = \{\varphi(g) \mid g \in k\}$ ersetzt,

(iii) alle Zustände, die das gleiche Bild unter φ besitzen, je-
      weils zu einem Zustand von K(G') zusammenfaßt,

 (iv) die Transitions- und die Ausgabefunktion entsprechend än-
      dert.

Wir gewinnen K(G') also allein mit Hilfe von φ aus K(G), indem
wir die Verträglichkeit von φ mit der Transitions- und der Ausgabeabbildung von K(G) ausnutzen.

3.6. Homomorphismen und Isomorphismen

Die letzten drei Beispiele motivieren die folgende Definition.

Definition 3.6.1.: Seien $A=(Z,X,Y,f,h)$ und $A'=(Z',X',Y',f',h')$ zwei MrA'n. Ein Tripel $\varphi=(\varphi_Z,\varphi_X,\varphi_Y)$ von Abbildungen
$\varphi_Z\colon Z\to Z'$, $\varphi_X\colon X\to X'$, $\varphi_Y\colon Y\to Y'$
heißt <u>Homomorphismus</u> (oder genauer ZXY-Homomorphismus) <u>von A in A'</u>, wenn folgendes gilt:

 (i) $\varphi_Z(f(z,x))=f'(\varphi_Z(z),\varphi_X(x))$ für alle x aus X und alle z aus Z.
(ii) $\varphi_Y(h(z))=h'(\varphi_Z(z))$ für alle z aus Z,
d.h., wenn die beiden folgenden Diagramme kommutativ sind

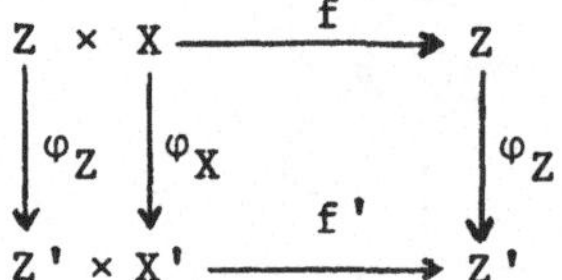
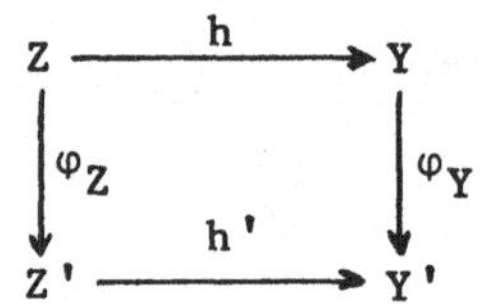

φ heißt <u>Homomorphismus von A auf A'</u> (oder <u>Epimorphismus</u>), wenn φ_Z, φ_X und φ_Y surjektiv sind; A' heißt dann <u>homomorphes Bild von A unter</u> φ.

φ heißt Isomorphismus von A auf A', wenn φ ein Homomorphismus von A nach A' und φ_Z, φ_X und φ_Y bijektiv sind. Gibt es einen Isomorphismus von A auf A', so heißen <u>A und A' isomorph</u>.
Sind eine bzw. zwei der Abbildungen aus φ identische Abbildungen, so lassen wir sie aus dem Tripel weg, wenn wir gleichzeitig φ als UV-Homomorphismus bzw. U-Homomorphismus bezeichnen, wobei U und V diejenigen der Mengen Z, X, Y angeben, auf denen die Komponenten von φ von der Identität verschieden sind; so sprechen wir z.B. von <u>Z-Homomorphismen</u> (oder <u>Zustandshomomorphismen</u>), wenn $\varphi_X=\mathrm{id}_X$ und $\varphi_Y=\mathrm{id}_Y$ gilt, und von ZY-Homomorphismen, wenn $\varphi_X=\mathrm{id}_X$ ist.

Ein homomorphes Bild eines MrA hat offenbar eine ähnliche, aber i.a. einfachere Struktur; isomorphe MrA'n sind bis auf Bezeichnungsänderungen gleich: man sagt, sie seien bis auf Isomorphie gleich.

Man verifiziert leicht die folgenden
<u>Feststellungen</u> (i) Der MrA K(G') in Beispiel 3.5.4. ist homomorphes Bild von K(G) unter dem ZXY-Homomorphismus $\varphi'=(\varphi,\varphi,\tilde{\varphi})$.

(ii) Der MrA aus Beispiel 3.5.3. ist homomorphes Bild des MrA
aus Beispiel 3.1.1., unter dem ZY-Homomorphismus $\varphi=(\varphi_Z,id_X,\varphi_Y)$,
wobei

$\varphi_Z(z_0)=z_0'$

$\varphi_Z(z_i)=z_1'$ für $i=1,2$

$\varphi_Z(z_i)=z_2'$ für $i=3,7,11$

$\varphi_Z(z_i)=z_3'$ für $i=4,8$

$\varphi_Z(z_i)=z_4'$ für $i=5,6,9,10$

$\varphi_Z(z_{12})=z_5'$

$$\varphi_Y(y)=\begin{cases} 0 & \text{für } y=? \\ 1 & \text{sonst} \end{cases}$$

(iii) Der MrA aus Beispiel 3.5.2. ist <u>nicht</u> homomorphes Bild des
Serienaddierers aus Beispiel 3.2.2., weil zwar die Abbildungen

$\varphi_X=id_X$ und φ_Z mit

$$\varphi_Z(z_0)=\varphi_Z(z_1)=z_0' \text{ und } \varphi_Z(z_2)=\varphi_Z(z_3)=z_1'$$

die Bedingung (i) aus Definition 3.6.1. erfüllen, aber keine Abbildung φ_Y, die (ii) aus Definition 3.6.1. erfüllt, gefunden werden kann.

(iv) Ist A ein MrA und $\overline{A}$ ein zu A äquivalenter reduzierter MrA, so
ist $\overline{A}$ homomorphes Bild von A unter dem Zustandshomomorphismus
$\tau=\varphi_Z$, der jedem Zustand von A den ihm äquivalenten (eindeutig bestimmten) Zustand von $\overline{A}$ zuordnet.

Die Feststellung (iv) legt es nahe, zu untersuchen, ob weiterge-
hende Zusammenhänge zwischen den Begriffen der Zustandshomomor-
phie und der Reduktion bzw. der Äquivalenz bestehen.

<u>Satz 3.6.2.</u>: (i) Ist A' zustandshomomorphes Bild von A, so ist
A' äquivalent zu A. Die Umkehrung dieser Aussage gilt nicht; d.h.
sind zwei MrA'n äquivalent, so braucht keiner von beiden homomorphes Bild des anderen zu sein.
(ii) Für reduzierte MrA'n gilt: Zwei MrA'n sind genau dann äquivalent, wenn sie zustandsisomorph sind.

<u>Bemerkung</u>: (i) Äquivalente reduzierte MrA'n sind also praktisch
gleich.
(ii) Zu jedem MrA gibt es bis auf Isomorphie nur einen äquivalenten reduzierten MrA.

Beweis des Satzes: (i) Seien A und A' wie in Definition 3.6.1. gegeben und $\varphi=\varphi_z$ der Zustandshomomorphismus von A auf A'. Dann ist X'=X und Y'=Y.

Wir zeigen nun, daß für jeden Zustand z von A der Zustand $\varphi(z)$ zu z äquivalent ist, so daß wegen der Surjektivität von φ auch zu jedem Zustand z' von A' ein äquivalenter Zustand in A existiert, was die Äquivalenz von A und A' impliziert. Die Äquivalenz der Zustände z und $\varphi(z)$ zeigen wir mit vollständiger Induktion über die Länge des Eingabewortes w.

Ist $|w|=0$, d.h. $w=\Lambda$, so gilt aufgrund der Definitionen 3.3.1. und 3.6.1.

$$\varphi(f^*(z,w))=\varphi(z)=f'^*(\varphi(z),w) \text{ sowie}$$

$$h_z(w)=h(z)=h'(\varphi(z))=h'_{\varphi(z)}(w).$$

Ist $|w|=1$, d.h. $w=x$ für ein x aus X, so folgt daraus und aus den Definitionen 3.3.1. und 3.6.1.

$$\varphi(f^*(z,w))=\varphi(f(z,x))=f'(\varphi(z),x)=f'^*(\varphi(z),w) \text{ sowie}$$

$$h_z(w)=h_z(x)=h(z)h(f(z,x))=h'(\varphi(z))h'(\varphi(f(z,x)))=$$

$$=h'(\varphi(z))h'(f'(\varphi(z),x))=h'_{\varphi(z)}(x)=h'_{\varphi(z)}(w).$$

Die Induktionsannahme lautet: Für jedes v mit $|v|=n$, n aus $\mathbb{N}$ gilt $\varphi(f^*(z,v))=f'^*(\varphi(z),v)$ und $h_z(v)=h'_{\varphi(z)}(v)$.

Sei nun w aus $F^*(X)$ mit $|w|=n+1$, d.h. $w=vx$ mit x aus X. Dann gilt unter Benutzung der Definitionen 3.3.1. und 3.6.1. sowie der Induktionsannahme.

$$\varphi(f^*(z,w))=\varphi(f(f^*(z,v),x))=f'(\varphi(f^*(z,v)),x)=$$
$$=f'(f'^*(\varphi(z),v),x)=f'^*(\varphi(z),w) \text{ sowie}$$

$$h_z(w)=h_z(v)h(f^*(z,vx))=h'_{\varphi(z)}(v)h'(\varphi(f^*(z,vx)))=$$
$$=h'_{\varphi(z)}(v)h'(f'^*(\varphi(z),vx))=h'_{\varphi(z)}(vx)=h'_{\varphi(z)}(w).$$

Damit ist die erste Aussage der Behauptung (i) bewiesen. Die zweite Aussage von (i) wird bewiesen durch die Angabe zweier äquivalenter Automaten A und A' mit je drei Zuständen, deren Leistung jeweils aus den verschiedenen Abbildungen L_1 und L_2 besteht, wobei in A zwei Zustände die Leistung L_1 und in A' zwei Zustände die Leistung L_2 besitzen. Jede Abbildung der Zustandsmengen von A und A' aufeinander muß dann mindestens einen Zustand auf einen nicht äquivalenten abbilden, was aufgrund des soeben gegebenen Beweises nicht sein darf, wenn diese Abbildung ein Zustandshomomorphismus sein soll.

Zwei solche Automaten sind durch folgende Graphen beschrieben

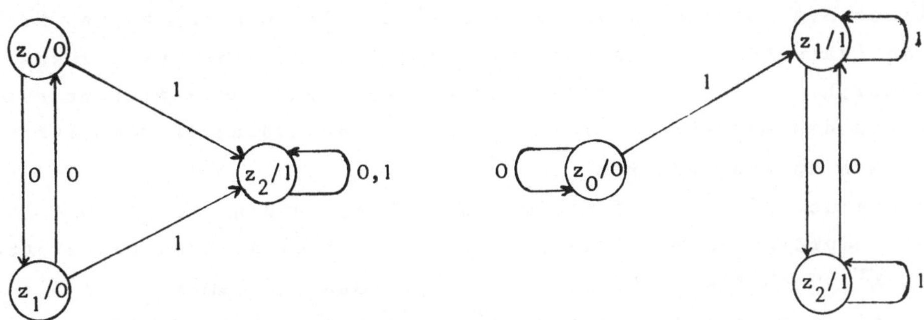

Figur 3.6.1.: Äquivalente, nicht homomorph aufeinander

abbildbare MrA'n

(ii) Seien $A=(Z,X,Y,f,h)$ und $A'=(Z',X',Y',f',h')$ zwei reduzierte MrA'n.

Sind A und A' zustandsisomorph, so sind sie nach (i) auch äquivalent. Sind A und A' äquivalent, so ist die Menge
$\{(z,z')\mid z\in Z,\ z'\in Z',\ h_z=h'_{z'}\}$
der Graph einer Bijektion $\varphi:Z\to Z'$. Man rechnet leicht nach, daß $\varphi=\varphi_Z$ auch ein Zustandshomomorphismus ist. ∎

Offensichtlich hat also ein reduzierter MrA eine minimale Anzahl von Zuständen unter allen zu ihm äquivalenten. Das gibt Anlaß zu folgender Definition

<u>Definition 3.6.3.</u>: Ein MrA <u>A</u> heißt <u>zustandsminimal</u> (oder auch kurz "minimal"), wenn jeder zu A äquivalente MrA mindestens genauso viele Zustände hat wie A.

<u>Satz 3.6.4.</u> (Eindeutigkeit des minimalen MrA): Zu jedem MrA gibt es einen bis auf Zustandsisomorphie eindeutig bestimmten äquivalenten zustandsminimalen MrA A_m. Dieser kann effektiv konstruiert werden, er ist reduziert und jeder zu A äquivalente MrA läßt sich effektiv zustandshomomorph auf A_m abbilden. Ferner ist jeder zu A äquivalente reduzierte MrA zu A_m zustandsisomorph.

<u>Beweis</u>: Jeder zustandsminimale MrA ist reduziert, weil sonst nach Satz 3.3.2. ein äquivalenter MrA mit weniger Zuständen konstruiert werden könnte. Nach Satz 3.6.2. (ii) sind also äquivalente

zustandsminimale MrA'n zustandsisomorph. Ferner ist jeder reduzierte MrA zustandsminimal. Also sind alle zu einem festen MrA
A äquivalenten reduzierten oder zustandsminimalen MrA'n zustandsisomorph. Um A_m zu erhalten, genügt es daher, entsprechend dem
Beweis des Reduktionssatzes einen zu A äquivalenten reduzierten MrA zu konstruieren.

Ist ferner A' ein zu A äquivalenter MrA, so konstruiere man nach
dem Reduktionssatz (3.3.2.) einen zu A' äquivalenten reduzierten
MrA $\overline{A'}$. Nach Feststellung (iv) ist $\overline{A'}$ zustandshomomorphes Bild
von A', also ist auch der zu $\overline{A'}$ zustandsisomorphe MrA A_m zustandshomomorphes Bild von A', da die Hintereinanderschaltung
von Zustandshomomorphismen offensichtlich wieder ein Zustandshomomorphismus ist:

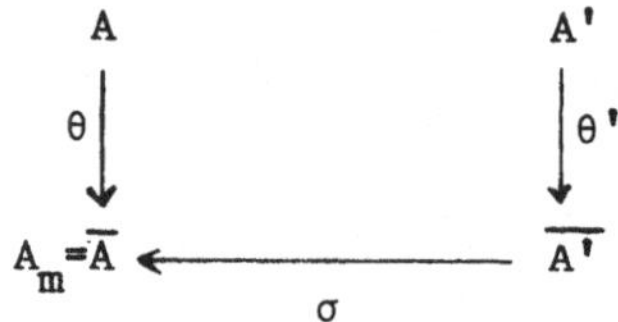

θ, θ' sind die durch den Reduktionsalgorithmus bestimmten Zustandshomomorphismen, σ ist der nach Satz 3.6.2.(ii) existierende Zustandsisomorphismus, $\sigma\theta'$ ist der gesuchte Zustandshomomorphismus
von A' auf A_m. ∎

Weitere Definitionen und Sätze finden sich in den Aufgaben 3.7.
- 3.10.

3.7. Approximation von Abbildungen

Nicht jede längentreue, d.h. die Wortlängen erhaltende, Abbildung von $F^+(X)$ in $F^+(Y)$ läßt sich als Beschränkung der Leistung
eines Zustandes eines MrA realisieren (das folgt z.B. aus Satz
2.2.3.); bei einer längentreuen Abbildung g von $X \cup X^2 \cup \ldots \cup X^n$ in
$F^+(Y)$ (für $n \in \mathbb{N}$) ist das aber offenbar möglich, wenn sie sequentiell ist, d.h. wenn Worte mit dem gleichen Anfangsstück u durch
g auf Worte mit dem gleichen Anfangsstück g(u) abgebildet werden
(vgl. Aufgabe 2.7.). Also gibt es zu jeder längentreuen sequentiellen Abbildung g von $F^+(X)$ in $F^+(Y)$ und jeder natürlichen Zahl
n einen MrA A(g,n) mit einem ausgezeichneten Zustand, dessen

Leistung auf $X \cup X^2 \cup \ldots \cup X^n$ mit g übereinstimmt, d.h. der eine Approximation n-ter Ordnung von g berechnet. Es fragt sich nun, wieviele Zustände $A(g,n)$ mindestens haben muß, d.h. wie stark die Größe von $A(g,n)$ mit der Güte der Approximation wächst.

<u>Definition 3.7.1.</u>: Seien X und Y endliche Mengen.
(i) Die Abbildung g: $F^+(X) \longrightarrow F^+(Y)$ heißt
<u>voll</u>, wenn jedes $y \in Y$ in mindestens einem Bild unter g vorkommt, d.h. $Y = \{y \in Y \mid$ Es gibt $w \in F^+(X)$ und $u,v \in F^+(Y)$ mit $g(w)=uyv\}$ ist,
<u>längentreu</u>, wenn $|g(w)|=|w|$ für alle $w \in F^+(X)$ ist,
<u>sequentiell</u>, wenn für jedes u aus $F^+(X)$ gilt: Zu jedem v aus $F^+(X)$ existiert ein v' aus $F^+(Y)$ mit $g(uv)=g(u)v'$.
$LSV(X,Y)$ sei die Menge aller längentreuen, sequentiellen und vollen Abbildungen von $F^+(X)$ in $F^+(Y)$.
(ii) Ein g aus $LSV(X,Y)$ heißt <u>Mr-darstellbar</u>, wenn es einen MrA $A=(Z,X,Y,f,h)$ und einen Zustand z von A mit $\bar{h}_z=g$ gibt.
(iii) Für jede natürliche Zahl n sei folgende Relation $\overset{n}{\equiv}$ auf $LSV(X,Y)$ erklärt: $g \overset{n}{\equiv} g'$ g.d.,w. $g(w)=g'(w)$ für alle w aus $F^+(X)$ mit $|w| \leq n$. Ist $g \overset{n}{\equiv} g'$ so sagen wir: g' ist eine <u>Approximation n-ter Ordnung</u> von g.
(iv) Jedem g aus $LSV(X,Y)$ wird folgendermaßen eine Abbildung
$\phi_g : \mathbb{N} \longrightarrow \mathbb{N}$
zugeordnet: $\phi_g(n)$ sei das Minimum der Zustandsanzahlen aller MrA'n, die Approximationen n-ter Ordnung von g Mr-darstellen.

Es ist leicht zu sehen, daß die Relation $\overset{n}{\equiv}$ für jedes n eine Äquivalenzrelation auf $LSV(X,Y)$ ist.
Offenbar ist ϕ_g eine monoton wachsende Abbildung.
Ferner sieht man sofort, daß $\phi_g(n)$ genau dann mit n gegen ∞ strebt, wenn g nicht Mr-darstellbar ist.
Was uns interessiert, ist die Wachstumsgeschwindigkeit von $\phi_g(n)$ für nicht Mr-darstellbares g aus $LSV(X,Y)$.

<u>Satz 3.7.2.</u> (Approximationssatz von Karp):
(i) Sei g eine nicht Mr-darstellbare Abbildung aus $LSV(X,Y)$. Für unendlich viele $n \in \mathbb{N}$ gilt dann $\phi_g(n) > \frac{1}{2}(n-1+|Y|)$.
(ii) Der Faktor $\frac{1}{2}$ in (i) läßt sich nicht durch eine größere Zahl ersetzen, und die Konstante $|Y|-1$ läßt sich höchstens um 2 vergrößern. Die Behauptung (i) wird falsch, wenn man "für unendlich viele" durch "außer für endlich viele" ersetzt.

Beweis: (i) Es genügt zu zeigen, daß es zu jedem genügend großen r aus $\mathbb{N}$ ein $n\in\mathbb{N}$ mit $n>r$ und $\phi_g(n)>\frac{1}{2}(n-1+|Y|)$ gibt.

Da ϕ_g monoton wachsend und nicht beschränkt ist, gibt es zu jedem r genau ein $n>r$, nämlich die nächstgrößere Sprungstelle von ϕ_g, mit $\phi_g(r)=\phi_g(n-1)<\phi_g(n)$.

Seien A und A' MrA'n mit $\phi_g(n-1)$ bzw. $\phi_g(n)$ Zuständen und einem Zustand z bzw. z' so, daß $\bar{h}_z \overset{n-1}{\equiv} g$ und $\bar{h}'_{z'} \overset{n}{\equiv} g$ ist.

Wegen $\phi_g(n-1)<\phi_g(n)$ gilt dann $\bar{h}_z \overset{n-1}{\equiv} \bar{h}'_{z'}$, aber $\bar{h}_z \overset{n}{\not\equiv} \bar{h}'_{z'}$.

Sei nun r so groß, daß $\bar{h}_z$ eine volle Abbildung von $F^+(X)$ in $F^+(Y)$ ist, und $m=\phi_g(n-1)+\phi_g(n)-|Y|+1$. Dann ist $m>0$ und $\bar{h}_z \overset{m}{\not\equiv} \bar{h}_{z'}$, denn sonst wären für jedes x aus X die Nachfolger $f(z,x)$ und $f'(z',x)$ (m-1)-äquivalent, woraus aufgrund des Reduktionssatzes (Satz 3.3.2.) zusammen mit der Übertragung von Folgerung 2.3.5. folgte, daß $f(z,x)$ und $f'(z',x)$ jeweils äquivalent und also $\bar{h}_z$ und $\bar{h}'_{z'}$ identisch wären.

Also gilt

$\phi_g(n-1)+\phi_g(n)-|Y|+1>n-1$, d.h. $\phi_g(n-1)+\phi_g(n)>n-1+|Y|-1$.

Wegen $\phi_g(n-1)\leq\phi_g(n)-1$ ist daher

$\phi_g(n)-1+\phi_g(n)>n-2+|Y|$, also $\phi_g(n)>\frac{1}{2}(n-1+|Y|)$.

(ii) Der Beweis gliedert sich entsprechend den zwei Teilen der Behauptung (ii) in 2 Teile

1. Teil: Wir betrachten den bekannten Algorithmus für den Test, ob ein Klammerausdruck wohlgeformt ist. Wir beschränken uns auf ein Klammerpaar: X = {[,]}. Ein Klammerausdruck w, d.h. ein Wort w über X, ist bekanntlich wohlgeformt, wenn er durch sukzessives Streichen von Paaren [,] aus einer öffnenden und einer rechts von dieser stehenden schließenden Klammer zum leeren Wort reduziert werden kann. Der Algorithmus besteht darin, folgende Abbildung zu berechnen:

$\hat{g}: F^+(X) \longrightarrow Y$ mit $Y=\{0,1\}$.

$\hat{g}(x_1 x_2 \ldots x_n)=1$ $(x_1,\ldots,x_n\in X)$ g.d.,w.

$\sum\limits_{i=1}^{k} r(x_i)\geq 0$ für $k=1,2,\ldots,n$ und

$\sum\limits_{i=1}^{n} r(x_i)=0$, wobei die Abbildung

$r: X \longrightarrow \{-1, 1\}$

wie folgt erklärt ist: $r(x) = \begin{cases} -1, & \text{wenn } x =] \\ 1, & \text{wenn } x = [. \end{cases}$

Ein Klammerausdruck $w = x_1 x_2 \ldots x_n$ ist offenbar genau dann wohlgeformt, wenn $\hat{g}(w) = 1$ ist.

Sei nun g die folgendermaßen definierte Abbildung von $F^+(X)$ in $F^+(Y)$:

$g(x_1 \ldots x_n) = \hat{g}(x_1)\hat{g}(x_1 x_2) \ldots \hat{g}(x_1 x_2 \ldots x_n)$

für $x_1 \ldots x_n$ aus $F^+(X)$.

Es soll jetzt gezeigt werden:

a) g ist eine nicht Mr-darstellbare Abbildung

b) $\phi_g(m) \leq \frac{1}{2}m + 2$ für alle m.

Zu a): Wäre g Mr-darstellbar, so müßte es einen MrA mit einem Zustand z so geben, daß $\bar{h}_z = g$ ist. Sei nun A' ein (nach Satz 3.4.2. existierender) zu A gleichwertiger M1A. Dann gibt es aufgrund des Periodizitätssatzes (Satz 2.6.8.) natürliche Zahlen s und t derart, daß $u = [^t \ ]^t$ und $v = [^t \ ]^{t+s}$ die gleiche letzte Ausgabe erzeugen, d.h. daß $\eta_1(\bar{h}_z(u)) = \eta_1(\bar{h}_z(v))$ ist. Wegen $\bar{h}_z = g$ folgt daraus $\hat{g}(u) = \hat{g}(v)$, was falsch ist, denn es gilt $\hat{g}(u) = 1$, $\hat{g}(v) = 0$.

Zu b): Wir zeigen zunächst, daß $\phi_g(2s+1) \leq s+2$ für jedes $s \geq 0$ gilt. Dazu konstruieren wir zu jedem s einen MrA $A_s = (Z, X, Y, f, h)$ mit $Z = \{z_0, z_1, \ldots, z_{s+1}\}$ und

$f(z_i, [) = z_{i+1}, i = 0, 1, \ldots, s$

$f(z_{s+1}, [) = z_{s+1}$

$f(z_i,]) = z_{i-1}, i = 1, 2, \ldots, s$

$f(z_0,]) = f(z_{s+1},]) = z_{s+1}$

$h(z_0) = 1$

$h(z_i) = 0, i = 1, 2, \ldots, s+1$

Für $s = 5$ sieht der Graph von A_s wie folgt aus

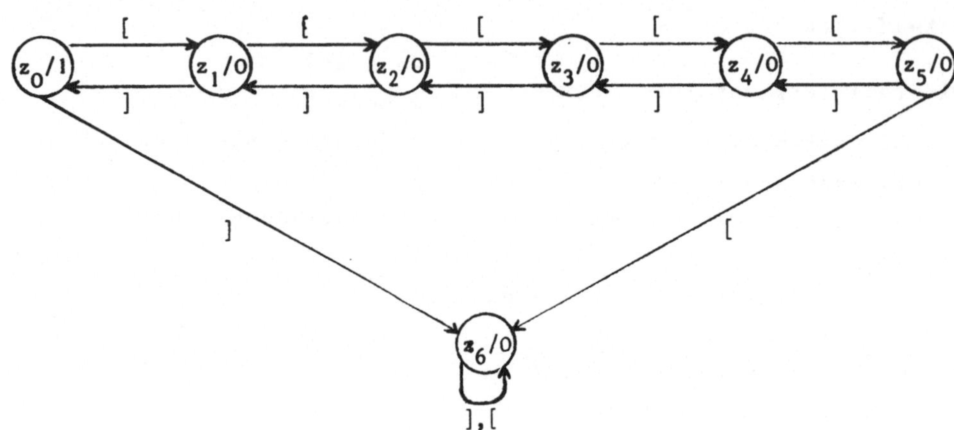

Figur 3.7.1.: Der MrA A_5

Man sieht sofort, daß $\bar{h}_{z_0} \stackrel{n}{\equiv} g$ mit $n=2s+1$ gilt. Also gibt es einen MrA mit $s+2$ Zuständen, der eine Approximation $(2s+1)$-ter Ordnung von g darstellt, d.h. es ist $\phi_g(n)\leq\frac{1}{2}(n+3)$.

Wegen $\phi_g(n-1)\leq\phi_g(n)$ ist $\phi_g(n-1)\leq\frac{1}{2}(n+3)=\frac{1}{2}(n-1+4)$, so daß insgesamt für beliebiges m gilt $\phi_g(m)\leq\frac{1}{2}(m+4)$, womit b) bewiesen ist.

Also kann höchstens $\phi_g(m)>\frac{1}{2}(m+|Y|+1)$ für unendlich viele m gelten, d.h. die Konstante $|Y|-1$ in (i) läßt sich höchstens um 2 vergrößern.

Nehmen wir nun an, es gäbe ein $b>\frac{1}{2}$ derart, daß $\phi_g(n)>b(n-1+|Y|)=$ $=b(n+1)$ für unendlich viele n wäre. Da es offenbar ein n_0 so gibt, daß für $n\geq n_0$ stets $(b-\frac{1}{2})n\geq 2-b$ gilt, wäre für unendlich viele $n\geq n_0$ dann $\phi_g(n)>b(n+1)\geq\frac{1}{2}n+2=\frac{1}{2}(n+4)$, was wegen obiger Abschätzung nicht sein kann.

2. Teil: Um den zweiten Teil der Behauptung (ii) zu beweisen, betrachten wir folgende Abbildung $\hat{g}$ von $F^+(\{a\})$ in $Y=\{0,1\}$:

$$\hat{g}(a^r)=\begin{cases} 1, & \text{falls } r=2^{2^t} \text{ für passendes t aus } \mathbb{N}_0 \\ 0 \text{ sonst .} \end{cases}$$

Wie eben sei $g(a)=\hat{g}(a)$, $g(wa)=g(w)\hat{g}(wa)$ für w aus $F^+(\{a\})$. Die Abbildung $g: F^+(\{a\})\rightarrow F^+(Y)$ ist nicht Mr-darstellbar, denn gäbe es einen MrA, der g darstellt, so würden aufgrund des Periodizitätssatzes natürliche Zahlen i und j existieren, so daß a^k

und a^{k+j} für jedes $k \geq i$ die gleiche letzte Ausgabe erzeugen, woraus $\hat{g}(a^k) = \hat{g}(a^{k+j})$ im Widerspruch zur Definition von $\hat{g}$ folgen würde.

Man sieht sofort, daß für jede natürliche Zahl t der folgende MrA B_t eine Approximation $(2^{2^t}-1)$-ter Ordnung von g darstellt:

$B_t = (\{z_0, z_1, \ldots, z_s\}, \{a\}, Y, f, h)$ mit $s = 2^{2^{t-1}} + 1$

$f(z_i, a) = z_{i+1}$, $i = 0, 1, \ldots, s-1$,

$f(z_s, a) = z_s$

$h(z_r) = 1$ g.d.,w. $r = 2^{2^k}$ für passendes k aus $\mathbb{N}_0$.

Also gilt:

$\phi_g(2^{2^t}-1) \leq 2^{2^{t-1}} + 2$ für $t = 0, 1, 2, \ldots$.

Nehmen wir nun an, es gäbe ein m so, daß $\phi_g(n) > \frac{1}{2}(n+1)$ für alle $n \geq m$ gälte, dann wäre auch

$\phi_g(2^{2^t}-1) > \frac{1}{2}(2^{2^t}-1+1) = 2^{2^t-1}$ für alle $t \geq m$.

Nun ist aber für $t \geq 2$

$$2^{2^t-1} = 2^{2^{t-1}-1} \cdot 2^{2^{t-1}} = 2^{2^{t-1}-2}(2^{2^{t-1}} + 2^{2^{t-1}})$$
$$\geq 2^{2^{t-1}} + 2^{2^{t-1}} > 2^{2^{t-1}} + 2$$

Insgesamt ergibt sich daher für $t \geq m \geq 2$ der Widerspruch

$$2^{2^{t-1}} + 2 < 2^{2^t-1} < \phi_g(2^{2^t}-1) \leq 2^{2^{t-1}} + 2 . \quad \blacksquare$$

Eine Ergänzung zu Satz 3.7.2. (ii) bringt Aufgabe 3.11.

Aus den Teilen 1 und 2 des Beweises der Behauptung (ii) ergibt sich sofort:

<u>Folgerung 3.7.3.</u>: (i) Es gibt keinen (endlichen) MrA (oder M1A) mit dem Eingabealphabet $\{[\,,\,]\}$, mit Hilfe dessen man von einer beliebigen endlichen Folge w von Klammern feststellen kann, ob sie ein wohlgeformter Klammerausdruck ist, d.h. der genau dann nach Eingabe von w eine 1 ausgibt, wenn w ein wohlgeformter Klammerausdruck ist.

(ii) Es gibt keinen MrA (oder M1A) mit dem Eingabealphabet $\{a\}$ mit Hilfe dessen man feststellen kann, ob eine Eingabefolge aus genau 2^{2^k} Zeichen besteht.

Im allgemeinen ist es recht schwierig, ϕ_g für gegebenes g zu berechnen. Der folgende Satz liefert scharfe obere und untere

Schranken für ϕ. Dabei benutzen wir die Bezeichnung $\eta_1(w)$ für das letzte Zeichen von w (vgl. Definition 2.6.6.).

<u>Satz 3.7.4.</u>: Sei g aus LSV(X,Y) und n eine natürliche Zahl.

(i) Ist $T \subseteq F^+(X)$ so, daß zu je zwei verschiedenen Worten x und y aus T ein (von x und y abhängiges) w aus $F^+(X)$ existiert mit

a) $\eta_1(g(xw)) \neq \eta_1(g(yw))$,

b) max $(|x|,|y|)+|w| \leq n$.

Dann ist $\phi_g(n) \geq |T|$.

Diese untere Schranke ist scharf, d.h. es existieren g, n und T so, daß $\phi_g(n)=|T|$.

(ii) $$\phi_g(n) \leq \begin{cases} (|X|^{n+1}-1)/(|X|-1), & \text{falls } |X| \neq 1 \\ n+1, & \text{falls } |X|=1 \end{cases}$$

Diese obere Schranke ist scharf.

<u>Beweis</u>: (i) 1) Seien g,n,T,x,y und w mit den Eigenschaften a) und b) gegeben, und sei A ein MrA mit einem Zustand z, für den $\bar{h}_z$ eine Approximation n-ter Ordnung von g ist. Wäre $f^*(z,xw)=$ $=f^*(z,yw)=z'$, so wäre wegen b)

$\eta_1(g(xw))=\eta_1(\bar{h}_z(xw))=h(z')=\eta_1(\bar{h}_z(yw))=\eta_1(g(yw))$,

was im Widerspruch zu a) steht.

Also ist auch $f^*(z,x) \neq f^*(z,y)$ für alle verschiedenen x,y aus T, so daß $|Z| \geq |\{f^*(z,x)|x \in T\}|=|T|$ und damit $\phi_g(n) \geq |T|$ gilt.

2) Seien $X=\{[\ ,\ ]\}$, $Y=\{0,1\}$, g die Abbildung aus Teil 1 des Beweises von Satz 3.7.2. (ii) und n eine ungerade natürliche Zahl: n=2t-1. Dann sei

$T=\{[\ ],[\ ,[\ [,\ldots,[^t\}$; also $|T|=t+1$.

Seien x,y aus T, $x \neq y$. Ist x=[] oder y=[], so setze man $w=\Lambda$. Ist $x=[^i$, $y=[^j$, so setze man $w=]^m$ mit m=min(i,j).

In jedem Falle sind a) und b) erfüllt. Also gilt

$\phi_g(n) \geq |T|=t+1=\frac{1}{2}(n+1)+1=\frac{1}{2}(n+3)$

Andererseits wurde im Beweis von Satz 3.7.2.(ii) gezeigt:

$\phi_g(n) \leq \frac{1}{2}(n+3)$; also ist $\phi_g(n)=|T|$.

(ii) Zu jedem g aus LSV(X,Y) läßt sich ein MrA A, der eine Approximation n-ter Ordnung von g darstellt, wie folgt konstruieren: $A=(\{z_0,z_1,\ldots,z_t\},X,Y,f,h)$ mit $X=\{x_1,\ldots,x_k\}$,

$$t= \begin{cases} n+1, & \text{falls } |X|=1, \\ 1+|X|+|X^2|+\ldots+|X^n|=(|X|^{n+1}-1)/(|X|-1) & \text{sonst,} \end{cases}$$

$$f(z_j, x_i) = \begin{cases} z_{jk+i}, & \text{falls } jk+i \le t, \\ z_j & \text{sonst,} \end{cases} \qquad \text{für } 0 \le j \le t, \ 1 \le i \le k$$

$h(z_0) = g(x_1)$

$h(z_j) = \eta_1(g(w))$ für ein w mit $|w| \le n$ und $f^*(z_0, w) = z_j$ für $1 \le j \le t$. Um zu zeigen, daß A wohldefiniert ist, müssen wir beweisen, daß h es ist. Dazu genügt es, für jedes j mit $1 \le j \le t$ die Existenz eines $|w|$ mit $|w| \le n$ und $f^*(z_0, w) = z_j$ zu zeigen, denn da t gerade die Anzahl aller höchstens n Zeichen langen Worte über X ist, müssen dann verschiedene solcher Worte von z_0 aus stets zu verschiedenen Zuständen führen.

Sei nun j mit $1 \le j \le t$ gegeben. Wir zerlegen es in $j = j_p k^p + j_{p-1} k^{p-1} + \dots + j_1 k + j_0$ mit $1 \le j_q \le k$ für $0 \le q \le p$ und bezeichnen p als $p(j)$. Dann ist insbesondere $p(t) = n-1$. Wir zeigen jetzt mit vollständiger Induktion über $p(j)$ gleich die folgende stärkere Behauptung: Es gibt ein w in $F^+(X)$ mit $|w| = p(j)+1$, $f^*(z_0, w) = z_j$ und $\bar{h}_{z_0}(w) = g(w)$. Für $p(j) = 0$ ist wegen $j = j_0 \le t$ aufgrund der Definition $f(z_0, x_{j_0}) = z_{j_0}$ sowie $\bar{h}_{z_0}(x_{j_0}) = h(z_{j_0}) = g(x_{j_0})$.

Gelte nun die Behauptung für jedes j mit $p(j) = m-1$, $m \ge 1$. Für j mit $p(j) = m$ ist dann $j = qk + j_0$ mit $q = j_m k^{m-1} + \dots + j_2 k + j_1$, also $p(q) = m-1$, so daß nach Induktionsannahme ein w existiert mit $|w| = p(q)+1 = m$ und $f^*(z_0, w) = z_q$, sowie $\bar{h}_{z_0}(w) = g(w)$. Nach Definition von f ist dann $f^*(z_0, wx_{j_0}) = f(z_q, x_{j_0}) = z_j$. Ferner ist $|wx_{j_0}| = m+1 = p(j)+1$. Nach Induktionsannahme gilt weiter $\bar{h}_{z_0}(wx_{j_0}) = \bar{h}_{z_0}(w)\bar{h}_{z_q}(x_{j_0}) = \bar{h}_{z_0}(w)h(z_j) = g(w)\eta_1(g(wx_{j_0})) = g(wx_{j_0})$.

Also haben wir auch schon gezeigt, daß $\bar{h}_{z_0}$ eine Approximation n-ter Ordnung von g ist, so daß $\phi_g(n) \le t$ gilt.

Aus Behauptung (i) dieses Satzes folgt ferner, daß $\phi_g(n) = t$ ist, wenn $\eta_1(g(u)) \ne \eta_1(g(v))$ für alle $u \ne v$ aus $X \cup X^2 \cup \dots \cup X^n$ ist. ∎

Satz 3.7.4.(i) liefert ein weiteres Hilfsmittel um zu beweisen, daß gewisse Abbildungen nicht Mr-darstellbar sind.

<u>Folgerung 3.7.5.</u>: Es gibt keinen MrA mit dem Eingabealphabet X, $|X| \ge 2$, und dem Ausgabealphabet $Y = \{0,1\}$, der feststellen kann, ob ein Eingabewort die Form vv besitzt, d.h. der die folgende

Abbildung darstellt:

$$g: F^+(X) \longrightarrow F^+(Y)$$

$$\eta_1(g(w)) = \begin{cases} 1 & \text{falls ein } v \text{ existiert mit } w=vv \\ 0 & \text{sonst.} \end{cases}$$

<u>Beweis</u>: Sei k eine beliebige natürliche Zahl und n=2k.
Für u,v aus X^k mit v≠u gilt dann
$\eta_1(g(vv))=1$, $\eta_1(g(uv))=0$.
Nach Satz 3.7.4.(i) ist dann $\phi_g(n) \geq |X|^k$.
Nehmen wir an, es gäbe einen MrA A, der g darstellt; A habe t Zu-
stände. Dann ist $\phi_g(n) \leq t$ für alle natürlichen Zahlen n.
Sei k aus $\mathbb{N}$ so gewählt, daß $t < |X|^k$. Dann folgt aus obigem der
Widerspruch
$t < |X|^k \leq \phi_g(2k) \leq t$. ∎

Weitere Anwendungen der Sätze 3.7.2. und 3.7.4. zeigen die Aufgaben 3.12. und 3.13.

3.8. Experimente

Das bekannte Spiel "Superhirn" läßt sich in der Sprache der
Moore-Automaten als ein Diagnoseexperiment an einem MrA S auffassen, bei dem der Zustand, in dem S sich zu Beginn des Experiments befand, allein dadurch zu bestimmen ist, daß man Eingaben
eingibt, die zugehörigen Ausgaben beobachtet und die Regeln für
die Zustandsübergänge und die Ausgabeerzeugung, d.h. die formale
Beschreibung des MrA in der Form S=(Z,X,Y,f,h) oder in äquivalenter Darstellung als Graph oder Tabelle kennt.
Ausgangspunkt für die Beschreibung des "Superhirn"-Automaten S
ist die Menge der Farben F={grün,gelb,rot,orange,hellblau,dunkel-
blau}. Die Eingaben für S sind Quadrupel $x=(f_1,f_2,f_3,f_4)$ mit f_i
aus F für i=1,...,4, wobei $f_i=f_j$ für i≠j erlaubt ist. Die Zustän-
de von S sind Quadrupel von Paaren $z=((\varphi_1,\varphi_1'),(\varphi_2,\varphi_2'),(\varphi_3,\varphi_3'),$
$(\varphi_4,\varphi_4'))$ mit φ_i und φ_i' aus F für i=1,...,4. Die Ausgabe in solch
einem Zustand z ist ein Paar (s,w) ganzer Zahlen, wobei s die An-
zahl der Paare (φ_i,φ_i') mit $\varphi_i=\varphi_i'$ ist und w die Anzahl der j aus
{1,2,3,4} mit $\varphi_j \neq \varphi_j'$, für die ein k mit $\varphi_k' \neq \varphi_k$ existiert, so daß
$\varphi_j=\varphi_k'$ gilt. Bei Eingabe von (f_1,f_2,f_3,f_4) im Zustand z geht S in

den Zustand $((\varphi_1,f_1),(\varphi_2,f_2),(\varphi_3,f_3),(\varphi_4,f_4))$ über. Ein Spiel
beginnt, indem der eine Spieler einen Anfangszustand auswählt,
aber vor dem anderen Spieler geheimhält - als Anfangszustände
sind nur solche mit $\varphi_i=\varphi_i'$ für i=1,...,4, d.h. mit der Ausgabe
(4,0) zugelassen. Der andere Spieler hat nun nacheinander Eingaben einzugeben, solange bis er die Ausgabe (4,0) erhält. Der
erste Spieler hat dabei jeweils die Zustandsübergänge (in Gedan-
ken) auszuführen und die Ausgaben zu erzeugen.

Situationen, ähnlich der beim "Superhirn"-Spiel treten in der
Praxis häufig auf; etwa bei Prüfungen (in Schule, Universität,
Beruf), in der medizinischen Diagnose, beim Experimentieren in
den Naturwissenschaften, beim Prüfen technischer Geräte (z.B.
"Computer-Diagnose" für Autos), beim Testen von Programmen.

Wir wollen zunächst davon ausgehen, daß die Automaten als reale
Objekte, die Eingaben aufnehmen und Ausgaben liefern, zusammen
mit ihren formalen Beschreibungen gegeben sind, und von einem
Experimentator untersucht werden sollen, wobei angenommen wird,
daß der Automat nur als "schwarzer Kasten" vorliegt, in den der
Experimentator nicht hineinsehen, also nur sein Ein/Ausgabever-
halten beobachten kann. Dann lassen sich folgende Typen von Experimenten unterscheiden:
(1a) <u>Mehrfachexperimente</u>, bei denen mehrere identische Kopien
     desselben Automaten (Gerätes) gegeben sind, so daß an ihnen
     simultan experimentiert werden kann.
(1b) <u>Einfache Experimente</u>, bei denen jeder Automat als reales
     Objekt nur einmal vorhanden ist.
(2a) <u>Adaptive Experimente</u>, bei denen der Experimentator die je-
     weils nächste Eingabe in Abhängigkeit von der Vorgeschichte,
     d.h. vom bisherigen Experimentverlauf wählt.
(2b) <u>Vorgabeexperimente</u>, bei denen eine Eingabefolge vor Beginn
     des Experiments fest gewählt wird und erst am Schluß des
     Experiments die gesamte zugehörige Ausgabefolge beobachtet
     werden kann.
(3a) <u>Diagnostische Experimente zur Anfangszustandsidentifizierung</u>,
     bei denen der Zustand, der zu Beginn des Experiments vorlag,
     bestimmt werden soll.

(3b) <u>Diagnostische Experimente zur Endzustandsidentifizierung</u>, bei denen der Zustand, der am Schluß des Experiments vorliegt, bestimmt werden soll.

(4a) <u>Synchronisierende Experimente</u>, bei denen der Automat unabhängig vom Anfangszustand in einen bestimmten Zustand gebracht werden soll.

(4b) <u>Zustandserreichungsexperimente</u>, bei denen, unabhängig vom Anfangszustand, jeder Zustand des Automaten mindestens einmal erreicht werden soll.

(4c) <u>Transitionsdurchlaufsexperimente</u>, bei denen, unabhängig vom Anfangszustand, jede Transition (jeder Pfeil im Graphen) mindestens einmal durchlaufen werden soll.

(5) <u>Experimente mit Zusatzinformationen</u> - insbesondere wird häufig zusätzlich zur formalen Beschreibung noch angegeben, daß sich der MrA zu Beginn des Experiments nur in einem Zustand aus einer bestimmten Teilmenge der Zustandsmenge befinden kann.

Eine weitere Klasse von Experimenten ist die der <u>Automatenidentifizierungsexperimente</u>; hierbei ist eine Menge von formalen Beschreibungen (Quintupel oder Graphen oder Tabellen) von MrA'n gegeben sowie eine Menge von realen Objekten, von denen nur bekannt ist, daß ihre Beschreibungen zu der gegebenen Menge von Beschreibungen gehören. Der Experimentator soll nun diese realen Objekte (schwarze Kästen) identifizieren, d.h. ihre formale Beschreibung finden. Auch hier lassen sich die Unterscheidungen nach (1) und (2) treffen.

<u>Beispiel 3.8.1.</u>: (i) Beim "Superhirn"-Spiel handelt es sich um ein einfaches adaptives diagnostisches Experiment zur Anfangszustandsbestimmung.

(ii) Der Mooresche Unbestimmtheitssatz (Satz 3.3.3.) verneint die Existenz diagnostischer Vorgabeexperimente zur Anfangszustandsidentifizierung beliebiger reduzierter MrA'n; in Aufgabe 3.3. wird die Existenz eines solchen Experiments für jeden MrA mit höchstens 3 Zuständen behauptet. Der Beweis von Satz 3.3.3. zeigt sogar, daß es für den MrA in Figur 3.3.1. nicht einmal ein adaptives diagnostisches Experiment zur Anfangszustandsidentifizierung gibt.

Aber der Endzustand dieses MrA läßt sich durch ein adaptives
diagnostisches Experiment leicht bestimmen: Ist die erste Ausgabe (bei leerer Eingabe) 1, so ist man fertig, der Endzustand
ist z_4. Andernfalls gebe man etwa 0 ein. Ist die danach erhaltene Ausgabe 0, so ist der Endzustand z_1, andernfalls z_4. In-
folgedessen läßt sich der Automat stets auch adaptiv synchro-
nisieren, weil jeder Zustand von jedem aus erreichbar ist.
(iii) Für den Serienaddierer aus Beispiel 3.2.2. liefert jede
Eingabe (jedes Paar der Ziffern 0 und 1) ein diagnostisches Vorgabeexperiment zur Anfangszustandsbestimmung.
(iv) Die Übertragung von Hilfssatz 2.7.3. auf MrA'n besagt, daß
für einen reduzierten MrA mit endlichem Gedächtnis stets ein diagnostisches Vorgabeexperiment zur Endzustandsidentifizierung existiert – mit Satz 2.7.2. (ii) ergibt sich, daß jedes Wort aus
höchstens $\frac{1}{2}|Z|(|Z|-1)$ Eingaben schon ein solches Experiment dar-
stellt. Andererseits ist der aus dem M1A'n ohne endliches Gedächtnis in Figur 2.7.1. zu erhaltende MrA A=({1,2,3},{0,1},
{0,1},f,h) mit f(1,0)=f(1,1)=2, f(2,0)=f(3,0)=1 und f(2,1)=f(3,1)=3
sowie h(1)=h(2)=0, h(3)=1 ein Automat, der nicht nur ein diagnostisches Vorgabeexperiment zur Endzustandsidentifizierung, sondern sogar ein Vorgabesynchronisierungsexperiment besitzt: Die
Eingabe 11 führt jeden Zustand in den Zustand 3 über.

Offenbar ergeben sich daher mindestens 3 Probleme:
- Das <u>Existenzproblem</u>: Gibt es für eine bestimmte Klasse von Automaten jeweils Experimente eines bestimmten Typs?
- Das <u>Längenproblem</u>: Falls ein Experiment existiert, wie lang
  braucht die Eingabefolge höchstens zu sein, bzw. muß sie mindestens sein?
- Das <u>Konstruktionsproblem</u>: Wie läßt sich systematisch ein ge-
  wünschtes Experiment konstruieren?

Für mehrere der möglichen Aufgabenkombinationen sind die obigen
Probleme ungelöst. Im folgenden und in 3.9. werden nur einige
Aufgabenkombinationen behandelt und nur einige der Probleme ge-
löst.
Zunächst einige einfache Feststellungen, die die Vielfalt der
Kombinationen reduzieren.

Feststellung 3.8.2.:

(i) Jedes Vorgabeexperiment ist auch ein adaptives Experiment, also brauchen adaptive Experimente keine längeren Eingabefolgen als Vorgabeexperimente.

(ii) Jedes diagnostische Experiment zur Anfangszustandsidentifizierung ist auch eines zur Endzustandsidentifizierung; denn kennt man den Anfangszustand z, nachdem man die zur Eingabe des Wortes w gehörige Ausgabe beobachtet hat, so braucht man nur $f^*(z,w)$ zu bestimmen.

(iii) Für einen MrA, bei dem keine Eingabe zwei verschiedene Zustände verschmilzt, bei dem also $f(z,x){\neq}f(z',x)$ für alle $z{\neq}z'$ und alle x aus X gilt, ist jedes diagnostische Experiment zur Endzustandsidentifizierung auch eines zur Anfangszustandsidentifizierung, denn in solch einem MrA gibt es zu jedem Zustand z und jeder Eingabefolge w nur höchstens einen Zustand z' mit $f^*(z',w)=z$.

(iv) Ein synchronisierendes Experiment identifiziert auch den Endzustand.

(v) Jeder reduzierte MrA besitzt (wegen des Reduktionssatzes - - Satz 3.3.2.) ein adaptives diagnostisches Mehrfachexperiment zur Anfangszustandsidentifizierung: Hat A n Zustände, so nehme man maximal n-1 Kopien von A (alle im gleichen Anfangszustand) und gehe wie folgt vor:

Man wähle zwei Zustände z und z' von A. Nach Satz 3.3.2. gibt es dann ein Eingabewort w mit der Höchstlänge $n-|Y|$ das z und z' unterscheidet, d.h. für das $g^*(z,w){\neq}g^*(z',w)$ ist. Dies Wort w gebe man einer Kopie von A ein. Dann sind 3 Fälle möglich:

1) Die Ausgabe ist gleich $g^*(z,w)$. Dann war der Anfangszustand von A nicht z'.

2) Die Ausgabe ist gleich $g^*(z',w)$. Dann war der Anfangszustand von A nicht z.

3) Die Ausgabe ist von $g^*(z,w)$ und $g^*(z',w)$ verschieden. Dann war weder z noch z' der Anfangszustand.

Jetzt weiß man, daß der gesuchte Anfangszustand von A in einer höchstens (n-1)-elementigen Menge von Zuständen liegen kann. Man nehme nun ein w', das zwei noch nicht ausge-

schiedene Zustände (d.h. zwei potentielle Anfangszustände) unterscheidet und verfahre wie oben. Nach maximal n-1 Schritten bleibt nur noch ein potentieller
Anfangszustand übrig, der dann der tatsächliche gewesen sein muß.

Zur Übung bearbeite man Aufgabe 3.14.(i).

(vi) Aus obiger Überlegung ergibt sich auch, daß jeder reduzierte MrA A mit n Zuständen ein diagnostisches Mehr-
fach-Vorgabeexperiment zur Anfangszustandsidentifizierung besitzt, für das $\binom{n}{2}$ Kopien gebraucht werden: Für
jede der $\binom{n}{2}$ zweielementigen Mengen $\{z,z'\}$ von Zuständen von A wähle man ein z und z' unterscheidendes Eingabewort w und gebe es einer Kopie von A ein. Anschlies-
send stelle man die gleichen Überlegungen wie oben an.
Zum besseren Verständnis bearbeite man Aufgabe 3.14.(ii).

(vii) Ein nicht reduzierter MrA kann kein diagnostisches Experiment zur Anfangszustandsidentifizierung besitzen.

(viii) Ein streng zusammenhängender MrA (vgl. Aufgabe 3.9.),
der ein diagnostisches Experiment zur Endzustandsidentifizierung besitzt, besitzt auch stets ein adaptives
synchronisierendes Experiment und ein adaptives Zu-
standserreichungsexperiment sowie ein adaptives Tran-
sitionsdurchlaufexperiment, denn soll der Zustand z
erreicht werden (bzw. eine bestimmte von z ausgehende
Transition), und hat man bereits als Endzustand den
Zustand z' identifiziert, so nehme man ein wegen des
strengen Zusammenhangs existierendes Eingabewort w
mit $f^*(z',w)=z$.

(ix) Für die Existenz eines adaptiven Zustandserreichungs-
(oder eines Transitionsdurchlaufs-) Experiments ist
der strenge Zusammenhang notwendig, denn es muß ja von
jedem Anfangszustand mit dem Experiment jeder beliebige Zustand erreicht werden können.

3.9. Einfache diagnostische Vorgabeexperimente mit Zusatzinformation

Wir werden uns nur mit einfachen diagnostischen Experimenten befassen, wobei wir Zusatzinformationen zulassen. Dabei sei im folgenden immer A ein MrA mit n Zuständen und m Ausgaben.

<u>Definition 3.9.1.</u>: Sei Z' eine mindestens zweielementige Menge von Zuständen von A. Ein Wort w aus $F(X)$ heißt diagnostisches Vorgabeexperiment für A zur Identifizierung eines Anfangszustandes aus Z' (kurz: <u>Anfangsidentifizierungsexperiment für (A,Z')</u>), wenn die Abbildung

$h_w:Z' \longrightarrow F(Y)$ mit $h_w(z)=h_z(w)$ für z aus Z'

injektiv ist, d.h. wenn aus $z \neq z'$ stets $h_w(z) \neq h_w(z')$ folgt. Die Länge von w heißt Länge des Experiments.

<u>Satz 3.9.2.</u>: Für jeden reduzierten MrA A und jede Teilmenge Z' von $p \geq 2$ Zuständen von A läßt sich mit Hilfe des folgenden Verfahrens entscheiden, ob für (A,Z') ein Anfangsidentifizierungsexperiment existiert; im Falle der Existenz läßt sich dann auch ein solches Experiment von höchstens der Länge $(p-m'+1)n^p$ angeben, falls $p>m'$ ist, wobei $m'=|\{h(z)\,|\,z \in Z'\}|$ ist - gilt $p=m'$, so ist trivialerweise Λ ein Anfangsidentifizierungsexperiment.

Das Verfahren besteht aus folgenden Schritten:

• Für jedes y aus Y bilde man $N(Z',\Lambda,y)=\{z \in Z'\,|\,h(z)=y\}$.

• Man setze $\bar{N}(Z',\Lambda)=\{N(Z',\Lambda,y)\,|\,y \in Y\}$ und $k=-1$.

• Solange bis ein k gefunden ist, derart daß entweder
  - ein w aus X^k existiert, so daß alle Elemente von $\bar{N}(Z',w)$ einelementig sind, oder
  - $\bar{N}(Z',w)=\emptyset$ für jedes w aus X^k ist,

tue man folgendes:

• Man erhöhe k um 1.

• Für jedes w aus X^k und jedes x aus X tue man folgendes:
  • Ist $\bar{N}(Z',w) \neq \emptyset$, gilt für jedes $N(Z',w,v)$ aus $\bar{N}(Z',w)$, daß für alle z,z' in $N(Z',w,v)$ aus $z \neq z'$ auch $f(z,x) \neq f(z',x)$ folgt, und gibt es kein w' mit $|w'| \leq |w|$ derart, daß für

jedes y aus Y und jedes $N(Z',w,v)$ jeweils

$N(Z',wx,vy)=\{f(z,x)\,|\,z\in N(Z',w,v),\ h(f(z,x))=y\}$

in $\bar{N}(Z',w')$ liegt, so setze man

$\bar{N}(Z',wx)=\{N(Z',wx,vy)\,|\,y\in Y,\ N(Z',w,v)\in\bar{N}(Z',w)\}$.

Andernfalls setze man $\bar{N}(Z',wx)=\emptyset$.

Bemerkung: Ist $\bar{N}(Z',w)\neq\emptyset$, so ist $N(Z',w,v)=\{f^*(z,w)\,|\,z\in Z'$, $h_z(w)=v\}$, d.h. gilt für z und z' aus Z' etwa $h_w(z)=h_w(z')=v$, so sind $f^*(z,w)$ und $f^*(z',w)$ verschieden und liegen beide in $N(Z',w,v)$.)

Jedes w, für das am Ende des Verfahrens $\bar{N}(Z',w)$ nur einelementige Mengen enthält, ist ein Anfangsidentifizierungsexperiment für (A,Z'); gibt es kein solches w, so existiert kein solches Experiment.

<u>Beweis</u>: a) Das Verfahren terminiert aus folgenden Gründen spätestens für Worte der Länge $(p-m'+1)n^p$, falls m'<p ist:
Für festes w sei $\bar{N}(Z',w)=\{N_1,N_2,\ldots,N_q\}$ und $n_j=|N_j|$ für j=1,...,q. Das q-Tupel $(n_1,\ldots,n_q)$ heiße der Typ von $\bar{N}(Z',w)$. Für jedes x aus X gilt nun entweder $|\bar{N}(Z',wx)|\geq|\bar{N}(Z',w)|+1$ oder $\bar{N}(Z',w)$ und $\bar{N}(Z',wx)$ haben denselben Typ. Die Maximalzahl aller möglichen $\bar{N}(Z',w)$ vom Typ $(n_1,\ldots,n_q)$ bei beliebigem w aus F(X) ist $n^{n_1}n^{n_2}\ldots n^{n_q}=n^p$, denn es ist $n_1+n_2+\ldots+n_q=p$, und n^{n_j} ist die Anzahl aller Teilmengen von Z (d.h. der möglichen $N(Z',w,v)$) mit n_j Elementen. Da $|\bar{N}(Z',\Lambda)|=m'$ ist und für q≥p alle Mengen aus einem $\bar{N}(Z',w)$ vom Typ $(n_1,\ldots,n_q)$ einelementig sein müssen, kommen für q nur die Werte m',m'+1,...,p in Frage, falls m'<p ist. Also können maximal $(p-m'+1)n^p$ Mengen $\bar{N}(Z',w)\neq\emptyset$ im Verfahren auftreten. Für m'=p besteht bereits $\bar{N}(Z',\Lambda)$ nur aus einelementigen Mengen.

b) Das Verfahren ist aus folgenden Gründen korrekt:
Liegt bei Beendigung des Verfahrens ein nur aus einelementigen Mengen bestehendes $\bar{N}(Z',w)$ vor, so gilt für je zwei verschiedene Zustände z und z' aus Z' stets $h_w(z)\neq h_w(z')$, d.h. die Abbildung h_w ist auf Z' injektiv.

Ferner gilt folgende Schleifeninvariante für die "Solange"-Schleife: Gibt es ein Anfangsidentifizierungsexperiment für (A,Z'), so gibt es ein w mit $\bar{N}(Z',w)\neq\emptyset$ derart, daß w zu einem solchen Experiment verlängerbar ist. Diese Bedingung ist sicher vor Eintritt in die "Solange"-Schleife erfüllt, und sie bleibt bei den Operationen in der Schleife gültig. Denn gibt es ein w' mit $|w'|\leq|w|$ so, daß für feste x alle N(Z',wx,vy) für y aus Y und N(Z',w,v) aus $\bar{N}(Z',w)$ schon in $\bar{N}(Z',w')$ liegen, so kann w' genau dann zu einem Anfangsidentifizierungsexperiment für (A,Z') verlängert werden, wenn das für wx der Fall ist. Gilt andererseits für ein Paar z,z' aus einem N(Z',w,v) und ein x, daß f(z,x)=f(z',x) ist, obwohl z≠z' ist, so kann wx nicht zu einem Anfangsidentifizierungsexperiment für (A,Z') verlängert werden. Also kann man in beiden Fällen $\bar{N}(Z',wx)=\emptyset$ setzen, ohne die Gültigkeit der Bedingung zu ändern. Also gilt die Schleifeninvariante auch bei Beendigung des Verfahrens, so daß kein Anfangsidentifizierungsexperiment für (A,Z') existieren kann, wenn kein $\bar{N}(Z',w)$ mit nur einelementigen Mengen erzeugt wurde.

Zur Übung behandle man Aufgabe 3.15.

<u>Bemerkung</u>: Zur Veranschaulichung des im Satz angegebenen Verfahrens und für die Behandlung kleiner Beispiele ist es günstig, sich den sog. <u>A</u>-Diagnosebaum (zur <u>A</u>nfangszustandsdiagnose) aufzuzeichnen - dies ist ein bewerteter Graph, dessen Knoten die Mengen N(Z',w) sind, und in dem jeweils ein mit x bewerteter Pfeil von N(Z',w) nach N(Z',wx) führt.

<u>Beispiel 3.9.3.</u>: Aus dem A-Diagnosebaum für den MrA aus Figur 3.7.1. ergibt sich, daß das Wort]]]]] ein diagnostisches Vorgabeexperiment zur Anfangszustandsbestimmung ist. Um nur dieses Wort zu finden, genügt es, den Baum nur bis zum fünften Niveau (vgl. die gestrichelte Linie) aufzubauen.

Man sieht sofort, daß der Anfangszustand z_i war, wenn die

Eingabefolge]]]]] die Ausgabefolge $0^i 10^{5-i}$ erzeugt hat.

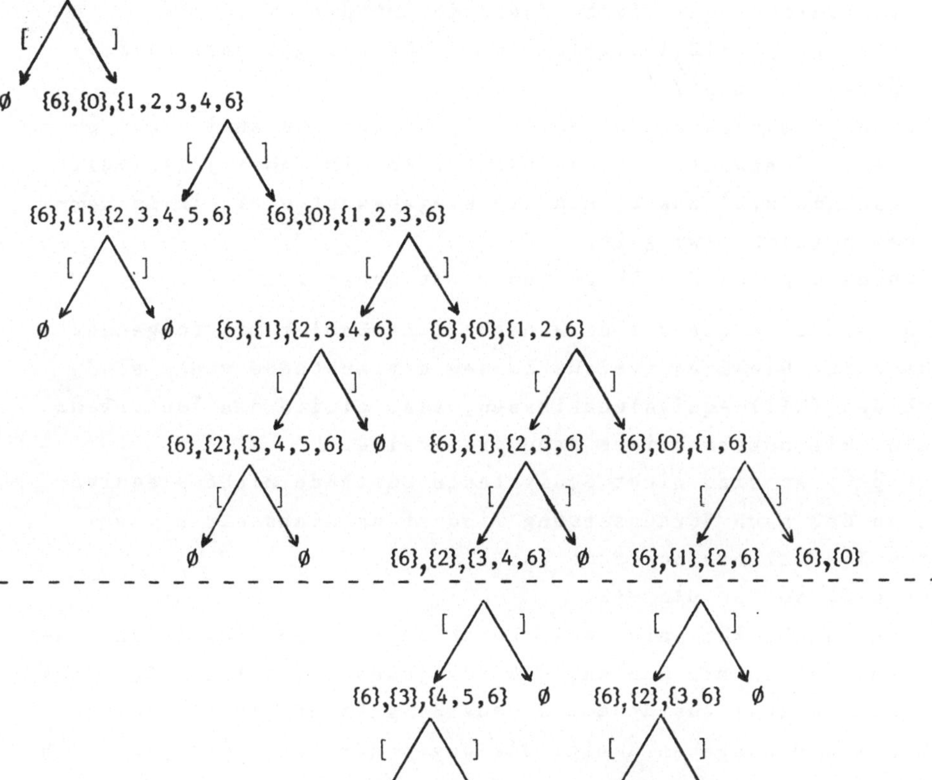

Figur 3.9.1.: A-Diagnosebaum für den MrA aus Figur 3.7.1.

Für die Untersuchung des Problems der Endzustandsidentifizierung ist folgende Verschärfung der ersten Aussage des Reduktionssatzes (Satz 3.3.2.) sehr hilfreich. Wir benutzen zum Beweis der Behauptung die Überlegungen aus dem Beweis des Satzes von Huffman/Mealy (Satz 2.3.3.), insbesondere den Begriff der k-Äquivalenz.

__Satz 3.9.4.__: Seien $Z_1,\ldots,Z_q$ paarweise disjunkte Teilmengen der Zustandsmenge von A, derart daß mindestens eines der Z_i wenig- stens zwei nicht äquivalente Zustände enthält.
Sei weiter $p=|Z_1|+|Z_2|+\ldots+|Z_q|-q+1$ (für $q=1$ ist dann $p=|Z_1|$) sowie $\bar{p}=\max(0,n-m-p+2)$.
Dann enthält mindestens eines der Z_i wenigstens zwei nicht $\bar{p}$- äquivalente Zustände, d.h. es existieren ein Index j ($1\leq j\leq q$), zwei Zustände z,z' aus Z_j und ein Eingabewort w mit $|w|\leq\bar{p}$ der- art, daß $h_z(w)\neq h_{z'}(w)$ gilt.
Die Schranke $\bar{p}$ für die Länge von w ist scharf.

__Beweis__: a) Sei $\bar{k}$ die kleinste natürliche Zahl k mit folgender Eigenschaft: Die k-Äquivalenzklassen der Zustände von A sind gleich den (k+1)-Äquivalenzklassen, also gleich den Äquivalenz- klassen. Wir unterscheiden dann drei Fälle.
1) Ist $\bar{p}\geq\bar{k}$, so sind nicht äquivalente Zustände nicht $\bar{p}$-äquiva- lent, so daß nach Voraussetzung mindestens eines der Z_i zwei nicht $\bar{p}$-äquivalente Zustände enthält.
2) Ist $\bar{p}=0$, so ist $p\geq n-m+2$.
Dann kann nicht $q\geq m$ sein, weil sonst $n\geq p+q-1\geq p+m-1\geq n+1$ wäre. Sei also $q<m$. Nehmen wir nun an, daß für jedes i mit $1\leq i\leq q$ folgendes gilt: Für je zwei Zustände z,z' aus Z_i gilt $h(z)=h(z')$. Dann blieben $m-q>0$ Ausgaben übrig, die wegen der Surjektivität von h von Zuständen, die nicht in den Z_i liegen, erzeugt werden müß- ten, so daß sich der Widerspruch $n\geq(p+q-1)+(m-q)=p+m-1\geq n+1$ er- gäbe. Also muß es mindestens ein Z_i mit zwei Zuständen geben, die verschiedene Ausgaben erzeugen, also nicht $\bar{p}$-äquivalent sind.
3) Sei nun $0<\bar{p}<\bar{k}$. Dann ist $\bar{p}=n-m-p+2$, und es gilt $q<\bar{p}+m$, weil sonst $p+q-1\geq p+\bar{p}+m-1=n+1$ wäre. Aus dem Beweis von Satz 2.3.3. und der Skizze des Beweises von Satz 3.3.2. ergibt sich, daß A min- destens $\bar{p}+m$ verschiedene $\bar{p}$-Äquivalenzklassen von Zuständen be- sitzt. Wäre nun jedes Z_i, $i=1,\ldots,q$ ganz in einer $\bar{p}$-Äquivalenz- klasse enthalten, so gäbe es $(\bar{p}+m)-q>0$ weitere $\bar{p}$-Äquivalenzklas- sen, die keine Zustände aus Z_i enthalten. Das führt zu dem Wider- spruch $n\geq(p+q-1)+(\bar{p}+m)-q=n+1$, so daß mindestens ein Z_i zwei nicht $\bar{p}$-äquivalente Zustände enthält.
b) Die folgende Serie von M1A'n $A_{n,m}$, mit $n,m\geq 2$ zeigt, daß die Schranke $\bar{p}$ scharf ist.

$A_{n,m} = (Z_n, X, Y_m, f_{n,m}, h_{n,m})$ mit $Z_n = \{z_1, \ldots, z_n\}$, $Y_m = \{1, \ldots, m\}$, X beliebig, $f_{n,m}(z_i, x) = z_{i+1}$ für $i = 1, \ldots, n-1$, x aus X,

$f_{n,m}(z_n, x) = z_n$ für x aus X,

$h_{n,m}(z_i) = \max(1, i-n+m)$ für $i = 1, \ldots, n$.

Offenbar ist jedes $A_{n,m}$ reduziert.

Seien nun p und q natürliche Zahlen mit $p \leq n-m+1$ und $p+q-1 \leq n$. Dann wählen wir

$Z_1 = \{z_1, \ldots, z_p\}$, $Z_i = \{z_{p+i-1}\}$ für $i = 2, \ldots, q$.

Die Z_i, $1 \leq i \leq q$ erfüllen die Voraussetzungen des Satzes. Ein kürzestes Wort, daß zwei Zustände aus Z_1 unterscheidet, ist ein kürzestes Wort, das z_p in z_{n-m+2} überführt. Solch ein Wort hat die Länge $n-m+2-p = \bar{p}$, so daß die im Satz angegebene Schranke scharf ist.

<u>Folgerung 3.9.5.</u>: Sei A ein reduzierter MrA und Z' eine p-elementige Menge von Zuständen von A mit $p \geq 2$. Dann läßt sich auf folgende Weise durch ein adaptives diagnostisches Experiment bestimmen, in welchem Zustand sich A am Ende des Experiments befindet, wenn A sich zu Beginn des Experiments in einem Zustand aus Z' befand; dabei ist die Länge des Experiments, d.h. die Anzahl der nacheinander einzugebenden Eingaben x aus X, nicht größer als $(\tilde{p}-1)(n-m-\frac{1}{2}(\tilde{p}-2))$ mit $\tilde{p} = \min(p, n-m+1)$. Diese Schranke ist scharf, wenn die Größe der Eingabemenge X nicht nach oben beschränkt ist.

<u>Experimentierverfahren</u>: 1) Man zerlege Z' in die Mengen $Z'_y = \{z \in Z' \mid h(z) = y\}$ mit y aus Y und stelle anhand der ersten Ausgabe fest, in welcher Menge Z_y sich A zu Beginn des Experiments befand. Diese Menge sei Z'_E.

2) Solange $|Z'_E| \neq 1$ ist, tue man folgendes:

Man wähle ein w aus F(X) von höchstens der Länge $n-m-|Z'_E|+2$, das wenigstens zwei Zustände aus Z'_E unterscheidet. Sei v die bei der weiteren Eingabe von w erhaltene Folge weiterer Ausgaben. Dann bilde man

$Z'_v = \{z \in Z'_E \mid \bar{h}_z(w) = v\}$ und

$Z'_E = \{f^*(z, w) \mid z \in Z'_v\}$.

3) Ist $Z'_E = \{z'\}$, so ist z' der gesuchte Endzustand.

Beweis: a) Aus dem Fall q=1 von Satz 3.9.4. folgt stets die Existenz eines Wortes w wie es in der Solange-Schleife benötigt wird, denn keine zwei Zustände von A sind äquivalent und die in Schritt 1 des Experimentierverfahrens ermittelte Menge Z_E' hat höchstens $\tilde{p}=\min(p,n-m+1)$ Elemente - alle später in der Schleife gebildeten Z_E' haben weniger Elemente.

b) Die Solange-Schleife terminiert, weil bei jedem Durchlauf die Größe von Z_E' wenigstens um 1 verringert wird.

c) Ist bei Eintritt in die Solange-Schleife w das gesamte bisher eingegebene Wort und v die gesamte bisherige Ausgabefolge, so gilt zu diesem Zeitpunkt

$$Z_E'=\{f^*(z,w)\mid z\in Z',h_z(w)=v\}.$$

Ist also $Z_E'=\{z'\}$, so ist z' der gesuchte Endzustand.

d) Die Gesamtlänge des Experiments ist höchstens

$$(n-m-\tilde{p}+2)+(n-m-(\tilde{p}-1)+2)+\ldots+(n-m)=$$
$$((n-m)-(\tilde{p}-2))+((n-m)-(\tilde{p}-2)+1)+\ldots+((n-m)-(\tilde{p}-2)+(\tilde{p}-2))=$$
$$(\tilde{p}-1)((n-m)-(\tilde{p}-2))+1+2+\ldots+(\tilde{p}-2)=$$
$$(\tilde{p}-1)(n-m-(\tilde{p}-2))+\frac{1}{2}(\tilde{p}-1)(\tilde{p}-2)=$$
$$(\tilde{p}-1)(n-m-\frac{1}{2}(\tilde{p}-2)).$$

e) Die folgende Serie von MrA'n zeigt, daß die angegebene Schranke scharf ist. Für $1<m\leq n$ und $n-m+1\leq r$ sei

$$t=(n,m,r),$$
$$A_t=(\{z_1,\ldots,z_n\},\{x_1,\ldots,x_r\},\{1,2,\ldots,m\},f_t,h_t),$$
$$h_t(z_i)=\max(1,i-n+m) \text{ für } i=1,\ldots,n,$$
$$f_t(z_j,x_j)=z_{j+1},f_t(z_{j+1},x_j)=z_j \text{ für } j=1,\ldots,n-m+1,$$
$$f_t(z_i,x_k)=z_i \text{ für } i=1,\ldots,n \text{ und alle } k \text{ aus } \{n-m+2,\ldots,r\} \text{ sowie}$$
$$\text{für alle } k \text{ aus } \{1,\ldots,n-m+1\} \text{ mit } k\neq i\neq k+1.$$

Offensichtlich ist jedes A_t ein reduzierter MrA.

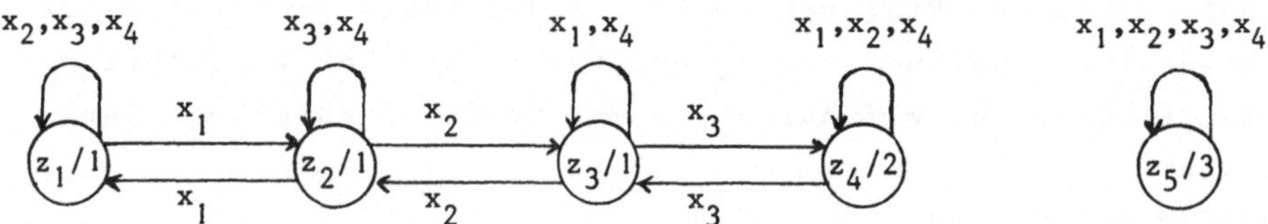

Figur 3.9.2.: Der MrA $A_{(5,3,4)}$

Sei weiter $Z_t' = \{z_i \in Z_t \mid h_t(z_i) = 1\}$, also $p = n-m+1$. Dann ist zu zeigen, daß keine Eingabefolge, die kürzer als

$$\ell = (p-1)(n-m-\tfrac{1}{2}(p-2)) = (p-1)(p-1-\tfrac{1}{2}p+1) = \tfrac{1}{2}p(p-1)$$

ist, als (adaptives) Experiment zur Endzustandsidentifizierung bei Start in Z_t' geeignet ist.

Offenbar liefert jede Eingabefolge, in der x_p nicht vorkommt, bei Start in einem Zustand aus Z_t' eine Ausgabefolge der Form 11...1 und führt wieder zu einem Zustand aus Z_t' – verschiedene Startzustände werden (mit derselben Eingabefolge) in verschiedene Zustände überführt, weil jede Eingabe $x_i \neq x_p$ höchstens zwei Zustände aus Z_t' vertauscht und die anderen nicht ändert.

Also kann man den Endzustand höchstens dann identifizieren, wenn man mindestens einmal x_p eingibt – Eingaben vor dem ersten x_p sind nutzlos. Liefert die Eingabe von x_p die Ausgabe 2, so ist man fertig. Andernfalls liegt der erhaltene Zustand in der Menge $Z_t' - \{z_p\}$.

Analog zu obigem sieht man, daß man nun höchstens durch Eingabe von $x_{p-1}x_p$ zu einer von 1 verschiedenen Ausgabe gelangt und damit den Endzustand bestimmen kann. Ist der Endzustand nach Eingabe von $x_p x_{p-1} x_p$ nicht bestimmt, so muß er in der Menge $Z_t' - \{z_{p-1}, z_p\}$ liegen.

Mit vollständiger Induktion ergibt sich nun, daß frühestens nach Eingabe der Folge

$$x_p x_{p-1} x_p x_{p-2} x_{p-1} x_p \cdots x_2 x_3 \cdots x_p$$

der Endzustand in allen Fällen bestimmbar ist: Ist mit dieser Eingabefolge durch das i-te x_p die Ausgabe 2 erzeugt worden, so war z_{p-i+1} der Startzustand; ist stets nur 1 ausgegeben worden, so war z_1 der Startzustand.

Die Länge der Eingabefolge ist, wie zu beweisen war,

$$1+2+\ldots+p-1 = \tfrac{1}{2}p(p-1). \quad \blacksquare$$

<u>Bemerkung</u>: Setzt man in Folgerung 3.9.5. voraus, daß $|x| \leq n-m$ ist, dann läßt sich die angegebene Schranke mit den MrA'n $A_{n,m}$ nicht erreichen. Aufgabe 3.16. zeigt aber, daß in diesem Fall die Schranke nur um einen konstanten Faktor zu groß ist.

Die MrA'n A_t liefern auch eine untere Schranke für die Länge von

Anfangsidentifizierungsexperimenten; mit Satz 3.9.2. ergibt
sich dann:

<u>Folgerung 3.9.6.</u>: Sei $\alpha(n,m,r)$ das Maximum der Längen aller An-
fangsidentifizierungsexperimente für MrA'n mit $n \geq 2$ Zuständen,
m Ausgaben und r Eingaben. Dann gilt

$$\frac{1}{2}(n-m)(n-m+1) \leq \alpha(n,m,r) \leq (n-m+1)n^n.$$

<u>Bemerkung</u>: Die obere Schranke für α ist viel zu groß; es ist bis-
her nicht bekannt, wie groß α wirklich werden kann - vgl. auch
Aufgabe 3.15.

<u>Definition 3.9.7.</u>: Sei Z' eine Menge von Zuständen von A. Ein
Wort w aus F(X) heißt diagnostisches Vorgabeexperiment für A zur
Endzustandsidentifizierung bei Start in Z' (kurz: <u>Endidentifizie-
rungsexperiment für (A,Z')</u>), wenn es eine Abbildung $t:F(Y) \rightarrow Z$ so
gibt, daß $t(h_z(w))=f^*(z,w)$ für alle z aus Z' gilt, d.h. wenn für
alle z,z' aus Z' gilt:
$h_z(w)=h_{z'}(w)$ impliziert $f^*(z,w)=f^*(z',w)$.

<u>Bemerkung</u>: Daß die obige Definition die intuitive Vorstellung vom
Begriff des Endidentifizierungsexperiments wiedergibt, sieht man
so: Kann man mit Hilfe eines Vorgabeexperiments, d.h. durch Eingabe eines Wortes w, die bei Start in Zuständen aus Z' erreichbaren Endzustände anhand der erhaltenen Ausgaben identifizieren,
so hat man eine Abbildung t, die jeder möglichen Ausgabe $h_z(w)$
den Endzustand $f^*(z,w)$ zuordnet.
Hat man andererseits eine Abbildung t wie in der Definition, und
ist v die durch Eingabe von w erzeugte Ausgabe, so ist t(v) der
gesuchte Endzustand.
Um aus Satz 3.9.4. eine Aussage über Existenz und Länge eines
diagnostischen Vorgabeexperiments zur Endzustandsidentifizierung
zu gewinnen, benötigen wir einen etwas komplizierten Hilfssatz.

<u>Hilfssatz 3.9.8.</u>: Es sei $Q=\{M_i \mid i \in I\}$ ein endliches System end-
licher, nichtleerer Mengen. Wir wollen sagen, daß M und M' aus Q
miteinander verbunden seien, wenn Mengen $M_1,\ldots,M_n$ in Q derart
existieren, daß $M=M_1$, $M'=M_n$ und $M_j \cap M_{j+1} \neq \emptyset$ für $j=1,\ldots,n-1$ gilt.

Weiter sei für jedes M aus Q

$[M] = \cup \{M' \in Q \mid M$ und M' miteinander verbunden$\}$,

$\bar{Q} = \{[M] \mid M \in Q\}$.

Dann gilt

(1) $\bar{Q}$ ist eine Zerlegung von $V_Q = \cup \{M \mid M \in Q\}$,

    d.h. es gilt $\cup \{[M] \mid M \in Q\} = V_Q$

    und $[M] \cap [M'] = \emptyset$ für $[M] \neq [M']$.

(2) $\sum_{i \in I} |M_i| - |V_Q| \geq |I| - |\bar{Q}|$.

<u>Beweis</u>: 1. Weil jedes M aus Q mit sich selbst verbunden ist, gilt stets $M \subseteq [M]$. Ferner ist natürlich stets $[M] \subseteq V_Q$. Also gilt $\cup \{[M] \mid M \in Q\} = V_Q$.

Nehmen wir nun an, es sei $[M] \cap [M'] \neq \emptyset$ für ein paar M, M' aus Q. Dann gibt es ein M_i, das mit M verbunden ist, und ein M'_j, das mit M' verbunden ist, so daß $M_i \cap M'_j \neq \emptyset$. Dann aber sind auch M und M' miteinander verbunden, d.h. es gilt $[M] = [M']$.

2. Sei M beliebig aus Q und $I_M = \{i \in I \mid M_i \subseteq [M]\}$.

Da die Elemente von $\bar{Q}$ paarweise disjunkt sind, folgt die Behauptung (2) sofort aus folgender Zwischenbehauptung

(2') $\sum_{i \in I_M} |M_i| - |[M]| \geq |I_M| - 1$ für jedes M aus Q.

Sei jetzt M beliebig, aber fest aus Q gewählt. Um einen einfachen Induktionsbeweis führen zu können, numerieren wir die Indexmenge I_M so durch, daß $I_M = \{i_1, i_2, \ldots, i_m\}$ und $M_{k+1} \cap (M_{i_1} \cup \ldots \cup M_{i_k}) \neq \emptyset$ für $k = 1, \ldots, m-1$ gilt.

Das ist immer möglich, da ja alle M_i, i aus I_M, miteinander verbunden sind.

Wir beweisen nun mit vollständiger Induktion über k, daß

$|M_{i_1}| + \ldots + |M_{i_k}| - |M_{i_1} \cup \ldots \cup M_{i_k}| \geq k-1$ für $k = 1, \ldots, m$

gilt; für $k = m$ erhalten wir dann (2').

Für $k = 1$ gilt die Behauptung trivialerweise.

Für den Induktionsschluß benutzen wir folgende offensichtliche Tatsache:

Für beliebige endliche Mengen U, V mit $U \cap V \neq \emptyset$ gilt

$|U| + |V| - |U \cup V| \geq 1$.

Also gilt insbesondere

$|M_{i_1} \cup \ldots \cup M_{i_k}| + |M_{i_{k+1}}| - |M_{i_1} \cup \ldots \cup M_{i_{k+1}}| \geq 1$.

Daraus und aus der Induktionsannahme (Gültigkeit für k) ergibt sich $|M_{i_1}|+\ldots+|M_{i_k}|+(|M_{i_{k+1}}|-|M_{i_1}\cup\ldots\cup M_{i_{k+1}}|)\geq$

$$\geq|M_{i_1}|+\ldots+|M_{i_k}|+1-|M_{i_1}\cup\ldots\cup M_{i_k}|\geq(k-1)+1=k. \quad \blacksquare$$

<u>Satz 3.9.9.</u> (Hibbard): Sei A reduziert, und seien $Z_1,Z_2,\ldots,Z_q$ paarweise disjunkte, nicht sämtlich einelementige Teilmengen der Zustandsmenge von A und jeweils m_i die Anzahl der verschiedenen Ausgaben, die die Zustände aus Z_i erzeugen: $m_i=|h(Z_i)|$, $i=1,\ldots,q$.

Ferner seien $r=|Z_1|+\ldots+|Z_q|$, $d=r-q$, $q'=m_1+\ldots+m_q$, $d'=r-q'$. Ist $d'\neq0$, dann gibt es ein Eingabewort w von höchstens der Länge $(n-m-d'+1)+(n-m-d'+2)+\ldots+(n-m)$, das für jedes $i=1,\ldots,q$ ein Endidentifizierungsexperiment für (A,Z_i) ist – für $d'=0$ ist schon Λ ein solches Experiment.

<u>Beweis</u>: Zunächst zerlegen wir Z_i so in m_i disjunkte nichtleere Teilmengen $Z_{i,y}$, daß in einer solchen Teilmenge gerade alle die Zustände zu liegen kommen, die dieselbe Ausgabe y erzeugen:
$Z_{i,y}=\{z\in Z_i\,|\,h(z_i)=y\}$.
Wir erhalten dann q' disjunkte Teilmengen $Z'_1,\ldots,Z'_q$. Sind diese Teilmengen sämtlich einelementig, so ist Λ ein Endidentifizierungsexperiment für jedes (A,Z_i). Dies ist genau dann der Fall, wenn $r=q'$, also $d'=0$ ist.
Nehmen wir also an, es sei $d'\geq1$. Für diesen Fall beweisen wir jetzt den Satz mit vollständiger Induktion über d' (und den Z'_i statt der Z_i) – man sieht sofort, daß ein Eingabewort w, das ein Endidentifizierungsexperiment für jedes (A,Z'_i), $i=1,\ldots,q'$ ist, auch Endidentifizierungsexperiment für jedes (A,Z_i), $i=1,\ldots,q$ ist, weil das erste Element der von w erzeugten Ausgabefolge angibt, in welcher der Teilmengen $Z_{i,y}$ von Z_i begonnen wurde.
Sei $d'=1$. Dann ist genau eines der Z'_i, etwa Z'_k, zweielementig, alle anderen einelementig. Da A reduziert ist, gibt es nach Satz 3.3.2. ein Wort von höchstens der Länge $n-m$, das die beiden Zustände von Z'_k unterscheidet. Dieses Wort ist offenbar ein Endidentifizierungsexperiment für jedes (A,Z'_i), $i=1,\ldots,q'$.
Sei nun $d'>1$. Dann gibt es wegen der Reduziertheit von A nach

Satz 3.9.4. ein Wort w von höchstens der Länge
$n-m-\tilde{p}+2=n-m-(d'+1)+2=n-m-d'+1$ und ein Z'_k mit wenigstens zwei
Zuständen z und z' derart, daß $h_z(w)\neq h_{z'}(w)$ ist. Dann sei
$P=\{(i,v)\mid 1\leq i\leq q',\ v=h_z(w)$ für passendes $z\in Z'_i\}$.
Wegen $d'\overset{>}{=}1$ ist $|P|\geq q'+1$. Für jedes Paar (i,v) aus P sei weiter
$Z'_{i,v}=\{f^*(z,w)\mid z\in Z'_i,\ h_z(w)=v\}$.
Jetzt sind zwei Fälle möglich.

1) $|Z'_{i,v}|=1$ für jedes Paar (i,v) aus P.
Dann ist w ein Endidentifizierungsexperiment für jedes (A,Z'_i),
$i=1,\ldots,q'$; denn für z,z' aus Z'_i folgt aus $h_z(w)=h_{z'}(w)=v$ stets
(i,v) aus P und $f^*(z,w)$ aus $Z'_{i,v}$ sowie $f^*(z',w)$ aus $Z'_{i,v}$, so
daß dann $f^*(z,w)=f^*(z',w)$ gelten muß.

2) Es gibt ein Paar (i,v) in P mit $|Z'_{i,v}|\geq 2$.
Die Menge $Q=\{Z'_{i,v}\mid (i,v)\in P\}$ erfüllt die Voraussetzungen von Hilfssatz 3.9.8., weil natürlich die $Z'_{i,v}$ nichtleer und endlich sind,
und weil weiter P endlich ist, da für jedes i die Zahl der v mit
$h_z(w)=v$ für z aus Z'_i endlich ist (denn w ist fest). Sei nun $\bar{Q}$ die
nach Hilfssatz 3.9.8. existierende Zerlegung von V_Q sowie $\bar{q}=|\bar{Q}|$
und $\bar{r}=|V_Q|$. Nach Voraussetzung ist dann $\bar{q}<\bar{r}$, also $\bar{d}=\bar{r}-\bar{q}>0$. Um die
Induktionsvoraussetzung auf A mit den Mengen aus $\bar{Q}$ (statt der Z'_i)
anwenden zu können, müssen wir zunächst zeigen, daß $\bar{d}<d'$ gilt.
Aufgrund des Hilfssatzes ist $\sum\limits_{(i,v)\in P}|Z'_{i,v}|-\bar{r}\geq|P|-\bar{q}$.

Für jedes i gilt ferner $\sum\limits_{(i,v)\in P}|Z'_{i,v}|\leq|Z'_i|$.

Wegen der paarweisen Disjunktheit der Z'_i folgt daraus
$\sum\limits_{(i,v)\in P}|Z'_{i,v}|\leq\sum\limits_{1\leq i\leq q'}|Z'_i|=r$.

Insgesamt ergibt sich damit $r-\bar{r}\geq|P|-\bar{q}\geq q'+1-\bar{q}$, woraus wie ge-
wünscht, $r-q'-1\geq\bar{r}-\bar{q}$ folgt.

Nach Induktionsannahme gibt es also ein Wort w' von höchstens
der Länge $s=(n-m-\bar{d}+1)+(n-m-\bar{d}+2)+\ldots+(n-m)$, das für jedes $(A,\bar{Z})$
mit $\bar{Z}$ aus $\bar{Q}$ ein Endidentifizierungsexperiment ist. Wir brauchen
nun nur noch zu zeigen, daß ww' ein Endidentifizierungsexperiment für die (A,Z'_i), $1\leq i\leq q'$, ist, denn dann haben wir ein solches Experiment von höchstens der Länge
$(n-m-d'+1)+s\leq(n-m-d'+1)+(n-m-d'+2)+\ldots+(n-m)$.
Betrachten wir nun also ein beliebiges i, $1\leq i\leq q'$ und zwei beliebige Zustände z,z' aus Z'_i, für die $h_z(ww')=h_{z'}(ww')$ gilt.

Wir müssen dann zeigen, daß $f^*(z,ww')=f^*(z',ww')$ ist. Sei $h_z(w)=v$. Dann ist auch $h_{z'}(w)=v$, und es sind $s=f^*(z,w)$ und $s'=f^*(z',w)$ in $Z^!_{i,v}$. Nach Konstruktion von $\bar{Q}$ gibt es ein $\bar{Z}$ in $\bar{Q}$ mit $Z^!_{i,v}\subseteq\bar{Z}$, und w' ist ein Endidentifizierungsexperiment für $(A,\bar{Z})$. Da aus der Voraussetzung über z und z' auch $h_s(w')=h_{s'}(w')$ folgt, ergibt sich daraus
$$f^*(z,ww')=f^*(s,w')=f^*(s',w')=f^*(z',ww').$$

<u>Folgerung 3.9.10.</u>: Jeder reduzierte MrA mit n Zuständen und m Ausgaben besitzt für jede Teilmenge Z' von $p\geq2$ Zuständen ein Endidentifizierungsexperiment für (A,Z') von höchstens der Länge $(\tilde{p}-1)\cdot(n-m-\frac{1}{2}(\tilde{p}-2))$, wobei $\tilde{p}=\min(p,n-m+1)$ ist. Die Schranke für die Länge ist scharf, wenn die Größe der Eingabemenge X beliebig ist.

<u>Beweis</u>: Die Behauptung ergibt sich unmittelbar aus dem Fall $q=1$ von Satz 3.9.9. zusammen mit dem Beweis von Folgerung 3.9.5., denn für $q=1$ ist $d=p-1$ sowie $d'=\tilde{p}$.

<u>Bemerkung</u>: (i) Man beachte, daß wegen der Folgerungen 3.9.5. und 3.9.10. bei Experimenten zur Endzustandsidentifizierung die adaptiven Experimente nicht generell kürzer als die Vorgabeexperimente sind.

(ii) Für kleine Beispiele ist es, ähnlich wie im Fall der Anfangsidentifizierungsexperimente (vgl. Beispiel 3.9.3.), recht nützlich, sich den sog. <u>E-Diagnosebaum</u> zu konstruieren - vgl. Aufgabe 3.17.

Einige Aussagen zum Problem der Automatenidentifizierungsexperimente enthält Aufgabe 3.18.

Aufgaben

3.1. (Moore) Sei X eine endliche Menge. Man gebe für jedes w aus F(X) einen MrA K(w) mit folgenden Eigenschaften an: K(w) hat zwei Ausgaben, 0 und 1 und einen ausgezeichneten Zustand z_0 (Anfangszustand). Wird ein Wort v, das w nicht als Teilwort enthält ($v \neq swt$) im Zustand z_0 eingegeben, so gibt K(w) stets 0 aus. Wird im Zustand z_0 das Wort w eingegeben, so ist die letzte Ausgabe eine 1. Man kann diesen Automaten als das Modell eines Kombinationsschlosses auffassen.

3.2. (Moore) Man zeige, daß die im Reduktionssatz (Satz 3.3.2.) angegebene Schranke n-m scharf ist, d.h. man gebe für jedes m und n einen MrA $D_{n,m}$ mit n Zuständen und m Ausgaben an, derart daß $D_{n,m}$ mindestens zwei verschiedene nicht äquivalente Zustände besitzt, deren Leistungen für alle die Eingabefolgen übereinstimmen, deren Länge kleiner als n-m ist.

3.3. Man beweise, daß es keinen MrA mit weniger als 4 Zuständen gibt, der die Bedingungen des Unbestimmtheitssatzes von Moore (Satz 3.3.3.) erfüllt. Man zeige ferner, daß man mit drei Zuständen - nicht aber mit weniger - auskommt, wenn man die Bedingung im Satz zu $\bar{h}_z(w) \neq \bar{h}_{z'}(w)$ für alle $z \neq z'$ abschwächt.

3.4. (i) Man konstruiere zu allen bisher in den Abschnitten 3.1. bis 3.3. und in den Aufgaben 3.1. bis 3.3. behandelten MrA'n gleichwertige MlA'n.
(ii) Man beweise das Analogon zu Satz 2.3.2. für MrA'n sowohl direkt (d.h. analog zum Beweis von Satz 2.3.2. nur unter Benutzung von Definition 3.3.1.) als auch durch Anwendung von Satz 3.4.2. auf Satz 2.3.2.).
(Hinweis: Man beachte, daß für $z'=f^*(z,w)$ gilt:
$h_z(w)h_{z'}(v) \neq h_z(wv)=h_z(w)\bar{h}_{z'}(v)$.)

3.5. (Ibarra) Man zeige, daß man in Satz 3.4.3. die Begriffe MlA und MrA nicht vertauschen darf, d.h. daß zwei zu einem MlA gleichwertige MrA'n nicht äquivalent zu sein brauchen. Welche Zusatzbedingung muß erfüllt sein, damit diese Aussage gilt? Man zeige ferner, daß die Methode des Beweises von Satz 3.4.4. es zuläßt, daß man mit ihr zu einem MlA zwei nicht äquivalente gleichwertige MrA'n konstruiert.

Wie muß man den Beweis ändern, damit dieses nicht mehr möglich ist?

3.6. (Bloch, Gluschkow) Sei $A=(Z,X,Y,f,g)$ ein M1A. Man beweise, daß der folgende MrA A' zu A gleichwertig ist:

$A'=(Z',X,Y,f',h)$ mit $Z'=Z\cup Z\times X$

$f'(z,x)=(z,x),f'((z,x),x')=(f(z,x),x')$

$h(z)=y_0,h((z,x))=g(z,x)$

für alle z aus Z, x aus X; dabei sei y_0 ein festes aber beliebiges Element von Y.

Man vergleiche diesen MrA mit den in Satz 3.4.4. konstruierten. Wann hat A' weniger Zustände als dieser?

3.7.[*] (Spivak) Analog zu Definition 3.4.1. nennen wir zwei Zustände eines MrA gleichwertig, wenn die Beschränkungen ihrer Leistungen auf die von den Eingaben erzeugte freie Halbgruppe gleich sind. Ferner sollen zwei MrA'n mit gleicher Eingabemenge X und gleicher Ausgabemenge gleichwertig heißen, wenn ihre Leistungen, beschränkt auf $F^+(X)$, gleich sind. Weiter heiße ein MrA g-reduziert, wenn er keine zwei verschiedenen, aber gleichwertigen Zustände enthält. Ein Zustand z eines MrA A heiße erreichbar, wenn es einen Zustand z' von A und eine Eingabe x aus X so gibt, daß $f(z',x)=z$. Es sei $E(A)$ die Menge der erreichbaren Zustände von A.

Ein MrA A heiße M1-reduziert, wenn keine zwei Zustände aus $E(A)$ äquivalent sind und kein nicht erreichbarer Zustand von A (d.h. kein Zustand aus $Z-E(A)$) zu irgendeinem Zustand von A gleichwertig ist.

Man beweise nun:

   (i) Jeder g-reduzierte MrA ist M1-reduziert, aber nicht umgekehrt. Aber ein M1-reduzierter MrA, der im Sinne von Satz 3.4.4. aus einem "als MrA auffaßbaren" M1A entstanden ist, ist auch g-reduziert.

  (ii) Jeder M1-reduzierte MrA ist reduziert, aber nicht umgekehrt. (Also ist jeder g-reduzierte MrA reduziert, aber nicht umgekehrt). Für MrA'n, in denen jeder Zustand erreichbar ist, sind die Begriffe "M1-reduziert" und "reduziert" gleichbedeutend.

(iii) Zu einem MrA existiert im allgemeinen kein gleichwertiger
g-reduzierter MrA. Will man wie beim Beweis des Reduktionssatzes (Satz 2.3.5. und Satz 3.3.2.) aus den Klassen
gleichwertiger Zustände eines MrA A einen gleichwertigen
Automaten konstruieren, so muß man einen M1A konstruieren;
kein zu A gleichwertiger M1A hat dann weniger Zustände als
dieser.

(iv) Zu jedem MrA A existiert ein gleichwertiger M1-reduzierter
MrA $\tilde{A}$. Dieser ist, abgesehen von den Ausgaben der nicht er-
reichbaren Zustände, bis auf Isomorphie eindeutig bestimmt.
Kein zu A gleichwertiger MrA hat weniger Zustände als $\tilde{A}$.

(v) Ist A' ein M1A und A ein zu A' gleichwertiger MrA, so hat
$\tilde{A}$ minimale Zustandsanzahl unter allen zu A' gleichwertigen
MrA'n.

<u>3.8.</u> Ein MrA A heiße zustandshomomorph reduziert (kurz ZH-redu-
ziert), wenn jeder Zustandshomomorphismus von A auf einen MrA A'
ein Isomorphismus ist. Man beweise, daß es zu jedem MrA einen bis
auf Isomorphie eindeutig bestimmten äquivalenten ZH-reduzierten
MrA gibt, und daß dieser reduziert und minimal ist.

<u>3.9.</u>[*] (Moore) Ein MrA A=(Z,X,Y,f,h) heißt streng zusammenhängend,
wenn zu je zwei Zuständen z,z' ein Wort w aus F(X) mit f(z,w)=z'
existiert.

(i) Man gebe einen reduzierten MrA an, dessen sämtliche Zustände erreichbar sind (d.h. für den f(Z,X)=Z gilt - vgl. Aufgabe 3.7.), der aber nicht streng zusammenhängend ist.

(ii) Sei A ein streng zusammenhängender MrA und A' ein zu A
äquivalenter reduzierter MrA. Man beweise, daß dann auch
A' streng zusammenhängend ist. Ferner zeige man, daß dies
nicht der Fall zu sein braucht, wenn A' nicht reduziert ist.

(iii) Man beweise, daß zwei streng zusammenhängende MrA'n A und
A' schon dann äquivalent sind, wenn ein Zustand z von A
und ein Zustand z' von A' so existieren, daß z und z' äquivalent sind.

(iv) Wie kann man in (iii) die Forderung, daß A und A' streng
zusammenhängend sein müssen, so abschwächen, daß trotzdem

noch aus der Äquivalenz von zwei Zuständen die Äquivalenz der Automaten folgt?

$\underline{3.10.}^{*}$ (Valk) Ein initialer MrA sei ein Sechstupel $A=(Z,X,Y,f,h,I)$, derart, daß $A'=(Z,X,Y,f,h)$ ein MrA und $I\subseteq Z$ ist; die Elemente von I heißen initiale Zustände. Die Leistung eines initialen MrA sei $L_I(A)=\{h_z \mid z\in I\}$, die durch A bestimmte sequentielle Relation (vgl. Aufgabe 2.8.) sei die Menge $T_I(A)=\cup\{graph\ h_z \mid z\in I\}$.

A heiße irredundant, wenn es kein z aus I so gibt, daß für $I'=I-\{z\}$ gilt $T_I(A)=T_{I'}(A)$, d.h. wenn kein z aus I weggelassen werden kann, ohne die sequentielle Relation zu verändern. A heiße reduziert, wenn A' reduziert ist. A heiße initial zusammenhängend, wenn zu jedem z' aus Z ein z aus I und ein w aus F(X) so existieren, daß $f^{*}(z,w)=z'$ ist. A heiße streng zusammenhängend, wenn A' es ist (vgl. Aufgabe 3.9.). Zwei initiale MrA'n A_1 und A_2 seien isomorph, wenn ihre zugrundeliegenden MrA'n A_1' und A_2' isomorph sind und ihre initialen Zustände durch diesen Isomorphismus aufeinander abgebildet werden.

Man zeige nun:

(i) Je zwei reduzierte, initial zusammenhängende initiale MrA'n mit gleicher Leistung sind isomorph.

(ii) Es gibt unendlich viele nichtisomorphe irredundante, initial zusammenhängende und reduzierte initiale MrA'n mit der gleichen sequentiellen Relation.

(iii) Je zwei irredundante, streng zusammenhängende und reduzierte initiale MrA'n mit gleicher sequentieller Relation sind isomorph.

(Hinweis zu (ii): Man konstruiere eine unendliche Folge von initialen MrA'n $A_m=(Z,X,Y,f_m,h_m,I)$ mit $|Z_m|=4m+2$, $X=Y=\{0,1\}$, $I=\{z,z'\}$ und zwei ausgezeichneten Zuständen t, t', derart daß stets gilt: $h_{mt}=\{(w,1\bar{w}) \mid w\in F(X)\}$, wobei $\bar{w}$ aus w durch Vertauschen von 0 und 1 entstehen möge (z.B. $w=011$, $\bar{w}=100$), $h_{mt'}=\{(w,10^{|w|}) \mid w\in F(X)\}$,

$h_{mz}=\{(0^i 1w,0^{i+1}1\bar{w}) \mid i\geq 2m-1, w\in F(X)\} \cup \{(0^{2i}1w,0^{2i+1}1\bar{w} \mid 0\leq i\leq m-1, w\in F(X)\} \cup$
$\cup\{(0^{2i+1}1w,0^{2i+2}10^{|w|} \mid 0\leq i\leq m-2,\ w\in F(X)\}$

$h_{mz'}=\{(0^i 1w,0^{i+1}10^{|w|}) \mid i\geq 2m-1, w\in F(X)\} \cup \{(0^{2i}1w,0^{2i+1}10^{|w|} \mid 0\leq i\leq m-1,$
$\quad w\in F(X)\} \cup \{(0^{2i+1}1w,0^{2i+2}1\bar{w}) \mid 0\leq i\leq m-2,\ w\in F(X)\}.)$

3.11. (Karp) Man zeige: Es gibt keine natürliche Zahl k so, daß sich die Aussage (i) von Satz 3.7.2. durch folgende Aussage ersetzen läßt:
Es gibt eine natürliche Zahl m mit
$$\phi_g(n) > \frac{1}{k}(n-1+|Y|) \quad \text{für alle } n \geq m.$$

3.12.[*] (Even) Sei r eine reelle Zahl zwischen 0 und 1 und $d(r)=0.r_1r_2\ldots$ die Darstellung von r als unendlicher Dualbruch ($r_i \in \{0,1\}$), der genau dann (gemischt) periodisch ist, wenn r rational ist. Sei g_r die folgendermaßen definierte Abbildung
$$g_r : F^+(\{0,1\}) \longrightarrow F(\{0,1\})$$
$\eta_1(g_r(x_1x_2\ldots x_n))=1$ g.d.,w. der Dualbruch $0.x_1x_2\ldots x_n$ nicht größer als r ist.
Man beweise nun: g_r ist genau dann Mr-darstellbar, wenn r eine rationale Zahl ist.

3.13. Sei X ein endliches Alphabet und $Y=\{0,1\}$. Weiter sei für jedes w aus F(X) das Spiegelwort $\tilde{w}$ von w erklärt durch $\tilde{x}=x$ für x aus X, $\widetilde{uv}=\tilde{v}\tilde{u}$ für alle u,v aus F(X). Schließlich sei $g:F^+(X) \longrightarrow F^+(Y)$ wie folgt definiert:
$g(w)=1$ g.d.,w. ein v mit $w=v\tilde{v}$ existiert.
Man beweise: g ist nicht Mr-darstellbar.

3.14. (i) Man beweise (mit vollständiger Induktion), daß ein reduzierter MrA stets ein adaptives diagnostisches Mehrfachexperiment zur Anfangszustandsidentifizierung besitzt, wobei weniger Kopien benötigt werden als der MrA Zustände besitzt (vgl. Feststellung 3.8.2.(v)).
(ii) Man beweise unter Benutzung von (i), daß ein reduzierter MrA mit n Zuständen stets ein diagnostisches Mehrfach-Vorgabe-experiment zur Anfangszustandsbestimmung besitzt, für das $\frac{1}{2}n(n-1)$ Kopien benötigt werden. (Man beachte Feststellung 3.8.2.(vi)).

3.15. (i) Man programmiere das in Satz 3.9.2. angegebene Verfahren und prüfe für nicht zu große MrA'n, ob die angegebene Schranke für die Experimentlängen scharf ist.
(ii) Man zeige, daß im Falle $Z'=Z$ nur höchstens n! lange Eingabefolgen betrachtet zu werden brauchen.

__3.16.__ (Moore) Man bestimme die Länge des kürzesten Endidentifizierungsexperiments für (A_n, Z_n), n aus $\mathbb{N}$, mit
$A_n = (Z_n, \{0,1\}, \{0,1\}, f_n, h_n)$, $Z_n = \{z_1, \ldots, z_{2n+1}\}$,

$f_n(z_1, 0) = z_{n+2}$, $f_n(z_1, 1) = z_{n+1}$

$f_n(z_i, 0) = z_{i+1}$ für $i = 2, \ldots, 2n$

$f_n(z_{2n+1}, 0) = z_2$, $f_n(z_{2n+1}, 1) = z_1$

$f_n(z_i, 1) = z_i$ für $i = 2, \ldots, n+1$

$f_n(z_{n+j}, 1) = z_j$ für $j = 2, \ldots, n$

$h_n(z_1) = 1$, $h_n(z_i) = 0$ für $i = 2, \ldots, 2n+1$.

__3.17.__ Aus dem Beweis von Satz 3.9.9. leite man die Definition
des E-Diagnosebaums (in Analogie zum A-Diagnosebaum aus der Bemerkung nach Satz 3.9.2. und aus Beispiel 3.9.3.) her und konstruiere die E-Diagnosebäume für die Automaten, die in den Figuren 3.2.1., 3.3.1 und 3.5.2. dargestellt sind, wobei immer
(in der Bezeichnungsweise von Satz 3.9.9.) $q = 1$ und $Z_1 = Z$ sei.

__3.18.__[*] (Moore, Starke) Seien A und A' MrA'n mit gleicher Eingabemenge X. Für w aus $F(X)$ sei $h_A(w) = \{h_z(w) \mid z \in Z\}$.
A und A' heißen unterscheidbar, wenn ein w in $F(X)$ so existiert,
daß $h_A(w) \neq h'_A(w)$ ist.
A und A' heißen stark unterscheidbar, wenn ein w in $F(X)$ so
existiert, daß $h_A(w) \cap h'_{A'}(w) = \emptyset$ ist.
(i) Man gebe zwei MrA'n an, die nicht unterscheidbar, aber
trotzdem nicht äquivalent sind.
(ii) Man gebe zwei unterscheidbare MrA'n an, die nicht stark
unterscheidbar sind.
(iii) Man beweise, daß zwei streng zusammenhängende MrA'n äquivalent sind, wenn sie nicht unterscheidbar sind. (Hinweis: Man
beachte Aufgabe 3.9.)
(iv) Sei $M = \{A_1, \ldots, A_n\}$ eine endliche Menge von MrA'n mit der
gleichen Eingabemenge X. Ein Wort w aus $F(X)$ heiße Identifizierungsexperiment für M, wenn es eine Abbildung
$\alpha_w : h_{A_1}(w) \cup \ldots \cup h_{A_n}(w) \longrightarrow \{1, \ldots, n\}$
so gibt, daß $\alpha_w(v) = i$ für jedes i aus $\{1, \ldots, n\}$ und jedes v aus
$h_{A_i}(w)$ gilt.

Man beweise nun, daß genau dann ein Identifizierungsexperiment
für M existiert, wenn die MrA'n A_i aus M paarweise stark unterscheidbar sind.

<u>3.19</u>. (i) Man übertrage möglichst viele Sätze und Aufgaben
über M1A'n aus 2. auf MrA'n, wie das mit dem Reduktionssatz bereits geschehen ist. Insbesondere übertrage man Satz 2.2.3. und
die Aufgaben 2.1. bis 2.4., 2.6. bis 2.10.
(ii) Man übertrage möglichst viele Sätze und Aufgaben über
MrA'n aus Kapitel 3 auf M1A'n, insbesondere die Sätze 3.3.3.
und 3.6.4. (vgl. Aufgabe 2.6.) und die Aufgaben 3.1., 3.3.,
3.8. bis 3.10.

Literaturhinweise und historische Bemerkungen

Das hier angegebene Modell eines endlichen Automaten stammt von
Moore (1956) In Moores (übrigens sehr zum Lesen empfohlenen) Arbeit stehen im wesentlichen auch schon die Sätze 3.3.2, 3.3.3.
und 3.6.4. sowie die Aufgaben 3.1., 3.2. und 3.9.; ferner geht
die Theorie der Experimente auf diese Arbeit von Moore zurück,
insbesondere stehen der Spezialfall p=n, m=2 der Folgerung
3.9.5., Aufgabe 3.16., sowie die Teile (i) und (iii) der Aufgabe 3.18. schon dort.
Beispiel 3.1.1. stammt aus dem Bereich der Syntaxanalyse bei
Programmiersprachen; dazu vergleiche man etwa Schneider (1975).

Die Gleichwertigkeit von MrA'n und M1A'n wurde zuerst von
Cadden (1959), Bloch (1960) und Gill (1960) untersucht; man
vergleiche hierzu insbesondere auch Gluschkow (1961) (zitiert
in Kapitel 2) - auch für Aufgabe 3.6. - und Ibarra (1967) -
auch für Aufgabe 3.5. - sowie, im Hinblick auf Aufgabe 3.7.,
Spivak (1967).
Eingabeunabhängige M1A'n wurden vor allem vor 1962 untersucht
(z.B. in Ginsburg (1961) und Hibbard (1961); dort auch weitere
Literaturangaben) - in diesen Arbeiten wird jedoch noch angenommen, daß eingabeunabhängige M1A'n den MrA'n entsprechen
(vgl. dazu das in Kapitel 2 zitierte Buch Ginsburg (1962),
Seite 42). In Ginsburg (1961) werden unvollständige M1A'n behandelt (vgl. Kapitel 4); in diesem Zusammenhang vgl. Barnes
und Fitzgerald (1967).
Zu Beispiel 3.5.1. siehe Depeyrot, Marmorat, Mondelli (1971).
Homomorphismen von Automaten wurden zuerst von Ginsburg (1960)
und Gluschkow (1961) (beide zitiert in Kapitel 2) eingeführt;
in beiden Arbeiten wird Satz 3.6.4. beweisen.
Aufgabe 3.10. ist ein Ergebnis von Valk (1976).
Der Inhalt von Abschnitt 3.7. sowie Aufgabe 3.11. stehen im
wesentlichen bei Karp (1967).
Zu Aufgabe 3.12. vergleiche man Even (1964).
Zu den Feststellungen in Abschnitt 3.8. vergleiche man neben
Moore (1956) und der im folgenden zu Abschnitt 3.9. angegebenen

Literatur vor allem das in Kapitel 2 zitierte Buch von Starke (1969), auf das auch die Definitionen 3.9.1. und 3.9.7. im wesentlichen zurückgehen. Außer in Moores Arbeit werden jedoch immer nur M1A'n behandelt.

Satz 3.9.2. stammt von Gill (1961) - vgl. auch das in Kapitel 2 zitierte Buch von Gill (1962).

Die Sätze 3.9.4. und 3.9.8., Hilfssatz 3.9.7. und die Folgerungen 3.9.5. und 3.9.10. stehen im wesentlichen bei Hibbard (1961) - vgl. auch Ginsburg (1962) (zitiert in Kapitel 2) und Conway (1971).

Aufgabe 3.18.(iv) beruht auf Starke (1967) - vgl. auch Starke (1969) - zitiert in Kapitel 2.

Literatur zu 3.

B.H.Barnes, J.M.Fitzgerald: Minimal experiments for input-independent machines, J.Assoc.Comput.Mach. 14 (1967) 683-686.

A.S.Bloch: Über Probleme, die mit sequentiellen Maschinen gelöst werden, Probleme der Kybernetik 3, Akademie-Verlag, Berlin 1963, 93-100 (Übersetzung aus dem Russischen, Original 1960).

W.J.Cadden: Equivalent sequential circuits, IRE Trans. on Circuit Theory, CT-6 (1959) 30-34.

J.H.Conway: Regular Algebra and Finite Machines, Chapman and Hall, London 1971.

M.Depeyrot, J.P.Marmorat, J.Mondelli: An automaton-theoretic approach to the fast Fourier transform; in J.Fox (eds.), Computers and Automata, Microwave Research Inst.Symposia Series 21, Polytechnic Press of the Polytechnic Inst.of Brooklyn, N.Y., 1971, 359-377.

S.Even: Rational numbers and regular events, IEEE Trans. on Electronic Computers EC-13 (1964) 740-741.

A.Gill: Comparison of finite-state Models, IRE Trans. on Circuit Theory CT-7 (1960) 178-179.

A.Gill: State identification experiments in finite automata, Inf. and Control 4 (1961) 132-154.

S.Ginsburg: Compatibility of states in input-independent machines, J.Assoc.Comput.Mach. 8 (1961) 400-403.

T.N.Hibbard: Least upper bounds on minimal terminal state experiments for two classes of sequential machines, J.Assoc. Comput.Mach. 8 (1961) 601-612.

O.H.Ibarra: On the equivalence of finite-state sequential machine models, IEEE Trans. on Electronic Computers EC-16 (1967) 88-90.

E.F.Moore: Gedanken-Experiments on sequential machines;
in C.E.Shannon, J.McCarthy, Automata Studies, Ann.Math.
Studies 34, Princeton University Press, Princeton 1956,
129-153, Deutsche Übersetzung in: C.E.Shannon, J.McCarthy,
Studien zur Theorie der Automaten, Rogner und Bernhard,
München 1974, 151-179.

H.-J.Schneider: Compiler - Aufbau und Arbeitsweise,
W. de Gruyter, Berlin 1975.

M.A.Spivak: Minimization of a Moore automaton, Cybernetics
3 (1967) 4-5.

P.Starke: Über Experimente an Automaten, Zeitschrift f.Mathem.
Logik u.Grundlagen der Mathem. 13 (1967) 67-80.

R.Valk: Minimal machines with several initial states are not
unique, Inf. and Control 31 (1976) 193-196.

4. Der unvollständige Mealy-Automat (UM1A)

4.1. Einführende Beispiele

In der Praxis, insbesondere wenn die Eingaben für einen Automaten von einer Maschine (speziell einem anderen Automaten) erzeugt werden, treten oft gewisse Eingabekombinationen gar nicht
auf, d.h. in gewissen Zuständen des Automaten oder grundsätzlich werden gewisse Eingaben nicht vorkommen. Oft sind auch die
Ausgaben des Automaten nicht immer wichtig; man braucht sie etwa nur zu bestimmten Zeitpunkten oder nur in gewissen Zuständen.
Also ist es sinnvoll, Automatenmodelle zu betrachten, in denen
es erlaubt ist, gewisse Zustandsübergänge oder gewisse Ausgaben
nicht anzugeben.

Da nach Abschnitt 3.4. M1A'n und MrA'n gleichwertig sind, wollen
wir uns in diesem Kapitel auf das Modell des Mealy-Automaten beschränken.

Ein Addierer mit einer Eingabeleitung

Beispiel 4.1.1.: Gesucht ist ein Automat zur Addition von Dualzahlen, der, nicht wie die Serienaddierer in den beiden vorigen
Kapiteln, zwei Eingabeleitungen hat, sondern nur eine Eingabeleitung besitzt, so daß die Ziffern der Summanden nicht parallel
sondern nur abwechselnd nacheinander eingegeben werden können.
Wir suchen also einen M1A $A=(Z,X,Y,f,g)$ mit folgenden Eigenschaften:

  (i) $X=Y=\{0,1\}$

 (ii)   A besitzt einen ausgezeichneten Zustand s (Startzustand).

(iii)   Sei $w=a_1b_1a_2b_2\ldots a_kb_k$ eine Eingabefolge der Länge 2k
       (k aus $\mathbb{N}, a_ib_i$ aus X für $i=1,\ldots,k$), und sei
       $g_s(w)=d_1c_1d_2c_2\ldots d_kc_k.$
       Dann sei die Dualzahl $c=c_kc_{k-1}\ldots c_1$ die Summe modulo 2^k
       der Dualzahlen $a=a_ka_{k-1}\ldots a_1$ und $b=b_kb_{k-1}\ldots b_1$, d.h. c_i
       sei die i-te Ziffer (von rechts) der Summe von a und b.

 (iv)   A habe minimale Zustandsanzahl, d.h. kein M1A mit den
       Eigenschaften (i) - (iii) habe weniger Zustände als A.

Offenbar ist nur jedes zweite Ausgabezeichen wichtig, d.h. die Zeichen d_i können bei der Konstruktion des Automaten unberücksichtigt bleiben (sie werden manchmal "don't-care symbols" genannt).

Als erstes wollen wir einen M1A A konstruieren, der nur die Forderungen (i) - (iii) erfüllt.

Es liegt nahe, die folgenden 5 Zustände zu wählen:

z_0=s: Wird höchstens eingenommen nach Eingabe einer geraden Anzahl von Zeichen, und zwar nach Eingabe eines b_i und Ausgabe von c_i, wenn bei der Berechnung von c_i kein Übertrag entstand.

z_1 : Wird höchstens eingenommen nach Eingabe einer ungeraden Anzahl von Zeichen und zwar nach Eingabe eines a_i, wenn bei der Berechnung von c_i kein Übertrag entstehen kann und c_i=b_i wird.

z_2 : Wird eingenommen nach Eingabe eines b_i, wenn bei der Berechnung von c_i ein Übertrag entsteht.

z_3 : Wird eingenommen nach Eingabe eines a_i, wenn bei der Berechnung von c_i ein Übertrag entstehen wird und c_i=b_i wird.

z_4 : Wird eingenommen nach Eingabe eines a_i, wenn c_i=$\bar{b}_i$ wird, wobei $\bar{0}$=1 und $\bar{1}$=0 sei.

Dann hat A folgenden Graphen - die unwichtigen Ausgaben sind nur durch einen Gedankenstrich angedeutet, d.h. A wird nur unvollständig spezifiziert; erst durch Ersetzen der Gedankenstriche durch 0 oder 1 erhält man einen vollständigen M1A (und zwar offenbar mehrere verschiedene, die (i) - (iii) erfüllen).

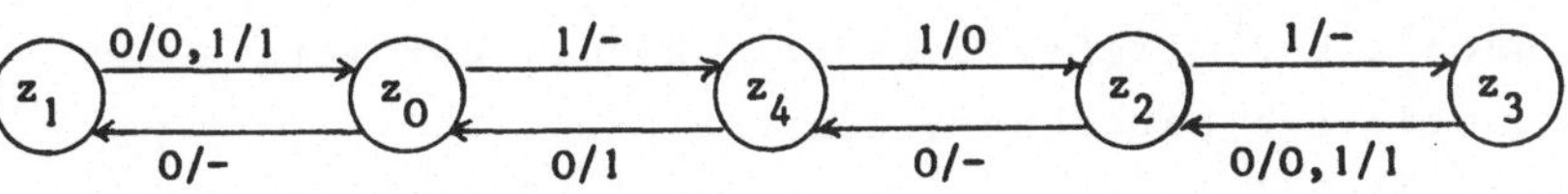

Figur 4.1.1.: Unvollständig spezifizierter Serienaddierer A
mit sequentieller Zifferneingabe

Am Zustand, den A nach Eingabe einer Folge der Länge 2k ein-
nimmt, kann man feststellen, ob die Ausgabefolge die Summe a+b
exakt darstellt oder nicht: Ist z_0 der letzte Zustand, so sind
die c_i die Ziffern von a+b, ist dagegen z_2 der letzte Zustand,
so stellt die Ausgabe nur $a+b-2^k$ dar.

Man sieht leicht, daß A zu einem reduzierten M1A wird, unabhängig davon, wie man die Gedankenstriche durch 0 oder 1 ersetzt – z.B. zeigt die Eingabefolge 010, daß z_0 und z_1 nicht
äquivalent sein können (gleichgültig ob beim Übergang von z_0
nach z_4 eine 0 oder eine 1 als Ausgabe gewählt wird); da z.B.
ferner die Eingabe 00 die Zustandspaare z_0,z_4 und z_2,z_4 und die
Eingabe 000 die Zustandspaare z_0,z_3 und z_2,z_3 in das Paar z_0,z_1
überführt, folgt aus der Nichtäquivalenz von z_0 und z_1 auch die
Nichtäquivalenz der Zustände in den genannten Paaren. Den Rest
zeigt man analog.

Trotzdem gibt es einen M1A A', der in Bezug auf unsere Fragestellung dasselbe leistet wie A, d.h. der (i) – (iii) erfüllt,
und außerdem weniger Zustände als A besitzt:

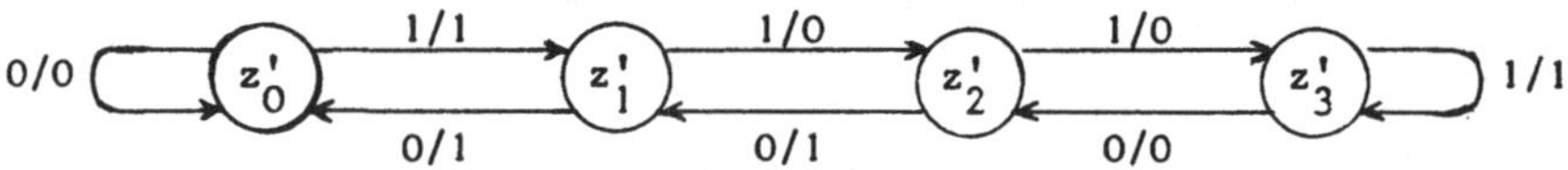

Figur 4.1.2.: Minimaler Serienaddierer A' mit sequentieller
             Zifferneingabe

A' besitzt zwei Zustände, die als Startzustand im Sinne der
Forderung (ii) dienen können: z_0' und z_1'.
Auch bei A' kann man nach Verarbeitung einer Eingabefolge der
Länge 2k anhand des letzten Zustandes feststellen, ob die Ausgabe a+b oder $a+b-2^k$ liefert: Ist z_0' oder z_1' der letzte Zustand, so wurde a+b berechnet, sonst $a+b-2^k$.
Man beachte, daß A' zu keiner der Vervollständigungen von A
(die durch Ersetzen der Gedankenstriche durch 0 oder 1 entstehen) äquivalent ist (im Sinne von Definition 2.3.1.); denn
sonst wären diese Vervollständigungen von A nicht reduziert

(wegen des Analogons von Satz 3.6.4. für M1A'n - vgl. Aufgabe 3.19.).

Daß A' minimal ist, d.h. die Forderung (iv) erfüllt, zeigen wir, indem wir nachweisen, daß ein beliebiger M1A $B=(Z,X,Y,f,g)$, der (i) - (iii) genügt, mindestens 4 verschiedene Zustände besitzen muß. Sei z_0 ein Startzustand von B im Sinne von (i). Wir wissen, wie B auf die Eingabe von Binärfolgen im Zustand z_0 zu reagieren hat: Die Eingabefolge 1111 (bzw. 0111, bzw. 0110) muß eine Ausgabefolge der Form -0-1 (bzw. -1-0, bzw. -1-1) erzeugen, wobei das Zeichen "-" andeuten soll, daß an seiner Stelle 0 oder 1 stehen darf.

Sei nun $z_{i+1}=f(z_i,1)$ für $i=0,1,2$. Dann ist $g(z_1,1)=0$ und $g(z_3,1)=1$, d.h. $z_1 \neq z_3$. Wäre $z_0=z_2$, so wäre $z_1=f(z_0,1)=$ $=f(z_2,1)=z_3$, und aus $z_1=z_2$ folgte $z_1=z_2=f(z_1,1)=f(z_2,1)=z_3$. Also ist $z_0 \neq z_2 \neq z_1$. Analog folgt $z_0 \neq z_1$, d.h. B hat mindestens die drei verschiedenen Zustände z_0, z_1, z_2.

Sei jetzt $z_4=f(z_0,0)$. Dann ist $g(z_4,1)=1$, d.h. $z_4 \neq z_1$. Nehmen wir an, es wäre $z_4=z_2$, also $g(z_2,1)=1$. Wäre nun auch noch $z_3=z_2$, so müßte $z_3=f(z_2,1)=f(z_3,1)$ sein, so daß die Eingabefolge 0111 die Zustandsfolge $z_0,z_4=z_2,z_3,z_3$ erzeugte und also $g(z_3,1)=0$ nötig wäre, was im Widerspruch zu obigem steht. Ebenso kann nicht $z_3=z_0$ gelten, weil sonst die Eingabefolge 0110 die Zustandsfolge z_0,z_2,z_0,z_2 erzeugte und $g(z_2,0)=1$ erzwänge, während die Eingabefolge 00 im Widerspruch dazu $g(z_2,0)=$ $=g(z_4,0)=0$ zur Konsequenz hätte. Insgesamt sind also die Zustände z_0,z_1,z_2,z_3 sämtlich verschieden, wenn $z_4=z_2$ ist. Nehmen wir nun $z_4=z_0$ an. Die Eingabefolgen 00 und 0111 zeigen, daß dann $g(z_0,0)=0=g(z_2,1)$ sein muß, so daß z_3 nicht nur von z_1 sondern auch von z_2 verschieden sein muß. Ferner muß $z_3 \neq z_0$ sein, weil sonst die Eingabefolge 111001 die falsche Ausgabe 100001 liefern würde. Also sind wieder z_0,z_1,z_2,z_3 paarweise verschieden.

Als letzte Möglichkeit bleibt, daß z_4 von z_0,z_1 und z_2 verschieden ist. Also muß B in allen Fällen mindestens 4 verschiedene Zustände besitzen.

Ein Syntaxanalysator

__Beispiel 4.1.2.__: Gesucht ist ein Automat zur Durchführung
eines Analyseverfahrens, mit dessen Hilfe man von einem Wort
w aus $F(\{a,b\})$ feststellen kann, ob es die Form $a^i b^j$ mit
$j>i\geq0$ hat.
Zu diesem Zweck erzeugen wir die Wortmenge $M=\{a^i b^j \mid j>i\geq0,$
$i,j\in\mathbb{N}_o\}$ mit Hilfe der folgenden metalinguistischen "Formeln"
der (als bekannt vorausgesetzten - vgl. Einleitung zu Abschnitt
3.1.) Backus-Naur-Form.

1. <Wort>::= <Linkswort><Rechtswort>
2. <Linkswort>::=Λ
3. <Linkswort>::=a<Linkswort>b
4. <Rechtswort>::=b
5. <Rechtswort>::=<Rechtswort>b

Zum Beispiel erhalten wir dann die Worte b und aabbbb wie folgt
<Wort>::=<Linkswort><Rechtswort>::=<Linkswort>b::=b
<Wort>::=<Linkswort><Rechtswort>::=<Linkswort><Rechtswort>b::=

    ::=<Linkswort>bb::=a<Linkswort>bbb::=

    ::= aa<Linkswort>bbbb::=aabbbb.

Man sieht sofort, daß man jedes Wort auf M auf eindeutige Weise
erhält, wenn man die Formel 1 so auswertet, daß man jeweils die
äußerste rechte metalinguistische Variable gemäß einer der Formeln 2 bis 5 ersetzt, d.h. zu jedem w aus M gibt es genau eine
Rechtsauswertung von Formel 1 (im Sinne von Beispiel 3.1.1.),
die dieses Wort liefert. Offensichtlich liefert jede Rechtsauswertung von 1 auch ein Wort aus M. Um festzustellen, ob ein beliebig vorgegebenes Wort w über {a,b} zu M gehört, wird man also
versuchen, eine w liefernde Rechtsauswertung von Formel 1 in umgekehrter Reihenfolge aufzubauen.
Der Einfachheit halber führen wir folgende Abkürzungen für die
metalinguistischen Variablen ein:
W für <Wort>
L für <Linkswort>
R für <Rechtswort>
Unser Problem läßt sich jetzt so formulieren: Gesucht ist ein

Automat A, der folgendes tut. Wird ihm ein Wort v aus
F({a,b,W,L,R}) vorgelegt, wobei das rechte Ende von v durch
das Sonderzeichen & markiert sei, d.h. wird v& eingegeben, so
soll der Automat v von links nach rechts buchstabenweise lesen
und feststellen, ob es im Laufe eines Rechtsauswertungsprozes-
ses aus einem anderen Wort v' entstanden sein kann; und wenn
das der Fall ist, soll A die Nummer der Formel angeben, deren
Anwendung v aus v' erzeugt. Andernfalls soll A ein Fehlerzeichen
(f) ausgeben. Wird W eingegeben, so soll A eine 0 ausgeben. D.h.
A muß das (von links gesehen) erste Vorkommen eines der folgenden Schlüsselwörter feststellen: b, Lb, ab, aLb, Rb, LR&, W.
Das Analyseverfahren läuft dann so:
Das zu untersuchende Wort w& wird A eingegeben. Gibt A die Zahl
i, $1 \leq i \leq 5$, aus, so hat man direkt links von (im Falle der Formeln 1. und 2.) oder genau an (bei den Formeln 3.,4.,5.) der
Stelle des Wortes an der sich A gerade befindet, die Formel i
in umgekehrter Richtung anzuwenden und A das neu entstandene
Wort anstelle des alten einzugeben. Dies Verfahren setzt man solange fort, bis entweder die Ausgabe f (dann ist w nicht aus M)
oder 0 (dann ist w aus M) erscheint.
Ist etwa w=aabbbb, so muß A das Anfangsstück aab lesen, um feststellen zu können, daß links vom ersten b die Formel 2 in umgekehrter Richtung angewendet werden kann, was w'=aaLbbbb liefert.

Um sicherzustellen, daß nach Ausgabe einer Formelnummer immer
ein neues (geändertes) Wort eingegeben wird, habe A einen Ruhe-
zustand r, in den er nach einer Ausgabe stets gehen möge und
von dem aus man in den Startzustand nur durch eine besondere
Eingabe (Zeichen "+") komme.
Die weiteren Zustände von A sind dann (v& sei das jeweilige
Eingabewort):
z_0: Startzustand.
   Ist v=W, so ist 0 auszugeben.
   Beginnt v mit b, so muß v mit Hilfe von Formel 2 aus Lv
   entstanden sein, d.h. 2 ist auszugeben.
   Ist v=Λ, so kann das zu analysierende Wort w nicht in M
   liegen: Ausgabe f.
z_1: v beginnt mit mindestens einem a. Es muß das erste b bzw.
   das erste L gesucht werden.

Ist $v=a^i bu$, so kann es aus $v'=a^i Lbu$ entstanden sein, d.h.
2 ist auszugeben.

Ist $v=a^i$, so ist w nicht aus M: Ausgabe f.

z_2: Es ist $v=a^i Lu$. Dann muß $v=a^i Lbu'$ sein, damit v aus
$v'=a^{i-1} Lu'$ mit Hilfe der Formel 3 entstanden sein kann.

z_3: Es muß $v=Lbu$ sein, damit v durch Anwendung einer Formel
(nämlich 4) aus $v'=LRu$ entstanden sein kann.

z_4: $v=LRu$. Beginnt u mit b, so ist v durch Anwendung der Formel 5 entstanden; ist $u=\Lambda$, d.h. $v\&=LR\&$, so ist 1 auszugeben.

Offenbar brauchen wir nicht für jeden Zustand und jedes Eingabezeichen anzugeben, wie A zu reagieren hat, da gewisse Kombinationen bei richtiger Verwendung von A nie auftreten. Erscheint
in einem Zustand eine nicht angegebene Eingabe, so liegt ein
Fehler vor; um A zu vervollständigen, kann man hier ein Fehlerzeichen f ausgeben lassen und nach r gehen.

Man beachte aber, daß bei gewissen Eingaben (z.B. bei R) keine
Ausgabe erfolgen darf - es sei denn, ein ganz neues Zeichen. Man
kann also A nicht wie in Beispiel 4.1.1. vervollständigen.

A hat dann folgenden Graphen, in dem nur die interessanten Ein-
und Ausgaben eingezeichnet sind:

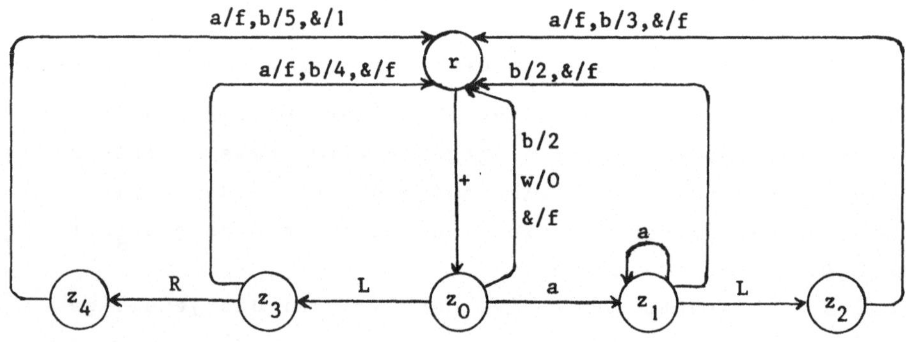

Figur 4.1.3.: Graph des Analyseautomaten A

Ein Decodierer

Beispiel 4.1.3.: Gesucht ist ein Decodierer für folgende Codierung:

$h(a)=0$ $h(c)=2$ $h(e)=121$

$h(b)=11$ $h(d)=10$

Sind B und C zwei Alphabete, so ist bekanntlich eine Codierung
h ein injektiver Homomorphismus $h:F^+(B)\rightarrow F^+(C)$ (d.h. eine Abbildung mit: $h(u)=h(v)$ g.d.,w. $u=v$ und $h(uv)=h(u)h(v)$ für alle
u und v aus $F^+(B)$ - aufgrund der letzten Eigenschaft genügt es
stets, h nur auf B zu definieren). Der gesuchte Automat soll
also für jedes Wort w aus $F^+(\{0,1,2\})$ das Urbild $h^{-1}(w)$ berechnen (und ohne Verzögerung ausgeben).
Zur Konstruktion von A zeichne man zuerst den Codebaum für h:

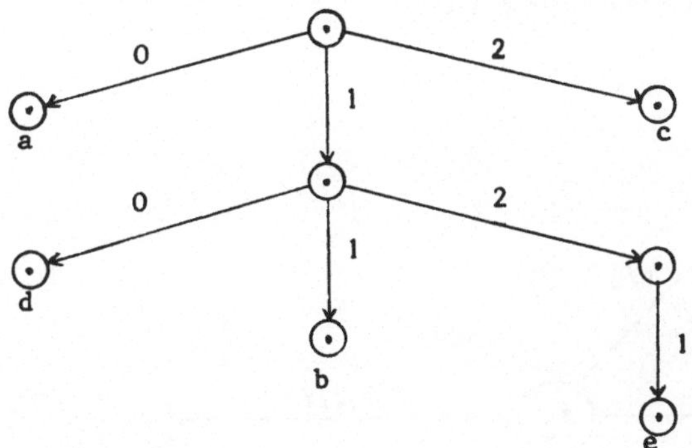

Figur 4.1.4.: Codebaum für h

Diesen Graphen wandelt man in den Graphen für A um, indem man
die zu den Blättern (die mit a,b,c,d,e bezeichneten Ecken) führenden Pfeile zur Wurzel zurückbiegt und die Bezeichnungen der
Blätter als Ausgabesymbole aufführt.
Man erhält dann folgenden Graphen für A:

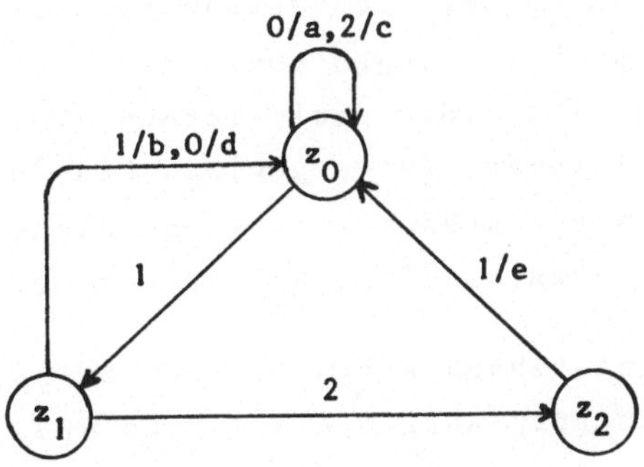

Figur 4.1.5.: Graph eines Decodierers

Man beachte, daß eine Vervollständigung von A nicht so wie in
den Beispielen 4.1.1. oder 4.1.2. vorgenommen werden darf, da
einerseits bei den Übergängen von z_0 nach z_1 und von z_1 nach z_2
nichts (oder höchstens ein neues Zeichen n) ausgegeben werden
darf und andererseits die Eingabe von 0 oder 2 in z_2 nicht zu
einem Übergang nach z_0 führen darf. (Wenn man angeben will,
was in diesem Fall geschehen soll, muß man einen neuen Zustand
z_3 einführen, in den A dann übergehen - und dort bleiben - muß,
bei Ausgabe einer Fehlermeldung f).

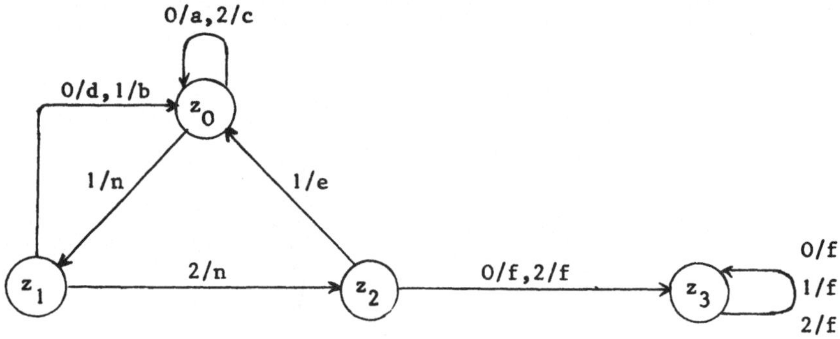

Figur 4.1.6.: Vervollständigung des Decodierers

<u>Bemerkung</u>: Will man MrA'n oder M1A'n technisch realisieren, so
hat man i.a. nur die Ein- und Ausgabe 0 und 1 und Speicherme-
dien (z.B. Flip-Flops) mit nur 2 verschiedenen Zuständen
(0 und 1) zur Verfügung. Man muß dann Eingaben, Ausgaben und
Zustände durch k-Tupel, m-Tupel bzw. n-Tupel von Nullen und
Einsen darstellen, wobei am besten $2^{k-1}<|X|\leq 2^k$, $2^{m-1}<|Y|\leq 2^m$
und $2^{n-1}<|Z|\leq 2^n$ sei. Da dann in der technischen Realisierung
die k Eingabe- und die m Ausgabeleitungen sowie die n Speicher
alle vorhanden sein müssen, ist diese Realisierung i.a. praktisch ein unvollständiger Automat, da ja gewisse Ein- und Ausgabekombinationen und gewisse Zustände i.a. (wenn nicht
$|X|$, $|Y|$ und $|Z|$ Zweierpotenzen sind) nicht auftreten.

Zur Vertiefung und Ergänzung behandle man die den Beispielen
4.1.1. bis 4.1.3. entsprechenden Aufgaben 4.1. bis 4.3. sowie
Aufgabe 4.4. - eine wichtige Ergänzung von Aufgabe 4.3. ist
Aufgabe 4.5.

4.2. Definition, verschiedene Leistungs- und Äquivalenzbegriffe, Verträglichkeit

Um die in 4.1. angedeuteten Probleme behandeln zu können, soll
der Begriff des unvollständig spezifizierten Automaten (meist
abkürzend unvollständiger Automat genannt) und, was man unter
seinem Verhalten versteht, definiert werden.

Definition des UM1A und des Teilautomaten

Ist h eine partielle (d.h. nicht überall definierte) Abbildung
der Menge U in die Menge V, so sagt man auch, h sei eine Abbildung aus U in V und schreibt h: (U)--→V.
$D(h)$ oder kürzer D_h bezeichne den Definitionsbereich von h.

Definition 4.2.1.: Ein unvollständiger M1A (kurz UM1A) ist ein
Quintupel A=(Z,X,Y,f,g), wobei Z,X,Y, wie in Definition 2.2.1.
endliche Mengen (Zustands-, Eingabe- und Ausgabemenge) und f
und g partielle Abbildungen aus Z×X in Z bzw. Y mit
$pr_1(graph\ f) \cup pr_3(graph\ f) \cup pr_1(graph\ g)=Z$,
$pr_2(graph\ f) \cup pr_2(graph\ g)=X$ und $pr_3(graph\ g)=Y$ sind. Wie bei
M1A'n heißt f Überführungs- oder Transitionsabbildung und g
Ausgabebildung.
Die Bedingungen für die Graphen von f und g sollen garantieren,
daß keine überflüssigen Zustände, Eingaben oder Ausgaben auftreten.

Folgerung 4.2.2.: Jeder M1A (im Sinne von Definition 2.2.1.)
ist auch ein UM1A (im Sinne von Definition 4.2.1.) und jeder
UM1A, dessen Transitions- und Ausgabeabbildungen totale Abbildungen sind, ist ein M1A.
M1A'n werden wegen Folgerung 4.2.2. zur Unterscheidung von
echt unvollständigen M1A'n, wenn nötig, als vollständige UM1A'n
bezeichnet.

Bemerkung: I.a. können bei einem UM1A D_f und D_g verschieden
sein. Ist (z,x) aus D_f, aber nicht aus D_g, so bedeutet das, daß
die Eingabe x zwar z in einen anderen Zustand überführt, aber
daß dabei keine Ausgabe erfolgt oder keine spezielle Ausgabe
gefordert ist, d.h. die Ausgabe beliebig sein kann.

Ist andererseits (z,x) nicht aus D_f, aber aus D_g, so definiert
die Eingabe von x im Zustand z zwar keinen Zustandsübergang
aber eine Ausgabe.

<u>Beispiel 4.2.3.</u>: Der Automat A aus Beispiel 4.1.1. ist nach
Definition 4.2.1. wie folgt beschrieben:
$A=(\{z_0\ z_1,z_2,z_3,z_4\},\{0,1\},\{0,1\},f,g)$ mit

$D_f=\{z_0,z_1,\ldots,z_4\}\times\{0,1\}$,

$D_g=\{z_1,z_3,z_4\}\times\{0,1\}$

und f,g sind gegeben durch folgende Tabelle, in der nichtdefi-
nierte Ausgaben wieder durch Gedankenstriche angedeutet sind.

	z_0	z_1	z_2	z_3	z_4
0	$z_1\vert-$	$z_0\vert0$	$z_4\vert-$	$z_2\vert0$	$z_0\vert1$
1	$z_4\vert-$	$z_0\vert1$	$z_3\vert-$	$z_2\vert1$	$z_2\vert0$

Figur 4.2.1.: Tabelle des Serienaddierers A aus 4.1.

<u>Bemerkung</u>: Aus den Beispielen 4.1.1. - 4.2.3. ergibt sich, wie
UM1A'n durch Graphen bzw. Tabellen dargestellt werden. Analog
dazu lassen sich auch wie bei M1A'n die sogenannten Übergangs/
Ausgabe-Matrizen zur Darstellung verwenden.

Die Beispiele legen folgende Konstruktion nahe:

<u>Hilfssatz 4.2.4.</u>: Zu jedem UM1A $A=(Z,X,Y,f,g)$ gibt es einen
UM1A $A'=(Z',X,Y,f',g')$ mit
  (i) $D_g=D_{g'}\subseteq D_{f'}$
(ii) $Z'=Z\cup z',\ z'\notin Z,\ f'/Z=f,\ g'/Z=g$.

<u>Beweis</u>: Man setzt $f'(z,x)=z'$ für alle (z,x) aus D_g-D_f.

<u>Bemerkung</u>: (i) Bedingung (i) des Hilfssatzes läßt sich zu
$D_{f'}=Z'\times X$ verschärfen - man setze einfach $f'(z,x)=z'$ für alle
(z,x) aus $Z'\times X-D_f$.
(ii) Dagegen ist es nicht immer sinnvoll, D_g etwa durch Hinzunahme einer neuen Ausgabe, zu vergrößern, wie Beispiel 4.1.1.
zeigt.

Die Konstruktion des Hilfssatzes gibt Anlaß zu

<u>Definition 4.2.5.</u>: Sei A wie in Definition 4.2.1. gegeben. $A'=(Z',X,Y',f',g')$ heißt <u>Teilautomat</u> von A, wenn $Z'\subseteq Z$, $Y'\subseteq Y$, $graph\ f'=graph\ f\cap(Z'\times X\times Z')$ und $graph\ g'=graph\ g\cap(Z'\times X\times Y')$.

<u>Hilfssatz 4.2.6.</u>: Jede Teilmenge Z' der Zustandsmenge eines UM1A A bestimmt eindeutig einen Teilautomaten von A mit Z' als Zustandsmenge.

<u>Beweis</u>: Sei $A=(Z,X,Y,f,g)$, $Z'\subseteq Z$. Man setze $graph\ f'=$ $=graph\ f\cap(Z'\times X\times Z')$, $graph\ g'=graph\ g\cap(Z'\times X\times Y)$ und $Y'=pr_3(graph\ g')$. ∎

<u>Verschiedene Leistungsbegriffe</u>

Anders als bei M1A'n und MrA'n ist die formale Beschreibung der Reaktion von UM1A'n auf Folgen von Eingaben nicht problemlos – es sind mehrere recht verschiedene Definitionen möglich (und für verschiedene Betrachtungsweisen verschieden gut angemessen), die im Falle vollständiger UM1A'n gleichwertig sind (vgl. Aufgabe 2.10.)

<u>Hinweis</u>: Im folgenden sei A stets ein UM1A im Sinne von Definition 4.2.1.

<u>Definition 4.2.7.</u>: (i) Die partielle Abbildung

$f^*:(Z\times F(X))\dashrightarrow Z$ sei definiert durch:

$f^*(z,\Lambda)=z$ für alle z aus Z,

$f^*(z,wx)=f(f^*(z,w),x)$ g.d.,w. $f^*(z,w)=z'$ und $f(z',x)$ beide definiert sind – für alle z aus Z, x aus X und w aus $F(X)$.

(ii) Zur Definition der erweiterten Ausgabeabbildung liegen drei Möglichkeiten nahe.

(1) $g^*:(Z\times F(X))\dashrightarrow F(Y)$ sei definiert durch:

$g^*(z,\Lambda)=\Lambda$ für alle z aus Z,

$g^*(z,wx)=g^*(z,w)g(f^*(z,w),x)$ g.d.,w. $g^*(z,w)$, $f^*(z,w)$ und $g(f^*(z,w),x)$ definiert sind – für alle z aus Z, x aus X und w aus $F(X)$.

Die <u>Leistung</u> des Zustandes z (für jedes z aus Z) ist die partielle Abbildung

$g_z:(F(X))\dashrightarrow F(Y)$, $g_z(w)=g^*(z,w)$

(2) Sei $\bar{Y}=Y\cup\{-\}$ mit $-\notin Y$. Dann sei
$\bar{g}^*:(Z\times F(X))\dashrightarrow F(\bar{Y})$ definiert durch:
$\bar{g}^*(z,\Lambda)=\Lambda$ für alle z aus Z,
$\bar{g}^*(z,x)=g(z,x)$ für alle (z,x) aus D_g,
$\bar{g}^*(z,x)=-$ für alle (z,x) aus $Z\times X-D_g$
$\bar{g}^*(z,wx)=\bar{g}^*(z,w)\bar{g}(f^*(z,w),x)$ g.d.,w. $f^*(z,w)$ definiert
ist, für alle z aus Z, x aus X und w aus $F(X)$.
Die <u>unvollständig spezifizierte Leistung</u> (kurz <u>U-Lei-
stung</u>) des Zustandes z ist die partielle Abbildung
$\bar{g}_z:(F(Z))\dashrightarrow F(\bar{Y}),\bar{g}_z(w)=\bar{g}^*(z,w)$.

(3) Das <u>Verhalten</u> des Zustandes z ist die folgende partielle Abbildung
$\hat{g}_z:(F(X))\dashrightarrow Y\cup\Lambda$,
$\hat{g}_z(\Lambda)=\Lambda$,
$\hat{g}_z(x)=g(z,x)$ g.d.,w. $g(z,x)$ definiert ist; für alle x aus X.
$\hat{g}_z(wx)=g(f^*(z,w),x)$ g.d.,w. $f^*(z,w)=z'$ und $g(z',x)$ definiert sind; für alle x aus X und w aus $F(X)$.

<u>Bemerkung</u>: Offenbar ist $D(f^*)\subseteq D(\bar{g}^*)$, und $D(g^*)\subseteq D(\bar{g}^*)$. Gleichheit
in beiden Fällen besteht nur, wenn A vollständig ist. Ferner ist
$D(g^*)=\{(z,w)\,|\,\bar{g}^*(z,w)$ aus $F(Y)\}$.
Ist $D_f\subseteq D_g$, so ist $D(g_z)=D(\hat{g}_z)$ für jedes z aus Z, und es gilt
$D(f^*)\subseteq D(g^*)$.
Es ist klar, daß sich Satz 2.3.2. ohne weiteres auf die partiellen Abbildungen f^*, g^*, $\bar{g}^*$ und $\hat{g}_z$ übertragen läßt.

Der Begriff der Leistung ist für alle drei Beispiele in Abschnitt 4.1. nicht sinnvoll - er ist aber vernünftig, wenn die
Transitions- und die Ausgabeabbildung gleichen Definitionsbereich ($D_f=D_g$) besitzen; diese Bedingung ist immer dann erfüllt,
wenn die Unvollständigkeit des Automaten daher rührt, daß gewisse Eingaben in gewissen Zuständen nicht auftreten können (vgl.
z.B. Aufgabe 4.5.).
Für Beispiel 4.1.1. ist der Begriff der U-Leistung am angemes-
sensten, denn das Zeichen "-", das zur Definition der U-Leistung
verwendet wird, kann so wie in Beispiel 4.1.1. interpretiert werden: als Platzhalter für beliebige Ausgaben.

Für die Beispiele 4.1.2. und 4.1.3. ist der Begriff des Verhaltens am vernünftigsten.

Das Beispiel 4.1.3. legt es sogar nahe, für jeden Zustand z eine Ein/Ausgabeabbildung dadurch zu definieren, daß man einem w aus F(X) das Wort zuordnet, das man aus $\bar{g}^*(z,w)$ erhält, wenn man das Zeichen - jeweils durch Λ ersetzt, falls $\bar{g}^*(z,w)$ definiert ist. Bei dieser Abbildung ist jedoch die (zeitliche) Zuordnung der einzelnen Eingaben zu den jeweiligen Ausgaben nicht mehr erkennbar.

Man betrachte auch noch einmal die Aufgaben 4.1. - 4.4. und bearbeite Aufgabe 4.6., in der ein spezieller Typ von UM1A'n eingeführt wird.

L-, U- und V-Äquivalenz

Für die Verallgemeinerung des Begriffs der Äquivalenz von Zuständen und Automaten gibt es nun mehrere Möglichkeiten. Ausgehend von den partiellen Abbildungen g_z, $\bar{g}_z$ bzw. $\hat{g}_z$ erhält man analog zu Definition 2.3.1. drei Äquivalenzbegriffe, wenn man beachtet, daß zwei partielle Abbildungen genau dann gleich sind, wenn ihre Definitionsbereiche gleich sind und sie auf diesen Definitionsbereichen übereinstimmen.

Definition 4.2.8.: Zwei Zustände z, z' von A heißen L-äquivalent bzw. U-äquivalent bzw. V-äquivalent g.d.,w. $g_z=g_{z'}$ bzw. $\bar{g}_z=\bar{g}_{z'}$ bzw. $\hat{g}_z=\hat{g}_{z'}$ gilt.

Bemerkung: Man sieht sofort, daß die Relationen der L-, der U- und der V-Äquivalenz Äquivalenzrelationen auf Z sind.
Zum besseren Verständnis hilft die Bearbeitung von Aufgabe 4.7.

Satz 4.2.9.: (i) Zwei Zustände eines UM1A sind V-äquivalent g.d.,w. sie U-äquivalent sind.
(ii) Aus der U-Äquivalenz von Zuständen eines UM1A folgt ihre L-Äquivalenz; die Umkehrung gilt g.d.,w. der Definitionsbereich der Transitionsabbildung im Definitionsbereich der Ausgabeabbildung enthalten ist.

Beweis: Seien z,z' Zustände von A und $w=x_1x_2\ldots x_n$ aus F(X), $n\geq 1$.

(i) 1) Seien z und z' V-äquivalent. Für $i=1,\ldots,n$ sei $w_i=x_1\ldots x_i$. Für $i=1,\ldots,n$ sind dann $\hat{g}_z(w_i)$ und $\hat{g}_{z'}(w_i)$ entweder beide definiert und gleich oder beide nicht definiert. Seien $i_1,\ldots,i_k$ so gewählt, daß $\hat{g}_z(w_j)$ genau dann definiert ist, wenn $j=i_m$ für ein m mit $1\leq m\leq k$. Dann ist $\bar{g}_z(w)=y_1\ldots y_n$, wobei $y_{i_m}=\hat{g}_z(w_{i_m})$ für $m=1,\ldots,k$ und $y_i=-$ sonst. Analog erhält man $\bar{g}_{z'}(w)$. Also ist $\bar{g}_z(w)=\bar{g}_{z'}(w)$.

2) Seien z und z' U-äquivalent. Ist $\eta_1(\bar{g}_z(w))$ in Y (η_1 ist das Endstück der Länge 1; vgl. Definition 2.6.6.), so ist $\hat{g}_z(w)=\eta_1(\bar{g}_z(w))=\eta_1(\bar{g}_{z'}(w))=\hat{g}_{z'}$.

Andernfalls sind $\hat{g}_z$ und $\hat{g}_{z'}$ beide undefiniert.

(ii) 1) Sind z und z' U-äquivalent, und ist $g^*(z,w)$ definiert, so ist $g^*(z,w)=\bar{g}^*(z,w)=\bar{g}^*(z',w)=g^*(z',w)$.

2) Sei $D_f\subseteq D_g$ und $g_z=g_{z'}$. Aufgrund der Bemerkung zu Definition 4.2.7. ist dann $D(\hat{g}_z)=D(g_z)=D(g_{z'})=D(\hat{g}_{z'})$. Ferner ist $\hat{g}_z(w)=\eta_1(g_z(w))=\eta_1(g_{z'}(w))=\hat{g}_{z'}(w)$, woraus die Behauptung aufgrund von (i) folgt.

3) Man betrachte den UM1A $B=(\{z_1,z_2,z_3\},\{0,1\},\{0,1\},\,f,g)$ mit $f(z_1,1)=z_2$, $f(z_i,0)=f(z_2,1)=z_3$ für $i=1,2$, $g(z_i,0)=0$ für $i=1,2,3$. Dann sind z_1 und z_2 L-äquivalent, aber nicht U-äquivalent. $\blacksquare$

<u>Folgerung 4.2.10.</u>: In einem vollständigen UM1A sind zwei Zustände L-äquivalent (d.h. äquivalent im Sinne von Definition 2.3.1.) g.d.,w. sie V-äquivalent (d.h. verhaltensäquivalent im Sinne von Aufgabe 2.10.) sind.

<u>Verträglichkeit von Zuständen</u>

Beispiel 4.1.1. macht deutlich, daß eine Verallgemeinerung der U-Äquivalenz, bei der erlaubt ist, daß für das Zeichen $-$ verschiedene Ausgaben eingesetzt werden, vernünftig sein kann.

<u>Definition 4.2.11.</u>: (i) Sei $\bar{Y}$ wie in Definition 4.2.7., (ii), (2) gegeben. Auf $F(\bar{Y})$ sei die Relation $\sim$ (Verträglichkeit) wie folgt definiert:

(1) $\Lambda\sim\Lambda$, $y\sim-$ und $-\sim y$ sowie $y\sim y$ für jedes y aus $\bar{Y}$.

(2) Für alle w,w' aus $F(\bar{Y})$ gilt $w\sim w'$ g.d.,w. es u,u' aus $F(\bar{Y})$

und y,y' aus $\bar{Y}$ mit $w=uy$ und $w'=u'y'$ so gibt, daß $u\sim u'$ und $y\sim y'$ gilt.

(ii) Sei A ein UM1A in üblicher Notation. Zwei Zustände z,z' von A heißen <u>verträglich</u>, wenn gilt:
$\bar{g}_z(w)\sim\bar{g}_{z'}(w)$ für alle w aus $D(\bar{g}_z)\cap D(\bar{g}_{z'})$.

<u>Bemerkung</u>: Man beachte, daß die Relation der Verträglichkeit (sowohl auf $F(\bar{Y})$ als auch auf Z) keine Äquivalenzrelation ist, denn es ist z.B. $a-b\sim aab$ und $a-b\sim abb$, aber $abb\not\sim aab$, wenn $a\neq b$.

<u>Folgerung 4.2.12.</u>: (i) Sind die Zustände z,z' verträglich und sind (z,x) und (z',x) in D_f, so sind auch $f(z,x)$ und $f(z',x)$ verträglich.

(ii) Die Zustände z,z' sind genau dann verträglich, wenn $\hat{g}_z(w)=$ $=\hat{g}_{z'}(w)$ für alle w aus $D(\hat{g}_z)\cap D(\hat{g}_{z'})$ ist.

(iii) U- oder V-äquivalente Zustände sind verträglich. Also fallen bei vollständigen UM1A'n die Begriffe der Äquivalenz und der Verträglichkeit zusammen.

<u>Beweis</u>: (i) Sei $z_1=f(z,x)$, $z_2=f(z',x)$ und w aus $D(\bar{g}_{z_1})\cap D(\bar{g}_{z_2})$. Nach Voraussetzung ist $xw\in D(\bar{g}_z)\cap D(\bar{g}_{z'})$, und es gibt y,y' in $\bar{Y}$ mit $y\sim y'$ sowie $y\bar{g}_{z_1}(w)=\bar{g}_z(xw)\sim\bar{g}_{z'}(xw)=y'\bar{g}_{z_2}(w)$.
(ii) Folgt aus dem Beweis von Satz 4.2.9.
(iii) ist offensichtlich. ∎

<u>Beispiel 4.2.13.</u>: Im Automaten A in Beispiel 4.1.1. sind die Zustände z_0 und z_1 verträglich, denn es ist $\bar{g}^*(z_1,xw)=x\bar{g}^*(z_0,w)$ (für jedes x aus $\{0,1\}$ und w aus $F(\{0,1\})$), und das Zeichen "-" steht in $\bar{g}^*(z_1,xw)$ genau an den $(2i)$-ten Stellen, in $\bar{g}^*(z_0,w)$ dagegen genau an den $(2i-1)$-ten Stellen $(i=1,2,\ldots)$.
Andererseits sind aber z_0 und z_1 weder L-äquivalent noch U-äquivalent noch V-äquivalent, wie sich sofort aus den Überlegungen in Abschnitt 4.1. ergibt.

Daß das Problem, in endlich vielen Schritten feststellen zu können, ob zwei Zustände eines UM1A L- bzw. U-äquivalent sind, durch Zurückführung auf das entsprechende Problem bei M1A'n (Satz 2.3.3.) einfach gelöst werden kann, wird sich in Abschnitt 4.3. ergeben.

Wie die Verträglichkeit von Zuständen in endlich vielen Schritten festgestellt werden kann, zeigt der Beweis des folgenden Satzes. Die angegebene Schranke ist scharf (vgl. Aufgabe 4.8.). Weitere Verfahren enthalten die Aufgaben 4.9. und 4.10.

<u>Satz 4.2.14.</u>(Ginsburg): Zwei Zustände z,z' eines UM1A mit n Zuständen sind schon dann verträglich, wenn gilt
$\bar{g}_z(w) \sim \bar{g}_{z'}(w)$ für alle w aus $F(X)$ mit $|w| \leq \frac{1}{2}n(n-1)$.
Die Verträglichkeit von Zuständen ist also entscheidbar.

<u>Beweis</u>: Wir gehen ähnlich vor wie im Beweis von Satz 2.3.3. Anstelle der Relation der k-Äquivalenz führen wir die der k-Verträglichkeit ein. Da die Verträglichkeitsrelation keine Äquivalenzrelation ist, können wir nicht "Verträglichkeitsklassen", sondern nur die Mengen aller ungeordneten Paare k-verträglicher Zustände betrachten. Seien A ein M1A und k eine nichtnegative ganze Zahl. Zwei Zustände z,z' von A heißen k-verträglich (in Zeichen: $z \underset{k}{\sim} z'$), wenn $\bar{g}_z(w) \sim \bar{g}_{z'}(w)$ für alle w aus $D(\bar{g}_z) \cap D(\bar{g}_{z'})$ mit $|w| \leq k$ gilt.

V_k sei die Menge aller zweielementigen Mengen k-verträglicher Zustände von A. Dann ist V_0 die Menge aller zweielementigen Teilmengen von Z, also $|V_0| = \frac{1}{2}n(n-1)$.
Nach Definition gilt $V_{k+1} \subseteq V_k$ für jedes k.
Eine Menge $\{z_1',z_2'\}$ aus V_0 heiße Folgemenge von $\{z_1,z_2\}$, wenn $\{z_1,z_2\} \neq \{z_1',z_2'\}$ ist und ein x aus X mit $f(z_i,x)=z_i'$ für $i=1,2$ existiert.

1. Zwischenbehauptung: Für $k \geq 1$ ist V_{k+1} die Menge der Elemente aus V_k, deren sämtliche Folgemengen in V_k liegen.

Beweis: a) Sei $\{z_1,z_2\}$ aus V_k, und liege jede Folgemenge davon in V_k. Ferner sei x aus X und $w=xu$ aus $X^{k+1} \cap D(\bar{g}_{z_1}) \cap D(\bar{g}_{z_2})$. Wegen $z_1 \underset{k}{\sim} z_2$ gilt $\bar{g}(z_1,x) \sim \bar{g}(z_2,x)$. Ist $f(z_1,x)=f(z_2,x)$, so gilt natürlich $\bar{g}^*(z_1,w) \sim \bar{g}^*(z_2,w)$. Andernfalls ist nach Voraussetzung $f(z_1,x) \underset{k}{\sim} f(z_2,x)$, also ist insbesondere $\bar{g}^*(f(z_1,x),u) \sim \bar{g}^*(f(z_2,x),u)$ und somit $\bar{g}^*(z_1,w) \sim \bar{g}^*(z_2,w)$. Damit ist $\{z_1,z_2\}$ in V_{k+1} .
b) Sei $\{z_1,z_2\}$ aus V_{k+1}. Dann ist für jedes x aus X offenbar $\{f(z_1,x),f(z_2,x)\}$ aus V_k, falls $f(z_1,x)$ und $f(z_2,x)$ beide definiert und verschieden sind.

2. Zwischenbehauptung: Ist $V_k = V_{k+1}$ für irgendein k, so ist $V_k = V_{k+i}$ für alle i.

Der Beweis ergibt sich durch vollständige Induktion über i aus der ersten Zwischenbehauptung, denn V_{k+i+1} ist danach die Menge der Elemente aus $V_{k+i}(=V_k)$, deren sämtliche Folgemengen in $V_{k+i}(=V_k)$ liegen.

3. Zwischenbehauptung: Ist $V_k = V_{k+i}$ für alle i aus $\mathbb{N}$, so sind je zwei Zustände z und z' aus V_k verträglich.

Beweis: Sind z und z' aus V_k, so gilt $z \overset{\sim}{\underset{k+i}{}} z'$ für alle i aus $\mathbb{N}_0$. Daraus folgt $z \overset{\sim}{\underset{n}{}} z'$ für alle n aus $\mathbb{N}$.

Weil aufgrund der ersten Zwischenbehauptung $V_0 \geq V_1 \geq V_2 \geq \dots$ gilt, muß für $k_0 = |V_0|$ offenbar $V_{k_0} = V_{k_0} + i$ für alle i aus $\mathbb{N}$ gelten. Um festzustellen, ob zwei Zustände verträglich sind, braucht also nur nachgeprüft zu werden, ob sie beide in einem Element von V_{k_0} liegen. ∎

<u>Bemerkung</u>: Der Begriff der Verträglichkeit von Zuständen läßt sich ohne Schwierigkeiten auch auf Zustände aus verschiedenen UM1A'n anwenden, wenn nur beide Automaten gleiche Ein- und gleiche Ausgabealphabete haben. Seien nämlich $A=(Z,X,Y,f,g)$ und $A'=(Z',X,Y,f',g')$ zwei UM1A'n mit $Z \cap Z'=\emptyset$. Ein Zustand z von A ist dann mit einem Zustand z' von A' verträglich, wenn z und z' im UM1A, der aus der Vereinigung von A und A' besteht, verträglich sind, d.h. im UM1A $A''=(Z \cup Z',X,Y,f'',g'')$ mit $f''/Z \times X=f$, $f''/Z' \times X=f'$, $g''/Z \times X=g$, $g''/Z' \times X=g'$.

4.3. Vervollständigung und Reduktion

Es sollen jetzt die Begriffe der Äquivalenz und der Reduziertheit von M1A'n (vgl. 2.3.) sowie der Homomorphie, Isomorphie und der Zustandsminimalität von MrA'n (vgl. 3.6.) mit den entsprechenden Sätzen auf UM1A'n übertragen werden.

<u>U-Leistung, U-Homomorphismus</u>

Da der Begriff der Leistung eingeschränkter als der der U-Leistung bzw. der des Verhaltens ist, beschränken wir uns im folgenden darauf, UM1A'n im Hinblick auf ihre U-Leistung zu betrachten. Die entsprechenden Resultate für die Leistung (bzw. das Verhalten) erhält man durch leichte Modifikation des folgenden (vgl. Aufgabe 4.11.).

Für das Ein/Ausgabeverhalten eines UM1A sind nur die Zustände relevant, die bei mindestens einer Eingabefolge eine echte Ausgabe (aus Y) erzeugen.

Definition 4.3.1.: Sei A ein UM1A in üblicher Notation.
Ein Zustand z von A heißt <u>relevant</u>, wenn ein w aus F(X) mit $\hat{g}_z(w)$ in Y existiert.
Mit Z^r sei die Menge der relevanten Zustände von A bezeichnet. Der (nach Hilfssatz 4.2.6.) durch Z^r eindeutig bestimmte Teilautomat $A^r=(Z^r,X,Y,f^r,g^r)$ von A heiße der <u>relevante Teilautomat von A</u>.

Bemerkung: Es ist $A=A^r$, wenn $pr_1(graph\ g) \supseteq pr_1(graph\ f) \cup$ $\cup pr_3(graph\ f)$.

Bei der Übertragung der oben erwähnten Begriffe berücksichtigen wir immer nur die relevanten Zustände bzw. den relevanten Teilautomaten.

Definition 4.3.2.: (i) Die <u>U-Leistung</u> eines UM1A A ist die Menge der U-Leistungen seiner relevanten Zustände.
(ii) Zwei UM1A'n A,A' heißen <u>U-äquivalent</u> (in Zeichen $A \equiv A'$), wenn ihre U-Leistungen gleich sind.
(iii) Ein UM1A heißt <u>U-reduziert</u>, wenn alle seine Zustände relevant und keine zwei seiner Zustände U-äquivalent sind.
(iv) Ein UM1A A heißt <u>U-minimal</u>, wenn es keinen zu A U-äquivalenten UM1A mit weniger Zuständen als A gibt.

Bemerkung: (i) Ein UM1A und sein relevanter Teilautomat haben gleiche U-Leistung, d.h. es ist stets $A \equiv A^r$.
(ii) Ein U-reduzierter (bzw. U-minimaler) UM1A stimmt mit seinem relevanten Teilautomaten überein.

Auch bei der Übertragung des Homomorphiebegriffs wird davon ausgegangen, daß das, was an einem UM1A interessiert, die Menge der U-Leistungen seiner relevanten Zustände ist.

Definition 4.3.3.: Seien $A=(Z,X,Y,f,g)$ und $A'=(Z',X,Y,f',g')$ UM1A'n.

(i) Eine Abbildung h von Z^r in Z'^r heißt U-Homomorphismus von A
in A', wenn für alle z aus Z^r und alle x aus X gilt:
(a) f(z,x) ist definiert g.d.,w. f'(h(z),x) es ist.
   Ist f(z,x) definiert, so gilt h(f(z,x))=f'(h(z),x).
(b) g(z,x) ist definiert g.d.,w. g'(h(z),x) definiert ist.
   Ist g(z,x) definiert, so gilt g(z,x)=g'(h(z),x).
Ist h zusätzlich surjektiv, so heißt h U-Epimorphismus von A
auf A' und A' U-homomorphes Bild von A (in Zeichen: A⇀A').
(ii) Ein injektiver U-Epimorphismus von A auf A' heißt U-Isomorphismus von A auf A'. Gibt es einen U-Isomorphismus von A
auf A', so heißen A und A' U-isomorph (in Zeichen: A≅A').
(iii) A heißt U-homomorph reduziert, wenn jeder U-Epimorphismus
von A schon ein U-Isomorphismus und $A=A^r$ ist.

Bemerkung: Bei vollständigen UM1A'n stimmen die Begriffe U-Epimorphismus bzw. U-Isomorphismus und Zustandsepimorphismus bzw.
Zustandsisomorphismus (vgl. 3.6.) überein.

Hilfssatz 4.3.4.: (i) Ist h ein U-Isomorphismus von A auf A',
so ist h^{-1} ein U-Isomorphismus von A' auf A.
(ii) Ist A⇀A', so gilt $\bar{g}_z=\bar{g}_{h(z)}$ für jeden relevanten Zustand z
von A, also ist insbesondere auch A≡A'.
(iii) Ein U-minimaler UM1A ist U-homomorph reduziert.
(iv) Ein U-reduzierter UM1A ist U-minimal.

Beweis: (i) und (ii) ergeben sich direkt aus den Definitionen.
(iii) Sei A U-minimal, aber nicht U-homomorph reduziert. Dann
gäbe es ein A'≠A mit A⇀A'. Daher hätte A' weniger Zustände als
A und nach (ii) gälte A≡A'. Das steht im Widerspruch zur U-Minimalität von A.
(iv) Sei A U-reduziert, aber nicht U-minimal. Dann existiert ein
A' mit A≡A' und weniger Zuständen als A. Also müssen mindestens
zwei Zustände von A die gleiche U-Leistung (wie ein bestimmter
Zustand von A') haben. Widerspruch! ∎

Das U-Minimierungsproblem, die Vervollständigung

Es soll nun folgende Problemstellung behandelt werden: Sei ein
UM1A A gegeben. Dann fragt man sich:

1. Existiert
  a) ein U-reduzierter UM1A A_r mit $A_r \equiv A$,
  b) ein U-homomorph reduzierter UM1A A_h mit $A_h \equiv A$,
  c) ein U-minimaler UM1A A_m mit $A_m \equiv A$?
2. Sind im Fall ihrer Existenz die Automaten A_r, A_h und A_m eindeutig bestimmt und welche Beziehungen bestehen zwischen ihnen ?
3. Gibt es einen Algorithmus zur Bestimmung von A_r, A_h bzw. A_m ?

Die Fragen 1.b) und 1.c) sind trivialerweise zu bejahen, da die Menge aller zu A U-äquivalenten nicht U-isomorphen UM1A'n mit weniger Zuständen als A endlich ist (weil Z endlich und X fest ist). Wir werden alle Fragen positiv beantworten, indem wir (wie in Beispiel 4.1.3. angedeutet) auf eindeutige Weise einem UM1A A einen vollständigen UM1A (d.h. einen M1A) A^O so zuordnen, daß die Eigenschaft U-reduziert, U-homomorph reduziert oder U-minmal zu sein, erhalten bleibt, und dann den Satz über die Eindeutigkeit des minimalen MrA (Satz 3.6.4.) sowie die Gleichwertigkeit von MrA'n und M1A'n benutzen.

<u>Hilfssatz 4.3.5.</u>: Zu jedem UM1A $A=(Z,X,Y,f,g)$ existiert genau ein vollständiger UM1A $A^O=(Z^O,X,\bar{Y},f^O,g^O)$ mit folgenden Eigenschaften

(1) $Z^O=Z^r$, falls $D_f \supseteq Z^r \times X$ und $f(Z^r,X) \subseteq Z^r$; sonst $Z^O=Z^r \cup 0$ mit $0 \notin Z$,
(2) $g^{O*}(z,w)=\bar{g}^*(z,w)$ für alle (z,w) aus $D(\bar{g}^*)$,
(3) $g^O(z,x)$ aus Y g.d.,w. (z,x) aus D_g,
(4) $f^{O*}(z,w) \in Z^r$ g.d.,w. (z,w) aus $D(f^*)$ und $f^*(z,w)$ in Z^r ist.
A^O heiße <u>$\bar{O}$-Vervollständigung</u> von A.

<u>Beweis</u>: Zur Konstruktion von A^O müssen nur noch f^O und g^O definiert werden.
$$f^O(z,x)= \begin{cases} f(z,x), & \text{falls } (z,x) \text{ aus } D_f \text{ und } f(z,x) \in Z^r \\ 0 & \text{sonst} \end{cases}$$
$$g^O(z,x)= \begin{cases} \bar{g}(z,x), & \text{falls } (z,x) \text{ aus } D(\bar{g}) \\ - & \text{sonst} \end{cases}$$

Man sieht sofort, daß A^O vollständig ist, daß die Bedingungen (2)-(4) erfüllt sind und daß f^O und g^O nicht anders hätten definiert werden können, wenn A^O vollständig sein soll. ∎

<u>Beispiel 4.3.6.</u>: Figur 4.1.6. zeigt ein isomorphes Bild der

$\bar{O}$-Vervollständigung des in Figur 4.1.5. dargestellten UM1A.
(Man hat nur z_3 durch O und f und n durch - zu ersetzen).

<u>Folgerung 4.3.7.</u>: (i) Jeder UM1A ist U-isomoprh zu seiner $\bar{O}$-
Vervollständigung.
(ii) Seien A und B UM1A'n und A^O, B^O ihre $\bar{O}$-Vervollständigungen.
Dann gilt
(1) $A \overset{\sim}{\rightarrow} B$ g.d,w. $A^O \overset{\sim}{\rightarrow} B^O$
(2) $A \approx B$ g.d.,w. $A^O \approx B^O$
(3) $A \equiv B$ g.d.,w. $A^O \equiv B^O$
(4) A ist U-reduziert g.d.,w. A^O U-reduziert ist.

<u>Hilfssatz 4.3.8.</u>: Ist A ein UM1A, $(A^O)_m$ der (bis auf Zustands-
isomorphie eindeutige) zustandsminimale zu A^O äquivalente M1A
und A_m irgendein U-minimaler zu A U-äquivalenter UM1A, so gilt
für die $\bar{O}$-Vervollständigung $(A_m)^O$ von A_m:
$(A_m)^O \approx (A^O)_m$.

<u>Beweis</u>: Nach Folgerung 4.3.7.,(ii),(3) gilt $(A^O)_m \equiv A^O \equiv (A_m)^O$.
Also gibt es aufgrund des Satzes über die Eindeutigkeit des
minimalen Automaten (Satz 3.6.4.) einen Zustandshomomorphismus
h von $(A_m)^O$ auf $(A^O)_m$. Sei Z_m die Zustandsmenge von A_m und B
der durch $h(Z_m)$ bestimmte Teilautomat von $(A^O)_m$. Dann ist
$(A^O)_m \approx B^O$ und $A_m \overset{\sim}{\rightarrow} B$, also $A_m \equiv B$. Wegen der U-Minimalität von A_m
folgt daraus $A_m \approx B$. Nach Folgerung 4.3.7.,(ii),(2) ist deshalb
$(A^O)_m \approx B^O \approx (A_m)^O$.

<u>Lösung des U-Minimierungsproblems</u>

Nun lassen sich die obigen Fragen sofort beantworten.

<u>Satz 4.3.9.</u> (U-Reduktionssatz): Zu jedem UM1A A existiert bis
auf U-Isomorphie eindeutig ein U-äquivalenter U-minimaler UM1A
A_m; dieser ist U-reduziert und U-homomorph reduziert, (A_m heißt
der <u>U-Minimale</u> von A).
Ferner ist jeder zu A U-äquivalente U-reduzierte bzw. U-homomorph reduzierte UM1A U-minimal.

<u>Beweis</u>: Wie bereits bemerkt, existiert stets ein U-minimaler zu
A U-äquivalenter UM1A A_m. Nach Hilfssatz 4.3.8. ist $(A_m)^O \approx (A^O)_m$.
Also ist nach Satz 3.6.4. $(A_m)^O$ bis auf U-Isomorphie eindeutig

bestimmt; nach Folgerung 4.3.7.,(ii),(2) folgt daraus, daß auch A_m bis auf U-Isomorphie eindeutig festgelegt ist. Nach Hilfssatz 4.3.4.,(iii) ist A_m auch U-homomorph reduziert. Da nach Satz 3.6.4. $(A^O)_m$ und also auch der dazu U-isomorphe UM1A $(A_m)^O$ U-reduziert ist, ist A_m wegen Folgerung 4.3.7.,(ii),(4) U-reduziert.

Ist ferner B ein U-reduzierter bzw. U-homomorph reduzierter zu A U-äquivalenter UM1A, so ist nach Folgerung 4.3.7.,(ii),(4) bzw. (1) auch $B^O \equiv A^O$ U-reduziert bzw. U-homomorph reduziert, also nach Satz 3.6.4. und obigem $B^O \simeq (A^O)_m \simeq (A_m)^O$ und deshalb nach Folgerung 4.3.7.,(ii),(2) $B \simeq A_m$. $\blacksquare$

<u>Folgerung 4.3.10.</u>: Sei A ein UM1A, A_m sei der U-Minimale von A und B ein zu A U-äquivalenter UM1A. Dann gibt es einen U-Epimorphismus von B auf A_m.
Zum Beweis hat man nur zu beachten, daß ein U-minimales U-homomorphes Bild von B zu A_m isomorph ist und die Hintereinanderschaltung eines U-Epimorphismus' und eines U-Isomorphismus' ein U-Epimorphismus ist.

<u>Folgerung 4.3.11.</u>: Die folgende Vorschrift liefert einen Algorithmus zur Bestimmung des U-Minimalen von A, und zwar für jeden UM1A A.
1. Man bestimme die relevanten Zustände von A.
2. Man konstruiere die $\bar{O}$-Vervollständigung A^O von A.
3. Man konstruiere den reduzierten M1A $(A^O)_m$ von A^O nach dem Beweis des Reduktionssatzes (Satz 2.3.6.).
4. Man bilde den durch die Zustandsmenge Z_m von A_m bestimmten Teilautomaten von $(A_m)^O \simeq (A^O)_m$. Dieser ist der gesuchte U-Minimale von A.

4.4. Überdeckung und Minimierung

Wie Beispiel 4.1.1. zeigt, genügt es nicht immer, einen U-minimalen UM1A zu konstruieren, wenn man einen UM1A mit möglichst wenig Zuständen finden will, der eine bestimmte Aufgabe erfüllen soll: Der UM1A A (Figur 4.1.1.) ist U-minimal; der Automat A' (Figur 4.1.2.) besitzt weniger Zustände als A und ist also

nicht U-äquivalent zu A. Ferner wurde in Beispiel 4.1.1. gezeigt, daß es für die gegebene Aufgabe keinen kleineren UM1A
geben kann.

Es soll jetzt untersucht werden, wie solche minimalen Automaten, die "dieselbe Aufgabe erfüllen" charakterisiert werden
können, unter welchen Bedingungen sie existieren, ob sie eindeutig bestimmt sind, wie sie konstruiert werden können etc.

Der Überdeckungsbegriff, das Minimierungsproblem

Für die weiteren Überlegungen ist es günstig, das Fehlen eines
Nachfolgezustandes oder einer Ausgabe in der Spezifikation
eines Automaten so zu interpretieren, daß diese Angaben nur weggelassen sind, weil sie für die Beschreibung der Arbeitsweise
des Automaten nicht wichtig sind, und daß für die fehlenden Zustände bzw. Ausgaben nur die angegebenen Zustände oder Ausgaben
in Frage kommen.

Zur Frage der Beziehungen zwischen den Automaten A und A' aus
Beispiel 4.1.1. stellt man leicht fest, daß zu jedem Zustand z_i
von A mindestens ein Zustand z'_j von A' existiert, der mit z_i
verträglich ist und dessen Verhalten überall dort definiert
ist, wo das Verhalten von z_i definiert ist: z.B. sind z_0 und z_1
mit z'_0 verträglich (vgl. Beispiel 4.2.13.).

Das motiviert die folgenden Definitionen.

Definition 4.4.1.: Seien $A=(Z,X,Y,f,g)$ und $A'=(Z',X,Y,f',g')$
UM1A'n.

  (i) Der Zustand z' von A' überdeckt den Zustand z von A (in
      Zeichen $z' \geq z$), falls z' und z verträglich sind (vgl. die
      Bemerkung am Schluß von 4.2.) und $D(\hat{g}'_{z'}) \geq D(\hat{g}_z)$ gilt.

 (ii) A' überdeckt A (in Zeichen $A' \geq A$), falls zu jedem Zustand
      z von A ein Zustand z' von A' existiert, der z überdeckt.

(iii) A' heißt Minimaler von A, falls $A' \geq A$ ist, und jeder A
      überdeckende UM1A mindestens soviele Zustände wie A' be-
      sitzt.

 (iv) A' heißt Vervollständigung von A, wenn A' ein M1A, $Z=Z'$,
      graph $f \subseteq$ *graph* f' und *graph* g $\subseteq$ *graph* g' ist.

In Beispiel 4.1.1. ist also A' ein Minimaler von A.

Daß entscheidbar ist, ob ein Zustand einen anderen überdeckt,
ist in Aufgabe 4.12. zu beweisen.

Man beachte, daß ein A überdeckender UM1A i.a. "mehr" leistet
als A, d.h. auch andere Ausgaben als A erzeugt, während von
einem U-äquivalenten UM1A völlig gleiche Leistung gefordert
wird.

Folgerung 4.4.2.: Seien A und A' vollständige UM1A'n. Dann überdeckt A genau dann A', wenn A und A' äquivalent sind.

Das dem Zustandsminimierungsproblem bei M1A'n (oder MrA'n) entsprechende Problem bei UM1A'n (das sog. Minimierungsproblem)
lautet also:

1. Existiert zu jedem UM1A'n ein Minimaler?

2. Ist (falls er existiert) der Minimale eindeutig bestimmt?

3. Falls 2. nicht bejaht werden kann, wie kann man sich (ähnlich
   wie im vollständigen Fall mit Hilfe der Begriffe Homomorphismus und Isomorphismus) einen Überblick über alle Minimalen
   eines UM1A verschaffen?

4. Gibt es einen Algorithmus zur Konstruktion aller Minimalen
   eines UM1A?

Folgerung 4.4.3.: Existiert ein Minimaler A' von A, so existiert
auch ein vollständiger UM1A, der Minimaler von A ist.

Beweis: Ist z.B. f'(z',x) in A' nicht definiert und überdeckt z'
den Zustand z von A, so ist auch f(z,x) nicht definiert. Also
wird A auch von jeder Vervollständigung von A' überdeckt. Da
diese Vervollständigungen ebensoviele Zustände wie A' haben,
sind sie ebenfalls Minimale von A.

Bemerkung: Zur Beantwortung der Frage 1 des Minimierungsproblems
genügt es also, nach vollständigen Minimalen zu suchen.

Im Gegensatz zu der Situation in Abschnitt 4.3. und bei vollständigen UM1A'n gilt:

Satz 4.4.4. (Existenz verschiedener Minimaler): Es gibt UM1A'n
A, welche mehrere untereinander nicht U-äquivalente Minimale be-
sitzen, die weniger Zustände als der U-Minimale von A haben.
Ferner lassen sich diese Minimalen auch nicht dadurch finden,

daß man A vervollständigt und dann diese Vervollständigung von
A nach dem Reduktionssatz reduziert.
Zum Beweis betrachte man das folgende Beispiel:

Beispiel 4.4.5.: Die UM1A'n A, A' und A'' seien durch die folgenden drei Tabellen gegeben:

A	z_1	z_2	z_3
0	$z_1\mid 0$	$z_2\mid 0$	$z_2\mid 0$
1	$z_3\mid 0$	$z_2\mid -$	$z_1\mid 1$

A'	z_1'	z_2'
0	$z_1'\mid 0$	$z_1'\mid 0$
1	$z_2'\mid 0$	$z_1'\mid 1$

A''	z_1''	z_2''
0	$z_1''\mid 0$	$z_2''\mid 0$
1	$z_2''\mid 0$	$z_1''\mid 1$

Figur 4.4.1.: Ein UM1A mit 2 verschiedenen Minimalen.

A ist U-reduziert, also aufgrund des U-Reduktionssatzes U-mini-
mal; jede Vervollständigung (Ausgabe 0 oder 1 bei Eingabe 1 in
Zustand z_2) ist reduziert. Es gilt $A'\geq A$ und $A''\geq A$. Ferner sind
A' und A'' nicht äquivalent. Damit ist der Satz bewiesen.

Man beachte ferner, daß z_1 und z_2 sowie z_2 und z_3 verträglich
sind, nicht aber z_1 und z_3. ∎

Eine einfache, aber i.a. mit viel Probier- und Arbeitsaufwand
verbunde Methode einen Minimalen zu einem UM1A zu konstruieren,
ist die der sog. <u>Zustandsaufspaltung</u>. Sie wird am Automaten A
aus dem letzten Beispiel erläutert. Die Idee besteht darin, z_2
durch zwei Zustände z_2' und z_2'' zu ersetzen, die sich in der Ausgabe bei Eingabe 1 unterscheiden wobei jeder zu einem der beiden
restlichen Zustände äquivalent ist. Dabei muß man außerdem dafür
sorgen, daß man von z_2' nach z_2'' und von z_2'' nach z_2' gelangen kann.
Dafür gibt es hier mehrere Möglichkeiten.
$\bar{A}'$ und $\bar{A}''$ seien die so erhaltenen M1A'n.

$\bar{A}'$	z_1	z_2'	z_2''	z_3
0	$z_1\mid 0$	$z_2'\mid 0$	$z_2'\mid 0$	$z_2'\mid 0$
1	$z_3\mid 0$	$z_2''\mid 0$	$z_2'\mid 1$	$z_1\mid 1$

$\bar{A}''$	z_1	z_2'	z_2''	z_3
0	$z_1\mid 0$	$z_2'\mid 0$	$z_2''\mid 0$	$z_2''\mid 0$
1	$z_3\mid 0$	$z_2''\mid 0$	$z_2'\mid 1$	$z_1\mid 1$

Figur 4.4.2.: Vervollständigungen von A mit Zustandsaufspaltung
Reduziert man jetzt den M1A $\bar{A}'$ bzw. $\bar{A}''$ im Sinne des Reduktionssatzes (Satz 2.3.5.), so erhält man A' bzw. A''.

Bemerkung: Satz 4.4.4. und Beispiel 4.4.5. zeigen, daß das Minimierungsproblem für UM1A'n wesentlich komplizierter ist als bei vollständigen M1A'n.

Generalvoraussetzung: Von jetzt an wird von allen UM1A'n vorausgesetzt, daß alle ihre Zustände relevant sind.

Das ist keine Einschränkung, denn nicht relevante Zustände tragen nichts zum Ein/Ausgabeverhalten eines UM1A bei.

Wir befassen uns jetzt hauptsächlich mit der dritten der oben gestellten vier Fragen - Frage 1 und 4 werden ebenfalls beantwortet, jedoch erst in Abschnitt 4.5. genauer behandelt; Frage 2 ist bereits beantwortet.

Transformationen und Überdeckungen

Wichtiges Hilfsmittel ist die folgende Verallgemeinerung des Homomorphismusbegriffs:

Definition 4.4.6.: $A=(Z,X,Y,f,g)$ und $A'=(Z',X,Y,f',g')$ seien UM1A'n. t heißt <u>Transformation von A in A'</u>, falls t eine Korrespondenz (d.h. mehrdeutige, also mengenwertige Abbildung) von Z in Z' mit folgenden Eigenschaften ist:
(1) Für jedes z aus Z, jedes z' aus t(z) und jedes x aus X ist $g'(z',x)$ definiert, wenn $g(z,x)$ es ist.
(2) $g(z,x)=g'(z',x)$ für alle (z,x) aus D_g und alle z' aus t(z).
(3) Für jedes (z,x) aus D_f gilt: $t(z)\neq\emptyset$, für jedes z' aus t(z) ist (z',x) in $D_{f'}$, und es ist $t(f(z,x))\supseteq f'(t(z),x)$.
Die Transformation t heißt <u>eindeutig</u>, wenn $|t(z)|=1$ für jedes z aus Z ist.

Bemerkung: Ist h ein U-Epimorphismus von A auf A', so ist h eine eindeutige Transformation von A in A' und h^{-1} eine Transformation von A' in A.

Satz 4.4.7. (Transformationssatz von Müntefering): Der UM1A A wird genau dann von einem UM1A A' überdeckt, wenn es eine Transformation t von A in A' gibt.

Beweis: (i) Sei t eine Transformation von A in A'. Mit vollständiger Induktion über die Länge von w ergibt sich aus Definition 4.4.6.,(3) sofort:

$f'^*(t(z),w) \subseteq t(f^*(z,w))$ für alle (z,w) aus D_f*.

Daraus folgt für jeden Zustand z von A und jedes z' aus $t(z)$, daß $z' \geq z$ gilt, denn aus obigem folgt mit Definition 4.4.6.,(1): $D(\hat{g}_z) \subseteq D(\hat{g}'_z,)$, und aus Definition 4.4.6.,(2) folgt mit vollständiger Induktion über die Länge von w

$\bar{g}'^*(z',v) \sim \bar{g}^*(z,v)$ für alle v aus $D(\bar{g}^*_z)$

d.h. die Verträglichkeit von z und z'.

(ii) Wird A von A' überdeckt, so wird eine Transformation t von A in A' dadurch definiert, daß jedem Zustand z von A alle Zustände z', die z überdecken, zugeordnet werden

$t(z) = \{z' \in Z' \mid z' \geq z\}$.

Die Eigenschaften (1) und (2) der Definition 4.4.6. sind dann offensichtlich erfüllt.

Sei nun (z,x) aus D_f und z'_1 aus $f'(t(z),x)$. Dann gibt es ein z'_2 aus $t(z)$, das z überdeckt mit $z'_1 = f'(z'_2,x)$. Aufgrund der Folgerung 4.2.12.,(i) und der Tatsache, daß aus $D(\hat{g}_z) \subseteq D(\hat{g}'_{z_2})$ sofort $D(\hat{g}_{f(z,x)}) \subseteq D(\hat{g}'_{z_1})$ folgt, ergibt sich $z'_1 \geq f(z,x)$. Also ist z'_1 in $t(f(z,x))$.

Um die Gültigkeit der Eigenschaft (3) von Definition 4.4.6. nachzuweisen, muß nur noch die Existenz eines z' aus $t(z)$ nachgewiesen werden, für das $f'(z',x)$ definiert ist.

Nach Voraussetzung gibt es ein z' in $t(z)$ mit $z' \geq z$. Da aufgrund der Generalvoraussetzung $f(z,x)$ ein relevanter Zustand ist, gibt es ein w in $F(X)$ für das $\hat{g}_z(xw)$ definiert ist. Dann ist auch $\hat{g}'_{z'}(xw) = \eta_1(\bar{g}'^*(z',xw)) = \eta_1(\bar{g}'^*(f'(z',x),w))$ definiert (nach Definition 4.4.1.,(i)) und deshalb muß $f'(z',x)$ definiert sein. ∎

Bemerkung: (i) Die in Teil (ii) des Beweises definierte Transformation von A in A' nennen wir <u>kanonische Transformation</u>.
(ii) Man bearbeite Aufgabe 4.13.

<u>Folgerung 4.4.8.</u>: Zu jedem UM1A existiert ein Minimaler und dieser Minimale kann effektiv konstruiert werden.

<u>Beweis</u>: Ist ein UM1A A gegeben, so braucht man, wegen Folgerung 4.4.3. nur zu prüfen, ob es einen vollständigen UM1A A' mit höchstens soviel Zuständen wie A und eine Transformation t von A in A' gibt. Da (bei festem A) die Anzahl der zu prüfenden

Automaten und Korrespondenzen endlich ist und von einer Korrespondenz t von Z in die Zustandsmenge eines UM1A in endlich vielen Schritten festgestellt werden kann, ob sie eine Transformation ist, findet man nach endlich vielen Schritten einen Minimalen von A. (Dieses Verfahren ist natürlich sehr zeitraubend!)

Eindeutigkeit von Transformationen

Man könnte nun fragen, ob wirklich eine Korrespondenz nötig ist, ob nicht wenigstens einer der Minimalen eines UM1A als Bild unter einer Abbildung mit Homomorphieeigenschaft, d.h. unter einer eindeutigen Transformation, zu erhalten ist. Daß das nur unter bestimmten Bedingungen möglich ist, wird jetzt gezeigt.

<u>Beispiel 4.4.9.</u>: Seien die UM1A'n A und A' durch folgende Tabellen definiert

A	z_1	z_2	z_3
0	$z_3\,\vert\,0$	$z_1\,\vert\,0$	$z_1\,\vert\,0$
1	$z_2\,\vert\,-$	$z_1\,\vert\,0$	$z_1\,\vert\,1$

A'	z_1'	z_2'
0	$z_2'\,\vert\,0$	$z_2'\,\vert\,0$
1	$z_1'\,\vert\,0$	$z_1'\,\vert\,1$

Figur 4.4.3.: Ein UM1A mit eindeutig bestimmtem Minimalen

Es ist leicht, nachzuprüfen, daß A' ein Minimaler von A ist, daß jeder Minimale von A zu A' isomorph ist und daß trotzdem keine eindeutige Transformation von A in A' existiert.

Daß ein UM1A mit nur einem Zustand den Automaten A nicht überdecken kann, sieht man sofort, wenn man A das Wort 1 in z_2 und z_3 eingibt. Da offensichtlich die Korrespondenz t mit $t(z_1)=$ $=\{z_1',z_2'\}$, $t(z_2)=\{z'_1\}$, $t(z_3)=\{z_2'\}$ eine Transformation von A in A' ist, wird aufgrund des Transformationssatzes A von A' überdeckt. Also ist A' Minimaler von A, und jeder Minimale von A hat zwei Zustände.

Nehmen wir an, es gäbe einen Minimalen A'' von A so, daß eine eindeutige Transformation t' von A in A'' existierte. Wegen
$g''(t'(z_3),1)=g(z_3,1)=1$ und $g''(t'(z_2),1)=g(z_2,1)=0$
müßte $t'(z_2)\neq t'(z_3)$ sein. Ferner gälte dann
$f''(t'(z_1),0)=t'(f(z_1,0))=t'(z_3)$.
Wäre nun $t'(z_1)=t'(z_2)$ (A'' hat ja nur 2 Zustände!), so wäre dann

$t'(z_3)=f''(t'(z_1),0)=f''(t'(z_2),0)=t'(f(z_2,0))=t'(z_1)$, woraus der
Widerspruch $t'(z_3)=t'(z_2)$ folgen würde. Wäre schließlich $t'(z_3)=$
$=t'(z_1)$, so ergäbe sich der Widerspruch $t'(z_2)=t'(f^*(z_3,11)=$
$=f''^*(t'(z_3),11)=f''^*(t'(z_1),11)=t'(f^*(z_1,11))=t'(z_1)$.
Sei A" ein Minimaler von A und t' die im Beweis von Satz 4.4.7.
konstruierte Transformation von A in A". Da die beiden Zustände
von A" bei der Eingabe 1 zwei verschiedene Ausgaben liefern müssen, muß $t'(z_2)\neq Z''\neq t'(z_3)$ sein. Weil t' nicht eindeutig sein
kann, muß $t'(z_1)=Z''$ sein. Bis auf die Bezeichnung ihrer Bildele-
mente sind also t' und die oben angegebene Transformation t von
A in A' gleich, woraus sofort die Isomorphie von A' und A" folgt.

<u>Satz 4.4.10.</u> (Eindeutigkeit von Transformationen): (i) Sei A ein
UM1A, A' ein Minimaler von A, und existiere eine eindeutige
Transformation von A in A'. Dann gibt es eine Vervollständigung
A^+ von A so, daß der (bis auf Isomorphie) eindeutig bestimmte A^+
äquivalente reduzierte M1A ein Minimaler von A ist; dieser Minimale ist eine Vervollständigung von A'.
(ii) Besitzt der UM1A A eine Vervollständigung A^+ so, daß ein zu
A^+ äquivalenter reduzierter M1A A' ein Minimaler von A ist, so
gibt es eine eindeutige Transformation von A in A'.

<u>Beweis:</u> (i) Sei t eine eindeutige Transformation von A in A' und
A_1' eine beliebige Vervollständigung von A'. Dann ist t auch eine
eindeutige Transformation von A in A_1'. Weil A_1' minimal ist, gilt
nach Satz 4.4.7. stets $t^{-1}(f_1'(t(z),x))\neq\emptyset$. Die Vervollständigung
$A^+=(Z,X,Y,f^+,g^+)$ von A sei nun so definiert:

$$f^+(z,x)=\begin{cases} f(z,x), \text{ falls } (z,x) \text{ aus } D_f \\ \text{ein beliebiges } z_1 \text{ mit } t(z_1)=f_1'(t(z),x) \text{ sonst} \end{cases}$$

$g^+(z,x)=g_1'(t(z),x)$ für alle z aus Z, x aus X.
Dann ist t ein Homomorphismus von A^+ auf A_1'. Also ist A_1' äquivalent zu A^+. Ferner ist A_1' Minimaler von A und reduziert (als
M1A).
(ii) A' ist aufgrund des Satzes über die Eindeutigkeit des minimalen Automaten (Satz 3.6.4.) homomorphes Bild von A^+. Der be-
treffende Homomorphismus ist offenbar eine eindeutige Transformation von A in A', weil A^+ eine Vervollständigung von A ist. ∎

<u>Bemerkung</u>: Man beachte Aufgabe 4.14.

<u>Folgerung 4.4.11.</u>: Sei die Transitionsabbildung des UM1A A
überall definiert, und sei A' ein Minimaler von A. Dann sind
die folgenden beiden Bedingungen äquivalent:
(i) Es gibt eine eindeutige Transformation von A in A'.
(ii) Es gibt eine Vervollständigung A^+ von A so, daß der zu A^+
     äquivalente reduzierte M1A ein Minimaler von A ist.

<u>Bemerkung</u>: (i) Der UM1A A aus Beispiel 4.4.5. besitzt eine
überall definierte Transitionsabbildung; für ihn gilt die Aussage (ii) der Folgerung jedoch nicht.
(ii) Aufgrund der Bemerkung zu Definition 4.4.6. und Folgerung
4.3.10. gilt die Bedingung (i) obiger Folgerung, wenn ein U-
Minimaler von A schon Minimaler von A ist (vgl. auch Aufgabe
4.15.).
(iii) Die Voraussetzung über die Transitionsabbildung in Folgerung 4.4.11. ist notwendig; vgl. Aufgabe 4.16.

<u>Beweis</u> der Folgerung: Wegen des vorigen Satzes ist nur zu zei-
gen, daß (i) aus (ii) folgt.
Gelte also (ii). Aufgrund des Transformationssatzes (Satz
4.4.7.) gibt es eine Transformation t von A in A'. Damit läßt
sich A' zu A_1' vervollständigen, indem man setzt
$g_1'(z',x)=g^+(z,x)$ für alle z aus Z und alle z' aus t(z).
Das genügt, weil A und A^+ die gleiche Zustandsmenge besitzen
und die Transitionsabbildung von A' wie die von A nach Voraussetzung überall definiert ist.
Damit wird t zu einer Transformation von A^+ in A_1'. Wäre nun t
nicht eindeutig, so gäbe es ein z in Z und z_1', z_2' in t(z) mit
$z_1' \neq z_2'$ und $z_i' \geq z$ für i=1,2 (aufgrund des Beweises des Transformationssatzes). Da A^+ und A_1' beide vollständig sind, müßte dann
z zu z_i' für i=1,2 äquivalent sein (nach Definition 4.4.1.(i)).
Dann wären z_1' und z_2' äquivalent im Widerspruch zur Reduziertheit von A_1'. ∎

Irredundanz von Überdeckungen

In einem minimalen vollständigen UM1A gibt es aufgrund des
Satzes von der Eindeutigkeit des minimalen Automaten keine zwei

verschiedenen Zustände, die dasselbe leisten. Wir verallgemeinern jetzt diese Eigenschaft.

<u>Definition 4.4.12.</u>: Seien A und A' zwei UM1A'n. A' heißt <u>irredundante Überdeckung</u> von A, wenn $A' \geq A$ ist und keine zwei verschiedenen Zustände z', z'' von A' existieren, für die gilt: z' überdeckt jeden Zustand von A, den z'' überdeckt.

<u>Satz 4.4.13.</u>: Sei A ein UM1A. Jeder Minimale von A ist eine irredundante Überdeckung von A, aber nicht jede irredundante Überdeckung von A ist Minimaler von A.

<u>Beweis</u>: (i) Sei A der UM1A aus Beispiel 4.4.5. Dann ist jede Vervollständigung von A eine irredundante Überdeckung von A, weil sie reduziert ist. Keine Vervollständigung von A ist aber Minimaler von A.

(ii) Sei A' ein Minimaler von A. Wir nehmen an, A' sei redundant, d.h. es gäbe Zustände z', z'' von A' mit $z' \neq z''$ und $z' \geq z$ für alle Zustände z von A mit $z'' \geq z$.

Dann können wir aus A' einen neuen UM1A A_1' konstruieren, indem wir z'' weglassen: $A_1' = (Z_1' = Z - z'', X, Y, f_1', g_1')$

$$f_1'(z,x) = \begin{cases} f'(z,x), & \text{falls } f'(z,x) \neq z'' \\ z' & \text{sonst} \end{cases} \quad \text{für alle } (z,x) \text{ aus } D_{f'}.$$

$g_1' = g'/Z_1' \times X$.

Wenn wir $A_1' \geq A$ zeigen können, sind wir fertig, weil A_1' im Widerspruch zur Minimalität von A' weniger Zustände als A' hat.

Um $A_1' \geq A$ zu beweisen, genügt es aufgrund des Transformationssatzes, eine Transformation t' von A in A_1' anzugeben.

Sei t die kanonische Transformation von A in A'. Dann sei t' wie folgt definiert:

$$t'(z) = \begin{cases} t(z) - z'', & \text{falls } z'' \text{ in } t(z) \text{ liegt} \\ t(z) & \text{sonst.} \end{cases}$$

<u>Feststellung</u>: Nach Voraussetzung liegt z' in $t(z)$ falls z'' in $t(z)$ liegt.

Offensichtlich erfüllt t' die Bedingungen (1) und (2) aus Definition 4.4.6. Zum Nachweis von Bedingung (3) sei (z,x) aus D_f.

Aufgrund der Feststellung ist $t'(z)\neq\emptyset$, und für alle z_1 aus $t'(z)$ gilt $(z_1,x)\in D(f_1')$. Ferner ist z' in $t(f(z,x))$, wenn z'' es ist. Also gilt mit

$$R=\begin{cases}\{z'\}, & \text{falls } z'' \text{ in } f'(t(z),x)\\ \emptyset & \text{sonst}\end{cases}$$

$t'(f(z,x))=t(f(z,x))-z''\supseteq(f'(t(z),x)-z'')\cup R=f_1'(t'(z),x)$ für jedes (z,x) aus D_f, d.h. (3) ist ebenfalls erfüllt. ∎

4.5. Algebraische Formulierung des Minimierungsproblems

Die zum Beweis von Folgerung 4.4.8. angegebene Minimierungs-methode ist praktisch nicht brauchbar. Das Problem brauchbare, d.h. einfach und schnell anwendbare Verfahren zu finden, ist bisher nicht befriedigend gelöst. Im folgenden soll nur das Minimierungsproblem auf ein algebraisches Problem zurückge-führt und ein Minimierungsverfahren angegeben werden, das zwar einfach zu beschreiben ist, aber als wesentlichen Bestandteil wiederum eine Suchprozedur enthält, so daß dessen Anwendung nur für nicht allzu große Automaten praktisch durchführbar ist.

Die Grundidee, die dem folgenden zugrundeliegt, ist eine Ver-allgemeinerung der Reduktionsmethode für vollständige M1A'n. Dort (Satz 2.3.6.) wurde der reduzierte M1A aus einem System von Teilmengen der Zustandsmenge (den Klassen äquivalenter Zu-stände) gebildet. Bei UM1A'n spielen Klassen verträglicher Zu-stände eine ähnliche Rolle.

Der Verband der Mengensysteme

Für das weitere brauchen wir einige neue Begriffe

Definition 4.5.1.: Sei S eine endliche Menge.
(i) Eine Menge $M=\{T_1,T_2,\ldots,T_n\}$ von nichtleeren Teilmengen T_i (den sog. Blöcken) von S heißt Mengensystem auf S, wenn gilt:
(1) $S=T_1\cup\ldots\cup T_n$ (d.h. wenn M eine Überdeckung von S ist).
(2) Aus $T_i\subseteq T_j$ folgt $i=j$ für alle i,j aus $\{1,\ldots,n\}$.
$\mathcal{M}(S)$ sei die (endliche) Menge aller Mengensysteme auf S.

(ii) Sei U eine Menge von Teilmengen von S. Dann sei $U^\bullet$ das
Mengensystem, das man erhält, wenn man aus U alle Teilmengen
wegläßt, die in einem Element von U enthalten sind und dann
für jedes nicht in einer Teilmenge aus U enthaltene Element
s aus S den Block {s} hinzunimmt.
(iii) Sind M und L Mengensysteme auf S, so sei
(1) $M \leq L$ g.d.,w. jeder Block von M in einem Block von L enthalten ist.
(2) $M + L = (M \cup L)^\bullet$

$\quad M \cdot L = \{T \cap T' \mid T \in M, \ T' \in L\}^\bullet$.

<u>Bemerkung</u>: (i) Jede Zerlegung der Menge S, d.h. jede Über-
deckung von S mit disjunkten Mengen, ist ein Mengensystem auf
S. Insbesondere ist also die Menge der Äquivalenzklassen bezüglich einer Äquivalenzrelation ein Mengensystem auf S.
(ii) Nach Definition 4.5.1.(ii) bestimmt jede Teilmenge T von
S ein Mengensystem, das abkürzend mit $T^\bullet$ bezeichnet werde:
$T^\bullet = \{T\}^\bullet = \{T\} \cup \{\{s\} \mid s \in S - T\}$ für $T \neq \emptyset$ und $\emptyset^\bullet = \{\{s\} \mid s \in S\}$.
Offenbar gilt für Teilmengen T_1, T_2 von S stets $T_1^\bullet \leq T_2^\bullet$
g.d.,w. $T_1 \subseteq T_2$.
(iii) Die Relation "$\leq$" ist eine teilweise Ordnung (reflexive,
transitive Relation) auf $\mathcal{M}(S)$.
$M + L$ bzw. $M \cdot L$ ist bzgl. "$\leq$" das kleinste bzw. größte Mengensystem, das größer bzw. kleiner als M und als L ist.
Also ist $\mathcal{M}(S)$ mit der Relation $\leq$ und den Operationen $+$ und $\cdot$
ein Verband und für $\leq$, $+$ und $\cdot$ gelten entsprechende Gesetze
wie im Verband aller Teilmengen einer Menge für $\subseteq$, $\cap$ bzw. $\cup$.

<u>Verträglichkeitsklassen von Zuständen</u>

Für unser Problem spielen zwei Mengensysteme eine wichtige
Rolle.

<u>Definition 4.5.2.</u>: Sei A ein UM1A in üblicher Notation.
(i) Eine Teilmenge T von Z heißt <u>Verträglichkeitsklasse</u> von A,
wenn je zwei Zustände aus T verträglich sind.

Eine Verträglichkeitsklasse von A heißt **maximal**, wenn sie in keiner Verträglichkeitsklasse von A echt enthalten ist.

V_A sei die Menge aller mindestens zweielementigen Verträglichkeitsklassen von A.

M_A sei die Menge aller maximalen Verträglichkeitsklassen von A.
(ii) Sei A' eine irredundante Überdeckung von A und t die kanonische Transformation von A in A', dann sei

$S_A(A')=\{t^{-1}(z')\mid z'\in Z'\}$.

<u>Bemerkung</u>: Unter den Voraussetzungen aus Definition 4.5.2.(ii) gilt $t^{-1}(z')=\{z\in Z\mid z'\geq z\}$, und je zwei Zustände aus $t^{-1}(z')$ sind verträglich.

Durch einfaches Nachrechnen beweist man unter Benutzung der zwei letzten Bemerkungen:

<u>Folgerung 4.5.3.</u>: Sei A' eine irredundante Überdeckung von A. Dann gilt

(i) Ist A vollständig, so ist $M_A=S_A(A')=\{[z]\mid z\in Z\}$, wobei $[z]$ die Menge aller zu z äquivalenten Zustände von A ist.

(ii) M_A ist ein Mengensystem auf der Zustandsmenge von A.
$M_A=(V_A)^{\bullet}$.

(iii) $S_A(A')$ ist ein Mengensystem auf der Zustandsmenge von A.
$S_A(A')\leq M_A$.

<u>Bemerkung</u>: Sowohl M_A als auch $S_A(A')$ kann aus Blöcken mit nichtleerem Durchschnitt bestehen, anders als bei vollständigen UM1A'n.

<u>Beispiel 4.5.4.</u>: (i) In Beispiel 4.4.9. ist
$M_A=S_A(A')=\{\{z_1,z_2\},\{z_1,z_3\}\}$ und $V_A=M_A$.

(ii) In Beispiel 4.4.5. ist
$M_A=\{\{z_1,z_2\},\{z_2,z_3\}\}=S_A(A')=S_A(A'')=V_A$.

(iii) A sei der durch folgende Graphen definierte UM1A und A' sei durch die danebenstehende Tabelle definiert.

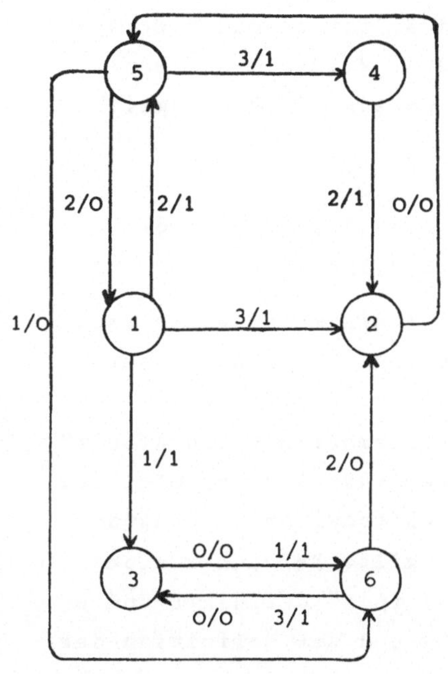

A'	1'	2'	3'
O	3'/O	3'/O	2'/O
1	2'/1	3'/1	3'/O
2	3'/1	1'/1	1'/O
3	1'/1	–	2'/1

Figur 4.5.1.: UM1A A und Minimaler A' von A mit $M_A \neq S_A(A')$

Nach der Methode des Beweises von Satz 4.2.14. (oder von Aufgabe 4.9. bzw. Aufgabe 4.10.) stellt man fest, daß
$M_A = \{\{1,2,3,4\},\{5,6\},\{2,5\},\{3,6\}\}$ ist.
Man kann das aber auch durch leichtes Nachdenken erhalten, denn
daß 1 und 5 sowie 3 und 5 nicht verträglich sind, sieht man sofort anhand der Eingabe 1; die Eingabe 2 zeigt die Unverträg-
lichkeit von 1 und 6, 4 und 5 sowie 4 und 6. Wären 2 und 6 verträglich, so müßten es auch 3 und 5 sein (wegen Folgerung
4.2.12.,(i)). Andererseits sind 2 und 5 verträglich, da f(2,x)
genau dann definiert ist, wenn f(5,x) nicht definiert ist (f
Transitionsabbildung, x beliebige Eingabe von A). Genauso ergibt sich die Verträglichkeit von 2 und 1, von 2 und 4 sowie
von 3 und 4. Aus der Verträglichkeit von 1 und 2 und der von 3
und 4 folgt sofort die von 5 und 6 (da nur für die Eingabe 2
und 3 jeweils beide Zustände einen Nachfolgezustand haben, bei
jeder der beiden Eingaben gleiche Ausgaben erfolgen und die jeweiligen Folgepaare 1,2 bzw. 3,4 sind). Analog folgt daraus

wiederum die Verträglichkeit von 2 und 3, ferner die Verträglichkeit von 1 und 4 aus der von 2 und 5. Weiter sieht man
leicht, daß 3 und 6 verträglich sind, woraus die Verträglichkeit von 1 und 3 folgt.
Also ist
$$V_A = \{\{1,2\},\{1,3\},\{1,4\},\{2,3\},\{2,4\},\{2,5\},\{3,4\},\{3,6\},\{5,6\},$$
$$\{1,2,3\},\{1,2,4\},\{1,3,4\},\{2,3,4\},\{1,2,3,5\}\}.$$

Schließlich läßt sich zeigen, daß A' ein Minimaler von A ist.
Denn gäbe es eine irredundante Überdeckung A" von A mit nur
zwei Zuständen z', z", so wäre nach Folgerung 4.5.3.(iii)
$S_A(A") \leq M_A$, und für die kanonische Transformation t von A in A"
müßte $\{1,2,\ldots,6\} = t^{-1}(z') \cup t^{-1}(z")$ gelten. Das ist nur möglich,
wenn $t^{-1}(z") = \{1,2,3,4\}$ und $t^{-1}(z') = \{5,6\}$ (bzw. entsprechendes
mit vertauschten Rollen von z' und z") gilt. Sei nun x eine
Eingabe für die die Transition f"(z",x) in A" definiert und z
aus $t^{-1}(z")$, d.h. z" aus t(z) ist. Aufgrund der Definition der
Transformation ist dann
f"(z",x) aus t(f(z,x)) also f(z,x) aus $t^{-1}(f"(z",x))$.
Das ergibt $f(t^{-1}(z"),x) \subseteq t^{-1}(f"(z",x))$, d.h. $f(t^{-1}(z"),x)$ aus
$S_A(A")$ für alle (z",x) aus $D_{f"}$. Aus der Annahme über A" würde
für x=1 bzw. x=2 daraus folgen, daß $\{3,6\}$ bzw. $\{2,5\}$ in $t^{-1}(z")$
oder $t^{-1}(z')$ enthalten sein müßten, was nicht sein kann. Also
hat A' minimale Zustandsanzahl. Daß A'$\geq$A gilt, folgt (aufgrund
des Transformationssatzes) daraus, daß durch t(1)=t(2)=1',
t(3)=t(4)=2',t(5)=t(6)=3' eine Transformation (und zwar die
kanonische) von A in A' definiert ist.
Daraus folgt sofort
$$S_A(A') = \{\{1,2\},\{3,4\},\{5,6\}\}.$$
Man beachte, daß t eine eindeutige Transformation ist, also
nach dem Satz über die Eindeutigkeit von Transformationen eine
Vervollständigung von A' ein reduzierter M1A ist, der zu einer
Vervollständigung von A äquivalent ist.
Trotzdem ist A' nicht einziger Minimaler von A, denn durch Vervollständigung von A auf andere Weise (als zur Gewinnung von A')
erhält man einen Minimalen A" von A mit
$$S_A(A") = \{\{1,4\},\{2,5\},\{3,6\}\}.$$

Wir haben bei der Behandlung des letzten Beispiels gesehen, daß
die Mengen $f(t^{-1}(z'),x)$ in $S_A(A')$ liegen müssen, wenn A' ein
Minimaler von A sein soll. Um das zu formalisieren, benutzen wir
einen Begriff aus der Algebra.

Hüllenoperatoren auf Mengensystemen

<u>Definition 4.5.5.</u>: Sei S eine endliche Menge.
(i) Ein <u>Hüllenoperator</u> auf dem Verband $\mathcal{M}(S)$ ist eine Abbildung
h von $\mathcal{M}(S)$ in sich mit folgenden Eigenschaften:
(1) $M \leq L$ impliziert $h(M) \leq h(L)$
(2) $M \leq h(M)$
(3) $h(h(M)) = h(M)$
für alle M, L aus $\mathcal{M}(S)$.
Gilt darüberhinaus nach (4) $h(M+L) = h(M) + h(L)$ für alle M,L aus
$\mathcal{M}(S)$, so heißt h <u>additiv</u>.
(ii) h sei ein Hüllenoperator auf $\mathcal{M}(S)$. Ein Mengensystem M aus
$\mathcal{M}(S)$ heißt <u>h-abgeschlossen,</u> wenn $h(M) = M$ ist.

Jeder UM1A definiert einen additiven Hüllenoperator.

<u>Hilfssatz 4.5.6.</u>: Sei A ein UM1A in üblicher Notation. h_A sei
die folgendermaßen definierte Abbildung von $\mathcal{M}(Z)$ in sich:
(i) $h_A(T^{\bullet}) = \{f^*(T,w) \mid w \in F(X)\}^{\bullet}$ für jedes $T \subseteq Z$.
(ii) $h_A(\{T_1,\ldots,T_n\}) = h_A(T_1^{\bullet}) + \ldots + h_A(T_n^{\bullet})$ für jedes $\{T_1,\ldots,T_n\}$ aus
$\mathcal{M}(S)$, das nicht die Form $T^{\bullet}$, $T \subseteq Z$ hat.
Dann ist h_A ein effektiv berechenbarer additiver Hüllenoperator
auf $\mathcal{M}(Z)$.

<u>Bemerkung</u>: Man beachte, daß $f^*(T,w) = \{f^*(z,w) \mid z \in T, (z,w) \in D(f^*)\}$
ist, und daß U in $h_A(T^{\bullet})$ liegt g.d.,w. U einelementig ist oder
ein w mit $U = f^*(T,w)$ existiert.

<u>Beweis</u>: Offenbar gilt:
(1') $T^{\bullet} \leq U^{\bullet}$ impliziert $h_A(T^{\bullet}) \leq h_A(U^{\bullet})$
(2') $T^{\bullet} \leq h_A(T^{\bullet})$
(3') $h_A(h_A(T^{\bullet})) = h_A(T^{\bullet})$
für alle T, $U \subseteq Z$.
Wegen Teil (ii) der Definition von h_A gilt natürlich die Bedingung (4) der Additivität und folgen (1), (2), (3) unmittelbar aus
(1'), (2'), (3').

Für jedes $T \subseteq Z$ ist $h_A(T^\bullet)$ effektiv berechenbar, weil gilt:
$h_A(T^\bullet) = \{f^*(T,w) \mid w \in F(X), \ |w| < 2^{|Z|}\}^\bullet$.
Denn ist $w = x_1 x_2 \ldots x_k$, $k \geq 2^{|Z|}$, x_i aus X für $i = 1, \ldots, k$ und $T \subseteq Z$,
so gibt es ein $j < 2^{|Z|}$ mit $f^*(T,w) = f^*(T, x_1 x_2 \ldots x_j)$, weil nicht
alle $k+1$ Teilmengen $f^*(T, x_1 \ldots x_i)$ von Z, für $i = 0, 1, \ldots, k$, verschieden sein können. ∎

Es ist einfach festzustellen, ob ein Mengensystem bzgl. eines
additiven Hüllenoperators abgeschlossen ist.

<u>Hilfssatz 4.5.7.</u>: Sei S eine endliche Menge, h ein additiver
Hüllenoperator auf $\mathcal{M}(S)$ und M aus $\mathcal{M}(S)$.
Dann ist M h-abgeschlossen g.d.,w. $h(T^\bullet) \leq M$ für alle T aus M gilt.

Beweis: Sei M h-abgeschlossen und T aus M. Dann ist $T^\bullet \leq M$ also
$h(T^\bullet) \leq h(M) = M$ aufgrund von (i),(1) und (ii) aus Definition 4.5.5.
Sei nun $M = \{T_1, \ldots, T_n\} = T_1^\bullet + \ldots + T_n^\bullet$ und gelte $h(T_i^\bullet) \leq M$ für $i = 1, \ldots, n$.
Dann ist aufgrund der Additivität und wegen Definition 4.5.5.,
(i),(2) $M \leq h(M) = h(T_1^\bullet) + \ldots + h(T_n^\bullet) \leq M$.
Also ist $M = h(M)$.

<u>Algebraische Formulierung des Minimierungsproblems</u>

Jetzt können wir die gesuchte algebraische Formulierung des Minimierungsproblems geben, die gleichzeitig die Grundlage für ein
Minimierungsverfahren liefert.

<u>Satz 4.5.8.</u> (Paull, Unger): Sei A ein UM1A.
(i) Für jede irredundante Überdeckung A' von A gilt:
(1) $S_A(A')$ ist h_A-abgeschlossen
(2) $S_A(A') \leq M_A$
(ii) Ist M ein Mengensystem mit n Blöcken auf der Zustandsmenge
von A mit
(1) M ist h_A-abgeschlossen
(2) $M \leq M_A$,
so gibt es mindestens eine Überdeckung A' von A mit n Zuständen.

<u>Beweis</u>: (i) Sei A' irredundante Überdeckung von A. Nach Folgerung
4.5.3., (iii) gilt Bedingung (2).
Um (1) nachzuweisen, brauchen wir wegen Hilfssatz 4.5.7. nur zu
zeigen, daß $M' = h_A((t^{-1}(z'))^\bullet) \leq S_A(A')$ für jeden Zustand z' von A'

gilt, wobei t die kanonische Transformation von A in A' sei.
Ein Block von M' ist entweder einelementig, also in einem Block
von $S_A(A')$ enthalten oder von der Form $B=\{f^*(z,w)\mid(z,w)\in D_f*,$
$z\in t^{-1}(z')\}$ für festes w aus F(X). Die gleichen Überlegungen wie
in Beispiel 4.5.4.,(iii) ergeben zusammen mit Fall (i) des Beweises von Satz 4.4.7., daß B in $t^{-1}(f'^*(z',w))$, d.h. in einem
Block von M' enthalten ist. Also gilt auch (1).
(ii) Sei M ein Mengensystem auf Z mit den Eigenschaften (1),(2).
Wir konstruieren eine gesuchte Überdeckung A' wie folgt:
$A'=(M,X,Y,f',g')$.
Für jeden Block B von M und jedes x aus X sei
a) f'(B,x) definiert g.d.,w. ein z in B mit (z,x) aus D_f existiert, und zwar sei dann f'(B,x)=B' für irgendeinen Block B'
   von M mit $f(B,x)\subseteq B'$. Weil M h_A-abgeschlossen ist, existiert
   stets solch ein Block B'.
b) g'(B,x) definiert g.d.,w. ein z in B mit (z,x) aus D_g existiert, und zwar sei dann g'(B,x)=g(z,x).
Wegen $M\leq M_A$ sind je zwei Zustände z,z' aus B verträglich, also ist
g(z,x)=g(z',x), wenn z' aus B mit (z',x) in D_g ist; d.h. g' ist
wohldefiniert.
Um $A'\geq A$ nachzuweisen, genügt es aufgrund des Transformationssatzes zu zeigen, daß die folgendermaßen definierte Korrespondenz
t von Z in M eine Transformation von A in A' ist:
$t(z)=\{B\in M\mid z\in B\}$.
Die Bedingungen (1) und (2) von Definition 4.4.6. sind nach b)
offensichtlich erfüllt; und (3) folgt sofort aus a), denn ist
f'(B,x)=B', so ist $B'\in t(f(z,x))$ für jedes z aus B und damit
$t(f(z,x))\geq\{B'\mid B'=f'(B,x),\ z\in B\}=f'(t(z),x)\neq\emptyset$. ∎

<u>Folgerung 4.5.9.</u> (Prather): Das Problem, einen Minimalen des UM1A
A zu finden, ist äquivalent mit der Aufgabe, ein Mengensystem auf
der Zustandsmenge Z von A zu finden mit den Eigenschaften:
(1) M ist h_A-abgeschlossen
(2) $M\leq M_A$
(3) Ist L ein Mengensystem auf Z, das (1) und (2) erfüllt, so
    gilt $|M|\leq|L|$.

<u>Beweis:</u> (i) Ist M ein Mengensystem auf Z, das (1) bis (3) erfüllt,

so gibt es wegen (1) und (2) nach Satz 4.5.8.,(ii) eine Über-
deckung A' von A mit $|M|$ Zuständen. Gäbe es einen A überdecken-
den UM1A A" mit weniger Zuständen als A', so wäre $L=S_A(A")$ nach
Satz 4.5.8.,(i) ein Mengensystem, das (1) und (2) aber nicht (3)
erfüllt. Also ist A' Minimaler von A.
(ii) Sei A' ein Minimaler von A. Wegen Satz 4.4.13. folgt aus
Satz 4.5.8. dann, daß $M=S_A(A')$ die Bedingungen (1) bis (3) erfüllt. ∎

Bemerkung: (i) Um einen Minimalen von A zu finden, muß man also
alle Mengensysteme auf der Zustandsmenge von A, deren Blöcke jeweils nur paarweise verträgliche Zustände enthalten, daraufhin
prüfen, ob sie h_A-abgeschlossen sind, und unter diesen eines mit
minimaler Anzahl von Blöcken auswählen. Nach der Methode des Beweises von Satz 4.5.8.,(ii) kann man dann mit diesem Mengensystem
einen Minimalen von A konstruieren. Man behandle zur Ergänzung
Aufgabe 4.17.
(ii) Beispiel 4.4.5. und Beispiel 4.5.4.,(ii) zeigen, daß man
aus einem Mengensystem mehrere verschiedene Minimale erhalten
kann.
(iii) Wie Beispiel 4.5.4.,(iii) zeigt, kann die Zahl der Mengen,
aus denen die zu untersuchenden Mengensysteme zu bilden sind,
auch bei kleinem M_A recht groß werden.
Zur Illustration führe man das in (i) skizzierte Verfahren bei
Beispiel 4.1.1. durch.
(iv) Beispiel 4.5.4.,(iii) zeigt auch, daß es nicht genügt, Mengensysteme $M \subseteq M_A$, d.h. nur aus maximalen Verträglichkeitsklassen
bestehende Mengensysteme zur Konstruktion der Minimalen heranzuziehen - vgl. dazu auch Aufgabe 4.18.

Vereinfachung des Minimierungsverfahrens

Um die Anzahl der zu untersuchenden Mengensysteme zur Konstruktion eines Minimalen von A weiter einschränken zu können, ist
ein neuer Begriff nötig.

Definition 4.5.10.: Sei S eine endliche Menge, M ein Mengensystem auf S und h ein additiver Hüllenoperator auf $\mathcal{M}(S)$.
(i) Eine nichtleere Teilmenge T von S heißt M-Menge, falls $T^\bullet \leq M$.

(ii) Sind T und U M-Mengen, so heißt U <u>h-teilbar durch</u> T, wenn gilt (1) $U \subseteq T$

    (2) $h(T^\bullet) \leq T^\bullet + h(U^\bullet)$.

(iii) Eine M-Menge, die nur durch sich selbst h-teilbar ist, heißt <u>h-prim</u>.

<u>Hilfssatz 4.5.11.</u>: Unter den Voraussetzungen von Definition 4.5.10. gilt:

Jede M-Menge ist durch eine h-prime M-Menge h-teilbar.

<u>Beweis</u>: Nach Definition sind alle Mengen, durch die eine feste M-Menge U h-teilbar ist, Obermengen von U. Wegen der Endlichkeit von S ist die Menge der Obermengen von S endlich. Es genügt also, für beliebige M-Mengen U, T und R zu zeigen daß, wenn U durch T und T durch R h-teilbar ist, auch U durch R h-teilbar ist. Gelte also

$U \leq T$, $\quad h(T^\bullet) \leq T^\bullet + h(U^\bullet)$

$T \leq R$, $\quad h(R^\bullet) \leq R^\bullet + h(T^\bullet)$.

Dann ist $U \subseteq R$ und

$$h(R^\bullet) \leq R^\bullet + T^\bullet + h(U^\bullet) \leq R^\bullet + h(U^\bullet)$$

woraus nach Definition 4.5.10. das folgt, was wir beweisen wollten. $\blacksquare$

<u>Satz 4.5.12.</u>(Grasselli, Luccio): Zu jedem UM1A A gibt es ein die Bedingungen (1) bis (3) der Folgerung 4.5.9. erfüllendes Mengensystem auf der Zustandsmenge von A, dessen Blöcke sämtlich h_A-prime M_A-Mengen sind.

<u>Bemerkung</u>: Man braucht also nur die aus h_A-primen M_A-Mengen aufgebauten Mengensysteme zu untersuchen, um einen Minimalen von A zu finden.

Daß damit die Anzahl der zu untersuchenden Mengensysteme nicht stets eingeschränkt wird, zeigt Beispiel 4.1.1., bei dem alle Verträglichkeitsklassen h_A-prim sind.

<u>Beweis</u> des Satzes: Sei $M = \{B_1, B_2, \ldots, B_n\}$ ein die Bedingungen (1) bis (3) der Folgerung 4.5.9. erfüllendes Mengensystem, das k Blöcke enthält, die keine h_A-primen M_A-Mengen sind, wobei $k \geq 1$ sei (sonst ist nichts zu beweisen).

Es genügt zu zeigen, daß sich dann ein Mengensystem M' konstruieren läßt, das (1) und (2) aus Folgerung 4.5.9. erfüllt, genau so viele Blöcke besitzt, und nur $k-1$ Blöcke enthält, die keine h_A-primen M_A-Mengen sind.

Nehmen wir also an, B_i sei nicht h_A-prim. Nach Hilfssatz 4.5.11. ist B_i durch eine h_A-prime M_A-Menge C_i h_A-teilbar. Man setze nun $M'=\{B_1,B_2,\ldots,B_{i-1},C_i,B_{i+1},\ldots,B_n\}^\bullet$.

Wegen $B_i \subseteq C_i$ gilt $M \leq M'$.

Weil C_i eine M_A-Menge ist, gilt $M' \leq M_A$.

Um nachzuweisen, daß M' h_A-abgeschlossen ist, benutzen wir Hilfssatz 4.5.7. Weil M h_A-abgeschlossen ist, gilt dann

$$h_A(B_j^\bullet) \leq M \leq M' \text{ für alle } j \neq i, \ 1 \leq j \leq n, \text{ und}$$

$$h_A(C_i^\bullet) \leq C_i^\bullet + h_A(B_i^\bullet) \leq M' + M = M'$$

aufgrund der Definition der h_A-Teilbarkeit. Also ist M' auch h_A-abgeschlossen, so daß aufgrund der Bedingung (3) $|M'|=|M|$ sein muß. Also ist

$$M' = \{B_1,\ldots,B_{i-1},C_i,B_{i+1},\ldots,B_n\}$$

das gesuchte Mengensystem. ∎

Man kann die zu untersuchenden Mengensysteme noch weiter einschränken, indem man aus h_A neue additive Operatoren ableitet und für diese dann ein zu Satz 4.5.12. analoges Resultat herleitet.

Aufgaben

4.1. In Analogie zu Beispiel 4.1.1. konstruiere man einen UM1A
mit dem Eingabealphabet {0,1}, der das Maximum (bzw. das Minimum) zweier positiver ganzzahliger Dualzahlen m und n berechnet. Die Eingabe geschehe folgendermaßen: Man bringe beide Zahlen durch eventuelles Hinzufügen führender Nullen auf die gleiche Stellenzahl und gebe dann, beginnend mit den höchstwertigen
Stellen, abwechselnd die Ziffern von m und n ein (wie in Beispiel 4.1.1.). Die Folge der zu geradzahligen Zeitpunkten er-
scheinenden Ausgaben sei die Ziffernfolge des Maximums (bzw.
Minimums).
Ferner versuche man, die Anzahl der Zustände auf ein Minimum zu
reduzieren. Vgl. Aufgabe 2.3.

4.2. Mach der Methode von Beispiel 4.1.2. konstruiere man einen
Analysator für die durch folgende metalinguistische Formeln in
Backus-Naur-Form definierten "arithmetischen Ausdrücke".

<arithm.Ausdr.>::=<arithm.Ausdr.>+<Summand>

<arithm.Ausdr.>::=<Summand>

<Summand>   ::=<Summand>*<Faktor>

<Summand>   ::=<Faktor>

<Faktor>   ::= (<arithm.Ausdr.>)

<Faktor>   ::= a

(Hinweis: Der Automat muß stets um ein Zeichen vorausschauen.)

4.3. Nach der Methode von Beispiel 4.1.3. konstruiere man einen
Decodierer für folgende Codierung:

a — 0   c — 100   e — 1011
b — 11   d — 1010

4.4. Man konstruiere einen Automaten zur Steuerung einer Eisen-
bahnschranke für eine zweigleisige Strecke, wobei jedes Gleis
nur in einer Richtung befahren werde. In genügend großem Abstand
vor und hinter der Schranke sei an jedem Gleis ein Detektor angebracht, der ein Signal sendet, wenn ein Zug diesen Detektor
passiert. Der Automat habe also 4 Eingabeleitungen (eine von jedem Detektor; Eingabe 0 g.d.,w. der Detektor kein Signal sendet);
er gebe eine 1 aus g.d.,w. die Schranke geschlossen werden oder

bleiben soll. (Hinweis: Man setze voraus, daß der Abstand der Detektoren von der Schranke größer als jede mögliche Zuglänge ist, sowie daß der Abstand zwischen zwei Zügen stets größer als der Abstand der beiden Detektoren auf einem Gleis ist. Ferner nehme man an, daß die Eingaben über die vier Leitungen stets gleichzeitig eintreffen.)

$\underline{4.5.}^{*}$ (Schützenberger, Perrot) Man beweise: Eine Codierung $h: F^{+}(B) \longrightarrow F^{+}(C)$ ist genau dann durch einen UM1A im Sinne von Beispiel 4.1.3. dekodierbar (d.h. es kann ein UM1A A konstruiert werden, der bei Eingabe von w aus $h(F^{+}(B))$ jeweils sofort das Urbild $h^{-1}(w)$ ausgibt), wenn gilt:

  (i) h(B) endlich

(ii) $h(B) \cap h(B) \cdot F^{+}(C) = \emptyset$.

Bedingung (ii) besagt, daß kein Präfix eines Codewortes (d.h. eines b' aus h(B)) selbst Codewort sein darf.

Man zeige ferner, daß (ii) für eine Codierung h genau dann gilt, wenn für jedes u aus $h(F^{+}(B))$ und für jedes w aus $F^{+}(C)$ gilt: Ist uw aus $h(F^{+}(B))$, so ist w aus $h(F^{+}(B))$.

$\underline{4.6.}^{*}$ (Kurmit) Ein UM1A A mit $D_f = D_g$ heißt informationsverlustlos endlicher Ordnung vom Typ I (ivll-eO-I), wenn ein $n \in \mathbb{N}$ so existiert, daß $g^{*}(z, xu) \neq g^{*}(z', x'v)$ für alle z,z' aus Z, alle $x \neq x'$ aus X und alle u,v aus X^n ist. Die kleinste Zahl n mit dieser Eigenschaft heißt die Ordnung von A.

(i) Man beweise: Es ist entscheidbar, ob ein UM1A ivll-eO-I ist. Für ivll-eO-I-Automaten ist die Ordnung effektiv berechenbar. (Hinweis: Man betrachte die Menge der Paare z,z' von Zuständen, für die jeweils ein z_0 und gleichlange Worte xw, x'w' mit $x \neq x'$, $g^{*}(z_0, w) = g^{*}(z_0, w')$, $z = f^{*}(z_0, w)$, $z' = f^{*}(z_0, w')$ existieren.)

(ii) Ein UM1A $\tilde{A}$ mit gleichem Ein- und gleichem Ausgabealphabet wie A und mit $D_{\tilde{f}} = D_{\tilde{g}}$ heißt Inverser zu A vom Typ I mit der Verzögerung n ($n \in \mathbb{N}$), wenn zu jedem Zustand z von A ein Zustand $\tilde{z}$ von $\tilde{A}$ existiert, so daß $\tilde{g}^{*}(\tilde{z}, g^{*}(z, uv)) = v'u$ für jedes Wort uv mit $|v| = n$ ist, für das $g^{*}(z, uv)$ definiert ist, wobei v' ein passendes Wort der Länge n ist.

Man beweise: Ein UM1A mit $D_f = D_g$ ist genau dann ivll-eO-I mit einer Ordnung $\leq n$, wenn er einen Inversen $\tilde{A}$ vom Typ I mit einer

Verzögerung $\tilde{n} \geq n$ besitzt. Man gebe ein Konstruktionsverfahren für den Inversen eines iv11-e0-I-Automaten an. (Hinweis: Als Zustandsmenge von $\tilde{A}$ wähle man $\{(z,w)\,|\,z\in Z,\ w\in F(X),\ |w| \leq \tilde{n},\ g^*(z,u)=w$ für ein $u\in F(X)\}$).

(iii) Man zeige: Ein UM1A mit n Zuständen kann nicht iv11-e0-I mit einer Ordnung größer als $\frac{1}{2}n(n-1)$ sein. Zu jedem $n\geq 2$ existiert ein streng zusammenhängender (vgl. Aufgabe 3.9.) UM1A A mit $|X|=n$, $|Y|=\frac{1}{2}n(n-1)$ (bzw. $|Y|=\frac{1}{2}n(n-1)+\lceil\frac{(n+1)}{2}\rceil$, falls A vollständig), der iv11-e0-I mit der Ordnung $\frac{1}{2}n(n-1)$ ist. (Hinweis: Den gesuchten Automaten konstruiere man so, daß man ausgehend von einem Zustand z_0 durch jeweils gleichlange Worte zu Zustandspaaren z,z' wie im Hinweis zu (i) kommt.)

<u>4.7.</u> Man untersuche, welche der Zustände in den Automaten der Beispiele 4.1.1. bis 4.1.3. L-äquivalent, U-äquivalent, V-äquivalent bzw. verträglich sind.

<u>4.8.</u> (Ginsburg) Man zeige, daß die Schranke in Satz 4.2.14. scharf ist, d.h. man konstruiere für jedes n einen UM1A mit zwei nicht verträglichen Zuständen z_1,z_2, für die $g^*(z_1,w)\sim\overline{g}^*(z_2,w)$ für alle w aus F(X) mit $|w|\leq\frac{1}{2}n(n-1)-1$ gilt.

<u>4.9.</u> (Tomescu) Man beweise die Richtigkeit des folgenden Algorithmus' zur Bestimmung aller Paare verträglicher Zustände eines UM1A A. Sei $A=(Z,X,Y,f,g)$ mit $Z=\{z_1,\ldots,z_m\}$, $X=\{x_1,\ldots,x_n\}$. Die m-reihigen quadratischen Booleschen Matrizen (d.h. Matrizen, deren Elemente nur 0 oder 1 sind)
$$A_1^{(0)}=\{a_{ij}\}_{i,j=1,\ldots,m} \quad \text{und} \quad C_k=\{c_{ij}\}_{i,j=1,\ldots,m}$$
seien für $k=1,\ldots,n$ wie folgt definiert:

$a_{ij}=0$ g.d.,w. ein x aus X mit $(z_i,x)\in D_g$, $(z_j,x)\in D_g$ und $g(z_i,x)\neq g(z_j,x)$ existiert;

$c_{ij}=0$ g.d.,w. $(z_i,x_k)\in D_f$ und $f(z_i,x_k)\neq z_j$ ist.

Für m-reihige, quadratische Boolesche Matrizen $B=\{b_{ij}\}$ und $B'=\{b'_{ij}\}$ seien folgende zwei Produkte erklärt:
$$B\times B'=\{b_{i1}b'_{1j}+b_{i2}b'_{2j}+\ldots+b_{im}b'_{mj}\}\ i,j=1,\ldots,m,$$
wobei + das logische "oder" bedeutet ($a+b=0$ g.d.,w. $a=b=0$),
$$B\cdot B'=\{b_{ij}\cdot b'_{ij}\}\ i,j=1,\ldots,m,$$
wobei $\cdot$ das logische "und" bedeutet ($a\cdot b=1$ g.d.,w. $a=b=1$).

Es gelte ferner $B \leq B'$ g.d.,w. $b_{ij} \leq b'_{ij}$ für $1 \leq i,j \leq m$ ist.
B^T bezeichne die Transponierte von B, d.h. $B^T = \{b_{ji}\}_{i,j=1,\ldots m}$.

Man bilde für $p=1,2,\ldots$ und $q=0,1,2,\ldots,n-1$
$$A_p^{(q+1)} = A_p^{(q)} \cdot (C_{q+1} \times A_p^{(q)} \times C_{q+1}^T), \quad A_{p+1}^{(0)} = A_p^{(n)}.$$

Dann gilt
$$A_1^{(0)} \geq A_2^{(0)} \geq \ldots \geq A_r^{(0)} = A_{r+1}^{(0)} \quad \text{mit } r \leq \tfrac{1}{2} m(m-1)$$

und $A_r^{(0)} = \{a_{ij}^{(r)}\}_{i,j=1,\ldots,m}$ ist die Verträglichkeitsmatrix für A,

d.h. es ist $a_{ij}^{(r)} = 1$ g.d.,w. z_i und z_j verträglich sind.

<u>4.10.</u> (Kella) Man beweise die Richtigkeit des folgenden Algorithmus' zur Bestimmung aller mit einem (beliebigen) Zustand eines UM1A nicht verträglichen Zustände.

Sei $A = (\{z_1, z_2, \ldots, z_m\}, \{x_1, \ldots, x_n\}, Y, f, g)$ durch eine Übergangs/ Ausgabetabelle wie in Beispiel 4.2.3. gegeben. (Sie hat n Zeilen (für jedes x_i eine) und m Spalten (eine für jedes z_j)). Man füge zu dieser Tabelle eine weitere Zeile hinzu – die sog. Unverträglichkeitszeile.

Dann lautet der Algorithmus:

1. Beginnend mit $i=1$ und $k=2$ prüfe man für jedes Paar z_i, z_k mit $k>i$, ob für $j=1,\ldots,n$ stets $\{(z_i, x_j),(z_k, x_j)\} \subseteq D_g$ und wenn das der Fall ist, dann auch $g(z_i, x_j) = g(z_k, x_j)$ gilt. Jedesmal, wenn das nicht gilt, trage man z_k in Spalte i der Unverträglichkeitszeile ein.

2. Setze $i=1$, $j=1$.

3. Prüfe, ob z_i in Zeile j steht. Wenn ja, gehe nach 4, sonst nach 5.

4. Untersuche Zeile j daraufhin, ob sie Zustände enthält, die in der Unverträglichkeitszeile in Spalte i stehen (d.h. bereits als nicht verträglich mit z_i erkannt sind). Wenn ein solcher Zustand z_k in Spalte s von Zeile j entdeckt wird und z_i in Spalte t von Zeile j vorkommt, dann trage z_t in die Unverträglichkeitszeile ein, und zwar in Spalte s, wenn $t>s$ und in Spalte t, wenn $s>t$.

5. Erhöhe j um 1. Ist $j>n$, so gehe nach 6, sonst nach 3.

6. Erhöhe i um 1. Ist $i>m$, so gehe nach 7, sonst setze $j=1$ und gehe nach 3.

7. Prüfe, ob durch Schritt 4 neue Eintragungen in die Unverträglichkeitszeile vorgenommen wurden. Wenn ja, gehe nach 2, sonst nach 8.

8. Für $i=1,2,\ldots,m-1$ trage man z_i in der Unverträglichkeitszeile in allen Spalten ein, für deren Nummer k gilt: $k>i$ und z_k steht in der i-ten Spalte der Unverträglichkeitszeile.

4.11.* Man führe die Überlegungen aus 4.3. für den Begriff der L-Äquivalenz anstelle der U-Äquivalenz durch.

4.12. (Ginsburg) Man beweise, daß es für je zwei Zustände eines UM1A'n entscheidbar ist, ob einer den anderen überdeckt. Gibt es einen Entscheidungsalgorithmus, der nur Eingabewörter benötigt, die kürzer als $\frac{1}{2}n^2$ sind (n=Zustandsanzahl)? (Hinweis: Man benutze Satz 4.2.14.)

4.13. Sei A ein UM1A und A' ein Minimaler von A. Gibt es dann genau eine oder mehrere Transformationen von A in A'? Wie lautet die entsprechende Frage und ihre Antwort bei vollständigen M1A'n?

4.14. (Müntefering) Gibt es einen UM1A A mit $D_f \subseteq D_g$, der einen bis auf Isomorphie eindeutigen, vollständigen Minimalen A' besitzt, ohne daß eine eindeutige Transformation von A in A' existiert?

4.15. Ist die Bedingung in Teil (ii) der Bemerkung zu Folgerung 4.4.11. erfüllt, wenn die Voraussetzung und die Bedingung (ii) von Folgerung 4.4.11. gelten? D.h. gibt es einen U-minimalen UM1A A mit überall definierter Transitionsabbildung, der eine nicht reduzierte Vervollständigung A^+ besitzt, so daß ein zu A^+ äquivalenter reduzierter M1A Minimaler von A ist?

4.16. Man zeige, daß die Voraussetzung in Folgerung 4.4.11. notwendig ist, d.h. man gebe einen UM1A A an, dessen Transitionsabbildung f nicht überall definiert ist und der zwei verschiedene Vervollständigungen A_1 und A_2 besitzt, so daß für $i=1,2$ der zu A_i äquivalente reduzierte M1A A_i' ein Minimaler von A_i ist, aber A_1' und A_2' nicht isomorph sind.

4.17.* Man überlege sich, wie die in Beispiel 4.4.5. erläuterte Methode der Zustandsaufspaltung mit der Methode von Paull-Unger-Prather (Folgerung 4.5.9.) zusammenhängt.

<u>4.18.</u> (Ehrich) Sei A ein UM1A und für jeden Zustand z von A sei U_z der Durchschnitt aller maximalen Verträglichkeitsklassen von A, die z enthalten. Man beweise:
Es ist genau dann jedes aus lauter maximalen Verträglichkeitsklassen von A bestehende Mengensystem M auf der Zustandsmenge von A ($M \subseteq M_A$) h_A-abgeschlossen, wenn mindestens eine der folgenden zwei Bedingungen für jede maximale Verträglichkeitsklasse B (aus M_A) und jede Eingabe x (aus X) erfüllt ist:

(1) $f(B,x) \subseteq B$, falls $|f(B,x)| \geq 2$

(2)   Es gibt einen Zustand z von A mit $z \notin B$ und $f(B,x) \subseteq U_z$.

Literaturhinweise und historische Bemerkungen

Unvollständig spezifizierte Automaten treten bereits bei Mealy (1955) und (implizit) in Huffman (1954) auf (beide zitiert in Kapitel 2). Wie in der Bemerkung in Abschnitt 4.1. angedeutet, spielen sie außer in den durch die Beispiele angedeuteten Fällen besonders bei der Realisierung von Automaten eine Rolle - man vgl. dazu die in Kapitel 2 angegebene Literatur.

Beispiel 4.1.1. stammt aus Ehrich (1970).

Beispiel 4.1.2. (und der in Aufgabe 4.2. gesuchte Automat) ist im wesentlichen ein LR(1)-Analysator - zur Theorie der LR(k)-Grammatiken und -Analysatoren vgl. etwa Harrison (1978); zur Konstruktion von Automaten, die Schlüsselwörter in einem Wort erkennen vgl. etwa Aho, Corasick (1975).

Beispiel 4.1.3. sowie die Aufgaben 4.3. und 4.5. gehören zur Theorie der Codes (insbes. der Präfixcodes), vgl. Perrot (1969 und 1971)und Salomaa (1981). Eine Verallgemeinerung der Automaten zur Decodierung von Präfixcodes stellen die informations-verlustlosen Automaten dar: vgl. Kurmit (1974) - dort steht auch Näheres zu Aufgabe 4.6. - und Kohavi (1970), (zitiert in Kapitel 2).
Der Begriff der L-Äquivalenz sowie der Inhalt von Abschnitt 4.3. und Aufgabe 4.11. stammen aus Brauer (1970). Der Begriff der Verträglichkeit wurde von Aufenkamp (1958) eingeführt.
Satz 4.2.14. ist von Ginsburg (1959), dazu und zu Aufgabe 4.8. vgl. man Ginsburg (1962 , zitiert in Kapitel 2). Zu Aufgabe 4.9. vgl. Tomescu (1972); zu Aufgabe 4.10. vgl. Kella (1970).
Der Inhalt von Abschnitt 4.4. stammt im wesentlichen aus Müntefering (1972), ebenso Aufgabe 4.4. Der Begriff der Über-deckung wurde (in etwas anderer Form) von Ginsburg (1959) einge-führt - dazu und zu Aufgabe 4.12. vgl. auch das in Kapitel 2 zi-tierte Buch von Ginsburg. Beispiel 4.4.5. ist dem in Kapitel 2 zitierten Buch von Kohavi (1970) entnommen. Die Definition 4.4.12. und Satz 4.4.13. gehen zurück auf Prather (1971), wo jedoch ein anderes Automatenmodell betrachtet wird.

Die Darstellung in Abschnitt 4.5. basiert auf Prather (1969) und Prather (1971) – dort wird jedoch ein etwas anderes Problem behandelt. Zur Theorie der Verbände vgl. etwa Gericke (1967).

Mengensysteme wurden im Rahmen der Automatentheorie insbesondere in Hartmanis, Stearns (1966) angewendet. Beispiel 4.5.4., (iii) steht in dem in Kapitel 2 zitierten Buch von Kohavi (1970). Satz 4.5.8. stammt im wesentlichen von Paull, Unger (1959), Satz 4.5.12. von Grasselli, Luccio (1965). Weitere Verfahren zur Bestimmung Minimaler findet man in Prather (1969), Kella (1970) und Ehrich (1970); ein recht einfaches Verfahren, das als Programm in FORTRAN IV vorliegt, findet man in Ooms (1973); ein weiteres verhältnismäßig schnelles Verfahren wurde von Rao, Biswas (1975) entwickelt. Zur Frage des Aufwandes beim Suchen von Mengensystemen vgl. etwa Garey, Johnson (1979). Aufgabe 4.18. stammt aus Ehrich (1972).

Literatur zu 4.

A.V.Aho, M.J.Corasick, Efficient string matching: An aid to
bibliographic search, Comm.Assoc.Comput.Mach. 18 (1975),
333-340.

W. Brauer, Eine Bemerkung zur Zustandsreduktion unvollständiger
Automaten, Computing 5 (1970), 178-184.

H.-D.Ehrich, Zur Theorie und Anwendung endlicher Minimalüber-
deckungen, Arbeiten des Instituts für Instrumentelle Mathematik
der Technischen Universität Hannover, Nr. 2, Hannover, 1970.

H.-D.Ehrich, A note on state minimization of a special class of
incomplete sequential machines, IEEE Trans.on Computers C-21
(1972), 500-502.

M.R.Garey, D.S.Johnson, Computers and Intractability, A Guide
to the theory of NP-Completeness, Freeman, San Francisco, 1979

H.Gericke, Theorie der Verbände, Bibliographisches Institut,
Mannheim, 1967.

S.Ginsburg, On the reduction of superfluons states in a sequential machine, J.Assoc.Comput.Mach. 6 (1959), 259-282.

A.Grasselli, F.Luccio, A method for minimizing the number of
internal states in incompletely specified sequential networks,
IEEE Trans.on Electronic Computers EC-14 (1965), 350-359.

M.A.Harrison, Introduction to Formal Language Theory, Addison-
Wesley, Reading, Mass., 1978.

J.Hartmanis, R.E.Stearns, Algebraic Structure Theory of Sequential Machines, Prentice-Hall, Englewood Cliffs, N.J., 1966.

J.Kella, State minimization of incompletely specified sequential machines, IEEE Trans.on Computers C-19 (1970), 342-348.

A.A.Kurmit, Information-Lossless Automata of Finite Order,
J. Wiley & Sons, New York, 1974.

P.Müntefering, Transformationen von partiellen Automaten,
EIK 8 (1972), 269-274.

W.J.Ooms, Minimizing incompletely specified sequential machines, Thesis, University of Illinois, Report No UILU-ENG 73-2216, Urbana, Illinois, 1973.

M.C.Paull, S.H.Unger, Minimizing the number of states in incompletely specified sequential switching functions, IRE Trans.on Electronic Computers EC-8 (1959), 356-367.

J.-F.Perrot, Endliche Automaten und Prefixcodes; in J.Dörr, G.Hotz (Hrsgb.),Automatentheorie und formale Sprachen (Tagungsbericht, Math.Forschungsinstitut Oberwolfach 1969) Bibliographisches Institut, Mannheim, 1970, 39-53.

J.-F.Perrot, Groups and Automata; in Z.Kohavi, A.Paz (Hrsgb.), Theory of Machines and Computations, Academic Press, New York, 1971, 287-293.

R.E.Prather, Minimal solutions of Paull-Unger problems, Math.Systems Theory 3 (1969), 76-85.

R.E.Prather, An algebraic proof of the Paull-Unger theorem, IEEE Trans.on Computers C-20 (1971), 578-580.

C.V.S.Rao, N.N.Biswas, Minimization of incompletely specified sequential machines, IEEE Trans.on Computers C-24 (1975) 1089-1100.

A.Salomaa, Jewels of Formal Language Theory, Computer Science Press, Rockville Md., Springer-Verlag, Berlin, 1981

I.Tomescu, A matrix method for determining all pairs of compatible states of a sequential machine, IEEE Trans.on Computers C-21 (1972), 502-503.

5. Der Rabin-Scott-Automat

5.1. Einführende Beispiele

Bei vielen Untersuchungen des Verhaltens von Maschinen, Prozessen oder Algorithmen interessiert nur, unter welchen Umständen, ausgehend von gewissen (Start-)Zuständen, bestimmte (End-)Zustände erreicht werden können. In diesen Fällen ist es unnötig, das Modell eines Automaten mit Ausgabe zu benutzen. Ferner müssen nicht notwendig die Wirkungen aller Aktionen eindeutig festgelegt sein, wenn nur die Möglichkeit untersucht werden soll, ob bestimmte Zustände erreicht werden können. Dazu ein Beispiel, das mit Problemen der Betriebsmittelvergabe in Rechnersystemen zusammenhängt, und ein Beispiel aus der Programmierung.
Zwei weitere Beispiele sollen zeigen, daß es oft recht einfach und praktisch ist, Lösungsverfahren als nichtdeterministische Algorithmen anzugeben - diese können dann entweder (in ganz systematischer Weise) in deterministische Algorithmen umgewandelt oder auf Rechnern mit Parallelverarbeitungsmöglichkeit direkt ausgeführt werden.

<u>Verklemmungen bei parallelen Prozessen</u>

<u>Beispiel 5.1.1.</u>: Eine Institutsbibliothek habe folgende großzügige Ausleihbedingungen:
  (i) Jeder Entleiher darf ausgeliehene Bücher mit nach Hause nehmen.
 (ii) Es gibt keine Ausleihfristen, d.h. Bücher werden erst zurückgegeben, wenn der Entleiher es will.
(iii) Ein Entleiher darf mehrere Bücher gleichzeitig ausleihen; er kann ausgeliehene Bücher vorbestellen und erhält diese, sobald sie zurückgegeben worden sind.
Wir betrachten nun zwei fleißige und ordentliche Studenten A und B, denen für ihre Diplomarbeiten Aufsätze aus zwei Sammelbänden empfohlen wurden. Die Studenten kennen sich nicht und arbeiten zu Hause. Aufsätze, die sie angefangen haben zu lesen, lesen sie solange, bis sie sie verstanden haben.

Da die in den Sammelbänden enthaltenen Aufsätze nicht voraus-
setzungslos geschrieben sind, ist es möglich, daß in jedem der
zwei Sammelbände mindestens ein Aufsatz existiert, zu dessen
Verständnis die Kenntnis eines im anderen Sammelband enthaltenen Aufsatzes notwendig ist. Ein Student, der auf solch einen
Aufsatz stößt, wird also seinen Sammelband nicht zurückgeben,
ehe er nicht den anderen Band erhalten und den benötigten Aufsatz gelesen hat.
Zur Untersuchung der Frage, ob die Ausleihordnung der Bibliothek oder die Haltung der Studenten vernünftig ist, d.h. ob
niemals eine Situation entstehen kann, in der keiner der beiden weiterarbeiten kann, ist es sinnvoll, folgendes Modell zu
entwerfen:

Jeder der beiden Studenten wird aufgefaßt als eine "Maschine",
die folgende 4 Zustände annehmen kann:
0: Hat keinen der beiden Sammelbände ausgeliehen oder vorbestellt.
1: Hat einen Sammelband ausgeliehen, keinen vorbestellt.
2: Hat einen Sammelband ausgeliehen und einen vorbestellt.
3: Hat beide Sammelbände ausgeliehen.
Das Verhalten jedes Studenten läßt sich durch einen Zustandsgraphen darstellen:

Figur 5.1.1.: Zustandsgraph eines Studenten

Die nach links gerichteten Pfeile bedeuten die Rückgabe eines
Bandes, die nach rechts gerichteten Ausleihe bzw. Vorbestellung.

Zur Behandlung unserer Frage müssen sämtliche möglichen Kombinationen der Zustände beider Studenten betrachtet werden. Dazu
bilden wir das direkte Produkt der Zustandsgraphen, wobei wir
jetzt an die Kanten jeweils schreiben, welchen Studenten sie
betreffen - unmögliche Zustandskombinationen (wie etwa Zustand

3 von A und Zustand 2 von B) werden weggelassen.

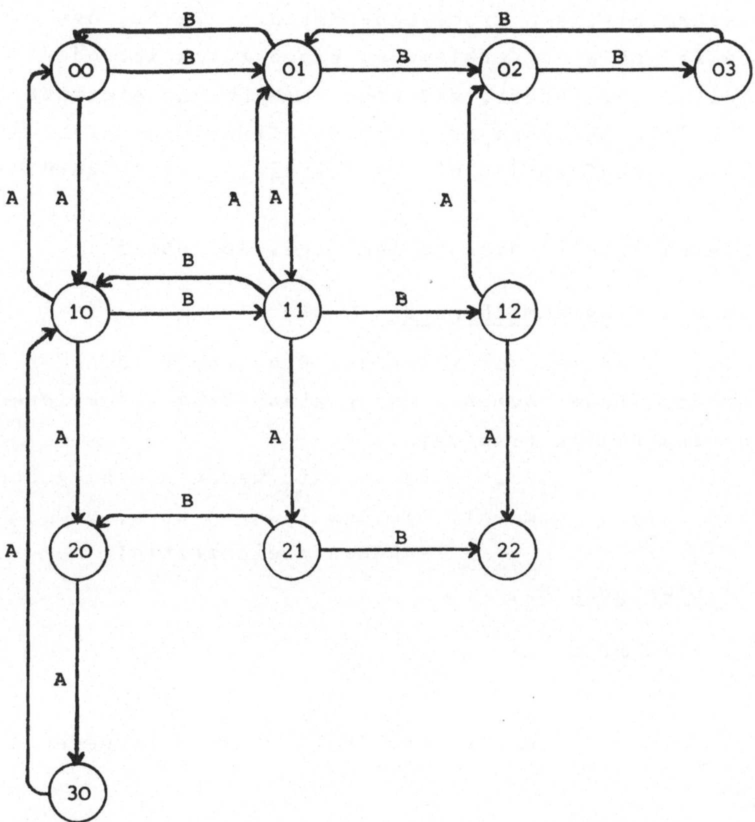

Figur 5.1.2.: Graph der Ausleihsituationen

Diesem Graphen sieht man sofort an, daß es zu einer sog. Ver-klemmung kommen kann – aus der Situation 22 (beide Studenten benötigen gleichzeitig den Band, den der andere ausgeliehen hat) gibt es unter den gegebenen Bedingungen keinen Ausweg. Der Graph ermöglicht es, jede Aktionsfolge zu finden, die von Zustand 00 zum Zustand 22 führen kann. Die Menge aller dieser (endlich langen) Aktionsfolgen ist unendlich – es ergibt sich das Problem, ob diese Menge durch einen endlichen, linear hin-schreibbaren Ausdruck angebbar ist.

Man beachte, daß der Graph "nichtdeterministisch" ist: die Folge ABAB kann von 00 zu 00 oder 02 oder 20 oder 22 führen.

Das wirft die Frage auf, ob es einen deterministischen Algorithmus (eine deterministisch arbeitende Maschine) gibt, der
 (i) feststellt, ob eine Verklemmung eingetreten ist oder
(ii) rechtzeitig verhindert, daß eine Verklemmung eintritt (dadurch, daß gewisse Aktionen in gewissen Situationen nicht erlaubt werden). Darauf werden wir in Beispiel 5.5.11. zurück-
kommen.

Für ein weiteres "Bibliotheksproblem" vgl. Aufgabe 5.1.

<u>Wertsprachen von Programmschemata</u>

<u>Beispiel 5.1.2.</u>: Gegeben sei folgendes Programm P in ALGOL-ähn-
licher Notation. (Dabei seien f und g einstellige Funktionen
und p und q einstellige Prädikate).

$$\text{START}(x);\qquad\text{Comment: Beim Start werde x eingegeben;}$$

$$(y_1,y_2):=(x,x);\qquad\text{Comment: Die Zuweisungen an } y_1 \text{ und } y_2 \text{ ge-}$$
$$\text{schehen gleichzeitig;}$$

M_1: <u>if</u> $p(y_1)$ <u>then</u> <u>goto</u> M_2;

M_3: <u>if</u> $q(y_2)$ <u>then</u> <u>goto</u> M_4;

$\quad z:=y_1$;

$\quad$ HALT(z);$\qquad$Comment: Beim Halt werde z ausgegeben;

M_2: $y_1:=f(y_1)$;

$\quad$ <u>goto</u> M_1;

M_4: $(y_1,y_2):=(g(y_1),f(y_2))$;

$\quad$ <u>goto</u> M_3;

Vereinbarungen sind hier absichtlich weggelassen worden, weil
uns der Wertebereich von x sowie die Bedeutung der Funktionen
und Prädikate nicht interessieren werden. Denn wir wollen nur
fragen, welche Berechnungen das Programm überhaupt durchführen
kann, d.h. welche Abläufe grundsätzlich möglich sind, wenn man
beliebige Eingaben x zuläßt. Dabei interessieren uns nur die so
entstehenden Folgen aus f's und g's, die angewandt auf eine passende Eingabe x, bei passender Interpretation von f und g ein
von diesem Programm berechenbares Ergebnis liefern. Dazu sei die
<u>Wertsprache</u> WS(P) des Programms P als die Menge aller dieser

Folgen definiert (die leere Folge stehe für die Identität):

WS(P)={w aus F({f,g})| Es gibt ein x, so daß (bei passender Interpretation von p,q,f und g) das Programm P bei Eingabe von x nach endlich vielen Schritten hält und w die dabei entstandene Folge von f's und g's ist, die die Ausgabe z=w(x) liefert}.

Man beachte, daß P eine ganze Klasse von Programmen repräsentiert, nämlich alle Programme, die man erhält, wenn man einen Wertebereich für x und eine konkrete Bedeutung für f und g (kurz gesagt, eine "Interpretation_von_P") angibt; P ist deshalb eigentlich ein "Programmschema". Bei einer speziellen Interpretation müssen auch nicht alle w aus WS(P) tatsächlichen Ausgaben entsprechen.

Ähnlich wie im vorigen Beispiel ist es für die Bestimmung der Wertsprache hilfreich, aus dem Programmschema einen (eventuell nicht deterministischen) Graphen abzuleiten, der die Wertsprache darstellt. Zu diesem Zweck numeriere man die Zuweisungen im Programmschema in der Reihenfolge ihres Auftretens. Der "Berechnungsgraph" BG(P) von P habe dann folgende Ecken:

z_0 - entspricht dem START-Befehl

z_{ij} - i durchlaufe die Nummern der Zuweisungen, für jedes i durchlaufe j die auf der linken Seite der i-ten Zuweisung auftretenden Indizes der Variablen y_k, falls auf der linken Seite nicht nur z steht - in diesem Fall sei j=0.

z_h - entspricht dem HALT-Befehl.

Die gerichteten Kanten von BG(P) und ihre Bewertungen erhält man so:

Von jedem z_{1j} führe eine mit Λ bewertete Kante nach z_0.

Von z_{km} führe eine mit u bewertete Kante nach z_{ij}, falls, bei geeigneter Wahl der Eingabe x und geeigneter Interpretation der im Programm auftretenden Prädikate und Funktionen, das Programm nach der Zuweisung mit der Nummer i als nächste Zuweisung diejenige mit der Nummer k ausführt (und zwischendurch höchstens Bedingungen prüft), und diese Zuweisung dann y_m bzw. z den Wert $u(y_j)$ zuweist (im Beispiel ist u entweder f oder g oder Λ).

Von z_{ij} führe eine mit u bewertete Kante nach z_0, falls in der i-ten Zuweisung y_j bzw. z der Wert u(x) zugewiesen wird.

.Von z_h führe eine mit Λ bewertete Kante zu jedem z_{i0}.
Dieses Verfahren liefert für P folgenden Graphen BG(P):

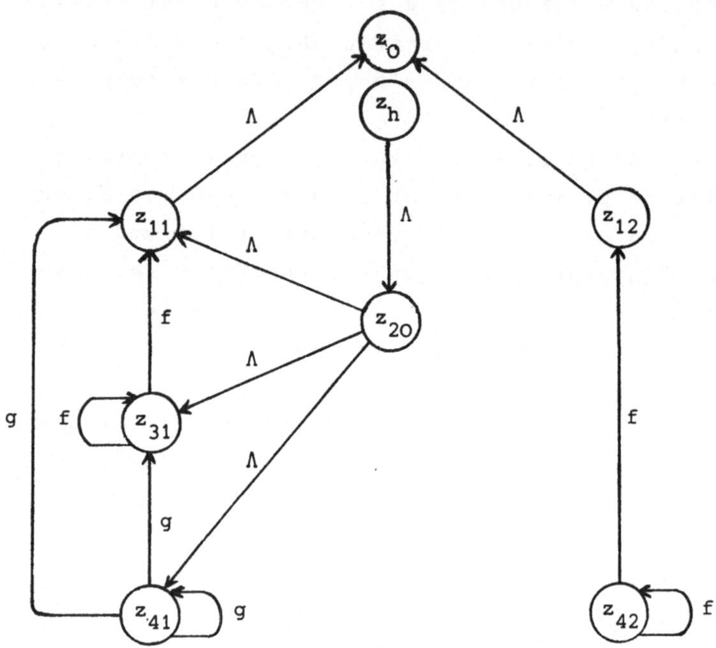

Figur 5.1.3.: Der Berechnungsgraph von P

Die _Wertsprache_WS(P)_des_Programmschemas_P_ ist nun die Menge
aller Worte aus $F\{f,g\}$, die im Berechnungsgraphen des Schemas
von z_h nach z_0 führen (ein Wort w führt von z_h nach z_0, wenn es
einen Weg in BG(P) von z_h nach z_0 gibt, derart daß die Folge der
Bewertungen der Kanten in der Reihenfolge des Durchlaufens der
Kanten das Wort w ergeben. Für P ergibt sich also
$$WS(P) = \{g^m f^n \mid m, n \in \mathbb{N}_o\}.$$
Man sieht auch sofort, daß die Ecken z_{42} und z_{12} in BG(P) überflüssig sind, und daß sogar auch noch z_0, z_h und z_{20} weggelassen werden können (und die davon ausgehenden Kanten), denn man
erhält WS(P) schon als Menge der Worte, die von z_{41}, von z_{31}
oder von z_{11} nach z_{11} führen.

Bemerkung: Ändert man das Programmschema P ab, indem man in der
zweiten bedingten Anweisung q durch p ersetzt, so erhält man

ein Schema P', das nicht mehr der letzten Bedingung aus der vorigen Bemerkung genügt. Die Schleife von M_3 über M_4 nach M_3 kann jetzt nicht mehr beliebig oft durchlaufen werden, sondern nur noch so oft, wie die Schleife von M_1 über M_2 nach M_1; die Wertsprache von P' ist nur eine Teilmenge der Wertsprache von P: $WS(P') = \{g^m f^m \mid m \in \mathbb{N}_o\}$.

In Abschnitt 5.4. wird sich zeigen, daß diese Menge nicht Wertsprache eines Programmschemas sein kann, auf das obiges Verfahren zur Bestimmung des Berechnungsgraphen anwendbar ist - vgl. folgende Bemerkung.

<u>Bemerkung</u>: Das angegebene Verfahren ist anwendbar auf Programmschemata, die folgende Bedingungen erfüllen:

- Es treten nur eine Eingabevariable x und eine Ausgabevariable z auf.
- Alle auftretenden Funktionen sind einstellig; X sei die Menge aller im Programmschema auftretenden Funktionen.
- Außer x und z gibt es zwei Mengen von Variablen:
  Datenvariable $y_1, \ldots, y_k$,
  Boolesche Variable $b_1, \ldots, b_n$.
- Es gibt nur einen START-Befehl START(x);
  auf ihn folgt unmittelbar die Anweisung
  $(y_1, y_2, \ldots, y_k, b_1, b_2, \ldots, b_n) := (u_1(x), u_2(x), \ldots, u_k(x),$
  $\beta_1, \beta_2, \ldots, \beta_n)$,
  dabei ist u_i aus F(X) für $i = 1, \ldots, k$ und
  jedes β_i eine der Booleschen Konstanten W oder F.
- Jede Zuweisung hat die Form
  $(y_1, \ldots, y_k, b_1, \ldots, b_n) := (u_1(\alpha_1), \ldots, u_k(\alpha_k), t_1(\beta_1), \ldots, t_n(\beta_n))$
  wobei die u_i aus F(X) sind, jedes t_i ein Boolescher Ausdruck ist, und jedes α_i entweder x oder ein y_j und jedes β_i entweder ein b_j oder W oder F sein darf.
- Es gibt nur einen HALT-Befehl, HALT(z), und unmittelbar vor dem HALT-Befehl steht eine Zuweisung der Form
  $z := u(\alpha)$
  mit u aus F(X) und α gleich x oder einem y_j.
- Außer den Zuweisungen sind nur bedingte Anweisungen der Form

<u>if</u> t(β) <u>then</u> <u>goto</u> M_1 <u>else</u> <u>goto</u> M_2 oder

<u>if</u> t(β) <u>then</u> <u>goto</u> M_1

erlaubt, wobei t ein Boolescher Ausdruck ist, β gleich W, F
oder einem b_i sein darf und M_1 und M_2 Marken sind.
- Alle Anweisungen außer START(x) und HALT(z) dürfen mit Marken
  versehen werden.
- Jeder Weg im Flußdiagramm des Programmschemas von START(x) zu
  HALT(z) entspricht einer möglichen Berechnung (bei passender
  Interpretation) - zwei Wege gelten dabei schon als verschieden, wenn auf ihnen eine Kante verschieden oft durchlaufen
  wird.

Wie im Programmschema P sei es natürlich erlaubt, triviale Zuweisungen ($y_i:=y_i$ oder $b_i:=b_i$) wegzulassen.

Nichtdeterministischer Algorithmus zur Klassifizierung von Worten

<u>Beispiel 5.1.3.</u>: Gegeben sei ein Alphabet, d.h. eine endliche
Menge X, etwa X={1,2,3}.
Gesucht ist ein Algorithmus, der von einem Wort w über X feststellt, ob in w mindestens zwei verschiedene Zeichen vorkommen
und eines davon mindestens zweimal auftritt; dabei sei vorausgesetzt, daß der Algorithmus das Wort w nur von links nach rechts
zeichenweise lesen kann.
Wir wollen einen nichtdeterministischen Algorithmus angeben -
ein nichtdeterministischer Algorithmus erlaubt mehrere verschiedene Ausführungen; das jeweils gewünschte Ergebnis wird schon
dann als erreicht angesehen, wenn nur eine einzige Ausführung
des Algorithmus' dieses Ergebnis liefert.
Der Algorithmus bestehe aus einem (nichtdeterministischen)
Steuerungsalgorithmus ST und (nichtdeterministischen) Erkennungsalgorithmen U_i (i aus X). Jedes U_i sei ein Algorithmus,
der erkennt, ob in dem noch nicht untersuchten Teil von w entweder noch mindestens ein weiteres i sowie ein von i verschiedenes Zeichen vorkommen oder ein von i verschiedenes Zeichen j
mindestens zweimal auftritt. ST prüfe nacheinander die Zeichen
von w und rufe irgendwann beim Auftreten von i den Algorithmus
U_i auf. Die U_i mögen parallel arbeiten; wenn eines der U_i

erfolgreich ist, soll es dies dem Steuerungsalgorithmus ST
melden, und der Gesamtalgorithmus gehe in den Endzustand
über. Jedes U_i bestehe aus einem nichtdeterministisch arbeitenden Steuerungsteil ST_i und drei parallel ausführbaren
deterministischen Erkennungsalgorithmen U_{ij} (j=1,2,3). Jedes
U_{ij} (für i≠j) erkenne, ob im Rest von w das Zeichen j mindestens zweimal auftritt. U_{ii} erkenne, ob mindestens ein (weiteres) i sowie ein von i verschiedens Zeichen auftreten. Die Er-
folgsmeldung von U_{ij} beende auch die Arbeit von U_i.
Offensichtlich lassen sich U_{ij} durch folgende Graphen vollständig beschreiben, dabei sei {i,j,k}=X. Die links schraffierte Ecke bezeichne jeweils den Start, die rechts schraffierte Ecke das Ende des Teilalgorithmus'.

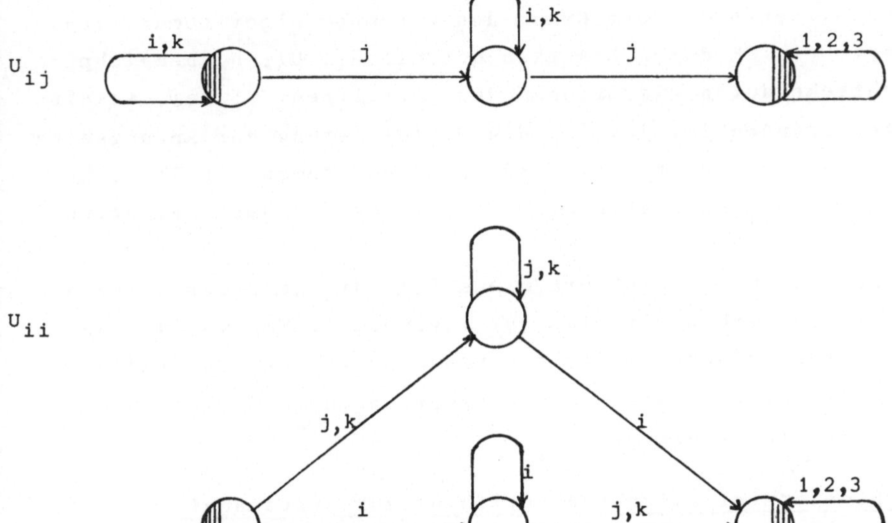

Figur 5.1.4.: Die Graphen von U_{ij}, j≠i und U_{ii}

Die Steuerungsalgorithmen ST_i haben alle die gleiche Form –
ohne ein Zeichen zu prüfen, rufen sie die U_{ij} auf. ST und die
ST_i haben also folgenden Graphen:

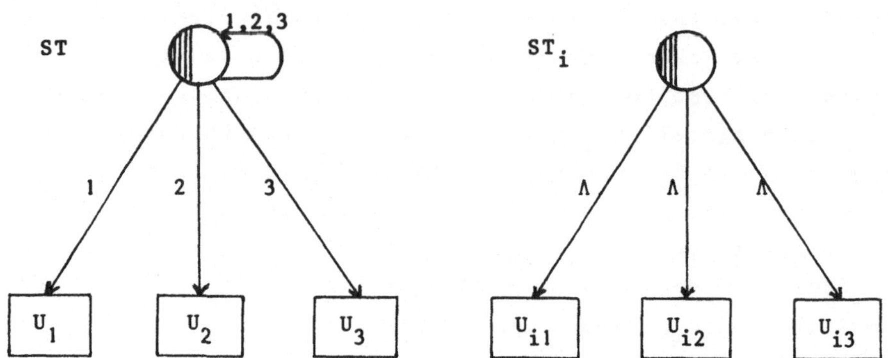

Figur 5.1.5.: Der Steuerungsalgorithmus ST

Den Graphen von U_i erhält man, indem man in ST_i die mit U_{i1}, U_{i2}, U_{i3} bezeichneten Rechtecke durch die Graphen der jeweiligen U_{ij} ersetzt. Der Graph des gesamten Algorithmus wiederum ergibt sich durch Ersetzen der mit U_1, U_2, U_3 bezeichneten Rechtecke durch die Graphen der jeweiligen U_i. Bei den eingesetzten Graphen ist jeweils die Schraffierung der Anfangsecke wegzulassen, denn gestartet wird der Algorithmus mit ST. Die Endecken der U_{ij} sind auch die Endecken des gesamten Algorithmus'.

Um festzustellen, ob ein Wort w aus F(X) die geforderte Eigenschaft hat, brauchen wir also nur irgendeinen Weg von der Anfangsecke zur Endecke im Graphen des Algorithmus' zu finden, der w buchstabiert (dessen Kantenbewertungen in der Durchlaufungsreihenfolge w ergeben).

<u>Ein nichtdeterministischer Algorithmus zur Syntaxanalyse</u>

<u>Beispiel 5.1.4.</u>: Die Syntax höherer Programmiersprachen wird mit Hilfe der Backus-Naur-Form oder Erweiterungen davon angegeben (vgl. 3.1. und 4.1.). Für gewisse Programmteile lassen sich aus ihrer Definition sofort (i.a. nichtdeterministische) Algorithmen gewinnen, die feststellen können, ob ein gewisses Programmstück der betreffenden Definitionen entspricht. Das soll am Beispiel der Definition des <u>Prozedurkopfs</u> in der Programmiersprache PASCAL gezeigt werden.

Die Definition lautet so:

<procedure heading>::=<u>procedure</u><identifier>;|
                    <u>procedure</u><identifier>(<formal parameter
                    section>{;<formal parameter section>});
<formal parameter section>::=<parameter group>|
                        <u>var</u><parameter group>|
                        <u>function</u><parameter group>|
                        <u>procedure</u><identifier>{,<identifier>}
<parameter group>::=<identifier>{,<identifier>}:
                    <type identifier>
<type identifier>::=<identifier>
<identifier>::=<letter><letter or digit>*
<letter or digit>::=<letter>|<digit>

Dabei bedeuten die geschweiften Klammern { und }, daß die von
ihnen eingeschlossene Zeichenfolge beliebig oft wiederholt werden darf (0-mal oder öfter), und ein Stern * bedeutet, daß die
mit ihm versehene metalinguistische Variable beliebig (0-mal
oder öfter) wiederholt werden kann.

Der gesuchte Algorithmus PK bestehe aus Unteralgorithmen, die
gleichzeitig aufgerufen werden und parallel arbeiten können.
Wird ihm ein Programmteil vorgelegt, so lese er es von links
nach rechts sequentiell durch. Beginnt es mit dem Wortsymbol
<u>procedure</u> , so werden zwei Unteralgorithmen U_1 und U_2 aufge-
rufen:

- U_1 stelle fest, ob der nachfolgende Text die Form
  <identifier>; hat
- U_2 stelle fest, ob der nachfolgende Text die zweite der in
  der Definition angegebenen Form hat.

U_2 rufe als erstes den Unteralgorithmus Id auf, der feststellt,
ob eine Zeichenfolge der Form <identifier> folgt. Folgt auf
diese das Zeichen (, so möge ein Unteralgorithmus FPS aufgerufen werden, der feststellt, ob nun eine Folge <formal parameter section> folgt usw..
Analog lassen sich die Anforderungen an U_1 weiter detaillie-
ren. FPS arbeite ebenfalls nichtdeterministisch. Bevor er ein
weiteres Zeichen testet, rufe er einen Unteralgorithmus PG auf,

der nach einer Zeichenfolge der Form <parameter group> suche
und parallel zu den weiteren von FPS aufgerufenen Unteralgorithmen arbeite. Nach dem Aufruf von PG prüfe FPS, ob das vorliegende Zeichen eines der Wortsymbole var, function oder procedure
ist. Wenn ja, rufe er die entsprechenden Unteralgorithmen auf usw.

Der Übersichtlichkeit halber geben wir den Graphen für PK nicht
detailliert an, sondern nur soweit die Aufrufe der Unteralgorithmen Id und FPS betroffen sind. Den Gesamtgraphen erhält man durch
Einsetzen der Graphen von Id und FPS in diesen Graphen. Entsprechend wird der Graph von FPS nicht gleich detailliert angegeben.

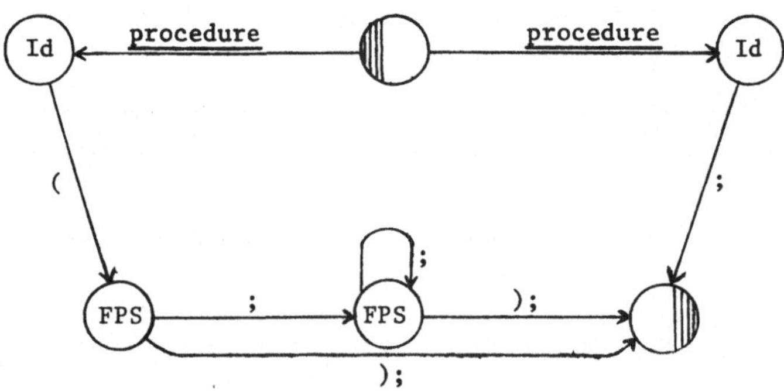

Figur 5.1.6.: Graph für PK

Die links schraffierte Ecke gibt wieder den Start, die rechts
schraffierte das Ende an. Die Zeichenfolge); an den zum Endzustand führenden Kanten bedeutet, daß diese beiden Zeichen in der
angegebenen Reihenfolge auftreten müssen.

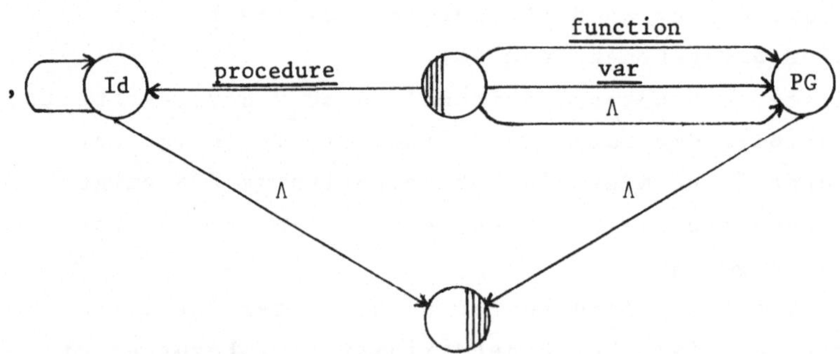

Figur 5.1.7.: Graph für FPS

Das Einsetzen dieses Graphen in den für PK erfolgt so, daß jede
mit FPS bezeichnete Ecke E in Figur 5.1.6. durch Figur 5.1.7.
ersetzt wird, wobei die zu E führenden Kanten aus Figur 5.1.6.
zur Anfangsecke von Figur 5.1.7. geführt und jede von E wegfüh-
rende Kante an die Endecke von Figur 5.1.7. geheftet wird. Die
Schraffierungen der Figur 5.1.7. werden dabei fortgelassen.

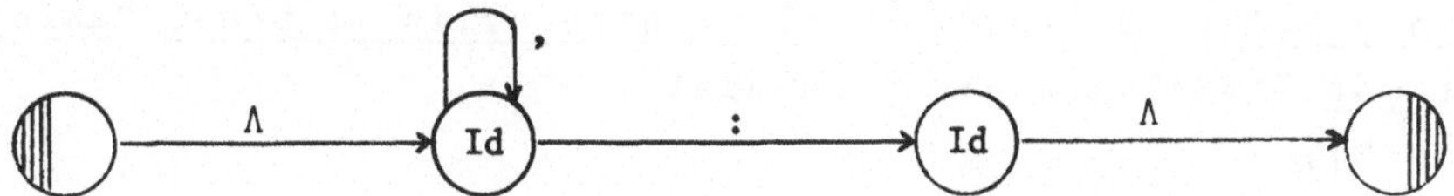

Figur 5.1.8.: Graph für PG

Den Graphen für Id geben wir in Kurzfassung an: in der folgenden Figur stehe b für einen beliebigen (in PASCAL zugelasse-
nen) Buchstaben und z für eine beliebige Ziffer

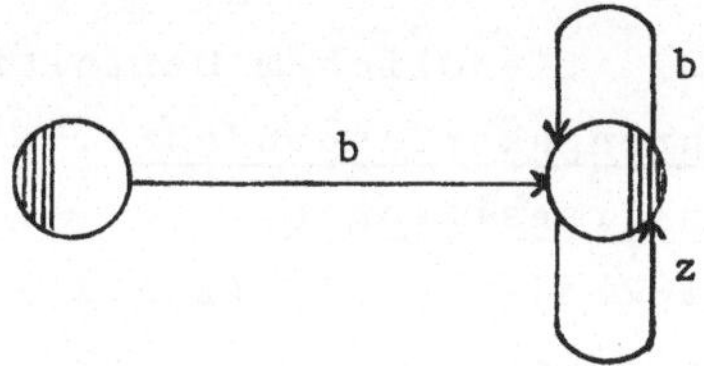

Figur 5.1.9.: Graph für Id

5.2. Der nichtdeterministische Rabin-Scott-Automat (NRSA)

Aus den Beispielen wollen wir zunächst den allgemeinsten Typ
des Rabin-Scott-Automaten abstrahieren und dann seine Arbeitsweise etwas genauer untersuchen.

<u>Definition des NRSA</u>

Wie die Beispiele 5.1.1. bis 5.1.4. zeigen, ist es praktisch,
Prozeßsysteme, Steuerungsabläufe (z.B. von Programmen) oder Algorithmen durch "nichtdeterministische" Graphen zu beschreiben.
Solche Graphen können wir in Analogie zu den früheren Überlegungen als Darstellungen von Automaten interpretieren und zwar
von Automaten ohne Ausgabe, dafür mit speziellen Anfangs- und
Endzuständen, die nichtdeterministisch arbeiten, d.h. für die

bei festem Zustand und fester Eingabe (die auch gleich aus einer
Folge von Eingaben bestehen darf) nicht eindeutig festgelegt ist,
welcher Zustand als nächster angenommen werden soll, so daß der
Automat unter verschiedenen Folgezuständen auswählen kann.
Schließlich ist es diesen Automaten auch erlaubt, spontan, d.h.
ohne eine Eingabe erhalten zu haben, den Zustand zu wechseln.

Definition 5.2.1.: Ein (endlicher) nichtdeterministischer Rabin-
Scott-Automat (NRSA) ist ein Quintupel
$A=(Z,X,t,S,F)$.
Dabei sind Z und X endliche Mengen (die Mengen der Zustände bzw.
der Eingaben; X heißt auch Eingabealphabet von A), S und F Teilmengen von Z (die Mengen der Start- oder Anfangs- bzw. der Final-
oder Endzustände)und
$t=(Z\times F(X),Z,\tau)$ mit $\tau\subseteq Z\times F(X)\times Z$, τ endlich
eine Korrespondenz, d.h. eine mehrdeutige, also mengenwertige
Abbildung von $Z\times F(X)$ in Z mit endlichem Definitionsbereich (die
Transitions- oder Überführungskorrespondenz).
Die Elemente von τ heißen Transitionen;
$\tau_s=(\tau\cap Z\times\{\Lambda\}\times Z)-\{(z,\Lambda,z)\,|\,z\in Z\}=\{(z,\Lambda,z')\,|\,(z,\Lambda,z')\in\tau,z\neq z'\}$ ist die
Menge der spontanen Transitionen,
A heißt alphabetisch, wenn $\tau\subseteq Z\times(X\cup\Lambda)\times Z$ gilt. Bei alphabetischen
NRSA'n wird stets vorausgesetzt, daß alle Eingaben gebraucht
werden, d.h. daß $X\subseteq pr_2\tau$ gilt.
A heißt buchstabierend, wenn A alphabetisch ist und keine spon-
tanen Transitionen besitzt.

Eine Transition (z,w,z') aus τ gibt an, daß A bei Eingabe von w
aus dem Zustand z direkt in den Zustand z' übergehen kann; es
ist erlaubt, daß τ auch noch weitere Transitionen (z,w,z'') mit
$z''\neq z'$ enthält. Transitionen der Form (z,Λ,z) sind offenbar nutzlos und können daher weggelassen werden. Die Menge aller Zustände, die mit solchen Transitionen, d.h. von z aus bei Eingabe von
w, zu erreichen sind, ist $t(z,w)$.

Bemerkung: Ein NRSA A läßt sich durch einen bewerteten gerichteten Graphen darstellen: Als Ecken wähle man die Zustände von A;
eine mit w bewertete Kante führe von z nach z', wenn (z,w,z')

eine Transition von A ist. Die Bewertung Λ darf auch weggelassen werden. Solche Graphen werden manchmal auch Transitionssysteme genannt.

Offensichtlich lassen sich die Graphen der Beispiele 5.1.1. bis 5.1.4. als Graphen von NRSA'n auffassen; bis auf Beispiel 5.1.4. sind es alphabetische NRSA'n; in Beispiel 5.1.1. ist es sogar ein buchstabierender NRSA.

<u>Bemerkung</u>: Sei t die Transitionskorrespondenz eines NRSA A und τ ihr Graph. Jede Eingabe w aus $pr_2\tau$ definiert dann eine Korrespondenz $t_w=(Z,Z,pr_{1,3}(\tau\cap Z\times\{w\}\times Z))$ von Z in sich ($pr_{1,3}$ ist die Projektion auf die erste und dritte Komponente). Der Graph von t_w ist die Menge aller mit w bewerteten Kanten im Graphen von A und beschreibt alle möglichen Zustandsübergänge bei Eingabe von w. Man kann also einen NRSA auch durch Angabe der Zustandsmenge Z (mit Anfangs- und Endzuständen) und einer endlichen Menge von Korrespondenzen t_w von Z in Z definieren, wobei t_w jeweils alle möglichen Reaktionen von A auf die Eingabe w beschreibt.

<u>Das Verhalten eines NRSA</u>

Es soll nun das Verhalten eines NRSA bei der Verarbeitung einer Folge von Eingaben beschrieben werden.

<u>Definition 5.2.2.</u>: Sei A ein NRSA wie in Definition 5.2.1. Man setze

$\tau^1=\tau,$

$\tau^{n+1}=\{(z,wv,z')\mid$ Es gibt ein $z''\in Z$ mit $(z,w,z'')\in\tau^n$ und $(z'',v,z')\in\tau\}$ für jedes n aus $\mathbb{N}$,

$\tau^0=\{(z,\Lambda,z)\mid z\in Z\}$

$\tau^*=\cup\{\tau^i\mid i\in\mathbb{N}_o\}$.

t^* sei die Korrespondenz mit dem Graphen τ^*, d.h.

$t^*=(Z\times F(X),Z,\tau^*);$

sie heißt <u>sequentielle Korrespondenz</u> von A.

<u>Bemerkung</u>: (i) Es ist z' in $t^*(z,w)$, wenn A durch schrittweises (sequentielles) Verarbeiten von w gemäß den möglichen Transitionen aus dem Zustand z in z' übergehen kann (wobei spontane Transitionen zugelassen sind); d.h. wenn es im Graphen von A einen

Weg von z nach z' so gibt, daß die Folge der Kantenbewertungen längs dieses Weges w ergibt. Denn offenbar ist (z,w,z') in τ^n, wenn es im Graphen von A einen aus n Kanten bestehenden Weg von z nach z' so gibt, daß die Folge der Kantenbewertungen w ergibt. Enthält also A keine spontanen Transitionen und keine (trivialen) Transitionen der Form (z,Λ,z), so ist $\tau^n \cap Z \times X^m \times Z$ leer für $n>m\geq 0$, und ist A überdies noch alphabetisch, d.h. also buchstabierend, so ist $\tau^n \cap Z \times X^m \times Z$ nicht leer g.d.,w. $n=m\neq 0$ ist.

(ii) Ähnlich wie Satz 2.3.2. beweist man für alphabetische NRSA'n auch, daß für beliebige v,w aus F(X) und z aus Z gilt $t^*(z,vw)=t^*(t^*(z,v),w)=\{z''\in Z\,|\,\text{Es gibt ein } z'\in t^*(z,v) \text{ mit } z''\in t^*(z',w)\}$.

Das wird sich auch im Beweis von Satz 5.2.3.,(ii) ergeben. Bei einem nicht alphabetischen NRSA braucht diese Gleichung natürlich nicht zu gelten, denn es kann ja $t(z,vw)$ so definiert sein, daß es in $t^*(t^*(z,v),w)$ gar nicht enthalten ist.

t^* enthält alle wesentlichen Informationen über die Arbeitsweise von A. Obwohl τ^* unendlich ist, brauchen wir jedoch (wie sich sogleich ergeben wird) nur eine endliche Teilmenge von τ^* zu kennen, und wir werden später sehen, daß auch ganz τ^* mit endlichen Mitteln beschrieben werden kann.

<u>Hinweis</u>: Im folgenden sei, wenn nichts anderes gesagt wird, A stets ein NRSA im Sinne von Definition 5.2.1. und X eine endliche Menge.

Das Transitionsmonoid eines alphabetischen NRSA

Jede Eingabefolge definiert - wie in der vorletzten Bemerkung für einzelne Eingaben schon festgestellt - eine Korrespondenz der Zustandsmenge in sich. Die Gesamtheit dieser Korrepondenzen beschreibt das gesamte Verhalten von A.

<u>Bemerkung</u>: Korrespondenzen kann man verknüpfen wie gewöhnliche Abbildungen (Hintereinanderausführung) - es kann nur sein, daß die Hintereinanderausführung zweier nichtleerer Korrespondenzen die leere Korrespondenz ergibt. Eine Menge mit einer assoziativen Verknüpfung, meist Multiplikation genannt, die bezüglich dieser Verknüpfung ein Einselement besitzt, heißt bekanntlich

Monoid. Eine surjektive Abbildung eines Monoids auf ein anderes heißt Monoidepimorphismus, wenn sie ein Homomorphismus, d.h. mit der Verknüpfung auf den Monoiden verträglich ist (d.h. wenn das Produkt der Bilder gleich dem Bild des Produktes ist) (vgl. Kapitel 1).

Satz 5.2.3.: (Satz vom Transitionsmonoid): Sei A ein alphabetischer NRSA mit n Zuständen. Für jedes w aus $F(X)$ sei $t_w^* = (Z, Z, \tau_w^*)$ die Korrespondenz von Z in Z mit dem Graphen $\tau_w^* = pr_{1,3}(\tau^* \cap Z \times \{w\} \times Z) = \{(z, z') \mid (z, w, z') \in \tau^*\}$.
Ferner sei $Q = 2^{n^2}$. Dann gilt:
(i) Für jedes w aus $F(X)$ ist die Auswirkung der spontanen Transitionen durch Q beschränkt, d.h. es gilt
$\tau_w^* = \cup \{pr_{1,3}(\tau^i \cap Z \times \{w\} \times Z) \mid i = |w|, |w|+1, \ldots, Q|w|+Q-1\}$.
(ii) Mit der Hintereinanderausführung von Korrespondenzen als Verknüpfung bildet
$T(A) = \{t_w^* \mid w \in F(X)\} = \{t_v^* \mid Q > |v|\}$
ein endliches Monoid, das sog. $\underline{Transitionsmonoid}$ von A.
(iii) Die Abbildung
h: $F(X) \longrightarrow T(A)$, $h(\tilde{w}) = t_w^*$ (d.h. $h(w) = t_{\tilde{w}}^*$),
wobei $\tilde{w}$ das $\underline{Spiegelwort}$ von w ist (d.h. für $|w| \leq 1$, ist $\tilde{w} = w$, und für $w = ux$ ist $\tilde{w} = x\tilde{u}$; vgl. Aufgabe 3.13.), ist ein Monoidepimorphismus.

Bemerkung: (i) Die Korrespondenz t_w^* gibt an, in welche Zustände ein Zustand durch Eingabe von w überführt werden kann, t_w^* ist homomorphes Bild von $\tilde{w}$, nicht von w, weil wegen der Schreibweise der Hintereinanderausführung von Korrespondenzen $t_u^* t_v^* = t_{vu}^*$ gilt.
(ii) Aus den Behauptungen (i) und (ii) des Satzes folgt, daß sich T(A) für jedes A in endlich vielen Schritten berechnen läßt (vgl. Aufgabe 5.2. und die dazu angegebene Literatur), wobei zu beachten ist, daß Q bei genauer Analyse von A durch eine kleinere Schranke ersetzt werden kann.

Beweis des Satzes: (i) Für jedes w aus $F(X)$ und jedes i aus $\mathbb{N}_0$ sei $t_{w,i}$ die Korrespondenz von Z in Z mit dem Graphen $\tau_{w,i} = pr_{1,3}(\tau^i \cap Z \times w \times Z)$.
Offenbar ist $\tau_{w,i} = \emptyset$ für $i < |w|$.

Wir beweisen nun mit vollständiger Induktion über $|w|$
$$\tau_w^* = \cup\{\tau_{w,i} \mid |w| \le i < Q|w|+Q\}.$$
Sei $w=\Lambda$. Dann ist $t_{\Lambda,i} = t_\Lambda^i$ für jedes i aus $\mathbb{N}_0$. Da es nur Q verschiedene Korrespondenzen von Z in Z gibt, können nicht alle t_Λ^i für $i=0,1,\dots,Q$ verschieden sein, d.h. es existieren p und q mit $0 \le p < q \le Q$ und $t_\Lambda^p = t_\Lambda^q$. Daraus folgt mit vollständiger Induktion über j aus $\mathbb{N}$, daß $t_\Lambda^{p+j(q-p)} = t_\Lambda^p$ gilt.
Für beliebiges k aus $\mathbb{N}$ sei nun r der Rest bei Division von k durch $q-p$, d.h. es sei $k=m(q-p)+r$ mit $0 \le r < q-p$. Dann gilt $t_\Lambda^{p+k} = t_\Lambda^{p+r}$ sowie $p+r<q$. Also ist
$$\tau_\Lambda^* = \cup\{\tau_{\Lambda,i} \mid 0 \le i < Q\}.$$
Gelte nun die Behauptung für alle w der Länge $j \ge 0$. Für $w'=wx \in F(X)$ mit $x \in X$ und $|w|=j$ gilt dann, weil A alphabetisch ist,
$$\tau_{wx}^* = \{(z,z') \mid \text{Es existieren } z_1,z_2 \in Z \text{ und } i,j \in \mathbb{N}_0 \text{ mit}$$
$$(z,w,z_1) \in \tau^i, \ (z_1,x,z_2) \in \tau, \ (z_2,\Lambda,z') \in \tau^j\} =$$
$$= \{(z,z') \mid \text{Es existieren } z_1,z_2 \in Z \text{ und } i,j \in \mathbb{N}_0 \text{ mit}$$
$$(z,z_1) \in \tau_{w,i}, \ (z_1,z_2) \in \tau_{x,1}, \ (z_2,z') \in \tau_{\Lambda,j},$$
$$|w| \le i < Q|w|+Q, \ 0 \le j < Q\} =$$
$$= \cup\{\tau_{wx,k} \mid |wx| \le k < Q|wx|+Q\}.$$
Damit ist (i) bewiesen.

Es ergibt sich aus obiger Überlegung außerdem
$$\tau_{wx}^* = \{(z,z') \mid \text{Es existieren } z'' \in Z \text{ und } r,s \in \mathbb{N} \text{ mit}$$
$$(z,z'') \in \tau_{w,r} \text{ und } (z'',z') \in \tau_{x,s} \text{ sowie } |w| \le r < Q|w|+Q \text{ und } 1 \le s < 2Q\}.$$
Daraus folgt wegen (i), wenn man die Operation $\cup$ auch für Korrespondenzen (und nicht nur ihre Graphen) verwendet (vgl. Kapitel 1),
$$t_{wx}^* = \cup\{t_{x,s}\, t_{w,r} \mid 1 \le s < 2Q, \ |w| \le r < Q|w|+Q\} = t_x^*\, t_w^*.$$
Auf analoge Weise (man ersetze x durch Λ) ergibt sich $t_\Lambda^*\, t_w^* = t_w^*$.
Wir wollen zunächst (iii) beweisen.

Da h offensichtlich surjektiv ist, brauchen wir für beliebige u,v aus $F(X)$ nur noch $t_{uv}^* = t_v^*\, t_u^*$ zu zeigen, denn daraus folgt
$$h(\widetilde{uv}) = t_{uv}^* = t_v^*\, t_u^* = h(\widetilde{v})h(\widetilde{u}),$$
und das ergibt wegen $\widetilde{vu} = \widetilde{uv}$ die Homomorphiebedingung, da mit u und v auch $\widetilde{u}$ und $\widetilde{v}$ ganz $F(X)$ durchlaufen.
Wir beweisen nun die Behauptung für festes, aber beliebiges u mit vollständiger Induktion über die Länge von v.

Für $|v|=0$, d.h. $v=\Lambda$, haben wir die Behauptung schon oben bewiesen.

Gelte nun die Behauptung für alle v der Länge $k \geq 0$. Sei weiter $v'=vx \in F(X)$ mit $|v|=k$ und $x \in X$. Dann folgt aus der am Schluß des Beweises von (i) bewiesenen Aussage (indem man zuerst $w=v$ und dann $w=uv$ setzt):

$$t_{vx}^* t_u^* = t_x^* t_v^* t_u^* = t_x^* t_{uv}^* = t_{uvx}^*.$$

Da das homomorphe Bild eines Monoids wieder ein Monoid ist, ist $T(A)$ als Bild von $F(X)$ unter h ein Monoid.

Zum Beweis der Endlichkeit von $T(A)$ sei $m>Q$ und $w=x_1 x_2 \ldots x_m$ mit $x_i \in X$ sowie $w_0=\Lambda$ und $w_i=x_1 x_2 \ldots x_i$ für $i=1,\ldots,m$. Die $t_{w_i}^*$ können nicht alle verschieden sein, d.h. es gibt mindestens zwei nicht negative ganze Zahlen i,j mit $i<j$ und $t_{w_i}^*=t_{w_j}^*$. Also existiert mindestens ein Wort v mit $|v|<|w|$ und $t_v^*=t_w^*$ (nämlich $v=w_i x_{j+1} \ldots x_m$). Für das kürzeste Wort v mit diesen Eigenschaften gilt dann $|v|<Q$, denn sonst könnte man v so wie w verkürzen. Also gilt auch (ii). ∎

Bemerkung: t_Λ^* ist das Einselement von $T(A)$, obwohl t_Λ i.A. nicht die Identität auf Z ist; das ist nur der Fall, wenn A keine spontanen Transitionen besitzt.

Man beachte ferner, daß nicht die Korrespondenzen t_x für x aus X, sondern die t_x^* Elemente von $T(A)$ sind; t_x ist von t_x^* verschieden, wenn A spontane Transitionen besitzt. Ist etwa t_x die Identität auf Z, so ist $t_x^*=t_\Lambda^*$.

Beispiel 5.2.4.: $A=(\{z_0, z_{11}, z_{12}, z_{20}, z_{31}, z_{41}, z_{42}, z_h\}, \{f,g\}, t, z_h, z_0)$ sei der NRSA aus Beispiel 5.1.2.

Dann ist $T(A)=\{t_\Lambda^*, t_f^*, t_g^*, t_{fg}^*, t_{gf}^*\}$.

Die Multiplikation in $T(A)$ ist, außer durch die Bedingung $t_u^* t_v^* = t_{vu}^*$ für alle u,v aus $F(\{f,g\})$, festgelegt durch folgende Gleichungen: $t_f^* t_f^* = t_f^*$, $t_g^* t_g^* = t_g^*$, $t_{fg}^* t_g^* = t_{fg}^* = t_f^* t_{fg}^*$.

Denn mit den ersten zwei Gleichungen läßt sich jedes t_w mit $|w| \geq 3$ auf ein t_u^* reduzieren, bei dem u eine der Formen $(fg)^i$, $g(fg)^i$, $(fg)^i f$ oder $g(fg)^i f$ mit $i \geq 1$ hat.

Solche t_u^* reduziert man mit der dritten Gleichung auf t_{fg}^*.

Die Elemente von T(A) sind durch folgende Tabelle gegeben:

	t_Λ^*	t_f^*	t_g^*	t_{fg}^*	t_{gf}^*
z_0	z_0	$\emptyset$	$\emptyset$	$\emptyset$	$\emptyset$
z_{11}	z_0, z_{11}	$\emptyset$	$\emptyset$	$\emptyset$	$\emptyset$
z_{12}	z_0, z_{12}	$\emptyset$	$\emptyset$	$\emptyset$	$\emptyset$
z_{20}	$z_0, z_{11}, z_{20}, z_{31}, z_{41}$	z_0, z_{11}, z_{31}	$z_0, z_{11}, z_{31}, z_{41}$	$\emptyset$	z_0, z_{11}, z_{31}
z_{31}	z_{31}	z_0, z_{11}, z_{31}	$\emptyset$	$\emptyset$	$\emptyset$
z_{41}	z_{41}	$\emptyset$	$z_0, z_{11}, z_{31}, z_{41}$	$\emptyset$	z_0, z_{11}, z_{31}
z_{42}	z_{42}	z_0, z_{12}, z_{42}	$\emptyset$	$\emptyset$	$\emptyset$
z_h	$z_0, z_{11}, z_{20}, z_{31}, z_{41}, z_h$	z_0, z_{11}, z_{31}	$z_0, z_{11}, z_{31}, z_{41}$	$\emptyset$	z_0, z_{11}, z_{31}

Figur 5.2.1.: Transitionsmonoid des NRSA aus Beispiel 5.1.2.

NRSA'n als erzeugende Systeme, rechtslineare Grammatiken

Wie die Beispiele 5.1.2. und 5.1.4. zeigen, kann man sich
einen NRSA (mit $Z \cap X = \emptyset$) auch als ein System zur Erzeugung von
Zeichenfolgen vorstellen: Transitionen der Form (z,w,z') fas-
se man auf als Zeichenersetzungsregeln der Form "Ersetze z
durch wz'" (in Zeichen $z \to wz'$); jeder Endzustand z möge mittels einer Regel "Ersetze z durch Λ" (in Zeichen $z \to \Lambda$) eliminiert werden können; ein von diesem System erzeugtes Wort erhält man, indem man mit einem z aus der Startzustandsmenge S
beginnt und darauf eine der obigen Regeln anwendet, auf die
so entstandene Zeichenfolge wieder eine der obigen Regeln anwendet usw., bis man ein Wort erhält, in dem kein Zustands-
symbol vorkommt.

Das einem NRSA A zugeordnete erzeugende System (meist rechtslineare Grammatik oder Chomsky-Grammatik vom Typ 3 genannt)

ist also ein Quadrupel $G=(Z,X,R,S)$, wobei Z und X disjunkte, endliche Mengen, S Teilmenge von Z und R eine endliche Menge von sog. Regeln (oder Produktionen) der Form $z \to wz'$ oder $z \to \Lambda$ mit z,z' aus Z, w aus $F(X)$ ist. Seien z aus Z, u aus $F(X)$ und v aus $F(X \cup Z)$, so heißt v direkt ableitbar aus uz bezüglich G (in Zeichen $uz \Rightarrow_G v$), wenn folgendes gilt: Ist v aus $F(X)$, so gibt es eine Regel $z \to \Lambda$ in R, und es ist $v=u$; andernfalls gibt es eine Regel $z \to wz'$ in R so, daß $v=uwz'$ ist. Sind z,u,v wie oben, so heißt v ableitbar aus uz bzgl. G (in Zeichen $uz \overset{*}{\Rightarrow}_G v$), wenn $uz=v$ ist oder es endlich viele Wörter $w_i, i=1,\ldots,n$ gibt mit: $w_1=uz$, $w_n=v$, $w_j \Rightarrow_G w_{j+1}$, $j=1,\ldots,n-1$. Die von G erzeugte Sprache sei $L(G)=\{w \in F(X) \mid \text{Es gibt ein } z \text{ in } S \text{ mit } z \overset{*}{\Rightarrow}_G w\}$.

Im allgemeinen definiert man rechtslineare Grammatiken so, daß man $|S|=1$ fordert und Regeln der Form $z \to w$ mit w aus $F(X)$ zuläßt. Daß diese Definition zur obigen äquivalent ist, wird sich in Abschnitt 5.5. ergeben.

Beispiel 5.2.5.: Der durch den Graphen der Figur 5.1.3. aus Beispiel 5.1.2. bestimmte NRSA A liefert folgende rechtslineare Grammatik G

$$G=(\{z_0, z_{11}, z_{12}, z_{20}, z_{31}, z_{41}, z_{42}, z_h\}, \{f,g\}, R, z_h),$$

wobei R aus folgenden Regeln besteht (zur Abkürzung fassen wir, wie in der Backus-Naur-Form, zwei Regeln $z \to u$ und $z \to v$ in der Schreibweise $z \to u \mid v$ zusammen):

$$z_h \to z_{20}, \; z_{20} \to z_{11} \mid z_{31} \mid z_{41}, \; z_{11} \to z_0,$$

$$z_{31} \to fz_{31} \mid fz_{11}, \; z_{41} \to gz_{41} \mid gz_{31} \mid gz_{11},$$

$$z_{42} \to fz_{42} \mid fz_{12}, \; z_{12} \to z_0, \; z_0 \to \Lambda.$$

Das Wort $g^3 f^2$ leitet man nun so aus z_h ab:

$$z_h \Rightarrow z_{20} \Rightarrow z_{41} \Rightarrow gz_{41} \Rightarrow ggz_{41} \Rightarrow gggz_{31} \Rightarrow g^3 fz_{31} \Rightarrow g^3 f^2 z_{11} \Rightarrow$$

$$\Rightarrow g^3 f^2 z_0 \Rightarrow g^3 f^2.$$

Die obigen Ersetzungsregeln lassen sich auch vollständig als Formeln in Backus-Naur-Form (vgl. Beipsiel 5.1.4.) schreiben. Statt $z \to wz'$ bzw. $z \to \Lambda$ schreibe man $\langle z \rangle ::= w \langle z' \rangle$ bzw. $\langle z \rangle ::= \Lambda$.

5.3. Leistung, akzeptable Mengen

Der Begriff der Leistung eines NRSA soll jetzt definiert und
dann mit algebraischen Mitteln beschrieben werden.
Ein NRSA soll nicht eine Abbildung realisieren, sondern Eingabeworte klassifizieren in akzeptierte und nicht akzeptierte.
Ein Eingabewort wird von einem NRSA A akzeptiert, wenn es A
von einem Anfangs- in einen Endzustand überführen kann, falls
man einen passenden Anfangszustand wählt, und A bei jedem Zustandsübergang den passenden Nachfolgezustand aussucht; oder
anders ausgedrückt: falls es im Graphen von A einen Weg von
einer Anfangsecke zu einer Endecke so gibt, daß die Folge der
Kantenbewertungen entlang des Weges das Eingabewort ergibt.

Leistung, akzeptable Mengen

Zur Angabe der Leistung eines NRSA genügt es also, die Menge
der akzeptierten Eingabeworte anzugeben.

Definition 5.3.1.: (i) Die Leistung von A (oder die von A akzeptierte Menge) ist die Menge
$L(A) = \{w \in F(X) \mid t^*(S,w) \cap F \neq \emptyset\}$.
(ii) Sei X eine endliche Menge. Eine Teilmenge L von F(X)
heißt N-akzeptable Menge, wenn es einen NRSA A mit L=L(A) gibt.
NAkz(X) sei die Menge aller N-akzeptablen Teilmengen von F(X).

Bemerkung: (i) $t^*(S,w) \cap F \neq \emptyset$ bedeutet: Es gibt eine Folge
$z_0, z_1, \ldots, z_n$ von Zuständen und eine Folge $u_1, u_2, \ldots, u_n$ aus
F(X), so daß z_0 aus S, z_n aus F und (z_{i-1}, u_i, z_i) aus τ für
$i=1, \ldots, n$ sowie $w = u_1 u_2 \ldots u_n$ ist. Das leere Wort Λ wird schon
akzeptiert, wenn $S \cap F \neq \emptyset$ ist. Im Graphen von A bedeutet dies, daß
es einen Weg von einem Anfangszustand zu einem Endzustand gibt,
derart daß die Folge der Kantenbewertungen längs dieses Weges w
ergibt.

Beispiel 5.3.2.: (i) Sei A der NRSA aus Beispiel 5.1.1. Dann ist
L(A) die Menge aller Folgen von Ausleihaktionen der beiden Studenten, die von der Ausgangssituation (keiner hat ein Buch ge-
liehen oder vorbestellt) zu der Verklemmungssituation führen
können.

(ii) Sei A der NRSA aus Beispiel 5.1.2. (vgl. auch Beispiel 5.2.4.). Dann ist $L(A)=\{g^m f^n \mid m,n \in \mathbb{N}_o\}=WS(P)$.

(iii) Sei A der NRSA aus Beispiel 5.1.3.. Dann ist $L(A)$ die Menge der Worte über $\{1,2,3\}$, in denen mindestens zwei verschiedene Ziffern und mindestens eine davon wenigstens zweimal vorkommen.

(iv) Sei A der NRSA aus Beispiel 5.1.4.. Dann ist $L(A)$ die Menge aller in PASCAL erlaubten Prozedurköpfe.

(v) Ist G die A gemäß der Bemerkung am Schluß von 5.2. zugeordnete rechtslineare Grammatik, so ist $L(G)=L(A)$.

Aufgabe 5.3. bringt weitere Beispiele.

Rationale Mengen

N-akzeptable Mengen lassen sich auf einfache Weise aus endlichen Mengen bilden. Dazu wird konstruktiv eine Klasse von Mengen definiert. Eine verschärfte Definition enthält Aufgabe 5.7.(iii).

Definition 5.3.3.: Die Menge Rat(X) der rationalen Teilmengen von F(X) ist die kleinste Teilmenge $\mathcal{R}$ der Potenzmenge von F(X) mit folgenden Eigenschaften:

(i) Die leere Menge und jede einelementige Teilmenge von X liegt in $\mathcal{R}$.

(ii) Mit den Mengen U und V enthält $\mathcal{R}$ auch ihre Vereinigung $U \cup V$ und ihr Produkt
$UV=\{uv \mid u \in U,\ v \in V\}$.

(iii) Mit U enthält $\mathcal{R}$ auch das von U in F(X) erzeugte Untermonoid $U^*=U^0 \cup U^1 \cup U^2 \cup \ldots = \{u_1 u_2 \ldots u_n \mid n \in \mathbb{N}_o,\ u_i \in U\}$
mit $U^0=\Lambda$, $U^{i+1}=U^i U$).

Bemerkung: Eine nichtleere rationale Menge läßt sich also aus den einelementigen Mengen durch endlichmalige Anwendung der Operationen Produkt, Vereinigung und Untermonoidbildung konstruieren - diese Operationen werden deshalb die rationalen Operationen genannt. Man kann also eine rationale Menge durch eine endliche Zeichenfolge angeben. Dabei läßt man die Mengenklammern bei einelementigen Mengen stets weg. Man beachte, daß $\emptyset^*=\Lambda$ ist (vgl. auch Abschnitt 5.7.).

<u>Beispiel 5.3.4.</u>: (i) Die Wertsprache des Programmschemas P in Beispiel 5.1.2. läßt sich als rationale Menge darstellen: $WS(P)=g^*f^*$.

(ii) Die Menge U der von dem Algorithmus in Beispiel 5.1.3. zu findenden Zeichenfolgen läßt sich wie folgt als rationale Menge erhalten:

W_i sei die Menge der vom Unteralgorithmus U_i (vgl.Figur 5.1.4.) feststellbaren (Teil-)Worte. Dann ist für $\{i,j,k\}=\{1,2,3\}$

$W_i=\{i,k\}^*j\{i,k\}^*j\{1,2,3\}^*\cup\{i,j\}^*k\{i,j\}^*k\{1,2,3\}^*\cup$

$\cup(ii^*\{j,k\}\cup\{j,k\}\{j,k\}^*i)\{1,2,3\}^*.$

Dann ist (vgl. Figur 5.1.5.)

$U=\{1,2,3\}^*(1W_1\cup 2W_2\cup 3W_3).$

(iii) Interpretiert man in der Definition der erlaubten Prozedurköpfe in Beispiel 5.1.4. die metalinguistischen Variablen <...> als Namen von Mengen, ersetzt man "::=" durch "=" und "|" durch "$\cup$", so stellen die so erhaltenen Gleichungen die betreffenden Mengen als rationale Mengen dar. Durch sukzessives Einsetzen erhält man daraus die Darstellung der Menge der erlaubten Prozedurköpfe.

<u>Bemerkung</u>: Aus (i) und (ii) von Definition 5.3.3. folgt unter Beachtung von $\emptyset^*=\Lambda$, daß $Rat(X)$ alle endlichen Teilmengen von $F(X)$ enthält. Mit (iii) folgt daraus, daß jedes endlich erzeugte Untermonoid E^* (E endlich) von $F(X)$, speziell also auch $X^*=F(X)$ in $Rat(X)$ enthalten ist. Wegen $F^+(X)=XX^*$ ist auch $F^+(X)$ eine rationale Menge. Allgemein schreibt man L^+ statt LL^* für $L\subseteq F(X)$. Offenbar ist mit L auch L^+ rational.

Zur Vertiefung und Ergänzung bearbeite man die Aufgaben 5.4. und 5.5.

<u>Abgeschlossenheit unter den rationalen Operationen</u>

Daß eine Menge von Mengen, die unter einer Operation abgeschlossen ist, unter dieser Operation effektiv abgeschlossen ist, soll heißen, daß ein Konstruktionsverfahren angegeben werden kann, das die Operation realisiert (vgl. Kapitel 1).

<u>Satz 5.3.5</u>. (Kleene): (i) $NAkz(X)$ ist unter den rationalen Operationen (Vereinigung, Produkt, Untermonoidbildung) effektiv abgeschlossen, und es gilt $Rat(X)\subseteq NAkz(X)$.

(ii) NAkz(X) ist unter der Operation der Spiegelwortbildung effektiv abgeschlossen, d.h. mit U ist auch die Spiegelmenge zu U, d.h. die Menge $\tilde{U}=\{\tilde{u}\mid u\in U\}$ N-akzeptabel.

<u>Beweis</u>: (a) Die leere Menge wird von einem NRSA $A=(Z,X,t,S,F)$ mit $\tau=\emptyset$ und $S\cap F=\emptyset$ akzeptiert. $\{x\}$ wird akzeptiert von $A=(\{z,z'\},X,t,z,z')$ mit $\tau=\{(z,x,z')\}$.

Mit einer entsprechenden Konstruktion zeigt man, daß sogar schon jede endliche Teilmenge von F(X) von einem NRSA mit zwei Zuständen akzeptiert werden kann.

(b) Seien U und V aus NAkz(X) und $A_i=(Z_i,X,t_i,S_i,F_i)$, $i=1,2$, zwei NRSA'n mit $L(A_1)=U$, $L(A_2)=V$ und $Z_1\cap Z_2=\emptyset$ - die Durchschnittsfremdheit der Zustandsmengen läßt sich durch Umbenennung stets erreichen.

Sei $A_3=(Z_1\cup Z_2,X,t_1\cup t_2,S_1\cup S_2,F_1\cup F_2)$,

$\qquad A_4=(Z_1\cup Z_2,X,t_1\cup t_2\cup F_1\times\{\Lambda\}\times S_2,S_1,F_2)$,

$\qquad A_5=(Z_1,X,t_1\cup F_1\times\{\Lambda\}\times S_1,S_1,F_1)$,

$\qquad \tilde{A}_1=(Z_1,X,\tilde{t}_1,F_1,S_1)$ mit $\tilde{\tau}_1=\{(z',\tilde{u},z)\mid(z,u,z')\in\tau_1\}$.

$\tilde{A}_1$ wird als der <u>Spiegelautomat</u> zu A_1 bezeichnet. Dann gilt offenbar $U\cup V=L(A_3)$, $UV=L(A_4)$, $U^+=L(A_5)$ also $U^*=L(A_5)\cup\Lambda$ und $\tilde{U}=L(\tilde{A}_1)$.

A_3 ist die Parallelschaltung, A_4 die Hintereinanderschaltung von A_1 und A_2; zur Konstruktion von A_5 werden die Endzustände von A_1 zu den Anfangszuständen rückgekoppelt. Den Graphen von $\tilde{A}_1$ erhält man aus dem von A_1, indem man die Richtung jeder Kante umkehrt und jedes an einer Kante stehende Wort spiegelt.

(c) Die Konstruktion des Spiegelautomaten liefert den Beweis für (ii). Da aus der leeren Menge und den einelementigen Teilmengen von X mit Hilfe der rationalen Operationen jede rationale Menge konstruiert werden kann, folgt aus (a) und der Konstruktion der Automaten A_3, A_4, A_5, daß jede rationale Teilmenge von F(X) N-akzeptabel ist. Also gilt auch (i). ∎

Man vergleiche die Konstruktionen im Beweis mit den Konstruktionen der Algorithmen in den Beispielen 5.1.3. und 5.1.4. und bearbeite Aufgabe 5.6.

__Beispiel 5.3.6.__: Wir wollen zeigen, daß die Menge L_D der Dualdarstellungen (ohne führende Nullen) der Zahlen der Form
$(2^k-1)2^m+1$ mit k+m gerade und m$\geq$2 (k,m aus $\mathbb{N}$) N-akzeptabel ist.
Offensichtlich ist $L_D=\{1^k0^n1\,|\,k,n\in\mathbb{N}$, k+n ungerade$\}$.
Sei $L_{1u}=\{1^k\,|\,k$ ungerade, $k\in\mathbb{N}\}$, $L_{1g}=\{1^k\,|\,k$ gerade, $k\in\mathbb{N}\}$

$\quad L_{0u}=\{0^n\,|\,n$ ungerade, $n\in\mathbb{N}\}$, $L_{0g}=\{0^n\,|\,n$ gerade, $n\in\mathbb{N}\}$

Aufgrund von Satz 5.3.5. ist $\bar{L}_{1g}=L_{1g}\cup\Lambda=\{(11)^i\,|\,i\in\mathbb{N}_0\}=\{11\}^*$
N-akzeptabel. Aus dem Satz folgt dann, daß $L_{1g}=11\bar{L}_{1g}$ und
$L_{1u}=1\bar{L}_{1g}$ N-akzeptabel sind. Entsprechend zeigt man, daß L_{0g}
und L_{0u} N-akzeptabel sind.
Nun ist $L_D=L_{1u}L_{0g}1\cup L_{1g}L_{0u}1$.

Also ist nach Satz 5.3.5. auch L_D N-akzeptabel.

Ein NRSA mit der Leistung L_D ist durch folgenden Graphen gegeben (Man überlege sich, wie man diesen Graphen aus dem mittels
der Konstruktion des Beweises von Satz 5.3.5. erzeugten NRSA
mit der Leistung L_D erhalten kann - vgl. die Aufgaben 5.4. und
5.6. sowie Kapitel 6):

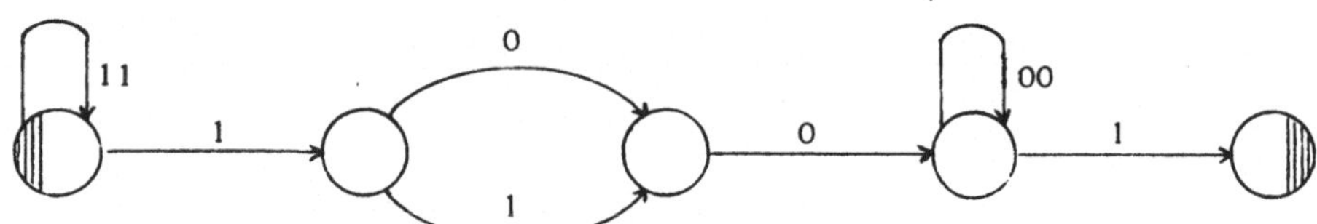

Figur 5.3.1.: Ein NRSA mit der Leistung L_D

Die Rationalität der N-akzeptablen Mengen

Mit Hilfe eines einfachen (aber nicht sehr schnellen) Verfahrens läßt sich für die Leistung eines NRSA eine Darstellung als
rationale Menge gewinnen, d.h. eine lineare endliche Darstellung
für eine im allgemeinen unendliche Menge. Zusammen mit Satz
5.3.5.(i) ergibt das einen der (trotz der Einfachheit seines Beweises) wichtigsten Sätze der Automatentheorie.
Ein anderes, aber verwandtes Verfahren ist in Aufgabe 5.7. angegeben.

<u>Satz 5.3.7.</u> (Kleene): Für jede endliche Menge X gilt
Rat(X)=NAkz(X).

<u>Beweis</u>: Wegen Satz 5.3.5.(i) ist nur noch NAkz(X)⊆Rat(X) zu
zeigen. Dazu benutzen wir ein Verfahren mit dem der Graph eines
NRSA A in einen Graphen der Form

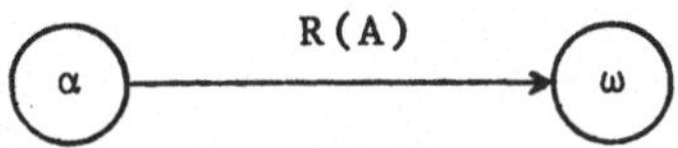

so umgeformt wird, daß R(A) eine rationale Menge ist, die gleich
der Leistung von A ist.

Zur Vereinfachung der Sprechweise sei folgender Begriff eingeführt: Ein <u>verallgemeinerter Transitionsgraph</u> (kurz <u>VTG</u>) über X
ist ein kantenbewerteter Digraph mit einer Anfangsecke α und
einer Endecke ω, dessen Kantenbewertungen rationale Mengen sind;
d.h. ein VTG ist ein Quintupel $V=(C,X,\tau,\alpha,\omega)$, wobei C eine endliche Menge (die Eckenmenge), $\alpha\in C$, $\omega\in C$ und τ eine endliche Teilmenge von $C\times Rat(X)\times C$ ist. Ähnlich wie beim NRSA ist die Leistung
L(V) von V die Menge aller Worte w, die von α nach ω führen, wobei die Aussage, daß w von α nach ω führt, hier bedeuten soll,
daß eine endliche Folge $(\alpha,R_1,C_1),(C_1,R_2,C_2),\dots,(C_{k-1},R_k,\omega)$
von bewerteten Kanten von V und eine Faktorisierung $w=w_1w_2\dots w_k$
so existieren sollen, daß w_i in R_i für $i=1,\dots,k$ ist.
Das Verfahren läßt sich nun wie folgt skizzieren:
Den Graphen von A erweitert man durch Hinzunahme von α und ω
sowie von passenden Kanten zu einem VTG mit gleicher Leistung
wie A und formt den VTG dann durch Elimination von Kanten und
Ecken solange um, bis er die oben angegebene Form erhält.

Zur Elimination von Kanten und Ecken werden die folgenden drei
Regeln K, S und E verwendet:
K (<u>Kanteneliminationsregel</u>): Zwei Kanten mit gleichem Anfang
(etwa c) und gleichem Ende (etwa c'), die mit R bzw. R' bewertet sind, werden ersetzt durch eine Kante (von c nach c') mit
der Bewertung R∪R' - dabei ist sowohl c=c' (d.h. eine Mehrfach-
schleife) als auch c=α oder c'=ω erlaubt;

d.h. also: (c,R,c') und (c,R',c') werden ersetzt durch $(c,R\cup R',c')$ - vgl. folgende Skizze:

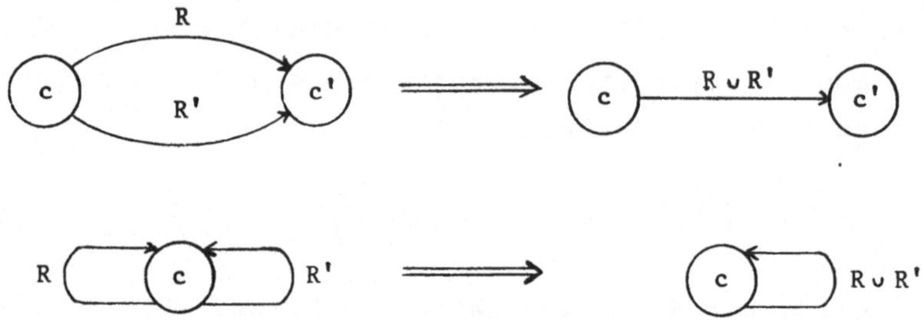

Figur 5.3.2.: Die Kanteneliminationsregel K

S (<u>Schleifeneliminationsregel</u>): Befindet sich an einer von α und ω verschiedenen Ecke (etwa c) eine einzelne mit R bewerte-te Schleife (d.h. eine gerichtete Kante, die zu ihrem Anfang zurück weist), so wird diese Schleife weggelassen und die Be-wertung jeder von dieser Ecke wegführenden Kante wird von links mit R^* multipliziert - führen keine Kanten von dieser Ecke weg oder zu ihr hin, so wird diese Ecke (mit allen zu ihr hin- bzw. von ihr wegführenden Kanten) weggelassen;

d.h. also: Ist $\alpha\neq c\neq\omega$, $\tau\cap\{c\}\times Rat(X)\times\{c\}=\{(c,R,c)\}$ und $W_c=\tau\cap\{c\}\times Rat(X)\times(C-c)$, so wird τ durch

$$(\tau-(W_c\cup(c,R,c)))\cup\{(c,R^*R',c')\,|\,(c,R',c')\in W_c\}$$

ersetzt, ist W_c leer, so wird außerdem C durch C-c ersetzt - vgl. folgende Skizze

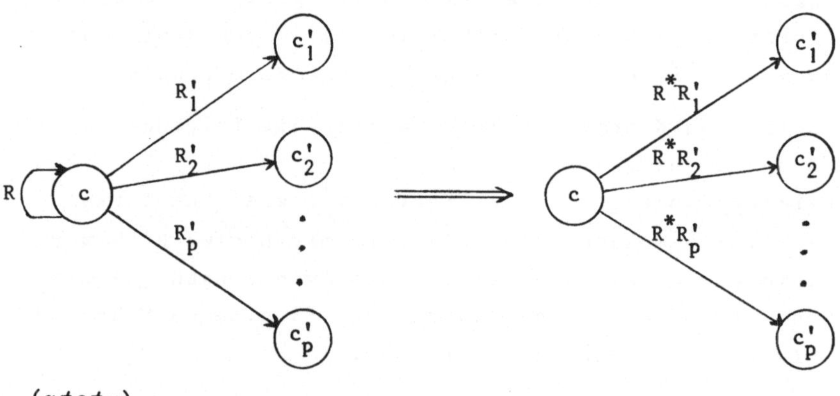

$(\alpha\neq c\neq\omega)$

Figur 5.3.3.:Die Schleifeneliminationsregel S

E (<u>Eckeneliminationsregel</u>): Eine von α und ω verschiedene Ecke (etwa c), an der sich keine Schleife befindet, wird entfernt, und dafür wird jedes Paar aus einer (etwa von c') zu dieser Ecke hin führenden (und etwa mit R bewerteten) und einer von dieser Ecke (etwa zu c") weg führenden (und etwa mit R' bewerteten) Kante durch eine Kante ersetzt, die vom Anfang der ersten Kante (d.h. c') zum Ende der zweiten Kante (d.h. c") führt und mit dem Produkt der Bewertungen (d.h. RR') bewertet ist (man beachte, daß c'=c" erlaubt ist und daß es zusätzlich eine direkt von c' nach c" führende Kante geben kann) - falls keine Kante zu dieser Ecke hin- oder keine Kante von dieser Ecke wegführt, wird diese Ecke (und natürlich alle sie berührenden Kanten) weggelassen;

d.h. also: Ist $\alpha \neq c \neq \omega$, $\tau \cap \{c\} \times \mathrm{Rat}(X) \times \{c\} = \emptyset$, $H_c = \tau \cap C \times \mathrm{Rat}(X) \times \{c\}$ und $W_c = \tau \cap \{c\} \times \mathrm{Rat}(X) \times C$, so wird C durch $C-c$ und τ durch
$(\tau - (H_c \cup W_c)) \cup \{(c', RR', c") \mid (c', R, c) \in H_c, (c, R', c") \in W_c\}$
ersetzt - vgl. folgende Skizze

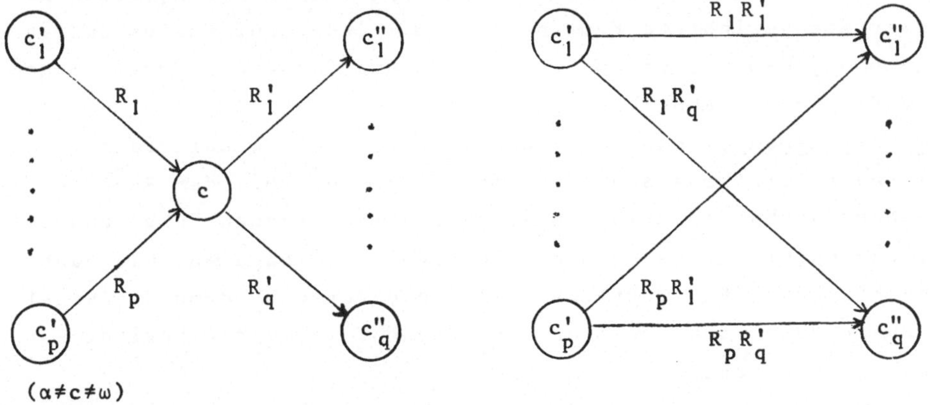

Figur 5.3.4.: Die Eckeneliminationsregel E

<u>Feststellung</u>: Jede der durch die Anwendung einer der Regeln neu eingeführten Kantenbewertungen ist wieder eine rationale Menge, der neu entstehende Graph also wieder ein VTG, der dieselbe Leistung wie der alte hat, denn die neuen Kantenbewertungen sind gerade jeweils die Mengen aller der Worte, die im alten VTG vom jeweiligen Kantenanfang zum jeweiligen Kantenende führten.

Man beachte ferner, daß durch Anwendung von Regel E Mehrfachkanten und Schleifen entstehen können - vgl. folgende Skizze

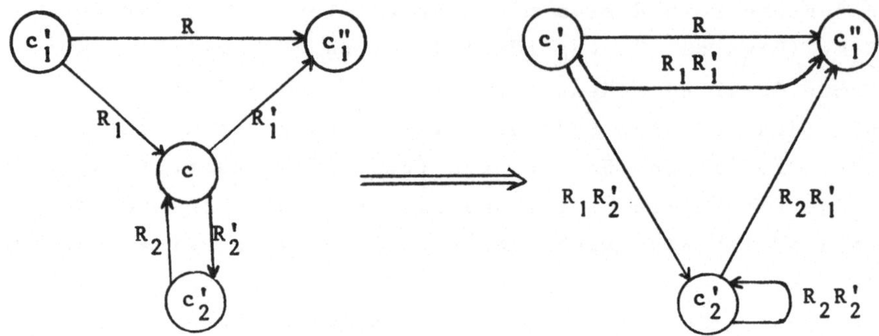

Figur 5.3.5.: Ein Spezialfall der Anwendung von E

<u>Verfahren zur Konstruktion einer rationalen Darstellung von L(A)</u>
<u>Initialisierungsphase</u>: Man erweitere den Graphen von A um zwei
neue (d.h. nicht schon in Z enthaltene) Ecken α und ω, ziehe mit
Λ bewertete gerichtete Kanten von α zu jedem Anfangszustand von
A und von jedem Endzustand von A zu ω und lasse die Markierungen
der Anfangs- und Endecken von A weg.
<u>Eliminationsphase</u>: Man führe den im folgenden Flußdiagramm darge-
stellten Algorithmus aus, d.h. man eliminiere mit der Regel K
alle Mehrfachkanten zwischen je zwei verschiedenen Ecken und alle
Mehrfachschleifen, wende dann die Regel S solange an, wie noch
Ecken mit Schleifen vorhanden sind, und versuche dann die Regel
E anzuwenden - nach jeder Anwendung von E muß der Algorithmus von
vorn begonnen werden.

<u>Schlußphase</u>: Enthält der erhaltene Graph keine Kante von α nach ω,
so füge man eine mit $\emptyset$ bewertete, von α nach ω gerichtete Kante
ein.
<u>Ergebnis</u>: Am Ende des Verfahrens erhält man einen Graphen mit
zwei Ecken, α und ω, die durch eine mit einer rationalen Menge R
bewertete Kante verbunden sind: (α,R,ω), und es ist dann $R=L(A)$.

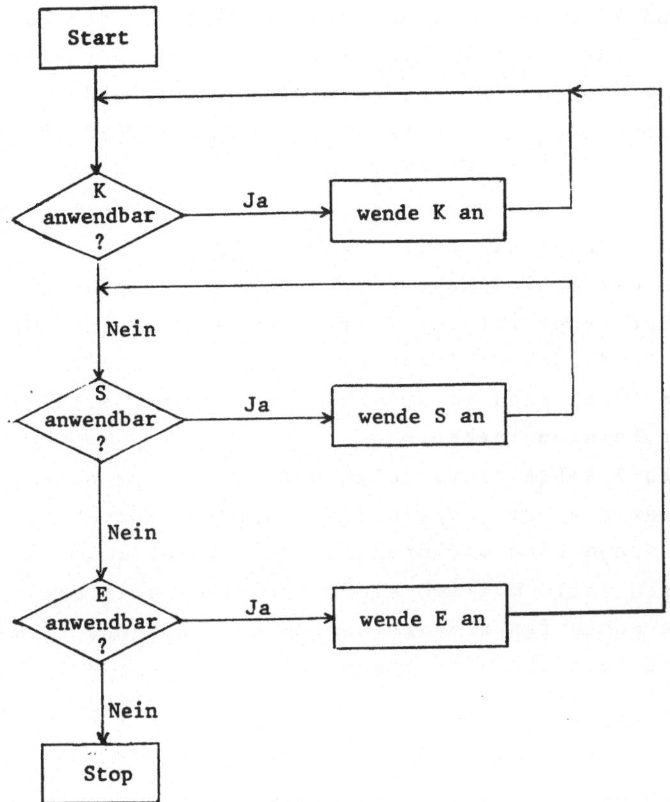

Figur 5.3.6.: Flußdiagramm der Eliminationsphase

Beweis_der_Korrektheit_des_Verfahrens:

Termination der Eliminierungsphasen: Da die Regeln K und S die
Anzahl der Kanten bzw. Schleifen im Graphen verringern, muß
die Abfrage, ob E anwendbar ist, stets nach endlich vielen
Schritten erreicht werden. Da ferner E die Anzahl der Ecken im
Graphen verringert, kann E nur endlich oft angewendet werden.

Korrektheit_des_Ergebnisses: Am Ende der Eliminationsphase sind
zwei Fälle möglich:

(1) Es bleiben nur die beiden Ecken α und ω übrig, ohne verbin-
dende Kante. Das ist der Fall, wenn es keinen Zustand in A
gibt, der im Graphen von A auf einem Weg von einem Anfangs- zu

einem Endzustand liegt - man beachte dazu, daß mit der Regel
S auch eine Ecke, an der eine Schleife liegt, von der aber
keine weiteren Kanten wegführen, eliminiert wird, und daß die
Abfrage, ob E anwendbar ist, solange die Antwort "ja" liefert
wie von α und ω verschiedene Ecken im Graphen vorhanden sind,
weil an dieser Stelle des Verfahrens keine Schleifen im Graphen
vorkommen können. In diesem Fall ist also $L(A)=\emptyset$, so daß es
richtig ist, in der Schlußphase die Kante $(\alpha,\emptyset,\omega)$ einzufügen.
(2) Es bleibt der Graph mit den Ecken α und ω und einer Kante
(α,R,ω) übrig. In diesem Fall muß es einen Weg von einem An-
fangs- zu einem Endzustand im Graphen von A geben, d.h. A muß
eine nichtleere Leistung haben.

Daß in diesem Fall $R=L(A)$ ist, folgt sofort aus der obigen
Feststellung, daß die drei Regeln die Menge der Worte, die im
jeweiligen VTG von α nach ω führen, invariant läßt.

Daß keine anderen Fälle möglich sind, ist klar, weil bei α und
ω durch E keine Schleifen erzeugt werden können, denn niemals
führt eine Kante zu α hin oder von ω weg.

Zeitbedarfsabschätzung: A habe n-2 Zustände und p-1 verschiede-
ne Kantenbewertungen, d.h. es sei $|\mathrm{pr}_2(\tau)|=p-1$. Für den Zeitbe-
darf des Verfahrens soll jetzt eine grobe obere Schranke als
Funktion von n und p angegeben werden, wobei der Zeitbedarf
einfach durch die Zahl der Einzelmanipulationen an Ecken und
Kanten (Weglassen, Hinzufügen, Änderung der Bewertung) gemessen
werden soll.

Da ein Digraph mit n Ecken maximal n^2 gerichtete Kanten enthalten
kann, enthält der aus A gebildete VTG maximal pn^2 verschiedene
bewertete Kanten.

Vor jedem Erreichen des Tests, ob E anwendbar ist, wird K höchstens $(p-1)n^2$-mal und S höchstens n-mal angewendet. Eine Anwendung von K manipuliert nur zwei Objekte, eine Anwendung von S
höchstens n Objekte, so daß jedesmal insgesamt höchstens
$(2p-1)n^2$ Einzelmanipulationen ausgeführt werden.

Eine Anwendung von E besteht aus maximal n^2 Einzelmanipulationen.
Es wird insgesamt höchstens n-mal angewendet.

Insgesamt ergibt sich also als obere Schranke für die Zahl der
Einzelmanipulationen $2 \cdot p \cdot n^3$. ∎

<u>Beispiel 5.3.8.</u>: Wendet man das Verfahren auf den NRSA aus Figur 5.3.1. in Beispiel 5.3.6. an, so kann man die Regeln wie folgt anwenden: K,S,S,E,E,E,E,E, und erhält als Ergebnis die Darstellung

$L_D = \{11\}^* 1 \{0,1\} 0 \{00\}^* 1$.

Da offensichtlich $\{11\}^* 1 = 1 \{11\}^*$ ist, sieht man leicht, daß diese Darstellung mit der im Beispiel gegebenen übereinstimmt.

Mehr über Umformungen rationaler Darstellungen bringen die Abschnitte 5.6. und 5.7.

Aus dem Korrektheitsbeweis für das angegebene Verfahren folgt

<u>Folgerung 5.3.9.</u>: Es ist für einen beliebigen NRSA A entscheidbar, ob $L(A) = \emptyset$ ist.

Jetzt läßt sich auch einsehen, daß die sequentielle Korrespondenz t^* mit endlichen Mitteln dargestellt werden kann.

<u>Folgerung 5.3.10.</u>: Der Graph der sequentiellen Korrespondenz eines NRSA läßt sich mittels endlich vieler rationaler Mengen wie folgt darstellen

$$\tau^* = \{z_1\} \times R_1 \times \{z_1'\} \cup \{z_2\} \times R_2 \times \{z_2'\} \cup \ldots \cup \{z_k\} \times R_k \times \{z_k'\}.$$

Dabei ist $k = |Z|^2$ und $R_i = \{w \mid (z_i, w, z_i') \in \tau^*\}$ für $i = 1, \ldots, k$.

<u>Beweis</u>: Ist $A = (Z, X, t, S, F)$ der gegebene NRSA, so ist $R_i = L(A_i)$ mit $A_i = (Z, X, t, z_i, z_i')$.

5.4. Deterministische Automaten und erkennbare Mengen

Will man einen Automaten als ein sequentielles Programm oder als eine Maschine realisieren, so braucht man einen deterministischen Automaten, in dem es nur einen einzigen Anfangszustand und für jedes Eingabewort höchstens einen Weg vom Anfangszustand zu einem Endzustand, der dieses Wort liefert, gibt. Daß man nicht mit einem Endzustand auskommt, zeigt Aufgabe 5.3.(i). Für die von deterministischen NRSA'n akzeptierten Mengen wird eine algebraische Charakterisierung gegeben, die sich sehr von der Darstellung durch rationale Operationen unterscheidet.

Definition des deterministischen NRSA

Definition 5.4.1.: (i) Ein NRSA $A=(Z,X,t,S,F)$ heißt __determini-
stischer Rabin-Scott-Automat__ (DRSA), wenn er nur einen Anfangszustand s besitzt, buchstabierend ist und t eine (i.a. partiel-
le) Abbildung ist, d.h. wenn $S=\{s\}$, $\tau\subseteq Z\times X\times Z$ und $|t(z,x)|\leq 1$ für
alle (z,x) aus $Z\times X$ ist.

A heißt __vollständiger, deterministischer Rabin Scott-Automat__
(oder auch kurz Rabin-Scott-Automat: RSA) wenn A deterministisch und t eine totale Abbildung (d.h. $\mathrm{pr}_{12}\tau=Z\times X$) ist.
Bei RSA'n und DRSA'n schreiben wir oft f statt t.
(ii) Eine Teilmenge von $F(X)$ heißt __D-akzeptabel__ bzw. __akzep-
tabel__, wenn sie die Leistung eines DRSA bzw. RSA ist.
$DAkz(X)$ bzw. $Akz(X)$ sei die Menge aller D-akzeptablen bzw. akzeptablen Teilmengen von $F(X)$.

__Bemerkung__: Man sieht sofort, daß bei einem DRSA auch die sequentielle Korrespondenz eine Abbildung ist.

Zeichnet man bei einem M1A oder MrA einen Zustand als Anfangszustand und gewisse Zustände als Endzustände aus und läßt die
Ausgabeabbildung weg, so erhält man einen RSA. Genaueres über
die Beziehungen zwischen M1A'n bzw. MrA'n wird im übernächsten
Unterabschnitt hergeleitet.

__Bemerkung__: Einen RSA stellt man sich gewöhnlich als "lesende
Maschine" vor, bestehend aus einer Kontrolleinheit, die abhängig von Eingaben, endlich viele verschiedene Zustände annehmen
kann (Schaltwerk), und einem Lesekopf, der Zeichen, die auf
einem endlichen in Felder eingeteilten Eingabeband stehen (ein
Zeichen pro Feld), lesen sowie diese der Kontrolleinheit als
Eingaben übermitteln kann, und der sich auf dem Band nur von
links nach rechts bewegen kann (nach jedem Lesen eines Zeichens
rückt er ein Feld weiter) - hat er das Eingabeband gelesen, so
hält er und zeigt (etwa mit zwei Lämpchen) an, ob er sich dann
in einem Endzustand (Anzeige +) oder in einem Nicht-Endzustand
(-) befindet.

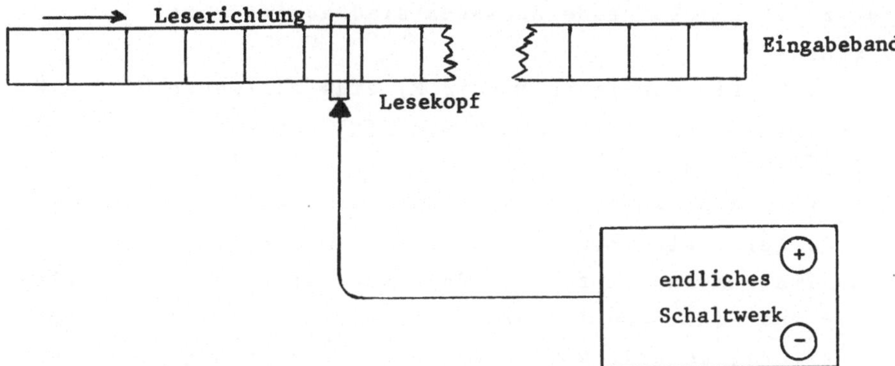

Figur 5.4.1.: Modell eines RSA

Analog kann man auch NRSA'n als lesende Maschinen auffassen:
Sie arbeiten dann nichtdeterministisch und ihr Lesekopf kann -
im Falle nichtalphabetischer NRSA'n - auch mehrere Zeichen auf
einmal lesen. Offenbar kann man die Maschine aus Figur 5.4.1. in
eine "schreibende Maschine" verwandeln, wenn man den Lese- durch
einen Schreibkopf ersetzt und die Kontrolleinheit zur Steuerein-
heit macht, die nicht Eingaben verarbeitet, sondern Ausgaben
produziert. Ein RSA (und ebenso ein NRSA) kann also auch als
eine Maschine aufgefaßt werden, die (i.a. nichtdeterministisch)
Zeichenfolgen erzeugt.

Erkennbare Mengen

Satz 5.2.3. gibt Anlaß, eine weitere Klasse von Mengen zu definieren, von der sofort gezeigt werden kann, daß sie mit der
Klasse der akzeptablen Mengen übereinstimmt.

Definition 5.4.2.: Eine Teilmenge E von F(X) heißt erkennbar,
wenn es ein endliches Monoid M und einen Homomorphismus h von
F(X) auf M gibt, so daß gilt:
$E = h^{-1}(h(E))$.

Erk(X) sei die Menge aller erkennbaren Teilmengen von F(X).

Beispiele für erkennbare Mengen liefern die Aufgaben 5.8. und
5.9.

<u>Hilfssatz 5.4.3.</u>: Folgende Aussagen sind äquivalent:

   (i) $E \in Erk(X)$

  (ii) Es gibt ein endliches Monoid M, eine Teilmenge M' von M
       und einen Homomorphismus h von F(X) auf M so, daß
       $E = h^{-1}(M')$ ist.

 (iii) Es gibt eine Kongruenzrelation R von endlichem Index auf
       F(X) (d.h. eine Äquivalenzrelation mit endlich vielen
       Äquivalenzklassen für die folgendes gilt: Sind u,v belie-
       big aus F(X), und ist uRv (d.h. sind u und v äquivalent
       bzgl. R), so gilt wuw'Rwvw' für alle w,w' aus F(X)) der-
       art, daß E gesättigt bzgl. R, d.h. Vereinigung von Äqui-
       valenzklassen bzgl. R ist.

  (iv) Die folgendermaßen definierte Relation R_E auf F(X), die
       sog. <u>syntaktische Kongruenz</u> von E, ist eine Kongruenzre-
       lation von endlichem Index:
       Für beliebige u,v aus F(X) ist uR_Ev g.d.,w. gilt:
       Für beliebige w,w' aus F(X) liegt wuw' in E g.d.,w. wvw'
       in E liegt.

<u>Beweis</u>: Aus (i) folgt (ii), wenn man mit den Bezeichnungen der
Definition 5.4.2. M'=h(E) setzt.

Aus (ii) folgt (iii), denn h induziert auf F(X) eine Kongruenzrelation R_h, deren Äquivalenzklassen die Mengen $h^{-1}(m)$ für m
aus M sind.

Nun zeigen wir, daß (iv) aus (iii) folgt: Seien E und R wie in
(iii). Daß R_E eine Kongruenzrelation ist, sieht man sofort. Ist
uRv, so ist stets wuw' in E g.d.,w. wvw' es ist, da E ja wegen
(iii) mit jedem Wort alle zu ihm bzgl. R kongruenten Worte enthält. Also ist jede Äquivalenzklasse bzgl. R in einer Äquivalenzklasse bzgl. R_E enthalten, und mit R ist deshalb auch R_E
von endlichem Index.

Aus (iv) folgt (i), wenn man als h den durch R_E bestimmten
Homomorphismus und als M das Monoid der Kongruenzklassen bzgl.
R_E mit der Multiplikation von Teilmengen von F(X) als Verknüpfung wählt. Denn für jedes u aus E ist dann $h^{-1}(h(u))$ die u
enthaltende Kongruenzklasse bzgl. R_E, die offensichtlich ganz
in E liegen muß (man setze $w=w'=\Lambda$ in der Definition von R_E).
$M_E=M$ wird <u>syntaktisches Monoid</u> von E genannt.

Ein interessantes Beispiel für eine Kongruenzrelation auf F(X) mit nicht endlichem Index gibt Aufgabe 5.10.

<u>Satz 5.4.4.</u>(Myhill): Akz(X)=Erk(X).

<u>Beweis</u>: (i) Sei L aus Akz(X) und A ein RSA in üblicher Notation mit L(A)=$\tilde{L}$, wobei $\tilde{L}$ die Spiegelmenge zu L, d.h. die Menge aller Spiegelworte $\tilde{w}$ von Worten w aus L ist (vgl. die Sätze 5.3.5. und 5.2.3.). Sei M=T(A) das Transitionsmonoid von A, h der in Satz 5.2.3. definierte Homomorphismus von F(X) auf T(A) und M'=$\{g \in T(A) \mid g(s) \wedge F \neq \emptyset\}$. Dann ist offensichtlich $\tilde{w}$ in L (d.h. w in L(A)) g.d.,w. h($\tilde{w}$) in M' liegt. Nach Hilfssatz 5.4.3. (ii) ist deshalb L in Erk(X).

(ii) Sei L aus Erk(X). Nach Hilfssatz 5.4.3.(ii) gibt es dann M, M', h mit L=h^{-1}(M'). Wir konstruieren daraus einen RSA A:
A=(M,X,f,e,M'), e Einselement von M
f(m,x)=mh(x) für alle m aus M, x aus X.
Weil h ein Homomorphismus ist, gilt dann
f^{*}(e,w)=h(w) für jedes w aus F(X), d.h. w liegt in L(A) g.d.,w. h(w) in M' liegt. Also ist
L(A)=h^{-1}(M')=L. ■

<u>Bemerkung</u>: Die Konstruktion von Teil (i) des Beweises benötigt nur, daß A alphabetisch ist, also ist Erk(X) und damit auch Akz(X) gleich der Menge der von alphabetischen NRSA'n akzeptierten Mengen.
Zu jedem endlichen Monoid M existiert ein RSA mit M als Transitionsmonoid (vgl. Aufgabe 5.11.), aber nicht jedes endliche Monoid ist syntaktisches Monoid einer erkennbaren Menge (vgl. Aufgabe 5.12.). Bezüglich weiterer Eigenschaften des syntaktischen Monoids vgl. Aufgabe 5.13. sowie Aufgabe 6.7.

<u>Beziehungen zwischen Leistungen von RSA'n, MlA'n und MrA'n</u>

Aus einem RSA läßt sich ein MrA konstruieren, der die charakteristische Funktion der akzeptierten Wortmenge des RSA berechnet. Umgekehrt läßt sich zu einem MrA oder MlA A ein RSA A' konstruieren derart, daß L(A') die Menge aller Eingabeworte ist, bei denen A, in einem festen Zustand gestartet, eine Ausgabe erzeugt, die mit einem bestimmten Zeichen endet. Ferner läßt sich bei einem UM1A die Menge der Eingabeworte, die, jeweils in einem bestimmten Startzustand eingegeben, zu definierten Nachfolgezuständen führen, als N-akzeptable Mengen auffassen (ebenso die Menge der Eingabeworte, die keine unspezifizierten Ausgaben erzeugen, bzw. die Menge der von einem Zustand aus erzeugbaren Ausgabeworte).

<u>Satz 5.4.5.</u>: (i) Sei $A=(Z,X,f,s,F)$ ein RSA. Dann ist $A'=(Z,X,\{0,1\},f,h)$ mit $h(z)=1$ g.d.,w. z aus F ist, ein MrA mit $L(A)=\{w\in F(X)\mid h(f^*(s,w))=1\}$.

(ii) Sei $A=(Z,X,Y,f,g)$ ein UM1A. Dann gilt:

(a) Für jedes z aus Z und jedes y aus Y ist

$$W(A,z,y)=\{w\in F(X)\mid \hat{g}_z(w)=y\}\cup\Lambda \text{ N-akzeptabel.}$$

(b) Für jedes z aus Z sind folgende Mengen N-akzeptabel:

$$\mathrm{pr}_2(\mathit{graph}\ f^*\cap\{z\}\times F(X)\times Z)=\{w\in F(X)\mid f^*(z,w) \text{ existiert}\},$$
$$\mathrm{pr}_i(\mathit{graph}\ g_z),\ i=1,2\ .$$

<u>Beweis</u>: (i) Nach Konstruktion von A' ist $h(f^*(s,w))=1$ g.d.,w. $f^*(s,w)$ in F liegt - man beachte, daß ein RSA vollständig und deterministisch ist.

(ii) (a) Seien z und y fest vorgegeben - z sei ein relevanter Zustand (Definition 4.3.1.) von A. Bezeichne A^0 die $\bar{0}$-Vervollständigung von A (vgl. Hilfssatz 4.3.5.) und sei $A'=(Z,X,Y',f',h)$ der nach der Methode des Beweises von Satz 3.4.4. konstruierte zu A^0 gleichwertige MrA; dabei wähle man die zur Konstruktion benötigte Ausgabe y_0 verschieden von y. Ferner sei s einer der bei dieser Konstruktion aus z entstehenden Zustände von A' und F die Menge der z' aus Z' mit $h(z')=y$. Dann ist $A''=(Z',X,f',s,F)$ ein RSA mit $L(A'')\cup\{\Lambda\}=W(A,z,y)$, denn nach Konstruktion gilt für alle w aus $F^+(X)$ $f'^*(s,w)$ in F g.d.,w. $h(f'^*(s,w))=y$ g.d.,w. $\hat{g}_z(w)=y$.

Nach Satz 5.3.5. ist mit $L(A'')$ auch $L(A'')\cup\{\Lambda\}$ N-akzeptabel. Ist z ein nicht relevanter Zustand von A, so ist $W(A,z,y)=\{\Lambda\}$ nach Satz 5.3.5. N-akzeptabel.

(b) Sei $A'=(Z,X,f,z,Z)$ dann ist A' ein DRSA mit $L(A')=\{w\in F(X)\mid f^*(z,w) \text{ existiert}\}$.

Für $i=1,2$ sei $A_i=(Z,X_i,f_i,z,Z)$ mit $X_1=X$, $X_2=Y$,

graph f_1=*graph* $f \cap (pr_{12}(graph\ g) \times Z)$
graph f_2={(z,y,z')|Es gibt ein $x \in F(X)$ mit $f(z,x)=z'$, $g(z,x)=y$}.
Dann ist A_i ein NRSA mit $L(A_i)$=$pr_i(graph\ g_z)$ für i=1,2 .
Man macht sich die Konstruktion von A_i leicht am Graphen von A
klar: Im Graphen von A lasse man alle Bewertungen der Form x/-
oder -/y (mit x aus X bzw. y aus Y) weg. Danach eliminiere man
alle nicht mehr bewerteten Kanten. Der so erhaltene Graph sei G.
Den Graphen von A_1 (bzw. A_2) erhält man nun, indem man in G von
allen Bewertungen die Ausgabe (bzw. die Eingabe) und den Schräg-
strich wegläßt. ∎

Folgerung 5.4.6.: Eine Teilmenge L von F(X) ist akzeptabel
g.d.,w. es einen MrA A=(Z,X,{0,1},f,h) gibt, der die charakteristische Funktion von L berechnet, d.h. für den gilt: Es gibt
ein z aus Z mit L={$w \in F(X)$|$h(f^*(z,w))$=1} .

Beweis: Wegen Satz 5.4.5.(i) ist nur zu zeigen, daß für gegebenen MrA A die Menge L von einem RSA akzeptiert werden kann. Das
aber folgt aus dem Beweis von Satz 5.4.5.(ii)(a), wenn man dort
statt eines UM1A einen MrA wählt. ∎

Weitere durch UM1A'n definierte akzeptable Mengen sind in Aufgabe 5.14. angegeben.

Da also Akz(X) auch als die Menge aller der Teilmengen von F(X)
angesehen werden kann, deren charakteristische Funktion von einem MrA berechenbar ist, können wir Resultate über MrA'n (und
M1A'n) auf Akz(X) übertragen. Insbesondere liefern die Folgerungen 3.7.3. und 3.7.5. zum Approximationssatz von Karp bzw.
Satz 3.7.4. die Existenz von nicht akzeptablen Mengen.

Folgerung 5.4.7.: Folgende Mengen sind <u>nicht</u> akzeptabel:
   (i) $DYCK_1'$={$w \in F(\{a,b\})$|In jedem Anfangsstück von w kommen min-
        destens so viele a's wie b's vor; die Anzahlen der a's
        und b's in w sind gleich}.

   (ii) {$a^{2^{2^k}}$|$k \in \mathbb{N}_0$}
   (iii) COPY(X)={vv|$v \in F(X)$} für $|X| \geq 2$.

Bemerkung: $DYCK_1'$ ist die sog. Semi-Dycksprache über einem Klammerpaar - faßt man a als öffnende ([) und b als schließende (])

Klammer auf, so ist $DYCK_1'$ gerade die in Folgerung 3.7.3. betrachtete Menge der wohlgeformten Klammerausdrücke über einem Klammerpaar. $DYCK_1'$ und $COPY(X)$ sind Mengen, die in der Theorie formaler Sprachen wichtig sind.

Ein Kriterium der Akzeptabilität

Ein ähnlicher Schluß wie beim Beweis des Periodizitätssatzes für M1A'n liefert eine wichtige Eigenschaft akzeptabler Mengen mit Hilfe derer sich oft leicht zeigen läßt, daß eine Menge nicht akzeptabel ist.

<u>Satz 5.4.8.</u> (Satz vom iterierenden Faktor): Zu jeder akzeptablen Menge gibt es eine natürliche Zahl $n(L)$ derart, daß für alle w aus L mit $|w|\geq n(L)$ gilt:
Zeichnet man in w mindestens $n(L)$ verschiedene Positionen aus, (d.h. wählt man $m\geq n(L)$ Indizes $i_1<i_2<\ldots<i_m$ aus der Menge $\{1,2,\ldots,|w|\}$ aus)
so existieren u,v,u' aus $F(X)$ mit $w=uvu'$
derart, daß sowohl die letzte Position von u als auch die letzte Position von v eine ausgezeichnete Position ist, und daß uv höchstens $n(L)$ ausgezeichnete Positionen enthält
(d.h. ist $w=x_1x_2\ldots x_l$ mit $x_1,\ldots,x_l$ aus X, $u=x_1\ldots x_r$ und $v=x_{r+1}\ldots x_s$, so sind höchstens $n(L)$ der ausgewählten Indizes kleiner oder gleich s, und es gibt p und q so, daß $r=i_p$ und $s=i_q$ ist)
und so, daß $uv^ku'\in L$ für alle k aus $\mathbb{N}_0$ gilt.
v heißt <u>iterierender Faktor</u> von w.

<u>Beweis:</u> Sei $A=(Z,X,f,s,F)$ ein RSA, der L akzeptiert. Dann sei $n(L)=|Z|$. Ferner seien $w=x_1x_2\ldots x_l$ und die Positionen $i_1,\ldots,i_m$ wie im Satz.
Dann können nicht alle Zustände $f^*(s,x_1\ldots x_{i_j}),j=0,1,\ldots,m$ verschieden sein, denn es sind mehr als $|Z|$. Sei p die kleinste ganze Zahl derart, daß ein $j\neq p$ existiert mit
$f^*(s,x_1\ldots x_{i_p})=f^*(s,x_1\ldots x_{i_j})$.

Dann ist $p<n(L)$. Ferner sei q die kleinste von p verschiedene

natürliche Zahl, für die gilt
$$f^*(s,x_1\ldots x_{i_p})=f^*(s,x_1\ldots x_{i_q}).$$
Dann ist $q>p$ und $q\leq n(L)$.

Sei $u=x_1\ldots x_{i_p}$, $v=x_{i_{p+1}}\ldots x_{i_q}$ und $u'=x_{i_{q+1}}\ldots x_l$.

Dann gilt $uvu'=w$ und
$f^*(s,u)=f^*(s,uv^k)$ für jedes k aus $\mathbb{N}_0$, also auch
$f^*(s,uu')=f^*(s,uvu')=f^*(s,uv^ku')$, k aus $\mathbb{N}_0$.
Der Rest der Behauptung ist klar. $\blacksquare$

<u>Bemerkung</u>: Ist die akzeptable Menge L durch einen sie akzeptie-
renden RSA gegeben, so läßt sich ein Wert für die im Satz benötigte Größe n(L) effektiv angeben.

Um zu zeigen, wie man den Satz zum Beweis der Nichtakzeptabili-
tät einer Menge verwenden kann, betrachten wir die in der Theorie formaler Sprachen viel verwendete Menge PAL der sog. Palin-
drome, d.h. der Worte, die mit ihrem Spiegelbild identisch sind
(Beispiele: OTTO, RADAR, RELIEFPFEILER). Mit ähnlichen Methoden
läßt sich auch die Folgerung 5.4.7. ohne Rückgriff auf Ergebnisse über MrA'n beweisen - dazu, und um weitere Beispiele nichtak-
zeptabler Mengen kennenzulernen, bearbeite man Aufgabe 5.15.

<u>Folgerung 5.4.9.</u>: Sei $|X|\geq 2$. Dann ist die Menge
$$\text{PAL}(X)=\{w\in F(X)\mid w=\tilde{w}\}$$
keine akzeptable Teilmenge von F(X).

<u>Beweis</u>: Wir können voraussetzen, daß X zwei verschiedene Zeichen
a und b enthält. Nehmen wir an, PAL(X) wäre akzeptabel. Dann
läßt sich Satz 5.4.8. auf PAL anwenden. Sei dann $n=n(L)$ die aufgrund des Satzes existierende untere Schranke für die Existenz
eines iterierenden Faktors.
Wir betrachten nun das Wort a^nba^n aus PAL(X) und zeichnen die
ersten n Positionen aus. Aufgrund des Satzes besitzt dies Wort
dann eine Faktorisierung $a^nba^n=uvu'$ mit $v\neq\Lambda$ und $|uv|\leq n$, so daß
uu' in PAL(X) liegt. Wegen $|uv|\leq n$ muß uv ein Anfangsstück von a^n
und ba^n ein Endstück von u' sein, d.h. es gibt Zahlen p,q,r so,
daß $q\neq 0$, $u=a^p$, $v=a^q$ und $uva^r=a^n$ ist. Dann ist $uu'=a^pa^rba^n$ mit
$p+r\neq n$, was im Widerspruch dazu steht, daß uu' in PAL(X) liegen
muß. Also ist die Annahme falsch. $\blacksquare$

Zum Beweis haben wir eigentlich nur eine vereinfachte Version des Satzes von iterierenden Faktor benötigt - weil diese oft ausreicht, sei sie hier besonders hervorgehoben.

Folgerung 5.4.10. (uvw-Theorem): In jeder akzeptablen Menge L gibt es eine natürliche Zahl $n(L)$ derart, daß für alle w_0 mit $|w_0| \geq n(L)$ gilt. Es gibt eine Faktorisierung $w_0 = uvw$ mit $v \neq \Lambda$ und $|uv| \leq n$, derart, daß $uv^k w$ für alle $k = 0,1,2,\ldots$ in L liegt. Wird L von einem RSA mit n Zuständen akzeptiert, so kann $n(L) = n$ gewählt werden.

Beweis: Wie im Beweis von Folgerung 5.4.9. zeichne man in w_0 die ersten $n(L)$ Positionen aus. Dann ergibt sich die Behauptung unmittelbar aus Satz 5.4.8.

Weitere nichtakzeptable Mengen

Die Argumentation im Beweis von Folgerung 5.4.9. zeigt, daß für $a \neq b$ auch die Mengen $\{a^m b a^m \mid m \in \mathbb{N}\}$ und $\{a^m b^m \mid m \in \mathbb{N}\}$ nicht akzeptabel sind - das ergibt auch die am Ende von Beispiel 5.1.2. ausgesprochene Behauptung.

Um auf analoge Weise zeigen zu können, daß viele ähnliche Mengen nicht akzeptabel sind, benötigen wir folgenden Hilfssatz:

Hilfssatz 5.4.11.: Seien u und v aus $F(X)$.
  (i) Es ist $uv = vu$ g.d.,w. u und v Potenzen ein und desselben Wortes sind, d.h. wenn w aus $F(X)$ und i,j aus $\mathbb{N}_0$ mit $u = w^i$ und $v = w^j$ existieren.
 (ii) Ist $uv \neq vu$, so ist $u^i \neq v^j$ für alle i,j aus $\mathbb{N}$.
(iii) Ist $uv \neq vu$, so gilt $u^m v^n = u^k v^k$ für k,m,n aus $\mathbb{N}_0$ g.d.,w. $k = m = n$ ist.

Beweis: (i) Es genügt, folgende Behauptung zu zeigen: Aus $uv = vu$ folgt die Existenz von w, i und j mit $u = w^i$ und $v = w^j$. Denn die Umkehrung ist trivial.
Der Beweis wird mit vollständiger Induktion über $m(u,v) = \max(|u|, |v|)$ geführt.
Für $m(u,v) = 0$ ist $u = v = \Lambda$. Dann gilt die Behauptung für $w = \Lambda$ und beliebige i und j.
Seien nun u und v mit $m(u,v) = k > 0$ gegeben.

Wir nehmen an, die Behauptung gelte für alle u',v' mit
$m(u',v')<k$. Es genügt, $k=|u|\geq|v|$ anzunehmen (sonst vertausche
man u und v).
Für $v=\Lambda$ ist $w=u$, $i=1$, $j=0$.
Aus $|v|=|u|$ und $uv=vu$ folgt $u=v$, daher ist dann $w=u$ und $i=j=1$.
Bleibt der Fall $|u|>|v|>0$. Aus $uv=vu$ folgt dann die Existenz
eines u' mit $u=u'v$ und $|u'|<|u|$. Dann ist $m(u',v)<k$ und $vu'v=$
$=vu=uv=u'vv$, also $vu'=u'v$. Nach Induktionsannahme existieren
dann w,i und j mit $u'=w^i$ und $v=w^j$. Das impliziert $u=w^{i+j}$ und
$v=w^j$, was zu beweisen war.
(ii) Annahme: Es existieren i,j aus $\mathbb{N}$ mit $u^i=v^j$. Aus der Voraus-
setzung folgt sofort $i\neq 1\neq j$. Ferner genügt es, den Fall $|u|\leq|v|$
zu betrachten.
Aus $|u|=|v|$ und der Annahme folgt, im Widerspruch zur Voraus-
setzung, $u=v$. Deshalb gelte $|u|<|v|$. Dann folgt aus der Annahme
$u^k v^j=u^k u^i=u^i u^k=v^j u^k=vv^{j-1}u^k$ für jedes k aus $\mathbb{N}$, also existieren
m und v' mit $0<|v'|<|u|$ und $0<m<i$ so, daß $v=u^m v'$ gilt.
Zusammen mit der Annahme ergibt das
$u^{i+1}=uv^j=uv^{j-1}u^m v'$, d.h. u läßt sich zerlegen in $u=u_1 v'$.
Damit erhält man
$u^{i-1}u_1 v'=u^i=v^j=v^{j-1}u^m v'$, also $u^{i-1}u_1=v^{j-1}u^{m-1}u$.
Daraus folgt die Zerlegung $u=u_2 u_1$ mit $|u_2|=|v'|$ sowie
$u^{i-2}u=v^{j-1}u^{m-1}u_2$, also $u=u_3 u_2$.
Dann ist aber $|u_3|=|u_1|$, so daß wegen $u_3 u_2=u=u_1 v'$ sowohl
$u_3=u_1$ als auch $u_2=v'$ gilt. Damit ist
$u_1 v'=u=u_2 u_1=v'u_1$.
Nach (i) gibt es deshalb w,p,q mit $u_1=w^p$, $v'=w^q$.
Das hat $u=w^{p+q}$ und $v=w^{(p+q)m+q}$ zur Folge, was wegen (i) im
Widerspruch zur Voraussetzung steht.
(iii) Sei $u^m v^n=u^k v^k$ mit $m\leq n$. (Den Fall $n\leq m$ behandelt man analog). Ist $k\leq m$, oder $k\geq n$, so folgt $u^{m-k}v^{n-k}=\Lambda$ oder $u^{k-m}v^{k-n}=\Lambda$,
also $k=m=n$. Ist $m\leq k\leq n$, so folgt $v^{n-k}=u^{k-m}$, was nach (ii) nur für
$n-k=k-m=0$, d.h. $k=m=n$ gelten kann. ∎

Satz 5.4.12.: Für beliebige u und v aus $F(X)$ mit $uv\neq vu$ ist die
Menge
$L(u,v)=\{u^m v^m\mid m\in\mathbb{N}\}$ <u>nicht</u> akzeptabel.

<u>Beweis</u>: Annahme: $L = L(u,v) \in Akz(X)$. Sei $n = n(L)$, wie im Satz vom iterierenden Faktor und $w = u^n v^n$ aus $L(u,v)$.

Wir zeichnen nun jeweils die letzte Position jedes u in u^n aus; d.h. ist $|u| = k$, so seien $k, 2k, \ldots, nk$ die ausgezeichneten Positionen in w. Dann gibt es also eine Faktorisierung $u^n v^n = u_1 v_1 u_1'$ derart, daß $u_1 = u^p$, $v_1 = u^q$ mit $q \neq 0$, $p+q \leq n$ und $u_1 u_1'$ aus $L(u,v)$ ist. Da $u_1 u_1' = u^{n-q} v^n$ und $n-q \neq n$ ist, kann aber $u_1 u_1'$ nach Hilfssatz 5.4.11.(iii) nicht die Form $u^m v^m$ haben, d.h. nicht in $L(u,v)$ liegen, so daß die Annahme falsch sein muß. $\blacksquare$

5.5. Äquivalenz der verschiedenen Begriffe

Obwohl die verschiedenen in diesem Kapitel eingeführten Begriffe zur Beschreibung von Klassen von Mengen sehr unterschiedlich aussehen, werden wir feststellen, daß sie äquivalent sind - das liegt einerseits an der speziellen Struktur des freien, von einer endlichen Menge erzeugten Monoids $F(X)$ und andererseits an der Endlichkeit der Zustandsmenge der verschiedenen Automatentypen.

Gleichheit von NAkz(X) und Akz(X)

Wie bereits bei den einführenden Beispielen erwähnt, ist es wichtig zu wissen, ob sich zu jedem NRSA ein RSA konstruieren läßt, der das gleiche leistet. Das ist der Fall, doch kann dieser RSA i.a. wesentlich mehr Zustände als der "äquivalente" NRSA haben (vgl. auch Kapitel 6). Die Äquivalenz von NRSA'n wird mit Hilfe des Leistungsbegriffs wie bei M1A'n oder MrA'n definiert.

<u>Definition 5.5.1.</u>: Zwei NRSA'n heißen <u>äquivalent</u>, wenn ihre Leistungen gleich sind.

<u>Folgerung 5.5.2.</u>: Für $i = 1,2$ sei A_i ein RSA mit dem Anfangszustand s_i und A_i' sei der ihm nach Satz 5.4.5.(i) zugeordnete MrA. Dann sind A_1 und A_2 äquivalent g.d.,w. s_1 und s_2 als Zustände von A_1' bzw. A_2' die gleiche Leistung besitzen.

<u>Beweis</u>: $L(A_1) = L(A_2)$ ist nach Satz 5.4.5.(i) gleichbedeutend mit

$h_1(f_1^*(s_1,w))=h_2(f_2^*(s_2,w))$ für alle w aus F(X).
Das gilt g.d.,w. für jede Folge $x_1,\ldots,x_n$ von Eingaben aus X
$h_1(s_1)h_1(f_1(s_1,x_1))h_1(f_1^*(s_1,x_1x_2))\ldots h_1(f_1^*(s_1,x_1x_2\ldots x_n))=$
$h_2(s_2)h_2(f_2(s_2,x_1))h_2(f_2^*(s_2,x_1x_2))\ldots h_2(f_2^*(s_2,x_1x_2\ldots x_n))$ gilt.
Und das ist offensichtlich gleichbedeutend mit $h_{1s_1}=h_{2s_2}$.
Man vergleiche auch den Beweis von Satz 4.2.9. ∎

<u>Bemerkung</u>: Für RSA'n ist die Äquivalenz also entscheidbar,
weil sie es für MrA'n ist. Direkte Verfahren zur Untersuchung
der Äquivalenz werden in Kapitel 6 angegeben.

Einen Teil des Konstruktionsverfahrens zur Gewinnung eines zu
einem NRSA äquivalenten RSA hat bereits der Beweis des Satzes
von Myhill geliefert - vgl. die Bemerkung im Anschluß an den
Beweis von Satz 5.4.4. Der Rest des Beweises folgt aus Satz
5.3.7. Ein anderer Beweis (und zwar der übliche) ergibt sich
in Kapitel 6, dort wird auch gezeigt, wie viel mehr Zustände
als der NRSA der äquivalente RSA haben kann.

<u>Satz 5.5.3.</u> (Rabin, Scott): Zu jedem NRSA läßt sich ein äqui-
valenter RSA effektiv konstruieren.

<u>Beweis</u>: Zu jedem NRSA läßt sich nach dem Verfahren aus dem Be-
weis von Satz 5.3.7. eine rationale Darstellung seiner Leistung
konstruieren. Daraus kann man nach der Methode des Beweises von
Satz 5.3.5.(i) einen NRSA konstruieren, der alphabetisch ist,
weil eine rationale Menge ja aus den einelementigen Teilmengen
von X aufgebaut wird. Zu diesem alphabetischen NRSA kann man
nach der Methode des Beweises von Satz 5.4.4. eine Darstellung
seiner Leistung als erkennbare Menge konstruieren und daraus
dann (wie ebenfalls in diesem Beweis angegeben) einen RSA mit
gleicher Leistung. Alle diese Konstruktionen sind effektiv
durchführbar (vgl. auch die Bemerkung zu Satz 5.2.3.). In Kapitel 6 werden wir eine direkte Konstruktion kennenlernen, bei
der nur Umformungen von Automaten vorgenommen werden. ∎

Aus den Sätzen von Myhill, Rabin und Scott sowie von Kleene ergibt sich nun sofort der zentrale Satz der Theorie der Rabin-
Scott-Automaten:

<u>**Folgerung 5.5.4.**</u> (Satz von Kleene, Myhill):
Erk(X)=Akz(X)=DAkz(X)=NAkz(X)=Rat(X).

<u>Bemerkung</u>: Da die akzeptablen Mengen also einen unter ver-
schiedenen Gesichtspunkten regelmäßigen Aufbau haben (vgl.
auch den folgenden Unterabschnitt), werden sie oft auch als
<u>reguläre Mengen</u> bezeichnet.

<u>Abgeschlossenheit unter Durchschnitts-, Komplement- und
Quotientenbildung</u>

Aus Folgerung 5.5.4. ergeben sich sofort weitere wichtige Aussagen über Akz(X), die es gestatten, akzeptable Mengen ohne Angabe von Automaten zu konstruieren bzw. nachzuweisen, daß gewisse Mengen nicht akzeptabel sind.

<u>Satz 5.5.5.</u>: Akz(X) bildet mit den mengentheoretischen Opera-
tionen Vereinigung, Durchschnitt und Komplement eine Boolesche
Algebra; genauer Akz(X) ist effektiv abgeschlossen gegenüber
der Bildung endlicher Vereinigungen und Durchschnitte sowie von
Komplementen bzgl. F(X).

<u>Beweis</u>: Aufgrund des ersten Satzes von Kleene (Satz 5.3.5.) und
der Tatsache, daß das Komplement des Durchschnitts zweier Mengen gleich der Vereinigung ihrer Komplemente ist (De Morgansche
Regel), ist nur die Abgeschlossenheit von Akz(X) gegenüber Komplementbildung zu zeigen.
Sei also L aus Akz(X), d.h. es existiere ein RSA A=(Z,X,f,s,F)
mit L=L(A). Da f und somit auch f^* eine überall definierte Abbildung ist, ist A'=(Z,X,f,s,Z-F) ein RSA mit L(A')=F(X)-L(A)=
=F(X)-L. $\blacksquare$

Andere Beweise dafür, daß Akz(X) eine Boolesche Algebra ist, ergeben sich aus Aufgabe 5.16.

<u>Bemerkung</u>: Akz(X) ist auch gegen Mengendifferenzbildung abge-
schlossen, denn für Teilmengen U und V von F(X) gilt
U-V=F(X)-(V∪(F(X)-U)).

<u>Definition 5.5.6.</u>: Seien U und V Teilmengen von F(X).

Der <u>Rechtsquotient</u> von U nach V ist die Menge

$U/V = \{w \in F(X) \mid$ Es gibt ein $v \in V$ mit $wv \in U\} =$

$\quad = \{w \in F(X) \mid wV \cap U \neq \emptyset\}$.

Der <u>Linksquotient</u> von U nach V ist die Menge

$V \backslash U = \{w \in F(X) \mid$ Es gibt ein $v \in V$ mit $vw \in U\} =$

$\quad = \{w \in F(X) \mid Vw \cap U \neq \emptyset\}$.

Den Rechts- (bzw. Links-)quotienten von U nach V erhält man also, indem man alle die Worte nimmt, die man durch Abschneiden
eines aus V stammenden End- (bzw. Anfangs-)stücks aus den Worten aus U erhalten kann.

<u>Bemerkung</u>: Man beachte, daß die Quotientenbildung nicht invers
zum Produkt ist – z.B. gilt für $U = \{aba\}$ und $V = \{ab, ba\}$, daß
$U/V = V \backslash U = \{a\}$ und $(U/V) \cdot V = (V \backslash U) \cdot V = \{aab, aba\} \neq U$ sowie
$V \cdot (U/V) = V \cdot (V \backslash U) = \{aba, baa\} \neq U$ ist.
Weitere Eigenschaften der Quotientenoperationen sind in Aufgabe
5.17. angegeben.

Wir erhalten nun ein sehr allgemeines Abgeschlossenheitsresul-
tat.

<u>Satz 5.5.7.</u>: Seien U eine akzeptable und V eine beliebige Teil-
menge von F(X). Dann sind U/V und $V \backslash U$ beide akzeptabel, aber
die akzeptierenden Automaten brauchen nicht effektiv angebbar
zu sein. Ist jedoch V ebenfalls akzeptabel, so läßt sich ein
RSA mit der Leistung U/V (bzw. $V \backslash U$) effektiv konstruieren, wenn
die RSA'n für U und V gegeben sind.

<u>Beweis</u>: (i) Wir wollen zuerst zeigen, daß U/V akzeptabel ist.
Sei deshalb A ein RSA mit der Leistung U. Ein RSA mit der Leistung U/V ist dann
$A' = (Z, X, f, s, F')$ mit $F' = \{z \in Z \mid$ Es gibt ein $v \in V$ mit $f^*(z, v) \in F\}$.
Denn für $w \in L(A')$ gilt offenbar: Es gibt ein v aus V mit wv aus
U. Und andererseits gilt für w aus U/V, daß es ein v aus V mit
wv aus L(A) gibt, so daß $f^*(f^*(s, w), v)$ aus F, also w aus $L(A')$
ist.
Es ist klar, daß A' nicht effektiv konstruierbar ist, wenn V
nicht effektiv angebbar ist. Da die Menge aller Teilmengen von
F(X) überabzählbar, die Menge aller effektiv (d.h. mit endlichen

Mitteln) angebbaren Teilmengen aber nur abzählbar sein kann,
muß es solche nicht effektiv angebbaren Mengen geben.
Sei nun V akzeptabel. Da für jedes z aus Z die Menge
$\{w \in F(X) \mid f^*(z,w) \in F\}$ die Leistung des RSA $A_z'' = (Z,X,f,z,F)$ ist,
ist nach Satz 5.5.5. auch $\{v \in V \mid f^*(z,v) \in F\} = V \cap L(A_z'')$ akzeptabel,
und nach Folgerung 5.3.9. ist entscheidbar, ob diese Menge leer
ist; genau dann, wenn sie nicht leer ist, gehört z zu F'. Also
ist dann A' effektiv angebbar.
(ii) Weil vw aus U genau dann gilt, wenn $\widetilde{w}\widetilde{v}$ aus $\widetilde{U}$ ist, gilt für
$Q = V \backslash U$ offenbar $\widetilde{Q} = \widetilde{U}/\widetilde{V}$. Da nach Satz 5.3.5. Akz(X) unter Spiegelwortbildung effektiv abgeschlossen ist, folgt aus Teil (i) die-
ses Beweises, daß mit U auch $\widetilde{Q} = \widetilde{U}/\widetilde{V}$ und daher auch $Q = \widetilde{\widetilde{Q}}$ akzeptabel
ist, und der Q akzeptierende RSA effektiv konstruiert werden
kann, wenn V akzeptabel ist. ∎

Nichtakzeptierbarkeit der Quadratzahlen

Es ist jetzt leicht, ein schönes Beispiel eines Beweises für die
Nichtakzeptierbarkeit einer Menge anzugeben; und zwar wird gezeigt, daß mit einem endlichen Automaten nicht entschieden werden kann, ob eine natürliche Zahl eine Quadratzahl ist.
Dieser Beweis demonstriert eine generelle Methode, mit Hilfe von
Abschlußeigenschaften einer Klasse von Mengen zu zeigen, daß eine bestimmte Menge nicht zur Klasse gehört, wenn man schon mindestens eine nicht zur Klasse gehörende Menge kennt: Man konstruiert mit Hilfe der erlaubten Operationen aus der zu untersuchenden und aus weiteren bekannten Mengen aus der Klasse eine
nicht in der Klasse liegende Menge.

Folgerung 5.5.8. (Ritchie): Die Menge der Dualdarstellungen der
Quadratzahlen ist nicht akzeptabel.

Beweis: Es genügt aufgrund von Satz 5.5.5., die Menge Q der
Dualdarstellungen ohne führende Nullen der Quadratzahlen zu
betrachten, weil für die Menge $\overline{Q}$ aller Dualdarstellungen (mit
führenden Nullen) der Quadratzahlen $1\{0,1\}^* \cap \overline{Q} = Q$ gilt. Sei M
die Menge der Dualdarstellungen (ohne führende Nullen) der
Quadratzahlen der Form $(2^{n+1}-1)^2$, n aus $\mathbb{N}$.

Wegen $(2^{n+1}-1)^2=(2^n-1)2^{n+2}+1$ ist M eine Teilmenge der akzeptablen Menge L_D aus Beispiel 5.3.6.

Offenbar ist $M/\{01\}=\{1^n0^n\,|\,n\in\mathbb{N}\}$.

Aus Satz 5.4.12. mit u=1, v=0 folgt, daß $M/\{01\}$ nicht akzeptabel ist, also kann wegen Satz 5.5.7. auch M nicht akzeptabel sein.

Wir zeigen nun $L_D\cap Q=M$. Daraus folgt sofort die Behauptung, weil nach Satz 5.5.5. mit Q auch M akzeptabel sein müßte.

Es ist also für a,n,m aus $\mathbb{N}$, mit m+n gerade und m≥2 zu zeigen:

Gilt $a^2=(2^n-1)2^m+1$, so ist m=n+2 und $a=2^{n+1}-1$.

Gelte also $a^2=(2^n-1)2^m+1$ mit n≥1, m≥2 und m+n gerade.

Dann ist a≥2 und $(a+1)\cdot(a-1)=(2^n-1)\cdot2^m$. Also sind a+1 und a-1 gerade Zahlen, können aber nicht beide durch 4 teilbar sein, so daß eine von beiden durch 2^{m-1} teilbar sein muß.

Sei also etwa $a+1=2^{m-1}b$ mit b ungerade. Dann gilt
$(2^n-1)2^m=(a+1)(a-1)=(2^{m-1}b)(2^{m-1}b-2)$,
also $2^n-1=b(2^{m-2}b-1)$ und damit n≥m-2.

Die gleiche Abschätzung für n erhält man für den Fall $a-1=2^{m-1}b$.

Falls a Lösung der Gleichung $x^2=2^{m+n}-2^m+1$ für festes m und n mit m ≥ m-2 sein soll, muß ein c aus $\mathbb{N}$ existieren mit

$$2^{\frac{(m+n)}{2}}-c=a.$$

Wäre c≥2, so wäre

$$a^2=(2^{\frac{(m+n)}{2}}-c)^2 \le 2^{m+n}-4\cdot2^{\frac{(m+n)}{2}}+4=d.$$

Daraus folgte wegen m+n≥2m-2

$$2^{m+n}-2^m+1-d=-2^m+1+4\cdot2^{\frac{(m+n)}{2}}-4 \ge -2^m-3+4\cdot2^{m-1}=2^m-3 > 0,$$

also $2^{m+n}-2^m+1 > d \ge a^2$, so daß c=1 sein muß. Wegen

$$(2^{\frac{(m+n)}{2}}-1)^2=2^{m+n}-2\cdot2^{\frac{(m+n)}{2}}+1$$

kann ferner a nur Lösung sein, wenn $2\cdot2^{\frac{(m+n)}{2}}=2^m$ also m=n+2 ist.

Damit ist die obige Behauptung bewiesen. ∎

Entscheidbarkeitsresultate

In der Informatik fragt man nicht nur danach, ob die jeweils
angegebenen Existenzaussagen und Konstruktionsmethoden effektiv sind, sondern auch danach, ob Eigenschaften von Objekten
feststellbar sind. Einige solcher Entscheidungsprobleme haben
wir schon kennengelernt - vgl. die Folgerung 5.3.9. und die
Bemerkung zu Folgerung 5.5.2. Daraus, daß diese lösbar sind
und aus dem Satz vom iterierenden Faktor folgen eine Reihe
weiterer Entscheidbarkeitsaussagen.

Satz 5.5.9.: Folgende Probleme für NRSA'n A,B sind entscheidbar:
  (i) Sind A und B äquivalent?
 (ii) Ist $L(A)$ leer?
(iii) Ist $L(A)$ unendlich?
 (iv) Ist $L(A) \subseteq L(B)$?
  (v) Ist $L(A)=L$, wobei L als rationale Menge, d.h. durch eine
      (endliche) Konstruktion gemäß Definition 5.3.3. gegeben
      ist?
 (vi) Ist $L(A)=L$, wobei L als erkennbare Menge gegeben, d.h.
      durch ein endliches Monoid M und einen Homomorphismus
      h von $F(X)$ auf M bestimmt ist? (Man beachte, daß h schon
      durch die Werte $h(x)$ für x aus X eindeutig festgelegt
      ist.)

Beweis: Folgerung 2.3.3. und Folgerung 5.5.2. zusammen mit
Satz 5.5.3. liefern (i). Man kann (i) aber auch direkt aus (iv)
folgern.

(ii) ergibt sich aus Folgerung 5.3.9. oder auch aus (i), wenn
man als B einen NRSA wählt, der die leere Menge akzeptiert. Ein
einfaches Entscheidungsverfahren ist folgendes: Im Graphen von A
prüfe man, ob es einen direkten Weg (ohne Schleifen) von einer
Anfangs- zu einer Endecke gibt.

Der Satz vom iterierenden Faktor liefert ein Entscheidungsverfahren für (iii): Wir können annehmen, daß A ein RSA mit n
Zuständen ist (wegen Satz 5.5.3.).

$L=L(A)$ ist genau dann unendlich, wenn ein w_0 in L mit $|w_0| \geq n$

existiert; denn solch w_0 läßt sich nach Folgerung 5.4.10. so
faktorisieren, daß w_0=uvw mit v≠Λ ist und daß alle Worte
uv^kw,k=0,1,2,... in L liegen - falls alle Worte aus L kürzer
als n sind, ist L endlich.
Sei nun L unendlich, und sei w_0 ein Wort, das unter allen in
L liegenden Worten, die nicht kürzer als n sind, minimale Länge hat. Nach Folgerung 5.4.10. gibt es dann u,v,w mit w_0=
=uvw, v≠Λ, |uv|<n und uw in L. Also ist |uw|<|w_0|, woraus we-
gen der Minimalität von w_0 sich |uw|<n und damit |w_0|<2n ergibt.
Um zu entscheiden, ob L unendlich ist, genügt es also zu prüfen,
ob A eines der endlich vielen Worte w_0 mit n≤|w_0|<2n akzeptiert.
(iv) Zu B konstruiere man nach dem Beweis von Satz 5.5.5. einen
RSA C mit L(C)=F(X)-L(B). Weiter konstruiere man nach diesem Beweis einen RSA D mit L(D)=L(A)∩L(C). Offenbar ist L(A)⊆L(B)
g.d.,w. L(D) leer ist, und diese Frage ist nach (ii) entscheidbar.
(v) Ist L als rationale Menge gegeben, so läßt sich nach dem
Beweis des Satzes von Kleene (Satz 5.3.5.) ein NRSA B mit
L(B)=L konstruieren, so daß man (i) anwenden kann.
(vi) Ist L als erkennbare Teilmenge gegeben, so konstruiere man
wie im Beweis des Satzes von Myhill (Satz 5.4.4.) einen RSA B
mit L(B)=L und wende (i) an. ∎

<u>Folgerung 5.5.10.</u>: Für je zwei Teilmengen von F(X), die als ra-
tionale, erkennbare oder akzeptable Mengen gegeben sind, ist
entscheidbar, ob sie gleich oder disjunkt oder ineinander enthalten sind.

<u>Beispiel 5.5.11.</u>: (i) Betrachten wir ein System von kooperieren-
den sequentiellen Prozessen, deren jeder nur endlich viele Zustände annehmen kann. Dieses kann, wie in Beispiel 5.1.1.,
durch einen endlichen Graphen dargestellt werden. Verklemmungszustände entsprechen dann den Ecken im Graphen, von denen keine
Kanten mehr wegführen. Es ist jetzt leicht, einen Algorithmus
anzugeben, der es gestattet festzustellen, ob ausgehend von gewissen Anfangszuständen, das System je in einen Verklemmungszu-
stand gelangen kann: Man betrachte den Graphen des Systems als
Graphen eines NRSA, dessen Endzustände die Verklemmungszustände

sind, und wende den Beweis von Satz 5.5.9.(ii) an.

Auch die am Schluß von Beispiel 5.1.1. gestellten Fragen nach Algorithmen, die 1. erkennen, ob eine Verklemmung eingetreten ist, oder 2. verhindern, daß eine Verklemmung überhaupt eintritt, lassen sich leicht beantworten.

Um die erste dieser Fragen zu beantworten, wäre es jedoch falsch, den Satz von Rabin und Scott anzuwenden. Denn der so erhaltene RSA A' akzeptiert alle Folgen von Aktionen, die zu einer Verklemmung führen können, auch wenn sie nicht immer zu einer Verklemmung führen müssen. Man betrachte etwa in Beispiel 5.1.1. die Folge ABAB; sie kann außer zu 22 auch zu den Zuständen 00, 02 und 20 führen. Würde man den äquivalenten RSA A' als Automaten zur Erkennung einer Verklemmungssituation einsetzen, so würde er in allen Fällen, auch wenn z.B. nur wieder der Anfangszustand 00 erreicht wird, eine Verklemmung melden.

Um hier Determiniertheit zu erreichen, muß das Prozeßsystem selbst genauer spezifiziert werden - in unserem Beispiel muß zwischen den verschiedenen Aktionen der Studenten unterschieden werden: a_i (bzw. b_i), $i=1,2,3$ für Ausleihe, Rückgabe und Vorbestellung durch Student A (bzw. B). Dann führt z.B. $a_1 b_1 a_3 b_3$ zur Verklemmung, nicht aber $a_1 b_1 a_2 b_2$. Der so erhaltene DRSA A_0 stellt einen deterministischen Algorithmus zur Erkennung von Verklemmungen dar.

Aus A_0 erhält man sofort einen Automaten (DRSA) A_1, der einen Algorithmus zur Vermeidung von Verklemmungen darstellt, wenn man als Endzustände alle die Zustände wählt, die weder selbst Verklemmungszustände sind, noch Zustände sind, die nur in Verklemmungszustände übergehen können (von denen im Graphen nur Kanten zu Verklemmungszuständen führen). Jetzt kann man Verklemmungen vermeiden, indem man nur noch Aktionsfolgen zuläßt, die von A_1 akzeptiert werden.

(ii) Zwei Programmschemata (vgl. Beispiel 5.1.2.) mögen schwach äquivalent heißen, wenn ihre Wertsprachen übereinstimmen. Nach Satz 5.5.9.(i) ist dann die schwache Äquivalenz von solchen Programmschemata, die den Bedingungen der Bemerkung in Beispiel 5.1.2. genügen, entscheidbar, weil die Wertsprachen dieser Programmschemata rationale Mengen sind (vgl. auch Beispiel 5.3.4.).

5.6. Gleichungen und Gleichungssysteme

Aus den Beispielen 5.3.6. und 5.3.8. ergab sich, daß ein und
dieselbe Menge zwei verschiedene Darstellungen als rationale
Menge haben kann, so daß das Problem entsteht, die Gleichheit
zweier rationaler Darstellungen von Mengen prüfen zu müssen.
Aus Folgerung 5.5.10. ergibt sich zwar, daß das immer effektiv
möglich ist, aber dazu ist der Umweg über die Konstruktion von
NRSA'n nötig.
In diesem und dem nächsten Abschnitt sollen Hilfsmittel entwickelt werden, die es gestatten, allein durch Umformungen der
Darstellungen von rationalen Mengen ihre Gleichheit nachzuweisen. Grundsätzlich ist der dazu nötige Aufwand jedoch nicht ge-
ringer, denn er ist im schlechtesten Fall auch hier exponen-
tiell in Bezug auf die Länge der Ausdrücke (vgl. auch Abschnitt
6.2.).

Da die rationale Operation "Vereinigung" einfach die mengentheoretische Vereinigung und die rationale Operation "Produkt"
nichts anderes als das Komplexprodukt von Teilmengen von $F(X)$
ist, sowie die Untermonoidbildung auch als unendliche Vereinigung aller endlichen Potenzen aufgefaßt werden kann, ergibt
sich unmittelbar eine Reihe von Gleichungen zwischen verschiedenen rationalen Darstellungen von Mengen, die sehr gut zu Umformungen verwendet werden können.
Man beachte auch die in Aufgabe 5.18.(i) angegebenen Ungleichungen.

Satz 5.6.1.: Seien R,S,T beliebige rationale Teilmengen von
$F(X)$. Dann gelten folgende Gleichungen:

$$\begin{array}{ll}
(0) & \emptyset^* = \{\Lambda\} \\
(1) & R \cup (S \cup T) = (R \cup S) \cup T \\
(2) & R(ST) = (RS)T \\
(3) & R \cup S = S \cup R \\
(4) & R(S \cup T) = RS \cup RT \\
(5) & (R \cup S)T = RT \cup ST \\
(6) & R \cup R = R \\
(7) & \emptyset^* R = R \\
(7') & R \emptyset^* = R
\end{array}$$

$$(8) \qquad \emptyset R = \emptyset$$

$$(8') \qquad R\emptyset = \emptyset$$

$$(9) \qquad R \cup \emptyset = R$$

$$(10) \qquad R^* = \emptyset^* \cup R^* R$$

$$(10') \qquad R^* = \emptyset^* \cup R R^*$$

$$(11) \qquad R^* = (\emptyset^* \cup R)^*$$

$$(12) \qquad (R^*)^* = R^*$$

$$(13) \qquad R^* R^* = R^*$$

$$(14) \qquad (R \cup S)^* = (R^* S^*)^*$$

$$(15) \qquad (R \cup S)^* = (R^* S)^* R^*$$

$$(16) \qquad (R \cup S)^* = S^* (R S^*)^*$$

$$(17) \qquad (R \cup S)^* = R^* \cup R^* S (R \cup S)^*$$

$$(18) \qquad (R \cup S)^* = (R^* S)^* \cup (S^* R)^*$$

$$(19) \qquad (R S)^* R = R (S R)^*$$

$$(20) \qquad (R^* S)^* = \emptyset^* \cup (R \cup S)^* S$$

$$(21) \qquad (R S^* T)^* = \emptyset^* \cup R (S \cup T R)^* T$$

$$(22) \qquad R^m (R^n)^* = (R^n)^* R^m$$

$$(23) \qquad R^* = (\emptyset^* \cup R \cup \ldots \cup R^{n-1}) (R^n)^*$$

<u>Beweis</u>: Die Gültigkeit der Gleichungen (0) bis (13), (19), (22) und (23) läßt sich aufgrund der oben gegebenen Hinweise sofort einsehen (vgl. Aufgabe 5.5.).

<u>Achtung</u>: - Im folgenden machen wir von diesen Gleichungen Gebrauch, ohne explizit darauf hinzuweisen.

Wir beweisen zunächst (17) und (21) direkt - die restlichen Gleichungen folgen daraus durch Umformungen.

Zu (17): Die Inklusion "$\supseteq$" ergibt sich aus
$R^* \subseteq (R \cup S)^*$ und
$R^m S (R \cup S)^n \subseteq (R \cup S)^{m+1} (R \cup S)^n$ für m,n aus $\mathbb{N}_0$.

Zum Beweis der Inklusion "$\subseteq$" beweisen wir mit vollständiger Induktion über n, daß $(R \cup S)^n \subseteq R^* \cup R^* S (R \cup S)^*$ für n aus $\mathbb{N}$ gilt.

Für n=1 ist das klar. Gelte die Behauptung also für n=k, dann folgt daraus mit Hilfe des bereits Bewiesenen

$$(R \cup S)^{k+1} = (R \cup S)(R \cup S)^k \subseteq (R \cup S)(R^* \cup R^* S (R \cup S)^*)$$
$$= R R^* \cup R R^* S (R \cup S)^* \cup S (R^* \cup R^* S (R \cup S)^*)$$
$$\subseteq R^* \cup R R^* S (R \cup S)^* \cup S (R \cup S)^*$$
$$= R^* \cup R^* S (R \cup S)^*.$$

Zu (21): Aus (17) ergibt sich durch Ersetzen von R durch S und S durch TR:

$$R(S\cup TR)^*T = RS^*T \cup RS^*TR(S\cup TR)^*T,$$

und daraus folgt mit vollständiger Induktion für jedes n aus $\mathbb{N}$

$$R(S\cup TR)^*T = RS^*T \cup (RS^*T)^2 \cup \ldots \cup (RS^*T)^n \cup (RS^*T)^n R(S\cup TR)^*T.$$

Das ergibt $(RS^*T)^n \subseteq \emptyset^* \cup R(S\cup TR)^*T$

für jedes n aus $\mathbb{N}_0$, also die Inklusion "$\subseteq$" von (21).

Zum Beweis von "$\supseteq$" zeigen wir zunächst mit vollständiger Induktion, daß für jedes n aus $\mathbb{N}_0$ gilt

$$RS^*(S\cup TR)^n S^*T \subseteq (RS^*T)^*. \qquad \boxed{1}$$

Das ist für n=0 klar. Gelte $\boxed{1}$ also für n=k. Dann ist

$$RS^*(S\cup TR)(S\cup TR)^k S^*T = RS^*S(S\cup TR)^k S^*T \cup RS^*TR(S\cup TR)^k S^*T$$
$$\subseteq RS^*(S\cup TR)^k S^*T \cup RS^*T(RS^*(S\cup TR)^k S^*T)$$
$$\subseteq (RS^*T)^* \cup RS^*T(RS^*T)^* = (RS^*T)^*.$$

Aus $\boxed{1}$ folgt für jedes n aus $\mathbb{N}_0$

$$R(S\cup TR)^n T \subseteq (RS^*T)^*,$$

woraus sofort die Inklusion "$\supseteq$" in (21) folgt.

Zu (20): Setzt an in (21) $R=\emptyset^*$, $S=R$ und $T=S$, so erhält man (20).

Zu (16): Durch Anwendung von zunächst (21) mit $T=\emptyset^*$ und dann (17) mit vertauschten Rollen von R und S erhält man (16):

$$S^*(RS^*)^* = S^*(\emptyset^* \cup R(S\cup R)^*) = S^* \cup S^*R(S\cup R)^* = (S\cup R)^* = (R\cup S)^*.$$

Zu (15): Wir wenden an: (19) mit R^* statt R, (16) mit R,S vertauscht:

$$(R^*S)^*R^* = R^*(SR^*)^* = (S\cup R)^*.$$

Zu (14): Wir wenden an: (20) mit S^* statt S, (15) mit S^* statt R und R statt S, (12), (13), (15) mit R,S, vertauscht:

$$(R^*S^*)^* = \emptyset^* \cup (R\cup S^*)^*S^* = \emptyset^* \cup ((S^*)^*R)^*(S^*)^*S^* = \emptyset^* \cup (S^*R)^*S^* = \emptyset^* \cup (S\cup R)^*.$$

Zu (18): Aus $(R^*S)^* \subseteq (R^*S)^*R^*$ und (15) folgt

$$(R^*S)^*R^* = (R^*S)^* \cup (R^*S)^*R^* = (R^*S)^* \cup (S^*R)^*S^* = (R^*S)^* \cup (S^*R)^* \cup (S^*R)^*S^*S.$$

Da nach (20) und (15) $(R^*S)^* = \emptyset^* \cup (R\cup S)^*S = \emptyset^* \cup (S^*R)^*S^*S$ gilt, folgt aus obiger Gleichung sofort (18). ∎

<u>Das Gleichungssystem eines NRSA</u>

Jedem NRSA kann ein Gleichungssystem über den rationalen Mengen zugeordnet werden, aus dem die Leistung des NRSA berechnet werden kann.

Beispiel 5.6.2.: Wir betrachten den durch die Figur 5.6.1. gegebenen NRSA A_0.

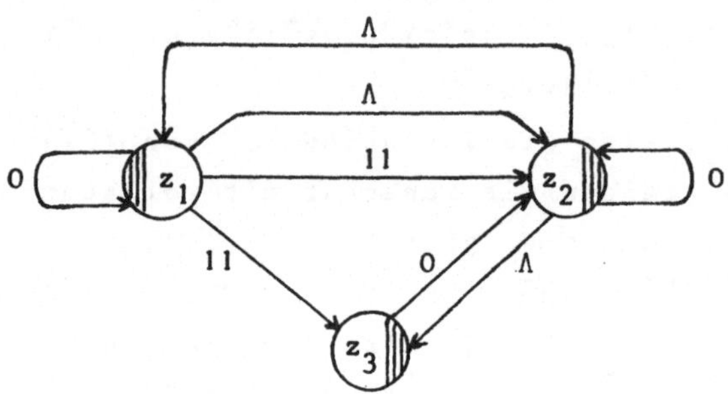

Figur 5.6.1.: Der NRSA A_0

Sei L_i die Menge der Worte, die in A_0 von z_i zu einem Endzustand führen, so daß insbesondere $L_1 = L(A_0)$ ist.
Dann gilt

$L_1 = 0L_1 \cup 11L_2 \cup \Lambda L_2 \cup 11L_3 = 0L_1 \cup \{\Lambda, 11\} L_2 \cup 11L_3$

$L_2 = \Lambda L_1 \cup 0L_2 \cup \Lambda L_3 \cup \Lambda$

$L_3 = 0L_2 \cup \Lambda$.

Führen wir also "Unbekannte" y_1, y_2, y_3 ein und schreiben + statt $\cup$, so erhalten wir ein Gleichungssystem

$y_1 = 0y_1 + \{\Lambda, 11\} y_2 + 11y_3$

$y_2 = \Lambda y_1 + 0y_2 + \Lambda y_3 + \Lambda$

$y_3 = \emptyset y_1 + 0y_2 + \emptyset y_3 + \Lambda$.

Der Vektor $(y_1, y_2, y_3) = (L_1, L_2, L_3)$ ist dann eine Lösung des Systems. Diese Lösung kann man erhalten, indem man zunächst wie bei gewöhnlichen Gleichungssystemen in der linearen Algebra, das System mit der Einsetzungsmethode umformt und dann eine Lösung durch Probieren zu finden sucht.
Einsetzen von y_3 in die Gleichungen für y_1 und y_2 liefert:

$y_1 = 0y_1 + \{\Lambda, 11\} y_2 + 110y_2 + 11 = 0y_1 + \{\Lambda, 11, 110\} y_2 + 11$

$y_2 = y_1 + 0y_2 + 0y_2 + \Lambda + \Lambda = y_1 + 0y_2 + \Lambda = 0y_2 + (y_1 + \Lambda)$.

Für festes y_1 läßt sich eine Lösung der Gleichung für y_2 durch sukzessive Approximation finden:

$$y_2^{(0)} = \Lambda, \quad y_2^{(1)} = 0 + y_1 + \Lambda, \quad y_2^{(2)} = 00 + 0(y_1 + \Lambda) + (y_1 + \Lambda),$$

$$y_2^{(3)} = 000 + 00(y_1 + \Lambda) + 0(y_1 + \Lambda) + (y_1 + \Lambda), \quad \ldots$$

Daraus folgt (mit vollständiger Induktion), daß $y_2 \supseteq y_2^{(i)}$ für jedes i aus $\mathbb{N}$ gilt; denn es ist $y_2 \supseteq \Lambda$, und aus $y_2 \supseteq y_2^{(i)}$ folgt $y_2 = 0y_2 + y_1 + \Lambda \supseteq 0y_2^{(i)} + y_1 + \Lambda = y_2^{(i+1)}$. Also gilt $y_2 \supseteq \cup \{y_2^{(i)} \mid i \in \mathbb{N}_0\}$, d.h. $y_2 \supseteq 0^* + 0^*(y_1 + \Lambda) = 0^*(y_1 + \Lambda)$.

Durch Einsetzen in die Gleichung für y_1 erhält man
$$y_1 \supseteq 0y_1 + \{\Lambda, 11, 110\} 0^*(y_1 + \Lambda) + 11$$
$$= (0 \cup 0^* \cup 110^* \cup 1100^*)y_1 + (0^* \cup 110^* \cup 1100^* \cup 11)$$
$$= (0^* \cup 110^*)y_1 + (0^* \cup 110^*).$$
Durch sukzessive Approximation (wie oben) erhält man daraus
$$y_1 \supseteq (0^* \cup 110^*)^*(0^* \cup 110^*).$$
Einsetzen in die Ungleichung für y_2 und die Gleichung für y_3 ergibt $y_2 \supseteq 0^*(0^* \cup 110^*)^*$ und $y_3 \supseteq 00^*(0^* \cup 110^*)^* \cup \Lambda$.
Wir wollen uns nun überlegen, daß die kleinsten Werte, die y_1, y_2, y_3 annehmen können, gerade die Mengen L_1, L_2, L_3 sind. Dazu benutzen wir die drei Eliminationsregeln aus dem Beweis von Satz 5.3.7. Es ist klar, daß diese Regeln nicht notwendig in der Reihenfolge angewendet werden müssen, die im Flußdiagramm von Figur 5.3.6. angegeben ist. Wie im Beweis von Satz 5.3.7. fügen wir zunächst den neuen Anfangszustand α und den neuen Endzustand ω zu A_0 hinzu.
Die Anwendung von E auf z_3 in Figur 5.6.1. und die anschliessende Anwendung von K entspricht dem Einsetzen von y_3 in die Gleichungen für y_1 und y_2: Von z_1 nach ω führt dann eine mit 11 bewertete Kante, von z_1 nach z_2 führt eine mit $\{\Lambda\} \cup \{11\} \cup \{110\}$ bewertete Kante – an der Schleife bei z_1 und bei den von z_2 wegführenden Kanten ändert sich nichts.
Eliminiert man mit Regel S die Schleife bei z_2, so muß man die von z_2 nach z_1 und ω gerichtete Kante mit 0^* bewerten – das ergibt den durch sukzessive Approximation erhaltenen kleinsten Wert für y_2.

Eliminiert man nun z_2 mit E (und anschließender Anwendung von K), so erhalten sowohl die Schleife bei z_1 als auch die Kante von z_1 nach ω die Bewertung $(0^* \cup 110^*)$. Anschließende Elimination der Schleife bei z_1 zeigt, daß der kleinste Wert für y_1 gerade L_1 ist, woraus auch folgt, daß die kleinsten Werte für y_2 und y_3 gerade L_2 und L_3 sind.

L_1, L_2, L_3 ist aber nicht die einzige Lösung des Gleichungssystems. Setzen wir z.B.

$$L_1' = (0^* \cup 110^*)^* (0^* \cup 110^* \cup \{111\}) = L_1 \cup (0^* \cup 110^*)^* 111,$$

so ist $L_1' \neq L_1$. Entsprechend der Ungleichung für y_2 und der Gleichung für y_3 setzen wir

$$L_2' = 0^* L_1' \cup 0^* = L_2 \cup 0^* (0^* \cup 110^*)^* 111 \neq L_2$$

$$L_3 = 0 L_2' \cup \Lambda = L_3 \cup 0(0^* \cup 110^*)^* 111 \neq L_3.$$

Um zu zeigen, daß L_1', L_2', L_3' eine Lösung des Gleichungssystems ist, brauchen wir nur zu beweisen, daß $0^* L_1' \subseteq L_1'$ und $11 L_2' \subseteq L_1'$ ist, denn $L_1' \subseteq L_2'$ und $0 L_2' \subseteq L_3' \subseteq L_2'$ folgen direkt aus der Definition von L_2' und L_3', und das zusammen mit $11 L_2' \subseteq L_1'$ impliziert $11 L_3' \subseteq L_1'$; ferner folgt aus $0^* L_1' \subseteq L_1'$ sofort $0 L_1' \subseteq L_1'$ und wegen $0^* \subseteq L_1'$ auch $L_2' \subseteq L_1'$ (so daß sogar $L_2' = L_1'$ gilt).

Aufgrund von Gleichung (17) aus Satz 5.6.1. gilt
$$0^* \cup 0^* \cdot 110^* (0^* \cup 110^*)^* = (0^* \cup 110^*)^*.$$

Daraus folgt sofort $0^* L_1' \subseteq L_1'$, sowie $11 L_2' = 11 L_1' \subseteq L_1'$.

Aus obigem ergibt sich übrigens auch $L_2 = L_1$, was man auch direkt am Gleichungssystem erkennen kann, denn für jede Lösung U_1, U_2, U_3 des Systems folgt aus der ersten Gleichung $U_1 \supseteq U_2$ und aus der zweiten Gleichung $U_2 \supseteq U_1$.

Wir wollen den im Beispiel skizzierten Zusammenhang zwischen der Leistung eines NRSA und der Lösung eines Gleichungssystems jetzt genauer behandeln.

<u>Definition 5.6.3.</u>: Seien die Zustände des NRSA A so numeriert daß $Z = \{z_1, z_2, \ldots, z_n\}$ und $S = \{z_1, z_2, \ldots, z_m\}$ ist.
(i) Die <u>Leistung des Zustandes</u> z_i ist die Menge
$$L_i = \{w \in F(X) \mid t^*(z_i, w) \cap F \neq \emptyset\},$$
d.h. L_i ist die Leistung des NRSA A_i, den man aus A dadurch erhält, daß man S durch $\{z_i\}$ ersetzt.

Ferner sei für jedes Paar i,j aus $\{1,\ldots,n\}$ mit L_{ij} die Menge der Bewertungen der im Graphen von A von z_i nach z_j führenden Kanten bezeichnet, d.h.

$L_{ij} = \{w \in F(X) \mid (z_i, w, z_j) \in \tau\}$.

Schließlich sei für jedes $i = 1, \ldots, n$

$$\delta_i = \begin{cases} \Lambda, & \text{falls } z_i \in F \\ \emptyset & \text{sonst} \end{cases}$$

d.h. δ_i gibt an, ob es im A zugeordneten verallgemeinerten Transitionsgraphen (vgl. Beweis von Satz 5.3.7.) eine mit Λ bewertete Kante von z_i nach ω gibt oder nicht.

(ii) Sei $Y = \{y_1, \ldots, y_n\}$ eine zu X disjunkte Menge von Variablen (Unbekannten) über $\mathcal{P}(F(X))$. Das A zugeordnete Gleichungssystem Gl(A) ist dann:

$$y_1 = L_{11}y_1 + L_{12}y_2 + \ldots + L_{1n}y_n + \delta_1$$

$$y_2 = L_{21}y_1 + L_{22}y_2 + \ldots + L_{2n}y_n + \delta_2$$

$$\vdots$$

$$y_n = L_{n1}y_1 + L_{n2}y_2 + \ldots + L_{nn}y_n + \delta_n$$

Bezeichnen wir abkürzend den Spaltenvektor der y_i mit y, den Spaltenvektor der δ_i mit δ sowie die $n \times n$-Matrix mit den Komponenten $m_{ij} = L_{ij}$ mit M, dann läßt sich, wenn man die Multiplikation und Addition von Vektoren und Matrizen über Y bzw. $\mathcal{P}(F(X))$ formal genauso wie in der linearen Algebra üblich erklärt, obiges Gleichungssystem folgendermaßen schreiben

$y = My + \delta$.

Dabei ist die Multiplikation das gewöhnliche Komplexprodukt in $\mathcal{P}(F(X))$ und die Addition die mengentheoretische Vereinigung. Wir definieren weiter M^0 als die Einheitsmatrix E, die in der Hauptdiagonale stets Λ (d.h. $e_{ii} = \Lambda$) und sonst überall $\emptyset$ (d.h. $e_{ij} = \emptyset$ für $i \neq j$) enthält, sowie $M^i = MM^{i-1}$ für $i = 1, 2, \ldots$ Da in $\mathcal{P}(F(X))$ unendliche Summen (d.h. in F(X) unendliche Vereinigungen) existieren, können wir auch $M^* = \sum_{i=0}^{\infty} M^i$ bilden.

Schließlich definieren wir für n-komponentige Vektoren U und V über $\mathcal{P}(F(X))$ noch $U \subseteq V$ g.d.,w. $U_i \subseteq V_i$ für $i = 1, \ldots, n$.

Obwohl wir Vektoren nur als Spaltenvektoren benutzen, schreiben wir sie, wenn wir sie komponentenweise angeben, der Einfachheit halber als Zeilen. Ein Vektor $V=(V_1,\ldots,V_n)$ mit $V_i \subseteq F(X)$ ist <u>Lösung</u> des Gleichungssystems, wenn $V=MV+\delta$ gilt.

<u>Bemerkung</u>: Aufgabe 5.18.(iii) zeigt, daß man auch auf eine andere Weise einem NRSA ein Gleichungssystem zuordnen kann.

<u>Satz 5.6.4.</u>(Arden): Sei A ein NRSA wie in Definition 5.6.3., $L=(L_1,\ldots,L_n)$ der Vektor der Leistungen seiner Zustände und G1(A) das A zugeordnete Gleichungssystem. Dann gilt:

(i) L erfüllt G1(A), d.h. es ist $L=ML+\delta$.

(ii) L läßt sich durch sukzessive Approximation aus G1(A) gewinnen, d.h. setzt man
$L^{(0)}=\delta$ und $L^{(k)}=ML^{(k-1)}$ für $k \geq 1$,
so ist $L=L^{(0)}+L^{(1)}+\ldots$, d.h. $L=M^*\delta$.

(iii) Für jede Lösung V des Systems G1(A) gilt $L \subseteq V$, d.h. $L=M^*\delta$ ist die kleinste Lösung von G1(A).

<u>Beweis</u>: (1) Wie im Beispiel überlegt man sich leicht, daß in A für jedes $i=1,\ldots,n$ gilt:
$$L_i = L_{11}L_1 + L_{12}L_2 + \ldots + L_{1n}L_n + \delta_i.$$

Daraus folgt sofort $L=ML+\delta$. Also gilt (i).

(2) Sei V eine beliebige Lösung von G1(A). Dann gilt $L^{(0)}=\delta \subseteq V$ und $MV \subseteq V$, so daß mit vollständiger Induktion $L^{(k)} \subseteq V$ für jedes k aus $\mathbb{N}_0$ folgt. Also ist $M^*\delta \subseteq V$.

(3) Wegen (1) und (2) gilt $M^*\delta \subseteq L$. Wenn wir $M^*\delta \supseteq L$ zeigen können, haben wir dann auch (ii) und (iii), d.h. den gesamten Satz bewiesen.

Um $M^*\delta \supseteq L$ zu zeigen, beweisen wir mit vollständiger Induktion über k, daß für die i-te Komponente $L_i^{(k)}$ (für $i=1,\ldots,n$) der k-ten Approximation $L^{(k)}$ gilt:
$$L_i^{(k)} = \{w \in F(X) \mid \text{Es gibt ein } z \in F \text{ mit } (z_i,w,z) \in \tau^k\} =$$
$$= \{w \in F(X) \mid \text{Es gibt } s_0,s_1,\ldots,s_k \in Z \text{ sowie } u_1,u_2,\ldots,u_k \in F(X) \text{ mit}$$
$$s_0=z_i, \; s_k \in F, \; (s_{j-1},u_j,s_j) \in \tau \text{ für } j=1,\ldots,k \text{ und}$$
$$u_1 u_2 \ldots u_k = w\}.$$

Für $k=0$ und $k=1$ ist das klar. Gelte also die Behauptung für festes $k \geq 1$.

Nach Definition ist

$$L_i^{(k+1)}=L_{i1}L_1^{(k)}+L_{i2}L_2^{(k)}+\ldots+L_{in}L_n^{(k)}+\delta_i$$

wobei $L_{ij}=pr_2(\tau\wedge\{z_i\}\times F(X)\times\{z_j\})$ ist. Dann hat ein w aus $L_{ij}L_j^{(k)}$ nach Induktionsannahme die Form w=uw' mit $u\in pr_2(\tau)$ und $w'\in pr_2(\tau^k)$, also ist $w\in pr_2(\tau^{k+1})$.

Da zu jedem w aus L ein Anfangszustand z_i und ein $k\in\mathbb{N}$ so existieren, daß w von z_i aus über k nichtspontane Transitionen zu einem Endzustand führt, gibt es also zu jedem w aus L ein $L_i^{(k)}$, in dem es liegt, d.h. es ist $L\subseteq M^*\delta$. ∎

Allgemeine lineare Gleichungssysteme

Um sagen zu können, wann Gleichungssysteme eindeutige Lösungen haben und um Formeln für die Lösungen zu erhalten, betrachten wir den Fall eines allgemeinen linearen Gleichungssystems über $\mathcal{P}(F(X))$, d.h. eines Gleichungssystems

y=My+R,

bei dem die Elemente der Matrix M und die Komponenten des Vektors R beliebige Teilmengen von F(X) sind.
Um die Bedingung für die Eindeutigkeit formulieren zu können, benötigen wir die folgende Definition.

Definition 5.6.5.: Eine n×n-Matrix $M=(m_{ij})$ mit $m_{ij}\subseteq F(X)$ für $1\leq i,j\leq n$ besitzt die <u>Leerworteigenschaft</u>, wenn es eine Folge $i_1,i_2,\ldots,i_k$ (k≥1) von Indizes aus $\{1,\ldots,n\}$ so gibt, daß $\Lambda\in m_{i_p i_{p+1}}$ für $1\leq p\leq k-1$ und $\Lambda\in m_{i_k i_1}$ gilt. Jede solche Folge von Indizes heißt <u>LW-Folge</u> von M.

Bemerkung: Jede Matrix, in deren Hauptdiagonale eine Menge vorkommt, die Λ enthält, hat die Leerworteigenschaft. Der Fall k=2 der Definition bedeutet, daß p und q existieren mit $\Lambda\in m_{pq}\wedge m_{qp}$ – dieser Fall liegt in Beispiel 5.6.2. vor.

Satz 5.6.6. (Arden, Bodnarchuk): (i) Das Gleichungssystem y=My+R über $\mathcal{P}(F(X))$ hat eine eindeutige Lösung, wenn M nicht die Leerworteigenschaft besitzt.
Die Lösung hat dann die Form
$y=M^*R$.

Sind in diesem Fall alle Komponenten von R und alle Elemente von M rationale Mengen, so sind auch alle Komponenten der Lösung M^*R rationale Mengen, und die Lösung kann effektiv konstruiert werden.

(ii) Hat M die Leerworteigenschaft, so ist jeder Vektor

$$V=M^*(R+T)$$

mit $T_i=\emptyset$ für jedes i, das nicht in einer LW-Folge von M vorkommende i eine Lösung des Gleichungssystems y=My+R; insbesondere ist M^*R eine Lösung.

M^*R ist in jeder Lösung des Gleichungssystems enthalten, und die Vektoren der Form $M^*(R+U)$ mit $U\subseteq M^*R+MM^*U$ sind sämtliche Lösungen.

Bemerkung: (i) Hat M die Leerworteigenschaft, so hat jede Lösung des Gleichungssystems schon die Form $M^*(R+T)$, $T_i=\emptyset$ für i nicht in einer LW-Folge - vgl. Aufgabe 5.19.(ii).

(ii) Für das Gleichungssystem y=yM+R gelten ganz analoge Aussagen - vgl. Aufgabe 5.19.(i).

Beweis: Seien M eine n×n-Matrix, R ein n-komponentiger Vektor über $\mathcal{P}(F(X))$.

Wir betrachten dann das Gleichungssystem y=My+R.

(1) Wegen $M(M^*R)+R=(MM^*+E)R=M^*R$ ist M^*R eine Lösung des Gleichungssystems.

Ist V eine beliebige Lösung des Systems, so gilt

$V=MV+R, \quad V=M(MV+R)+R=M^2V+MR+R,\ldots$

$V=M^{k+1}V+M^kR+M^{k-1}R+\ldots+MR+R$ $\qquad\boxed{2}$

für jedes k aus $\mathbb{N}$. Daraus folgt $M^*R\subseteq V$.

(2) Ein Element $m_{ij}^{(p+1)}$ von M^{p+1} hat (für $p\geq 0$) die Form

$$m_{i1}m_{1j}^{(p)}+m_{i2}m_{2j}^{(p)}+\ldots+m_{in}m_{nj}^{(p)}.$$

Ist Λ in einem Element von M^{p+1} enthalten, so muß daher ein k mit $\Lambda\in m_{ik}\wedge m_{kj}^{(p)}$ existieren, weil Λ genau dann im Produkt zweier Mengen liegt, wenn es in beiden Mengen liegt (vgl. Aufgabe 5.5.). Enthält also irgendein Element von M^q für ein $q\geq n$ das leere Wort, dann muß es eine Folge $j_0,j_1\ldots,j_q$ von Indizes aus $\{1,\ldots,n\}$ geben mit $\Lambda\in m_{j_ij_{i+1}}$ für $i=0,1,\ldots,q-1$.

Wegen $q\geq n$ können nicht alle diese Indizes verschieden sein, d.h. es existieren Indizes r,s mit $0\leq r<s\leq q$ und $j_r=j_s$. Dann ist die

Folge $j_r, j_{r+1}, \ldots, j_{s-1}$ eine LW-Folge von M, d.h. M besitzt dann die Leerworteigenschaft.

(3) Hat M nicht die Leerworteigenschaft, so enthält nach (2) kein Element von M^p für $p \geq n$ das leere Wort. Seien nun V eine beliebige Lösung des Gleichungssystems, i aus $\{1, \ldots, n\}$, w aus V_i und $r = |w|$. Sei weiter $k+1 = (r+1)n$. Dann enthält jedes nicht-leere Element von M^{k+1} nur Worte der Mindestlänge $r+1$. Also ist w in keiner Komponente des Vektors $M^{k+1}V$ enthalten. Aus $\boxed{2}$ in (1) folgt dann, daß w in einer Komponente eines Vektors $M^i R$ mit $1 \leq i \leq k$, also auch in einer Komponente von $M^* R$ enthalten sein muß. Also gilt $V \subseteq M^* R$, so daß wegen (1) $V = M^* R$ ist.

Damit ist der erste Teil von (i) bewiesen.

(4) Habe nun M die Leerworteigenschaft, und sei V eine beliebige Lösung des Gleichungssystems. Dann hat V wegen (1) die Form $V = M^* R + U$.

Durch Einsetzen in das Gleichungssystem folgt

$M^* R + U = M(M^* R + U) + R = MM^* R + MU + R$.

Daraus folgt $MU \subseteq M^* R + U$ sowie

$M^2 U \subseteq M(M^* R + U) \subseteq M^* R + U$.

Also ergibt sich für jedes k aus $\mathbb{N}$

$M^k U \subseteq M^* R + U = V$ und somit $M^* U \subseteq V$.

Also ist $V = V + M^* U = M^* (R + U)$.

Nochmaliges Einsetzen in das Gleichungssystem ergibt als Bedingung für U

$M^* (R + U) = MM^* (R + U) + R$, d.h.

$M^* R + M^* U = M^* R + MM^* U$.

Daraus folgt $U \subseteq M^* R + MM^* U$. $\boxed{3}$

Andererseits folgt daraus wieder $M^* U \subseteq M^* R + MM^* U$ und daraus die letzte Gleichung, so daß $\boxed{3}$ notwendig und hinreichend dafür ist, daß $M^* (R + U)$ eine Lösung des Gleichungssystems ist.

(5) Habe wieder M die Leerworteigenschaft, und sei $V = M^* (R + T)$ mit $T_i = \emptyset$ für alle i, die nicht in einer LW-Folge von M vorkommen. Für diese i gilt trivialerweise

$T_i \subseteq (M^* R + MM^* T)_i$.

Sei nun j aus einer LW-Folge. Dann muß es ein $k \geq 1$ so geben, daß $\Lambda \in (M^k)_{jj}$ gilt, woraus

$$T_j \subseteq (M^k T)_j$$

folgt, so daß $\boxed{3}$ für $U=T$ gilt, also V eine Lösung ist.
Damit ist (ii) bewiesen.

(6) Seien nun alle Elemente von M und alle Komponenten von R rationale Mengen und habe M nicht die Leerworteigenschaft. Wir beweisen mit vollständiger Induktion über die Zeilenzahl n der Matrix M, daß dann M^*R lauter rationale Komponenten hat - der Beweis liefert gleichzeitig ein Konstruktionsverfahren.

Für $n=1$ gilt die Behauptung trivialerweise.

Gelte die Behauptung für $n=k-1$. Wir behandeln dann ein Gleichungssystem mit $n=k$ Unbekannten. In der letzten Gleichung dieses Systems $y_k=(m_{k1}y_1+m_{k2}y_2+\ldots+m_{k(k-1)}y_{k-1}+R_k)+m_{kk}y_k$ betrachten wir den eingeklammerten Teil als bekannt, d.h. als eine bestimmte Menge von Worten. Dann haben wir den Fall einer einzelnen Gleichung, und weil $\Lambda \notin m_{kk}$ sein muß, hat sie die eindeutige Lösung

$$y_k=m_{kk}^*(m_{k1}y_1+\ldots+m_{k(k-1)}y_{k-1}+R_k).$$

Diese setzen wir in die $k-1$ ersten Gleichungen des Systems ein und erhalten ein System mit $k-1$ Gleichungen der Form

$$y_i=(m_{i1}+m_{ik}m_{kk}^*m_{k1})y_1+\ldots+(m_{i(k-1)}+m_{ik}m_{kk}^*m_{k(k-1)})y_{k-1}+R_i+$$
$$+m_{ik}m_{kk}^*R_k.$$

Die Elemente der $(k-1)\times(k-1)$-Matrix M' des Systems sind also von der Form $m'_{ij}=m_{ij}+m_{ik}m_{kk}^*m_{kj}$.

Wäre jetzt $\Lambda \in m'_{ij}$, so wäre $\Lambda \in m_{ij}$ oder $\Lambda \in m_{ik}\wedge m_{kj}$. D.h. hätte M' die Leerworteigenschaft, so müßte sie auch M haben. Also hat M' nicht die Leerworteigenschaft und offensichtlich sind die m'_{ij} rational, wenn die m_{ij} rational sind. Nach Induktionsannahme hat dann das Gleichungssystem

$$y'=M'y'+R' \text{ mit } R'_i=R_i+m_{ik}m_{kk}^*R_k$$

eine eindeutige Lösung, deren Komponenten alle rational sind, weil mit den R_i auch die R'_i alle rational sind.
Damit haben wir eine eindeutige Lösung mit rationalen Komponenten für das System mit $n=k$ Gleichungen.
Somit ist (i) vollständig bewiesen. $\blacksquare$

<u>Folgerung 5.6.7.</u>: Das Gleichungssystem eines buchstabierenden NRSA hat genau eine Lösung.

<u>Folgerung 5.6.8.</u>: Sind L und R rationale Mengen und ist $\Lambda \notin L$, so hat die Gleichung y=Ly+R die einzige Lösung $y=L^*R$.

Zur Lösung einer Gleichung y=Uy+yV+R vergleiche Aufgabe 5.19. (iii).

5.7. Rationale Ausdrücke

Die Darstellung akzeptabler Mengen als rationale Mengen ist eines der wichtigsten Hilfsmittel der Automatentheorie. Da, wie wir gesehen haben, verschiedene Darstellungen einer Menge mittels der rationalen Operationen möglich sind, und weil Gleichungen zwischen verschiedenen Darstellungen mit Hilfe einer großen Zahl verschiedener Regeln gewonnen werden können, ist es nützlich, einen formalen Kalkül zur Verfügung zu haben, der ein korrektes und systematisches Umgehen mit diesen Darstellungen erleichtert. Man kann dabei ähnlich wie in der Logik vorgehen: Zunächst ist die Syntax der formalen Sprachen zur Beschreibung der rationalen Mengen und der Gleichungen zu definieren; dann ist eine formale Definition der Semantik der sprachlichen Konstrukte anzugeben; dann ergibt sich die Frage, wann verschiedene Konstrukte äquivalent sind, d.h. die gleiche Bedeutung haben, und wie das feststellbar ist; und schließlich entsteht daraus das Problem der Axiomatisierung eines Äquivalenzkalküls.

<u>Syntax</u>

Sei, wie bisher üblich, X eine beliebige aber feste, nichtleere, endliche Menge mit m Elementen, die mit $x_1, x_2, \ldots, x_m$ bezeichnet seien. Das Alphabet der formalen Sprache der rationalen Ausdrücke (zur Beschreibung der rationalen Teilmengen von F(X)) besteht aus den Zeichen für
- die Individuenkonstanten, d.h. für die als fest vorgegeben betrachteten Individuen, mit denen die weiteren Individuen (das sind hier die Elemente von Rat(X)) konstruiert werden sollen:

$\emptyset$ für die leere Menge und

$x_1,\ldots,x_m$ für die Mengen $\{x_i\}$, $i=1,\ldots m$

- die Funktionskonstanten, d.h. hier für die rationalen Operationen:

  + für die Vereinigung

  $\cdot$ für das Komplexprodukt

  * für die Untermonoidbildung

- die Prädikatkonstante, mit der die Gleichheit der durch verschiedene Ausdrücke beschriebenen Mengen ausgedrückt werden soll:

  =

- die Hilfssymbole rechte und linke Klammer:

  ), (

Dabei sei vorausgesetzt, daß die Zeichen x_i untereinander und von allen anderen eingeführten Zeichen verschieden sind.

Als metasprachliche Symbole werden benutzt:

- kleine griechische Buchstaben, insbesondere

  α,β,γ

  als Bezeichnungen für Ausdrücke - wir werden immer abkürzend von einem "Ausdruck α" statt von dem "Ausdruck, der mit α bezeichnet ist" sprechen.

- das Zeichen $\equiv$, mit dem angegeben werden soll, daß zwei verschiedene Ausdrucksbezeichnungen denselben Ausdruck bezeichnen, d.h. $\alpha\equiv\beta$ bedeute, daß α und β dieselbe Zeichenfolge bezeichnen.

<u>Definition 5.7.1.</u>: Seien $X=\{x_1,\ldots,x_m\}$ und $K=X\cup\{\emptyset,+,\cdot,^*,),(\}$.
(i) Die Menge $RA(X)$ der <u>rationalen Ausdrücke über X</u> ist die kleinste Teilmenge von $F(K)$, für die gilt:
(1) Die Konstanten $\emptyset,x_1,\ldots,x_m$ gehören zu dieser Menge.
(2) Gehören α und β zu dieser Menge, so gehören auch $(\alpha+\beta)$, $(\alpha\cdot\beta)$ und $(\alpha)^*$ zu dieser Menge.
(ii) Die Menge $RG(X)$ der <u>rationalen Gleichungen über X</u> ist die Menge aller Zeichenfolgen
$\alpha=\beta$, mit α und β aus $RA(X)$.

<u>Bemerkung</u>: Im Sinne der Logik sind die rationalen Ausdrücke

Terme und die rationalen Gleichungen Formeln.

<u>Feststellung</u>: (i) RA(X) ist eine entscheidbare Teilmenge von F(K), d.h. für jedes Wort aus F(K), d.h. jede Zeichenfolge aus den Konstanten und Hilfszeichen, ist in endlichen vielen Schritten feststellbar, ob es ein rationaler Ausdruck ist - das zeigt man, wie bei allen Definitionen dieses Typs, z.B. dadurch, daß man zuerst prüft, ob die Klammerstruktur richtig ist, d.h. ob nach Weglassen aller von) und (verschiedenen Zeichen ein Wort aus $DYCK_1'$ übrigbleibt (vgl. dazu den Beweis von Satz 3.7.2.(ii) sowie Folgerung 5.4.7.(i)), und dann mit den inneren Klammerpaaren beginnend das Wort daraufhin prüft, ob innerhalb der Klammern ein korrekt gebildeter Ausdruck steht (vgl. auch den folgenden Hilfssatz).
(ii) Wegen (i) ist natürlich auch RG(X) eine entscheidbare Teilmenge von $F(K \cup \{=\})$.
(iii) Ist $X' \subseteq X$, so ist $RA(X') \subseteq RA(X)$ und $RG(X') \subseteq RG(X)$.

Um die Semantik eines rationalen Ausdrucks, d.h. die durch ihn dargestellte rationale Menge, definieren zu können, müssen wir analog zur induktiven Definition der Ausdrücke vorgehen. Dazu müssen wir wissen, daß wir einen Ausdruck nicht auf verschiedene Weise aufbauen und so zu einer Mehrdeutigkeit kommen können.

<u>Hilfssatz 5.7.2.</u>: Für jeden rationalen Ausdruck γ aus RA(X) gilt genau eine der folgenden Alternativen:
(1) $\gamma \equiv \emptyset$
(2) $\gamma \equiv x_i$ mit eindeutig bestimmtem i aus $\{1,\ldots,m\}$.
(3) $\gamma \equiv (\alpha + \beta)$ mit eindeutig bestimmten α, β aus RA(X)
(4) $\gamma \equiv (\alpha \cdot \beta)$ mit eindeutig bestimmten α, β aus RA(X)
(5) $\gamma \equiv (\alpha)^*$ mit eindeutig bestimmtem α aus RA(X)

<u>Beweis</u>: Nach der Definition von $\equiv$ kann für Ausdrücke α und β aus RA(X) nur $\alpha \equiv \beta$ gelten, wenn es sich um die gleichen Zeichenfolgen handelt.
Ist also α ein Ausdruck der Länge 1, so muß er $\emptyset$ oder eines der x_i sein. Hat α mindestens die Länge 3, so ist entweder * das letzte Zeichen von α, so daß dann $\alpha = (\beta)^*$ mit eindeutig bestimmtem β ist und keine andere Form haben kann, oder α hat eine der

Formen (3) und (4).

Nehmen wir an, es sei $\alpha \equiv (\beta+\gamma)$, und es gäbe außerdem noch β' und γ' in RA(X) mit $\alpha \equiv (\beta'+\gamma')$. Da beide Formen zeichenweise übereinstimmen müssen, folgt daraus $\beta \equiv \beta'$ und $\gamma \equiv \gamma'$.
Die weiter nötigen Überlegungen sind analog durchzuführen. ∎

Bemerkung: Aus dem Hilfssatz 5.7.2. ergibt sich auch, daß man RA(X) als freie Algebra mit den zweistelligen Operationen + und • sowie der einstelligen Operation * auffassen kann.

Die in Hilfssatz 5.7.2. auftretenden Teilausdrücke werden wir später beim Umformen von Gleichungen durch andere Ausdrücke ersetzen wollen (vgl. Abschnitt 5.6.). Deshalb soll eine Bezeichnung dafür eingeführt werden.

Definition 5.7.3.: Seien α,β aus RA(X). Dann heißt α ein wohlgeformter Teilausdruck von β, wenn eine der folgenden Bedingungen erfüllt ist:
(1) $\beta \equiv \alpha$ oder $\beta \equiv (\alpha)^*$
(2) Es gibt ein γ aus RA(X) derart, daß $\beta \equiv (\alpha+\gamma)$, $\beta \equiv (\gamma+\alpha)$, $\beta \equiv (\alpha \cdot \gamma)$ oder $\beta \equiv (\gamma \cdot \alpha)$ ist.
(3) Es gibt ein γ aus RA(X) derart, daß α ein wohlgeformter Teilausdruck von γ und γ ein wohlgeformter Teilausdruck von β ist.

Hilfssatz 5.7.4.: Es ist entscheidbar, ob ein rationaler Ausdruck wohlgeformter Teilausdruck eines anderen rationalen Ausdrucks ist.

Beweis: Hilfssatz 5.7.2. ist die Grundlage für ein rekursives Verfahren zur Zerlegung eines rationalen Ausdrucks in Teilausdrücke, wenn man berücksichtigt, daß für γ aus RA(X) effektiv festgestellt werden kann, welche der Formen (1) bis (5) es hat, und daß jedes γ aus RA(X) endliche Länge, also nur endlich viele wohlgeformte Teilausdrücke besitzt. ∎

Semantik

Die Bedeutung der rationalen Ausdrücke soll dadurch definiert werden, daß rekursiv den rationalen Ausdrücken rationale Mengen

zugeordnet werden. Darum wollen wir uns zunächst klar machen,
daß eine solche Zuordnung eindeutig definiert werden kann.
Da die rationalen Ausdrücke alle rationalen Mengen beschreiben
sollen, brauchen wir auch die Surjektivität der betreffenden
Abbildung.

<u>Satz 5.7.5.</u>: Durch die folgende Vorschrift ist eine Abbildung
r von RA(X) auf Rat(X) definiert:

$r(\emptyset)=\emptyset$

$r(x_i)=\{x_i\}$ für $i=1,\ldots,m$,

$r(\alpha+\beta)=r(\alpha)\cup r(\beta)$ für α,β aus RA(X),

$r(\alpha\cdot\beta)=r(\alpha)r(\beta)$ für α,β aus RA(X),

$r((\alpha)^*)=(r(\alpha))^*$ für α aus RA(X).

<u>Beweis</u>: (1) Es ist zu beweisen, daß das rekursiv definierte r
eine wohldefinierte Abbildung von RA(X) nach Rat(X) ist. Wir
zeigen das unter Benutzung von Hilfssatz 5.7.2. mit strukturel-
ler Induktion.

Sei γ aus RA(X). Dann hat γ genau eine der in Hilfssatz 5.7.2.
angegebenen Formen mit eindeutig bestimmten Komponenten.
Ist $\gamma\equiv\emptyset$ oder $\gamma\equiv x_i$, so ist offenbar $r(\gamma)$ eine eindeutig bestimmte
rationale Menge.
Ist $\gamma=(\alpha)^*$ mit eindeutig bestimmtem α, und ist $r(\alpha)$ eine eindeutig bestimmte rationale Menge, so ist auch $r(\gamma)$ eine eindeutig
bestimmte rationale Menge.
Ist schließlich entweder $\gamma=(\alpha+\beta)$ oder aber $\gamma=(\alpha\cdot\beta)$ mit jeweils
eindeutig bestimmten α und β, und sind $r(\alpha)$ und $r(\beta)$ eindeutig
bestimmte rationale Mengen, so ist auch $r(\gamma)$ eine eindeutig bestimmte rationale Menge.
(2) Nach Definition 5.3.3. liegen $\emptyset=r(\emptyset)$ und $\{x_i\}=r(x_i)$ in
$r(RA(X))$, und jede rationale Menge läßt sich mittels $\cup$, $\cdot$ und *
aus diesen Mengen konstruieren. Daraus folgt, aufgrund der Definition von r, daß r surjektiv ist. ∎

<u>Bemerkung</u>: (i) Die Abbildung r ist also ein Homomorphismus von
der freien Algebra $(RA(X) ;+,\cdot,^*)$ auf die Algebra $(Rat(X);\cup,\cdot,^*)$,
die oft auch <u>Kleene-Algebra</u> genannt wird.
(ii) Es sind natürlich auch Homomorphismen der Algebra
$(RA(X);+,\cdot,^*)$ in andere Algebren möglich, z.B. in die Menge der

Teilmengen eines beliebigen Monoids (z.B. einer Gruppe) mit den Verknüpfungen Vereinigung, Komplexprodukt und Untermonoidbildung - vgl. dazu Abschnitt 8.8.

<u>Definition 5.7.6.</u>: (i) Die in Satz 5.7.5. definierte Abbildung
$$r: RA(X) \longrightarrow Rat(X)$$
heißt <u>Standardsemantik der rationalen Ausdrücke</u>.
Für α aus $RA(X)$ heißt $r(\alpha)$ <u>die durch α dargestellte rationale Menge</u>.
(ii) Eine rationale Gleichung $\alpha=\beta$ heißt <u>gültig</u>, und man sagt dann <u>α und β sind äquivalent</u> wenn $r(\alpha)=r(\beta)$ ist.

Aus Satz 5.5.11. ergibt sich sofort:

<u>Satz 5.7.7.</u>: (i) Es ist entscheidbar, ob für einen NRSA A und einen rationalen Ausdruck α gilt:
$$L(A)=r(\alpha).$$
(ii) Es ist entscheidbar, ob eine rationale Gleichung $\alpha=\beta$ gültig ist.

Da die rationalen Ausdrücke und Gleichungen eine sehr einfache Struktur haben, und ihre Semantik einfach ist, kann ohne Gefahr von Mißverständnissen die folgende, allgemein übliche vereinfachte Schreibweise benutzt werden:

<u>Vereinbarung</u>: In den rationalen Ausdrücken lassen wir weg:
- Die äußeren Klammern, d.h. statt $(\alpha+\beta)$ oder $(\alpha\cdot\beta)$ schreiben wir nur $\alpha+\beta$ bzw. $\alpha\cdot\beta$.
- Klammern, die aufgrund der folgenden Konvention überflüssig werden:
  Das Zeichen $\cdot$ bindet stärker als das Zeichen $+$, und $*$ bindet stärker als $\cdot$. Also schreiben wir z.B. α^* statt $(\alpha)^*$ und $\alpha\cdot\beta+\gamma\cdot\beta$ statt $(\alpha\cdot\beta)+(\gamma\cdot\beta)$.
- Das Zeichen $\cdot$, d.h. statt $\alpha\cdot\beta$, schreiben wir $\alpha\beta$.
In zusammengesetzten Termen sind aber natürlich noch Klammern nötig, z.B. $\alpha(\beta\alpha)$ oder $\alpha(\beta+\gamma)$ sowie $(\alpha\beta)^*$.

Aufgrund des Bisherigen kann die Äquivalenz von rationalen Ausdrücken nur mit Hilfe ihrer Semantik, d.h. sogar eigentlich nur mit Hilfe der Konstruktion von Automaten mit entsprechenden Leistungen entschieden werden. Wir haben in Abschnitt 5.6.

jedoch schon festgestellt, daß sich aus Gleichungen über Rat(X)
neue Gleichungen gewinnen lassen und so die Gültigkeit von
Gleichungen auf die von einfacheren Gleichungen zurückgeführt
werden kann. Wichtig war dabei, daß wir Gleichungen der Form
y=Ly+R eindeutig auflösen konnten, wenn Λ nicht in L war. Wir
wollen uns jetzt überlegen, daß die entsprechende Bedingung für
rationale Ausdrücke auf rein syntaktischem Wege entscheidbar ist.

Hilfssatz 5.7.8.: Sei α aus RA(X). Wir definieren rekursiv:
α hat die Leerworteigenschaft (kurz: LWE) g.d.,w. eine der folgenden Bedingungen erfüllt ist:
(1) Es existiert ein β aus RA(X) mit $\alpha \equiv \beta^*$.
(2) Es existieren β und γ aus RA(X) mit $\alpha \equiv \beta+\gamma$, und β oder γ besitzt die LWE.
(3) Es existieren β und γ aus RA(X) mit $\alpha \equiv \beta\gamma$, und sowohl β als
   auch γ hat die LWE.
Dann ist für jeden rationalen Ausdruck α eindeutig bestimmt, ob
er die LWE besitzt oder nicht, und zwar ist dies in endlich vielen Schritten effektiv feststellbar.
Ferner gilt: α hat die LWE g.d.,w. Λ in r(α) liegt.

Beweis: (a) Aus dem Beweis von Hilfssatz 5.7.2. ergibt sich, daß
für jeden rationalen Ausdruck effektiv feststellbar ist, welche
der Formen (1) bis (5) er hat. Ferner muß genau einer der Fälle
zutreffen und die angegebenen Zerlegungen sind eindeutig. Also
ist die Definition eindeutig. Die LWE ist effektiv prüfbar, weil
jeder rationale Ausdruck in endlich vielen Schritten in Ausdrücke der Form x_i oder $\emptyset$ zerlegt werden kann.
(b) Daß α die LWE hat g.d.,w. Λ in r(α) ist, folgt mit struktu-
reller Induktion nach Hilfssatz 5.7.2.
Ist $\alpha \equiv \emptyset$ oder $\alpha = x_i$, so ist Λ nicht in r(α), und α hat nicht die LWE.
Ist $\alpha \equiv (\beta)^*$, so liegt Λ in r(β^*)=(r(β))*.
Ist $\alpha \equiv \beta+\gamma$, so ist Λ in r(α) g.d.,w. Λ in r(β) oder Λ in r(γ) ist.
Ist $\alpha \equiv \beta\gamma$, so ist Λ in r(α) g.d.,w. Λ in r(β) und Λ in r(γ) ist.

Ein Axiomensystem für gültige rationale Gleichungen

Für die Menge der gültigen rationalen Gleichungen über X sollen
eine Menge von Axiomen und zwei Schlußregeln angegeben werden,

die es gestatten, aus den Axiomen alle gültigen rationalen Gleichungen, d.h. alle Äquivalenzen zwischen rationalen Ausdrücken,
abzuleiten.

Bei den Axiomen handelt es sich um Axiomenschemata, die jeweils
für die unendlich vielen Gleichungen stehen, die dadurch gewonnen werden können, daß die Bezeichnungen α,β,γ durch konkrete
rationale Ausdrücke ersetzt werden.

<u>Definition 5.7.9.</u>: (Salomaa, Urponen): Das <u>Axiomensystem Ax(X)</u>
<u>für die gültigen rationalen Gleichungen über X</u> besteht aus:

(i) den folgenden 9 Axiomen, in denen α,β,γ beliebige rationale
Ausdrücke über X bezeichnen:

(a_1) $(\alpha+\beta)+\gamma=\alpha+(\beta+\gamma)$

(a_2) $(\alpha\beta)\gamma=\alpha(\beta\gamma)$

(a_3) $\alpha+\beta=\beta+\gamma$

(a_4) $\alpha(\beta+\gamma)=\alpha\beta+\alpha\gamma$

(a_5) $(\alpha+\beta)\gamma=\alpha\gamma+\beta\gamma$

(a_6) $\alpha\emptyset^*=\alpha$

(a_7) $\alpha\emptyset=\emptyset$

(a_8) $\alpha^*=\alpha\alpha^*+\emptyset^*$

(a_9) $\alpha^*=(\alpha+\emptyset^*)^*$.

(ii) den folgenden beiden Schlußregeln:

<u>Ersetzungsregel (E)</u>: Sei β_1 ein wohlgeformter Teilausdruck des
rationalen Ausdrucks α_1 und sei α_2 das Resultat der Ersetzung
irgendeines Vorkommens von β_1 in α_1 durch ein β_2 aus RA(X). Dann
kann aus der Gültigkeit der Gleichungen $\alpha_1=\gamma$ und $\beta_1=\beta_2$ die Gültigkeit der Gleichungen $\alpha_2=\gamma$ und $\alpha_2=\alpha_1$ gefolgert werden.

<u>Gleichungsauflösungsregel (G)</u>: Seien α,β,γ aus RA(X), und β habe
nicht die LWE. Dann kann aus der Gültigkeit der Gleichung $\alpha=\beta\alpha+\gamma$
die Gültigkeit der Gleichung $\alpha=\beta^*\gamma$ gefolgert werden.

<u>Bemerkung</u>: Aufgrund der Hilfssätze 5.7.4. und 5.7.8. ist eine
effektive Anwendung der Regeln E und G gesichert, weil die Bedingungen ihrer Anwendbarkeit effektiv prüfbar sind – und zwar
mit rein syntaktischen Mitteln.

<u>Satz 5.7.10.</u>: Das Axiomensystem Ax(X) ist konsistent, d.h. die
Axiome (a_1) bis (a_9) sind gültige rationale Gleichungen und mit

den Regeln E und G kann man aus gültigen rationalen Gleichungen
nur gültige rationale Gleichungen folgern.

Beweis: (1) Die Gültigkeit der Axiome folgt unmittelbar aus
Satz 5.6.1.

(2) Zur Regel E: (a) Sei β_1 ein wohlgeformter Teilausdruck von
α_1 im Sinne der Bedingungen (1) oder (2) der Definition 5.7.3.,
etwa

$\alpha_1 \equiv \beta_1^*$, $\alpha_1 \equiv \beta_1 \delta$ oder $\alpha_1 \equiv \beta_1 + \delta'$. Dann ist
$\alpha_2 \equiv (\beta_2)^*$, $\alpha_2 \equiv \beta_2 \delta$ oder $\alpha_2 \equiv \beta_2 + \delta'$.

Aus $r(\alpha_1) = r(\gamma)$ und $r(\beta_1) = r(\beta_2)$ folgt dann

$r(\alpha_2) = (r(\beta_2))^* = (r(\beta_1))^* = r(\alpha_1)$ bzw.

$r(\alpha_2) = r(\beta_2) r(\delta) = r(\beta_1) r(\delta) = r(\alpha_1)$ bzw.

$r(\alpha_2) = r(\beta_2) \cup r(\delta') = r(\beta_1) \cup r(\delta') = r(\alpha_1)$.

Die restlichen Fälle lassen sich analog erledigen.

(b) ist β_1 ein wohlgeformter Teilausdruck von α_1 im Sinne der
Bedingung (3) der Definition 5.7.3., d.h. gibt es einen wohlgeformten Teilausdruck η_1 von α_1, derart daß β_1 wohlgeformter
Teilausdruck von η_1 im Sinne der Bedingungen (1) oder (2) ist,
so ergibt sich wie in (a), daß für den Ausdruck η_2, der durch
Ersetzen von β_1 durch β_2 entsteht, $r(\eta_1) = r(\eta_2)$, d.h. $\eta_1 = \eta_2$ gilt.
Also läßt sich die Behauptung mit vollständiger Induktion bewei-
sen, denn wenn β_1 wohlgeformter Teilausdruck von α_1 ist, so gibt
es eine Folge $\beta_1 = \delta_0, \delta_1, \ldots, \delta_k = \alpha_1$ von rationalen Ausdrücken derart, daß δ_i wohlgeformter Teilausdruck von δ_{i+1} im Sinne von (1)
und (2) der Definition 5.7.3. für $i = 0, 1, \ldots, k-1$ ist.

(3) Zu Regel G: Hat β nicht die LWE, so hat die Gleichung
$y = r(\beta) y + r(\gamma)$ nach Folgerung 5.6.8. und Hilfssatz 5.7.8. die eindeutige Lösung $y = (r(\beta))^* r(\gamma)$.

Wenn also

$r(\alpha) = r(\beta) r(\alpha) + r(\gamma)$ gilt, so gilt auch

$r(\alpha) = r(\beta)^* r(\gamma)$, so daß also mit $\alpha = \beta \alpha + \gamma$ auch $\alpha = \beta^* \gamma$ gültig ist. ∎

Mit dem Axiomensystem ist ein formaler Kalkül gegeben, der es
gestattet, aus den Axiomen durch rein syntaktische Umformungen
(d.h. Anwendungen der Regeln E und G) die Gültigkeit aller

rationalen Gleichungen zu beweisen.

Definition 5.7.11.: Ein Beweis für die rationale Gleichung $\alpha=\beta$
im Axiomensystem Ax(X) ist eine endliche, mit der Gleichung $\alpha=\beta$
endende Folge von rationalen Gleichungen derart, daß jede der
Gleichungen entweder aus einem der Axiome durch Ersetzen der
Symbole α,β,γ durch gewisse rationale Ausdrücke (oder Symbole
für Ausdrücke) entstanden oder mit Hilfe einer der Schlußregeln
E oder G aus vor ihr in der Folge vorkommenden Gleichungen ge-
folgert worden ist.
Gibt es einen Beweis in Ax(X) für die Gleichung $\alpha=\beta$, so heißt
sie auch ableitbar in Ax(X), in Zeichen $\vdash\alpha=\beta$.
Man sagt ferner, eine Gleichung $\alpha=\beta$ sei in Ax(X) aus einer Menge
M von Gleichungen ableitbar, wenn $\alpha=\beta$ in dem Axiomensystem be-
weisbar ist, das aus Ax(X) durch Hinzunahme der Gleichungen aus
M als zusätzliche Axiome entsteht.

Aus Satz 5.7.10. ergibt sich sofort

Folgerung 5.7.12.: Jede in Ax(X) ableitbare Gleichung ist gültig.

Satz 5.7.13. (Salomaa, Urponen): Das Axiomensystem Ax(X) ist
vollständig, d.h. jede gültige rationale Gleichung ist in Ax(X)
ableitbar. Ferner ist die Menge aller gültigen rationalen Gleichungen aufzählbar, d.h. man kann ein effektives Verfahren angeben, das alle gültigen rationalen Gleichungen und keine anderen erzeugt.
Ferner sind die Axiome (a_1) bis (a_9) und die Regeln E und G voneinander unabhängig, d.h. läßt man ein Axiom oder eine Regel aus
dem Axiomensystem weg, dann ist im verbleibenden Axiomensystem
nicht mehr jede in Ax(X) ableitbare Gleichung beweisbar.

Auf den Beweis muß aus Platzgründen verzichtet werden - vgl. dazu Aufgabe 5.20. und die angegebene Literatur.

Beweise im Axiomensystem

Als Beispiele für die Art der Beweise in Ax(X) sollen einige
einfache aber für die weiteren Anwendungen sehr nützliche Gleichungen beweisen werden - zunächst, ohne dabei die Regel G zu
verwenden.

<u>Hilfssatz 5.7.14.</u>: Seien α,β,δ,η rationale Ausdrücke.

  (i) Es gilt $\vdash\alpha=\alpha$.

 (ii) Aus $\vdash\alpha=\beta$ folgt $\vdash\beta=\alpha$.

(iii) Aus $\vdash\alpha=\beta$ und $\vdash\beta=\delta$ folgt $\vdash\alpha=\delta$.

 (iv) Aus $\vdash\alpha=\delta$ und $\vdash\beta=\eta$ folgt $\vdash\alpha+\beta=\delta+\eta$, $\vdash\alpha\beta=\delta\eta$ und $\vdash\alpha^*=\delta^*$.

<u>Beweis</u>: (i) Axiom (a_6) liefert $\vdash\alpha\emptyset^*=\alpha$. In E sei nun
$\alpha_1\equiv\beta_1\equiv\alpha\emptyset^*$ und $\beta_2\equiv\gamma\equiv\alpha$.
Dann ist $\alpha_2\equiv\alpha$, und wegen (a_6) gilt $\vdash\alpha_1=\gamma$ sowie $\vdash\beta_1=\beta_2$.
Nach E können wir dann $\vdash\alpha_2=\gamma$, d.h. $\vdash\alpha=\gamma$ folgern.

(ii) In E sei $\alpha_1\equiv\beta_1\equiv\alpha$ und $\beta_2\equiv\beta$. Dann ist $\alpha_2\equiv\beta$. Gilt $\vdash\alpha=\beta$,
so ist $\vdash\beta_1=\beta_2$, und mit E können wir dann folgern $\vdash\alpha_2=\alpha_1$, d.h.
$\vdash\beta=\alpha$.

(iii) Aus $\vdash\alpha=\beta$ folgt nach (ii) auch $\vdash\beta=\alpha$. Gelte ferner $\vdash\beta=\delta$.
Wählen wir in E $\alpha_1\equiv\beta_1\equiv\beta$, $\beta_2\equiv\alpha$ und $\gamma\equiv\delta$, dann gilt $\alpha_2\equiv\alpha$, $\vdash\beta_1=\beta_2$
und $\vdash\alpha_1=\gamma$, und mit E können wir $\vdash\alpha_2=\gamma$, d.h. $\vdash\alpha=\delta$ folgern.

(iv) Aus $\vdash\alpha=\delta$ und $\vdash\beta=\eta$ folgt nach (ii) $\vdash\delta=\alpha$ und $\vdash\eta=\beta$.
In E wählen wir zunächst $\alpha_1\equiv\delta+\eta$, $\beta_1\equiv\delta$ und $\beta_2\equiv\alpha$.
Dann gilt $\alpha_2\equiv\alpha+\eta$ und $\vdash\beta_1=\beta_2$, und wir können $\vdash\alpha_2=\alpha_1$, d.h. $\vdash\alpha+\eta=\delta+\eta$
folgern.
Nun wählen wir in E $\alpha_1\equiv\alpha+\eta$, $\beta_1\equiv\eta$, $\beta_2\equiv\beta$ und $\gamma\equiv\delta+\eta$.
Dann gilt $\alpha_2\equiv\alpha+\beta$, $\vdash\beta_1=\beta_2$ und $\vdash\alpha_1=\gamma$. Mit E folgt daraus $\vdash\alpha_2=\gamma$,
d.h. $\vdash\alpha+\beta=\delta+\eta$.
Der Beweis von $\vdash\alpha\beta=\delta\eta$ ist analog durchzuführen.
Wählen wir schließlich in E $\alpha_1\equiv\delta^*$, $\beta_1\equiv\delta$ und $\beta_2\equiv\alpha$, so gilt $\alpha_2\equiv\alpha^*$
und $\vdash\beta_1=\beta_2$, so daß wir mit E $\vdash\alpha_2=\alpha_1$, d.h. $\vdash\alpha^*=\delta^*$ folgern können. ∎

<u>Bemerkung</u>: Hilfssatz 5.7.14. besagt, daß sich für das Zeichen =
in den rationalen Gleichungen die üblicherweise von einem Gleich-
heitszeichen geforderten Eigenschaften in Ax(X) beweisen lassen,
das bedeutet, Hilfssatz 5.7.14. beweist, daß die Relation der
Äquivalenz von rationalen Ausdrücken eine Kongruenzrelation in
der Algebra $(RA(X);+,\cdot,^*)$ darstellt, es ist genau die Kongruenzrelation, die durch den Homomorphismus r der Semantik induziert
wird.

Wir zeigen jetzt die Ableitbarkeit der den Gleichungen (6) bis
(9) aus Satz 5.6.1. entsprechenden rationalen Gleichungen.

Dabei benutzen wir Hilfssatz 5.7.14., ohne besonders darauf hinzuweisen und schreiben auch gleich $\vdash\alpha=\beta=\delta$ für $\vdash\alpha=\beta$, $\vdash\beta=\delta$. Außerdem lassen wir die aufgrund der Assoziativgesetze für $+$ und $\cdot$, d.h. der Axiome (a_1) und (a_2), überflüssigen Klammern weg.

Satz 5.7.15. (Urponen): Für jedes α aus $RA(X)$ gilt:

(1) $\vdash\alpha+\emptyset=\alpha$

(2) $\vdash\alpha+\alpha=\alpha$

(3) $\vdash\emptyset\alpha=\emptyset$

(4) $\vdash\emptyset^*\alpha=\alpha$.

Beweis: Setzen wir in (a_8) und (a_6) $\alpha\equiv\emptyset$, so ergibt sich aus beiden zusammen
$$\vdash\emptyset^*=\emptyset\emptyset^*+\emptyset^*=\emptyset+\emptyset^*.$$

Daraus folgt zusammen mit (a_9) für $\alpha\equiv\emptyset$
$$\vdash\emptyset^*=(\emptyset+\emptyset^*)^*=(\emptyset^*)^*.$$

Mit (a_8) für $\alpha\equiv\emptyset^*$ erhalten wir daraus
$$\vdash(\emptyset^*)^*=\emptyset^*(\emptyset^*)^*+\emptyset^*.$$

Aus den beiden letzten Gleichungen folgt mit (a_6) für $\alpha\equiv\emptyset^*$
$$\vdash\emptyset^*=\emptyset^*+\emptyset^*.$$

Die erste und die letzte Gleichung ergeben mit (a_6)
$$\vdash\alpha=\alpha\emptyset^*=\alpha(\emptyset+\emptyset^*) \text{ sowie } \vdash\alpha=\alpha\emptyset^*=\alpha(\emptyset^*+\emptyset^*).$$

Mit (a_4), (a_6), (a_7) und (a_3) folgt daraus
$$\vdash\alpha=\alpha\emptyset+\alpha\emptyset^*=\emptyset+\alpha=\alpha+\emptyset \text{ sowie}$$
$$\vdash\alpha=\alpha\emptyset^*+\alpha\emptyset^*=\alpha+\alpha.$$

Damit sind (1) und (2) bewiesen.

Aus (a_7) und (a_2) folgt
$$\vdash\emptyset=\emptyset\emptyset \text{ also } \vdash\emptyset\alpha=(\emptyset\emptyset)\alpha=\emptyset(\emptyset\alpha).$$

Ersetzt man in (1) α durch $\emptyset\alpha$, so folgt
$$\vdash\emptyset\alpha=\emptyset(\emptyset\alpha)+\emptyset.$$

Weil $\emptyset$ nicht die LWE besitzt, liefert G dann
$$\vdash\emptyset\alpha=\emptyset^*\emptyset.$$

Mit (a_7) ergibt das (3). Aus (3), (1) und (a_3) folgt
$$\vdash\alpha=\emptyset\alpha+\alpha, \text{ also mit G auch (4).} \quad\blacksquare$$

Bemerkung: Die üblicherweise in Lehrbüchern zu findenden Axiomensysteme enthalten zusätzlich die Gleichungen (1) und (2) des Satzes 5.7.15. als Axiome sowie statt der Axiome (a_6) und (a_7)

die Gleichungen (3) und (4) des Satzes, ferner ist in (a_8) und
G die Reihenfolge der Faktoren in den Produkten vertauscht.
(Man vergleiche dazu Aufgabe 5.20.(vi)). Für die Anwendung des
Axiomensystems zur Bestimmung der Leistung eines NRSA nach der
Methode von Abschnitt 5.6. ist jedoch die in Definition 5.7.9.
angegebene Form der Axiome und Regeln nötig.

Um die Gleichungsauflösungsregel auch in Fällen, bei denen die
LWE erfüllt ist, wenigstens in modifizierter Weise anwenden zu
können, ist folgender Hilfssatz sehr wichtig.

<u>Hilfssatz 5.7.16.</u>: Zu jedem α aus RA(X), das die LWE besitzt,
gibt es ein α_1 aus RA(X), das nicht die LWE besitzt, und für
das gilt
$\vdash \alpha = \alpha_1 + \emptyset^*$.

<u>Beweis</u>: Wir führen den Beweis mit vollständiger Induktion über
die Länge von α. Ist $\alpha \equiv \emptyset^*$, so wähle man $\alpha_1 \equiv \emptyset$. Nach Satz
5.7.15.(1) ist damit $\alpha = \alpha_1 + \emptyset^*$.
Gilt nicht $\alpha \equiv \emptyset^*$, so muß α nach Hilfssatz 5.7.8. eine der drei
folgenden Formen haben:
$\alpha \equiv \beta^*$, $\alpha \equiv \gamma + \gamma'$, $\alpha \equiv \delta \eta$.
Betrachten wir zunächst den dritten Fall. Da δ und η kürzer als
α sind, können wir annehmen, daß δ_1 und η_1 aus RA(X) so existie-
ren, daß gilt:
$\vdash \delta = \delta_1 + \emptyset^*$, $\vdash \eta = \eta_1 + \emptyset^*$ und δ_1 und η_1 haben nicht die LWE.
Dann gilt
$\vdash \alpha = \delta \eta = (\delta_1 + \emptyset^*)(\eta_1 + \emptyset^*) = \delta_1 \eta_1 + \delta_1 + \eta_1 + \emptyset^*$.
Mit $\alpha_1 \equiv \delta_1 \eta_1 + \delta_1 + \eta_1$ folgt dann die Behauptung.
Der Fall $\alpha \equiv \gamma + \gamma'$ erledigt sich analog.
Sei also nun $\alpha \equiv \beta^*$.
Hat β nicht die LWE, so folgt mit $\alpha_1 = \beta \beta^*$ aus (a_8) die Behaup-
tung $\vdash \alpha = \alpha_1 + \emptyset^*$, weil dann $\beta \beta^*$ nicht die LWE besitzt.
Hat β die LWE, so können wir nach Induktionsannahme die Exi-
stenz eines β_1 voraussetzen, für das gilt
$\vdash \beta = \beta_1 + \emptyset^*$ und β_1 hat nicht die LWE.
Aus (a_9) und (a_8) folgt dann
$\vdash \alpha = \beta^* = (\beta_1 + \emptyset^*)^* = (\beta_1)^* = \beta_1 \beta_1^* + \emptyset^*$,
so daß mit $\alpha_1 = \beta_1 \beta_1^*$ die Behauptung gilt. ∎

Abschließend seien, um die Anwendung des Hilfssatzes 5.7.16. zu zeigen, noch die den Gleichungen (12), (13) und (16) aus Satz 5.6.1. entsprechenden rationalen Gleichungen bewiesen. Dabei soll auch die Benutzung des Satzes 5.7.15. sowie die der Axiome (a_1) bis (a_7) nicht mehr besonders erwähnt werden.

<u>Hilfssatz 5.7.17.</u>: Seien α,β aus RA(X). Dann gilt

(1) $\vdash(\alpha+\beta)^*=\beta^*(\alpha\beta^*)^*$

(2) $\vdash\alpha^*\alpha^*=\alpha^*$

(3) $\vdash(\alpha^*)^*=\alpha^*$.

<u>Beweis</u>: 1) Wir nehmen zunächst an, daß weder α noch β die LWE besitzt. Sei dann $\gamma=\beta^*(\alpha\beta^*)^*$. Aus (a_8) folgt $\vdash\gamma=(\alpha\beta^*)^*+\beta\beta^*(\alpha\beta^*)^*=$
$$=\alpha\beta^*(\alpha\beta^*)^*+\beta\beta^*(\alpha\beta^*)^*+\emptyset^*=(\alpha+\beta)\gamma+\emptyset^*.$$
Mit Regel G folgt $\vdash\gamma=(\alpha+\beta)^*$.

Haben α und β die LWE, so existieren nach Hilfssatz 5.7.16. α_1 und β_1 mit $\vdash\alpha=\alpha_1+\emptyset^*$, $\vdash\beta=\beta_1+\emptyset^*$, und α_1 und β_1 haben nicht die LWE. Dann folgt für obiges γ mit (a_9) und (a_8)
$$\vdash\gamma=\beta_1^*((\alpha_1+\emptyset^*)\beta_1^*)^*=\beta_1^*(\alpha_1\beta_1^*+\beta_1\beta_1^*)^*=\beta_1^*((\alpha_1+\beta_1)\beta_1^*)^*.$$
Mit β_1 statt β und $(\alpha_1+\beta_1)$ statt α folgt aus obigem und (a_9) dann
$$\vdash\gamma=(\alpha_1+\beta_1+\beta_1)^*=(\alpha+\beta)^*.$$
Die Fälle, daß nur α oder nur β die LWE besitzt, erledigen sich analog.

2) Aus (a_8) folgt
$$\vdash\alpha^*=\emptyset^*+\alpha\alpha^*+\alpha\alpha^*=\alpha^*+\alpha\alpha^*.$$
Hat α nicht die LWE, so liefert Regel G
$$\vdash\alpha^*=\alpha^*\alpha^*.$$
Hat α die LWE, so gibt es nach Hilfssatz 5.7.16. ein α_1 mit $\vdash\alpha=\alpha_1+\emptyset^*$, und α_1 hat nicht die LWE.

Aus obigem folgt dann mit (a_9)
$$\vdash\alpha^*=(\alpha_1+\emptyset^*)^*=\alpha_1^*=\alpha_1^*+\alpha_1\alpha_1^*.$$
Mit Regel G folgt daraus
$$\vdash\alpha^*=\alpha_1^*=\alpha_1^*\alpha_1^*=\alpha^*\alpha^*.$$
3) Mit (a_8) und (a_9) folgt aus (1)
$$\vdash\alpha^*=\alpha\alpha^*+\emptyset^*+\emptyset^*=\emptyset^*+\alpha^*=\emptyset^*+(\emptyset^*+\alpha)^*=\emptyset^*+\alpha^*(\emptyset^*\alpha^*)^*=\alpha^*(\alpha^*)^*+\emptyset^*=(\alpha^*)^*. \quad\blacksquare$$

Mit ähnlichen Überlegungen lassen sich alle den Gleichungen in Satz 5.6.1. entsprechenden rationalen Gleichungen in Ax(X) beweisen – nützlich dafür ist Aufgabe 5.20(i).

Aufgaben

<u>5.1.</u> Die Ausleihordnung einer Bibliothek mit N Bänden erlaube
die Ausleihe von maximal n<N Bänden an eine Person. Ein Benut-
zer (etwa wieder ein Student bei seiner Diplomarbeit), der innerhalb kurzer Zeit viele Bücher braucht, wird versuchen, den
Arbeitsaufwand für das Abgeben und Ausleihen und für das Nachdenken darüber, welches Buch abzugeben ist, wenn er schon n
ausgeliehen hat und ein neues Buch braucht, möglichst gering
zu halten. Wenn er die Theorie der Betriebssysteme etwas kennt,
wird er einen der dort untersuchten Algorithmen benutzen: z.B.
den LRU-Algorithmus, nach dem jeweils das Buch abzugeben ist,
das am längsten nicht gebraucht wurde ("least recently used").
Man stelle diesen Algorithmus durch einen Automaten dar: Eingabealphabet = Menge der Nummern der Bände (1,2,...,N), Zustände = geordnete Folgen der Nummern der gerade ausgeliehenen
Bände (geordnet nach dem Zeitpunkt der letzten Benutzung). Man
überlege sich, wie man bei festem N den Automaten für n=k+1 aus
dem Automaten für n=k erhält.

<u>5.2.</u>* Man gebe einen möglichst schnellen Algorithmus zur Be-
stimmung des Transitionsmonoids eines alphabetischen NRSA an.
Was ist die Höchstlänge der von einem solchen Algorithmus zu
verarbeitenden Eingabeworte?

<u>5.3.</u> Man gebe NRSA'n an, die folgende Mengen akzeptieren:
(i) {Λ,1}- Man zeige, daß ein NRSA ohne spontane Transitionen,
der diese Menge akzeptiert, entweder mehrere Anfangs- oder mehrere Endzustände haben muß.
(ii) Die Menge aller Worte über {0,1}, in denen Einsen nur in
Blöcken gerader Länge und solche Blöcke von Einsen nur in ungerader Zahl vorkommen (z.B. ist 11011110011 solch ein Wort,
nicht aber 011011 oder 10101).
(iii) Die Menge aller Worte ungerader Länge über {0,1}, in denen sowohl 0 als auch 1 aber nicht das Teilwort 01 vorkommt.
(iv) Die Menge der Dezimaldarstellungen durch 3 teilbarer natürlicher Zahlen (ohne führende Nullen, von links nach rechts
gelesen).

<u>5.4.</u>(i) Man stelle die Mengen aus Aufgabe 5.3. sowie die folgenden Teilmengen von $F(\{0,1\})$ als rationale Mengen dar:

(1) Die Menge aller Worte, die sowohl eine gerade Zahl von Einsen als auch eine gerade Zahl von Nullen enthalten.

(2) Die Menge aller Worte, die 010 nicht als Teilwort enthalten, d.h. die nicht die Gestalt u010v haben.

(3) Die Menge aller Worte der Mengen aus (1) (bzw. aus (2)), die nicht in einer vorgegebenen endlichen Menge E, z.B. $E=\{0011,0,1,11,10\}$ liegen.

(4) Die Menge aller Worte aus (1), die nicht in (2) liegen.

(ii) Bezeichne Rat die Menge aller rationalen Teilmengen aller endlich erzeugten freien Monoide, so daß $U \in Rat$ genau dann gilt, wenn es eine endliche Menge X mit $U \in Rat(X)$ gibt. Man beweise dann, daß Rat bzgl. der rationalen Operationen effektiv abgeschlossen ist.

<u>5.5.</u> Man beweise (für $U,V \leq F(X)$):

(1) $\emptyset^* = \{\Lambda\}$.

(2) $\Lambda \in UV$ g.d.,w. $\Lambda \in U \cap V$.

(3) $\Lambda \in U^+(=UU^*)$ g.d.,w. $\Lambda \in U$.

(4) $UU^* = U^*U$.

(5) $U^* = (\emptyset^* \cup U)^*$.

(6) $(U^*)^* = U^*$.

(7) $U^*U^* = U^*$.

(8) $(UV)^*U = U(VU)^*$.

(9) $U^m(U^n)^* = (U^n)^*U^m$ für n,m aus $\mathbb{N}$.

(10) $U^* = (\emptyset^* \cup U \cup \ldots \cup U^{n-1})(U^n)^*$ für n aus $\mathbb{N}$.

<u>5.6.</u>(i) Mit den Methoden aus dem Beweis von Satz 5.3.5. konstruiere man einen NRSA, dessen Leistung die Menge L_D aus Beispiel 5.3.6. ist, und wandle ihn dann durch leistungserhaltende Umformungen in den NRSA der Figur 5.3.1. um. Ferner konstruiere man NRSA'n, die die Mengen (1) bis (4) aus Aufgabe 5.4.(i) akzeptieren.

(ii) Man wandle die Konstruktion des Beweises von Satz 5.3.5.(b) so ab, daß keine spontanen Transitionen benötigt werden, d.h. statt bei A_4 die spontane Transition (z,Λ,z') einzuführen, nehme man, zu jedem w, für das $t_2(z',w) \neq \emptyset$ ist, alle Transitionen (z,w,z") hinzu, für die z" in $t_2(z',w)$ und z aus F_1 ist - analog verfahre man bei A_5.

(iii) (Bar-Hillel, Perles, Shamir) Eine Abbildung σ von F(X) in $\mathcal{P}(F(X))$ heißt rationale Substitution, wenn sie folgende Eigenschaften hat:

(1) $\sigma(\Lambda)=\{\Lambda\}$

(2) $\sigma(uv)=\sigma(u)\sigma(v)$ für alle u,v aus F(X)

(3) $\sigma(x)\in Rat(X)$.

Offenbar ist jeder Homomorphismus h von F(X) in F(X) als rationale Substitution h' auffaßbar: Man setze $h'(u)=\{v\}$ falls h(u)=v. Man beweise nun für jede rationale Substitution $\sigma:F(X)\longrightarrow \mathcal{P}(F(X))$:

(a) Jede Menge $\sigma(w)$ für w aus F(X) ist eine rationale Menge.

(b) Definiert man für $U\subseteq F(X)$ das Bild unter σ als
$\sigma(U)=\cup\{\sigma(w)\,|\,w\in U\}$,

so ist $\sigma(U)$ rational für jede rationale Menge U, und zwar läßt sich ein NRSA mit der Leistung $\sigma(U)$ direkt aus einem NRSA mit der Leistung U konstruieren. (Hinweis: Man wähle einen alphabetischen NRSA mit der Leistung U und ersetze in ihm jede mit $x\in X$ bewertete Kante durch einen $\sigma(x)$ akzeptierenden NRSA). D.h. Rat(X) ist unter rationalen Substitutionen (also auch unter Homomorphismen) effektiv abgeschlossen.

<u>5.7.</u>(i)* (McNaughton, Yamada) Man gebe ein weiteres Verfahren an, mit Hilfe dessen man für jeden NRSA A eine Darstellung von L(A) als rationale Menge erhält, und zwar ohne den Beweis von Satz 5.3.7. zu benutzen. (Hinweis: Sei $Z=\{z_1,z_2,\ldots,z_n\}$ und W_{ij}^k die Menge der Wörter aus F(X), die A vom Zustand z_i in den Zustand z_j überführen, ohne daß dabei A zwischendurch einen der Zustände $z_{k+1}, z_{k+2}, \ldots, z_n$ annimmt). (Natürlich dürfen i und j beliebig aus $\{1,\ldots,n\}$ sein). Man beweise dann die Rekursionsformel $W_{ij}^k = W_{ij}^{k-1} \cup W_{ik}^{k-1}(W_{kk}^{k-1})^* W_{kj}^{k-1}$

und leite daraus ab, daß jedes W_{ij}^k rational ist.)

(ii) Man wende das obige und das im Beweis von Satz 5.3.7. angegebene Verfahren auf die NRSA'n aus den Beispielen 5.1.2., 5.1.3., 5.1.4. und 5.3.6. an.

(iii) (Eilenberg, Schützenberger) Die Menge ERat(X) der eindeutig rationalen Teilmengen von F(X) ist die kleinste Teilmenge $\mathcal{R}$

der Potenzmenge von F(X) mit den Eigenschaften (a) bis (d):

(a) $\emptyset \in \mathfrak{R}$, und $\{x\} \in \mathfrak{R}$ für jedes $x \in X$.

(b) Sind U,V in $\mathfrak{R}$, und ist $U \cap V = \emptyset$, so gilt $U \cup V \in \mathfrak{R}$.

(c) Sind U,V in $\mathfrak{R}$, und ist das Produkt UV eindeutig (d.h. folgt aus $uv = u'v'$ für $u,u' \in U$ und $v,v' \in V$ stets $u = u'$ und $v = v'$) so gilt $UV \in \mathfrak{R}$.

(d) Ist $U \in \mathfrak{R}$ und ist $U^* = F(U)$ (d.h. ist jedes der Produkte $U^i U$ für $i = 1,2,\ldots$ eindeutig, so daß jedes $w \in U^*$ eine eindeutige Faktorisierung mit Faktoren aus U besitzt), so ist $U^* \in \mathfrak{R}$.

Man beweise $ERat(X) = Rat(X)$. (Hinweis: Man analysiere das Verfahren aus (i) bei seiner Anwendung auf einen RSA).

<u>5.8.</u> Sei $X = \{0,1\}$.

(i) $M_1 = \{e,a,b\}$ sei das Monoid mit dem Einselement e, dessen Multiplikationstabelle durch folgende Gleichungen bestimmt ist: $a = a^2 = ba$, $b = b^2 = ab$. Ferner sei h der Homomorphismus von F(X) auf M_1, der durch $h(0) = a$, $h(1) = b$ gegeben ist. Man zeige, daß $h^{-1}(a)$ die (erkennbare) Menge aller Worte aus F(X) ist, die mit 0 enden. Man zeige ferner, daß M_1 sogar das syntaktische Monoid dieser Menge ist.

(ii) $M_2 = \{e,a,b,c\}$ sei das Monoid mit dem Einselement e und folgenden Gleichungen: $a^2 = a$, $ab = b$, $ba = b^2 = c^2 = ca = ac = cb = bc = c$. Man bestimme den Homomorphismus h von F(X) auf M_2, für den $h^{-1}(b) = 0^*1$ ist, und beweise, daß M_2 das syntaktische Monoid der Menge 0^*1 ist. Man bestimme ferner $h^{-1}(a)$ und $h^{-1}(c)$ sowie das syntaktische Monoid von $h^{-1}(b) \cup h^{-1}(c)$.

(iii) (Schützenberger) Sei $\mathbb{Z}$ die additive Gruppe der ganzen Zahlen, und sei h der Homomorphismus von F(X) auf $\mathbb{Z}$ mit $h(0) = -1$ und $h(1) = 1$. Man beweise:

(1) $h^{-1}(0) = \{w \in F(X) \mid w$ enthält ebensoviele Einsen wie Nullen$\}$.

(2) Die Relation R auf F(X), die durch uRv g.d.,w. $h(u) = h(v)$ bestimmt ist, ist die syntaktische Kongruenz von $h^{-1}(0)$ im Sinne von Hilfssatz 5.4.3.(iv).

(3) $h^{-1}(0)$ ist keine akzeptable Menge.

Ferner gebe man ein Monoid M_1 mit einem Homomorphismus h_1 von $F(\{a,b\})$ auf M_1 an, so daß $h_1^{-1}(e) = DYCK_1'$ ist (vgl. Folgerung 5.4.7.).

(Bemerkung: $h^{-1}(0)$ heißt Dycksprache über einem Klammerpaar).

<u>5.9.</u>[*] Man zeige, daß folgende Mengen erkennbar sind.

(i) Lokal testbare Mengen (McNaughton, Papert (1971)): Zur Definition benötigen wir folgende Bezeichnungen: Für k aus $\mathbb{N}$ und w aus $F(X)$ mit $w=w'v$, $|w'|=k$ sei $\alpha_k(w)=w'$ (das k-Anfangsstück von w) und $I_k(w)=\{u\in X^k\,|\,\text{Es gibt } u',v'\in F^+(X) \text{ mit } w=u'uv'\}$ (die Menge der inneren Segmente der Länge k); ferner sei $\eta_k(w)$ das k-Endstück von w (vgl. Definition 2.6.6.). Zwei Worte w,w' heißen k-lokal äquivalent (in Zeichen $w \sim_k w'$) g.d.,w. folgendes gilt:

Ist $|w|<k$ oder $|w'|<k$, so ist $w=w'$.

Ist $|w|\geq k$, $|w'|\geq k$, so gilt $\alpha_k(w)=\alpha_k(w')$, $I_k(w)=I_k(w')$, $\eta_k(w)=\eta_k(w')$.

Eine Teilmenge L von $F(X)$ heißt nun lokal-testbar, falls eine natürliche Zahl k so existiert, daß L Vereinigung von Äquivalenzklassen der Relation $\sim_k$ der k-lokalen Äquivalenz ist. (Hinweis: Man zeige, daß $\sim_k$ eine Kongruenzrelation von endlichem Index ist).

(ii) Stückweise testbare Mengen (Simon): Zur Definition benötigen wir folgende Bezeichnungen: Ein Wort u ist ein stückweises Teilwort von w (in Zeichen $u\leq w$), wenn es Worte $u_1,\ldots,u_n$, $w_0,w_1,\ldots,w_n$ so gibt, daß $u=u_1\ldots u_n$ und $w=w_0u_1w_1\ldots u_nw_n$ ist. Sei k aus $\mathbb{N}$. Zwei Worte w,w' aus $F(X)$ heißen k-stückweise äquivalent (in Zeichen: $w \approx_k w'$) g.d.,w. gilt: Für jedes u aus $F(X)$ mit $|u|\leq k$ ist $u\leq w$ g.d.,w. $u\leq w'$ gilt.

Eine Teilmenge L von $F(X)$ heißt nun stückweise testbar, falls eine natürliche Zahl so existiert, daß L Vereinigung von Äquivalenzklassen der Relation $\approx_k$ ist. (Hinweis: Man zeige, daß $\approx_k$ eine Kongruenzrelation von endlichem Index ist.)

Man überlege sich passende Automatenmodelle, die gerade die lokal testbaren bzw. die stückweise testbaren Mengen akzeptieren.

<u>5.10.</u>[*] (Dittrich, Deschamps) Sei X eine endliche Menge; $r: F(X)\to F(X)$ sei die folgendermaßen definierte Abbildung: $r(\Lambda)=\Lambda$, $r(x)=x$ für x aus X und

$$r(ux)=\begin{cases} r(u), & \text{falls } \eta_1(u)=x \\ r(u)x, & \text{sonst} \end{cases} \qquad \text{für } u \text{ aus } F^+(X),\ x \text{ aus } X.$$

Dabei sei $\eta_1(u)$ das letzte Zeichen von u (vgl. Definition 2.6.6.).

Weiter sei R die folgende Relation auf F(X):
uRv g.d.,w. r(u)=r(v).
Man zeige, daß R eine Kongruenzrelation auf F(X) ist. (Warum
ist R nicht von endlichem Index?)
Eine Teilmenge L von F(X) heißt asynchrone Sprache, wenn sie
bzgl. R gesättigt (d.h. Vereinigung von Kongruenzklassen von R)
ist. Man gebe ein Beispiel einer asynchronen Sprache an, die
keine akzeptable Menge ist.
Für beliebiges $L \subseteq F(X)$ sei J(L) der Durchschnitt aller L enthaltenden asynchronen Sprachen von F(X).
Man zeige: Ist L aus Rat(X), so auch J(L). (Hinweis: Man be-
stimme $J(\emptyset)$, $J(\Lambda)$, J(x) für x aus X und zeige, daß die Abbildung
J mit den rationalen Operationen verträglich ist.)
Ein RSA A heiße asynchron, wenn für jeden Zustand z von A gilt:
Für jedes z' aus Z und jedes x aus X ist f(z,x)=z falls
f(z',x)=z gilt.
Man zeige: L wird genau dann von einem asynchronen RSA akzep-
tiert, wenn L=J(L) ist.

<u>5.11.</u> Man zeige, daß zu jedem endlichen Monoid M ein RSA A mit
M als Transitionsmonoid (d.h. mit T(A) isomorph zu M) existiert.
(Hinweis: Man sehe sich den Beweis von Satz 5.4.4. an.)

<u>5.12.</u> Man zeige, daß nicht jedes endliche Monoid syntaktisches
Monoid einer erkennbaren Menge ist, d.h. daß nicht jede Kongruenz von endlichem Index auf F(X) syntaktische Kongruenz einer
erkennbaren Teilmenge von F(X) ist. (Hinweis: Man benutze dazu
den Teil des Beweises von Hilfssatz 5.4.3., in dem gezeigt wird,
daß (iv) aus (iii) folgt und betrachte das Monoid $M_3=\{1,m_1,m_2,m_3\}$
mit $m_i \cdot m_j = m_j$, für $1 \leq i,j \leq 3$, wobei 1 das Einselement von M_3 sei.
Man überlege auch, ob das Untermonoid $M_2=\{1,m_1,m_2\}$ von M_3 syntaktisches Monoid sein kann - vgl. Aufgabe 5.8.).

<u>5.13.</u> Sei U aus Erk(X) und M_U das syntaktische Monoid von U (das
Monoid der Kongruenzklassen der syntaktischen Kongruenz von U -
vgl. den Beweis von Hilfssatz 5.4.3.). Man zeige:
(i) Ist h ein Homomorphismus von F(X) auf ein endliches Monoid M
mit $h^{-1}(h(U))=U$, so gibt es einen Homomorphismus von M auf M_U.

(ii) Ist A ein alphabetischer NRSA mit L(A)=U, so gibt es einen Homomorphismus von T(A) auf M_U.

(iii) Ist Y eine endliche Menge und k ein Homomorphismus von F(Y) auf F(X), so liegt $h^{-1}(U)$ in Erk(Y).

<u>5.14.</u> (Ginsburg) Sei A ein UM1A in üblicher Notation. Man zeige, daß für alle z,z' aus X und y aus Y folgende Mengen akzeptabel sind:

$W(A,z,y,z')=\{w\in F(X) \mid \hat{g}_z(w)=y,\ f^*(z,w)=z'\}$,

$W(A,z,z',y)=\{w\in F(X) \mid$ Es existieren $u\in F(X)$, $x\in X$ mit

$w=ux,\ f^*(z,u)=z',\ g(z',x)=y\}$.

(Hinweis: Man vervollständige A und konstruiere einen gleichwertigen MrA.)

<u>5.15.</u> (i) Mit Hilfe des uvw-Theorems oder des Satzes vom iterierenden Faktor beweise man Folgerung 5.4.7.

(ii) Man zeige, daß folgende Mengen nicht aus Rat(X) sind:

$\{w\tilde{w} \mid w\in F(X)\}$ für $|X|\geq 2$,

$\{ucv \mid u,v\in F(X'),\ u\neq v\}$ für $X=X'\cup\{c\}$, $|X'|\geq 1$

$\{a^{n^2} \mid n\geq 0\}$ für $X=\{a\}$ (Das sind die Quadratzahlen in unärer Darstellung.)

$\{a^n b^m \mid m\geq n\geq 0\}$ für $X=\{a,b\}$.

(iii)* (Allen, Hartmanis, Shank) Man zeige, daß die Menge der Primzahlen sowohl in unärer Darstellung (d.h. p durch x^p, $x\in X$, dargestellt) als auch in jeder k-adischen Darstellung nicht akzeptabel ist (Hinweis: Für die unäre Darstellung benutze man den Satz vom iterierenden Faktor. Für den Rest benutze man den folgenden Satz von Dirichlet: Wenn die natürlichen Zahlen a und b teilerfremd sind, dann enthält die arithmetische Progression $\{a+ib \mid i\in\mathbb{N}_0\}$ unendlich viele Primzahlen. Daraus folgere man, daß für die Menge P_k der Primzahlen in k-adischer Darstellung (ohne führende Nullen) die syntaktische Kongruenz die identische Relation ist.

Ein anderer Beweis ergibt sich so: Aufgrund des sog. kleinen Fermatschen Satzes ist $k^{p-1}\equiv 1 \pmod p$ für jede Primzahl $p>k$. Sei nun $uv^r w$ eine k-adische Darstellung einer Primzahl $p>k$ so, daß $k^{|v|}\not\equiv 1 \pmod p$ ist, dann zeige man, daß die durch $uv^r v^{p-1} w$ dargestellte Zahl durch p teilbar ist. Dann wende man den Satz

vom iterierenden Faktor an.)
(iv)* (Berstel) Man zeige, daß keine k-adische Darstellung der
Menge $(\mathbb{N}-\{0,1\})^2=\{n\cdot m\mid n,m\in\mathbb{N},\ n\neq 1\neq m\}$ erkennbar ist. (Hinweis:
Man benutze (iii).)

<u>5.16.</u> (i) Man gebe direkte Beweise für folgende Aussagen an:
(1) Akz(X) ist eine Boolesche Algebra. (Man benutze nur Konstruktionen mit RSA'n - insbesondere konstruiere man aus zwei
RSA'n A und B einen RSA, der $L(A)\cap L(B)$ akzeptiert. (Hinweis:
Als Zustandsmenge wähle man das kartesische Produkt der Zustandsmengen von A und B.)
(2) Erk(X) ist eine Boolesche Algebra. (Man benutze nur die Definition von Erk(X) und Hilfssatz 5.4.3.)
(ii) Sei Boo(X) die kleinste Boolesche Teilalgebra von $\mathcal{P}(F(X))$,
die die endlichen Mengen enthält, d.h. alle endlichen Teilmengen
seien in Boo(X) und mit U,V seien auch F(X)-U sowie U∪V und U∩V
in Boo(X) und keine anderen als die so konstruierbaren Mengen.
Man beweise, daß Boo(X) eine echte Teilmenge von Rat(X) ist.
(Hinweis: Man zeige, daß aus U∈Boo(X) stets folgt, daß entweder
U oder F(X)-U endlich ist.)

<u>5.17.</u> (i) (Ginsburg, Spanier) Man beweise für $U,V,W\subseteq F(X)$:
$U/(V\cup W)=U/V\cup U/W$
$(U\cup V)/W=U/W\cup V/W$
$U/(VW)=(U/W)/V$
$UW/V=U(W/V)\cup U/(V/W)$.
(ii) Man beweise, daß die Menge aller Anfangsstücke der Worte
einer rationalen Menge wieder rational ist. (Hinweis: Man
schreibe die Menge als Quotient.)
(iii) Man beweise, daß die Menge aller Teilstücke der Worte
einer rationalen Menge rational ist. (Hinweis: Man schreibe die
Menge als Quotient.)
(iv)* (Seiferas, McNaughton) Man beweise, daß die Menge aller
Worte, die entstehen, wenn man von den Worten einer rationalen
Menge das erste Zehntel und die letzten 3/7 abschneidet, rational ist, d.h. daß für jedes U aus Rat(X) gilt:
$\{w\in F(X)\mid$Es existieren $u,v\in F(X)$ mit $uwv\in U,\ |u|/|uwv|=1/10$ und
$|v|/|uwv|=3/7\}$ ist rational.

(v) (Jantzen) Man beweise PAL/PAL=PAL·PAL sowie
(PAL/PAL)PAL=(PAL)$^3 \neq$PAL.

<u>5.18.</u> (i) Man zeige für U,V,W$\subseteq$F(X) durch Angabe von Beispielen:

(1) $(U \cup V)^* \neq U^* \cup V^*$

(2) $(U \cup V)^* \neq U^* V^*$

(3) $UV \cap UW \neq U(V \cap W)$

(4) $(U \cap V)^* \neq U^* \cap V^*$

(5) Aus $U^* \in$Rat(X) folgt nicht U$\in$Rat(X).

(ii) Man gebe die Gleichungssysteme für die NRSA'n der Beispiele 5.1.2., 5.1.3. und 5.3.6. sowie ihre Lösungen an und vergleiche sie mit den früher gegebenen Darstellungen der Leistungen der betreffenden Automaten.

(iii) (Arden) Sei A ein RSA mit der Zustandsmenge $Z=\{z_1,\ldots,z_n\}$. Für $i=1,\ldots,n$ sei ferner A_i' der RSA, der aus A dadurch entsteht, daß man die Endzustandsmenge F durch $\{z_i\}$ ersetzt, so daß $L(A_i')=$ $=\{w \in F(X) | z_i=f^*(s,w)\}$ ist. Man gebe nun ein Gleichungssystem der Form y=yM+R an, das den Vektor $(L(A_1'),L(A_2'),\ldots,L(A_n'))$ als Lösung besitzt.

<u>5.19.</u> (i) (Arden, Bodnarchuk) Man beweise einen zu Satz 5.6.6. analogen Satz über das Gleichungssystem y=yM+R.

(ii) (Bodnarchuk) Man zeige, daß alle Lösungen des Systems y=My+R, die in der ersten Aussage von Satz 5.6.6.(ii) angegebene Form $(M^*(R+T)$ mit $T_i=\emptyset$ für i nicht in einer LW-Folge von M) haben. Entsprechendes zeige man für die Gleichung y=yM+R.

(iii)*(Urponen) Man zeige, daß für $U,V \subseteq F^+(X)$ und $R \subseteq F(X)$ die Gleichung y=Uy+yV+R die eindeutige Lösung $y=U^*RV^*$ besitzt und daß $\{U^*(R+T)V^* | T \subseteq F(X)\}$ die Menge aller Lösungen für den Fall darstellt, daß U oder V das leere Wort enthält.

<u>5.20.</u>*(Salomaa) (i) Für n aus $\mathbb{N}$ sei $\xi(\alpha_1,\ldots,\alpha_n)$ ein rationaler Ausdruck, der nur aus den rationalen Ausdrücken $\alpha_1,\ldots,\alpha_n$ aufgebaut ist. Man beweise in Ax(X):

$\vdash (\alpha_1+\ldots+\alpha_n)^* = (\alpha_1+\ldots+\alpha_n+\xi(\alpha_1,\ldots,\alpha_n))^*$

$\vdash (\alpha_1+\ldots+\alpha_n)^* = (\alpha_1+\ldots+\alpha_n)^* + \xi(\alpha_1,\ldots,\alpha_n)(\alpha_1+\ldots+\alpha_n)^*$.

(ii) Seien n aus $\mathbb{N}$ und $\alpha_i,\beta_i,\delta_i,\gamma_{ij}$ für $i,j=1,\ldots,n$ rationale Ausdrücke, so daß kein γ_{ij} die LWE besitzt und daß für $i=1,\ldots,n$

gilt

$$\vdash \alpha_i = \gamma_{i1}\alpha_1 + \gamma_{i2}\alpha_2 + \ldots + \gamma_{in}\alpha_n + \delta_i$$

$$\vdash \beta_i = \gamma_{i1}\beta_1 + \gamma_{i2}\beta_2 + \ldots + \gamma_{in}\beta_n + \delta_i .$$

Man beweise in $Ax(X)$: $\vdash \alpha_i = \beta_i$ für $i=1,\ldots,n$.

(iii) Ein rationaler Ausdruck α aus $RA(X)$ mit $X=\{x_1,x_2,\ldots,x_m\}$ heiße gleichungscharakterisiert, wenn es eine endliche Zahl n von rationalen Ausdrücken α_i so gibt, daß $\alpha \equiv \alpha_1$ und

$$\vdash \alpha_i = x_1\alpha_{i1} + x_2\alpha_{i2} + \ldots + x_m\alpha_{im} + \delta(\alpha_i) \text{ für } i=1,\ldots,n \text{ gilt,}$$

wobei für jedes Paar i,j ein k mit $1 \leq k \leq n$ so existiert, daß $\alpha_{ij} = \alpha_k$ ist, und $\delta(\alpha_i) \equiv \emptyset$ oder $\delta(\alpha_i) \equiv \emptyset^*$ ist.

Man beweise, daß jeder rationale Ausdruck über X gleichungscharakterisiert ist. (Hinweis: Man benutze strukturelle Induktion).

(iv) Mit Hilfe der voranstehenden Hilfssätze und der Sätze und Hilfssätze von Abschnitt 5.7. beweise man, daß das Axiomensystem $Ax(X)$ vollständig ist.

(v) Man definiere als Länge eines Beweises in $Ax(X)$ die Anzahl der in diesem Beweis auftretenden rationalen Gleichungen. Man leite aus dem Beweis von (iv) eine obere Schranke für die Länge des kürzesten Beweises einer beliebigen Gleichung $\alpha = \beta$ ab und folgere daraus, daß die Menge der in $Ax(X)$ ableitbaren Gleichungen aufzählbar ist.

(vi) Durch analoges Vorgehen beweise man die Vollständigkeit des Axiomensystems, das aus $Ax(X)$ hervorgeht, wenn man in den Axiomen (a_6) bis (a_8) und in Regel G die Reihenfolge der Faktoren in den Produkten vertauscht.

Literaturhinweise und historische Bemerkungen

Die Idee, Fragen der Verklemmung konkurrierender Prozesse mit
Hilfe von bewerteten gerichteten Graphen (wie in Beispiel 5.1.1.)
zu behandeln, stammt von Holt (1972). Die am Schluß von Beispiel
5.1.1. erwähnten (und in Beispiel 5.5.11. gelösten) Probleme wurden von Nutt (1973) mit automatentheoretischen Hilfsmitteln behandelt. Weiteres über diesen Problemenkreis findet man z.B. in
Reisig (1982).
Beispiel 5.1.2. steht im wesentlichen bei Chandra (1973) - man
vgl. auch Manna (1974).
Eine einfachere Version von Beispiel 5.1.3. steht bei Barnes
(1972); dort findet man weitere schöne Beispiele. Ferner vgl.
man die in Kapitel 4 zitierte Literatur zu Beispiel 4.1.2.
Die Definition von PASCAL (für Beispiel 5.1.4.) enthält Jensen,
Wirth (1975).

Der Begriff des NRSA wurde von Rabin und Scott (1957, publiziert
1959) eingeführt - in der sehr zum Lesen empfohlenen Arbeit werden u.a. die Sätze 5.3.5., 5.3.7., 5.4.4., 5.5.3., 5.5.5., und
5.5.9. sowie Folgerung 5.4.10. (meist etwas anders als hier) bewiesen - der hier angegebene Beweis von Satz 5.3.5. ist von
Ott, Feinstein (1961); der Beweis von Satz 5.3.7. steht im wesentlichen bei Manna (1974); Satz 5.5.9.(ii) und (iii) mit dem
hier angegebenen Beweis steht schon in Teil I der in Kapitel 2
zitierten Arbeit von Burks, Wang.
Bezüglich einer anderen Interpretation eines nicht deterministischen Automaten vgl. Havel (1975).
Als abstrakte Modelle von Nervennetzen wurden Automaten, die
Wortmengen akzeptieren, bereits von McCulloch und Pitts (1943)
eingeführt und vor allem von Kleene (1951), publiziert 1956)
genauer untersucht - Kleene führte die rationalen Mengen ein und
zeigte im wesentlichen Akz(X)=Rat(X). Er benutzte etwas andere
Operationen und die Bezeichnung "regular event" vgl. dazu auch
Copi, Elgot, Wright (1958); die Verwendung des Wortes "rational"
ebenso wie die Definition von "erkennbar" (5.4.2.) gehen zurück
auf Eilenberg (1967); dazu und zu Aufgabe 5.7.(iii) vergleiche

Eilenberg, Schützenberger (1969) sowie das in Kapitel 2 zitierte Lehrbuch von Eilenberg.

Vollständige, deterministische Automaten ohne Ausgabe, d.h. RSA'n, wurden schon von Myhill (1957) definiert. Myhill führte die heute übliche Definition der regulären (d.h. rationalen) Mengen ein und bewies Akz(X)=Rat(X). Auch der Begriff des Transitionsmonoids (bei RSA'n) stammt von Myhill ("semigroup of the machine" genannt) sowie die Sätze 5.4.4. und 5.5.5. und ihre Beweise.

Auch Medvedev (1956) hat bereits den RSA definiert und zwar sowohl in der Form von Definition 5.4.1. bzw. als lesende Turingmaschine (d.h. wie in der Interpretation zu Beginn von Abschnitt 5.4. beschrieben) als auch (ähnlich wie im Beweis von Satz 5.4.4.) als eine Maschine, deren Zustandsmenge ein Monoid ist. Er führte ebenfalls das Transitionsmonoid ein und bewies in etwa die Sätze 5.4.5.(i) und 5.4.4.

In etwas anderer, aber äquivalenter Terminologie (statt akzeptierender Automaten werden rechtslineare Grammatiken benutzt) wurde NAkz(X)=Akz(X)=Rat(X) sowie Satz 5.5.5. auch von Chomsky und Miller (1958) gezeigt.
Satz 5.4.5.(ii) wurde im wesentlichen von Ginsburg (1961) und von Gluschkow (1961) bewiesen - die wichtigsten Teile der Arbeit von Gluschkow finden sich in dem in Kapitel 2 zitierten Lehrbuch von Gluschkow als Anhang.

Mehr über das Transitionsmonoid eines RSA, insbesondere über seine Berechnung, findet man in Perrot (1973), Cousineau et al. (1973) und Brauer (1971).

Die syntaktische Kongruenz und das syntaktische Monoid wurden von Schützenberger (1955/56) eingeführt, man vergleiche auch Schützenberger (1956) und Chomsky, Schützenberger (1963); die erste ausführliche Behandlung des syntaktischen Monoids einer rationalen Menge gaben McNaughton, Papert (1968).
Schützenberger hat auch den Begriff der Dycksprachen (vgl. Folgerung 5.4.7. und Aufgabe 5.8.(iii)) in die Informatik eingeführt - diese Mengen wurden bereits von Walter van Dyck

(1856-1934) unter algebraischen Gesichtspunkten untersucht -
vgl. Schützenberger (1963) und Chomsky, Schützenberger (1963).
Hilfssatz 5.4.11. geht zurück auf Lyndon und Schützenberger
(1962). Dazu und zur Theorie der Gleichungen über freien Monoiden vgl. Lentin (1972) und das in Kapitel 4 zitierte Lehrbuch von Harrison.

Die Operation der Quotientenbildung und der zweite Teil von
Satz 5.5.7. finden sich bei Elgot, Rutledge (1961) - man vergleiche dazu auch Stearns, Hartmanis (1963). Die allgemeine
Aussage von Satz 5.5.7. wurde von Ginsburg, Spanier (1963) bewiesen.

Die Folgerung 5.5.8. und ihr Beweis stammen von Ritchie (1963)
- weiteres zur Theorie akzeptabler bzw. nicht-akzeptabler Zah-
lenmengen findet man in Berstel (1973).

Die Idee, RSA'n Gleichungen zuzuordnen, hatten Arden (1960) sowie Bodnarchuk (1963). Arden gab auch die Lösung der Gleichung
$y=yL+R$ für $\Lambda \notin L$ an; Bodnarchuk behandelte den allgemeinen Fall.
Man vergleiche hierzu und zu Satz 5.6.1. auch das in Kapitel 2
zitierte Lehrbuch von Salomaa.

Der Inhalt von Abschnitt 5.7. stammt im wesentlichen von
Salomaa - vgl. Salomaa (1966). Daß die Gleichungen $\alpha+\emptyset=\alpha$ und
$\alpha+\alpha=\alpha$ als Axiome nicht benötigt werden, und daß die Axiome von
$Ax(X)$ voneinander unabhängig sind, zeigte Urponen (1971).
Ein relativ einfaches Verfahren zur Entscheidung der Äquivalenz
zweier rationaler Ausdrücke findet man in Ginsburg (1967). Zur
Frage des Aufwands für solche Verfahren vgl. Meyer, Stockmeyer
(1972) und das in Kapitel 4 zitierte Lehrbuch von Garey,
Johnson.

Zu Aufgabe 5.1. siehe etwa Richter (1977) sowie Stork (1973)
und Yang (1974).

Für Aufgabe 5.2. kann man z.B. McNaughton, Papert (1968 und
1971) sowie Perrot (1973) zu Rate ziehen.

Die in Aufgabe 5.6.(ii) angegebene Methode ist die in Rabin,
Scott (1957) benutzte. Aufgabe 5.6.(iii) wurde von Bar-Hillel,
Perles, Shamir (1961) bewiesen.

Zu Aufgabe 5.7. vgl. McNaughton, Yamada (1960), wo der erste

Algorithmus dieser Art angegeben wurde, sowie Gluschkow (1961)
und das in Kapitel 2 zitierte Lehrbuch von Gluschkow.
Aufgabe 5.12. stammt von Krohn, McNaughton, Papert, Scott; vgl.
McNaughton, Papert (1971).
Zu Aufgabe 5.13. vergleiche man etwa McNaughton, Papert (1968).
Aufgabe 5.15.(iii) stammt aus Allen (1968) (die erste der ange-
gebenen Beweismethoden) und aus Hartmanis, Shank (1968) (zweite
Beweismethode) - hierzu und zu Aufgabe 5.15.(iv) vgl. auch
Berstel (1973).
Aufgabe 5.17.(iv) ist ein Spezialfall eines allgemeinen Satzes
aus Seiferas, McNaughton (1976). Zur Frage der erkennbarkeits-
erhaltenden Operationen an Wortmengen vgl. auch Stearns,
Hartmanis (1963), Aufgabe 5.17.(v) stammt von M. Jantzen (Manu-
skript zur Vorlesung "Automatentheorie und formale Sprachen I",
Universität Hamburg SS 1982).
Zu Aufgabe 5.20. vergleiche man Salomaa (1964 und 1966) und das
in Kapitel 2 zitierte Lehrbuch von Salomaa.
Eine Übersicht über den Stand der Theorie rationaler Mengen und
der RSA'n bis zum Jahre 1968 gibt Havel (1969).

Literatur zu 5.

D. Allen, Jr., On a characterization of the nonregular set of primes, J. Computer and System Sciences 2, (1968), 464-467.

D.N. Arden, Delayed-logic and finite-state machines, in Theory of Computing Machine Design, Univers.of Michigan Press, Ann Arbor, Mich., 1960, 1-35 und in:
Proc. 2nd Ann.Symp.on Switching Circuit Theory and Logical Design, Detroit, 1961, 133-151.

Y. Bar-Hillel, M. Perles, E. Shamir, On formal properties of simple phrase structure grammars, Zeitschr.f.Phonetik, Sprachwissenschaft und Kommunikationsforschung 14 (1961) 143-172.

B.H. Barnes, A programmer's view of automata, Computing Surveys 4, (1972), 221-239.

J. Berstel, Ensembles reconnaissables des nombres, Institut de Programmation, Université Paris VI, Prépubl.No.I.P.73.19, Paris 1973 und in:
J.-P. Crestin, M. Nivat (Hrsgb): Langages Algébriques, Actes des premières journées d'informatique théorique, Bonascre 1973, Ecole Nat.Sup.de Techniques Avancées, Paris, 1973.

V.G. Bodnarchuk, Gleichungssysteme in der Algebra der Ereignisse, J.f.Numer.Mathe.u.Mathem.Physik 3, (1963), 1077-1088 (in russischer Sprache - vgl. Mathem.Reviews 29, Nr.15)

W. Brauer, Zur Bestimmung der maximalen Untergruppen des Transitionsmonoids eines Automaten, EIK 7, (1971), 251-260.

A.K. Chandra, On the properties and Applications of Program Schemas, Ph.D.Thesis, Computer Science Dept., Stanford Univers., Report No. STAN-CS.73-336, 1973.

N. Chomsky, G.A. Miller, Finite state languages, Inform. and Control 1, (1958), 91-112.

N. Chomsky, M.P. Schützenberger, The algebraic theory of context-free languages, in P. Brafford, D. Hirschberg (eds.), Computer Programming and Formal Systems, North-Holland, Amsterdam, 1963, 118-161.

I.M. Copi, C.C. Elgot, J.B. Wright, Realization of events by logical nets, J.Assoc.Comput.Mach. 5, (1958), 181-196.

F.G. Cousineau, J.-F. Perrot, J.M. Rifflet, APL Programs for direct computation of a finite semigroup, in P. Gjerløf, H.J. Helms, J. Nielsen (eds), APL Congress 73, North-Holland, Amsterdam, 1973, 67-74.

J.P. Deschamps, Asynchronous automata and asynchronous languages, Inf. and Control 24, (1974), 122-143.

G. Dittrich, Analogon zum Kleeneschen Satz für asynchrone Automaten, Seminarber.Inst.f.Theorie d.Autom.u.Schaltnetzwerke 12, Gesellsch.f.Mathematik u.Datenverarbeitung, Bonn 1969.

S. Eilenberg, Algèbre catégorique et théorie des automates, Cours donné à l'Institut H.Poincaré, rédigé par R.Roussariè, Paris, 1967.

S. Eilenberg, M.P. Schützenberger, Rational Sets in Commutative Monoids, J.Algebra 13, (1969), 173-191.

C.C. Elgot, J.D. Rutledge, Operations on finite automata, in: Proc.Second Ann.Symp.Switching Circuit Theory and Logical Design, Detroit, 1961, 129-132.

S. Ginsburg, Sets of tapes accepted by different types of automata, J.Assoc.Comput.Mach. 8, (1961), 81-86.

S. Ginsburg, E.H. Spanier, Quotients of Context-Free Languages, J.Assoc.Comput.Mach. 10, (1963), 487-492.

A. Ginzburg, A procedure for checking equality of regular expressions, J.Assoc.Comput.Mach. 14, (1967), 355-362.

W.M. Gluschkow, Gewisse Probleme der Synthese von Digitalrechnern, J.f.Numer.Mathem.u.Mathem.Physik 1, (1961), 371-411 (in russischer Sprache - vgl.Mathem.Reviews 31, Nr.6736).

J. Hartmanis, H. Shank, On the recognition of primes by automata, J.Assoc.Comput.Mach. 15, (1968), 382-389.

I.M. Havel, The theory of regular events I,II, Kybernetica Praha 5, (1969), 400-419, 520-544.

I.M. Havel, Nondeterministically recognizable sets of langua-
ges, in J. Bečvář (ed.), Mathematical Foundations of Computer
Science 1975, Lecture Notes in Computer Science Vol. 32,
Springer, Berlin 1975, 252-257.

R.C. Holt, Some deadlock properties of Computer systems,
Computing Surveys 4, (1972), 179-196.

K. Jensen, N. Wirth, PASCAL,User Manual and Report, 2nd Edition,
Lecture Notes in Computer Science 18, Springer, Berlin, 1975.

S.C. Kleene, Representation of events in nerve sets and finite
automata, in C.E. Shannon, J. McCarthy (eds.), Automata Studies,
Ann.Math.Studies 34, Princeton Univers.Press, Princeton 1956,
3-41; deutsche Übersetzung in: C.E.Shannon, J.McCarthy, Studien
zur Theorie der Automaten, Rogner und Bernhard, München, 1974,
3-55.

A. Lentin, Equations dans les monoides libres, Gauthier-Villars,
Paris, 1972.

R.C. Lyndon, M.P. Schützenberger, The equation $a^m = b^n c^p$ in a
free group, Michigan Math.J. 9, (1962), 289-298.

Z. Manna, Mathematical Theory of Computation, McGraw-Hill,
New York, 1974.

W.S. McCulloch, W. Pitts, A logical calculus of the ideas imma-
nent in nervous activity, Bulletin of Mathematical Biophysics 5,
(1943), 115-133.

R. McNaughton, H. Yamada, Regular expressions and state graphs
for automata, IRE Trans.on Electronic Computers EC-9, (1960),
39-47.

R. McNaughton, S. Papert, The syntactic monoid of a regular
event, in M.A.Arbib (ed.), Algebraic Theory of Machines, Languages, and Semigroups, Academic Press, New York, 1968, 297-312.

R. McNaughton, S. Papert, Counter-Free Automata, Research Mono-
graph No 65, The M.I.T. Press, Cambridge, Mass. 1971.

J.T. Medvedev, On a class of events representable in a finite
automaton, Anhang zur russischen Übersetzung von: C.E.Shannon,
J.McCarthy (eds.), Automata Studies, Publ.Agency for Foreign
Literature, Moskau 1956; übersetzt von J.J.Schorr-Kon für
Lincoln Lab.Rep., 34-73, 1958, abgedruckt in: E.F.Moore (ed.),
Sequential Machines, Selected Papers, Addison-Wesley,
Reading.Mass., 1964.

A.R. Meyer, L.J. Stockmeyer, Word problems requiring exponen-
tial time, in Proc. 5th Ann.Symp.on Theory of Computing, 1973,
1-9.

J.Myhill, Finite automata and the representation of events,
Wright Air Devel.Command Techn.Rep. 57-624, (1957), 112-137.

G.J. Nutt, Some applications of finite state automata theory
to the deadlock problem, Colorado University, Boulder,
Techn.Report CU-CS-017-73, 1973.

G. Ott, N.H. Feinstein, Design of sequential machines from their
regular expressions, J.Assoc.Comput.Mach. 8, (1961), 585-600.

J.-F. Perrot, Sur le calcul effectif du monoide de transition
d'un automata fini, in W.D.Itzfeld (Hrsgb.) International Computing Symposium 1970, Proceedings, Gesellsch.f.Mathematik und
Datenverarbeitung, Bonn 1973, 664-672.

M.O. Rabin, D. Scott, Finite automata and their decision pro-
blems, IBM J.Research and Development 3, (1959), 114-125; abge-
druckt in E.F.Moore (ed.), Sequential Machines, Addison-Wesley,
Reading, Mass., 1964, 63-91; deutsche Übersetzung in:
C.E.Shannon, J.McCarthy, Studien zur Theorie der Automaten,
Rogner und Bernhard, München, 1974, 327-361.

W. Reisig, Petrinetze - Eine Einführung, Springer, Berlin 1982.

L. Richter, Betriebssysteme, Teubner, Stuttgart, 1977.

R.W. Ritchie, Finite automata and the set of squares,
J.Assoc.Comput.Mach. 10, (1963), 528-531.

A. Salomaa, Axiom Systems for Regular Expressions of Finite
Automata, Ann.Univers.Turku, Ser.AI, 75, Turku 1964.

A. Salomaa, Two complete axiom systems for the algebra of regular events, J.Assoc.Comput.Mach. 13, (1966) 158-169.

M.P. Schützenberger, On an application of semi-group methods to some problems in coding, IRE Trans.on Information Theory IT-2, (1956), 47-60.

M.P. Schützenberger, Une théorie algébrique du codage, Séminaire Dubreil-Pisot, Faculté des Sciences Paris, Année 1955/56, Exposé No.15; sowie C.R.Acad.Sci. Paris 242, (1956), 862-864.

M.P. Schützenberger, On context-free languages and push-down automata, Inf.and Control 6 (1963) 246-264.

J.I. Seiferas, R. McNaughton, Regularity-preserving relations, Theor.Comp.Science 2 (1976) 147-154.

I. Simon, Piecewise testable events, in H.Brakhage, Automata Theory and Formal Languages, 2nd GI Conference, Lecture Notes in Computer Scinece 33, Springer-Verlag, Berlin, 1975, 214-222.

R.E. Stearns, J. Hartmanis, Regularity preserving modification of regular expressions, Inf.and Control 6, (1963), 55-69.

H.-G. Stork, Ein automatentheoretisches Modell einer Speicherhierarchie, in Lecture Notes in Comp.Science 2, Springer, Berlin 1973, 98-103.

T. Urponen, On Axiom Systems for Regular Expressions and on Equations Involving Languages, Ann.Univers.Turku, Ser.AI, 145, Turku 1971

C.C. Yang, On the modeling of demand paging algorithmes by finite automata, IEEE Trans.on Computers C-23, (1974) 870-874.

6. Umformungen von Automaten

Im vorigen Kapitel wurde unter Zuhilfenahme rationaler Ausdrücke und des Transitionsmonoids gezeigt, wie man zu einem beliebigen NRSA einen äquivalenten RSA konstruieren kann. In diesem Kapitel werden dafür direkte Konstruktionen angegeben, die den jeweiligen Automaten selbst umformen. Darüber hinaus soll das Problem der Minimierung der Zustandsanzahl untersucht werden.

6.1. Einführende Beispiele

Wie in Kapitel 5 erwähnt, ist es beim Entwerfen eines Automaten oft sehr praktisch, zunächst nur einen NRSA zu konstruieren, der eine (etwa durch einen rationalen Ausdruck) gegebene Menge akzeptiert, und diesen dann in einen DRSA umzuformen. Die folgenden Beispiele zeigen, daß dabei überraschend große DRSA'n entstehen können, obwohl andererseits ihre Spiegelmengen von sehr kleinen DRSA'n akzeptiert werden.

Beispiel 6.1.1.: Sei k aus $\mathbb{N}$, X={a,b} und E_k die endliche Menge aller der Worte aus F(X), die höchstens die Länge 2k-1 haben und bei denen an der k-ten Stelle von rechts das Zeichen b steht, d.h. es sei
$$E_k = \{ubv \in \{a,b\}^* \mid |u| \le k-1, \ |v| = k-1\}, \ k \ge 1$$
1. Feststellung: E_k wird von einem NRSA mit 2k Zuständen akzeptiert

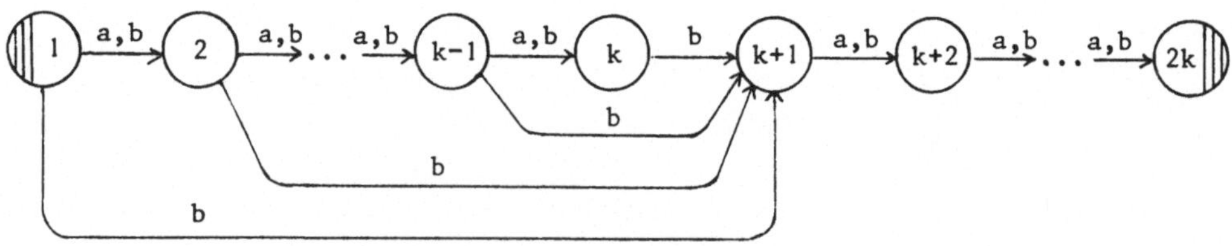

Figur 6.1.1.: Ein E_k akzeptierender NRSA

<u>2. Feststellung</u>: Jeder DRSA, der E_k akzeptiert, muß mindestens 2^k Zustände besitzen.

Beweis: Sei $A=(Z,X,f,s,F)$ ein E_k akzeptierender DRSA.

Wir zeigen zunächst, daß für die 2^k-1 verschiedenen Worte w der Höchstlänge k-1 aus F(X) die Zustände $f^*(s,w)$ sämtlich verschieden sind – da jedes dieser w zu einem Wort aus E_k verlängerbar ist, muß f^* für alle (s,w) definiert sein.

Seien also w_1 und w_2 verschiedene Worte von höchstens der Länge k-1 aus F(X) mit $|w_1|=r$, $|w_2|=s$.

Ist $r\neq s$, so sei ohne Einschränkung der Allgemeinheit r<s angenommen und $w'=a^{k-r-1}ba^{k-1}$ gesetzt. Dann ist $w_1w'\in E_k$, also $f^*(s,w_1w')\in F$; aber wegen $|w_2w'|>2k-1$ gilt $w_2w'\notin E_k$, d.h. $f^*(s,w_2w')\notin F$. Da A deterministisch ist, muß deshalb $f^*(s,w_1)\neq f^*(s,w_2)$ sein.

Sei $r=s\neq 0$ und $w_1=x_rx_{r-1}\cdots x_2x_1$ sowie $w_2=y_ry_{r-1}\cdots y_2y_1$. Wegen $w_1\neq w_2$ gibt es ein kleinstes j mit $1\leq j\leq k-1$ und $x_j\neq y_j$. Für dieses j können wir ohne Einschränkung der Allgemeinheit $x_j=b$ und $y_j=a$ setzen. Sei weiter $w'=a^{k-j}$. Dann gilt $w_1w'\in E_k$, aber $w_2w'\notin E_k$; also ist $f^*(s,w_1w')\in F$, aber $f^*(s,w_2w')\notin F$, so daß $f^*(s,w_1)\neq f^*(s,w_2)$ sein muß.

Da keines der Worte w in E_k liegt, muß A mindestens noch einen weiteren Zustand besitzen, der Endzustand ist, so daß A mindestens 2^k verschiedene Zustände haben muß.

<u>3. Feststellung</u>: Die Spiegelmenge $\tilde{E}_k=\{vbu \mid |v|=k-1, |u|\leq k-1\}$ zu E_k wird von einem DRSA mit nur 2k Zuständen akzeptiert:

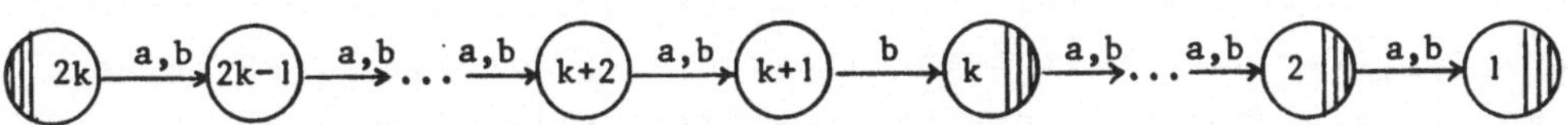

Figur 6.1.2.: Ein $\tilde{E}_k$ akzeptierender DRSA

Durch leichte Verallgemeinerung obiger Überlegungen ergibt sich:

<u>Beispiel 6.1.2.</u>: Sei $k\geq 2$. Die Menge $U_k=\{a,b\}^*b\{a,b\}^{k-1}$ aller Worte aus F(X), bei denen an der k-ten Stelle von rechts b steht, ist von einem NRSA mit k+1 Zuständen akzeptierbar (Figur 6.1.3.);

jeder DRSA, der U_k akzeptiert, muß mindestens 2^k Zustände besitzen (s.u.); die Spiegelmenge $\tilde{U}_k$, d.h. die Menge der Worte aus $F(X)$, bei denen an der k-ten Stelle von links b steht, wird von einem DRSA mit k+1 Zuständen akzeptiert (Figur 6.1.4.).

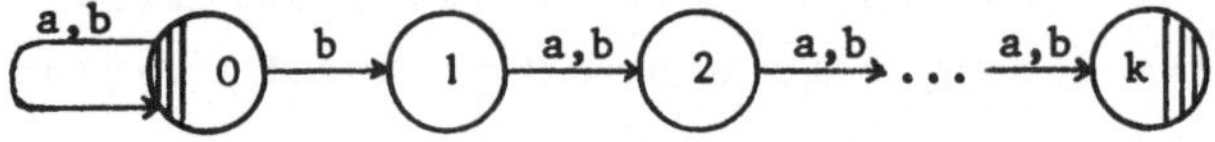

Figur 6.1.3.: Ein U_k akzeptierender NRSA

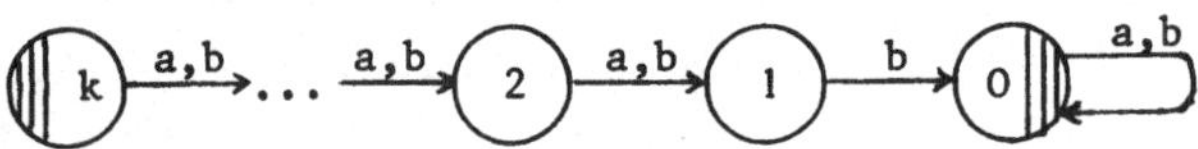

Figur 6.1.4.: Ein $\tilde{U}_k$ akzeptierender DRSA

Sei also $A=(Z,X,f,s,F)$ ein U_k akzeptierender DRSA.
Sei weiter V_k die Menge aller mit b beginnenden Worte aus $F(X)$ von höchstens der Länge k. Dann ist $|V_k|=2^k-1$, und jedes w aus V_k ist zu einem Wort aus U_k verlängerbar, so daß $f^*(s,w)$ stets definiert sein muß. Für jedes w aus V_k ist $f^*(s,w)\neq s$, denn gäbe es ein w der Länge p in V_k mit $f^*(s,w)=s$, so wäre $f^*(s,a^{k-p})=$ $=f^*(s,wa^{k-p})\in F$, d.h. $a^{k-p}\in U_k$, was nicht sein kann.
Seien nun w_1,w_2 beliebig aus V_k mit $w_1\neq w_2$.
Ist $|w_1|<|w_2|=p\leq k$, so ist $w_2a^{k-p}\in U_k$, und wegen $|w_1a^{k-p}|<k$ gilt $w_1a^{k-p}\notin U_k$, so daß $f^*(s,w_1)\neq f^*(s,w_2)$ ist.
Sei schließlich $|w_1|=|w_2|$ und $w_1=x_rx_rx_{r-1}\cdots x_1$ sowie $w_2=y_ry_{r-1}\cdots y_1$, dann gibt es ein größtes j mit $x_j\neq y_j$. Für dieses j sei $x_j=b$, $y_j=a$; und wegen $x_r=y_r=b$ ist $j<r\leq k$. Dann ist $w_1a^{k-j}\in U_k$, aber $w_2a^{k-j}\notin U_k$, d.h. $f^*(s,w_1)\neq f^*(s,w_2)$.
Also hat A mindestens $1+2^k-1=2^k$ verschiedene Zustände.

<u>Bemerkung</u>: Man beachte, daß der NRSA in Figur 6.1.1. zur Akzeptierung eines Wortes der Länge i+k aus E_k nur höchstens i+1 nichtdeterministische Entscheidungen zwischen zwei Möglichkeiten zu treffen hat, und daß der NRSA in Figur 6.1.3. den kleinstmöglichen Grad von Nichtdeterminismus aufweist, weil nur in einem

Zustand bezüglich einer Eingabe nichtdeterministisch eine Entscheidung zwischen nur zwei Alternativen zu fällen ist.

Für jedes $n \geq 3$ ist in Aufgabe 6.1.(i) eine Menge zu untersuchen,
die von einem NRSA mit n Zuständen akzeptiert wird, der nur in
einem Zustand bezüglich einer Eingabe eine nichtdeterministische
Alternative zwischen zwei Möglichkeiten aufweist und dessen
Spiegelmenge von einem NRSA mit n Zuständen akzeptierbar ist,
die aber von keinem RSA mit weniger als 2^k Zuständen akzeptiert wird - allerdings werden hierzu drei Eingabesymbole benötigt.

NRSA'n mit nur zwei Eingabesymbolen und kleinstmöglichem Grad
von Nichtdeterminismus sind in Aufgabe 6.1.(iii) und im Beweis
von Satz 6.3.7. angegeben.

<u>Beispiel 6.1.3.</u>: Läßt man beim NRSA A_n in Aufgabe 6.1.(i) die
Eingabe c weg, so erhält man für $n \geq 3$ den NRSA A_n' (Figur 6.1.5.),
dessen Spiegelautomat $\tilde{A}_n'$ ein RSA ist.

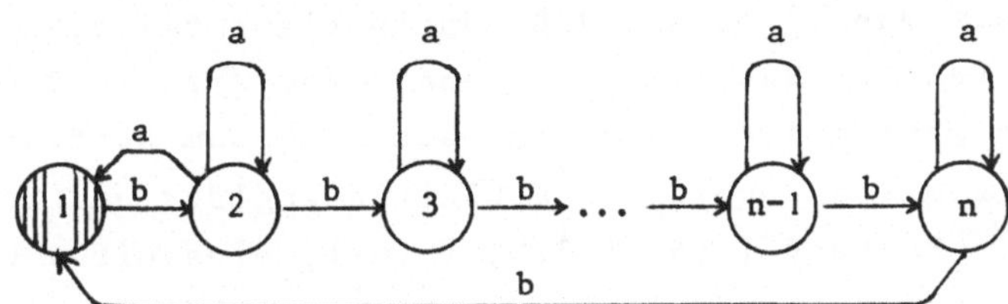

Figur 6.1.5.: Der NRSA A_n'

<u>Feststellung</u>: Jeder DRSA, der $L(A_n')$ akzeptiert, hat mindestens
$(n-1)n+1$ Zustände.

Beweis: Sei A ein $L_n = L(A_n')$ akzeptierender DRSA. Wir wollen zeigen, daß für alle verschiedenen w der Form $(ba)^{n-1}$ oder $(ba)^i b^j$
mit $0 \leq i \leq n-2$, $0 \leq j \leq n-1$ die $(n-1) \cdot n+1$ Zustände $f^*(s,w)$ verschieden
sind. Da jedes dieser w zu einem Wort aus L_n verlängerbar ist,
ist $f^*(s,w)$ stets definiert.

Sei $0 \leq p, r \leq n-1$ und $0 \leq q, s \leq n-1$, aber $q=0$ (bzw. $s=0$), wenn $p=n-1$
(bzw. $r=n-1$), sowie $w_1 = (ba)^p b^q$, $w_2 = (ba)^r b^s$ mit $w_1 \neq w_2$, d.h.
$(p,q) \neq (r,s)$. Weiter sei $p+q \leq r+s$ angenommen.

Wie oben geben wir für jedes dieser Paare ein u mit $w_i u \in L_n$ und $w_j u \notin L_n$ für $i \neq j$ an. Dazu unterscheiden wir mehrere Fälle:

(1) $p+q=r+s$: Dann gilt $p \neq r$ und $q \neq s$, also etwa $p<r$ und $q>s$. Daher ist $w_2 b^{n-s} \in L_n$. Wegen $p+q+n-s=r+n<2n$ und $q+n-s>n$ gilt $w_1 b^{n-s} \notin L_n$.

(2) $p+q<r+s<n$: Mit $k=n-r-s$ ist $p+q+k<n$, also $w_1 b^k \notin L_n$ aber $w_2 b^k \in L_n$.

(3) $p+q<n \leq r+s$: Dann gilt $w_2 \in L_n$ aber $w_1 \notin L_n$.

(4) $n \leq p+q<r+s \leq 2n-3$: Dann ist $p \neq 0 \neq r$.

(4.1) $r+s-q<n$: Dann ist $n<2n-r-s+q<2n-r-s+p+q<2n$, so daß mit $k=2n-r-s$ gilt $w_2 b^k \in L_n$ aber $w_1 b^k \notin L_n$.

(4.2) $n \leq r+s-q$, $r \neq n-1$: Sei i so gewählt, daß $r+s-q=n+i$ gilt. Mit $k=n-q-i-1$ ist dann $r+s+k=2n-1$ und $s+k>n$, also $w_2 b^k \notin L_n$. Wegen $n+i-p=r+s-(p+q)<n$, d.h. $p>i$, gilt $p+q+k=p+n-i-1 \geq n$. Mit $q+k<n$ folgt daraus $w_1 b^k \in L_n$.

(4.3) $n \leq r+s-q$, $r=n-1$: Dann ist $s=0$, also $n \leq n-1+0-q$, d.h. dieser Fall kann nicht eintreten. ∎

Bemerkung: Ändert man A_n' so ab, daß man in Figur 6.1.5. eine mit a bewertete gerichtete Kante von Zustand 1 zum Zustand 3 und eine mit b bewertete gerichtete Kante vom Zustand n zum Zustand 2 zieht sowie alle mit a bewerteten Schleifen wegläßt und statt dessen von jedem Zustand i für $i=3,4,\ldots,n-1$, eine mit a bewertete gerichtete Kante zum Zustand $i+1$ zieht, so erhält man den in Aufgabe 6.1.(ii) zu betrachtenden NRSA.

Ändert man dagegen A_n' so ab, daß man in Figur 6.1.5. von jedem Zustand $i \neq 1,2$ eine mit a bewertete gerichtete Kante zum Zustand 1 zieht, so erhält man (bis auf die Zustandsnumerierung) den in Aufgabe 6.1.(iii) zu untersuchenden NRSA.

Läßt man in diesem NRSA die mit a bewerteten Schleifen an den Zuständen 2 bis n weg und bewertet statt dessen für $i \geq 1$ die von i nach $i+1$ führenden Kanten auch noch mit a, fügt bei 1 eine mit a bewertete Schleife an, läßt die Bewertung b an der Kante von n nach 1 weg und macht den Zustand n statt 1 zum Anfangs- und Endzustand, so erhält man den in Aufgabe 6.1.(iv) zu untersuchenden NRSA, der die folgende Menge akzeptiert:

$$W_n = aW_n'a\{a,b\}^{n-1} \cup a\{a,b\}^{n-1} \cup \{\Lambda\} \text{ mit}$$

$W_n' = \{w \in F(\{a,b\}) \mid w$ enthält b^n nicht als Teilwort$\}$.
In allen drei Fällen müssen (wie in Aufgabe 6.1. zu zeigen) die
äquivalenten RSA'n mindestens 2^n Zustände besitzen.

6.2. Umformung eines NRSA in einen RSA

Die Verfahren zur Entfernung überflüssiger Zustände und sponta-
ner Transitionen beruhen auf der Darstellung eines NRSA als kantenbewerteter gerichteter Graph und entsprechen bekannten graphen-
theoretischen Algorithmen.
Die in diesem Abschnitt angegebenen Konstruktionen zur Umformung
in alphabetische, vollständige und deterministische Automaten
berücksichtigen stärker die automatentheoretischen Gesichtspunkte
und vergrößern die Zustandsanzahl.
Wie bisher sei im folgenden, wenn nichts anderes angegeben ist,
A ein NRSA in üblicher Notation.

Entfernen überflüssiger Zustände

Ein Zustand eines NRSA A ist überflüssig, wenn er zur Leistung
des NRSA nichts beiträgt, d.h. wenn man ihn im Graphen von A
von keinem Anfangszustand aus erreichen kann, oder wenn von ihm
aus im Graphen von A kein Endzustand zu erreichen ist (vgl. Aufgabe 3.10.).

Definition 6.2.1.: (i) Ein Zustand z von A heißt _erreichbar_,
wenn es ein Wort $w \in F(X)$ und einen Anfangszustand s von A so
gibt, daß $f^*(s,w)=z$ ist, andernfalls heißt z _unerreichbar_.
A heißt _initial zusammenhängend_, wenn alle Zustände von A erreichbar sind.
(ii) Ein Zustand z von A heißt _redundant_, wenn seine Leistung
die leere Menge ist, sonst heißt z _irredundant_. A heißt _irredun-_
dant, wenn jeder Zustand von A irredundant ist, andernfalls
heißt A _redundant_.
(iii) Ein Zustand z von A heißt _absorbierend_, wenn im Graphen
von A von z aus keine Kante zu einem anderen Zustand führt, d.h.
wenn aus $(z,w,z') \in \tau$ stets $z'=z$ folgt.

Bemerkung: Man beachte, daß nicht jeder redundante Zustand absorbierend sein muß – vgl. dazu Aufgabe 6.2. in Verbindung mit dem folgenden Hilfssatz.

Hilfssatz 6.2.2.: Ein Zustand z von A ist redundant g.d.,w. er im Spiegelautomaten $\tilde{A}$ zu A (vgl. den Beweis von Satz 5.3.5.) unerreichbar ist.

Beweis: Die Leistung von z ist genau dann leer, wenn von z aus im Graphen von A kein Endzustand zu erreichen ist, d.h. wenn kein w in $F(X)$ mit $f^*(z,w)\in F$ existiert, was gleichbedeutend damit ist, daß im Spiegelautomaten der Zustand z von keinem Element von F aus erreichbar ist. ∎

Aufgrund des Hilfssatzes können wir also jedes Verfahren zur Bestimmung erreichbarer Zustände (oder zur Konstruktion eines äquivalenten initial zusammenhängenden NRSA) auch zur Bestimmung irredundanter Zustände (oder zur Konstruktion eines äquivalenten irredundanten NRSA) verwenden, indem man das entsprechende Verfahren am Spiegelautomaten ausführt.

Verfahren 6.2.3.: (Finden aller erreichbarer Zustände von A)
Setze $E_0=\emptyset$, $E_1=S$ und $i=1$.
Solange $E_i\neq E_{i-1}$ ist, erhöhe man i um 1 ($i:=i+1$) und bilde E_i aus E_{i-1} durch Hinzufügen aller Zustände z, für die es im Graphen von A eine von einem Zustand z' aus E_{i-1} zu z hinführende Kante gibt:
$$E_i=E_{i-1}\cup\{z\in Z\mid \text{Es existiert } (z',w,z)\in\tau \text{ mit } z'\in E_{i-1}\}.$$
Bei Termination enthält E_i alle erreichbaren Zustände.

Korrektheitsbeweis: Wegen $E_{i-1}\subseteq E_i\subseteq Z$ für $i\geq 1$ terminiert das Verfahren. Offenbar gilt $E_{i+1}=pr_3(\tau^i\cap S\times F(X)\times Z)$ für $i\geq 0$, und $E=pr_3(\tau^*\cap S\times F(X)\times Z)$ ist die Menge aller erreichbaren Zustände von A. Solange also $E_{i-1}\neq E$ ist, ist $E_i\neq E_{i-1}$.

Satz 6.2.4.: Der durch Einschränkung von τ,S,F auf die Menge E' aller erreichbaren und irredundanten Zustände von A erhaltene NRSA $A'=(E',X,t',S\cap E',F\cap E')$ mit $\tau'=\tau\cap E'\times F(X)\times E'$ ist ein zu A äquivalenter initial zusammenhängender irredundanter NRSA.

Beweis: Natürlich ist A' initial zusammenhängend und $L(A')\subseteq L(A)$.

Sei $w \in L(A)$. Dann gibt es eine Folge

$(z_0,w_1,z_1),(z_1,w_2,z_2),\ldots,(z_{n-1},w_n,z_n)$ von Transitionen in A mit
$(z_{i-1},w_i,z_i) \in \tau$ für $i=1,\ldots,n$, $z_0 \in S$, $z_n \in F$ und $w_1 w_2 \ldots w_n = w$.
Da alle z_i, $i=0,1,\ldots,n$ erreichbar und irredundant sind, gilt
auch $(z_{i-1},w_i,z_i) \in \tau'$ für $i=1,\ldots,n$ und $z_0 \in S \cap E'$ sowie $z_n \in F \cap E'$.
Also ist $w \in L(A')$. ∎

Entfernen spontaner Transitionen

<u>Satz 6.2.5.</u>: Sei $A=(Z,X,t,S,F)$ ein NRSA. Dann ist
$A'=(Z,X,t',S,F')$ mit
$F'=F \cup \{z \in S \mid$ Es gibt ein $z' \in F$ mit $(z,\Lambda,z') \in \tau^*\}$
$\tau'=\{(z,w,z') \in Z \times F^+(X) \times Z \mid$ Es existiert eine Transition $(z_0,w,z_0') \in \tau$
   mit $w \neq \Lambda$, $(z,\Lambda,z_0) \in \tau^*$, $(z_0',\Lambda,z') \in \tau^*\}$

ein zu A äquivalenter NRSA ohne spontane Transitionen.
Die Konstruktion von A' ist effektiv; die Paare (z_i,z_j) mit
$(z_i,\Lambda,z_j) \in \tau^*$ lassen sich mit Hilfe des Verfahrens 6.2.6. bestimmen.

<u>Beweis</u>: A' kann effektiv konstruiert werden, weil man auf
folgende Weise für jedes Zustandspaar z,z' in endlich vielen
Schritten feststellen kann, ob $(z,\Lambda,z') \in \tau^*$ gilt:
Man betrachte die endlich vielen Zustandsfolgen $z_0=z,z_1,\ldots,z_k$
mit $k<|Z|$ und $(z_{i-1},\Lambda,z_i) \in \tau$ für $i=1,\ldots,k$. Es ist offensicht-
lich $(z,\Lambda,z') \in \tau^*$ g.d.,w. z' in einer dieser Folgen vorkommt.
Detaillierter wird dies in Verfahren 6.2.6. dargestellt.
(2) $L(A') \subseteq L(A)$ ist klar, da aus $(z,w,z') \in \tau'^* \cap S \times L(A') \times F'$ folgt,
daß $z' \in F$ ist, oder daß ein $z'' \in F$ mit $(z',\Lambda,z'') \in \tau^*$, d.h. mit
$(z,w,z'') \in \tau^*$ existiert.
(3) Es muß noch $L(A) \subseteq L(A')$ bewiesen werden.
Ist $\Lambda \in L(A)$, so gibt es ein $z \in S$ und ein $z' \in F$ mit $(z,\Lambda,z') \in \tau^*$,
so daß $z \in F'$, also $\Lambda \in L(A')$ ist.
Sei nun $w \in L(A)$ und $w \neq \Lambda$. Dann gibt es im Graphen von A einen Weg
von einem Anfangszustand z_0 zu einem Endzustand z_p', dessen Kantenbewertungsfolge w ergibt, wobei einige Kanten oder Kanten-
züge nur Λ ergeben, d.h. von spontanen Transitionen herrühren,
d.h. es existieren Zustände z_i und z_i', $i=0,\ldots,p$ und nichtleere

Worte $w_1,\ldots,w_p$ mit $z_0\in S$, $z_p'\in F$, $(z_i,\Lambda,z_i')\in\tau^*$ für $i=0,\ldots,p$ sowie $(z_{i-1}',w_i,z_i)\in\tau$ für $i=1,\ldots,p$ und $w_1 w_2 \ldots w_p = w$.
Nun gilt $(z_{i-1},w_i,z_i)\in\tau'^*$ für $i=1,\ldots,p-1$ sowie $(z_{p-1},w_p,z_p')\in\tau'^*$.
Deshalb ist $w\in L(A')$. ∎

Lassen wir im Graphen von A alle nicht mit Λ bewerteten Kanten weg, so erhalten wir den Graphen der Korrespondenz t_Λ. Wir können ihn als nicht bewerteten gerichteten Graphen auffassen. Die Bestimmung eines Paares (z_i,z_j) mit $(z_i,\Lambda,z_j)\in\tau^*$ bedeutet dann nichts anderes, als die Feststellung, ob von z_i nach z_j im Graphen von t_Λ ein Weg existiert, so daß wir den bekannten Algorithmus von Warshall zur Bestimmung aller Wege in einem gerichteten Graphen benutzen können (vgl. dazu auch Aufgabe 5.7.(i), der der gleiche Algorithmus zugrunde liegt).

<u>Verfahren 6.2.6.</u>: (Bestimmung der durch Folgen spontaner Transitionen miteinander verbundenen Zustände).

Die Zustandsmenge des gegebenen NRSA sei $Z=\{z_1,z_2,\ldots,z_n\}$. Für $1\leq i,j\leq n$ und $0\leq k\leq n$ sei B_{ij}^k eine Boolesche Variable, d.h. eine Variable, die nur die Werte 0 oder 1 annehmen kann. Weiter seien Λ und $\vee$ die üblichen Booleschen Operationen, d.h. es sei $0\wedge 0=0\wedge 1=1\wedge 0=0\vee 0=0$ und $1\wedge 1=0\vee 1=1\vee 0=1\vee 1=1$. Die B_{ij}^k werden wie folgt bestimmt.

(1) Für $i=1$ bis n tue man folgendes:

Für $j=1$ bis n setze man

$$B_{ij}^0 = \begin{cases} 1, & \text{wenn } (z_i,\Lambda,z_j)\in\tau \text{ oder } i=j \\ 0, & \text{sonst} \end{cases}$$

(2) Für $k=1$ bis n tue man folgendes:

Für $i=1$ bis n tue man folgendes:

Für $j=1$ bis n setze man

$$B_{ij}^k = B_{ij}^{k-1} \vee (B_{ik}^{k-1} \wedge B_{kj}^{k-1}).$$

Es gilt $(z_i,\Lambda,z_j)\in\tau^*$ g.d.,w. $B_{ij}^n=1$.

<u>Korrektheitsbeweis</u>: Das Verfahren terminiert trivialerweise. Die Richtigkeit der Behauptung über die B_{ij}^n folgt sofort aus folgender

<u>Zwischenbehauptung</u>: Es gilt $B_{ij}^k=1$ g.d.,w. es im Graphen von t_Λ^* einen (eventuell trivialen) Weg von z_i über Zustände aus

$\{z_1,\ldots,z_k\}$ nach z_j gibt, d.h. wenn es eine Folge von spontanen Transitionen in A gibt, die von z_i über Zustände aus $\{z_1,\ldots,z_k\}$ nach z_j führen (vgl. Aufgabe 5.7.(i)).

Beweis der Zwischenbehauptung: Für k=0 ist die Zwischenbehauptung trivialerweise erfüllt: Es ist $B_{ij}^0=1$ g.d.,w. $(z_i,\Lambda,z_j)\in\tau^0\cup\tau$ ist.

Gelte also die Zwischenbehauptung für k=p.

(a) Ist $B_{ij}^{p+1}=1$, so ist $B_{ij}^p=1$ oder $B_{i,p+1}^p\wedge B_{p+1,j}^p=1$.

Nach Induktionsannahme gibt es daher im Graphen von t_Λ^* einen Weg von z_i nach z_j oder zwei Wege, einen von z_i nach z_{p+1} und einen von z_{p+1} nach z_j, die alle nur über Zustände aus $\{z_1,\ldots,z_p\}$ führen, so daß stets ein Weg von z_i nach z_j existiert, der höchstens über Zustände aus $\{z_1,\ldots,z_{p+1}\}$ führt.

(b) Gibt es einen Weg von z_i nach z_j; der höchstens über Zustände aus $\{z_1,\ldots,z_{p+1}\}$ führt, dann sind zwei Fälle möglich: Der Weg führt nicht über z_{p+1}, dann ist nach Induktionsannahme $B_{ij}^p=1$.

Der Weg führt über z_{p+1}. Dann kann der Weg Schleifen enthalten, die von z_{p+1} nach z_{p+1} führen. Lassen wir diese alle weg, so bleibt ein Weg übrig, der sich zerlegen läßt in einen Weg von z_i nach z_{p+1} und einen von z_{p+1} nach z_j, die beide nur über Zustände aus $\{z_1,\ldots,z_p\}$ laufen, so daß nach Induktionsannahme $B_{i,p+1}^p\wedge B_{p+1,j}^p=1$ gilt. ∎

Alphabetisierung und Vervollständigung

Ein NRSA, der nicht alphabetisch ist, ist eigentlich nur eine Kurzdarstellung eines alphabetischen NRSA, bei der Zustände, die nur auf einem einzigen Weg zwischen zwei Zuständen liegen, weggelassen werden. Eine Vervollständigung eines NRSA ist nur sinnvoll, wenn er alphabetisch ist - sie geschieht ganz ähnlich wie bei UM1A'n (vgl. Hilfssatz 4.3.5.) durch Hinzunahme eines absorbierenden Zustandes.

Satz 6.2.7.: (i) Zu jedem NRSA A läßt sich effektiv ein äquivalenter alphabetischer NRSA A' konstruieren, so daß alle im Graphen von A enthaltenen Kanten, die mit Λ oder x aus X bewertet sind, auch im Graphen von A' enthalten sind.

(ii) Zu jedem nicht vollständigen alphabetischen NRSA A läßt sich effektiv ein äquivalenter NRSA $\bar{A}=(\bar{Z},X,\bar{t},S,F)$ (die sog. Vervollständigung von A) konstruieren, der folgende Eigenschaften hat:

- $\bar{A}$ ist vollständig, d.h. $\bar{t}(z,x)\neq\emptyset$ für jedes $(z,x)\in\bar{Z}\times X$.
- Der Graph von $\bar{A}$ enthält den Graphen von A als Teilgraphen.
- $\bar{A}$ hat genau einen Zustand mehr als A; dieser Zustand ist ein
  absorbierender Zustand.

Beweis: (i) Ist $(z,w,z')\in\tau$ mit $w=x_1x_2\ldots x_k$, $x_i\in X$, $k\geq 2$, so ergänze man Z um $k-1$ neue Zustände $z_1,z_2,\ldots,z_{k-1}$, und ersetze die Transition (z,w,z') durch die Transitionen $(z,x_1,z_1),(z_1,x_2,z_2),\ldots,(z_{k-1},x_k,z')$. Der Rest ist klar.
(ii) Die Vervollständigung von A ist der NRSA
$\bar{A}=(\bar{Z},X,\bar{t},S,F)$ mit $\bar{Z}=Z\cup\bar{z}$, $\bar{z}\notin Z$
$\bar{\tau}=\tau\cup\{(\bar{z},x,\bar{z})\mid x\in X\}\cup\{(z,x,\bar{z})\mid t(z,x)=\emptyset\}$.
Offensichtlich existiert zu jedem Paar (z,x) aus $\bar{Z}\times X$ eine Transition (z,x,z') in $\bar{\tau}$, d.h. $\bar{A}$ ist vollständig.
Ferner ist $\bar{z}$ ein absorbierender Zustand, ist also redundant, weil er kein Endzustand ist. Aufgrund von Hilfssatz 6.2.2. und Satz 6.2.4. hat $\bar{A}$ deshalb die gleiche Leistung wie A. $\blacksquare$

Die Potenzautomatenkonstruktion

Wie aus den Beispielen in Abschnitt 6.1. und in Aufgabe 6.1. zu ersehen ist, kann ein zu einem NRSA A äquivalenter RSA so viele Zustände benötigen, wie die Zustandsmenge von A Teilmengen besitzt, nämlich $2^{|Z|}$ Stück.

Satz 6.2.8. (Rabin, Scott): Sei A ein alphabetischer NRSA. Dann ist der folgende sog. Potenzautomat A_p von A ein effektiv konstruierbarer, zu A äquivalenter RSA.
$A_p=(\mathcal{P}(Z),X,f_p,\{S\},F_p)$ mit
$f(M,x)=t^*(M,x)=\{z\in Z\mid \text{Es existiert ein } z'\in M \text{ mit } (z',x,z)\in\tau^*\}$ für jedes x aus X und
$F_p=\{M\in\mathcal{P}(Z)\mid M\cap F\neq\emptyset\}$.
Mit dem Verfahren 6.2.9. erhält man unmittelbar den aus den

erreichbaren Zuständen bestehenden Teilautomaten A_p' des Potenzautomaten, der zu A äquivalent ist, ohne zusätzlich das Verfahren 6.2.3. anwenden zu müssen.

<u>Bemerkung</u>: (i) Ist A buchstabierend, so ist $t^*(M,x)=t(M,x)$.
(ii) Der Zustand $\emptyset$ von A_p ist absorbierend – er ist unerreichbar, wenn A vollständig ist.

<u>Beweis</u>: A_p ist offensichtlich ein RSA, der aufgrund des Verfahrens 6.2.6. effektiv konstruierbar ist, weil
$t^*(M,x)=t^*(t(t^*(M,\Lambda),x),\Lambda)$ ist.
1. Zwischenbehauptung: $L(A)\subseteq L(A_p)$.
Beweis: Sei $w\in L(A)$. Dann existieren $z_0,z_1,\dots,z_k$ aus Z und
$x_1,\dots,x_k$ aus X mit $z_0\in S$, $z_k\in F$, $w=x_1\dots x_k$ und $(z_{i-1},x_i,z_i)\in\tau^*$
für $i=1,\dots,k$.
Sei dann $M_0=S$, $M_i=t^*(M_{i-1},x_i)$ für $i=1,\dots,k$. Dann ist $z_k\in M_k\cap F$,
also $w\in L(A_p)$.
2. Zwischenbehauptung: $L(A_p)\subseteq L(A)$.
Beweis: Sei $w\in L(A_p)$. Dann existieren $M_0=S$, $M_1,\dots,M_k$ aus $\mathcal{P}(Z)$
und $x_1,\dots,x_k$ aus X mit $M_k\cap F\neq\emptyset$ und $f_p(M_{i-1},x_i)=M_i$ für $i=1,\dots,k$.
Dann existiert aber auch eine Zustandsfolge $z_0,z_1,\dots,z_k$ mit
$z_i\in M_i$ für $i=0,\dots,k-1$ und $z_k\in M_k\cap F$, so daß $(z_{i-1},x_i,z_i)\in\tau^*$ für
$i=1,\dots,k$ sowie $z_0\in S$ und $z_k\in F$, d.h. $w\in L(A)$ gilt. $\blacksquare$

<u>Bemerkung</u>: Daß die Potenzautomatenkonstruktion in unendlich vielen Fällen optimal ist, folgt aus Aufgabe 6.1. und wird auch in Satz 6.3.7. gezeigt.

<u>Verfahren 6.2.9.</u> (Konstruktion des erreichbaren Teils des Potenzautomaten).
(1) Setze $\mathcal{M}=\{S\}$ und $\mathcal{M}'=\emptyset$.
(2) Solange $\mathcal{M}\neq\mathcal{M}'$ ist, setze man $\mathcal{M}'=\mathcal{M}$ und bilde
$\mathcal{M}=\{M\in\mathcal{P}(Z)\mid$ Es existieren $M'\in\mathcal{M}'$ und $x\in X$ mit $t^*(M',x)=M\}\cup\mathcal{M}'$.
(3) Bei Termination ist $\mathcal{M}$ die Menge der erreichbaren Zustände von A_p.
(4) Setze $A_p'=(\mathcal{M},X,f_p',\{S\},F_p\cap\mathcal{M})$ mit $f_p'=f_p/\mathcal{M}$.

<u>Korrektheitsbeweis</u>: Das Verfahren terminiert, weil stets
$\mathcal{M}'\subseteq\mathcal{M}\subseteq\mathcal{P}(Z)$ gilt.
Der Rest ergibt sich analog zum Beweis von Verfahren 6.2.3.

<u>Bemerkung</u>: (i) Um aus einem NRSA A einen äquivalenten RSA zu konstruieren, genügt es also, aus A nach Satz 6.2.7.(i) einen alphabetischen NRSA zu bilden und dann das Verfahren 6.2.9. anzuwenden.

(ii) Es ist nicht immer praktisch, bei der Konstruktion eines RSA, der eine bestimmte Menge akzeptieren soll, zunächst einfach einen NRSA zu konstruieren und dann die Verfahren dieses Abschnitts anzuwenden, weil das beträchtlichen Aufwand erfordern und zu großen Automaten führen kann. Oft ist es möglich, gleich bei der Konstruktion des NRSA spezielle Eigenschaften der zu akzeptierenden Menge heranzuziehen, um schon im ersten Schritt einen kleinen und beinahe deterministischen NRSA zu erhalten - man beachte dies bei der Bearbeitung der Aufgabe 6.3.

6.3. Minimierung deterministischer Automaten

Wie bei den anderen bisher betrachteten Automatentypen kann es auch bei NRSA'n vorkommen, daß zwei Zustände die gleiche Leistung besitzen - vgl. dazu etwa Beispiel 5.6.2. Es sind also auch im wesentlichen die gleichen Fragen zu beantworten: Was ist ein "kleinster" Automat mit vorgegebener Leistung, wie konstruiert man ihn; ist er eindeutig bestimmt?
Für RSA'n und DRSA'n lassen sich diese Fragen leicht und in Analogie zu bzw. durch Übertragung von früheren Resultaten beantworten - bei NRSA'n gibt es größere Probleme.
Da NRSA'n mit leerer Leistung unter Minimierungsgesichtspunkten uninteressant sind, nichtalphabetische NRSA'n nur Kurzdarstellungen alphabetischer NRSA'n sind und spontane Transitionen ohne Veränderung der Zustandsanzahl weggelassen werden können, machen wir von jetzt an folgende

<u>Generalvoraussetzung</u>: Alle künftig betrachteten NRSA'n sind buchstabierend und haben eine nichtleere Leistung.

<u>Verschiedene Begriffe, Entscheidbarkeitsresultate</u>

<u>Definition 6.3.1.</u>: (i) Sei z ein Zustand und Z' eine Menge von Zuständen des NRSA A,

Mit L(A,z) sei dann die Leistung von z bezeichnet (vgl. Definition 5.6.3.(i)).

Die Leistung von Z' ist die Vereinigung der Leistungen der Zustände in Z', d.h. $L(A,Z')=\cup\{L(A,z')|z'\in Z'\}$.

Zwei Zustände bzw. zwei Mengen von Zuständen von A heißen äquivalent, wenn ihre Leistungen gleich sind.

Der NRSA heißt reduziert, wenn er initial zusammenhängend ist und keine zwei verschiedenen Zustände von A äquivalent sind.

(ii) Sei A' ein weiterer NRSA in üblicher Notation. A und A' heißen lokal äquivalent, wenn die Mengen der Leistungen ihrer Zustände gleich sind, d.h. wenn gilt:

$\{L(A,z)|z\in Z\}=\{L(A',z')|z'\in Z'\}$.

A und A' heißen isomorph, wenn sie bis auf die Bezeichnung der Zustände übereinstimmen, d.h. wenn es eine Bijektion b von Z auf Z' gibt mit den Eigenschaften

$b(S)=S'$, $b(F)=F'$

(z,w,z_1) in τ g.d.,w. $(b(z),w,b(z_1))$ in τ' für alle z,z_1 aus Z, w aus F(X).

Die Bijektion b heißt dann Isomorphismus von A auf A'.

(iii) A heißt N-minimal (bzw. D-minimal bzw. minimal), wenn es keinen zu A äquivalenten NRSA (bzw. DRSA bzw. RSA) mit weniger Zuständen als A gibt.

Bemerkung: (i) Die Leistung eines NRSA ist also die Leistung seiner Anfangszustandsmenge.

(ii) Ein reduzierter NRSA kann höchstens einen redundanten Zustand enthalten.

(iii) Lokal äquivalente NRSA'n sind natürlich auch äquivalent.

Da die Äquivalenz von NRSA'n entscheidbar ist (Satz 5.5.9.(i)), ergibt sich sofort:

Satz 6.3.2.: Folgende Probleme sind entscheidbar:

  (i) Sind zwei Zustände bzw. Zustandsmengen eines NRSA äquivalent?

  (ii) Ist ein NRSA reduziert bzw. irredundant?

(iii) Sind zwei NRSA'n lokal äquivalent?

  (iv) Ist ein NRSA N-minimal (bzw. ein D-minimaler DRSA bzw. ein minimaler RSA)?

Beweis: (i) Sei A ein NRSA und seien Z_1, Z_2 Teilmengen von Z.
Dann sind Z_1 und Z_2 äquivalent g.d.,w. die NRSA'n
$A_i = (Z,X,t,Z_i,F)$, $i=1,2$, äquivalent sind. Also läßt sich Satz
5.5.9.(i) anwenden (vgl. auch die Aufgaben 6.4. und 6.5.).
(ii) und (iii) folgen unmittelbar aus (i).
(iv) Sei A ein NRSA mit n Zuständen. Um festzustellen, ob A
N-minimal ist, wähle man eine Menge $\{z_1,\ldots,z_{n-1}\}$ und konstruiere zu jeder Menge $Z_i = \{z_1,z_2,\ldots,z_i\}$, $i=1,2,\ldots,n-1$ alle NRSA'n
mit Z_i als Zustandsmenge und X als Eingabealphabet. Das ergibt
endlich viele NRSA'n, für jeden von diesen kann nach Satz
5.5.9.(i) entschieden werden, ob er zu A äquivalent ist, wenn
das der Fall ist, ist A nicht N-minmal. Analog gehe man im Falle von DRSA'n oder RSA'n vor. Offensichtlich ist jeder NRSA mit
höchstens n-1 Zuständen isomorph zu einem der oben konstruierten
NRSA'n mit n-1 Zuständen. ∎

Konstruktion eines minimalen RSA

Der wesentliche Teil eines Verfahrens zur Konstruktion eines
minimalen RSA besteht, wie im Falle der M1A'n oder der MrA'n,in
einem Verfahren zur Bestimmung der Klassen äquivalenter Zustände - allerdings muß man zunächst alle unerreichbaren Zustände
entfernen. Einen minimalen RSA erhält man dann, indem man die
Äquivalenzklassen als Zustände eines neuen RSA wählt und die
Zustandsüberführungsfunktion, ähnlich wie bei der Potenzautomatenkonstruktion, auf die Klassen überträgt - vgl. Aufgabe
6.4.(i).
Wegen Folgerung 5.4.6. und der Gleichwertigkeit von MrA'n und
M1A'n lassen sich die in den Abschnitten 2.4. und 2.5. angegebenen Verfahren auf RSA'n übertragen (vgl. Aufgabe 6.4.(ii) und
(iii)). Im folgenden wird ein weiteres Verfahren angegeben, das
einen Kompromiß zwischen beiden Verfahren darstellt: Es ist im
Prinzip schneller als das erste und langsamer als das zweite,
der Speicherplatzbedarf ist größer als bei beiden Verfahren.

Der betrachtete RSA A habe n Zustände, die alle erreichbar sei-
en. Das Verfahren baut einen gerichteten Graphen auf, dessen
Ecken die $\frac{1}{2}n(n-1)$ zweielementigen Teilmengen der Zustandsmenge

von A sind und dessen Kanten Paaren von Transitionen entsprechen,
und färbt jede Ecke schwarz oder weiß. Am Schluß sind genau die
Ecken, die aus den Paaren nichtäquivalenter Zustände bestehen,
schwarz gefärbt.

<u>Verfahren 6.3.3.</u>: (Bestimmung aller Paare äquivalenter Zustände
eines initial zusammenhängenden RSA mit m Eingaben und n Zuständen).

<u>Initialisierungsphase</u>: Man erzeuge die Ecken $\{z,z'\}$ mit $z\neq z'$
und $z,z'\in Z$ und
färbe dabei alle Ecken $\{z,z'\}$ mit $z\notin F$, $z'\in F$ schwarz.

<u>Aufbau des gefärbten Graphen</u>: Solange es noch eine nicht gefärb-
te Ecke gibt, tue man folgendes:

1. Wähle eine nicht gefärbte Ecke $\{z,z'\}$ und färbe sie weiß.

2. Für jedes $x\in X$ prüfe man, falls $f(z,x)\neq f(z',x)$ ist, ob die
   Ecke $\{f(z,x),f(z',x)\}$ schwarz ist.

   • Ist sie nicht schwarz, dann füge man in den Graphen die ge-
     richtete Kante von $\{f(z,x),f(z',x)\}$ nach $\{z,z'\}$ ein.

   • Ist die Ecke schwarz, dann färbe man auch die Ecke $\{z,z'\}$
     und alle über gerichtete Wege von dieser Ecke aus erreich-
     baren und nicht schwarzen Ecken schwarz. Dabei entferne man
     gleich alle Kanten, deren Endecke die gerade geschwärzte
     Ecke ist.

Bei Termination sind die weiß gefärbten Ecken die sämtlichen
Paare äquivalenter Zustände von A.

<u>Korrektheitsbeweis</u>: Die Solange-Schleife terminiert, weil jede
Ecke nur höchstens einmal weiß und höchstens einmal schwarz gefärbt wird.

Wir müssen nun folgende zwei Behauptungen beweisen:

 (I) Wenn die Ecke $\{z,z'\}$ schwarz ist, so sind z und z' nicht
     äquivalent.

(II) Wenn die Zustände z und z' nicht äquivalent sind, so ist
     bei Termination die Ecke $\{z,z'\}$ schwarz.

Dazu überlegen wir uns, daß bei Beginn und nach jedem Durchlauf
der Solange-Schleife (also auch beim Verlassen der Schleife, d.h.
bei Termination des Verfahrens) die folgende Schleifeninvariante
erfüllt ist:

<u>Schleifeninvariante</u>: Es gelten (I), (II') und (III), wobei (II')
und (III) folgende Aussagen sind:

(II') Wenn die Zustände p und q nicht äquivalent sind, aber die
   Ecke $\{p,q\}$ nicht schwarz ist, dann existieren $w \in F(X)$,
   $x \in X$ und eine nicht gefärbte Ecke $\{z,z'\}$ derart, daß gilt:
   - $f^*(p,w)=z$, $f^*(q,w)=z'$.
   - Die Ecke $\{f(z,x),f(z',x)\}$ existiert und ist schwarz.

(III) Wenn es einen gerichteten Weg von der Ecke $\{z,z'\}$ zur
   Ecke $\{p,q\}$ gibt, dann existiert ein $u \in F(X)$ mit $\{z,z'\}=$
   $=\{f^*(p,u),f^*(q,u)\}$.

(1) Wir betrachten zunächst die Situation nach Abschluß der
Initialisierungsphase, d.h. beim Eintritt in die Schleife.
Wenn $p \in F$ und $q \notin F$ gilt, so ist $\Lambda \in L(A,p)$ aber $\Lambda \notin L(A,q)$, so daß
dann p und q nicht äquivalent sind. Also gilt (I).
Sind andererseits p und q nicht äquivalent, und ist $\{p,q\}$ nicht
schwarz, so gibt es Worte $w' \neq \Lambda$ mit $w' \in L(A,p) \cup L(A,q)$, aber
$w' \notin L(A,p) \cap L(A,q)$.
Sei w_0' ein solches Wort w' minimaler Länge. Dann existieren
$w \in F(X)$ und $x \in X$ mit $w_0'=wx$, so daß für $z=f^*(p,w)$ und $z'=f^*(q,w)$
gilt $z \neq z'$ und $\{z,z'\} \subseteq F$ oder $\{z,z'\} \subseteq Z-F$,
$\bar{z}=f(f^*(p,w),x)=f^*(p,w_0') \in F$ und $\bar{z}'=f(f^*(q,w),x)=f^*(q,w_0') \notin F$.
Dann ist in der Initialisierungsphase $\{\bar{z},\bar{z}'\}$ schwarz gefärbt
worden, und die Ecke $\{z,z'\}$ existiert, ist aber nicht gefärbt.
Also gilt (II') beim Eintritt in die Schleife.
(III) gilt beim Eintritt in die Schleife trivialerweise.
(2) Wir betrachten nun die Situation nach irgendeinem Schleifendurchlauf unter der Voraussetzung, daß bei Beginn dieses
Durchlaufs (I), (II') und (III) galten.
Zu (I): Eine Ecke $\{p,q\}$ wird in der Schleife schwarz gefärbt,
wenn eine Ecke $\{z,z'\}$ existiert, so daß $\{f(z,x),f(z',x)\}$ eine
schwarze Ecke ist und wenn außerdem ein gerichteter Weg von
$\{z,z'\}$ nach $\{p,q\}$ existiert, d.h. wenn es nach (III) ein Wort
$u \in F(X)$ gibt mit $\{z,z'\}=\{f^*(p,u),f^*(q,u)\}$. Dabei ist $u=\Lambda$, d.h.
$\{z,z'\}=\{p,q\}$ zugelassen.
Wären z und z' äquivalent, so müßten es auch $f(z,x)$ und
$f(z',x)$ sein.

Wären p und q äquivalent, so müßten es auch $f^*(p,u)$ und $f^*(q,u)$ sein.

Also gilt (I).

Zu (II'): Sei $\{p,q\}$ eine nicht schwarze Ecke, und seien p und q nicht äquivalent. Dann gibt es Worte $w'\neq\Lambda$ so, daß die Ecke $E=\{f^*(p,w'),f^*(q,w')\}$ existiert und schwarz ist, denn wie in (1) gezeigt, muß es mindestens ein $w'\in F(X)$ geben, für das $|E\cap F|=1$ ist, so daß E in der Initialisierungsphase schwarz gefärbt wurde.

Sei w' ein solches Wort minimaler Länge. Dann existieren $w\in F(X)$ und $x\in X$ mit $w'=wx$ so, daß die Ecke $\{z,z'\}=\{f^*(p,w),f^*(q,w)\}$ existiert und nicht schwarz, die Ecke $E=\{f(z,w),f(z',x)\}$ aber schwarz ist.

Wäre die Ecke $\{z,z'\}$ weiß, so wäre sie in diesem oder einem früheren Durchlauf bereits ausgewählt worden und hätte dann schwarz gefärbt worden sein müssen, weil E schwarz ist. Also ist $\{z,z'\}$ nicht gefärbt und (II') gilt.

Zu (III): Seien $\{p,q\}$ und $\{p',q'\}$ zwei Ecken im Graphen derart, daß es einen gerichteten Weg von $\{p,q\}$ nach $\{p',q'\}$ gibt. Wir brauchen nur den Fall zu betrachten, daß dieser Weg in Schritt 2 dadurch entstanden ist, daß für ein festes x aus X die Kante von $\{f(z,x),f(z',x)\}$ nach $\{z,z'\}$ eingefügt wurde. Dann können wir voraussetzen, daß es $u,v\in F(X)$ so gibt, daß u dem Weg von $\{p,q\}$ nach $\{f(z,x),f(z',x)\}$ und v dem Weg von $\{z,z'\}$ nach $\{p',q'\}$ entspricht, d.h. daß $\{f^*(f(z,x),u),f^*(f(z',x),u)\}=\{p,q\}$ und $\{f^*(p',v),f^*(q',v)\}=\{z,z'\}$ gilt. Daraus folgt $\{f^*(p',vxu),f^*(q',vxu)\}=\{p,q\}$, d.h. (III) gilt.

(3) Beim Verlassen der Schleife gibt es keine nicht gefärbte Ecke mehr; also folgt dann (II) aus (II'). Damit ist bewiesen, daß bei Schluß des Verfahrens (I) und (II) gelten. ∎

Satz 6.3.4.: Das Verfahren 6.3.3. benötigt Speicherplatz der Größenordnung $c_1\cdot m\cdot n^2$. Der Zeitbedarf, gemessen in der Anzahl der Zugriffe auf Ecken des Graphen, ist stets von der Größenordnung $c_2\cdot m\cdot n^2$.

<u>Beweis</u>: Platz wird gebraucht für die Ecken und je maximal m Kanten pro Ecke.

In der Initialisierungsphase werden $\frac{1}{2}n(n-1)$ Ecken erzeugt. Summiert über alle Durchläufe der Solange-Schleife ergeben sich folgende Größenordnungen für die Maximalzahl der Zugriffe:

In 1: $\frac{1}{2}n^2$ Zugriffe

In 2: $\frac{1}{2}mn^2$ Zugriffe zur Prüfung, ob $\{f(z,x),f(z',x)\}$ schwarz ist.

$\frac{1}{2}mn^2$ Zugriffe zur Konstruktion der Kanten von $\{f(z,x),f(z',x)\}$ nach $\{z,z'\}$, oder zum Färben der Ecken $\{z,z'\}$ und der von ihnen aus erreichbaren Ecken sowie zum Entfernen der zu ihnen führenden Kanten, denn jede Ecke wird nur einmal schwarz gefärbt, und es sind stets nur Kanten im Graphen vorhanden, die zu nicht schwarzen Ecken führen. ∎

Weitere Anwendungen dieses Verfahrens enthalten die Aufgaben 6.4.(iv),(v) und 6.5.; zur Übung behandle man Aufgabe 6.4.(vi).

Minimale RSA'n und D-minimale DRSA'n

Für RSA'n folgt aus Satz 6.2.4. zusammen mit dem Satz über die Eindeutigkeit des minimalen MrA (Satz 3.6.4.) wegen Folgerung 5.4.6. unmittelbar (vgl. auch die Aufgaben 6.4., 6.6. und 6.7.):

<u>Satz 6.3.5.</u> (Eindeutigkeit des minimalen RSA): Ein RSA ist minimal g.d.,w. er reduziert ist. Je zwei äquivalente minimale RSA'n sind isomorph und lokal äquivalent. Also gibt es zu jedem RSA'n A einen bis auf Isomorphie eindeutig bestimmten äquivalenten minimalen RSA'n, den sog. <u>Minimalen</u> von A; dieser läßt sich effektiv konstruieren.

<u>Beweis</u>: Es ist nur noch zu zeigen, daß isomorphe NRSA'n A und A' lokal äquivalent sind.

Sei also b ein Isomorphismus wie in Definition 6.3.1.(ii). Dann braucht nur bewiesen zu werden, daß z und b(z) gleiche Leistungen besitzen. Da auch die Umkehrabbildung b^{-1} von A' auf A ein Isomorphismus ist, genügt es, $L(A,z) \subseteq L(A',b(z))$ nachzuweisen.

Sei nun w aus $L(A,z)$ mit $w = x_1 x_2 \ldots x_n$, $n \geq 0$, x_i aus $X \cup \Lambda$.

Dann gibt es Zustände $z_0, z_1, \ldots, z_n$ aus Z mit $z_0 = z$, z_n aus F und (z_{i-1}, x_i, z_i) aus τ. Nun ist $b(z_n)$ aus F' und $(b(z_{i-1}), x_i, b(z_i))$ aus τ', also w aus $L(A', b(z))$. ∎

Bemerkung: Wir haben gezeigt, daß isomorphe NRSA'n lokal äquivalent und damit auch äquivalent sind. Mit ähnlichen Überlegungen läßt sich zeigen, daß irredundante, reduzierte lokal äquivalente DRSA'n isomorph sind - als Bijektion b wähle man die Abbildung, die Zustände gleicher Leistung aufeinander abbildet.

Der Fall der DRSA'n läßt sich einfacher als bei UM1A'n auf den vollständigen Fall zurückführen - es genügt, einen absorbierenden Zustand hinzuzunehmen (vgl. Satz 6.2.7.(ii)).

Folgerung 6.3.6. (Eindeutigkeit des minimalen DRSA): Ein DRSA ist D-minimal g.d.,w. er reduziert und irredundant ist. Je zwei äquivalente D-minimale DRSA'n sind isomorph und lokal äquivalent. Also gibt es zu jedem DRSA'n A einen bis auf Isomorphie eindeutig bestimmten äquivalenten D-minimalen DRSA, den sog. D-Minimalen von A; dieser kann effektiv konstruiert werden. Der D-Minimale von A hat genau dann einen Zustand weniger als der minimale zu A äquivalente RSA A', wenn er nicht vollständig, d.h. wenn A' redundant ist.

Beweis: Sei A ein D-minimaler DRSA, der nicht vollständig ist. Dann ist A irredundant, denn sonst könnte man Zustände mit leerer Leistung weglassen. Nun sei $\bar{A}$ die Vervollständigung von A im Sinne des Beweises von Satz 6.2.7.(ii), d.h. es sei $\bar{A} = (Z \cup \bar{z}, X, \bar{f}, S, F)$ mit $\bar{z} \notin Z$, $\bar{f}(\bar{z}, x) = \bar{z}$ und

$$\bar{f}(z,x) = \begin{cases} f(z,x), & \text{falls das definiert ist} \\ \bar{z} & \text{sonst} \end{cases}$$

für alle x aus X, z aus Z.

Da $L(\bar{A}, \bar{z}) = \emptyset$ gilt, ist $\bar{z}$ zu keinem z aus Z äquivalent. Ferner sind zwei Zustände z, z' aus Z in $\bar{A}$ nicht äquivalent, denn sonst gäbe es nach Satz 6.3.5. einen zu $\bar{A}$ lokal äquivalenten reduzierten RSA A_0 mit weniger Zuständen als $\bar{A}$; ein Zustand von A_0 müßte die gleiche Leistung wie $\bar{z}$ haben, ihn könnte man weglassen und erhielte dann einen zu A äquivalenten DRSA mit weniger Zuständen als A, was nicht sein kann.

Also ist $\bar{A}$ reduziert und damit auch A.

Sei weiter A_1 ein D-minimaler zu A äquivalenter DRSA. Wäre A_1 vollständig, so wäre A_1 nach Satz 6.3.5. zu $\bar{A}$ äquivalent. Also müßte auch A vollständig sein, denn A_1 besäße sonst einen Zustand (mit leerer Leistung) mehr als A. Deshalb ist A_1 nicht vollständig. Nun bilde man die Vervollständigung $\bar{A}_1$ von A_1. Dann sind nach Satz 6.3.5. $\bar{A}_1$ und $\bar{A}$ isomorph. Da, wie im Beweis des Satzes 6.3.5. gezeigt, je zwei durch den Isomorphismus von $\bar{A}$ auf $\bar{A}_1$ aufeinander abgebildete Zustände gleiche Leistung besitzen, sind auch A und A_1 isomorph – die Einschränkung des Isomorphismus' auf Z liefert nämlich einen Isomorphismus von A auf A_1. Offensichtlich sind dann auch A und A_1 lokal äquivalent.

Ist schließlich A_2 ein nicht vollständiger, irredundanter, reduzierter und zu A äquivalenter DRSA, so ist $\bar{A}_2$ ebenfalls reduziert, also ist nach obigem A_2 zu A isomorph und lokal äquivalent.

Ferner haben wir gesehen, daß, wenn ein D-minimaler DRSA A' vollständig ist, schon alle D-minimalen zu A' äquivalenten DRSA'n vollständig sind. Entsprechendes gilt für irredundante, reduzierte DRSA'n. In diesen Fällen kann also Satz 6.3.5. direkt übertragen werden.

Der Rest der Behauptung folgt daraus, daß D-minimale RSA'n irredundant sind. ∎

Bemerkung: Aufgrund von Satz 5.5.3. oder auch 6.2.8. existiert also zu jedem NRSA ein bis auf Isomorphie eindeutig bestimmter äquivalenter minimaler RSA bzw. D-minimaler DRSA.

Die Optimalität der Potenzautomatenkonstruktion

Wie in Abschnitt 6.2. angekündigt, soll jetzt gezeigt werden, daß für jedes $n \geq 2$ mindestens ein NRSA A_n mit n Zuständen existiert derart, daß der minimale zu A_n äquivalente RSA 2^n Zustände besitzt. Man wende diese Beweismethode zur Lösung der Aufgabe 6.1.(ii) bis (iv) an.

Satz 6.3.7.: Für jedes $n \geq 2$ liefert die Anwendung der Potenzautomatenkonstruktion auf den folgenden NRSA A_n einen minimalen RSA:

$A_n = (\{1,2,\ldots,n\},\{a,b\},t,\{1\},\{n\})$ mit

$t(i,a)=\{i+1\}$ für $i=1,2,\ldots,n-1$

$t(n,a)=\{1,2\}$

$t(1,b)=\{1\}$

$t(i,b)=\{i+1\}$ für $i=2,3,\ldots,n-1$

$t(n,b)=\emptyset$

<u>Beweis</u>: Wir müssen beweisen, daß der Potenzautomat A_{np} von A_n reduziert ist.

<u>1. Zwischenbehauptung</u>: In A_{np} sind die Zustände P,Q äquivalent g.d.,w. P und Q als Teilmengen von $\{1,\ldots,n\}$ gleich sind.

Beweis: Aus $P=Q$ folgt natürlich die Äquivalenz von P und Q. Nehmen wir also $P\neq Q$ an. Dann existiert ein i in $P\cup Q$ mit $i\notin P\cap Q$. Sei etwa $i\in Q$. Ist $i\geq 2$, so gilt $\{n\}=t^*(i,a^{n-i})$ und $n\notin t^*(j,a^{n-i})$ für jedes $j\neq i$, also $n\in t^*(Q,a^{n-i})$ und $n\notin t^*(P,a^{n-i})$. Ist $i=1$, so gilt $n\in t^*(Q,b^n a^{n-1})$ und $n\notin t^*(P,b^n a^{n-1})=\emptyset$. In beiden Fällen sind also P und Q nicht äquivalent.

<u>2. Zwischenbehauptung</u>: A_{np} ist initial zusammenhängend.

Beweis: Sei $Q=\{i_1,i_2,\ldots,i_r\}$ mit $1\leq i_1<i_2<\ldots<i_r\leq n$ ein beliebiger Zustand von A_{np}. Wir konstruieren dann einen Zustand $P=\{j_3,j_4,\ldots,j_r,n\}$ der genau ein Element weniger als Q besitzt und von dem aus Q mit einem Wort w zu erreichen ist, auf folgende Weise: Sei $j_k=i_k-i_2+1$ für $k=3,4,\ldots,r$ sowie $d=i_2-i_1$ und $w=ab^{d-1}a^{i_1-1}$. Dann ist $t^*(j_k,w)=\{j_k+1+d-1+i_1-1\}=\{i_k\}$ für $k=3,\ldots,r$ und $t^*(n,w)=t^*(\{1,2\},b^{d-1}a^{i_1-1})=t^*(\{1,d+1\},a^{i_1-1})=$ $=\{i_1,i_2\}$, so daß $Q=t^*(P,w)$ gilt.

Da jeder einelementige Zustand $\{i\}$ von A_{np} wegen $\{i\}=t^*(1,a^{i-1})$ erreichbar ist, folgt aus obigem mit vollständiger Induktion über die Anzahl der Elemente der Zustände von A_{np}, daß A_{np} initial zusammenhängend ist . ∎

6.4. Das Minimierungsproblem für NRSA'n

Jetzt ist noch das <u>Minimierungsproblem für NRSA'n</u> zu lösen, d.h. es sind Antworten auf folgende Fragen zu finden:

1) **Existiert zu jedem NRSA ein äquivalenter N-minimaler NRSA?**

2) **Sind N-minimale NRSA'n eindeutig (bis auf Isomorphie)**

bestimmt, d.h. sind N-minimale äquivalente NRSA'n isomorph?
3) Gibt es Eigenschaften von NRSA'n, die die N-minimalen
   NRSA'n charakterisieren (wie z.B. die Reduziertheit bei
   RSA'n)?
4) Gibt es ein systematisches Verfahren zur Konstruktion eines
   zu einem gegebenen NRSA äquivalenten N-minimalen NRSA?

Wir können nicht wie im Fall von UM1A'n vorgehen, da wir hier
nicht den Überdeckungsbegriff zur Verfügung haben – einige der
Resultate (vor allem die negativen) sind jedoch ähnlich wie
bei UM1A'n.
Eine wichtige Rolle bei der Konstruktion möglichst kleiner
NRSA'n und zur Konstruktion von Beispielen, spielt der im Beweis des Satzes von Kleene (Satz 5.3.5.) zu einem NRSA A definierte Spiegelautomat $\tilde{A}$.
Die Fragen 1) und 2) lassen sich leicht beantworten; die Fragen
3) und 4) können hier nicht vollständig behandelt werden.

Beziehungen zwischen verschiedenen Begriffen

Satz 6.4.1.: (i) Zu jedem NRSA kann ein äquivalenter N-minimaler
NRSA effektiv konstruiert werden. Jeder N-minimale NRSA ist irredundant und reduziert; sein Spiegelautomat ist ebenfalls N-minimal.

(ii) Sei A ein NRSA, A_1 ein zu A äquivalenter D-minimaler DRSA
und A_2 ein zu A äquivalenter NRSA, dessen Spiegelautomat ein
D-minimaler DRSA ist. Dann brauchen A_1 und A_2 nicht gleich viele
Zustände zu besitzen, und beide brauchen nicht N-minimal zu sein.
(iii) Es gibt D-minimale DRSA'n, die zu ihrem Spiegelautomaten
zwar äquivalent, aber nicht isomorph oder lokal äquivalent sind.
(iv) Der Spiegelautomat eines irredundanten reduzierten NRSA
braucht nicht reduziert zu sein.

Beweis: (i) (a) Ein (sehr umständliches und zeitraubendes) Verfahren zur Gewinnung eines zu einem NRSA A äquivalenten N-minimalen NRSA besteht in der Anwendung der Methode des Beweises
von Satz 6.3.2.(iv): Ist Z die Zustands- und X die Eingabemenge
von A, so konstruiere man zu jeder echten Teilmenge Z' von Z

alle NRSA'n A' mit Z' als Zustands- und X als Eingabemenge und
prüfe, ob sie zu A äquivalent sind. Die Anzahl dieser Automaten
A' ist aufgrund der Generalvoraussetzung endlich, und jeder
NRSA mit X als Eingabemenge und weniger als n Zuständen ist zu
einem dieser Automaten A' isomorph. Also ist entweder A oder
einer dieser Automaten A' N-minimal und zu A äquivalent.
(b) Sei nun A ein N-minimaler NRSA. Dann ist A nach Satz 6.2.4.
irredundant und initial zusammenhängend.
(1) Nehmen wir an, A wäre nicht reduziert. Dann gäbe es mindestens zwei verschiedene äquivalente Zustände z' und z'' von A,
und wir könnten A reduzieren. Wir konstruieren nun einen neuen
NRSA $A'=(Z',X,t',S',F')$, indem wir z'' weglassen und in allen
Transitionen z'' durch z' ersetzen (d.h. z' und z'' zu einem Zustand zusammenfassen). Dabei können wir voraussetzen, daß z''
nicht in S liegt, wenn S einelementig ist. Es sei also
$Z'=Z-z''$, $S'=S-z''$, $F'=F-z''$
$\tau'=\{(\bar{z}_1,w,\bar{z}_2)\mid(z_1,w,z_2)\in\tau\}$ mit
$$\bar{z}_i=\begin{cases}z_i, & \text{falls } z_i\neq z''\\ z', & \text{falls } z_i=z'' \qquad\qquad \text{für } i=1,2\end{cases}$$
Zwischenbehauptung: A' ist äquivalent zu A.
Beweis: Da durch das Zusammenlegen von z' und z'' höchstens mehr
Möglichkeiten entstanden sind, von einem Anfangs- zu einem Endzustand zu gelangen, ist $L(A)\subseteq L(A')$.
Sei nun u aus $L(A')$. Dann gibt es eine natürliche Zahl n, Zustände $z_0,z_1,\ldots,z_n$ aus Z' und $w_1,\ldots,w_n$ aus $X\cup\Lambda$ mit
z_0 aus S', z_n aus F', $w_1w_2\ldots w_n=u$ sowie
(z_{i-1},w_i,z_i) aus τ' für $i=1,\ldots,n$.
Sei ferner $u_j=w_{j+1}w_{j+2}\ldots w_n$ für $j=0,1,\ldots,n$ (also $u_n=\Lambda$).
Nehmen wir an, es wäre u nicht in L(A). Dann könnte $u_j\in L(A,z_j)$
nicht für alle $j=0,1,\ldots,n$ gelten. Sei nun k minimal so, daß
u_k in $L(A,z_k)$ liegt. Dann kann (z_{k-1},w_k,z_k) nicht aus τ sein,
weil sonst $u_{k-1}=w_k u_k$ in $L(A,z_{k-1})$ läge, im Widerspruch zur
Minimalität von k. D.h. es kann nicht $z_{k-1}\neq z'\neq z_k$ gelten.
Sei also etwa $z_{k-1}=z_k=z'$ und (z',w_k,z') nicht in τ. Dann ist
nach Konstruktion (z',w_k,z'') oder (z'',w_k,z'') oder (z'',w_k,z') in τ,

und wegen der Äquivalenz von z' und z" liegt u_k auch in $L(A,z")$. Deshalb liegt $u_{k-1}=w_k u_k$ in $L(A,z")=L(A,z')=L(A,z_{k-1})$ im Widerspruch zur Minimalität von k. Analog führt man die Annahmen $z_{k-1}=z'\neq z_k$ bzw. $z_{k-1}\neq z'=z_k$ zum Widerspruch, so daß die Annahme, daß u nicht in L(A) liege, falsch sein muß. Deshalb sind A und A' äquivalent.

Da A' aber weniger Zustände als A besitzt, steht das im Widerspruch zur N-Minimalität von A. Also muß A reduziert sein.

(2) Annahme: $\tilde{A}$ ist nicht N-minimal. Dann gibt es einen zu $\tilde{A}$ äquivalenten NRSA A' mit weniger Zuständen als $\tilde{A}$. Der Spiegelautomat zu A' ist dann äquivalent zu A und hat weniger Zustände als A, im Widerspruch zur Minimalität von A.

(ii) Zum Beweis betrachte man die durch die Graphen in den Figuren 6.4.1. – 6.4.3. gegebenen NRSA'n A, A_1 und A_2.

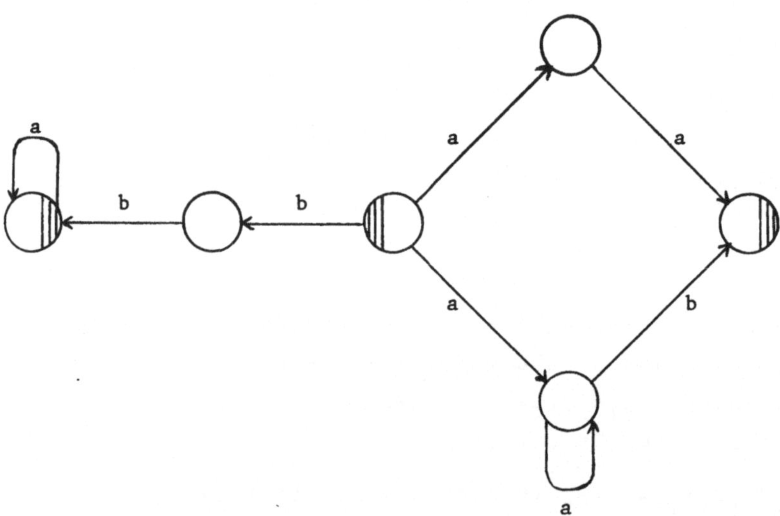

Figur 6.4.1.: Ein NRSA A mit $L(A)=b^2 a^* \cup a^2 \cup aa^* b$

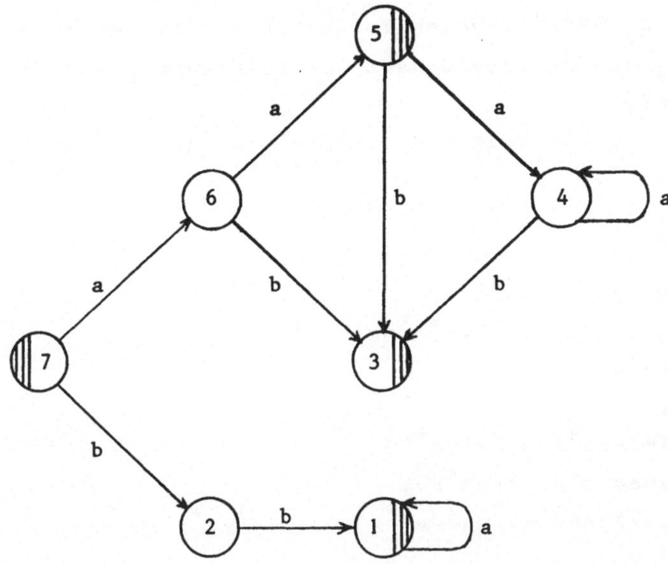

Figur 6.4.2.: Der zu A äquivalente D-minimale DRSA A_1

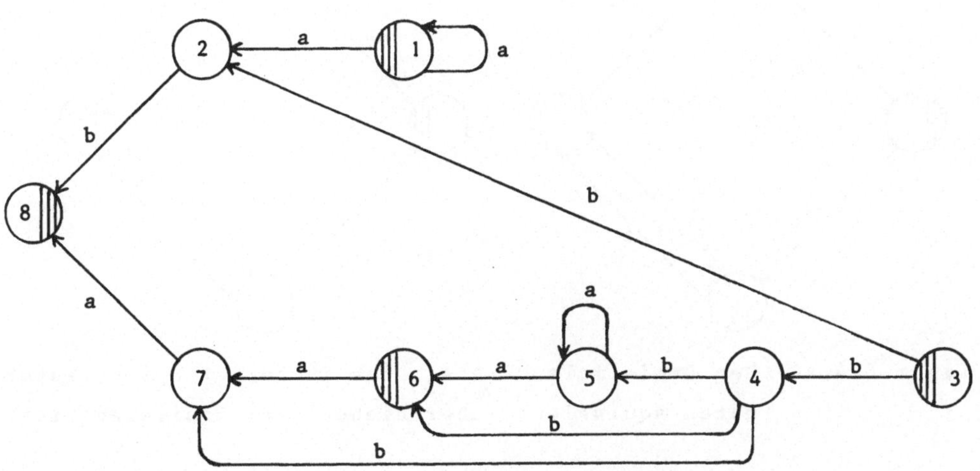

Figur 6.4.3.: Der zu A äquivalente NRSA A_2, dessen Spiegelautomat D-minimal ist

Offenbar sind A_1 und $\tilde{A}_2$ DRSA'n. Wegen Folgerung 6.3.6. ist also nur zu zeigen, daß A_1 und $\tilde{A}_2$ irredundant und reduziert und zu A bzw. $\tilde{A}$ äquivalent sind.

Zum Beweis geben wir die Leistungen der einzelnen Zustände an.

$L(A_1,1)=a^*$, $L(A_1,2)=ba^*$,

$L(A_1,3)=\Lambda$, $L(A_1,4)=a^*b$,

$L(A_1,5)=\Lambda\cup b\cup aa^*b=\Lambda\cup a^*b$,

$L(A_1,6)=b\cup aL(A_1,5)=b\cup a\cup aa^*b=a\cup a^*b$,

$L(A_1,7)=aL(A_1,6)\cup bL(A_1,2)=a^2\cup aa^*b\cup b^2a^*=L(A)$,

$L(\tilde{A}_2,1)=a^*$, $L(\tilde{A}_2,2)=aa^*\cup b$,

$L(\tilde{A}_2,3)=\Lambda$, $L(\tilde{A}_2,4)=b$,

$L(\tilde{A}_2,5)=a^*b^2$, $L(\tilde{A}_2,6)=\Lambda\cup aa^*b^2\cup b^2=\Lambda\cup a^*b^2$,

$L(\tilde{A}_2,7)=aL(\tilde{A}_2,6)\cup b^2=a\cup aa^*b^2\cup b^2=a\cup a^*b^2$,

$L(\tilde{A}_2,8)=bL(\tilde{A}_2,2)\cup aL(\tilde{A}_2,7)=baa^*\cup b^2\cup a^2\cup aa^*b^2=baa^*\cup a^2\cup a^*b^2=\widetilde{L(A)}=L(\tilde{A})$.

(iii) Zum Beweis betrachte man die durch die Graphen in Figur 6.4.4. gegebenen Automaten A_3 und $\tilde{A}_3$.

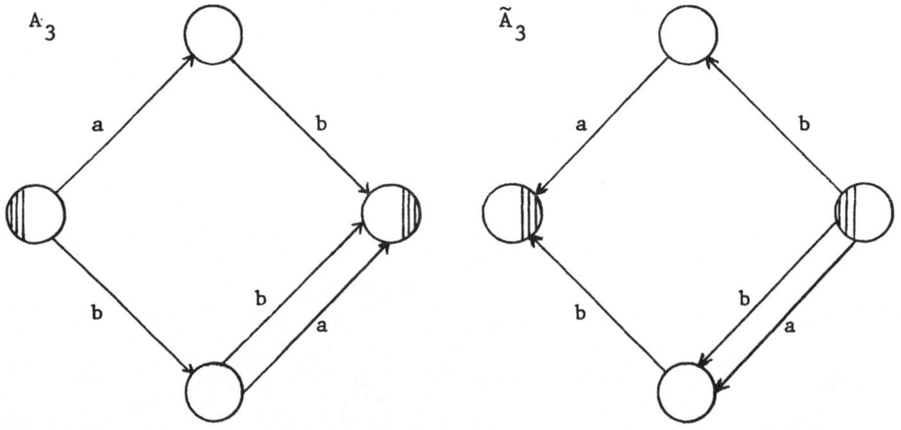

Figur 6.4.4.: Der D-minimale DRSA A_3, der zu seinem Spiegelautomaten äquivalent, aber nicht lokal äquivalent ist

Es ist $L(A_3)=\{ab,bb,ba\}=L(\tilde{A}_3)$.

A_3 ist offenbar irredundant und reduziert, also nach Folgerung 6.3.6. D-minimal.

A_3 und $\tilde{A}_3$ können nicht isomorph sein, weil $\tilde{A}_3$ kein DRSA ist.

A_3 und $\tilde{A}_3$ sind auch nicht lokal äquivalent, weil zwar kein Zustand von A_3, aber ein Zustand von $\tilde{A}_3$ die Leistung {a} besitzt.
(iv) Zum Beweis betrachte man die durch Figur 6.4.5. gegebenen
Automaten A_4 und $\tilde{A}_4$.

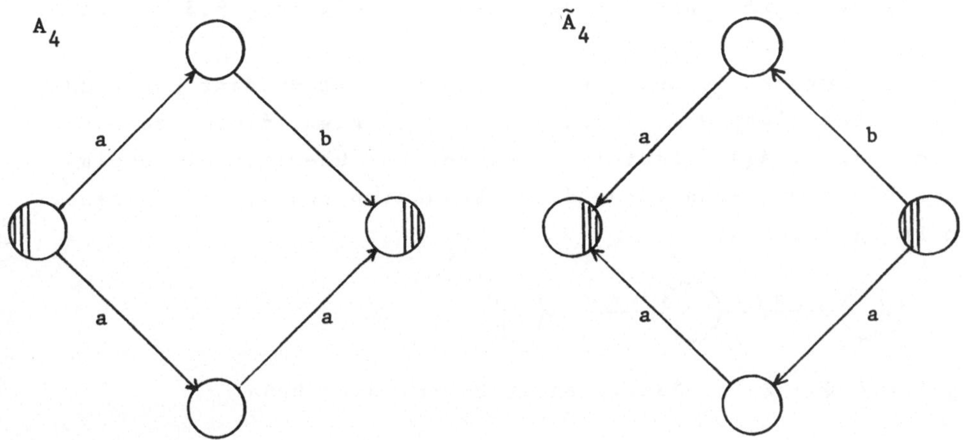

Figur 6.4.5.: Ein irredundanter, reduzierter NRSA A_4 mit
nicht reduziertem Spiegelautomaten

Offensichtlich ist A_4 irredundant und reduziert. $\tilde{A}_4$ ist jedoch
nicht reduziert. ∎

Bemerkung: Mit Hilfe von Figur 6.4.4. ergibt sich sofort, daß
lokal äquivalente NRSA'n nicht isomorph zu sein brauchen: Ändert
man den Graphen für A_3 in Figur 6.4.4. so ab, daß man die vom
Startzustand ausgehende mit a bewertete Kante mit a,b bewertet,
so erhält man einen zu A_3 lokal äquivalenten aber nicht isomor-
phen NRSA.

Existenz nicht isomorpher äquivalenter N-minimaler NRSA'n

Folgerung 6.4.2.: (i) Ein minimaler RSA oder ein D-minimaler DRSA
braucht nicht N-minimal zu sein.
(ii) Ist A ein irredundanter, reduzierter NRSA, so braucht A
nicht N-minimal zu sein; es kann sogar einen zu A äquivalenten
DRSA mit weniger Zuständen als A geben.

(iii) Äquivalente N-minimale(bzw. irredundante, reduzierte) NRSA'n brauchen weder isomorph noch lokal äquivalent zu sein.

<u>Beweis</u>: (i) Der Automat A_1 aus Figur 6.4.2. ist ein unvollständiger D-minimaler DRSA, der nicht N-minimal ist; seine Vervollständigung $\bar{A}_1$ im Sinne des Beweises von Folgerung 6.3.6. ist erst recht nicht N-minimal.

(ii) Der Automat A_4 aus Figur 6.4.5. ist irredundant und reduziert, aber nicht N-minimal, weil der in Figur 6.4.6. gegebene Automat zu A_4 äquivalent ist - dieser ist überdies ein D-minimaler DRSA; man erhält ihn durch Reduktion von $\tilde{A}_4$ und Übergang zum Spiegelautomaten.

Figur 6.4.6.: Zu A_4 äquivalenter D-minimaler DRSA

(iii) Die Automaten A_3 und $\tilde{A}_3$ aus Figur 6.4.4. sind äquivalent, irredundant und reduziert, aber nicht lokal äquivalent oder isomorph. Wegen Satz 6.4.1.(i) muß nur noch gezeigt werden, daß A_3 auch N-minimal ist.

Sei also A ein zu A_3 äquivalenter N-minimaler NRSA. Da L(A) endlich ist, darf der Graph von A keine geschlossenen Wege enthalten. Sei z_0 ein Startzustand von A. Wegen ab$\in$L(A) muß A dann einen Zustand $z_1 \neq z_0$ mit $(z_0,a,z_1)\in\tau$ und einen Endzustand z_2 mit $(z_1,b,z_2)\in\tau$ und $z_0 \neq z_2 \neq z_1$ besitzen. Weil auch ba in L(A) liegt, müssen Zustände z_3,z_4,z_5 existieren mit:
z_3 Start-, z_5 Endzustand, (z_3,b,z_4) und (z_4,a,z_5) aus τ.
Wäre $z_0 = z_4$ (bzw. $z_1 = z_4$ bzw. $z_2 = z_4$), so wäre a$\in$L(A) (bzw. $a^2\in$L(A) bzw. b$\in$L(A)). Also besitzt A mindestens die vier verschiedenen Zustände z_0,z_1,z_2,z_4. Da A_3 auch nur vier Zustände besitzt, ist A_3 N-minimal. ∎

6.5. Methoden zur Verringerung der Zustandsanzahl

Satz 6.4.1. und sein Beweis zeigen mehrere Möglichkeiten dafür, wie man zu einem NRSA A einen äquivalenten NRSA mit weniger

Zuständen erhalten kann.

<u>Verfahren 6.5.1.</u>: (i) Man konstruiere den zu A bzw. den zu $\tilde{A}$ äquivalenten D-Minimalen A_d bzw. $_dA$. Nach Satz 6.4.1.(ii) kann $_dA$ weniger Zustände als A_d und dieser weniger Zustände als A besitzen (muß es aber nicht). $_d\tilde{A}$ ist zu A äquivalent.

(ii) Ist A redundant oder nicht reduziert, so konstruiere man nach Satz 6.2.4. einen zu A äquivalenten, irredundanten und initial zusammenhängenden NRSA und reduziere diesen dann eventuell noch, wie in Teil (b)(1) des Beweises von Satz 6.4.1.(i) angegeben durch Zusammenlegen äquivalenter Zustände, bis man einen irredundanten reduzierten NRSA A_1 erhält. Sein Spiegelautomat braucht nach Satz 6.4.1.(iv) nicht reduziert zu sein, also wende man das Verfahren auf $\tilde{A}_1$ an, usw., bis man einen NRSA A_i erhält so, daß A_i und $\tilde{A}_i$ beide irredundant und reduziert sind. A_i muß jedoch auch noch nicht N-minimal sein. Weitere Möglichkeiten der Minimierung werden im folgenden Beispiel angedeutet.

<u>Beispiel 6.5.2.</u>: Der Beweis von Satz 6.4.1.(ii) zeigt, daß man auch noch auf andere Weise die Zustandsanzahl eines NRSA verkleinern kann.

(i) Für den Automaten A_1 aus Figur 6.4.2. gilt $L(A_1,5)=L(A_1,3)\cup$ $\cup L(A_1,4)$. Also müßte man den Zustand 5 weglassen ("<u>eliminieren</u>") können, wenn man alle zu 5 führenden Transitionen in A_1 zu 3 und 4 hinführt. In der Tat erhält man so einen zu A_1 äquivalenten NRSA:

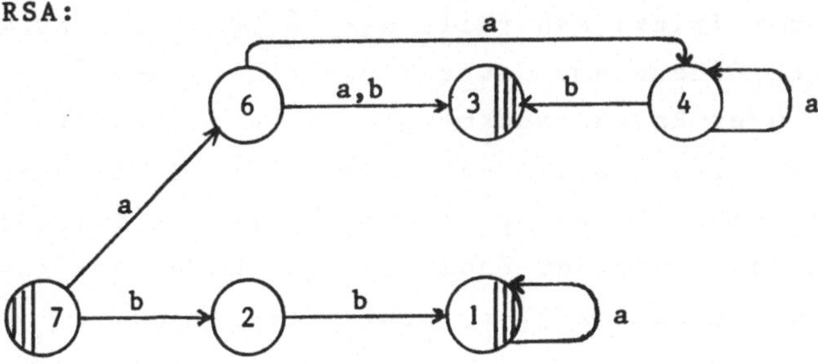

Figur 6.5.1.: Zu A_1 äquivalenter NRSA

(ii) Ebenso wie bei A_1 kann man auch bei $\tilde{A}_2$ einen Zustand eliminieren, denn es ist $L(\tilde{A}_2,6)=L(\tilde{A}_2,3)\cup L(\tilde{A}_2,5)$. Das liefert den NRSA A_5:

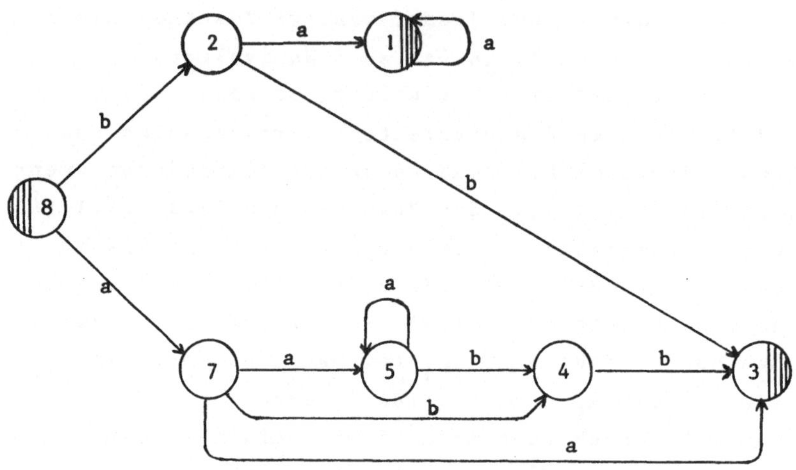

Figur 6.5.2.: Zu $\tilde{A}_2$ äquivalenter NRSA A_5

Da (wie man dem Beweis von Satz 6.4.1.(ii) entnehmen kann) kein Zustand z von A_5 zu einer z nicht enthaltenden Teilmenge von Zuständen äquivalent und A_5 irredundant und reduziert ist, können wir A_5 mit den bisherigen Mitteln nicht weiter vereinfachen (ohne zum Spiegelautomaten überzugehen). Hier hilft ein neuer Trick: Man fülle den betrachteten NRSA (hier A_5) auf durch Hinzunahme neuer Transitionen und Änderung der Anfangs- oder Endzustandsmengen, ohne die Leistung des Automaten zu ändern, und versuche dann einen Zustand zu eliminieren. Nimmt man z.B. bei A_5 die Transitionen $(1,a,3)$ und $(2,a,3)$ hinzu und 1 aus der Endzustandsmenge heraus (so daß 3 einziger Endzustand wird), so erhält man einen NRSA A_5' mit
$$L(A_5',2)=a\cup b\cup aa^*a=b\cup aa^*=L(A_5',4)\cup L(A_5',1).$$
Also kann aus ihm der Zustand 2 eliminiert werden, wodurch der NRSA A_6 entsteht, dessen Spiegelautomat zu A_1 äquivalent ist.

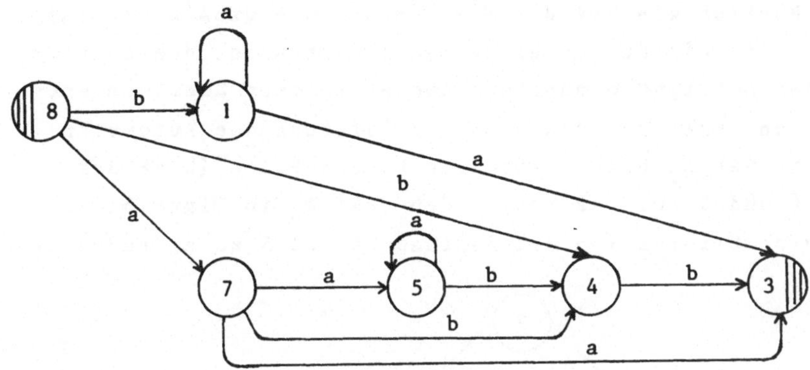

Figur 6.5.3.: Zu $\tilde{A}_1$ äquivalenter NRSA A_6

Da, wie sich mit ein wenig Mühe nachprüfen läßt, A_6, also auch
der NRSA in Figur 6.5.1. N-minimal ist, haben wir aus den D-minimalen NRSA'n A_1 und $\tilde{A}_2$ mit Hilfe des Tricks des Auffüllens und
der Elimination N-minimale NRSA'n konstruiert (die beide zu dem
NRSA A aus Figur 6.4.1. äquivalent sind).
Aber nicht immer erhält man auf diese Weise einen N-minimalen NRSA.
(iii) Der durch den Graphen in Figur 6.5.4. gegebene NRSA A_7 ist
nicht weiter auffüllbar, und kein Zustand ist einer ihn nicht
enthaltenden Zustandsteilmenge äquivalent (d.h. kann eliminiert
werden); trotzdem ist A_7 nicht N-minimal, denn der in Figur
6.5.4. dargestellte NRSA A_8 ist zu A_7 äquivalent.

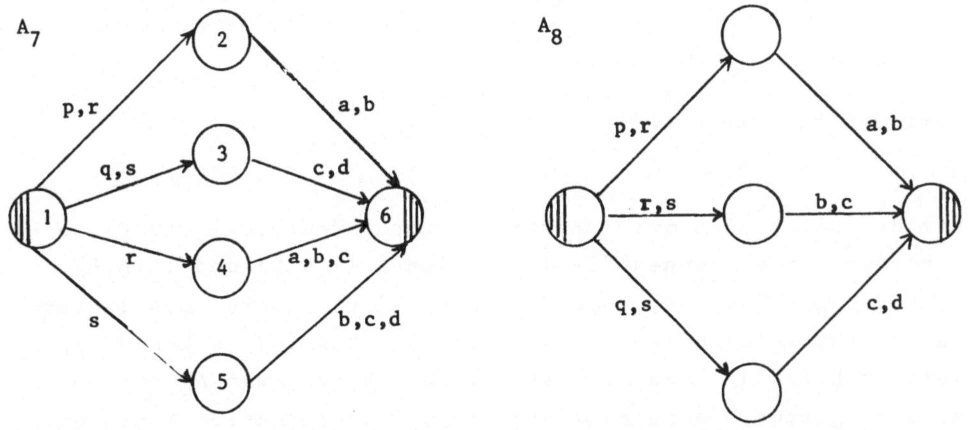

Figur 6.5.4.: Die äquivalenten NRSA'n A_7 und A_8

Hier hilft,ähnlich wie bei der Minimierung von UM1A'n das **Auf-blähen**, d.h. die Einführung eines neuen Zustandes, dessen Leistung, in der Leistung mindestens zweier anderer Zustände enthalten ist, und zwar so, daß sich die Leistung des Automaten nicht ändert. Bei A_7 bietet sich der Durchschnitt $\{b,c\}$ der Leistungen 4 und 5 an. Das ergibt den NRSA A_9 in Figur 6.5.5., der sich durch Elimination der Zustände 4 und 5 zu A_8 reduzieren läßt:

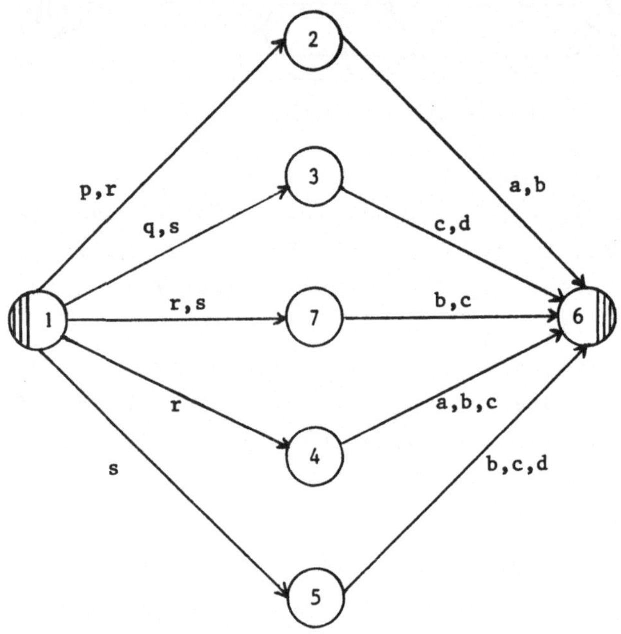

Figur 6.5.5.: Die Aufblähung A_9 von A_7

(iv) Man hätte auch noch anders vorgehen können, um von A_7 zu A_8 zu kommen: In A_7 können die Transitionen (4,a,6) und (5,d,6) herausgenommen werden, ohne die Leistung zu ändern. Das liefert einen nicht reduzierten NRSA, in dem die Zustände 4 und 5 wegen gleicher Leistung identifiziert werden können, was A_8 ergibt. Für eine genaue, formale Behandlung der Konstruktion N-minimaler NRSA'n und der dazu verwendbaren Operationen

- Konstruieren eines äquivalenten (bzw. zum Spiegelautomaten
  äquivalenten) D-Minimalen
- Reduzieren (nach der Methode des Beweises von Satz 6.4.1.
  (i)(b)(1))
- Eliminieren (wie in Beispiel 6.5.2.(i) und (ii))
- Auffüllen (wie in Beispiel 6.5.2.(ii))
- Aufblähen (wie in Beispiel 6.5.2.(iii))
- Herausnehmen (wie in Beispiel 6.5.2.(iv))

sei auf Aufgabe 6.8. sowie auf die angegebene Literatur verwiesen.

6.6. Quotienten und Ableitungen

Es soll zunächst der zentrale, allen bekannten Minimierungsverfahren für NRSA'n zugrundeliegende Satz von Indermark, Kameda
und Weiner bewiesen werden. Hierbei spielt der Begriff des Linksquotienten (vgl. Definition 5.5.6.) nach einer einelementigen
Menge $\{w\}$ eine wichtige Rolle; vereinfachend schreiben wir stets
$w\backslash L$ statt $\{w\}\backslash L$. Zur Formulierung des Satzes sind zwei Definitionen nötig.

<u>Definition 6.6.1.</u>: (i) Seien $M = \{M_1, M_2, \ldots, M_m\}$ und $M' =$
$= \{M_1', M_2', \ldots, M_n'\}$ endliche Mengen von Mengen. M <u>erzeugt</u> M' g.d.,w.
jede Menge M_i', $i = 1, \ldots, n$, Vereinigung von Mengen M_j aus M ist:
$M_i' = M_{j_1} \cup M_{j_2} \cup \ldots \cup M_{j_k}$, $\{j_1, \ldots, j_k\} \subseteq \{1, \ldots, m\}$, $i = 1, 2, \ldots, n$.

(ii) Sei A ein NRSA. Die Menge $LL(A) = \{L(A,z) \mid z$ Zustand von $A\}$
der Leistungen aller Zustände von A heißt <u>lokale Leistung</u> von A.

Nach Definition 6.3.1.(ii) sind also zwei NRSA'n genau dann lokal äquivalent, wenn ihre lokalen Leistungen gleich sind.

<u>Satz 6.6.2.</u> (Indermark, Kameda, Weiner): (i) Sei A ein NRSA und
A_d (bzw. $_dA$) der zu A (bzw. $\tilde{A}$) äquivalente D-Minimale. Dann
gilt:
Die lokale Leistung von A (bzw. $\tilde{A}$) erzeugt die lokale Leistung
von A_d (bzw. $_dA$).

(ii) Eine Menge $\{L_1, L_2, \ldots, L_n\}$ von Teilmengen von $F(X)$ ist die

lokale Leistung eines NRSA g.d.,w. sie die Menge
$\{x \backslash L_i \mid x \in X,\ 1 \leq i \leq n\}$ erzeugt, d.h. wenn jeder Linksquotient eines
L_i nach einer Eingabe x Vereinigung gewisser L_j ist.

<u>Beweis</u>: (i) Sei $A=(Z,X,t,S,F)$, $A_d=(Z',X,f,s',F')$ und $L=L(A)=$
$=L(A_d)$ sowie z' ein Zustand von A_d. Da A_d initial zusammenhän-
gend ist, gibt es ein w aus $F(X)$ mit $f^*(s',w)=z'$.
Weil A_d D-minimal ist und nach der Generalvoraussetzung aus Abschnitt 6.3. $L \neq \emptyset$ gilt, ist die Leistung L' von z' nicht leer.
Für jedes v aus L' liegt dann wv in L. Das impliziert $L' \subseteq w \backslash L$.
Ist andererseits u aus $w \backslash L$, so ist wu aus L, und weil A_d buchstabierend und deterministisch ist, muß dann u aus L' sein.
Insgesamt ist also $L(A_d,z')=L'=w \backslash L$.
Da A aufgrund der Generalvoraussetzung aus Abschnitt 6.3. alphabetisch ist, existieren zu jedem v aus L' ein z in Z und ein s
in S mit $z \in t^*(s,w)$ und $v \in L(A,z)$. Daraus folgt einerseits
$wL(A,z) \subseteq L$, d.h. $L(A,z) \subseteq w \backslash L = L'$, und andererseits, daß jedes v aus
L' in einem $L(A,z)$ liegt, so daß insgesamt $L'=\cup\{L(A,z) \mid z \in t^*(s,w),$
$s \in S\}$, d.h. L' Vereinigung gewisser $L(A,z)$ ist.
Analog beweist man die Behauptung über $\tilde{A}$ und $_dA$.
(ii) (a) Sei $\{L_1,\ldots,L_n\}$ die lokale Leistung eines NRSA A – die
Zustände von A seien so numeriert, daß $L_i=L(A,z_i)$ für $i=1,\ldots,n$
gelte. Für x aus X ist dann $x \backslash L_i$ die Vereinigung der Leistungen
aller Zustände z von A, zu denen eine Transition mit x von z_i
aus führt:
$x \backslash L_i = x \backslash L(A,z_i) = \cup\{L(A,z) \mid (z_i,x,z) \in \tau\}$.
(b) Ist $M=\{L_1,\ldots,L_n\}$ eine Menge mit der in Behauptung (ii) angegebenen Eigenschaft, so erhält man einen NRSA A, der als lokale
Leistung gerade die Menge M besitzt, auf folgende Weise:
Seien $Z=\{z_1,\ldots,z_n\}$, S eine beliebige Teilmenge von Z, etwa S=Z,
$F=\{z_i \in Z \mid \Lambda \text{ in } L_i\}$,
$\tau=\{(z_i,x,z_j) \mid L_j \subseteq x \backslash L_i, x \in X\}$, $t=(Z \times X, Z, \tau)$
und $A=(Z,X,t,S,F)$.

<u>1. Zwischenbehauptung</u>: $F \neq \emptyset$ g.d.,w. ein k mit $L_k \neq \emptyset$ existiert.

Beweis: Ist $F \neq \emptyset$, so gibt es nach Definition von F ein L_k, das Λ
enthält.

Sei andererseits mindestens eines der L_i nichtleer. Sei w das kürzeste Wort, das in einem der L_i (etwa in L_k) enthalten ist. Annahme: $w \neq \Lambda$, d.h. $w = xw'$ mit x aus X.

Dann ist w' in $x \backslash L_k = \cup \{L_j \mid j \in J_{x,k}\}$, also ist w' in einem der L_j enthalten, was ein Widerspruch zur Voraussetzung ist, weil w' kürzer als w ist. Deshalb ist $w = \Lambda$ und somit $F \neq \emptyset$.

2. Zwischenbehauptung: $L(A, z_i) = L_i$.

Beweis: Seien i aus $\{1, \ldots, n\}$ sowie $w = x_1 \ldots x_m$ mit m aus $\mathbb{N}_0$ und $x_1, \ldots, x_m$ aus X fest gewählt. Wir brauchen nur zu zeigen, daß die folgenden Aussagen (1) bis (6) gleichwertig sind.

(1) $w \in L(A, z_i)$

(2) Es existieren $z_{j_0} = z_i, z_{j_1}, \ldots, z_{j_m}$ in Z mit z_{j_m} aus F und $(z_{j_{k-1}}, x_k, z_{j_k})$ aus τ für $k = 1, \ldots, m$.

(3) Es existieren $j_0, j_1, \ldots, j_m$ in $\{1, \ldots, n\}$ mit $j_0 = i$, $\Lambda \in L_{j_m}$ und $L_{j_k} \subseteq x_k \backslash L_{j_{k-1}}$ für $k = 1, \ldots, m$.

(4) Es existieren $j_0, j_1, \ldots, j_m$ in $\{1, \ldots, n\}$ mit $j_0 = i$, $\Lambda \in L_{j_m}$ und $(x_{k+1} \ldots x_m) \backslash L_{j_k} \subseteq (x_{k+1} \ldots x_m) \backslash (x_k \backslash L_{j_{k-1}}) = (x_k x_{k+1} \ldots x_m) \backslash L_{j_{k-1}}$ für $k = 1, \ldots, m$.

(5) Es existieren $j_0, j_1, \ldots, j_m$ in $\{1, \ldots, n\}$ mit $j_0 = i$,
$\Lambda \in L_{j_m} \subseteq x_m \backslash L_{j_{m-1}} \subseteq (x_{m-1} x_m) \backslash L_{j_{m-2}} \subseteq \ldots \subseteq (x_1 x_2 \ldots x_m) \backslash L_{j_0} = w \backslash L_i$

(6) $w \in L_i$.

Daß (1) und (2) sowie (2) und (3) gleichwertig sind, ergibt sich unmittelbar aus der Konstruktion von A.

(4) und (5) besagen offensichtlich dasselbe.

Aufgrund der Definition des Linksquotienten ist (6) eine Konsequenz von (5).

Aus der Voraussetzung über M und der Aussage (6) folgt mit vollständiger Induktion über k die Existenz einer Folge $j_0, j_1, \ldots, j_m$ aus $\{1, \ldots, n\}$ mit $j_0 = i$,
$x_{k+1} \ldots x_m \in L_{j_k} \subseteq x_k \backslash L_{j_{k-1}}$ für $k = 1, \ldots, m-1$.
Daraus folgt sofort (3).

Also muß nur noch gezeigt werden, daß (4) aus (3) folgt. Dazu benutzen wir folgende leicht einsichtige Aussage (vgl. Aufgabe 5.17.(i)):

Für beliebige u,v aus F(X) und beliebige L⊆F(X) gilt
u\(v\L) = {w|uw∈v\L} = {w|vuw∈L} =vu\L.

Setzt man u=$x_{k+1}\cdots x_m$, v=x_k und L=$L_{j_{k-1}}$, so erhält man daher
aus (3) durch Linksquotientenbildung mit u die Aussage (4). ∎

<u>Bemerkung</u>: Das Problem, zu gegebenem NRSA A einen äquivalenten
N-Minimalen zu finden, ist also gleichbedeutend damit, ein minimales Erzeugendensystem für die lokale Leistung des D-Minimalen
von A (oder des D-Minimalen von Ã) zu finden, das der in der Behauptung (ii) des Satzes 6.6.2. angegebenen Bedingung genügt.
Statt des D-Minimalen kann man einen äquivalenten initial zusammenhängenden irredundanten DRSA wählen, weil dieser nach Folgerung 6.3.6. und Aufgabe 6.6. zum äquivalenten D-Minimalen
lokal äquivalent ist.

Der Beweis des Satzes liefert uns noch zwei wichtige Resultate:
Eine Charakterisierung der lokalen Leistung eines minimalen RSA
und eine neue Charakterisierung der akzeptablen Mengen (vgl.
auch Aufgabe 6.9.).

<u>Folgerung 6.6.3.</u>: Sei L⊆F(X).

(i) L ist akzeptabel g.d.,w. die Menge LQ(L) aller Linksquotienten w\L von L mit w aus F(X) (oder die Menge RQ(L) aller Rechtsquotienten L/w von L mit w aus F(X)) endlich ist.
(ii) Ist L akzeptabel, so ist LQ(L) (bzw. RQ(L)) die lokale Leistung eines minimalen RSA mit der Leistung L (bzw. L̃).

<u>Beweis</u>: Sei L aus Akz(X) und A ein minimaler RSA mit der
Leistung L. Daß dann LQ(L)=LL(A) gilt, also LQ(L) endlich ist,
folgt aus Teil (i) des Beweises von Satz 6.6.2.,wenn man berücksichtigt, daß in A ein w aus F(X), das nicht Anfangsstück eines
Wortes aus L ist, d.h. für das w\L=∅ ist, vom Anfangszustand
aus zum einzigen Zustand mit leerer Leistung führt, jedes andere
w aber zu einem Zustand z', dessen Leistung gerade w\L ist.
Ist andererseits LQ(L) für ein L⊆F(X) endlich, d.h. etwa LQ(L)=
={$L_1,\ldots,L_n$}, so erfüllt LQ(L) die Bedingung von Satz 6.6.2.(ii),
weil zu jedem x aus X und jedem L_i genau ein L_j mit x\L_i=L_j existiert. Die Konstruktion von Teil (b) des Beweises von Satz
6.6.2.(ii) zeigt deshalb, daß LQ(L) die lokale Leistung eines

RSA ist, wenn man als Anfangszustand den Zustand mit der Leistung L wählt. (Man beachte, daß L in LQ(L) liegt). Dieser RSA ist aufgrund von Teil (a) des Beweises von Satz 6.6.2.(ii) minimal, weil ein kleinerer RSA nicht LQ(L) als lokale Leistung haben könnte.

Die Behauptungen über RQ(L) ergeben sich aus denen über LQ(L), weil nach dem Satz von Kleene $\tilde{L}$ genau dann akzeptabel ist, wenn L es ist . ∎

Aus dieser Folgerung, zusammen mit Satz 5.6.4., ergibt sich, daß für akzeptables L die Menge LQ(L) aller Linksquotienten w\L ein Gleichungssystem der Form Y=MY+δ erfüllt – nämlich das dem minimalen RSA mit der Leistung L zugeordnete Gleichungssystem.

Um zu zeigen, wie man aus einem rationalen Ausdruck für L direkt (ohne Konstruktion eines RSA) ein solches Gleichungssystem für LQ(L) gewinnt, wollen wir zunächst den Begriff des Linksquotienten nach einem Wort auf rationale Ausdrücke übertragen. Analog kann man für den Fall der Rechtsquotienten vorgehen (vgl. Aufgabe 6.10.).

<u>Definition 6.6.4.</u>: Sei X eine endliche Menge und RA(X) die Menge aller rationalen Ausdrücke über X.

(i) Die Abbildung δ: RA(X)$\longrightarrow$RA(X) sei definiert durch

$$\delta(\alpha) = \begin{cases} \emptyset^*, & \text{wenn } \alpha \text{ die LWE hat (vgl. Hilfssatz 5.7.8.)} \\ \emptyset & \text{sonst.} \end{cases}$$

(ii) Für jedes w aus F(X) sei D_w die Abbildung von RA(X) in sich, die folgende Aussagen (a), (b), (c) erfüllt:

(a) Ist w=Λ, so ist D_w die Identität auf RA(X).

(b) Ist w∈X, so gilt

$$D_w(\emptyset)=\emptyset$$

$$D_w(x) = \begin{cases} \emptyset^*, & \text{falls } w=x\in X \\ \emptyset & \text{sonst.} \end{cases}$$

$$D_w(\alpha+\beta)=D_w(\alpha)+D_w(\beta)$$

$$D_w(\alpha\cdot\beta)=D_w(\alpha)\cdot\beta+\delta(\alpha)\cdot D_w(\beta) \quad \text{für alle } \alpha,\beta \text{ aus RA(X)}$$

$$D_w(\alpha^*)=D_w(\alpha)\cdot\alpha^*.$$

(c) Ist $w=uv$, so ist $D_w=D_v \cdot D_u$, d.h. es ist $D_{uv}(\alpha)=D_v(D_u(\alpha))$ für jedes α aus RA(X).

(iii) Für jedes α aus RA(X) heißt $D_w(\alpha)$ die <u>Linksableitung</u> (oder Linksderivation) von α nach w.

<u>Hilfssatz 6.6.5.</u>: Die Abbildung D_w ist für jedes w aus F(X) wohldefiniert, zu jedem α aus RA(X) läßt sich $D_w(\alpha)$ effektiv angeben, und das folgende Diagramm ist kommutativ:

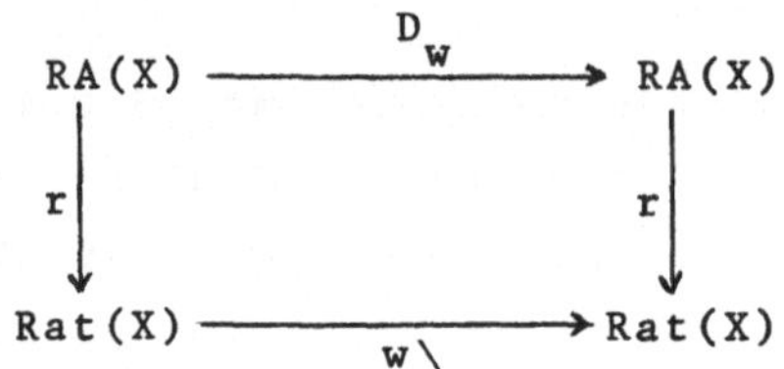

Dabei ist r die in Definition 5.7.6.(i) angegebene Standardsemantik der rationalen Ausdrücke, und $w\backslash$ sei die Linksquotientenbildung nach w, d.h. es sei $w\backslash(L)=\{w\}\backslash L$ für jedes L aus Rat(X).

<u>Beweis</u>: Wir zeigen mit vollständiger Induktion über die Länge von w, daß sich $D_w(\gamma)$ für jedes γ aus RA(X) effektiv bestimmen läßt und daß $r(D_w(\gamma))=w\backslash r(\gamma)$ gilt.
Ist $|w|=0$, so folgt die Behauptung aus (a).
Für $|w|=1$ beweisen wir die Behauptung unter Verwendung von Hilfssatz 5.7.2. mit vollständiger Induktion über den Aufbau von γ. Für die Fälle (1) und (2) des Hilfssatzes 5.7.2., d.h. für $\gamma=\emptyset$ und $\gamma\in X$ folgt die Behauptung sofort aus den ersten zwei Gleichungen von (b). Für die Fälle $\gamma=\alpha\cdot\beta$ bzw. $\gamma=\alpha^*$ benutzen wir, daß nach Hilfssatz 5.7.16. und Definition 6.6.4.(i) zu jedem α aus Ra(X) ein α_1 aus RA(X) existiert mit $\alpha=\alpha_1+\delta(\alpha)$ und $\delta(\alpha_1)=\emptyset$, so daß $x\backslash r(\alpha)=x\backslash r(\alpha_1)$ und $(x\backslash r(\alpha_1))r(\beta)=x\backslash r(\alpha_1\cdot\beta)$ für jedes x aus X und jedes β aus RA(X) gilt.
Nehmen wir nun an, die Behauptung gelte für α und β.
Für jedes x aus X gilt dann aufgrund der Gleichungen in (b) und einfach beweisbarer Eigenschaften der Linksquotientenoperation (vgl. Aufgabe 5.17.):
$$r(D_x(\alpha+\beta))=r(D_x(\alpha))+r(D_x(\beta))=x\backslash r(\alpha)+x\backslash r(\beta)=x\backslash r(\alpha+\beta),$$

$$r(D_x(\alpha \cdot \beta)) = r(D_x(\alpha))r(\beta) + r(\delta(\alpha))r(D_x(\beta)) =$$
$$= (x \backslash r(\alpha))r(\beta) + r(\delta(\alpha))(x \backslash r(\beta)) =$$
$$= (x \backslash r(\alpha_1))r(\beta) + x \backslash (r(\delta(\alpha))r(\beta)) = x \backslash r(\alpha_1 \cdot \beta) + x \backslash r(\delta(\alpha) \cdot \beta) =$$
$$= x \backslash r((\alpha_1 + \delta(\alpha)) \cdot \beta) = x \backslash r(\alpha \cdot \beta),$$
$$r(D_x(\alpha^*)) = r(D_x(\alpha))r(\alpha^*) = (x \backslash r(\alpha))r(\alpha^*) = (x \backslash r(\alpha_1))r(\alpha_1^*) =$$
$$= x \backslash r(\alpha_1 \cdot \alpha_1^*) = x \backslash r(\alpha_1^*) = x \backslash r(\alpha^*).$$

Ist w beliebig und gilt die Behauptung für alle u,v aus F(X)
die kürzer als w sind, so folgt aus (c) zusammen mit der Aussage vom Schluß des Beweises von Satz 6.6.2., daß die Behauptung auch für w gilt. ∎

<u>Bemerkung</u>: (i) Für w aus F(X) und α aus RA(X) liegt w in $r(\alpha)$
g.d.,w. $D_w(\alpha)$ die LWE hat (weil das genau dann gilt, wenn
$r(\alpha) = r(\alpha) \cup \{w\}$ ist).
(ii) Die Linksableitungen äquivalenter rationaler Ausdrücke nach
dem gleichen Wort sind äquivalent.
(iii) Aufgrund von Folgerung 6.6.3.(i) besteht die Menge aller
Linksableitungen (nach allen Worten w) eines rationalen Ausdrucks α nur aus endlich vielen Klassen K_i äquivalenter rationaler Ausdrücke; zu jeder dieser Äquivalenzklassen K_i gibt es
ein kürzestes Wort w_i derart, daß diese Klasse aus allen den
Linksableitungen α_ℓ von α mit $r(\alpha_\ell) = w_i \backslash r(\alpha)$ besteht.
(iv) Ein Repräsentantensystem für die Äquivalenzklassen aller
Linksableitungen eines rationalen Ausdrucks α - ein sogenann-
tes <u>System charakteristischer Linksableitungen</u> - kann dadurch
gefunden werden, daß man nacheinander für i=0,1,2,... solange
alle Linksableitungen von α nach Worten der Länge i bildet,
bis ein i_0 erreicht wird, bei dem alle mit Worten der Länge i_0
gebildeten Linksableitungen zu bereits erzeugten Linksableitungen äquivalent sind. Es ist klar, daß i_0+1 nicht größer zu sein
braucht als die Zustandsanzahl eines minimalen RSA mit der Leistung $r(\alpha)$, so daß wegen Folgerung 6.6.3.(ii) i_0+1 also höchstens gleich der Anzahl der verschiedenen Äquivalenzklassen von
Linksableitungen von α ist.

<u>Satz 6.6.6.</u> (Brzozowski, Spivak): Seien $X = \{x_1,...,x_n\}$ und α aus
RA(X). Dann gilt:

(i) $\alpha = \delta(\alpha) + x_1 \cdot D_{x_1}(\alpha) + x_2 \cdot D_{x_2}(\alpha) + \ldots + x_n \cdot D_{x_n}(\alpha)$.

Die durch die Summanden dargestellten rationalen Mengen sind paarweise disjunkt.

(ii) Sei $C(\alpha) = \{D_{w_1}(\alpha), D_{w_2}(\alpha), \ldots, D_{w_{k(\alpha)}}(\alpha)\}$ ein System charakteristischer Linksableitungen von α.

Dann ist $k(\alpha)$ die Zustandsanzahl eines minimalen RSA $A(\alpha)$ mit der Leistung $r(\alpha)$, und es gelten die folgenden sog. charakteristischen Gleichungen (für $i=1,\ldots,k(\alpha)$), die das $A(\alpha)$ zugeordnete Gleichungssystem (im Sinne von Definition 5.6.3.(ii)) bilden.

$$D_{w_i}(\alpha) = \delta(D_{w_i}(\alpha)) + x_1 \cdot D_{u_{i_1}}(\alpha) + x_2 \cdot D_{u_{i_2}}(\alpha) + \ldots + x_n \cdot D_{u_{i_n}}(\alpha)$$

mit $D_{u_{i_j}}(\alpha) = D_{w_i x_j}(\alpha)$ und $D_{u_{i_j}}(\alpha)$ aus $C(\alpha)$ für $j=1,\ldots,n$.

Speziell kann $C(\alpha)$ so gewählt werden, daß $|w_i| \leq k(\alpha)-1$ für $i=1,\ldots,k(\alpha)$ ist, die w_i sind dann die kürzesten Worte die in $A(\alpha)$ vom Startzustand zu den verschiedenen Zuständen führen. Ferner gilt stets $LQ(r(\alpha)) = \{r(D) \mid D \in C(\alpha)\}$.

<u>Beweis</u>: (i) Für jedes x_i aus X läßt sich $r(\alpha)$ wie folgt disjunkt zerlegen:

$r(\alpha) = r(\delta(\alpha)) \cup \{w \in r(\alpha) \mid w \text{ beginnt mit } x_i\} \cup$
$\qquad\qquad \cup \{u \in r(\alpha) \mid u \text{ beginnt mit einem } x_j, \ j \neq i\}$.

Daraus folgt mit Hilfssatz 6.6.5. sofort die Behauptung.

(ii) Die Gleichungen für die $D_{w_i}(\alpha)$ ergeben sich aus (i), indem man dort α nacheinander durch alle Elemente von $C(\alpha)$ ersetzt und berücksichtigt, daß $D_{x_j}(D_{w_i}(\alpha)) = D_{w_i x_j}(\alpha)$ ist. Der Rest der Behauptung folgt aus den Teilen (iii) und (iv) der obigen Bemerkung zusammen mit Folgerung 6.6.3. ∎

<u>Bemerkung</u>: (i) Satz 6.6.6. zusammen mit der vorigen Bemerkung und dem Teil (ii)(b) des Beweises von Satz 6.6.2. liefert weitere Verfahren zur Konstruktion eines minimalen RSA $A(\alpha)$, der eine durch einen rationalen Ausdruck α dargestellte Menge akzeptiert:

(1) Man bilde $C(\alpha)$ und konstruiere daraus $A(\alpha)$ nach dem Beweis von Satz 6.6.2.

(2) Man bilde $C(\alpha)$ und daraus das charakteristische Gleichungssystem (nach Satz 6.6.6.); dann konstruiere man einen NRSA,

dessen zugeordnetes Gleichungssystem gerade dieses System ist
(vgl. Aufgabe 6.11.).

(ii) Da es i.a. recht aufwendig ist, die Äquivalenz rationaler
Ausdrücke zu überprüfen, ist das in der vorigen Bemerkung skizzierte Verfahren zur Konstruktion eines Systems charakteristischer Linksableitungen eines rationalen Ausdrucks α und das
Aufstellen des charakteristischen Gleichungssystems i.a. nicht
sehr praktikabel. Wenn man nicht gleich den minimalen RSA mit
der Leistung $r(\alpha)$ finden will, kann man auf die Forderung verzichten, daß die Elemente von $C(\alpha)$ paarweise nicht äquivalent
sein sollen, d.h. man kann zu einer Abschwächung des Äquiva-
lenzbegriffs übergehen, der leichter zu prüfen ist, z.B. zum
Ähnlichkeitsbegriff (vgl. Aufgabe 6.12.) und gelangt so zu
einem i.a. größeren Gleichungssystem für α.

(iii) Wie aus Satz 5.4.5., Folgerung 5.4.6. und Aufgabe 5.14.
zu entnehmen ist, läßt sich ein MrA (bzw. ein MlA) mit m Ausgaben durch m rationale Ausdrücke beschreiben - zu jeder Ausgabe y gehört ein Ausdruck α_y, der angibt welche Eingabefolgen
diese Ausgabe y erzeugen.

Hat man andererseits m passende rationale Ausdrücke gegeben,
so stellt sich die Frage, wie ein MrA (bzw. ein MlA) konstruiert werden kann, der durch diese Ausdrücke im obigen Sinne beschrieben ist - dazu vgl. Aufgabe 6.13. Für den Fall m=1 liefern die in Aufgabe 6.13. angegebenen Verfahren außerdem Methoden zur Konstruktion eines minimalen RSA, dessen Leistung
durch einen gegebenen rationalen Ausdruck dargestellt wird.

(iv) Oft benutzt man zur Bildung (kürzerer) rationaler Ausdrücke auch noch weitere Operationszeichen, die den Booleschen
Operationen Durchschnitt, Komplement und Differenz (und manchmal auch noch der symmetrischen Differenz) sowie der Operation
der Unterhalbgruppenbildung entsprechen. Die damit erzeugbaren
Ausdrücke werden erweiterte rationale Ausdrücke genannt. Der
Begriff der Links- (oder Rechts-) Ableitung und damit alle
obigen Verfahren lassen sich in naheliegender Weise auf erweiterte rationale Ausdrücke ausdehnen - vgl. Aufgabe 6.14.

Aufgaben

<u>6.1.</u>(i)(Lupanow) Seien $X=\{a,b,c\}$, $n\geq 3$ und $\tilde{A}_n=(\{1,\ldots,n\},X,f,1,1)$ mit

$f(1,a)=2$, $f(1,b)=n$, $f(1,c)=2$

$f(i,a)=i$, $f(i,b)=i-1$ für $i=2,\ldots,n$

$f(2,c)=1$, $f(j,c)=j$ für $j=3,\ldots,n$.

Für den Spiegelautomaten $\tilde{\tilde{A}}_n=A_n$ von $\tilde{A}_n$ beweise man, daß ein RSA mit der Leistung $L(A_n)$ mindestens 2^n Zustände besitzen muß.

(ii)(Lupanow) Sei $X=\{a,b\}$. Man beweise für jedes $n\geq 3$, daß der minimale RSA, der zu folgendem NRSA $\bar{A}_n$ äquivalent ist, 2^n Zustände besitzt.

$\bar{A}_n=(\{1,2,\ldots,n\},X,t,1,1)$, $t(i,a)=t(i,b)=\{i+1\}$ für $i=3,4,\ldots,n-1$, $t(1,a)=\{3\}$, $t(2,a)=\{1\}$, $t(j,b)=j+1$ für $j=1,2$, $t(n,b)=\{1,2\}$.

(iii) (Meyer, Fischer) Für $n\geq 1$ sei $B_n=(\{0,1,\ldots,n-1\},\{a,b\},t,0,0)$ ein NRSA mit $t(i,b)=(i+1)\bmod n$ für $i=0,1,\ldots,n-1$ und $t(j,a)=$ $=\{0,j\}$ für $j=1,\ldots,n-1$.

Man beweise, daß ein RSA, der $L(B_n)$ akzeptiert, mindestens 2^n Zustände besitzen muß, und daß die Spiegelmenge zu $L(B_n)$ von einem RSA mit $2n$ Zuständen akzeptiert werden kann.

(iv)(Jantzen) Für $n\geq 1$ sei $C_n=(\{1,\ldots,n\},\{a,b\},t,n,n)$ ein NRSA mit $t(i,a)=\{1,i+1\}$, $t(i,b)=\{i+1\}$ für $i=1,\ldots,n-1$ sowie $t(n,a)=\{1\}$. Man beweise, daß ein $L(C_n)$ akzeptierender RSA mindestens 2^n Zustände besitzen muß. (Hinweis: Man beweise zunächst, daß $L(C_n)$ die in der Bemerkung zu Beispiel 6.1.3. angegebene Menge W_n ist und folgere daraus, daß für alle $w\in a\{a,b\}^{n-1}$ die Zustände $f^*(s,w)$ untereinander und von s verschieden sind.).

<u>6.2.</u>(i) Ein Zustand von A ist sicher unerreichbar, wenn es im Graphen von A keine von einem anderen Zustand zu ihm hinführende Kante gibt und er kein Startzustand ist.

Hat jeder unerreichbare Zustand von A diese Eigenschaft? (Hinweis: vgl. Beispiel 5.1.2.).

(ii) Welche Eigenschaften hat der durch folgendes Verfahren aus dem Graphen von A erzeugte Graph? Solange im Graphen ein Zustand $z\notin S$ existiert, für den es keine Transition $(z',w,z)\in\tau$ mit $z'\neq z$ gibt, lasse man z und alle von z wegführenden Kanten im Graphen weg.

(iii) Man gebe ein Verfahren an, mit dem man für jeden beliebigen NRSA A und jedes w aus F(X) in größenordnungsmäßig
$|Z| \cdot |w| \cdot \max |\{t(z,x)|z \in Z, x \in X \cup \Lambda\}|$ Schritten entschieden werden
kann, ob $w \in L(A)$ gilt.

<u>6.3.</u> Man wende die Methoden aus Abschnitt 6.2. auf die Automa-
ten der Beispiele in den Abschnitten 5.1. und 6.1. sowie in den
Aufgaben 5.3. und 6.1. an.

<u>6.4.</u>(i) Sei A ein initial zusammenhängender RSA. Man beweise,
daß das folgende Verfahren einen Minimalen von A liefert.

(1) Setze k=1 und konstruiere folgende Relation N_0 auf Z:
    zN_0z' g.d.,w. entweder sowohl z als auch z' in F oder so-
    wohl z als auch z' nicht in F liegen.

(2) Konstruiere folgende Relation N_k auf Z:
    zN_kz' g.d.,w. $zN_{k-1}z'$ und $f(z,x)N_{k-1}f(z',x)$ für jedes x
    aus X.

(3) Ist $N_k \neq N_{k-1}$, so erhöhe k um 1 und gehe nach (2); andern-
    falls gehe nach (4).

(4) Sei $N=N_k$ und Z' die Menge der Äquivalenzklassen von N (Man
    zeige, daß N_k stets eine Äquivalenzrelation, d.h. eine re-
    flexive, symmetrische und transitive Relation ist). Ferner
    sei s' die Äquivalenzklasse, die s enthält und F' die Men-
    ge aller Äquivalenzklassen, die in F liegen. Schließlich
    sei für jedes z' aus Z' und jedes x aus X
    $f'(z',x)$ die Klasse, die $f(z',x)$ enthält.

    Man beweise, daß $A'=(Z',X,f',s',F')$ der Minimale von A ist.
Man zeige außerdem, daß stets $k \leq |Z|$ ausreicht, daß aber die Aus-
führungszeit des Algorithmus' im allgemeinen mit der dritten
Potenz der Zustandsanzahl von A wächst. Ferner untersuche man,
was passiert, wenn man das Verfahren auf RSA'n mit unerreichbaren Zuständen anwendet. (Hinweis: Man modifiziere den Beweis
von Satz 2.3.3.).

(ii) Man modifiziere das Verfahren aus Abschnitt 2.4. so, daß
sich daraus eine verbesserte Version des Verfahrens aus (i) ergibt.

(iii) Man übertrage des Verfahren von Hopcroft, Gries aus Abschnitt 2.5. auf RSA'n.

(iv) Man leite aus (i) bis (iii) und aus Verfahren 6.3.3. Verfahren zur Bestimmung der Äquivalenz von Zuständen in buchstabierenden NRSA'n ab. (Man beachte, daß in einem NRSA von einem Zustand aus zwei Wege existieren können, die zwar das gleiche Wort ergeben, von denen einer aber in einen Endzustand führt, der andere jedoch nicht.

(v) Man beweise, daß man die in (i) bis (iii) und in Verfahren 6.3.3. angegebenen Verfahren auch unmittelbar zur Entscheidung darüber verwenden kann, ob zwei RSA'n äquivalent sind. (Man beachte, daß die Anfangszustände in den Verfahren keine Rolle spielen, also die Vereinigung der Automaten betrachtet werden kann.)

(vi) Man wende die in (i) bis (iii) angegebenen Verfahren sowie das Verfahren 6.3.3. auf einige der in den Beispielen und Aufgaben angegebenen Automaten an und vergleiche Platz- und Zeitbedarf.

$\underline{6.5.}^{*}$ (Brandt) (i) Unter Benutzung von Satz 6.2.8. und Aufgabe 6.4. gebe man Algorithmen an, mit deren Hilfe entschieden werden kann, ob zwei Teilmengen der Zustandsmenge eines NRSA äquivalent sind.

(ii) Aus (i) folgere man, daß zwei Teilmengen der Zustandsmenge eines NRSA mit n Zuständen schon äquivalent sind, wenn ihre Leistungen für alle Eingaben der Länge $\leq 2^{n}-3$ übereinstimmen, und daß diese Schranke sich nicht verbessern läßt.

$\underline{6.6.}^{*}$ (Büchi) Man übertrage den Homomorphiebegriff für MrA'n (Definition 3.6.1.) auf RSA'n und zeige:

(a) Jeder initial zusammenhängende RSA läßt sich auf seinen Minimalen zustandshomomorph abbilden.
   (Hinweis: Man zeige, daß die im Verfahren in Aufgabe 6.4.
   (i) definierte Relation N in üblicher Weise den gesuchten
   Homomorphismus h bestimmt: h(z)=h(z') g.d.,w. zNz'.)
(b) Ein initial zusammenhängender RSA A ist genau dann reduziert, wenn er homomorph reduziert ist, d.h. wenn jedes zustandshomomorphe Bild von A schon zu A isomorph ist.

$\underline{6.7.}$ Sei A ein initial zusammenhängender RSA und A' sein Minimaler. Man zeige, daß das Transitionsmonoid von A' homomorphes

Bild des Transitionsmonoids von A und isomorph zum syntaktischen Monoid von L(A) ist. (Hinweis: Man benutze die Aufgaben 5.13. und 6.6.)
Ferner vergleiche man die obige Behauptung mit Aufgabe 5.12.

<u>6.8.</u> (i)(Indermark, Brandt) Sei A ein reduzierter NRSA, z ein Zustand von A und T eine Teilmenge von Z mit $z \notin T$ und $L(A,z)=$ $=L(A,T)$. Dann heißt z eliminierbar.
Man beweise, daß der folgendermaßen definierte NRSA A' zu A äquivalent ist:
$A'=(Z-z,X,t',S',F-z)$ mit $S'=T \cup S-z$, falls $z \in S$ und $S'=S$ sonst,

$$t'(z',x)=t(z',x)-z \cup \begin{cases} T, & \text{falls } z \text{ aus } t(z',x) \\ \emptyset & \text{sonst} \end{cases}$$

(ii) Man gebe einen nicht N-minimalen NRSA A an, für den gilt: A und $\tilde{A}$ sind irredundant, reduziert und isomorph, kein Zustand von A (oder $\tilde{A}$) ist eliminierbar (im Sinne von (i)). (Hinweis: z.B. sei $L(A)=bb^*b \cup a^2 \cup abuba$).

(iii) Man beweise: Äquivalente, irredundante, reduzierte NRSA'n müssen nicht notwendig gleichviele Zustände besitzen.

(iv) Man beweise: Es gibt einen N-minimalen NRSA, dessen Zustandsmenge zwei verschiedene, aber äquivalente Teilmengen besitzt - eine von diesen kann einelementig oder der Durchschnitt beider kann leer sein.

<u>6.9.</u>* (Raney, Nerode, Büchi, Indermark) Eine Äquivalenzrelation R auf F(X) heißt Rechtskongruenzrelation (bzw. Linkskongruenzrelation), wenn für alle u,v aus F(X) und alle x aus X gilt:
Aus uRv folgt uxRvx (bzw. xuRxv).
Sei $L \subseteq F(X)$. Die folgende Relation R_L^r (bzw. R_L^1) heißt syntaktische Rechts-(bzw. Links-)kongruenz von L:
Für beliebige u,v aus F(X) ist $uR_L^r v$ (bzw. $uR_L^1 v$) g.d.,w. gilt:
Für jedes w aus F(X) liegt uw (bzw. wu) in L g.d.,w. vw (bzw. wv) in L liegt.
Man beweise:

(i) Die syntaktische Rechts- (bzw. Links-)kongruenzrelation von $L \subseteq F(X)$ ist eine Rechts- (bzw. Links-)kongruenzrelation im obigen Sinne.

(ii) Eine Relation R auf F(X) ist Kongruenzrelation g.d.,w. sie

Links- und Rechtskongruenzrelation ist (vgl. Hilfssatz 5.4.3.).
(iii) Für jedes $L \subseteq F(X)$ und beliebige u,v aus X gilt
a) $uR_L^r v$ g.d.,w. $u\backslash L = v\backslash L$ sowie

b) $uR_L^l v$ g.d.,w. $L/u = L/v$.
(iv) Sei A ein RSA (bzw. sei der Spiegelautomat $\tilde{A}$ zu A ein RSA
mit dem Anfangszustand $\tilde{s}$). Dann ist die folgendermaßen definierte Relation R_A^r (bzw. R_A^l) eine Rechts- (bzw. Links-)kongruenzre-
lation auf $F(X)$.:
Für u,v aus $F(X)$ gilt $uR_A^r v$ (bzw. $uR_A^l v$) g.d.,w.
$f^*(s,u) = f^*(s,v)$ (bzw. $\tilde{f}^*(\tilde{s},\tilde{u}) = \tilde{f}^*(\tilde{s},\tilde{v})$) gilt.
(v) Eine Teilmenge L von $F(X)$ ist genau dann akzeptabel, wenn
sie Vereinigung von Klassen einer Rechts- (bzw. Links-)kongruenz
von endlichem Index (d.h. mit nur endlich vielen Äquivalenzklassen) auf $F(X)$ ist, und dies ist genau dann der Fall, wenn R_L^r
(bzw. R_L^l) von endlichem Index ist.
(vi) Sei A ein RSA (bzw. $\tilde{A}$ ein RSA). Dann ist A (bzw. $\tilde{A}$) minimal, g.d.,w. $R_A^r = R_{L(A)}^r$ bzw. $R_A^l = R_{L(A)}^l$ gilt.
(Hinweis: Man benutze Folgerung 6.6.3. oder gehe wie beim Beweis
des Satzes 5.4.4. von Myhill vor - man vgl. auch Aufgabe 2.7.)

6.10. Analog zu Definition 6.6.4. definiere man den Begriff der
Rechtsableitung und übertrage Hilfssatz 6.6.5., Satz 6.6.6. und
die zugehörigen Bemerkungen, indem man überall "Links-" durch
"Rechts-" ersetze und alle Beweise explizit durchführe.

6.11. Man gebe das zweite der in der Bemerkung zu Satz 6.6.6.
skizzierten Verfahren zur Konstruktion von $A(\alpha)$ aus α detailliert
an und beweise seine Korrektheit.

6.12. (Brzozowski) Zwei rationale Ausdrücke α,β aus $RA(X)$ heißen
ähnlich, wenn die Gleichung $\alpha = \beta$ in folgendem Axiomensystem $\text{Äx}(X)$
bewiesen werden kann. (Der Beweisbegriff ist analog zu Defini-
tion 5.7.11. zu verstehen):
$\text{Äx}(X)$ besitzt als Axiome die Axiome (a_1), (a_3), (a_6) und (a_7)
aus Definition 5.7.9. (i) und die Gleichungen (1) bis (4) aus
Satz 5.7.15. sowie als einzige Schlußregel die Ersetzungsregel
aus Definition 5.7.9. (ii).
(i) Man gebe ein (möglichst schnelles) Verfahren an, mit Hilfe

dessen entschieden werden kann, ob zwei rationale Ausdrücke ähnlich sind.

(ii) Man beweise, daß die Relation der Ähnlichkeit auf der Algebra $(RA(X);+,\cdot,^*)$ eine Kongruenzrelation ist (d.h. daß sie reflexiv, symmetrisch und transitiv sowie mit den drei Operationen verträglich ist).

(iii) Man beweise, daß die Anzahl $k'(\alpha)$ der verschiedenen Klassen ähnlicher Linksableitungen eines rationalen Ausdrucks α endlich und i.a. größer als $k(\alpha)$ (vgl. Satz 6.6.6.(ii)) ist. (Hinweis: Man benutze Induktion über den Aufbau eines rationalen Ausdrucks und beweise dazu insbesondere

$$k'(\alpha+\beta)\leq k'(\alpha)\cdot k'(\beta)$$
$$k'(\alpha\cdot\beta)\leq k'(\alpha)\cdot 2^{k'(\beta)}$$
$$k'(\alpha^*)\leq 2^{k'(\alpha)}+1.)$$

Man beachte, daß dieser Beweis auch ein direkter Beweis dafür ist, daß die Anzahl $k(\alpha)$ der Äquivalenzklassen der Linksableitungen von α endlich ist.

(iv) Sei $C'(\alpha)$ ein maximales System paarweise nicht ähnlicher Linksableitungen von α (d.h. ein Repräsentantensystem für die Klassen ähnlicher Linksableitungen von α). Man zeige dann, daß Satz 6.6.6.(ii) - bis auf die Aussage über $LQ(r(\alpha))$ - auch gilt, wenn man stets $C(\alpha)$ durch $C'(\alpha)$ und $k(\alpha)$ durch $k'(\alpha)$ ersetzt und die Eigenschaft "minimal" wegläßt.

<u>6.13.</u> Gegeben seien $m\geq 1$ rationale Ausdrücke $\alpha_1,\ldots,\alpha_m$ aus $RA(X)$, derart, daß die durch sie dargestellten Mengen eine disjunkte Zerlegung von $F(X)$ bilden, d.h. daß $r(\alpha_i)\cap r(\alpha_j)=\emptyset$ für $i\neq j$ und $r(\alpha_1)\cup\ldots\cup r(\alpha_m)=F(X)$ ist.

Man beweise, daß die beiden Verfahren, die sich aus den folgenden Teilaufgaben (i) und (ii) ergeben, einen MrA $A=(Z,X,Y,f,h)$ mit $Y=\{y_1,\ldots,y_m\}$ liefern, der folgende Eigenschaft hat: A besitzt einen ausgezeichneten Zustand s so, daß für jedes z aus Z gilt

$h(z)=y_i$ g.d.,w. ein w_i in $r(\alpha_i)$ mit $f^*(s,w_i)=z$ existiert.

(i) (Brzozowski) Statt der Algebra $(RA(X);+,\cdot,^*)$ betrachte man die Algebra $(RA(X)^m;+,\cdot,^*)=(RA(X)\times RA(X)\times\ldots\times RA(X);+,\cdot,^*)$, deren Trägermenge das m-fache kartesische Produkt von $RA(X)$,

d.h. die Menge aller m-Tupel rationaler Ausdrücke über X ist,
und deren Operationen komponentenweise definiert sind. Man erweitere die Semantik-Abbildung r sowie die Abbildung D_w der
Linksableitung nach w komponentenweise auf die m-Tupel aus
$RA(X)^m$ und zeige, daß sich die Aussagen von Hilfssatz 6.6.5.
und Satz 6.6.6. sowie der zugehörigen Bemerkungen übertragen
lassen, wobei an die Stelle des minimalen RSA mit der Leistung
$r(\alpha)$ jetzt ein verallgemeinerter RSA $A=(Z,X,f,s,S_1,\ldots,S_m)$ mit
m verschiedenen Endzustandsmengen tritt, der folgende Eigenschaften hat:
Die Leistung des RSA $A_i=(Z,X,f,s,S_i)$ ist $r(\alpha_i)$, wenn $(\alpha_1,\ldots,\alpha_m)$
das (an Stelle von α) gegebene m-Tupel rationaler Ausdrücke ist,
und A ist minimal bzgl. dieser Eigenschaft. Erfüllt das gegebene m-Tupel die zu Beginn der Aufgabe gemachten Voraussetzungen,
so ist der verallgemeinerte RSA A als MrA im obigen Sinne auffaßbar.

(ii) (Gluschkow) Zu gegebenen m rationalen Ausdrücken $\alpha_1,\ldots,\alpha_m$
aus RA(X) konstruiere man auf folgende Weise einen verallgemeinerten RSA A im Sinne von (i): Für jedes x aus X numeriere man
die Vorkommen von x in der Gesamtheit der α_i etwa nacheinander
für $i=1,\ldots,m$ jeweils von links nach rechts (und zwar mit
$1,2,\ldots,p(x)$, wenn x insgesamt genau $p(x)$-mal auftritt) und ersetze dann in den Ausdrücken das i-te Vorkommen (von links) von
x durch x_i (für $i=1,\ldots,p(x)$). Man erhält so m rationale Aus-
drücke $\alpha_1',\ldots,\alpha_m'$ über $X'=\{x_i \mid x\in X,\ 1\leq i\leq p(x)\}$, die lauter verschiedene Buchstaben aus X' enthalten. Die Zustände von A seien
nun der Startzustand s sowie einige Teilmengen von X', so daß
A höchstens 2^p+1 Zustände besitzt, wenn p die Summe der $p(x)$ für
x aus X ist.
Die Transitionsabbildung f und die Zustände z seien wie folgt
induktiv definiert: Für x aus X ist
$f(s,x)=\{x_i\in X' \mid \text{Es gibt ein } \alpha_j' \text{ mit } D_{x_i}(\alpha_j')\neq\emptyset\}$.
Ist $z\subseteq X'$ ein bereits als Nachfolger eines anderen Zustands be-
stimmter Zustand (wobei $z=\emptyset$ möglich ist), so sei
$f(z,x)=\{x_i\in X' \mid \text{Es existieren } \alpha_j',\ y_k\in z,\ u,v\in F(X') \text{ mit}$
$uy_k x_i v\in r(\alpha_j')\}$.

Die Endzustandsmenge S_i, die $r(\alpha_i)$ akzeptieren soll, erhält
man aus

$S_i' = \{z \in X' \mid \text{Es existieren } x_j \in z \text{ und } u \in F(X') \text{ mit } ux_j \in r(\alpha_i')\}$

durch
$$S_i = \begin{cases} S_i' \cup \{s\}, & \text{falls } \Lambda \in r(\alpha_i) \\ S_i' & \text{sonst.} \end{cases}$$

Man zeige, daß der so erhaltene Automat eine minimale Zustandsanzahl besitzt.

(iii) Man benutze das Verfahren aus (ii), um zu beweisen, daß
Akz(X) unter den Booleschen Operationen abgeschlossen ist, ferner leite man aus diesem Verfahren einen Algorithmus ab, mit
dem entschieden werden kann, ob zwei rationale Ausdrücke äquivalent sind.

<u>6.14</u>. Man definiere die sogenannten erweiterten rationalen Aus-
drücke durch Hinzunahme der Funktionskonstanten $\cap$ (für Durchschnitt), ^{c} (für Komplement), $-$ (für Differenz), $\oplus$ (für symmetrische Differenz) und $^+$ (für Unterhalbgruppenbildung) zu K und
entsprechende Ergänzung der Definition 5.7.1.(i), definiere die
Semantik dieser Ausdrücke entsprechend zu Definition 5.7.6.
durch Erweiterung der Abbildung r (vgl. dazu Satz 5.7.5.), gebe
ein Verfahren an, mit dem man zu einem erweiterten rationalen
Ausdruck einen äquivalenten normalen rationalen Ausdruck gewinnen kann, erweitere die Definition der Linksableitung auf die
erweiterten rationalen Ausdrücke, ergänze Hilfssatz 6.6.5. entsprechend und verallgemeinere Satz 6.6.6.

Literaturhinweise und historische Bemerkungen

Die ältesten Beispiele von NRSA'n mit n Zuständen, zu denen
es keine äquivalenten RSA'n mit weniger als 2^n Zuständen gibt
(Aufgabe 6.1.(i),(ii)), stammen von Lupanow (1963) - vgl. dazu auch Mirkin (1966).Unabhängig davon haben G. Ott (1969) und
F.R. Moore (1969, 1971) solche Beispiele konstruiert - das
Beispiel von Moore ist in Satz 6.3.7. angegeben, das Beispiel
von Ott findet sich (und zwar in der von Meyer, Fischer (1971)
stammenden vereinfachten Fassung) in Aufgabe 6.1.(iii); der
Fall n=4 dieses Beispiels steht als Übungsaufgabe im Lehrbuch
von Hennie (1968). Das Beispiel in Aufgabe 6.1.(iv) gab
M. Jantzen in dem in Kapitel 5 erwähnten Vorlesungsmanuskript
an. Das fast optimale Beispiel 6.1.2. stammt von Peterson
(vgl. Meyer, Fischer (1971)). Beispiel 6.1.1. ist von Kintala,
Wotschke (1980).

Die Potenzautomatenkonstruktion 6.2.9. (und Satz 6.2.8) steht
schon in der im Kapitel 5 zitierten Arbeit von Rabin, Scott,
ebenso Satz 6.3.5.
Das Verfahren 6.3.3. stammt aus Hopcroft, Ullmann (1979).
Zu Folgerung 6.3.6. vgl. Brauer .(1968).
Das erste Verfahren zur Lösung des Minimierungsproblems für
NRSA'n wurde von Kameda, Weiner (1970) angegeben; es wurde
von Indermark (1970) verbessert - Folgerung 6.4.2., die Beispiele der Figuren 6.4.4. und 6.5.4. sowie Satz 6.6.2. stammen
aus Indermark (1969). Eine andere Verbesserung des Minimierungsverfahrens von Kameda, Weiner wurde von Kim (1974) er-
zielt - Kim bewies auch, daß der Spiegelautomat eines N-minimalen NRSA N-minimal ist.
Die Klasse der NRSA'n, deren Spiegelautomaten DRSA'n sind,
wurde bereits von Arden (1961) (zitiert in Kapitel 5) behandelt. Daß ein D-minimaler von A und ein D-minimaler von Ã
nicht gleich viele Zustände besitzen müssen, hat schon Büchi
(1962) erwähnt.

Die Methoden des Eliminierens und des Auffüllens (vgl. Beispiel 6.5.2.(i) bis (iii) stammen von Indermark (1969).
Folgerung 6.6.3. geht auf Nerode zurück (vgl. die in Kapitel
5 zitierten Arbeiten von Rabin, Scott und von Stearns,
Hartmanis sowie die Arbeit von Brzozowski (1964)).

Der Begriff der Linksableitung, Hilfssatz 6.6.5., Satz 6.6.6.
und die zugehörigen Bemerkungen sowie die Aufgaben 6.12. und
6.13.(i) beruhen auf Brzozowski (1964) - entsprechende Ideen
und Resultate wurden auch von Spivak (1965) entwickelt (vgl.
auch Mirkin (1966) und das in Kapitel 2 zitierte Lehrbuch
von Salomaa).
Zu Aufgabe 6.2.(iii) vergleiche man das Lehrbuch Albert,
Ottmann (1983).
Aufgabe 6.9. geht im wesentlichen auf die in Kapitel 2 zitierte Arbeit von Raney und auf Nerode (1958) zurück - vgl. auch
Büchi (1962), Indermark (1969) und Mirkin (1966).
Aufgabe 6.13.(ii) und (iii) stammt von Gluschkow (1960) -
vgl. auch die in Kapitel 2 zitierten Lehrbücher von Gluschkow
und Salomaa.

Literatur zu 6.

J. Albert, Th. Ottmann, Automaten, Sprachen und Maschinen für Anwender, Bibliograph.Institut, Mannheim, 1983

M. Brandt, Minimisierung nichtdeterministischer Akzeptoren, EIK 8, (1972) 87-98

W. Brauer, Zur Zustandsreduktion unvollständiger Automaten, Seminarbericht Inst.f.Theorie d.Autom.u.Schaltnetzwerke 6, Gesellschaft f.Mathematik u.Datenverarbeitung, Bonn, 1968

J.A. Brzozowski, Derivatives of regular expressions, J.Assoc.Comput.Mach. 11, (1964) 481-494

J.R. Büchi, Mathematische Theorie des Verhaltens endlicher Automaten, Zeitschrift Angew.Math.Mech. 42, (1962) T9-T16

J.R. Büchi, Algebraic theory of feedback in discrete systems, Part I, in E.R. Caianiello (ed.) Automata Theory, Academic Press, New York, 1966, 70-101

W.M. Gluschkow, Ein weiterer Algorithmus zur Synthese abstrakter Automaten, Ukrain.Math.Journal 12, (1960) 147-156 (in russischer Sprache)

F. Hennie, Finite-State Models for Logical Machines, J. Wiley, New York, 1968

J. Hopcroft, J. Ullman, Introduction to Automata Theory, Languages and Computation, Addison-Wesley, Reading, 1979

K. Indermark, Zum Minimisierungsproblem bei nichtdeterministischen Automaten, Seminarbericht Institut f.Theorie d.Autom.u. Schaltnetzwerke 16, Gesellschaft f.Mathematik u.Datenverarbeitung, Bonn, 1969

K. Indermark, Zur Zustandsminimisierung nichtdeterministischer erkennender Automaten, Berichte d.Gesellschaft f.Mathematik u.Datenverarbeitung, Bonn, Nr. 33, (1970)

T. Kameda, P. Weiner, On the state minimization of nondeterministic finite automata, IEEE Trans.on Computers C-19, (1970) 617-627

J. Kim, State Minimization of Nondeterministic Machines, IBM
T.J. Watson Research Center Yorktown Heights RC 4896, 1974

C.M.R. Kintala, D. Wotschke, Amounts of nondeterminism in
finite automata, Acta Informatica 13 (1980) 199-204

O.B. Lupanow, Über den Vergleich zweier Typen endlicher Quel-
len, Probleme der Kybernetik Bd.6, 1966, 329-335 (Russisches
Original 1963)

A.R. Meyer, M.J. Fischer, Economy of description by automata,
grammars, and formal systems, Conference Record of 12th Annual
Symposium on Switching and Automata Theory (SWAT) IEEE Comp.
Soc., 1971, 188-191

B.G. Mirkin, On dual automata, Cybernetics 2,1 (1966) 6-9

F.R. Moore, Deterministic realization and simulation of nondeterministic automata, Ph.D.dissertation, Dept.of Electrical
Engineering, Syracuse University, 1969

F.R. Moore, On the bounds for state-set size in the proofs of
equivalence between deterministic, nondeterministic, and
two-way finite automata, IEEE Trans.on Computers, TC-20,
(1971) 1211-1214

A. Nerode, Linear automaton transformations,
Proc.Amer.Mathem.Soc. 9, (1958) 541-544

G. Ott, On multipath automata I, Sperry Rand Res.Rep.
SRRC-RR-64-69, 1969

M.A. Spivak, Ein Algorithmus zur abstrakten Synthese von
Automaten für eine erweiterte Sprache der regulären Ereignisse, Iswest.Akad.Nauk SSSR, Techn.Kybernetik (1965) No. 1,
51-57 (in russischer Sprache - vgl. Mathematical Reviews 32,
Nr. 5467)

M.A. Spivak, Die Entwicklung eines regulären Ausdrucks nach
einer Basis und ihre Anwendungen, Dokl.Akad.Nauk SSSR 162,
(1965) 520-522 (in russischer Sprache)

M.A. Spivak, A method of analysis of abstract automata using
equations in the algebra of events, Cybernetics 1, (1965) 25-26

7. Weitere Charakterisierungen akzeptabler Mengen

Ein Programm für eine Rechenmaschine, die Arbeitsweise eines
Automaten oder der Ablauf eines Verfahrens läßt sich oft sehr
einfach durch einen eckenbewerteten gerichteten Graphen darstellen, aus dem man sofort die Menge aller Befehlsfolgen des
Programms, aller Folgen von Zuständen des Automaten oder aller
Folgen elementarer Schritte des Verfahrens, die zu den gewünschten Ergebnissen führen, ablesen kann.
Ein Großteil der Aussagen über akzeptable oder rationale Mengen
läßt sich schon allein mit Hilfe dieser eckenbewerteten gerichteten Graphen herleiten. Das soll im folgenden in einigen Punk-
ten angedeutet werden. Vor allem wird es uns darauf ankommen,
mit Hilfe dieser neuen Darstellungsweise auch neue Charakteri-
sierungssätze und Eigenschaften akzeptabler bzw. rationaler
Mengen zu erhalten.

7.1. Berechnungsfolgen von Programmen, Ianov-Schemata

Beispiel 7.1.1.: Die Arbeitsweise eines jeden sequentiell und
in diskreten Schritten arbeitenden Systems, dessen Aufgabe es
ist, gegebene Daten in endlich vielen Schritten zu einem gewünschten Resultat zu verarbeiten, läßt sich vereinfachend wie
folgt beschreiben:
Der Zustand der Daten zu Beginn der Arbeit (d.h. die Eingabe)
sei angegeben durch die Konstante a. Der Zustand der Daten zu
irgendeinem Zeitpunkt sei beschrieben durch die Variable y;
der Zustand nach Abschluß der Arbeit (das Resultat) sei z.
Endlich viele verschiedene Operationen auf der Datengesamtheit
seien möglich (die natürlich beliebig oft angewendet werden
dürfen), sie seien dargestellt durch endlich viele einstellige
Funktionskonstanten $f_1, \ldots, f_m$.
In Abhängigkeit von endlich vielen Tests, dargestellt durch
einstellige Prädikatskonstanten $p_1, p_2, \ldots, p_n$, seien Verzwei-
gungen möglich. Dann läßt sich die Arbeitsweise des betrachteten Systems durch ein Flußdiagramm, das aus den folgenden

Komponenten zusammengesetzt ist, darstellen (solch ein Flußdiagramm nennt man meist Ianov-Schema).

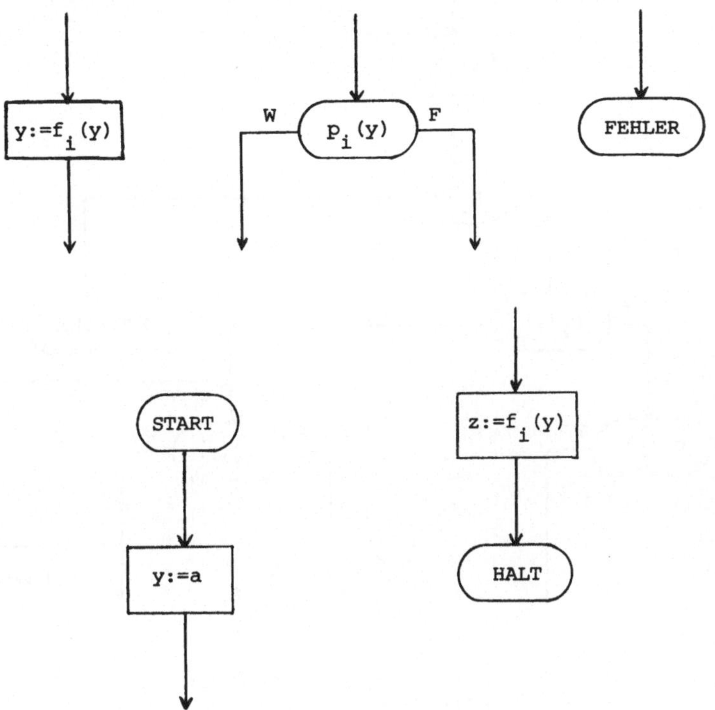

Figur 7.1.1.: Komponenten eines Ianov-Schemas

Die Komponenten werden wie üblich zu endlichen Flußdiagrammen
zusammengesetzt; natürlich ist nur eine START-Komponente zugelassen, dagegen mehrere HALT-Komponenten - in den HALT-Komponenten darf auch z:=y stehen. Weiter sei gefordert, daß Tests
nicht unsinnig verwendet werden, d.h. daß es keinen Weg im
Flußdiagramm gibt, auf dem zweimal der gleiche Test p_i vorkommt, ohne daß zwischen den zwei Vorkommen von p_i eine Anweisung $y:=f_k(y)$ steht.

Als Beispiel betrachte man folgendes Ianov-Schema:

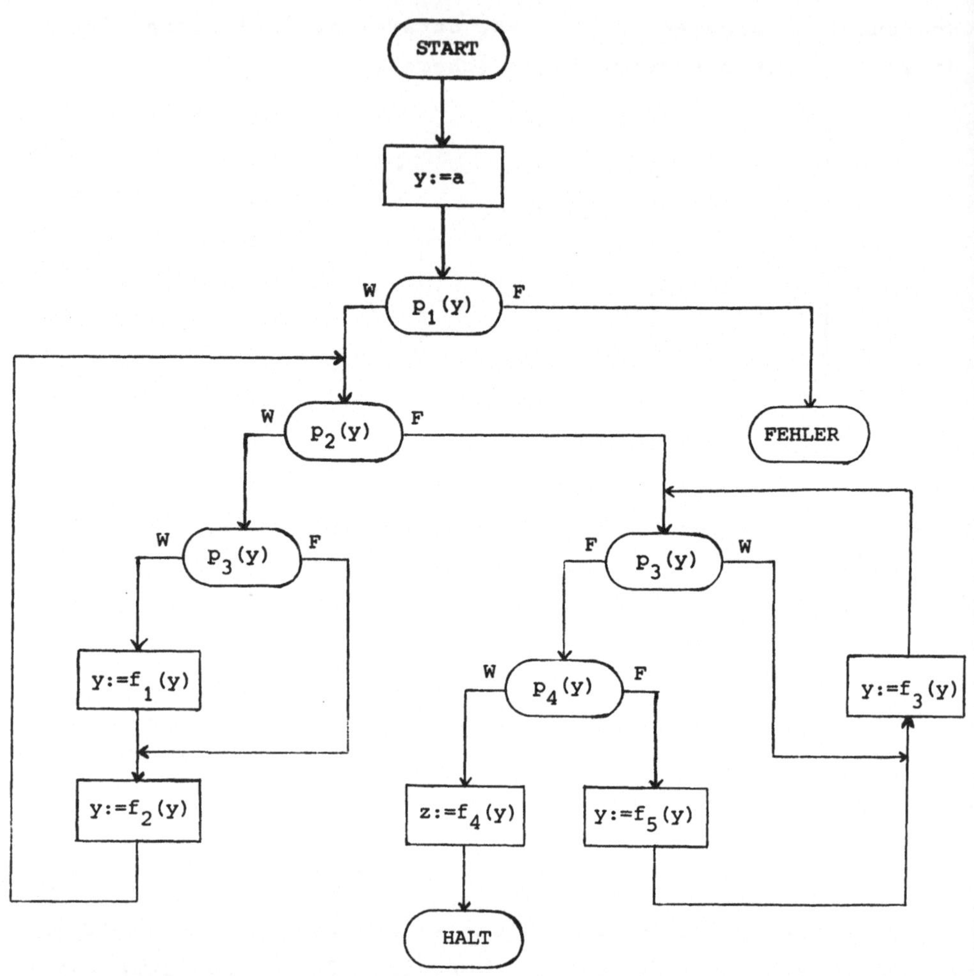

Figur 7.1.2.: Das Ianov-Schema GGT

Bei geeigneter Interpretation, d.h. Angabe eines Wertebereichs
für a und y und Festlegung der Funktionen $f_1,\ldots,f_5$ sowie der
Prädikate $p_1,\ldots,p_4$, liefert das Ianov-Schema GGT ein Programm
zur Berechnung des größten gemeinsamen Teilers $ggT(x_1,x_2)$ zweier natürlicher Zahlen x_1,x_2.
Und zwar wähle man als Datenmenge die Menge $\mathbf{Z}^3$ aller Tripel
ganzer Zahlen - es sei also $y=(y_1,y_2,y_3)$ und $z=(z_1,z_2,z_3)$;
ferner sei $a=(x_1,x_2,1)$.

Die Funktionen und Prädikate seien wie folgt festgelegt:

$f_1((y_1,y_2,y_3))=(y_1,y_2/2,2y_3)$ $f_2((y_1,y_2,y_3))=(y_1/2,y_2,y_3)$

$f_3((y_1,y_2,y_3))=(y_1,y_2/2,y_3)$ $f_4((y_1,y_2,y_3))=(y_1,y_2,y_1y_3)$

$f_5((y_1,y_2,y_3))=(y_2,|y_1-y_2|,y_3)$, wobei $|x|$ der Absolutbetrag
von x sei.

$p_1((y_1,y_2,y_3))=W$ g.d.,w. $y_1>0$ und $y_2>0$

$p_2((y_1,y_2,y_3))=W$ g.d.,w. y_1 gerade

$p_3((y_1,y_2,y_3))=W$ g.d.,w. y_2 gerade

$p_4((y_1,y_2,y_3))=W$ g.d.,w. $y_1=y_2$.

Das Ergebnis steht in z_3, d.h. es ist $z_3=ggT(x_1,x_2)$.
Zum Beweis beachte man, daß beim Eingang zum Test $p_2(y)$ stets
$x_1 \cdot x_2>0$, $y_1 \cdot y_2>0$ und $y_3 \cdot ggT(y_1,y_2)=ggT(x_1,x_2)$ gilt, sowie daß
am Eingang zum rechten der beiden Tests $p_3(y)$ (den man mit dem
F-Ausgang von $p_2(y)$ erreicht) stets $y_1 \cdot y_2>0$, y_1 ungerade und
$y_3 \cdot ggT(y_1,y_2)=ggT(x_1,x_2)$ ist. Letzteres folgt aus der bekannten
Gleichung

$ggT(y_1,y_2)=ggT(y_2,|y_1-y_2|)$.

Von zwei Programmen, die dasselbe tun sollen, möchte man gerne
automatisch feststellen, ob das auch wirklich der Fall ist.
Leicht verallgemeinert führt das zu folgendem Problem: Hat man
zwei verschiedene Ianov-Schemata, so ist festzustellen, ob sie
bei gleichen Interpretationen und gleichen Eingaben stets gleiche Resultate liefern, d.h. ob sie "äquivalent" sind. Dazu müssen wir natürlich voraussetzen, daß beide Schemata die gleichen
Funktions- und die gleichen Prädikatskonstanten enthalten.
Zwei solche Ianov-Schemata P und P' sind offenbar äquivalent,
wenn es zu jedem Weg von START zu einem HALT in P einen Weg
von START zu einem HALT in P' gibt, derart, daß die gleichen
Anweisungen und Tests (mit jeweils gleichem Ausgang) in gleicher Reihenfolge durchlaufen werden und umgekehrt.
Die Menge dieser "Berechnungsfolgen", d.h. dieser Folgen von
Anweisungen und Tests (mit Angabe des Ausgangs) läßt sich durch
einen eckenbewerteten gerichteten Graphen ("Berechnungsgraphen")
darstellen, indem man die Komponenten eines Ianov-Schemas durch

bewertete Ecken mit zugehörigen gerichteten Kanten, d.h. daß
man statt der in Figur 7.1.1. angegebenen Komponenten die in
Figur 7.1.3. angegebenen Teilgraphen verwendet.

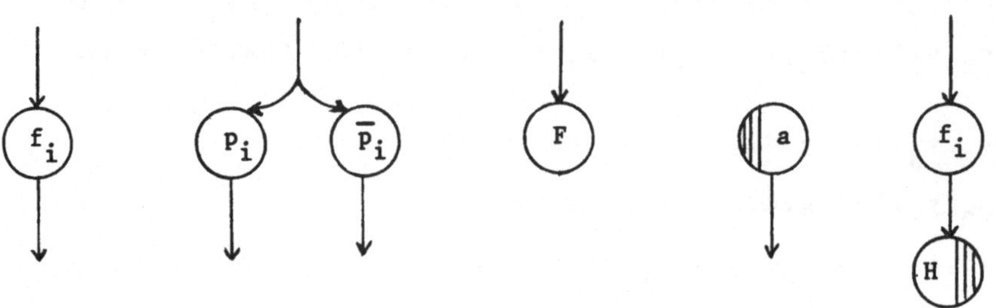

Figur 7.1.3.: Komponenten des Berechnungsgraphen

Enthält eine HALT-Komponente nur die Anweisung z:=y, so ersetze
man sie nur durch eine mit H bewertete rechts schraffierte Ecke.
Aus Figur 7.1.2. erhalten wir dann folgenden Berechnungsgraphen

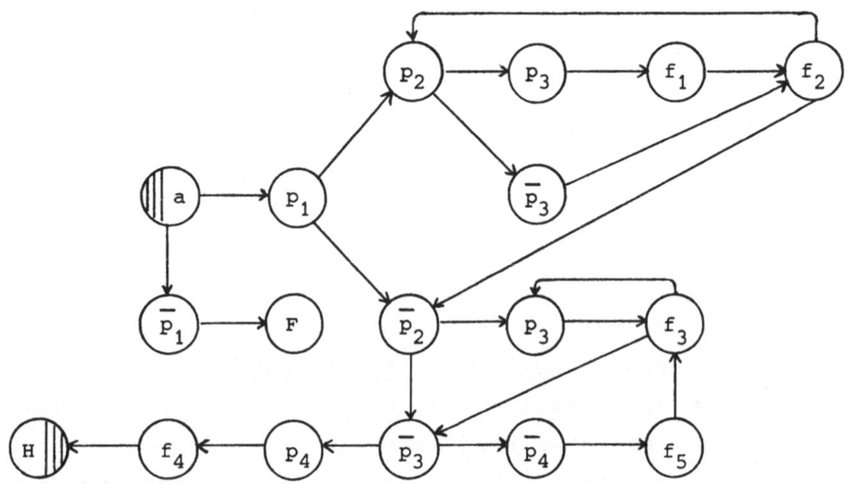

Figur 7.1.4.: Berechnungsgraph des Schemas GGT

Man beachte, daß verschiedene Ecken des Berechnungsgraphen
gleich bewertet sein können. Alle Berechnungsfolgen des gegebenen Ianov-Schemas erhält man offensichtlich, wenn man für
jeden Weg im Berechnungsgraphen des Schemas, der von einer
Startecke (links schraffiert) zu einer Endecke (rechts schraffiert) die Folge der Eckenbewertungen aufschreibt.

Man sieht sofort, daß man aus einem Berechnungsgraphen einen
kantenbewerteten Graphen, d.h. den Graphen eines NRSA erhält,
wenn man eine neue nicht bewertete, rechts schraffierte Ecke E
hinzunimmt, von jeder bewerteten Endecke die Rechts-Schraffie-
rung entfernt, sowie eine Kante zu E hinführt, dann jede von
einer mit x bewerteten Ecke ausgehende Kante mit x bewertet
und danach die Bewertung der Ecke wegläßt - alle Ecken des Berechnungsgraphen, von denen kein Weg zu einer Endecke führt,
werden weggelassen.

Also kann man zu jedem Ianov-Schema einen NRSA konstruieren,
der genau die Menge der Berechnungsfolgen des Schemas akzeptiert. Das Problem der Äquivalenz von Ianov-Schemata ist damit
auf das Problem der Äquivalenz von NRSA'n zurückgeführt und
also entscheidbar (Satz 5.5.9.). Man vergleiche hierzu auch
Beispiel 5.1.2. und behandele die Aufgaben 7.1. und 7.2.

Bei der Frage nach der Äquivalenz von Programmen kam es auf
die Resultate und nicht so sehr auf die Art und Weise ihrer
Gewinnung an; deshalb haben wir auch nicht zwischen den beiden
Vorkommen des Tests p_3 im Schema GGT unterschieden. Für genau-
ere Untersuchungen des Programmverhaltens kann es jedoch nötig
sein, die verschiedenen Vorkommen von Funktions- und von Prädikatskonstanten in einem Ianov-Schema (etwa durch obere Indizes)
zu unterscheiden. Der dann erhaltene Berechnungsgraph hat, abgesehen von den mit F oder H bewerteten Ecken lauter verschieden bewertete Ecken - offenbar kann man alle mit F (bzw. alle
mit H) bewerteten Ecken durch eine einzige mit F (bzw. H) bewertete Ecke ersetzen. Den so erhaltenen "differenzierten Berechnungsgraphen" kann man als nicht bewerteten gerichteten
Graphen ansehen, die früheren Bewertungen können jetzt gleich
als die Bezeichnungen der Ecken angesehen werden, da sie ja
alle verschieden sind. Die solch einem Graphen nach obigem Verfahren zugeordnete akzeptable Menge ist eine sog. Standardmenge
(vgl. Definition 7.3.1.).

7.2. Myhill-Graphen

Gerichtete Graphen bzw. eckenbewertete gerichtete Graphen, die
ihnen nach der Methode des Beispiels 7.1.1. zugeordneten NRSA'n
und die von diesen akzeptierten Mengen sollen jetzt genauer untersucht werden.

<u>Definition 7.2.1.</u>: Sei X eine endliche Menge.
(i) <u>Ein Myhill-Graph über X</u> (abgekürzt (MG) ist ein <u>gerichteter
Graph</u> G mit X als <u>Eckenmenge</u> und ausgezeichneten <u>Start-</u> und <u>End-
eckenmengen</u> S bzw. F sowie der <u>Kantenmenge</u> K, d.h. er ist ein
Quadrupel
$G = (X,K,S,F)$ mit $K \subseteq X \times X$, $S \subseteq X$, $F \subseteq X$.
Die <u>Wegemenge</u> W(G) des MG G ist die Menge aller Worte aus F(X),
die man erhält, wenn man für jeden Weg von einer Start- zu einer
Endecke in G die Folge der durchlaufenen Ecken bildet:
$W(G) = \{x_1 \ldots x_n \mid n \in \mathbb{N}, \ x_1 \in S, \ x_n \in F \text{ und } (x_i, x_{i+1}) \in K \text{ für } i = 1, \ldots, n-1\}$.
(ii) Ein <u>bewerteter Myhill-Graph über X</u> (abgekürzt BMG) ist ein
Myhill-Graph über einer endlichen Menge E, dessen <u>Ecken</u> mit Elementen aus $X \cup \Lambda$ <u>bewertet</u> sind, d.h. ein Sechstupel
$G = (E,K,X,b,S,F)$ so, daß $G' = (E,K,S,F)$ ein MG
und $b: E \longrightarrow X \cup \Lambda$ eine Abbildung (die <u>Bewertungsabbildung</u>) mit $X \subseteq b(E)$
ist (X enthält also keine überflüssigen Elemente).
Der BMG G heißt <u>Λ-frei</u>, wenn $b(E) = X$ ist.
Die <u>Wegbewertungsmenge</u> WB(G) von G ist die Menge der Worte aus
F(X), die man erhält, wenn man die Folgen der Eckenbewertungen
entlang jedes Weges aus der Wegemenge von G' bildet:
$WB(G) = \{b(e_1)b(e_2) \ldots b(e_n) \mid e_1 \ldots e_n \in W(G')\}$.

<u>Bemerkung</u>: (i) Ein MG über X läßt sich auch als BMG über X auf-
fassen, dessen Eckenmenge X und dessen Bewertungsabbildung die
Identität auf X ist; umgekehrt läßt sich jeder BMG, dessen Bewertungsabbildung Λ-frei und injektiv ist, d.h. dessen sämtliche
Ecken verschieden und nicht mit Λ bewertet sind, als MG auffassen.
(ii) Da bei BMG'n die Ecken selbst i.a. nicht interessieren,
stellen wir BMG'n wie in Figur 7.1.4. dar, indem wir nur die
Bewertungen, nicht aber die Bezeichnungen der Ecken angeben.

(iii) Ist G ein BMG wie in Definition 7.2.1. und h_b der durch b
definierte Homomorphismus von F(E) in F(X), so ist
$WB(G) = \{h_b(w) \mid w \in W(G')\} = h_b(W(G'))$.

<u>Beispiel 7.2.2.</u>: (i) Der Berechnungsgraph eines Ianov-Schemas
stellt einen BMG dar, der differenzierte Berechnungsgraph einen
MG.

(ii) Ist A ein M1A, MrA, UM1A oder NRSA, so erhält man aus dem
Graphen von A die Darstellung eines MG über Z, wenn man alle
Ein- und Ausgabezeichen wegläßt (und die Namen der Zustände einträgt, sowie im Falle von M1A'n, MrA'n und UM1A'n gewisse Start-
und gewisse Endecken auszeichnet). Insbesondere ist also für
jeden NRSA A die Menge aller Zustandsfolgen, die bei der Akzeptierung von Wörtern durch A entstehen können, eine Wegemenge.
(iii) Ist G ein Λ-freier BMG wie in Definition 7.2.1., so ist
$A_G = (E,E,X,f,b)$ mit $f(e,e')=e'$ g.d.,w. (e,e') aus K ist, ein unvollständiger MrA für den gilt:
$WB(G) = \{v \in F(X) \mid$ Es existieren $e \in S$, $e' \in F$ und $u \in F(E)$ mit
$\qquad f^*(e,u)=e'$ und $b_e(u)=v\}$,
wobei f^* und b_e analog zum Vorgehen bei UM1A'n (Definition
4.2.7.(i),(ii)) definiert seien. Ist G nicht Λ-frei, so erhält
man auf die gleiche Weise einen verallgemeinerten MrA, der in
manchen Zuständen die leere Ausgabe Λ erzeugt.

<u>Beispiel 7.2.3.</u>: Ein bekanntes Beispiel für bewertete Myhill-
Graphen sind die sog. <u>Syntaxdiagramme</u>, die zur anschaulichen
Darstellung der Syntax von Programmiersprachen verwendet werden.
Ein Syntaxdiagramm für eine syntaktische Konstruktion (z.B. den
Prozedurkopf in PASCAL - vgl. Beispiel 5.1.4.) ist ein Flußdiagramm, das ein Verfahren der Erzeugung von Zeichenfolgen beschreibt, die bzgl. der betreffenden syntaktischen Konstruktion
korrekt (z.B. erlaubte Prozedurköpfe in PASCAL) sind. Genauer
gesagt, ist ein Syntaxdiagramm für eine syntaktische Konstruktion SK ein bewerteter Myhill-Graph, dessen Wegbewertungsmenge
die Menge aller bzgl. SK korrekten Zeichenfolgen ist. Um zu
große Syntaxdiagramme zu vermeiden und um rekursive Beschreibungen zu ermöglichen, verwendet man eine einfache Aufruftechnik,
indem man zwei verschiedene Typen von Eckenbewertungen zuläßt;

zur Verdeutlichung gibt man den Ecken zwei verschiedene Formen,
je nach dem Typ ihrer Bewertung:

- runde Form: Bewertung mit Grundsymbolen oder den Worten
  "letter" bzw. "digit" (oder ähnlichen Bezeichnungen für Buchstaben bzw. Ziffern); eine Bewertung dieses Typs soll bedeuten, daß das entsprechende Grundsymbol bzw. Zeichen des betreffenden Typs niedergeschrieben werden soll, wenn man im
  Laufe des Verfahrens an die jeweilige Ecke kommt,
- eckige Form: Bewertung mit dem Namen eines Syntaxdiagramms;
  das soll bedeuten, daß man zu dem bezeichneten Syntaxdiagramm
  überzugehen und nach dessen Abarbeitung zum Ausgangspunkt
  zurückzukehren hat.

Jedes Syntaxdiagramm hat nur eine Start- und eine Endecke, die
beide mit Λ bewertet sind, sie werden üblicherweise weggelassen - nur die von ihnen ausgehenden bzw. zu ihnen führenden
Kanten läßt man stehen.

Syntaxdiagramme

Unter Verwendung von Beispiel 5.1.4. soll nun zur Veranschaulichung des obigen ein Syntaxdiagramm für Prozedurköpfe in
PASCAL angegeben werden.

Das Syntaxdiagramm für Prozedurköpfe kann man aus dem Syntaxdiagramm für Bezeichner (identifier) und für Parameterlisten
(parameter list) zusammensetzen.

identifier

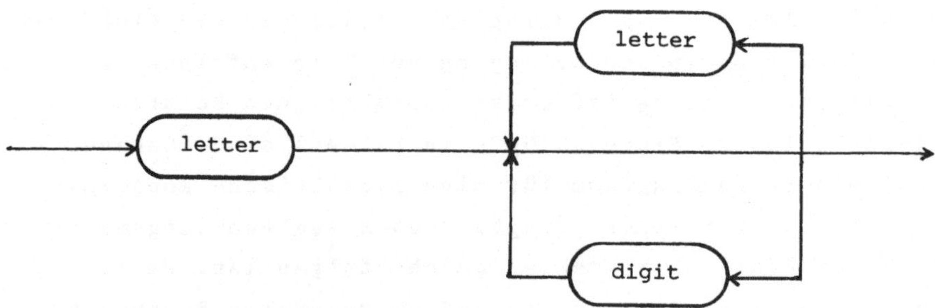

Figur 7.2.1.: Syntaxdiagramm für Bezeichner

parameter list

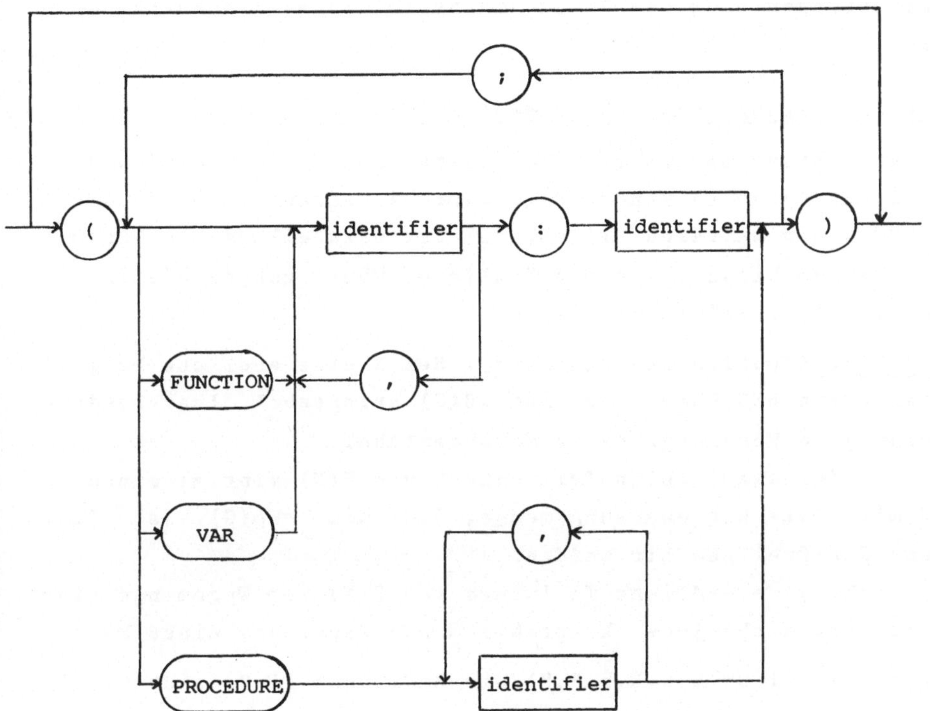

Figur 7.2.2.: Syntaxdiagramm für Parameterlisten

procedure heading

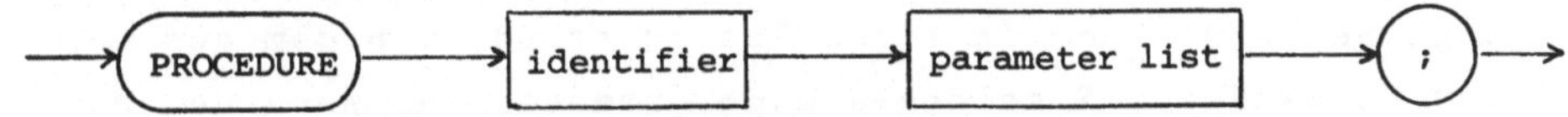

Figur 7.2.3.: Syntaxdiagramm für Prozedurköpfe

Der volle BMG für Prozedurköpfe ergibt sich durch sukzessives
Ersetzen der eckig berandeten Ecken durch die durch die jeweilige Bewertung bezeichneten Ecken.
Man beachte jedoch, daß bei beliebigen Syntaxdiagrammen dieser
Einsetzungsprozess nicht stets zu einem Diagramm führen muß,
das nur noch rund berandete Ecken besitzt, da erlaubt ist, daß
Syntaxdiagramme sich selbst aufrufen. Die mit solchen Syntaxdiagrammen beschriebenen Zeichenfolgen aus Grundsymbolen sind
dann im allgemeinen nicht mehr durch NRSA'n akzeptierbar, wohl

aber die Wegbewertungsmengen der betreffenden BMG'n, in denen
als Bewertungen auch die Namen von Syntaxdiagrammen auftreten
dürfen.

Charakterisierung akzeptabler Mengen durch Wegemengen

Daß Wegbewertungsmengen von BMG'n akzeptable Mengen sind und
daß alle akzeptablen Mengen Wegbewertungsmengen von BMG'n sind,
also BMG'n ein weiteres Hilfsmittel zur Darstellung von akzeptablen Mengen bilden, ist mit ähnlichen Überlegungen wie in
Beispiel 7.1.1. leicht zu zeigen.

<u>Satz 7.2.4.</u> (Myhills Graphen-Satz): Sei X eine endliche Menge.
(i) Ist G ein BMG über X, so ist WB(G) akzeptabel. Insbesondere
ist also jede Wegemenge eines MG akzeptabel.
(ii) Zu jeder akzeptablen Teilmenge L von F(X) gibt es einen
BMG G mit L als Wegbewertungsmenge, d.h. mit L=WB(G). Ist $\Lambda \notin L$,
so kann G Λ-frei gewählt werden.
(iii) Nicht jede endliche Teilmenge von F(X) ist Wegemenge eines
MG; also ist nicht jede akzeptable Menge Wegemenge eines MG.

<u>Beweis</u>: (i) Sei G=(E,K,X,b,S,F) ein BMG. Dann ließe sich wie in
Beispiel 7.1.1. ein NRSA, der WB(G) akzeptiert, konstruieren.
Wir wollen hier etwas anders vorgehen. Die Idee läßt sich auf
zwei Weisen darstellen:
(a) Sei A_G der gemäß Beispiel 7.2.2.(iii) zu G konstruierte MrA.
Dann ergänzen wir A_G durch einen Startzustand, von dem aus man
zu jedem Zustand aus S gelangen kann, wandeln ihn nach der Methode des Beweises von Satz 3.4.2. in einen M1A um und lassen
die Eingaben wieder weg.
(b) Wir stellen uns eine Maschine M vor, die wie folgt arbeitet:
M hat einen Zeiger, der auf jeweils eine Ecke von G oder einen
Punkt P außerhalb von G zeigen kann, und M verarbeitet Eingaben
aus $X \cup \Lambda$.
Im Startzustand z_0 zeige der Zeiger weder auf eine Ecke von G
noch auf P.
Erhält M im Startzustand z_0 eine Eingabe x, so geht der Zeiger
zu einer mit x bewerteten Startecke von G, falls eine solche
existiert, sonst zu P.

Zeigt M auf P, so verändert sich die Zeigerstellung bei keiner
Eingabe mehr.

Zeigt M auf eine Ecke e von G und erhält sie eine Eingabe x, so
geht der Zeiger von M auf einer von e ausgehenden gerichteten
Kante entlang zu einer mit x bewerteten Ecke, falls eine solche
existiert, sonst zu P.

Erreicht der Zeiger eine Endecke von G, so sei die bis dahin
eingegebene Eingabefolge akzeptiert.

A sei also der folgende NRSA:

$A=(E \cup z_0, X, t, z_0, F)$ mit $z_0 \notin E$,

(z_0, x', e) aus τ g.d.,w. e aus S und $b(e)=x' \in X \cup \Lambda$, sowie

(e, x', e') aus τ g.d.,w. (e, e') aus K und $b(e')=x' \in X \cup \Lambda$.

Man beachte, daß A ein DRSA (bzw. buchstabierend) ist, falls G
ein MG (bzw. Λ-frei) ist. Daß $L(A)=WB(G)$ gilt, prüft man leicht
nach.

(ii) Sei L eine akzeptable Teilmenge von $F(X)$. Dann gibt es
offenbar einen alphabetischen NRSA $A=(Z, X, t, S, F)$ mit $L=L(A)$
und $S \cap F = \emptyset$. Ist Λ nicht in L, so kann A sogar buchstabierend gewählt werden.

Nun sei $G=(Z \times (X \cup \Lambda), K, X, b, S \times (X \cup \Lambda), F')$ ein BMG mit $((z,x),(z',x'))$
aus K g.d.,w. (z, x, z') aus τ sowie $b(z,x)=x$ (für alle z, z' aus
Z, x, x' aus $X \cup \Lambda$) und

$F'=\{(z,x) \in Z \times X \mid$ Es gibt ein $z' \in F$ mit $(z,x,z') \in \tau\}$.

Ist $\Lambda \notin L$ also A buchstabierend, so ist G Λ-frei.

Es ist einfach zu verifizieren, daß $WB(G)=L(A)$ gilt.

Konstruiert man nach der Methode aus Beispiel 7.1.1. zu G einen
NRSA, so erhält man einen zu A äquivalenten NRSA.

(iii) Die Menge $L=\{ab, ac, bc\}$ ist nicht Wegemenge eines MG, denn
in einem MG G mit $W(G)=L$ müßte a Start- und c Endecke sein, und
es müßten die Kanten (a,b) und (b,c) vorkommen, so daß auch abc
ein Weg aus $W(G)$ sein müßte.

Mit Hilfe von Myhills Graphensatz läßt sich Aufgabe 5.6.(iii)
sehr einfach lösen; wir wollen hier nur einen Spezialfall behandeln, den wir im folgenden benötigen.

<u>Folgerung 7.2.5.</u>: Seien X,Y endliche Mengen und $f: F(X) \longrightarrow F(Y)$
ein alphabetischer Homomorphismus, d.h. ein Homomorphismus mit
$f(X) \subseteq Y \cup \Lambda$.

Dann ist $f(Rat(X)) \subseteq Rat(Y)$, d.h. für jedes $L \in Rat(X)$ ist $f(L) \in Rat(Y)$.

<u>Beweis</u>: Sei $L \in Rat(X)$. Dann gibt es nach Satz 7.2.4.(ii) einen BMG G mit L=WB(G). Ersetzt man in G die Bewertungsmenge X durch Y und die Bewertungsabbildung b durch fb, d.h. bewertet man jede Ecke e mit f(b(e)) statt mit b(e), so erhält man offenbar einen BMG G' mit WB(G')=f(L). ∎

In Aufgabe 7.3. wird eine Verallgemeinerung des Begriffs des BMG angegeben, bei der die Ecken mit Worten bewertet werden. Mit Hilfe dieses Begriffs läßt sich u.a. leicht zeigen, daß Folgerung 7.2.5. auch für nicht alphabetisches f gilt.

7.3. Standardmengen

Eine besonders wichtige Klasse von akzeptablen Mengen sind die Standardmengen (auch Standardereignisse oder lokale Mengen genannt), sie treten in den verschiedensten Anwendungen auf und bilden die Grundlage für weitere Charakterisierungen und Beschreibungsmöglichkeiten der akzeptablen Mengen.

<u>Definition 7.3.1.</u>: Eine Teilmenge L von F(X) heißt <u>Standardmenge</u> über X, wenn es Teilmengen B und E von X und P von X^2 so gibt, daß L die Menge aller Worte aus F(X) ist, die mit Buchstaben aus B beginnen, mit Buchstaben aus E enden und in denen kein Paar benachbarter Buchstaben in P liegt, d.h. daß gilt: $L=BX^* \cap X^*E - X^*PX^*$ mit $B,E \subseteq X$ und $P \subseteq X^2$.

<u>Bemerkung</u>: Standardmengen werden auch <u>lokale Mengen</u> genannt, denn von einem Wort w aus F(X) kann schon dann festgestellt werden, ob es zu einer Standardmenge L gehört, wenn man nur das erste und letzte Zeichen und alle Paare benachbarter Zeichen daraufhin prüft, ob sie in den gegebenen Mengen B, E und X^2-P liegen. (Man vergleiche auch Aufgabe 5.9.(i)).

<u>Charakterisierung akzeptabler Mengen durch Standardmengen</u>

<u>Hilfssatz 7.3.2.</u>: Eine Teilmenge L von F(X) ist genau dann Standardmenge, wenn sie Wegemenge eines Myhill-Graphen über X ist.

<u>Beweis</u>: (a) Seien $B,E \subseteq X$ und $P \subseteq X^*$ sowie $W(B,E,P)=BX^* \cap X^*E-X^*PX^*$.
Dann gilt offenbar

$W(B,E,P)=\{x_1 \ldots x_n \in F(X) \mid n \in \mathbb{N},\ x_1 \in B,\ x_n \in E$ und
$\qquad\qquad x_i x_{i+1} \notin P$ für $i=1,\ldots,n-1\}$.

(b) Sei $L=W(G)$ für einen MG $G=(X,K,S,F)$. Dann sei $P=\{xx' \in X^2 \mid$
$(x,x') \notin K\}$. Aus der Definition von $W(G)$ und (a) folgt $L=W(S,F,P)$.

(c) Sei $L=W(B,E,P)$. Man setze $K=\{(x,x') \in X \times X \mid xx' \notin P\}$.

Dann ist aufgrund der Definition des MG und wegen (a)

$G=(X,K,B,E)$ ein MG mit $W(G)=L$. $\blacksquare$

Weitere Eigenschaften von Standardmengen werden in Aufgabe 7.4.
angegeben.

Aus Myhills Graphensatz ergibt sich mit obigem Hilfssatz ein
neuer Charakterisierungssatz für $\mathrm{Akz}(X)$.

<u>Satz 7.3.3.</u> (Chomsky, Schützenberger): Eine Teilmenge U von $F(X)$
ist genau dann akzeptabel, wenn es eine endliche Menge Y, einen
alphabetischen Homomorphismus f von $F(Y)$ auf $F(X)$ (d.h. einen
Homomorphismus mit $X \subseteq f(Y) \subseteq X \cup \Lambda$) und eine Standardmenge L über Y
so gibt, daß $U=f(L)$ gilt. Ist $\Lambda \notin U$, so kann f Λ-frei (d.h. so,
daß $f(Y)=X$ ist) gewählt werden.

<u>Beweis</u>: (i) Ist U akzeptabel, so gibt es nach Satz 7.2.4.(ii)
einen BMG $G=(E,K,X,b,S,F)$ mit $WB(G)=U$, der Λ-frei ist, wenn $\Lambda \notin U$
gilt. Aufgrund von Teil (iii) der Bemerkung zu Definition 7.2.1.
ist $G'=(E,K,S,F)$ ein MG mit $WB(G)=h_b(W(G'))$, wobei h_b der durch
b bestimmte Homomorphismus von $F(E)$ auf $F(X)$ ist; h_b ist alphabetisch, weil $h_b(E)=b(E)=X \cup \Lambda$ gilt, und ist sogar Λ-frei, wenn
$\Lambda \notin U$ ist. Nach Hilfssatz 7.3.2. ist $L=W(G')$ eine Standardmenge.
(ii) Sei $U=f(L)$, wobei L eine Standardmenge und f ein alphabetischer Homomorphismus von $F(Y)$ auf $F(X)$ sei. Dann gibt es nach
Hilfssatz 7.3.2. einen MG $G'=(Y,K,S,F)$ mit $L=W(G')$. Ferner ist
$G=(Y,K,X,b,S,F)$, wobei b die Einschränkung f/Y von f auf Y sei,
ein BMG mit $WB(G)=f(L)$, also ist U nach Satz 7.2.4.(i) akzeptabel.

<u>Bemerkung</u>: Manchmal werden zu diesen Standardmengen auch die
Mengen $L \cup \Lambda$, wobei L eine Standardmenge ist, hinzugerechnet. In

diesem Fall kommt man in Satz 7.3.3. stets mit Λ-freien Homomorphismen aus.

Rationalität der Standardmengen

Wir wollen einen direkten Beweis dafür angeben, daß Standardmengen rational sind (analog zu Aufgabe 5.7.(i)). Zusammen mit
Satz 7.3.3. und einem direkten Beweis für Folgerung 7.2.5. (mit
Induktion über den Aufbau rationaler Ausdrücke) liefert das einen weiteren Beweis für die Rationalität akzeptabler Mengen.

<u>Satz 7.3.4.</u> (Myhill): Jede Standardmenge ist rational.

<u>Beweis</u>: Sei $G=(X,K,S,F)$ ein MG. Für jedes Paar (x,x') aus $S\times F$
sei $G(x,x')=(X,K,x,x')$. Dann ist
$W(G)=\cup\{W(G(x,x'))\mid (x,x')\in S\times F\}$.

Also genügt es, für fest gewählte x,x' mit vollständiger Induk-
tion über die Zahl $k=|K|$ der Kanten von G zu zeigen, daß
$W=W(G(x,x'))$ rational ist.

Dabei brauchen wir nur den Fall $W\neq\emptyset$ zu betrachten.

Für $k=0$ muß dann $x=x'$, also $W=\{x\}$, d.h. W rational sein.

Ist $k=1$, so muß $K=\{(x,x')\}$ sein, und W ist rational wegen

$$W=\begin{cases} xx' \; , & \text{falls } x\neq x' \\ x^* \; , & \text{falls } x=x' \; . \end{cases}$$

Induktionsannahme: Für $k=n\geq 1$ sei W rational.

Sei nun also $k=n+1$, dann muß K eine Kante $(a,b)\neq(x,x')$ enthalten, so daß es in G je einen Weg von x nach a und von b nach x'
geben muß; $x=a$ oder $b=x'$ ist dabei erlaubt.

Für beliebige Ecken e, e' von G sei $W_i(e,e')$ die Menge aller
Worte aus $W(G(e,e'))$, die zu Wegen von e nach e' gehören, in denen die Kante (a,b) genau i-mal vorkommt.

Dann ist $W=\cup\{W_i(x,x')\mid i=0,1,2,\ldots\}$.

$W_1(x,x')=W_0(x,a)W_0(b,x')$,

$W_2(x,x')=W_0(x,a)W_0(b,a)W_0(b,x')$ und allgemein

$W_{i+1}(x,x')=W_0(x,a)(W_0(b,a))^i W_0(b,x')$ für $i=0,1,2,\ldots$.

Das besagt aber

$W=W_0(x,x')\cup W_0(x,a)(W_0(b,a))^* W_0(b,x')$.

Um zu zeigen, daß W rational ist, braucht also nur noch bewiesen

zu werden, daß $W_0(e,e')$ für beliebige Ecken e,e' rational ist.
Das aber folgt aus der Induktionsannahme, denn $W_0(e,e')$ ist
die Wegemenge des MG, den man aus $G(e,e')$ durch Weglassen der
Kante (a,b) erhält. ∎

Medvedev-Costich-Mengen

Aus dem Satz von Chomsky und Schützenberger ergibt sich noch eine
ähnliche Charakterisierung akzeptabler Mengen, bei der die Rolle der Standardmengen von den in der nächsten Definition eingeführten Mengen übernommen wird.

Definition 7.3.5: Sei X eine endliche Menge. Die Menge MC(X) der
Medvedev-Costich-Mengen über X ist die kleinste Teilmenge M der
Potenzmenge von $F(X)$ mit folgenden Eigenschaften:

  (i) X ist in M und für jedes a aus X sind X^*a und X^*aX in M.

 (ii) Mit U und V sind auch $U \cup V$ und $U \cap V$ in M.

(iii) Ist U aus M, so ist auch folgende Menge Pk(U) in M:

     $Pk(U)=\{w \in U \mid$ Für alle $u,v \in F^+(X)$ mit $uv=w$ ist $u \in U\}$.

     Pk(U) heißt der _Präfixkern von U_.

Bemerkung: Der Präfixkern einer Wortmenge U ist die größte Teilmenge von U, die mit jedem Wort alle nichtleeren Anfangsstücke
(Präfixe) enthält. Es gilt $Pk(U \cup \Lambda)=Pk(U) \cup \Lambda$, und aus $U \subseteq U'$ folgt
$Pk(U) \subseteq Pk(U')$.

Satz 7.3.6.(Medvedev, Costich): Eine Teilmenge L von $F(X)$ ist
genau dann akzeptabel, wenn es eine endliche Menge Y, eine
Medvedev-Costich-Menge M über Y und einen alphabetischen Homomorphismus f von $F(Y)$ in $F(X)$ so gibt, daß $L=f(M)$ gilt. Ist $\Lambda \notin L$,
so kann f Λ-frei gewählt werden.

Beweis: (a) Um zu zeigen, daß das Bild einer Medvedev-Costich-
Menge unter einem alphabetischen Homomorphismus akzeptabel ist,
brauchen wir aufgrund von Folgerung 7.2.5. nur zu zeigen, daß
eine Medvedev-Costich-Menge rational ist.
Da X, X^*a und X^*aX rational sind und die Vereinigung sowie der
Durchschnitt rationaler Mengen (wegen Satz 5.5.5.) rational
ist, muß nur gezeigt werden, daß der Präfixkern einer rationalen
Menge rational ist. Sei also U aus Rat(X). Dann existiert ein

RSA A mit $L(A)=U\cup\Lambda$. Wegen $\Lambda\in L(A)$ ist dann der Startzustand von A auch Endzustand. Nun sei

$$A'=(Z,X,f',s,F) \text{ mit } f'(z,x)=\begin{cases} f(z,x), & \text{falls } z \text{ aus } F \\ \text{undefiniert}, & \text{sonst} \end{cases}$$

<u>Zwischenbehauptung</u>: $L(A')=Pk(U)\cup\Lambda$.

Beweis: Offensichtlich gilt $L(A')\subseteq L(A)$. Wegen $s\in F$ ist $\Lambda\in L(A')$. Ist wx in $L(A')$ mit x aus X, so ist $f'(f'^*(s,w),x)$ aus F, also definiert. Nach Definition von A' ist daher $f'^*(s,w)$ in F und damit w in $L(A')$. Daraus folgt

$L(A')=Pk(L(A'))\subseteq Pk(L(A))$.

Sei nun $w=x_1x_2\ldots x_n$ aus $Pk(L(A))$, wobei $x_1,\ldots,x_n$ aus X seien. Dann ist jedes $w_i=x_1\ldots x_i$, $i=1,\ldots,n$ aus $L(A)$. Deshalb sind die Zustände $z_0=s$ und $z_i=f^*(s,w_i)$ in F, und es gilt $z_{i+1}=f(z_i,x_{i+1})=f'(z_i,x_{i+1})$ für $i=0,1,\ldots,n-1$. Daher liegt w in $L(A')$, woraus $Pk(L(A))\subseteq L(A')$ folgt. Insgesamt ergibt sich also

$Pk(U)\cup\Lambda=Pk(U\cup\Lambda)=Pk(L(A))=L(A')$.

Somit ist $Pk(U)\cup\Lambda$ akzeptabel. Ist $\Lambda\notin Pk(U)$, so ist $Pk(U)=$ $=(Pk(U)\cup\Lambda)\cap F^+(X)$.

In jedem Fall ist also $Pk(U)$ akzeptabel.

(b) Zum Beweis der Umkehrung genügt es wegen Satz 7.3.3. zu zeigen, daß jede Standardmenge eine Medvedev-Costich-Menge ist. Sei $S=BX^*\cap X^*E-X^*PX^*$ eine Standardmenge mit $B,E\subseteq X$ und $P\subseteq X^2$. Nach Definition 7.3.5.(i) und (ii) sind dann die folgenden drei Mengen aus $MC(X)$:

$X^*E=\cup\{X^*e\mid e\in E\}$,

$\quad B=\cup\{X^*b\mid b\in B\}\cap X$,

$\quad\quad C=\cup\{X^*pX\cap X^*p'\mid pp'\in X^2-P\}$.

Wenn wir jetzt die folgende Behauptung beweisen können, sind wir fertig, denn dann liegt $S=X^*E\cap Pk(B\cup C)$ in $MC(X)$.

<u>Behauptung</u>: $Pk(B\cup C)=BX^*-X^*PX^*$.

Beweis: Es ist

$C=\cup\{X^*pp'\mid pp'\in X^2-P\}=X^*(X^2-P)$,

also $Pk(B\cup C)=Pk(B\cup X^*(X^2-P))$.

Für i aus $\mathbb{N}$ sei $L_i = X^i \cap Pk(B \cup C)$. Dann ist
$L_1 = B$, $L_2 = BX \cap X^2 - P = BX - P$ und allgemein für i aus $\mathbb{N}$
$L_{i+1} = L_i X \cap X^{i-1}(X^2 - P) = L_i X - X^{i-1} P = BX^i - (PX^{i-1} \cup XPX^{i-2} \cup X^2 PX^{i-3} \cup \ldots$
$\ldots \cup X^{i-2} PX \cup X^{i-1} P)$.
Daraus folgt $\cup \{L_i \mid i \in \mathbb{N}\} = BX^* - X^* PX^*$, und damit die Behauptung. ∎

<u>Folgerung 7.3.7.</u>: Jede Standardmenge ist eine Medvedev-Costich-Menge.

Eine weitere Darstellungsform für akzeptable Mengen, in der die Standardmengen eine besondere Rolle spielen, ist in Aufgabe 7.5. angegeben.

7.4. Der Zweiwegautomat (ZWA)

<u>Definition des Zweiwegautomaten</u>

Nun soll ein Beispiel dafür gegeben werden, daß Standardmengen als Mengen von "Berechnungsfolgen" von Maschinen auftreten. Mit Hilfe des Satzes von Myhill, Chomsky und Schützenberger können wir dadurch dann sehr schnell einsehen, daß der folgende Automatentyp, der scheinbar beträchtlich größere Fähigkeiten als der RSA besitzt, nicht mehr als dieser leistet. Wir gehen dazu von der in Abschnitt 5.4. beschriebenen Auffassung eines RSA als lesender Maschine aus und lassen bei dem nun zu definierenden sog. Zweiwegautomaten zu, daß sein Lesekopf sich nicht nur von links nach rechts, sondern auch von rechts nach links bewegen darf. Genauer gesagt, ist ein Zweiwegautomat eine Maschine, bestehend aus

- einer endlichen Kontrolleinheit, die abhängig von Eingaben, endlich viele verschiedene Zustände annehmen kann (darunter einen Startzustand und gewisse Endzustände),
- einem in Felder eingeteilten Eingabeband, dessen Felder von links nach rechts, mit 1 beginnend, numeriert sind und jeweils ein Eingabezeichen oder das Leerzeichen (das Feld heißt dann leer) enthalten können; die gesamte (endlich lange) Eingabe (das Eingabewort) wird stets linksbündig ohne Zwischenräume (leere Felder) auf das Eingabeband geschrieben; rechts

vom Eingabewort gibt es also nur leere Felder,
- einem Lesekopf, der die Zeichen, die jeweils in den Feldern
  des Eingabebandes stehen, lesen und an die Kontrolleinheit
  weiterleiten kann, und der sich, aufgrund von Anweisungen der
  Kontrolleinheit nach dem Lesen eines Zeichens um ein Feld nach
  links oder nach rechts bewegen, aber auch auf dem jeweiligen
  Feld stehen bleiben kann.

Wird dem Automaten ein Wort eingegeben, so beginnt er auf dem
Feld mit der Nummer 1. Das Wort wird akzeptiert, falls der Automat in einen Endzustand übergeht, wenn es der Lesekopf nach
rechts hin verläßt.

Für die Zurückweisung eines Wortes gibt es jetzt drei Möglich-
keiten:
- Verlassen des Wortes nach rechts in einem Nicht-Endzustand,
- Verlassen des Wortes nach links,
- Dauerndes Verbleiben des Lesekopfes über dem Wort (Schleife).

Definition 7.4.1.: Ein <u>Zweiwegautomat</u> (kurz ZWA) ist ein Quintupel $A=(Z,X,f,s,F)$, wobei Z,X,s und F die gleiche Bedeutung wie
bei einem RSA haben und
$$f: Z\times(X\cup\Lambda)\longrightarrow Z\times\{-1,0,1\}$$
die Transitions- und Leserichtungsabbildung ist;
$f(z,x)=(z',i)$ besage, daß A nach dem Lesen von x im Zustand z in
den Zustand z' übergeht und den Lesekopf um i Felder verschiebt,
und zwar nach links, wenn $i=-1$, nach rechts, wenn $i=1$ ist.
Dabei sei stets $f(z,\Lambda)=(z,0)$.
Ein Tripel (z,x,p) aus $Z\times(X\cup\Lambda)\times\mathbb{N}$ heißt <u>Konfiguration von A</u>
- dabei gibt p die Position des Lesekopfes im Zustand z und x
das im p-ten Feld (d.h. unter dem Lesekopf) stehende Zeichen an.
Ein Wort $w=x_1x_2\ldots x_n$ mit n aus $\mathbb{N}$ und $x_1,x_2,\ldots,x_n$ aus X wird
von A <u>akzeptiert</u> g.d.,w. es eine Folge
(z_k,y_k,p_k), $k=1,2,\ldots,m$, m aus $\mathbb{N}$, von Konfigurationen von A so
gibt, daß folgendes gilt:
$f(z_k,y_k)=(z_{k+1},i)$, $p_{k+1}=p_k+i$, $1\leq p_k\leq n$ und $y_k=x_{p_k}$ für
$k=1,2,\ldots,m-1$
sowie $z_1=s$, $p_1=1$, z_m aus F, $y_m=\Lambda$ und $p_m=n+1$.
Λ wird genau dann akzeptiert, wenn s aus F ist.

Die <u>Leistung L(A) von A</u> ist die Menge aller von A akzeptierten
Worte aus F(X).

<u>Bemerkung</u>: (i) Schränkt man die Definition des ZWA dahingehend
ein, daß f nur in die Menge $Z \times \{+1\}$ abbildet, so erhält man einen
<u>Einwegautomaten</u>, der offensichtlich der in Abschnitt 5.4. gege-
benen Interpretation des RSA entspricht: In den in der Definition eingeführten Konfigurationen ist die Eingabe der Position
nicht mehr nötig, da stets $p_k = k$ gilt; aus diesem Grunde können
auch alle sich auf die p_k beziehenden Bedingungen in der Definition weggelassen werden.

Dann aber ist klar, daß die Menge M aller endlichen Folgen der-
artiger reduzierter Konfigurationen (d.h. von Paaren (z,x)), die
zur Akzeptierung von Worten führen, eine Standardmenge ist, und
zwar ist M die durch den MG $G' = (Z \times (X \cup \Lambda), K, S \times (X \cup \Lambda), F')$ aus dem
Beweis von Satz 7.2.4.(ii) bestimmte Wegemenge (wobei G' der dem
BMG G zugrundeliegende MG ist). (Man vergleiche auch den Beweis
von Satz 7.3.3.).

(ii) Ein RSA arbeitet in Realzeit, d.h. in jedem Takt wird ein
Eingabezeichen verarbeitet, und nachdem das letzte Zeichen eingegeben wurde, entscheidet er sofort über die Akzeptierung des
gesamten Wortes. Ein ZWA dagegen braucht einen Pufferspeicher
(nämlich das Eingabeband) für die Eingabe, der beliebig ver-
größerbar sein muß, um beliebig lange Eingabeworte aufzunehmen,
und er wird i.a. mehr als n Takte (Arbeitsschritte) zur Akzeptierung eines Wortes der Länge n benötigen.

Für Varianten dieser Definition vgl. Aufgabe 7.6.

<u>Ein ZWA und ein äquivalenter RSA</u>

<u>Beispiel 7.4.2.</u>: (Vgl. auch Aufgabe 7.7.(i)). Sei $X = \{x_0, x_1, x_2, x_3\}$.
Wir wollen einen ZWA konstruieren, der die Menge U aller der Wor-
te w aus F(X) akzeptiert, die mit x_0 beginnen, sonst kein weiteres x_0 aber mindestens ein x_i für $i = 1,2,3$ enthalten:
$$U = x_0 X_0^* \wedge X_0^* x_1 X_0^* \wedge X_0^* x_2 X_0^* \wedge X_0^* x_3 X_0^* \text{ mit } X_0 = \{x_1, x_2, x_3\}.$$

Die Arbeitsweise des ZWA ist einfach. Zu Beginn prüft er, ob
das erste Zeichen x_0 ist. Wenn das so ist, geht er weiter nach
rechts, bis er ein x_1 findet. Ist das der Fall, geht er nach

links zum Wortanfang x_0 und beginnt die Suche nach x_2. Findet er x_2, so geht er zurück zum Wortanfang und sucht dann x_3. Falls er dies findet, kann er das Wort zuende lesen und akzeptieren, falls rechts vom Wortanfang kein x_0 mehr vorkam. Also sei der ZWA A_U wie folgt definiert:

$$A_U = (\{z_0, z_1, z_2, z_3, z_0', z_1', z_2', z_3'\}, X, f, z_0, z_3')$$

$$\text{mit } f(z_0, x_i) = \begin{cases} (z_1, +1), & \text{falls } i=0 \\ (z_0', +1), & \text{sonst} \end{cases}$$

$$f(z_0', x_i) = (z_0', +1) \quad \text{für } i=0,1,2,3$$

$$f(z_j, x_i) = \begin{cases} (z_0', +1) & \text{für } i=0, \ j=1,2,3 \\ (z_j', -1) & \text{für } i=j, \ j=1,2 \\ (z_3', +1) & \text{für } i=j=3 \\ (z_j, +1) & \text{für } i \neq j, \ j=1,2,3 \end{cases}$$

$$f(z_j', x_i) = \begin{cases} (z_{j+1}, +1) & \text{für } i=0, \ j=1,2 \\ (z_j', -1) & \text{für } i=1,2,3, \ j=1,2 \\ (z_3', +1) & \text{für } i=1,2,3, \ j=3 \\ (z_0', +1) & \text{für } i=0, \ j=3 \end{cases}$$

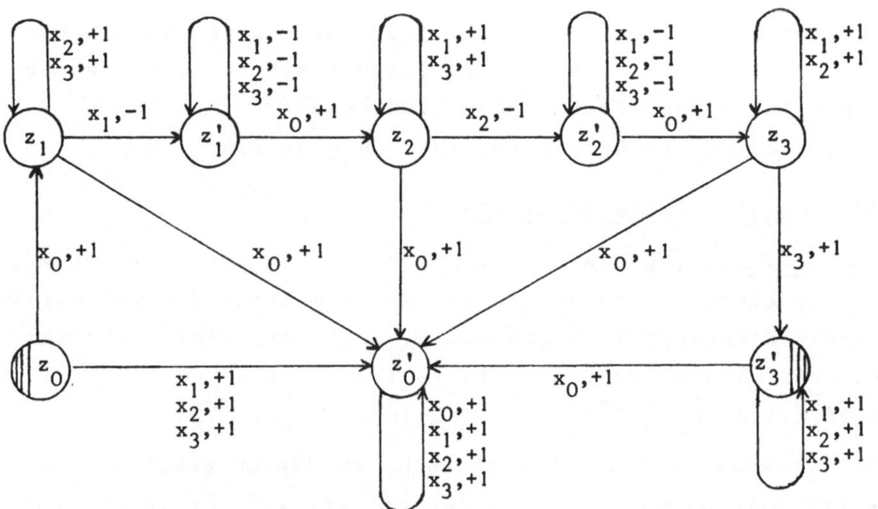

Figur 7.4.1.: Graph des ZWA A_U

Ein ZWA läßt sich, ähnlich wie ein RSA durch einen kantenbewerteten gerichteten Graphen darstellen; an die Kanten schreibt man die Eingabe und die Richtung, in die der Lesekopf nach dem Lesen verschoben wird (vgl. Figur 7.4.1.).

A_U braucht zur Akzeptierung des Wortes $x_0 x_3^n x_2 x_1$ mit n aus $\mathbb{N}$ genau $(1+n+1)+(2+n)+(1+n)+(1+n)+1+n+2=5n+9=2(|X|-2)(n+2)+n+3-2$ Arbeitsschritte (Verschiebungen des Lesekopfes).

Es ist leicht, einen RSA A'_U zu konstruieren, der U akzeptiert - er braucht dann zur Akzeptierung des obigen Wortes nur n+3 Schritte, dafür benötigt er jedoch mehr Zustände, denn er muß die Information darüber, welche Zeichen er bereits gefunden hat, in den Zuständen speichern, so daß er zumindest für jede Teilmenge von $X-\{x_0\}$ einen Zustand braucht, sowie je einen Zustand dafür, ob x_0 einmal oder öfter aufgetreten ist (vgl. Figur 7.4.2.). Wie Aufgabe 7.7.(ii) zeigt, kann der Unterschied der Zustandsanzahlen zwischen einem ZWA und einem äquivalenten minimalen RSA noch beträchtlich größer sein.

<u>Bemerkung</u>: Die Menge der Konfigurationenfolgen, die zur Akzeptierung von Worten durch einen ZWA führen, ist keine Standardmenge, da sie nicht Teilmenge eines endlich erzeugten freien Monoids ist - die Menge der Konfigurationen $Z \times X \times \mathbb{N}$ ist ja unendlich. Selbst für festes n aus $\mathbb{N}$ ist die Menge der Konfigurationenfolgen, die zur Akzeptierung von Worten der Länge n führen, keine Standardmenge, weil die Einhaltung der Bedingung $y_k = x_{p_k}$ es erfordert, immer das gesamte Anfangsstück des Wortes (oder der Konfigurationenfolge) inspizieren zu können. Man kann sich das leicht am Beispiel 7.4.2. klar machen: Das Wort $x_0 x_1 x_2 x_3$ liefert die Konfigurationenfolge $(z_0,x_0,1)(z_1,x_1,2)(z'_1,x_0,1)$ $(z_2,x_1,2)(z_2,x_2,3)(z'_2,x_1,2)(z'_2,x_0,1)(z_3,x_1,2)(z_3,x_2,3)$ $(z_3,x_3,4)(z'_3,\Lambda,5)$.

Läßt man die Bedingung $y_k = x_{p_k}$ außer Acht, so kann man das Anfangsstück $(z_0,x_0,1)(z_1,x_1,2)(z'_1,x_0,1)$ dieser Folge auch anders fortsetzen, etwa so:
$(z_0,x_0,1)(z_1,x_1,2)(z'_1,x_0,1)(z_2,x_2,2)(z'_2,x_0,1)(z_3,x_3,2)(z'_3,\Lambda,3)$.

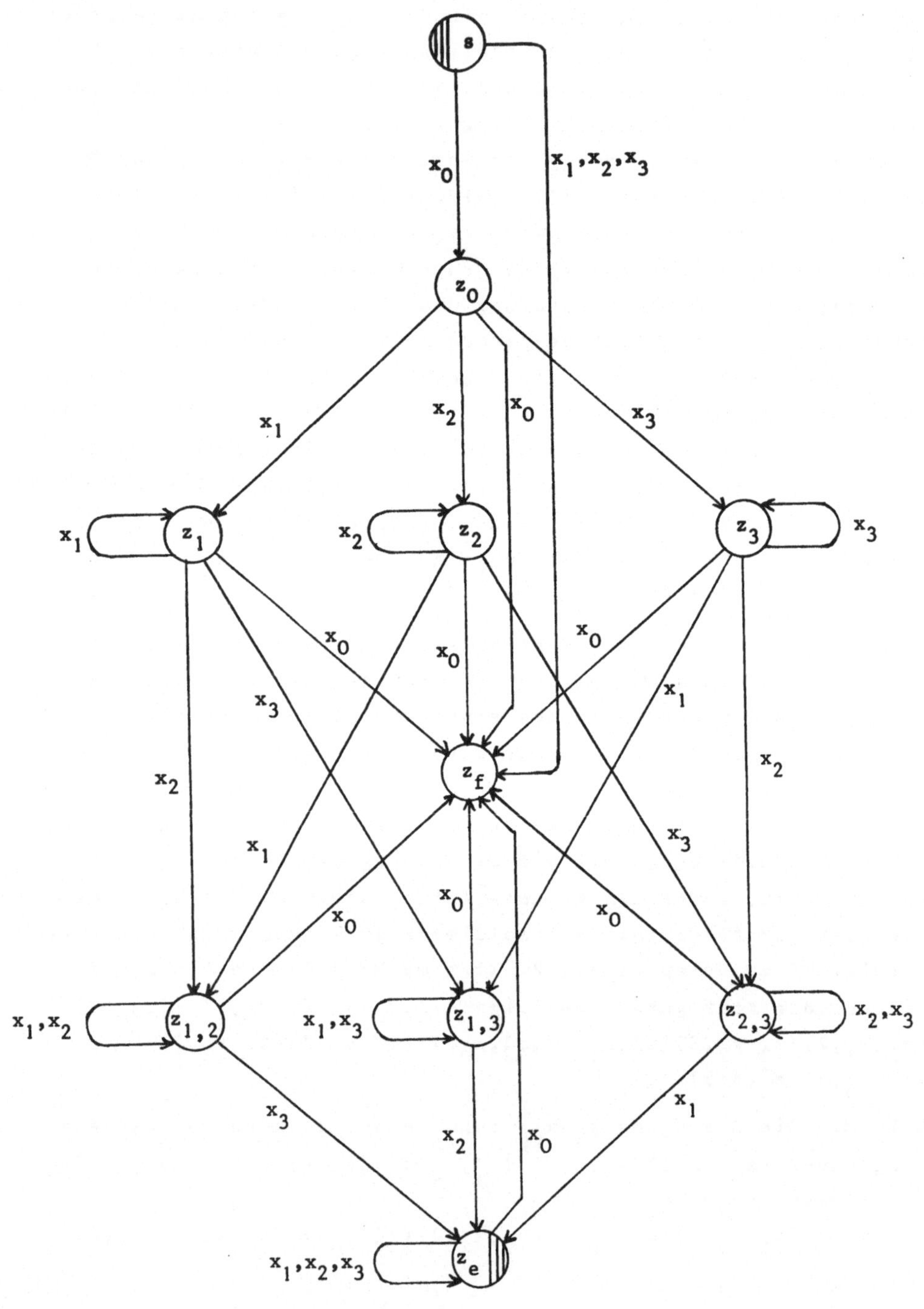

Figur 7.4.2.: Graph des RSA A_U'

Diese Folge erfüllt alle anderen in der Definition angegebenen Bedingungen, kann aber nicht zu einem von A_U akzeptierten Wort gehören, weil ein solches Wort mindestens die Länge 4 haben muß.

Trotzdem läßt sich mit Hilfe von Standardmengen (und dem Satz von Chomsky, Schützenberger) die Gleichwertigkeit von ZWA'n und RSA'n nachweisen.

<u>Gleichwertigkeit von ZWA'n und RSA'n</u>

<u>Satz 7.4.3.</u>: Zu jedem ZWA gibt es einen RSA mit gleicher Leistung.

<u>Beweis</u>: Wir wollen ähnlich vorgehen wie in der Bemerkung zu Definition 7.4.1. für den Spezialfall des Einwegautomaten. Wegen der Bemerkung zu Beispiel 7.4.2. können wir die Konfigurationen aus Definition 7.4.1. dazu nicht gebrauchen. Diese haben auch noch einen weiteren Nachteil, den wir vermeiden müssen: in den Konfigurationenfolgen gemäß Definition 7.4.1. können die Buchstaben des akzeptierten Wortes mehrfach auftreten, die Konfigurationenfolge ist i.a. länger als das zugehörige Wort.

Wir suchen also einen modifizierten Konfigurationsbegriff: Wir wollen versuchen, mit Tripeln (z,x,r) auszukommen, wobei (z,x) aus $Z \times X$ und r noch zu spezifizieren ist, derart daß in jeder Konfigurationenfolge, die die Akzeptierung eines Wortes w beschreiben soll, die Folge der zweiten Komponenten (der Zeichen x) gerade w ergibt und daß allein aus einem Tripel (z,x,r) abgelesen werden kann, welche Tripel ihm unmittelbar folgen dürfen. Dazu machen wir folgende Überlegung:

Sei A ein ZWA wie in Definition 7.4.1. Jedes Wort w aus $F(X)$ definiert dann eine partielle Abbildung

$r_w\colon (Z \times X) \longrightarrow Z$ mit $r_w(z,x) = z'$ g.d.,w. folgendes gilt:

Sei $k = |w| + 1$. Steht wxv auf dem Eingabeband von A (wobei v beliebig aus $F(X)$ sei), steht der Lesekopf auf dem k-ten Feld und startet A dann im Zustand z, so erreicht der Lesekopf von A nach endlich vielen Schritten das $(k+1)$-te Feld, und z' sei der Zustand, in dem sich A dann befindet, wenn zum erstenmal das $(k+1)$-te Feld erreicht wird, der Lesekopf sich also vorher nur über w befunden hatte. Formal ausgedrückt heißt das:

Ist $w=x_1 \ldots x_{k-1}$ mit x_j aus X für $j=1,\ldots,k-1$, so gibt es genau eine Folge (z_j,y_j,p_j), $j=1,\ldots,m$, von Konfigurationen von A mit $z_1=z$, $p_1=k$, $y_1=x$, $z_m=z'$, $p_m=k+1$,

$f(z_j,y_j)=(z_{j+1},i)$, $p_{j+1}=p_j+i$, $1 \leq p_j \leq k$

und $y_j=x_{p_j}$ für $j=1,\ldots,m-1$.

$r_w(z,x)$ ist undefiniert g.d.,w. A das Eingabeband nach links verläßt oder bei der Bewegung auf dem Eingabeband in eine unendliche Schleife gerät, falls A im Zustand z mit wxv auf dem Eingabeband und dem Lesekopf auf dem k-ten Feld startet.

Die Anzahl aller partiellen Abbildungen der endlichen Menge Z×X in die endliche Menge Z ist $(|Z|+1)^{|Z \times X|}$, denn durch Hinzunahme eines neuen Bildelementes $u \notin Z$ läßt sich bekanntlich jede partielle Abbildung g von Z×X in Z in eine überall definierte Abbildung g' von Z×X in Z∪u überführen (man setze g'(z,x)=u g.d.,w. g(z,x) undefiniert ist) und jede derartige Abbildung entspricht genau einer partiellen Abbildung von Z×X in Z.

Daher ist die Menge $R=\{r_w | w \in F(X)\}$ aller oben definierten Abbildungen r_w endlich.

Es gibt also eine endliche Teilmenge W von F(X) derart, daß gilt: $R=\{r_w | w \in W\}$ mit $\Lambda \in W$ sowie $w \neq w'$ g.d.,w. $r_w \neq r_{w'}$.

Ferner existiert folgende Abbildung:

g: W×X⟶W mit g(w,x)=w' g.d.,w. $r_{wx}=r_{w'}$.

Jetzt ist der Rest des Beweises einfach.

$M=Z \times (X \cup \Lambda) \times W$ sei die Menge der modifizierten Konfigurationen von A. Dabei bedeute $(z,x,w) \in M$, daß A ein Wort w' mit $r_{w'}=r_w$ gelesen, zum ersten Male das $(|w'|+1)$-ste Feld erreicht und dabei den Zustand z angenommen habe, sowie daß dann x unter dem Lesekopf stehe.

S sei die folgende Standardmenge über M:

$S=(s \times (X \cup \Lambda) \times \Lambda)M^* \cap M^*(F \times \Lambda \times W)-M^* P M^*$

wobei $(z,x,w)(z',x',w')$ in M^2-P liegt g.d.,w.

$x \in X$, $r_w(z,x)=z'$ und g(w,x)=w' ist.

Weiter sei h der folgende Monoidhomomorphismus:

h: F(M)⟶F(X), h(z,x,w)=x für jedes (z,x,w) aus M.

Dann gilt $L(A) \subseteq h(S)$; denn ist u aus $L(A)$, so gibt es eine Folge von modifizierten Konfigurationen aus $F(M)$, die die Folge der Situationen wiedergibt, in denen A jeweils das k-te Zeichen $(k=1,2,\ldots)$ von u zum ersten Mal erreicht, diese Folge gehört offensichtlich zu S.

Um $L(A) \supseteq h(S)$ zu zeigen, sei t aus S mit $t=t_1 t_2 \ldots t_k$, k aus $\mathbb{N}$ und t_j aus M für $j=1,\ldots,k$. Dann ist $h(t)=h(t_1 t_2 \ldots t_{k-1})$, weil t_k in $F \times \Lambda \times W$ liegt. Mit vollständiger Induktion über q soll nun bewiesen werden, daß sich zu jedem Anfangsstück $t_q'=t_1 \ldots t_q$ von t mit $1 \leq q \leq k-1$ und $t_q=(z,x,w)$ sowie $r_w(z,x)=z'$ eine Folge v von Konfigurationen aus $Z \times X \times \mathbb{N}$ konstruieren läßt, die im Sinne von Definition 7.4.1. gerade die Bedingung dafür ist, daß $h(t_q')$ vom ZWA $A'=(Z,X,f,s,z')$ akzeptiert wird, d.h. daß A nach endlich vielen Schritten ganz $h(t_q')$ gelesen hat und dann in den Zustand z' übergegangen ist.

Für $k=1$ ist $t=t_1=(s,\Lambda,\Lambda)$, also s aus F und deshalb $h(t)=\Lambda \in L(A)$.

Sei nun $k \geq 2$. Dann ist stets $t_1=(s,x,\Lambda)$ mit x aus X.

Sei $q=1$. Dann gilt $t_q'=t_1=(s,x,\Lambda)$, und die t_1' entsprechende Konfigurationenfolge ist
$$v=(s,x,1)v_1 v_2 \ldots v_m (z',\Lambda,2),$$
wobei $v_1 \ldots v_m$ die Konfigurationenfolge ist, die im Sinne der Definition der Abbildung r_Λ die Beziehung $r_\Lambda(s,x)=z'$ bestimmt. Offenbar kann in der zweiten Komponente jedes der v_i nur x und in der dritten Komponente nur 1 stehen. Deshalb wird x von A' akzeptiert.

Induktionsannahme: Die Behauptung gelte für $q \geq 1$. Sei dann $k > q+1$ und $t_{q+1}'=t_q'(z',x',w')$; ferner sei $v(z',\Lambda,q+1)$ die nach Induktionsannahme zu t_q' konstruierbare Konfigurationenfolge. Ähnlich wie im Falle $q=1$ sei dann $v'(z'',\Lambda,q+2)$ die durch die Beziehung $r_{w'}(z',x')=z''$ bestimmte Konfigurationenfolge. Dann ist offensichtlich $vv'(z'',\Lambda,q+2)$ die t_{q+1}' entsprechende Konfigurationenfolge.

Nach Induktionsannahme wird $h(t_q')$ von A' akzeptiert. Die dritten Komponenten der Konfigurationen aus v' liegen nach Konstruktion alle zwischen 1 und $q+1$. Setzt man $A''=(Z,X,f,s,z'')$, so akzeptiert A'' das Wort $h(t_q')x'=h(t_{q+1}')$.

Insgesamt gilt deshalb L(A)=h(S), daher ist L(A) nach Satz
7.3.3. akzeptabel.∎

<u>Bemerkung</u>: Um zu zeigen, daß die Konstruktionen des Beweises
auch effektiv durchführbar sind, hat man sich im wesentlichen
nur zu überlegen, daß die Menge R in endlich vielen Schritten
bestimmt werden kann - daraus ergibt sich dann auch, wie W und
g effektiv konstruiert werden können - vgl. dazu Aufgabe 7.8.

7.5. Automaten mit Vorausschau

Im vorigen Abschnitt sahen wir, daß (deterministische) Zweiwegautomaten mit wesentlich weniger Zuständen auskommen können als
äquivalente RSA'n (vgl. insbesondere Aufgabe 7.7.(ii)). Wir wollen uns jetzt ein weiteres deterministisches Automatenmodell
überlegen, das i.a. mit weniger Zuständen auszukommen gestattet
als RSA'n. Die Grundidee entstammt dem Gebiet der Syntaxanalyse
kontextfreier Sprachen (und entspricht der Methode des rekursi-
ven Abstiegs mit k Zeichen Vorausschau).
Wir wollen folgende Fragestellung behandeln: Gegeben sei ein
NRSA A, den wir uns als lesende Maschine vorstellen wollen (vgl.
die Bemerkung zu Definition 5.4.1.). Läßt sich der Akzeptierungs-
vorgang von A dadurch deterministisch gestalten, daß man (in Abschwächung der Idee des ZWA) A erlaubt, in jedem Zustand auf dem
Eingabeband k Felder weit vorauszuschauen, um anhand der in diesen Feldern stehenden Zeichen zu entscheiden, welcher der (aufgrund des unter dem Lesekopf stehenden Zeichens möglichen) Zustandsübergänge zu wählen ist? Man kann sich das auch so vorstellen, daß A einen Lesekopf besitzt, der gleichzeitig von k
benachbarten Feldern liest, der aber stets nur um ein Zeichen
nach rechts verschoben wird; dabei ist noch vorauszusetzen, daß
das Eingabeband k-1 Felder länger als das zu lesende Wort ist
und daß die überschüssigen Felder leer sind, so daß der Lesekopf, wenn er rechts über das Ende des zu lesenden Wortes
hinausragt, von den leeren Feldern nur das leere Wort Λ liest.

<u>Beispiel 7.5.1.</u>: Man betrachte die folgenden drei NRSA'n.

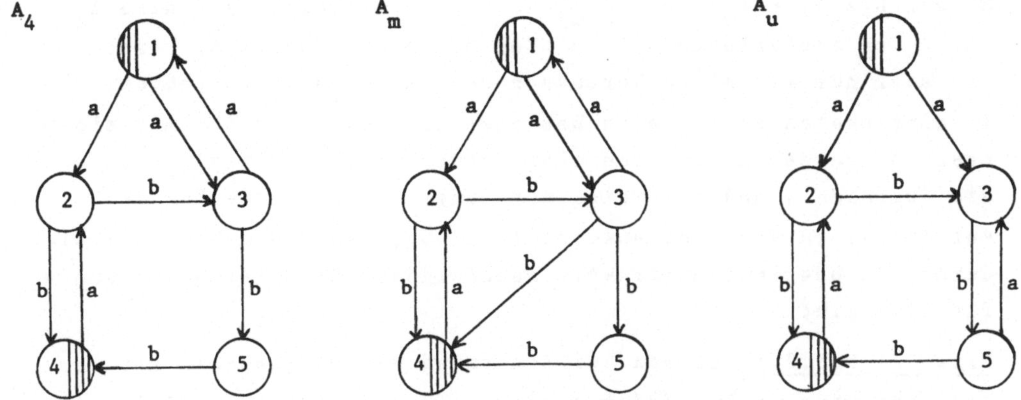

Figur 7.5.1.: Die NRSA'n A_4, A_m und A_u

A_4 benötigt für das deterministische Lesen des Wortes abba eine
Vorausschau von 4 Feldern, denn steht im Zustand 1 der Lesekopf
auf dem ersten a, so ist sowohl der Übergang zu Zustand 2 als
auch der Übergang zu Zustand 3 möglich; welcher von beiden richtig ist, kann aufgrund der Kenntnis der ersten 3 Zeichen des
Wortes noch nicht entschieden werden, da, um abbb zu lesen, mit
a von 1 nach 2 gegangen werden muß.
Eine Vorausschau von 4 Feldern genügt für A_4, denn
- in 1 muß aa zunächst zu 3 und aba zunächst zu 2 führen,
- in 2 müssen bb und baa zunächst zu 3 und bab zunächst zu 4
  führen.
A_m ist "mehrdeutig", d.h. es gibt Worte, die auf verschiedenen
Wegen durch den Graphen akzeptiert werden (so daß Vorausschau
nicht helfen kann) - Beispiele sind ab und abb.
A_u ist nicht mehrdeutig, denn ein von A_u akzeptiertes Wort endet entweder mit ab - dann ist der vorletzte Zustand 2 - oder
mit bb - dann ist der vorletzte Zustand 5.
A_u benötigt aber eine unbegrenzt große Vorausschau, denn für
jedes k läßt sich mit einer Vorausschau von 2k+2 Feldern nicht
feststellen, welches der beiden akzeptierbaren Worte $a(ba)^k b$
und $a(ba)^k bb$, mit der mit 1,3 beginnenden Zustandsfolge gelesen
werden soll und bei welchem mit 1,2 begonnen werden muß.

Um deterministisch arbeitende Automaten zu erhalten, die die

Mengen $L(A_4)$, $L(A_m)$ und $L(A_u)$ akzeptieren, müssen wir also A_m und A_u in äquivalente DRSA'n oder ZWA'n umwandeln; A_4 brauchen wir aber nur mit einem Vorausschaumechanismus auszustatten, der im einfachsten Falle darin bestehen kann, daß wir ihn mit einem Lesekopf versehen, der von vier Feldern gleichzeitig liest, und die Zustände 1 und 2 jeweils mit einer Tabelle, die für die verschiedenen Vorausschauworte (z.B. bb, baa und bab für 2) die durch sie bestimmten direkten Nachfolgezustände (also 3,3 und 4 für 2) angibt.

<u>Beispiel 7.5.2.</u>: Daß man bei Benutzung von Vorausschau mit wesentlich weniger Zuständen auskommen kann, zeigen die Beispiele 6.1.1. und 6.1.2. Die in den Figuren 6.1.1. und 6.1.3. angegebenen NRSA'n können die Mengen E_k bzw. U_k mit einer Vorausschau von k+1 Feldern deterministisch akzeptieren, denn solange der Lesekopf rechts noch nicht über das Ende des Wortes hinausschaut, muß in Figur 6.1.1. jeweils von Zustand i zu i+1 übergegangen und in Figur 6.1.3. im Zustand 0 geblieben werden; erst wenn das (k+1)-te Feld unter dem Lesekopf leer ist, muß mit b in den Zustand k+1 (bei Figur 6.1.1.) bzw. 1 (bei Figur 6.1.3.) übergegangen werden.

Um die genannte Fragestellung vernünftig behandeln zu können, ist es sinnvoll, einen etwas eingeschränkten Typ von NRSA'n zu betrachten.

- Da nach einer deterministischen Arbeitsweise gefragt ist, darf stets nur ein Anfangszustand vorhanden sein, und es sollte von einem Endzustand nicht weitergegangen werden können, d.h. wenn der Automat sich entschieden hat, ein Wort zu akzeptieren und in einen Endzustand überzugehen, dann sollte diese Entscheidung nicht wieder rückgängig gemacht werden können. Insbesondere sollte also der Anfangszustand nicht Endzustand sein, weil der Automat sonst kein Wort akzeptieren könnte.

- Da zeichenweise gelesen werden soll, müssen die Automaten buchstabierend sein.

- Natürlich sollen die Automaten irredundant sein.

Es ist klar, daß es sich bis auf den Ausschluß von Λ um keine echte Einschränkung handelt, denn ist A ein beliebiger NRSA mit $\Lambda\notin L(A)$ und A' ein zu A äquivalenter D-minimaler DRSA, so erhält man einen zu A äquivalenten NRSA A", der alle obigen Eigenschaften besitzt, wenn man zu A' einen neuen Zustand e hinzunimmt, sowie jede zu einem Endzustand von A' hinführende Transition auch zu e hinführt, und wenn man e dann zum einzigen Endzustand von A" macht.

Ordnet man einem solchen eingeschränkten NRSA A eine rechtslineare Grammatik (im Sinne von Abschnitt 5.2.) zu, und läßt man dabei jeweils den Endzustand e in den Regeln weg, so erhält man eine Grammatik G mit Regeln der Form

$z\longrightarrow xz'$, $z\longrightarrow x$ und $z,z'\in Z$, $x\in X$

und einen Startzustand s, so daß für die von G erzeugte Sprache gilt:

$L(G)=\{w\in F(X)\mid s\overset{*}{\underset{G}{\Longrightarrow}}w\}=L(A)$.

<u>Definition 7.5.3.</u>: (i) Ein irredundanter buchstabierender NRSA $A=(Z,X,t,s,e)$ mit $s\neq e$ und $t(e,X)=\emptyset$ heißt <u>Vorausschau-Automat</u> (kurz VA).

(ii) Ein VA A heißt <u>mehrdeutig</u>, wenn u,v aus $F^+(X)$ und z,z' aus Z so existieren, daß $z\neq z'$, $\{z,z'\}\subseteq t^*(s,u)$ und $e\in t^*(z,v)\cap t^*(z',v)$ gilt. Ein VA, der nicht mehrdeutig ist, heißt <u>eindeutig</u>.

(iii) Für jedes k aus $\mathbb{N}$ sei das <u>k-Anfangsstück</u> $\alpha_k(w)$ eines Wortes w aus $F(X)$ definiert durch folgende Abbildung $\alpha_k: F(X)\longrightarrow F(X)$ mit

$$\alpha_k(w)=\begin{cases} w, & \text{wenn } |w|\leq k \\ u, & \text{wenn } w=uv \text{ mit } |u|=k \end{cases}$$

(vgl. Aufgabe 5.9.(i)).

(iv) Ein eindeutiger VA A heißt <u>k-deterministisch</u>, wenn es eine natürliche Zahl k so gibt, daß für beliebige u,v,v' aus $F(X)$, x aus X und z_0,z,z' aus Z gilt: Aus $z_0\in t^*(s,u)$,

$(z_0,x,z)\in\tau$ und $e\in t^*(z,v)$,

$(z_0,x,z')\in\tau$ und $e\in t^*(z',v')$

sowie $\alpha_k(xv)=\alpha_k(xv')$ folgt $z=z'$.

(v) Ein k-deterministischer VA heißt k-VA, wenn er nicht (k-1)-deterministisch ist.

<u>Bemerkung</u>: (i) Ein 1-determini.. ischer VA ist ein DRSA.

(ii) Der in obiger Überlegung zu einem beliebigen NRSA A konstruierte äquivalente VA A" ist eindeutig und sogar ein 1-VA.

(iii) Wenn ein VA mehrdeutig ist, müssen z,z',z'' aus Z mit $z'{\neq}z''$ und x aus X so existieren, daß $z{\in}t(z',x){\cap}t(z'',x)$ ist.

(iv) Ist A k-deterministisch, so ist A auch (k+1)-deterministisch.

(v) Ist A ein k-VA mit $k{\geq}2$, so gilt für beliebige z_0,z,z' aus Z, x aus X und v aus F(X) mit $z{\neq}z'$ und $|v|{\geq}k-1$: Aus $\{z,z'\}{\subseteq}t(z_0,x)$ folgt $t^*(z,v){=}\emptyset$ oder $t^*(z',v){=}\emptyset$. Denn wegen der Irredundanz von A müßten sonst w und w' in F(X) so existieren, daß $e{\in}t^*(z_0,xvw){\cap}$ $t^*(z_0,xvw')$ gälte, was wegen $\alpha_k(xvw){=}\alpha_k(xvw')$ im Widerspruch zu $z{\neq}z'$ stünde.

<u>Satz 7.5.4.</u>: (i) Es ist entscheidbar, ob ein VA mehrdeutig ist.
(ii) Es ist entscheidbar, ob zu einem VA A ein k so existiert, daß A k-deterministisch ist.

<u>Beweis</u>: Sei A ein VA mit n+1 Zuständen und P die Menge aller ungeordneten Paare (zweielementige Mengen) von Nichtendzuständen von A: $P{=}\{\{z,z'\}{\subseteq}Z-e\,|\,z{\neq}z'\}$. Dann ist $|P|{\leq}n(n-1)/2$. Ferner seien
$P_a{=}\{p{\in}P\,|\,\text{Es existieren } z{\in}Z,\ x{\in}X \text{ mit } p{\subseteq}t(z,x)\}$
$P_e{=}\{\{z,z'\}{\in}P\,|\,\text{Es gibt ein } x{\in}X \text{ mit } t(z,x){\cap}t(z',x){\neq}\emptyset\}$
$P_e'{=}\{\{z,z'\}{\in}P\,|\,\text{Es gilt } t(z,X){=}\emptyset \text{ oder } t(z',X){=}\emptyset\}$.
Ist $P_a{=}\emptyset$, so ist A eindeutig und 1-deterministisch.
Also können wir fortan $P_a{\neq}\emptyset$ voraussetzen.
Wir bilden den folgenden NRSA
$\bar{A}{=}(P,X,\bar{t},P_a,P_e)$ mit
$\bar{t}(\{z_1,z_2\},x){=}\{\{z_1',z_2'\}{\in}P\,|\,z_i'{\in}t(z_i,x) \text{ für } i{=}1,2\}$.
Eine Transition in $\bar{A}$ ist ein Paar "paralleler" Transitionen in A; ein Weg im Graphen von $\bar{A}$ ist ein Paar von "parallelen" Wegen in A (sie haben kein Teilstück gemeinsam und kreuzen sich nicht einmal). In Elementen aus P_e und P_e' enden diese parallelen Wege (bei P_e durch anschließendes Zusammenlaufen, bei P_e' dadurch, daß mindestens einer der Wege endet).
Zu (i): Folgende Aussagen sind offensichtlich äquivalent:
- P_e enthält einen in $\bar{A}$ erreichbaren Zustand.
- Es existieren $p{\in}P_a$, $p'{\in}P_e$, $w{\in}F(X)$ mit $p'{\in}\bar{t}^*(p,w)$.

- Es existieren $u,v,w \in F(X)$, $p \in P_a$, $p' \in P_e$ mit $p \leqq t^*(s,u)$.
  $p' \in \bar{t}^*(p,w)$, $e \in t^*(p',v)$.
- Es gibt ein Wort uwv, das auf zwei Wegen von A akzeptierbar
  ist, d.h. A ist mehrdeutig.

Weil entscheidbar ist, ob $P_a = \emptyset$ gilt, folgt (i) damit aufgrund
des Verfahrens 6.2.3.

Zu (ii): Da offenbar entscheidbar ist, ob ein VA 1-determini-
stisch ist, können wir wegen (i) voraussetzen, daß A eindeutig
und nicht 1-deterministisch ist.

Sei nun $\bar{A}'$ der folgende durch Änderung der Endzustandsmenge aus
$\bar{A}$ gewonnene NRSA $\bar{A}' = (P,X,\bar{t},P_a,P-P_e')$.

Ist A ein k-VA mit $k \geq 2$, so liegt aufgrund des Teils (v) der Be-
merkung zu Definition 7.5.3. kein v aus F(X) mit $|v| \geq k-1$ in
$L(\bar{A}')$, d.h. $L(\bar{A}')$ ist endlich.

Ist andererseits A für kein $k \geq 2$ ein k-VA, so gibt es zu jedem
$k \geq 2$ ein Wort v mit $|v| \geq k-1$ so, daß z_0,z,z' aus Z, x aus X und
w,w' aus F(X) existieren mit
$z \neq z'$, $\{z,z'\} \subseteqq t(z_0,x)$, $e \in t^*(z_0,xvw) \cap t^*(z_0,xvw')$,
d.h. daß $(P-P_e') \cap t^*(P_a,v) \neq \emptyset$ gilt. Also ist dann $L(\bar{A}')$ unendlich.
A ist also genau dann ein k-VA für ein $k \geq 2$, wenn $L(\bar{A}')$ endlich
ist, und das ist nach Satz 5.5.9.(iii) entscheidbar. ∎
Zur Vertiefung behandle man Aufgabe 7.9.(i) und (ii).

<u>Folgerung 7.5.5.</u>: Sei A ein eindeutiger VA mit n+1 Zuständen,
$n \geq 1$. Ist A k-deterministisch für irgendein $k \geq 1$, so ist A auch
$((n(n-1)/2)+1)$-deterministisch.

<u>Beweis</u>: Sei A k-deterministisch. Aus dem Beweis von Satz 7.5.4.
(ii) folgt, daß $L(\bar{A}')$ endlich ist, woraus sich aufgrund des Beweises von Satz 5.5.9.(iii) ergibt, daß die Höchstlänge eines
Wortes aus $L(\bar{A}')$ gerade $h = (n(n-1)/2)-1$ ist. Daraus wiederum
folgt, daß A (h+2)-deterministisch ist. ∎

Daß die in der Folgerung angegebene Schranke scharf ist, zeigt
Aufgabe 7.9.(iii).
Die Aussagen des Satzes und der Folgerung lassen sich auch analog für die den VA'n entsprechenden rechtslinearen Grammatiken
formulieren - man beachte jedoch, daß für allgemeinere Grammatik-

Typen (z.B. die der Backus-Naur-Form entsprechenden kontextfrei-
en Grammatiken) beide Aussagen des Satzes nicht mehr gelten.

7.6. Matrizendarstellungen

Sei A ein buchstabierender NRSA mit n Zuständen. Jedes Element
t_w des Transitionsmonoids von A (vgl. Satz 5.2.3.) ist eine Korrespondenz der Zustandsmenge Z in sich; ihr Graph läßt sich
durch eine n-reihige quadratische Matrix, die Adjazenzmatrix
des Graphen, beschreiben. Daraus ergibt sich eine neue Charakterisierung rationaler Mengen durch Matrizendarstellungen.

<u>Definition 7.6.1.</u>: Sei n eine beliebige natürliche Zahl und X
eine beliebige endliche Menge.
(i) $\mathcal{M}_n$ sei das Monoid aller n-reihigen quadratischen Matrizen
mit Elementen aus $\mathbb{N}_0$ und der gewöhnlichen Matrizenmultiplikation als Verknüpfung (und der Einheitsmatrix als Einselement).
Ein <u>Matrixhomomorphismus der Ordnung n über X</u> ist ein Homomorphismus μ von F(X) in $\mathcal{M}_n$ für den gilt:
Für jedes x aus X ist jedes Element $\mu(x)_{i,j}$ von $\mu(x)$ nur 0 oder 1.
(ii) Eine Teilmenge L von F(X) besitzt eine <u>Matrizendarstellung</u>
<u>der Ordnung n</u>, wenn ein Matrixhomomorphismus μ der Ordnung n
über X sowie ein n-komponentiger Zeilenvektor ζ und ein n-komponentiger Spaltenvektor σ, deren Komponenten ζ_i und σ_i nur 0
oder 1 sind, so existieren, daß gilt:
$L = \{w \in F(X) \mid \zeta \mu(w) \sigma \neq 0\}$.

<u>Bemerkung</u>: Sei μ ein Matrixhomomorphismus der Ordnung n über X.
Sei weiter $Z = \{z_1, \ldots, z_n\}$. Jedem x aus X läßt sich dann eine Korrespondenz t_x von Z in sich auf folgende Weise zuordnen (so,
daß $\mu(x)$ die Adjazenzmatrix des Graphen von t_x wird):
Es sei $z_j \in t_x(z_i)$ g.d.,w. $\mu(x)_{i,j} = 1$ ist.
Man sieht sofort, daß die Adjazenzmatrix des Graphen der Hintereinanderausführung $t_y t_x$ zweier solcher Korrespondenzen die Matrix ist, die man aus $\mu(x)\mu(y)$ erhält, wenn man jedes von 0 verschiedene Element dieser Matrix durch 1 ersetzt.

<u>Satz 7.6.2.</u> (Schützenberger): Eine Teilmenge $L \subseteq F(X)$ ist rational

g.d.,w. L eine Matrizendarstellung besitzt.

<u>Beweis</u>: Besitzt L eine Matrizendarstellung $M=(\zeta,\mu,\sigma)$ der Ordnung n und seien Z und t_x (für jedes x aus X) wie in obiger Bemerkung definiert, dann sei A der folgende NRSA:

$A_M=(Z,X,t,S,F)$, wobei $t(z,x)=t_x(z)$ für jedes $z\in Z$, $x\in X$ und S (bzw. F) die Menge aller z_i ist, für die die i-te Komponente ζ_i (bzw. σ_i) von ζ (bzw. σ) von 0 verschieden ist.

Ist umgekehrt A ein L akzeptierender buchstabierender NRSA mit n Zuständen, so sei diesem eine Matrizendarstellung $M_A=(\zeta,\mu,\sigma)$ der Ordnung n auf folgende Weise zugeordnet:

Sei $Z=\{z_1,\ldots,z_n\}$. Dann sei für $i=1,\ldots,n$ die i-te Komponente von ζ (bzw. σ) gleich 1 g.d.,w. z_i in S (bzw. F) liegt. Für jedes x aus X sei ferner $\mu(x)$ die Adjazenzmatrix des Graphen der Korrespondenz t_x, d.h. es gelte $\mu(x)_{i,j}=1$ g.d.,w. $z_j\in t_x(z_i)=$ $=t(z_i,x)$ gilt, d.h., wenn im Graphen von A eine mit x bewertete gerichtete Kante von z_i nach z_j existiert.

Man sieht sofort, daß die beiden Konstruktionen invers zueinander sind: Wendet man das zweite Verfahren auf A_M an, so erhält man das Tripel $M=(\zeta,\mu,\sigma)$, mit dem A_M konstruiert wurde, zurück; wendet man auf das aus A gewonnene Tripel $M_A=(\zeta,\mu,\sigma)$ die erste Konstruktion an, so entsteht wieder A.

Also brauchen wir nur noch zu zeigen, daß L(A) die Matrizendarstellung M_A besitzt.

Sei w aus F(X). Dann ist offenbar $\mu(w)_{i,j}$ die Anzahl der verschiedenen Wege im Graphen von A, die von z_i nach z_j führen und deren Kantenbewertungsfolge w ist, so daß man aus $\mu(w)$ die Adjazenzmatrix des Graphen der Korrespondenz t_w^* erhält, wenn man jedes von 0 verschiedene Element von $\mu(w)$ durch 1 ersetzt. Daher ist die j-te Komponente von $\zeta\mu(w)$ von 0 verschieden g.d.,w. $z_j\in t^*(S,w)$ gilt. Also ist $\zeta\mu(w)\zeta\neq 0$ g.d.,w. $t^*(S,w)\cap F\neq\emptyset$ ist, so daß L(A) die Matrizendarstellung M_A besitzt. ∎

<u>Bemerkung</u>: (i) Für x aus X erhält man die Matrix $\mu(x)$ aus der Matrix des A (im Sinne von Definition 5.6.3.(ii)) zugeordneten Gleichungssystems, indem man $\mu(x)_{i,j}=1$ setzt g.d.,w. $x\in L_{ij}$ ist.

(ii) Setzt man voraus, daß A ein VA ist (vgl. Definition 7.5.3.), so erhält man eine Matrizendarstellung für L(A), bei der ζ und σ nur jeweils eine einzige von 0 verschiedene Komponente besitzen – durch entsprechende Wahl der Numerierung der Zustände ($s=z_1$, $e=z_n$) läßt sich dann erreichen, daß $w \in L(A)$ genau dann gilt, wenn das Element $\mu(w)_{1,n}$ in der oberen rechten Ecke von $\mu(w)$ von 0 verschieden ist. Dann ist A mehrdeutig g.d.,w. es ein w mit $\mu(w)_{1,n} > 1$ gibt. Da es zu jeder rationalen Menge L mit $\Lambda \notin L$ einen 1-VA mit der Leistung L gibt, besitzt also jede rationale Teilmenge von $F^+(X)$ eine Matrizendarstellung, bei der die Elemente der Matrizen $\mu(w)$ nur 0 oder 1 sind, und für die $w \in L(A)$ gilt g.d.,w. $\mu(w)_{1,n} = 1$ ist.

(iii) Ist A ein DRSA, so besitzt ζ nur eine von 0 verschiedene Komponente und alle $\mu(w)$ haben nur 0 oder 1 als Elemente.

(iv) Statt Matrizen über $\mathbb{N}_0$ zu betrachten, genügt es Matrizen über den Booleschen Werten 0 und 1 zu wählen und die Matrizenmultiplikation dadurch zu definieren, daß man in der gewöhnlichen Definition der arithmetischen Operationen $+$ und $\cdot$ durch die Booleschen Operationen $\vee$ und $\wedge$ ersetzt.

(v) Da i.a. die Elemente von $\mu(w)$ beliebige natürliche Zahlen sein können, kann man auch gleich zulassen, daß die Elemente von $\mu(x)$ für x aus X auch beliebige natürliche Zahlen sein dürfen. In dem Graphen, der im Sinne der Bemerkung zu Definition 7.6.1. einem solchen "multiplen" Matrixhomomorphismus zugeordnet ist, gibt es dann Mehrfachkanten: Ist $\mu(x)_{i,j} = k$, so gibt es k mit x bewertete (oder eine mit $k \cdot x$ bewertete) Kanten von z_i nach z_j. Zur Ergänzung behandle man Aufgabe 7.10.

7.7. NRSA'n mit einelementigem Eingabealphabet

In diesem Abschnitt betrachten wir NRSA'n mit dem Eingabealphabet $\{a\}$.
Die Abbildung der unären Darstellung, die $n \in \mathbb{N}_0$ das Wort a^n zuordnet, ist ein Isomorphismus des additiven Monoids $(\mathbb{N}_0, +)$ (mit der gewöhnlichen Addition $+$ als Verknüpfung und 0 als Einselement) auf $F(\{a\})$. Die rationalen Teilmengen von $F(\{a\})$ lassen sich also durch Teilmengen von $\mathbb{N}_0$ charakterisieren.

<u>Satz 7.7.1.</u>: L ist rationale Teilmenge von $F(\{a\})$ g.d.,w. es

endliche Teilmengen F_1 und F_2 von $F(\{a\})$ und ein p in $\mathbb{N}_0$ so
gibt, daß $L = F_1 \cup F_2 \{a^p\}^*$ gilt.

<u>Beweis</u>: Sei A ein minimaler RSA mit der Leistung L. Dann hat der
Graph von A die Gestalt

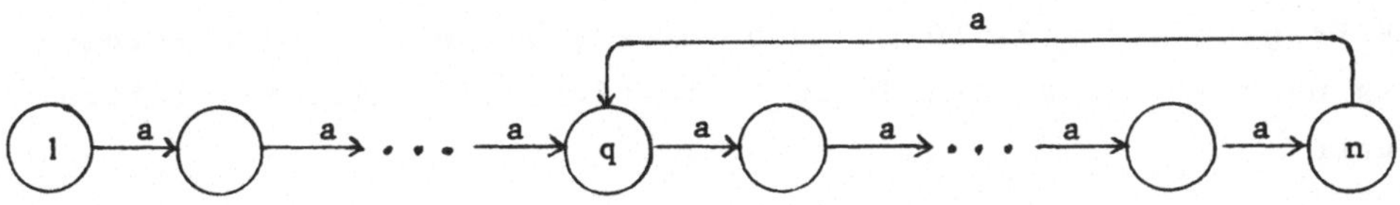

Figur 7.7.1.: Graph eines RSA mit der Eingabe a

D.h. es sei $Z = \{z_1, \ldots, z_n\}$, $s = z_1$,
$f(z_i, a) = z_{i+1}$ für $i = 1, \ldots, n-1$, $f(z_n, a) = z_q$ und $p = n+1-q$ sowie
$F = \{z_{i_1}, z_{i_2}, \ldots, z_{i_m}\}$ mit $i_j < i_k$ für $j < k$.

Dann ist $L(A) = \{a^i \mid$ Es existiert ein j mit $i = i_j < q\} \cup$
$\cup \{a^i \mid$ Es existiert ein j mit $i = i_j \geq q\} \{a^p\}^*$. $\blacksquare$

<u>Definition 7.7.2.</u>: (i) Eine Teilmenge P von $\mathbb{N}_0$ der Form
$P = \{q + ip \mid i \in \mathbb{N}_0\}$ mit $q \in \mathbb{N}_0$, $p \in \mathbb{N}$
heißt <u>arithmetische Progression</u> mit der Periode p.
(ii) Eine Teilmenge L von $\mathbb{N}_0$ heißt <u>letztlich periodisch</u>, wenn
L die Vereinigung einer endlichen Menge mit endlich vielen
arithmetischen Progressionen gleicher Periode ist.

<u>Bemerkung</u>: In Aufgabe 7.11.(i) und (ii) sowie in Folgerung
7.7.5. sind gleichwertige Definitionen des Begriffs der letztlich
periodischen Zahlenmenge angegeben.

<u>Folgerung 7.7.3.</u>: Eine Teilmenge L von $F(\{a\})$ ist rational g.d.,w.
die Menge $L' = \{i \mid a^i \in L\}$ der Längen der Elemente aus L letzlich periodisch ist.

Wir können nun Folgerung 5.4.7.(ii) und ähnliche Aussagen sehr
einfach beweisen (vgl. Aufgabe 7.11.(iii)); als Beispiel sei in
Ergänzung zu Folgerung 5.5.8. gezeigt, daß die Menge der unären
Darstellungen der Quadratzahlen nicht rational ist (vgl. Aufgabe
5.15.(ii)).

<u>Folgerung 7.7.4.</u>: $\{a^{n^2} \mid n \in \mathbb{N}_0\}$ ist nicht rational.

Beweis: Wäre $Q=\{n^2\mid n\in\mathbb{N}_0\}$ letztlich periodisch, so müßte es ein $p\in\mathbb{N}$ so geben, daß für genügend großes n mit n^2 auch n^2+p in Q wäre. Für $n>p$ gilt aber $(n+1)^2=n^2+2n+1>n^2+p>n^2$, so daß n^2+p keine Quadratzahl sein kann, also die Annahme falsch ist. ∎

Aus Folgerung 7.7.3. folgt auch sofort, daß wir auf die Forderung nach gleicher Periode in Definition 7.7.2.(ii) verzichten können.

Folgerung 7.7.5.: $Q\subseteq\mathbb{N}_0$ ist letztlich periodisch g.d.,w. Q Vereinigung einer endlichen Menge mit endlich vielen (beliebigen) arithmetischen Progressionen ist.

Beweis: Für jede arithmetische Progression P ist die Menge $\{a^p\mid p\in P\}$ nach Folgerung 7.7.3. eine rationale Menge. Ist Q Vereinigung einer endlichen Menge mit endlich vielen arithmetischen Progressionen, so ist daher $\{a^n\mid n\in Q\}$ rational. Daraus folgt nach Folgerung 7.7.3., daß Q letztlich periodisch ist. ∎

Sei X eine beliebige endliche Menge. Dann gibt es einen natürlichen alphabetischen Homomorphismus h_ℓ von F(X) auf F({a}), definiert durch $h_\ell(w)=a^{|w|}$. Damit erhalten wir aus obigem:

Satz 7.7.6.: Sei X eine beliebige endliche Menge. Ist $L\subseteq\mathrm{Rat}(X)$, so ist $\{|w|\mid w\in L\}$ eine letztlich periodische Menge.

Beweis: Sei h_ℓ die oben definierte Abbildung, die wegen $h_\ell(\Lambda)=0$, $h(x)=a$ für jedes x aus X und $|uv|=|u|+|v|$ ein alphabetischer Homomorphismus ist.

Dann ist mit L nach Folgerung 7.2.5. auch $h_\ell(L)$ rational, und deshalb ist
$$\{|w|\mid w\in L\}=\{i\mid a^i\in h_\ell(L)\}$$ letztlich periodisch. ∎

Aufgaben

<u>7.1.</u> (i)(Manna) Man beweise, daß die beiden folgenden in ALGOL-
ähnlicher Notation geschriebenen Ianov-Schemata S_1 und S_2 äquivalent sind:

(S_1) START (x); y:=x;

         <u>if</u> p_1(y) <u>then goto</u> M_1;

         <u>if</u> p_2(y) <u>then</u> FEHLER;

         <u>if</u> p_1(y) <u>then goto</u> M_2;

         y:=f_5(y); z:=y; HALT;

M_2: y:=f_4(y); z:=y; HALT;

M_1: <u>if</u> p_2(y) <u>then goto</u> M_3;

         y:=f_2(y);

         <u>if</u> p_1(y) <u>then goto</u> M_4;

         y:=f_3(y);

M_5: <u>if</u> p_2(y) <u>then goto</u> M_6;

         z:=y; HALT;

M_6: y:=f_3(y); <u>goto</u> M_5;

M_4: y:=f_3(y);

         <u>if</u> p_2(y) <u>then goto</u> M_4;

         z:=y; HALT;

M_3: <u>if</u> p_1(y) <u>then goto</u> M_3;

         y:=f_1(y); z:=y; HALT.

(S_2) START (x); y:=x;

         <u>if</u> p_2(y) <u>then</u> FEHLER;

         <u>if</u> p_1(y) <u>then goto</u> M_1;

         y:=f_5(y); z:=y; HALT;

M_1: y:=f_2(y);

M_2: y:=f_3(y);

         <u>if</u> p_2(y) <u>then goto</u> M_2;

         z:=y; HALT.

(ii) (Garland, Luckham) Man betrachte das folgende in ALGOL-ähn-
licher Notation geschriebene rekursive Schema:

         START (x);

         F(x):=<u>if</u> p(x) <u>then</u> x <u>else</u> G(x);

         G(x):=<u>if</u> q(x) <u>then</u> f(F(f(x))) <u>else</u> g(F(g(x))), wöbei p und q gegebene Prädikats- sowie f und g gegebene Funktionskonstanten sind.

Analog zu Beispiel 7.1.1. definiere man für dieses Schema die Menge seiner Berechnungsfolgen und beweise dann, daß es kein Ianov-Schema geben kann, das die gleiche Menge von Berechnungsfolgen besitzt.

7.2. (i) Man untersuche die Beziehungen der Ianov-Schemata zu den Programmschemata, die den in Beispiel 5.1.2. angegebenen Bedingungen genügen, insbesondere definiere man den Begriff der Wertsprache für Ianov-Schemata, gebe einen Homomorphismus an, der die Menge der Berechnungsfolgen auf die Wertsprache abbildet und beweise, daß die Menge der Wertsprachen aller Ianov-Schemata gleich der Menge Rat aller rationalen Mengen ist.

(ii) (Garland, Luckham) Man zeige, daß kein Ianov-Schema zu folgendem Programmschema äquivalent sein kann (insbesondere nicht die gleiche Wertsprache besitzt)

```
        START (x);
        (w,y,z):=(x,x,x);
M₁:  x:=f(x);
        if p(w) then goto M₂;
        w:=f(w);
        goto M₁;
M₂:  if p(y) then HALT (x);
        y:=f(y);
        w:=z;
        goto M₁.
```

7.3. Man verallgemeinere den Begriff des BMG wie folgt: Ein verallgemeinerter BMG (kurz VBMG) sei ein Sechstupel $G=(E,K,X,h,S,F)$, derart daß $G'=(E,K,S,F)$ ein MG und $h:F(E) \longrightarrow F(X)$ ein beliebiger surjektiver Homomorphismus ist. Die Wegbewertungsmenge $WB(G)$ sei $h(W(G'))$.

 (i) Man übertrage Myhills Graphensatz auf die VBMG'n.

(ii) Man beweise Folgerung 7.2.5. für nicht alphabetisches f.

7.4. (Myhill, Bodnarchuk) Für Standardmengen S_i über X_i, $i=1,2$ zeige man:

(i) $S_1 \cup S_2$ und $S_1 S_2$ sind Standardmengen über $X_1 \cup X_2$ unter der

Voraussetzung, daß $X_1 \wedge X_2 = \emptyset$ gilt; die Voraussetzung ist notwendig.

(ii) $S_1 \wedge S_2$ ist stets Standardmenge über $X_1 \vee X_2$.

(iii) $S_1^+ = S_1^* - \Lambda$ ist Standardmenge über X_1.

$\underline{7.5}^*$ (Mirkin) Sei X eine endliche Menge. Auf F(X) definiere man eine neue partielle Verknüpfung $\circ$ auf folgende Weise: $\Lambda \circ \Lambda = \Lambda$

$$u \circ v = \begin{cases} u'xv', & \text{falls } u = u'x \text{ und } v = xv' \text{ mit } x \text{ aus } X \text{ gilt} \\ \text{nicht definiert, sonst.} \end{cases}$$

Für Teilmengen U,V von F(X) sei ferner

$U \circ V = \{u \circ v \mid u \in U, v \in V, u \circ v \text{ definiert}\}$

$U^{\circ\circ} = \{\Lambda\} \cup X \cup U \vee U \circ U \cup U \circ U \circ U \vee \ldots$

Schließlich sei PRat(X) (die Menge der sog. pseudo-rationalen Mengen) die kleinste Teilmenge der Potenzmenge von F(X), die die Mengen $\emptyset$, $\{\Lambda\}$, $\{x\}$ und xX für jedes x aus X sowie mit je zwei Mengen U und V auch $U \circ V$, $U \vee V$ und $U^{\circ\circ}$ enthält.

Man zeige nun:

(i) PRat(X) = Rat(X)

(ii) Jede Standardmenge über X läßt sich als pseudo-rationale Menge der Form $B \circ U^{\circ\circ} \circ E$ schreiben, wobei $U \subseteq X^2$ ist.

$\underline{7.6}.$ (i) Man zeige, daß ein ZWA, bei dem jeweils der Anfang und das Ende eines Eingabewortes durch zwei Sonderzeichen (a und o) markiert sind (bei dem also der Lesekopf immer ohne Schwierigkeiten feststellen kann, ob er am Wortrand angelangt ist und wenn ja, an welchem) auch nur rationale Mengen von Worten (ohne die Anfangs- und Endmarkierungen) akzeptieren kann. D.h. also, ist A = (Z,X,f,s,F) mit X = {a,o} $\vee$ X', a,o $\notin$ X', ein ZWA, so ist $L'(A) = \{w \in F(X) \mid awo \in L(A)\}$ rational.

Man zeige ferner, daß man bei Benutzung von Anfangs- und Endmarkierungen ohne die 0-Verschiebung (das Stehenbleiben) des Lesekopfes auskommen kann.

(ii) (Paterson) Man zeige, daß für jedes $k \geq 2$ die Menge U_k aus Beispiel 6.1.2. von einem speziellen ZWA des in (i) angegebenen Typs schon mit k+5 Zuständen akzeptiert werden kann, wobei für ein Wort der Länge n nur n+2k+2 Arbeitsschritte benötigt werden. (Hinweis: Man benutze Figur 6.1.4.). Wieviele Zustände braucht ein normaler ZWA ohne Anfangs- und Endmarkierung?

<u>7.7.</u> (i) (Barnes) In der Verallgemeinerung von Beispiel 7.4.2. gebe man für $X=\{x_0,x_1,\ldots,x_n\}$, n aus $\mathbb{N}$ einen ZWA mit $2n+2$ Zuständen an, der die Menge U aller der Worte aus F(X) akzeptiert, die mit x_0 beginnen, sonst kein weiteres x_0 enthalten und in denen jedes x_i, $i=1,2,\ldots,n$ mindestens einmal vorkommt. Ferner zeige man, daß ein RSA mit der Leistung U mindestens 2^n+2 Zustände haben muß. (Hinweis: Man benutze Folgerung 6.6.3.).
(ii) (Meyer, Fischer) Man zeige, daß für jedes n aus $\mathbb{N}$ die folgende endliche Menge F_n von einem ZWA mit $5n+6$ Zuständen akzeptiert werden kann, und beweise, daß ein minimaler RSA, der F_n akzeptiert, mindestens n^n Zustände haben muß.
$F_n=\{0^{i_1}10^{i_2}1\ldots10^{i_n}2^k0^{i_k}\,|\,1\le k\le n \text{ und } 1\le i_j\le n \text{ für } j=1,\ldots,n\}$.
Wieviele Zustände braucht ein F_n akzeptierender NRSA?

<u>7.8.</u> Man beweise, daß die Konstruktionen des Beweises von Satz 7.4.3. effektiv durchführbar sind, insbesondere daß man die Mengen R und W sowie die Abbildung g effektiv konstruieren kann.

<u>7.9.</u> (Ostrand, Paull, Weyuker) (i) Man gebe einen Algorithmus an, der von einem VA feststellt, ob er eindeutig ist, und wenn das der Fall ist, ob er k-deterministisch für ein k aus $\mathbb{N}$ ist.
(ii) Man gebe ein Verfahren an, das die Akzeptierung eines Wortes durch einen k-VA steuert, ohne daß dabei eine Tabelle der Zustände und der jeweils benötigten Vorausschauworte benutzt wird (weil sie viel Speicherplatz kosten kann). Das Verfahren arbeitet dann natürlich langsamer als das kurz vor Beispiel 7.5.2. angedeutete Tabellenverfahren.
(iii) Man beweise, daß der folgende NRSA ein $((n(n-1)/2)+1)$-VA ist:
$A=(\{z_1,\ldots,z_n,e\},\{x_0,x_1,\ldots,x_m\},t,z_1,e)$ mit $n=2m$ oder $n=2m-1$
$t(z_1,x_0)=\{z_1,z_2\}$, $t(z_2,x_2)=t(z_{n-1},x_1)=\{e\}$
$t(z_i,x_1)=\{z_{i+1}\}$ für $i=1,2,\ldots,n-1$
$t(z_n,x_j)=\{z_1\}$ für $j=2,3,\ldots,m$
$t(z_{n-i},x_{1+i})=\{z_{2+i}\}$, $t(z_{1+i},x_{1+i})=\{z_{n+1-i}\}$ für $i=1,2,\ldots,m-1$.

<u>7.10.</u> (i) Man konstruiere die Matrizendarstellung der von dem NRSA aus Beispiel 5.1.2. (vgl. auch Beispiel 5.2.4.) akzeptierten Menge.

(ii) Man beweise, ohne frühere Sätze zu benutzen (d.h. nur mit Hilfe von Überlegungen zu Matrixhomomorphismen etc.), daß $Rat(X)$ in der Menge aller Teilmengen von $F(X)$, die eine Matrizendarstellung endlicher Ordnung besitzen, enthalten ist, d.h. man zeige, daß die Mengen $\emptyset$ und $\{x\}$ eine solche Darstellung besitzen und mit U und V auch $U \cup V$, UV sowie U^*.

(iii) (Berstel) Sei $X = \{0,1\}$, $Z = \{z_1, z_2\}$, $\zeta = (1,0)$, $\sigma = \binom{0}{1}$,

$$\mu(0) = \begin{pmatrix} 1 & 0 \\ 0 & 2 \end{pmatrix} \quad , \qquad \mu(1) = \begin{pmatrix} 1 & 1 \\ 0 & 2 \end{pmatrix} \; .$$

Man beweise, daß für $u \in F(X)$ gilt $\zeta\mu(u)\sigma = k$ g.d.,w. u eine Dualdarstellung (eventuell mit führenden Nullen) von k ist.
Zur Veranschaulichung stelle man μ, wie in Teil (v) der Bemerkung zu Satz 7.6.2. erwähnt, als Graphen mit gegebenenfalls mehreren gleichbewerteten Kanten zwischen zwei Ecken dar.

<u>7.11.</u> (i) (Myhill) Man beweise, daß $Q \subseteq \mathbb{N}_0$ genau dann letztlich periodisch ist, wenn Q endlich ist oder $p \in \mathbb{N}$, $q \in \mathbb{N}_0$ so existieren, daß für jedes $n \geq q$ gilt: $n \in Q$ g.d.,w. $n + p \in Q$.
(ii) (Myhill) Eine unendliche Folge $y_1, y_2, \ldots, y_n, \ldots$ natürlicher Zahlen heißt letztlich periodisch, wenn es $r \geq 0$, $s \geq 1$ so gibt, daß $y_{n+s} = y_n$ für alle $n \geq r$ gilt.
Sei Q eine unendliche Teilmenge von $\mathbb{N}_0$. Dann sei S_Q die unendliche Folge $k_1, k_2, \ldots$ der Elemente von Q in aufsteigender Reihenfolge $(k_i < k_{i+1})$, und es sei D_Q die unendliche Folge $k_1, k_2 - k_1, k_3 - k_2, \ldots, k_{i+1} - k_i, \ldots$.

Man beweise nun: $Q \subseteq \mathbb{N}_0$ ist letztlich periodisch g.d.,w. entweder Q endlich oder die Folge D_Q letztlich periodisch ist.
(iii) Man beweise, daß folgende Mengen nicht rational sind:

$$\{a^{2^{2^k}} \mid k \in \mathbb{N}\}, \; \{a^{2^k} \mid k \in \mathbb{N}\},$$

$$\{a^{n!} \mid n \in \mathbb{N}\}, \; \{a^p \mid p \text{ Primzahl}\} \quad (\text{vgl. Aufgabe } 5.15.(\text{iii})).$$

Literaturhinweise und historische Bemerkungen

Das Ianov-Schema in Figur 7.1.1. beruht auf einem Programm von
Knuth; dazu sowie zur Theorie der Ianov-Schemata und zu den
Aufgaben 7.1. und 7.2. vergleiche man das in Kapitel 5 zitier-
te Lehrbuch von Manna. Eingeführt und ausführlich untersucht
wurden diese speziellen Programmschemata von Ianov (1958).
Myhill-Graphen (Definition 7.2.1.) und Standardmengen (Definition 7.3.1.) wurden schon in der in Kapitel 5 zitierten Arbeit
von Myhill behandelt, dort wurden auch im wesentlichen die
Sätze 7.2.4., 7.3.3., 7.3.4., 7.7.1. und 7.7.6. sowie Hilfs-
satz 7.3.2. und die Folgerungen 7.2.5. und 7.7.3. sowie die
Aussagen der Aufgaben 7.4. und 7.11.(i), (ii) bewiesen.
Der Begriff Standardmenge wurde (unabhängig von Myhill) durch
Chomsky, Schützenberger (zitiert in Kapitel 5) eingeführt,
dort wurde auch Satz 7.3.3. neu bewiesen; etwa gleichzeitig
bewies auch Bodnarchuk (1962) Satz 7.3.3. (vgl. auch die in
Kapitel 5 zitierte Arbeit von Copi, Elgot, Wright). Weil
Chomsky und Schützenberger Satz 7.3.3. zu einem zentralen
Satz der Theorie rationaler Mengen machten, wird er gewöhnlich
nach ihnen benannt.
Die Bezeichnung lokale Menge wurde von Eilenberg (vgl. das in
Kapitel 2 zitierte Lehrbuch von Eilenberg) eingeführt.
Syntaxdiagramme für PASCAL (Beispiel 7.2.3.) findet man in jeder PASCAL-Beschreibung, z.B. in der in Kapitel 5 zitierten
von Jensen, Wirth.
Satz 7.3.6. ist eine von Costich (1972) bewiesene Modifikation
(er benutzt weniger Ausgangsmengen und weniger Grundoperationen) eines Resultates von Medvedev (vgl. Kapitel 5). Die Bezeichnung "Präfixkern" in Definition 7.3.5. sowie die Folgerung 7.3.7. stammen von K. Indermark (Manuskript zur Vorlesung
Automatentheorie I, Universität Bonn, WS 1973/74). Zu Satz
7.3.6. vergleiche man auch Elgot (1961).
Definition 7.4.1. und Satz 7.4.3. stammen aus der in Kapitel 5
zitierten Arbeit Rabin, Scott; dort und in Shepherdson (1959)
werden andere Beweise des Satzes angegeben. Beispiel 7.4.2.

ist von Barnes (1971)
Der Inhalt von Abschnitt 7.5. geht zurück auf Ostrand, Paull,
Weyuker (1981).
Matrizendarstellungen für rationale Mengen (Abschnitt 7.6.)
wurden von Schützenberger (1961) eingeführt - und zwar die in
den Teilen (ii) bis (iv) der Bemerkung zu Satz 7.6.2. genannten. Die in Definition 7.6.1. angegebene Darstellung in der in
Teil (v) der Bemerkung zu Satz 7.6.2. angedeuteten allgemeine-
ren Form stammt von Fliess (1973) - man vergleiche zu Abschnitt
7.6. auch Berstel (1977).
Die Aufgaben 7.6.(ii) und 7.7.(ii) basieren auf der in Kapitel
6 zitierten Arbeit von Meyer, Fischer.

Literatur zu 7.

B.H.Barnes, A two-way automaton with fewer states than any equivalent one-way automaton, IEEE Trans. on Computers, TC-20, (1971) 474-475

J.Berstel, Séries rationelles, in: J.Berstel (Hrsgb.), Séries Formelles en Variables Non Commutatives et Applications, Actes de la cinquième Ecole de Printemps d'informatique théorique, mai 1977, LITP, ENSTA, Paris 1978, 5-22

V.G.Bodnarchuk, Automaten und Ereignisse, Ukrainische Mathem. Zeitschrift 14, (1962) 351-361 (in russischer Sprache - vgl. Mathem. Reviews 26, Nr. 3557)

O.L.Costich, A Medvedev characterization of sets recognized by generalized finite automata, Math.Systems Theory 6, (1972) 263-267

C.C.Elgot, Decision problems of finite automata design and related arithmetics, Trans.Amer.Math.Soc. 98, (1961) 21-51

M.Fliess, Sur certaines familles de séries formelles, Thèse Sci.Math. (doctorat d'état), Univ. Paris VII, 1973

St.J.Garland, D.C.Luckham, Program schemes, recursion schemes, and formal languages, J.Comp.Syst.Sci. 7, (1973) 119-160

J.I.Janow, Über logische Schemata von Algorithmen, Probleme der Kybernetik 1, (1962) 87-144 (Übersetzung aus dem Russischen, Original 1958)

B.G.Mirkin, The language of pseudoregular expressions, Cybernetics 2,6 (1966) 6-8

T.J.Ostrand, M.C.Paull, E.J.Weyuker, Parsing regular grammars with finite lookahead, Acta Inf. 16, (1981) 125-138

M.P.Schützenberger, On the definition of a family of automata, Inform. & Control 4, (1961) 245-270

J.C.Shepherdson, The reduction of two-way automata to one-way automata, IBM J.Research and Development 3, (1959) 198-200.

8. Transduktoren und Zweibandautomaten

8.1. Rückblick

Bisher haben wir zwei Typen von Automaten betrachtet:

- Automaten, die Eingabefolgen zu Ausgabefolgen verarbeiten,
  deren Leistung also durch eine endliche Menge von Abbildungen
  beschrieben wird;
- Automaten, die Eingabefolgen klassifizieren in akzeptierte
  und nicht akzeptierte, deren Leistung also durch eine Teilmenge der Menge aller Eingabefolgen beschrieben wird.

Bei beiden Typen sind folgende Grundvoraussetzungen erfüllt:

- der Automat kann nur endlich viele verschiedene Zustände annehmen;
- die einzelnen Eingaben sind diskrete, wohlunterscheidbare
  und als unteilbar angenommene Objekte, die unabhängig voneinander sind und nacheinander (in beliebiger Reihenfolge)
  eingegeben werden - entsprechendes gilt für die Ausgaben.

Die Automaten des ersten Typs (MlA'n, MrA'n, UMlA'n) wurden eingeführt als Modelle deterministisch, sequentiell und in diskreten Schritten arbeitender Maschinen, Prozesse oder Algorithmen - dabei haben wir zugelassen, daß sie unvollständig spezifiziert sind. Bei ihnen erfolgt auf jede zulässige Eingabe
(die jeweils aus einem Objekt besteht) unmittelbar (bevor die
nächste Eingabe erscheint) eine Reaktion - ein Zustandsübergang und eine (eventuell nicht spezifizierte) Ausgabe.

Die Automaten des zweiten Typs (RSA'n, DRSA'n, NRSA'n) wurden
als Mittel zur Darstellung von (nicht notwendig deterministischen) Verfahren zur Analyse und Klassifizierung von Zeichenfolgen eingeführt. Bei ihnen ist zugelassen, daß Reaktionen
(Zustandsübergänge) spontan (ohne Eingabe) oder erst nach Auf-
nahme mehrerer Eingaben passieren; Unvollständigkeit ist ebenfalls erlaubt. Ihre vollständige, deterministische Version,
die RSA'n lassen sich unmittelbar als MrA'n interpretieren.
Umgekehrt läßt sich das Verhalten von MrA'n und MlA'n sehr

genau durch RSA'n beschreiben.

Von großer Wichtigkeit ist die Tatsache, daß bezüglich ihrer Fähigkeit, Eingabefolgen zu akzeptieren, NRSA'n, DRSA'n und RSA'n gleichmächtig sind. Daraus ergibt sich eine Vielzahl von Möglichkeiten solche Automaten einfach zu konstruieren, solche Automaten in äquivalente umzuwandeln und die von RSA'n akzeptierbaren Mengen einfach zu beschreiben.

Entsprechendes wird für die im folgenden behandelten Automaten nicht mehr gelten - mit einiger Vorsicht läßt sich jedoch eine größere Zahl von Aussagen übertragen - wir werden aber nur einige wichtige Resultate daraufhin untersuchen.

Die Automaten aller bisher behandelten Typen können durch bewertete gerichtete Graphen dargestellt werden. Diese Graphen stellen eine (statische) Beschreibung der Struktur der Automaten dar. Zur Veranschaulichung der Arbeitsweise (des dynamischen Verhaltens) eines RSA haben wir ihn auch als lesende (akzeptierende) oder als schreibende (erzeugende) Maschine interpretiert (in Abschnitt 5.4.). Diese Interpretation läßt sich auch auf M1A'n übertragen, d.h. wir können einen M1A als eine Maschine folgender Art ansehen (vgl. Figur 8.1.1.). Sie besitzt
- eine endliche Kontrolleinheit (die endlich viele verschiedene Zustände annehmen kann)
- ein Eingabeband (das in endlich viele Felder eingeteilt und nach rechts hin beliebig verlängerbar ist; in jedem Feld kann ein Eingabezeichen stehen; Eingabeworte werden ohne Zwischenräume linksbündig geschrieben)
- einen Lesekopf (der den Inhalt eines Feldes lesen und an die Kontrolleinheit übermitteln kann und nach jedem Lesen eines Zeichens ein Feld weiter nach rechts rückt, bis kein Eingabezeichen mehr vorhanden ist)
- ein Ausgabeband (mit den gleichen Eigenschaften wie ein Eingabeband)
- einen Schreibkopf (der ein von der Kontrolleinheit übermitteltes Ausgabezeichen in ein Feld des Ausgabebandes schreiben kann und nach dem Schreibvorgang ein Feld nach rechts rückt).
Die Maschine startet mit einem Eingabeband, das mit einem Eingabewort beschriftet ist, einem leeren Ausgabeband und beiden

Köpfen auf dem ersten Feld (von links) des jeweiligen Bandes.
In jedem Zustand läßt die Kontrolleinheit den Lesekopf ein
Zeichen lesen und, davon abhängig, den Schreibkopf ein Zeichen
schreiben und geht dann in einen neuen Zustand über.

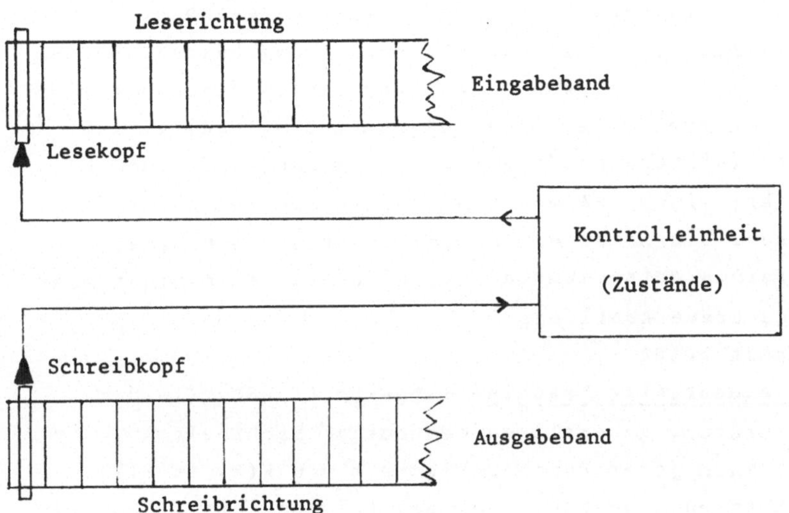

Figur 8.1.1.: Der M1A als lesende und schreibende Maschine

Diese neue Interpretation des M1A zeigt, daß der "Leseteil" des
M1A als ein lesender RSA und der "Schreibteil" des M1A als
schreibender NRSA aufgefaßt, der M1A als Ganzes, also als Kopp-
lung zweier NRSA'n mit sehr ähnlicher Struktur angesehen werden
kann (wenn wir etwa jeden Zustand zu einem Anfangs- und Endzustand machen) - aus dem Graphen des M1A erhält man den Graphen
des "Leseteils" durch Weglassen der Ausgabesymbole und den des
"Schreibteils" durch Weglassen der Eingabesymbole.

Diese Interpretation legt es nahe, Verallgemeinerungen des Begriffs des M1A zu betrachten.
Wir machen für dieses Kapitel die Generalvoraussetzung:
X,X',Y,Y',Z,Z' seien beliebige nichtleere endliche Mengen,
falls im Einzelfalle nichts anderes festgelegt wird.

8.2. Der a-Transduktor

Die Ginsburgsche sequentielle Maschine

M1A'n können nur "längentreue" Abbildungen berechnen (vgl. Aufgabe 2.7.), d.h. Eingabewort und zugehöriges Ausgabewort sind jeweils gleichlang. Eine erste Verallgemeinerung besteht darin, zuzulassen, daß der Schreibkopf des Automaten in einem Schreibvorgang (zwischen zwei aufeinanderfolgenden Eingaben) gleich mehrere Zeichen (hintereinander) oder gar nichts aufs Band schreibt. Wie bei einem RSA wählt man einen Zustand als Anfangszustand aus. Die Leistung des so erhaltenen Automaten ist die Leistung seines Anfangszustandes, diese ist eine nicht mehr notwendig längentreue Abbildung.

Solch ein Automat heißt

Ginsburgsche sequentielle Maschine (abgekürzt: GSM) (In der englischen Literatur: generalized sequential machine).
Offensichtlich kann jeder Homomorphismus h von F(X) in F(Y) durch eine GSM erzeugt werden, d.h. als Leistung einer GSM dargestellt werden: Die GSM braucht nur einen Zustand; in diesem Zustand wird jeweils h(x) ausgegeben, wenn x gelesen wurde.
Die GSM ist also bestimmt durch
$M=(Z,X,Y,f,g,s)$ mit $Z=\{s\}$, $f(s,x)=s$, $g(s,x)=h(x)$ für jedes x aus X.
Sie hat folgenden Graphen

Figur 8.2.1.: Die GSM M_h, die den Homomorphismus h erzeugt

Bezüglich weiterer Eigenschaften von GSM'n vergleiche man Aufgabe 8.1.

Ein nächster Verallgemeinerungsschritt besteht darin, eine Menge von Endzuständen auszuzeichnen und nur dann ein Ausgabewort als brauchbar zu akzeptieren, wenn das zugehörige Eingabewort vom Anfangszustand zu einem Endzustand geführt hatte, d.h. wenn

das Eingabewort vom "Leseteil" des Automaten (der ein RSA ist)
akzeptiert wurde. Dieser Automat heißt
GSM_mit_akzeptierenden_Zuständen (abgekürzt: a-GSM).
Eine a-GSM erzeugt also eine i.a. partielle Abbildung, deren Definitionsbereich eine rationale Menge ist. Offensichtlich ist
auch der Bildbereich dieser Abbildung eine rationale Menge, denn
der "Schreibteil" einer a-GSM kann als schreibender NRSA aufgefaßt werden.

Beispiel 8.2.1.: Eine a-GSM, die die Menge $0^*(10^*10^*)^*$ auf
$F(\{0,1\})$ abbildet:
$M_0 = (\{s,z\}, \{0,1\}, \{0,1\}, f, g, s, s)$
$graph\ f = \{(s,0,s),(s,1,z),(z,0,z),(z,1,s)\}$
$graph\ g = \{(s,0,0),(s,1,1),(z,0,\Lambda),(z,1,\Lambda)\}$.

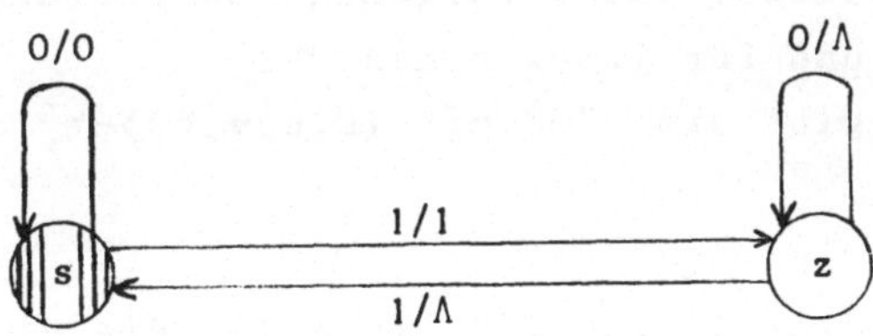

Figur 8.2.2.: Die a-GSM M_0

Bezüglich weiterer Eigenschaften der a-GSM'n vgl. die Aufgaben
8.2. und 8.3.

In Analogie zum NRSA erscheint es naheliegend, auch ein nicht-
deterministisches und nicht vollständig spezifiziertes Verhalten
zuzulassen, so daß nicht nur Abbildungen, sondern auch Korrespondenzen erzeugt werden können.
Ein erster Schritt ist der, den "Leseteil" der Maschine als alphabetischen NRSA mit einem Anfangszustand zu konzipieren - das
führt zum Begriff der
nichtdeterministischen_a-GSM (abgekürzt: a-NGSM).
Eine a-NGSM, deren sämtliche Zustände Endzustände sind, wird als
nichtdeterministische_GSM (abgekürzt: NGSM) bezeichnet.

Definition des a-Transduktors

Läßt man auch noch die Beschränkung auf zeichenweises Lesen weg,

so kommt man zum Begriff des a-Transduktors, der in der Theorie
formaler Sprachen eine sehr wichtige Rolle spielt.

<u>Definition 8.2.2.</u>: Ein <u>a-Transduktor</u> M ist ein Sechstupel
$M=(Z,X,Y,t,s,F)$, wobei

Z,X,Y die <u>Zustandsmenge</u>, das <u>Eingabe-</u> und das <u>Ausgabealphabet</u>
sind,

s aus Z (der <u>Anfangszustand</u>),

$F \subseteq Z$ (die Menge der <u>akzeptierenden Zustände</u>) und

$t=(Z\times F(X),F(Y)\times Z,\tau)$ eine Korrespondenz mit endlichem Graphen τ,
(die <u>Verarbeitungskorrespondenz</u>) ist.

M heißt <u>alphabetisch</u>, wenn $\tau \subseteq Z\times(X\cup\Lambda)\times(Y\cup\Lambda)\times Z$ ist.

M heißt <u>Λ-frei</u>, wenn $\tau \subseteq Z\times F(X)\times F^+(Y)\times Z$ ist.

t wird (ähnlich wie bei NRSA'n) zur <u>sequentiellen Korrespondenz</u>
$t^*=(Z\times F(X),F(Y)\times Z,\tau^*)$ erweitert durch folgende Festsetzung:

$\tau^0=\{(z,\Lambda,\Lambda,z)\,|\,z\in Z\}$, $\tau^1=\tau$ und für jedes n aus $\mathbb{N}$:

$\tau^{n+1}=\{(z,uu',vv',z')\,|$ Es gibt ein $z''\in Z$ mit $(z,u,v,z'')\in\tau^n$ und

$\qquad (z'',u',v',z')\in\tau\}$,

$\tau^*=\cup\{\tau^i\,|\,i\in\mathbb{N}_0\}$.

M erzeugt eine Korrespondenz T_M von $F(X)$ in $F(Y)$, die die <u>von M
erzeugte Transduktion</u> heißt:

Für jedes w aus $F(X)$ sei

$T_M(w)=\{v\in F(Y)\,|$ Es gibt ein $z\in F$ mit $(v,z)\in t^*(s,w)\}$.

T_M läßt sich in üblicher Weise auffassen als eine Abbildung der
Potenzmenge von $F(X)$ in die Potenzmenge von $F(Y)$; diese Abbildung
wird häufig auch mit M bezeichnet und heißt die <u>durch M erzeugte a-Transduktorabbildung</u>:

$M(L)=\cup\{T_M(w)\,|\,w\in L\}$ für jedes $L\subseteq F(X)$.

Die durch M erzeugte <u>inverse a-Transduktorabbildung</u> M^{-1} ist definiert durch

$M^{-1}(L')=\cup\{T_M^{-1}(v)\,|\,v\in L'\}=\{w\in F(X)\,|$ Es gibt ein $v\in L'$, das in $T_M(w)$
liegt$\}$ für jedes $L'\subseteq F(Y)$.

Eine Korrespondenz von $F(X)$ nach $F(Y)$ heißt <u>rationale Transduk-
tion</u>, wenn es einen a-Transduktor gibt, der sie erzeugt.

<u>Bemerkung</u>: (i) Offenbar ist jede GSM, NGSM, a-GSM oder a-NGSM
ein spezieller a-Transduktor.

(ii) Nicht nur jeder Homomorphismus h von $F(X)$ in $F(Y)$ sondern

auch jeder inverse Homomorphismus h^{-1} ist eine a-Transduktorabbildung (vgl. Figur 8.2.1.).

(iii) Wegen $M(\{w\})=T_M(w)$ für jedes w aus $F(X)$ gilt
$M^{-1}(L')=\{w\in F(X)\mid M(\{w\})\cap L'\neq\emptyset\}$ für jedes $L'\subseteq F(Y)$.
Man beachte, daß i.a. $M^{-1}(M(\{w\}))\neq\{w\}\neq M(M^{-1}(\{w\}))$ ist.
Ein Beispiel dafür liefert die durch $h(a)=h(b)=b$ definierte rationale Transduktion h von $F(\{a,b\})$ in sich. Denn es ist
$h^{-1}(h(a))=\{a,b\}\neq\{a\}$ und $h(h^{-1}(a))=\emptyset\neq\{a\}$.

(iv) Ist r eine rationale Transduktion von $F(X)$ nach $F(Y)$, so
werden wir die zugehörige a-Transduktorabbildung von $\mathcal{P}(F(X))$
nach $\mathcal{P}(F(Y))$ häufig (wie allgemein üblich) ebenfalls mit r bezeichnen.

(v) Ähnlich wie bei NRSA'n läßt sich zu jedem a-Transduktor M
ein alphabetischer a-Transduktor M' konstruieren, der die gleiche Transduktion erzeugt: Enthält τ die Transition (z,ux,vy,z')
mit $u\neq\Lambda\neq v$ und x aus X, y aus Y, so füge man einen neuen Zustand
z" aus Z hinzu und ersetze diese Transition durch die folgenden
zwei: $(z,u,v,z")$, $(z",x,y,z')$. Analog gehe man vor, wenn statt
ux oder vy nur Λ vorkommt (vgl. Aufgabe 8.4.(i)).

<u>Beispiel 8.2.3.</u>: Ein a-Transduktor, der zu jedem Wort dessen
sämtliche Teilworte erzeugt:
Sei $X=Y=\{0,1\}$, $M_1=(\{s,z,z'\},X,Y,t,s,\{s,z,z'\})$
$t(s,x)=\{(\Lambda,s),(x,z)\}$ für alle x aus X,
$t(z,x)=\{(x,z),(\Lambda,z')\}$ für alle x aus X,
$t(z',x)=\{(\Lambda,z')\}$ für alle x aus X.
Dann hat M_1 folgenden Graphen

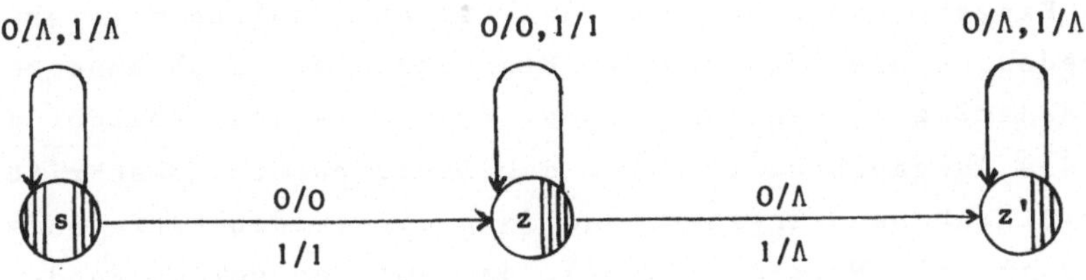

Figur 8.2.3.: Der a-Transduktor M_1

Man prüft leicht nach, daß für jedes w aus $F(X)$ gilt
$T_{M_1}(w)=\{w'\in F(X)\mid$ Es gibt $u,v\in F(X)$ mit $w=uw'v\}$.

M_1 ist offenbar eine a-NGSM.

Ferner gilt: Ist $L=\{0^n 1^n \mid n\in \mathbb{N}\}$, so ist $M_1(L)=0^* 1^*$.

Das zeigt, daß das Bild einer nicht rationalen Menge (vgl. Satz 5.4.12.) unter einer a-Transduktorabbildung rational sein kann - wir werden sogleich sehen, daß a-Transduktoren rationale Mengen jedoch stets in rationale Mengen überführen.

Charakterisierung von a-Transduktorabbildungen

Zunächst leiten wir aus der engen Beziehung der a-Transduktoren zu NRSA'n einen Charakterisierungssatz für a-Transduktorabbildungen her. Weitere Eigenschaften findet man in Aufgabe 8.4.

<u>Satz 8.2.4.</u> (Nivat): (i) Sei M ein a-Transduktor. Dann lassen sich eine endliche Menge P, eine rationale Teilmenge R von F(P) sowie Homomorphismen h_1 von F(P) in F(X) und h_2 von F(P) in F(Y) effektiv angeben, so daß für jedes $L\subseteq F(X)$ gilt

$M(L)=h_2(h_1^{-1}(L)\cap R)$.

(ii) Sei P' eine endliche Menge, R' eine rationale Teilmenge von F(P') und h_1' bzw. h_2' ein Homomorphismus von F(P') in F(X) bzw. F(Y), so läßt sich ein a-Transduktor M' mit

$M'(L)=h_2'(h_1'^{-1}(L)\cap R')$ für jedes $L\subseteq F(X)$

effektiv angeben.

<u>Beweis:</u> (i) Sei $P=pr_{2,3}\tau$. Dann läßt sich M auffassen als NRSA A mit dem Eingabealphabet P:

$A=(Z,P,\bar{\tau},s,F)$ mit

$\bar{\tau}=\{(z,p,z') \mid p=(u,v)$ und $(z,u,v,z')\in\tau\}$.

Wir fassen also jedes Paar aus Eingabewort und Ausgabewort von M als eine Eingabe von A auf - in unserer anschaulichen Interpretation bedeutet das, daß wir das Ein- und das Ausgabeband von M nebeneinanderlegen, den Schreibkopf ebenfalls als Lesekopf auffassen, das Ausgabeband also vor dem Start passend beschriften, d.h. als Eingabeband ansehen, und dann die beiden Köpfe parallel lesen lassen. Ein Wortpaar (w,w'), das auf den beiden Bändern steht, wird von A akzeptiert g.d.,w. es eine endliche Folge $p_1=(u_1,v_1)$, $p_2=(u_2,v_2)$, ..., $p_n=(u_n,v_n)$ von Elementen aus P und Zustände $z_0=s,z_1,...,z_n$ aus Z mit z_n aus F so gibt, daß $u_1 u_2 ... u_n=w$ und $v_1 v_2 ... v_n=w'$ sowie

$(z_{i-1},(u_i,v_i),z_i)$ in $\bar{\tau}$ für $i=1,\ldots,n$ ist.
Das ist einerseits gleichbedeutend damit, daß der NRSA A die
Eingabefolge $p_1p_2\ldots p_n=(u_1,v_1)(u_2,v_2)\ldots(u_n,v_n)$, aufgefaßt als
Element von $F(P)$, akzeptiert und andererseits damit, daß
$(z'_{i-1},u_i,v_i,z_i)\in\tau$ für $i=1,\ldots,n$ ist,
was wiederum gleichbedeutend damit ist, daß M bei Eingabe von
$w=u_1u_2\ldots u_n$ die Ausgabe $w'=v_1v_2\ldots v_n$ erzeugt, d.h. daß w' in
$T_M(w)=M(\{w\})$ liegt.
Sei nun h_i, für $i=1,2$, der durch die Einschränkung auf P der
Projektion pr_i von $F(X)\times F(Y)$ definierte Homomorphismus, d.h. sei
$h_1:\ F(P)\longrightarrow F(X)$ mit
$h_1(p_1p_2\ldots p_n)=h_1((u_1,v_1)(u_2,v_2)\ldots(u_n,v_n))=u_1u_2\ldots u_n$ und
$h_2:\ F(P)\longrightarrow F(Y)$ mit
$h_2(p_1p_2\ldots p_n)=h_2((u_1,v_1)(u_2,v_2)\ldots(u_n,v_n))=v_1v_2\ldots v_n$.
Dabei seien wie oben die $p_i=(u_i,v_i)$ aus P.
Ferner sei $R=L(A)$ die von A akzeptierte Teilmenge von $F(P)$. Dann
haben wir gezeigt: Für das Wortpaar (w,w') aus $F(X)\times F(Y)$ ist w'
aus $T_M(w)=M(\{w\})$ g.d.,w. es ein Element q aus $F(P)$ gibt mit q
aus R, $h_1(q)=w$, $h_2(q)=w'$.
Die Menge aller w' aus $F(Y)$ mit w' aus $M(\{w\})$ erhält man also
als die Menge aller $h_2(q)$ mit q aus R und $h_1(q)=w$.
(ii) Wir gehen umgekehrt wie eben vor. Sei A ein DRSA über P',
der R' akzeptiert. Diesen interpretieren wir um als a-Transduktor M', indem wir das Eingabeband und den Lesekopf je in zwei
Teile teilen und aus einem Zeichen p die zwei Zeichen $h'_1(p)$ und
$h'_2(p)$ machen, wobei wir $h'_1(p)$ als Ein- und $h'_2(p)$ als Ausgabe
auffassen. Der Graph von A wird also zum Graphen von M', indem
jeweils p durch $h'_1(p)/h'_2(p)$ ersetzt wird. Den Rest überlegt man
sich wie im Beweis von (i). ∎

<u>Bemerkung</u>: (i) man sieht sofort, daß in Satz 8.2.4.(i) h_2 Λ-frei
(d.h. $h_2(p)\neq\Lambda$ für alle p aus P) ist g.d.,w. M Λ-frei ist.
(ii) Da die Hintereinanderausführung von Homomorphismen wieder
ein Homomorphismus ist, kann man wegen Satz 7.3.3. (Satz von
Chomsky, Schützenberger) in Satz 8.2.4.(i) sogar fordern, daß
R eine Standardmenge (oder, wegen Satz 7.3.6., eine Medvedev-
Costich-Menge) ist.

(iii) Da durch $x \to (x, \Lambda)$, für alle x aus X, und $y \to (\Lambda, y)$, für
alle y aus Y, ein Homomorphismus von $F(X \cup Y)$ auf $Q = F(X \times \Lambda \cup \Lambda \times Y)$
definiert ist, wenn X und Y disjunkt sind, und weil für das P
aus dem Beweis von Satz 8.2.4.(i) F(P) auch als rationale Teilmenge von Q aufgefaßt werden kann, kann man wegen Satz 7.3.3.
in Satz 8.2.4.(i) die Menge P auch durch $X \cup Y$ ersetzen, falls X
und Y disjunkt sind.

(iv) Wegen Teil (v) der Bemerkung zu Definition 8.2.2. können
wir in Satz 8.2.4.(i) sogar fordern, daß h_1 und h_2 alphabetisch
sind (vgl. Aufgabe 8.4.(i)).

<u>Beispiel 8.2.5.</u>: Auf den a-Transduktor M_1 aus Beispiel 8.2.3.
soll Satz 8.2.4.(i) angewendet werden. Aufgrund des Beweises
des Satzes ist
$$P = pr_{2,3} \tau = \{(0,\Lambda), (1,\Lambda), (0,0), (1,1)\}$$
$h_1: F(P) \to F(X)$
$$h_1((0,\Lambda)) = h_1((0,0)) = 0$$
$$h_1((1,\Lambda)) = h_1((1,1)) = 1$$
$h_2: F(P) \to F(Y)$
$$h_2((0,\Lambda)) = h_2((1,\Lambda)) = \Lambda$$
$$h_2((0,0)) = 0, \quad h_2((1,1)) = 1$$
$$R = \{(0,\Lambda), (1,\Lambda)\}^* \cdot \{(0,0), (1,1)\}^* \cdot \{(0,\Lambda), (1,\Lambda)\}^*.$$
Man beachte hier, daß $(0,\Lambda)(1,1)(1,\Lambda)$ als Element von F(P) verschieden ist von $(0,\Lambda)(1,\Lambda)(1,1)$.

Da bei M_1 Ein- und Ausgabemenge gleich sind, kann man nicht
$P = X \cup Y$ wählen. Wir ersetzen daher Y durch $\{2,3\}$, d.h. wählen
$$P' = \{0,1,2,3\}$$
$h_1': F(P') \to F(X)$
$$h_1'(0) = 0, \quad h_1'(1) = 1, \quad h_1'(2) = h_1'(3) = \Lambda$$
$h_2': F(P') \to F(Y)$
$$h_2'(0) = h_2'(1) = \Lambda, \quad h_2'(2) = 0, \quad h_2'(3) = 1.$$
Dann ist z.B.
$$h_1'(0131) = h_1'(0113) = 011 = h_1((0,\Lambda)(1,1)(1,\Lambda)) = h_1((0,\Lambda)(1,\Lambda)(1,1))$$
$$h_2'(0131) = h_2'(0113) = 1 = h_2((0,\Lambda)(1,1)(1,\Lambda)) = h_2((0,\Lambda)(1,\Lambda)(1,1)).$$
Als R' wählen wir eine Menge, die bei dem durch
$$0 \to (0,\Lambda), \quad 1 \to (1,\Lambda), \quad 2 \to (\Lambda,0), \quad 3 \to (\Lambda,1)$$
bestimmten Homomorphismus von F(P') in $F(\{0,1,\Lambda\} \times \{0,1,\Lambda\})$ auf R
abgebildet wird, wobei in R stets $(0,0)$ durch $(0,\Lambda)(\Lambda,0)$ und

(1,1) durch (1,Λ)(Λ,1) ersetzt sei.

$R'=\{0,1\}^* \cdot \{02,13\}^* \cdot \{0,1\}^*$.

Dann ist für jedes w aus F(X)

$M_1(\{w\})=h_2(h_1^{-1}(w)\cap R)=h_2'(h_1'^{-1}(w)\cap R')$.

Z.B. ist für $w=0^n1^n$ mit n aus $\mathbb{N}$

$h_1^{-1}(0^n1^n)=\{(0,\Lambda),(0,0)\}^n \cdot \{(1,\Lambda),(1,1)\}^n$

$h_1^{-1}(0^n1^n)\cap R=\{(0,\Lambda)^n(1,\Lambda)^n\}\cup$

$\qquad \cup\{(0,\Lambda)^n(1,\Lambda)^i(1,1)^j(1,\Lambda)^k \mid i+j+k=n, i\geq 0, j\geq 1, k\geq 0\} \cup$

$\qquad \cup\{(0,\Lambda)^i(0,0)^j(1,1)^k(1,\Lambda)^m \mid i+j=n, i\geq 0, j\geq 1, k+m=n, k\geq 1, m\geq 0\} \cup$

$\qquad \cup\{(0,\Lambda)^i(0,0)^j(0,\Lambda)^k(1,\Lambda)^n \mid i+j+k=n, i\geq 0, j\geq 1, k\geq 0\}$

$h_2(h_1^{-1}(0^n1^n)\cap R)=\Lambda\cup\{1^j \mid 1\leq j\leq n\}\cup\{0^j1^k \mid 1\leq j\leq n,\ 1\leq k\leq n\} \cup$

$\qquad \cup\{0^j \mid 1\leq j\leq n\}=\{0^i1^j \mid 0\leq i,j\leq n\}$.

Analog verifiziert man

$h_2'(h_1'^{-1}(0^n1^n)\cap R')=\{0^i1^j \mid 0\leq i,j\leq n\}$.

<u>Anwendungen des Charakterisierungssatzes</u>

<u>Folgerung 8.2.6.</u>: Sei M ein a-Transduktor. Dann gilt:

(i) Die inverse a-Transduktorabbildung M^{-1} ist wieder eine a-Transduktorabbildung, d.h. es läßt sich ein a-Transduktor M' konstruieren mit

$M'(L')=M^{-1}(L')=\{w\in F(X) \mid M(\{w\})\cap L'\neq\emptyset\}$ für jedes $L'\subseteq F(Y)$.

(ii) Für jede rationale Teilmenge L von F(X) ist auch M(L) rational. Aus einer Darstellung von L als rationale oder erkennbare Menge ist eine entsprechende Darstellung von M(L) effektiv konstruierbar.

<u>Beweis</u>: Seien h_1,h_2 und R wie in Satz 8.2.4.(i) zu M konstruiert.

(i) Offenbar sind für w aus F(X) und v aus F(Y) folgende drei Aussagen gleichwertig:

(a) $v\in h_2(h_1^{-1}(w)\cap R)$

(b) Es existiert ein r aus R mit $h_1(r)=w$ und $h_2(r)=v$

(c) $w\in h_1(h_2^{-1}(v)\cap R)$.

Ist nun w aus $M^{-1}(L')$, so gibt es nach Satz 8.2.4.(i) und wegen Teil (iii) der Bemerkung zu Definition 8.2.2. ein v in L', das (a) erfüllt, weshalb wegen (c) dann $w\in h_1(h_2^{-1}(L')\cap R)$ gilt. Umgekehrt folgt aus letzterem die Existenz eines v aus L', das

(c) und daher auch (a) erfüllt, woraus $M(\{w\}) \cap L' \neq \emptyset$ folgt, weshalb dann w in $M^{-1}(L')$ liegt.

Daher ist $M^{-1}(L') = h_1(h_2^{-1}(L') \cap R)$ für jedes $L' \subseteq F(Y)$. Setzt man also in Satz 8.2.4.(ii) $P'=P$, $h_1'=h_2$, $h_2'=h_1$ und $R'=R$, so ist der zugehörige a-Transduktor M' der gesuchte.

(ii) Ist L rational, d.h. erkennbar, so ist nach Hilfssatz 5.4.3. auch $h_1^{-1}(L)$ erkennbar; nach Satz 5.5.7. ist daher $h_1^{-1}(L) \cap R$ rational, und nach Folgerung 7.2.5. zusammen mit Teil (iv) der Bemerkung zu Satz 8.2.4. ist deshalb auch M(L) rational. Da die Homomorphismen h_1 und h_2 sowie die Menge R effektiv angebbar sind und die Konstruktionen im Beweis von Satz 5.5.7., Hilfssatz 5.4.3. und von Folgerung 7.2.5. effektiv durchführbar sind, kann eine Darstellung von M(L) aus einer entsprechenden Darstellung von L konstruiert werden. ∎

Obwohl es einfach ist, Beispiele von Mengen anzugeben, die sich durch a-Transduktoren aufeinander abbilden lassen (vgl. Aufgabe 8.5.), ist es i.a. recht schwer, das Gegenteil zu zeigen. Die nächste Folgerung gibt ein solches Beispiel an (vgl. zur Ergänzung auch Aufgabe 8.6.); ihr Beweis, der vergleichsweise einfach ist, soll einen Einblick in die Vorgehensweise bei solchen Beweisen geben. Außerdem läßt sich mit diesem Beispiel eine einfache Abbildung finden, die keine a-Transduktorabbildung ist, obwohl sie rationale Mengen auf rationale Mengen abbildet.

<u>Folgerung 8.2.7</u>. (Berstel): Es gibt <u>keinen</u> a-Transduktor, der eine der beiden Mengen
$$U = \{a^n b^m \mid 0 \leq m \leq n\} \quad \text{und}$$
$$V = \{a^n b^m \mid 0 \leq n \leq m\}$$
surjektiv auf die andere abbildet.

Beweis: a) Aus Symmetriegründen genügt es nachzuweisen, daß es keinen a-Transduktor M mit M(U)=V gibt. Sei nun $Y=\{c,d\}$ disjunkt zu $X=\{a,b\}$ und $T=\{c^n d^m \mid 0 \leq n \leq m\}$. Dann ist klar, daß jeder a-Transduktor M mit M(U)=T durch Ersetzen von c durch a und d durch b sofort in einen a-Transduktor M' mit $M'(U)=V$ umgewandelt werden kann.

Wir nehmen deshalb an, es gäbe einen a-Transduktor M mit M(U)=T und führen diese Annahme zu einem Widerspruch.

Nach Satz 8.2.4.(i) und der Bemerkung dazu gibt es dann Homomorphismen h_1 und h_2 von $F(X \cup Y)$ in $F(X)$ bzw. $F(Y)$ sowie eine rationale Teilmenge R von $F(X \cup Y)$ mit

$T = M(U) = h_2(h_1^{-1}(U) \cap R)$.

b) Wir beweisen nun zunächst folgende

<u>Zwischenbehauptung</u>: Zu jedem i aus $\mathbb{N}$ existiert ein k aus $\mathbb{N}$ mit
$k \geq i$ derart, daß

für jedes w aus $h_1^{-1}(U) \cap R \cap h_2^{-1}(c^k d^k)$

gilt: $h_1(w) = a^n b^m$ mit $i \leq m \leq n$.

D.h. es gibt lange Worte in T, die nur Bilder langer Worte aus U
sein können.

Beweis: Wäre die Zwischenbehauptung falsch, so würde ein i aus $\mathbb{N}$
existieren, so daß für jedes $k \geq i$ ein w aus $h_1^{-1}(U) \cap R \cap h_2^{-1}(c^k d^k)$
existierte, für das $h_1(w) = a^j b^\ell$ mit $0 \leq \ell < i$ und $\ell \leq j$ gälte.

Sei nun $L = \{a^j b^\ell \mid \ell \leq j,\ 0 \leq \ell < i\}$.

Dann ist $L \subseteq U$ und $L = a^* \cdot \{a^\ell b^\ell \mid 0 \leq \ell < i\}$.

Also ist L rational, und nach Folgerung 8.2.6.(ii) ist deshalb
$M(L)$ rational.

Daher wäre also $\{c^k d^k \mid k \geq i\} \subseteq M(L) \subseteq M(U) = T$.

Aufgrund des uvw-Theorems (Folgerung 5.4.10.) gäbe es wegen der
Rationalität von $M(L)$ dann ein $k \geq i$ so, daß $c^k d^k = uvu'$ mit $v \neq \Lambda$
und $|uv| \leq k$, also $v = c^p$ mit $p \neq 0$ wäre, und daß weiter auch $c^k c^p d^k$
in $M(L)$ und damit in T wäre, was unmöglich ist. Also muß die
Zwischenbehauptung gelten.

c) Sei nun r die Anzahl der Zustände des minimalen DRSA A, der
R akzeptiert. In der Zwischenbehauptung sei dann $i = r$ gesetzt
und ein festes $k \geq i$ gewählt. Weiter sei w ein Wort minimaler
Länge aus der wegen $M(U) = T$ nichtleeren Menge $h_1^{-1}(U) \cap R \cap h_2^{-1}(c^k d^k)$.
Für $h_1(w) = a^j b^\ell$ gilt dann aufgrund der Zwischenbehauptung $r \leq \ell \leq j$.
Das Wort w läßt sich auf zwei Weisen faktorisieren:

$w = w_1 w_2 = w_1' w_2'$ mit

$h_1(w_1) = a^j$, $h_1(w_2) = b^\ell$, $h_2(w_1') = c^k$, $h_2(w_2') = d^k$.

Sei mit v das kürzere der beiden Worte w_2 und w_2' bezeichnet und
v' definiert durch $w = v'v$. Dann ist $|v| \geq r$.

Wegen w aus R wird v von dem DRSA A' akzeptiert, den man erhält, wenn man in A den Anfangszustand s durch den Zustand
$f^*(s, v')$ ersetzt. A' hat ebenfalls r Zustände. Aufgrund des

uvw-Theorems läßt sich dann v wie folgt zerlegen:

$v=xuy$, $0<|u|\leq r$ und $v'xy$ in R.

Nach Wahl von v ist $h_1(v)$ und damit auch $h_1(u)$ aus b^*. Deshalb liegt $h_1(v'xy)$ in U. Ferner ist $h_2(v'xy)=c^k d^{k-q}$ mit $q=|h_2(u)|$. Wegen $v'xy\in h_1^{-1}(U)\cap R$ liegt nach Satz 8.2.4.(i) andererseits $h_2(v'xy)$ in T. Daraus folgt $q=0$. Das hat $v'xy\in h_1^{-1}(U)\cap R\cap h_2^{-1}(c^k d^k)$ zur Folge, was wegen $|v'xy|<|w|$ in Widerspruch zur Minimalität von w steht. Also gibt es den a-Transduktor M nicht. ∎

Folgerung 8.2.8.: Die Abbildung von $F(\{a,b\})$ in sich, die jedes Wort auf sein Spiegelwort abbildet, ist keine rationale Transduktion.

Beweis: Wäre die Spiegelwortabbildung s eine rationale Transduktion, so wäre auch die Abbildung s', die ein Wort erst spiegelt und anschließend noch a mit b vertauscht eine rationale Transduktion, denn aus dem a-Transduktor für s erhält man den für s' durch Vertauschen von a und b in der Ausgabe. Für die Mengen U und V aus Folgerung 8.2.7. gälte $s'(U)=V$. Das widerspricht aber der Folgerung 8.2.7. ∎

8.3. Unentscheidbarkeit der Äquivalenz von a-Transduktoren

Definition 8.3.1.: Zwei a-Transduktoren M und M' mit gleichen Ein- und Ausgabealphabeten heißen _äquivalent_, wenn $T_M=T_{M'}$ ist.

Obwohl sich die Entscheidbarkeit der Äquivalenz von GSM'n ebenso einfach wie die von M1A'n zeigen läßt (vgl. auch Aufgabe 8.3.), ist schon die Äquivalenz von Λ-freien NGSM'n nicht entscheidbar - eine Verschärfung dieser Aussage enthält Aufgabe 8.7.

Satz 8.3.2.: (i) Die Äquivalenz von GSM'n ist entscheidbar. (ii) (Griffiths) Es gibt keinen Algorithmus, der entscheidet, ob zwei Λ-freie NGSM'n äquivalent sind.

Beweis: (i) Seien $M=(Z,X,Y,f,g,s)$ und $M'=(Z',X',Y',f',g',s')$ zwei GSM'n (Y und Y' mögen, wie üblich, keine überflüssigen Elemente enthalten). Sie können nur äquivalent sein, wenn $X=X'$ und $Y=Y'$ ist; also sei das vorausgesetzt. Weiter können wir voraussetzen, daß jeder Zustand von M (bzw. von M') von s (bzw. von s') aus erreichbar ist, denn man kann von jedem Zustand einer GSM entscheiden (wie bei einem RSA), ob er vom Anfangszustand aus erreichbar ist.

Damit M und M' äquivalent sind, muß insbesondere für jedes w aus $F(X)$ und jedes x aus X gelten

$$g^*(s,w)g(f^*(s,w),x)=g'^*(s',w)g'(f'^*(s',w),x).$$

(Hier sind f^* und g^* analog zu Definition 2.3.1. erklärt).

Daraus folgt $g(f^*(s,w),x)=g'(f'^*(s',w),x)$, d.h. zu jedem z aus Z existiert ein z' aus Z' mit $g(z,x)=g'(z',x)$ und umgekehrt, so daß die Mengen W und W' der elementaren Ausgabeworte von M bzw. M' gleich sein müssen:

$$W=\{g(z,x)\mid z\in Z,x\in X\}=W'=\{g'(z',x)\mid z'\in Z',x\in X\}.$$

Da wir die Gleichheit der Mengen W und W' entscheiden können, dürfen wir von jetzt ab $W=W'$ voraussetzen.

M und M' lassen sich nun als M1A'n $\bar{M}$ bzw. $\bar{M}'$ mit W als Ausgabealphabet betrachten, indem man die Elemente von W als komplexe Buchstaben ansieht. Es ist offensichtlich, daß M und M' äquivalent sind g.d.,w. die Zustände s und s' von $\bar{M}$ bzw. $\bar{M}'$ gleiche Leistung haben. Letzteres ist aber nach Folgerung 2.3.4. entscheidbar.

(ii) Eine Λ-freie NGSM M ist ein a-Transduktor $M=(Z,X,Y,t,s,Z)$ mit $\tau\subseteq Z\times X\times F^+(Y)\times Z$.

Die Angabe der Endzustandsmenge lassen wir bei NGSM'n weg. Zum Beweis benutzen wir folgenden Unentscheidbarkeitssatz (siehe Hilfssatz 8.3.5.):

Es gibt keinen Algorithmus, der entscheidet, ob zu je zwei Homomorphismen g und h von $F(X)$ in $F(Y)$ mit $h(X)\cup g(X)\subseteq Y^2Y^*$ ein w aus $F^+(X)$ mit $g(w)=h(w)$ existiert.

Seien nun zwei solche Homomorphismen g und h gegeben. Dann sei $m=\max\{|g(x)|,|h(x)|\mid x\in X\}$.

Ferner sei M die folgende Λ-freie NGSM:

$M=(\{s_m\},X,Y,t_m,s_m)$ mit

$t_m(s_m,x)=\{(u,s_m)\mid u\in F^+(Y),|u|\leq m\}$ für alle x aus X.

Dann ist $T_M(w)=\{v\in F^+(Y)\mid |w|\leq|v|\leq m|w|\}$ für alle w aus $F^+(X)$.

Schließlich konstruieren wir (in Hilfssatz 8.3.3.) zwei Λ-freie NGSM'n $G=(Z_g,X,Y,t_g,s_g)$ und $H=(Z_h,X,Y,t_h,s_h)$ so, daß für jedes w aus $F^+(X)$ gilt:

$T_G(w) = T_M(w) - g(w)$ und $T_H(w) = T_M(w) - h(w)$.

Wir können voraussetzen, daß Z_g und Z_h disjunkt sind. Dann konstruieren wir folgende Λ-freie NGSM

$N = (Z_g \cup Z_h \cup s, X, Y, t, s)$ mit $s \notin Z_g \cup Z_h$ und

$$t(z,x) = \begin{cases} t_g(s_g,x) \cup t_h(s_h,x), & \text{falls } z=s \\ t_g(z,x) & , \text{falls } z \text{ aus } Z_g \\ t_h(z,x) & , \text{falls } z \text{ aus } Z_h \end{cases}$$

für alle z aus $Z_g \cup Z_h \cup s$ und x aus X.

Offensichtlich ist für jedes w aus $F^+(X)$

$T_N(w) = T_G(w) \cup T_H(w) = (T_M(w) - g(w)) \cup (T_M(w) - h(w))$.

Daraus folgt für jedes w aus $F^+(X)$

$T_N(w) \neq T_M(w)$ g.d.,w. $g(w) = h(w)$.

Also ist die Äquivalenz der Λ-freien NGSM'n M und N entscheidbar g.d.,w. die Existenz eines $w \neq \Lambda$ mit $g(w) = h(w)$ entscheidbar ist, was aufgrund des oben angegebenen Unentscheidbarkeitssatzes nicht der Fall ist.

Zum Beweis von (ii) fehlen also nur noch die Hilfssätze 8.3.3. und 8.3.5. ∎

Hilfssatz 8.3.3.: Die im Beweis von Satz 8.3.2.(ii) benötigten Λ-freien NGSM'n G und H sind effektiv angebbar.

Beweis: Wir konstruieren nur G, da H sich analog ergibt.

Sei $\{s_g, -, 0, +\}$ disjunkt zu Y. Dann setze man

$Z_g = Y \cup \{s_g, -, 0, +\}$.

Sei nun x ein beliebiges Element von X, und sei $g(x) = y_1 y_2 \ldots y_n$ mit y_i aus Y. Wegen $g(x) \in Y^2 Y^*$ ist dann $n \geq 2$. Weiter sei z aus Y beliebig gewählt. Dann setzen wir

$t_g(s_g,x) = \{(y_1 y_2 \ldots y_{n-1}, y_n)\} \cup \{(u,-) \mid u \in F^+(Y),\ |u| < n\} \cup$
$\qquad \cup \{(v,0) \mid v \in F^+(Y),\ v \neq g(x),\ |v| = n\} \cup$
$\qquad \cup \{(w,+) \mid w \in F^+(Y),\ n < |w| \leq m\}$

$t_g(y,x) = \{(yv,z') \mid (v,z') \in t_g(s_g,x)\}$ für jedes y aus Y

$t_g(-,x) = \{(y,-) \mid y \in Y\}$

$t_g(0,x) = \{(u,-) \mid u \in F^+(Y),\ |u| < n\} \cup$
$\qquad \cup \{(v,0) \mid v \in F^+(Y),\ |v| = n\} \cup$
$\qquad \cup \{(w,+) \mid w \in F^+(Y),\ n < |w| \leq m\}$

$t_g(+,x) = \{(v,+) \mid v \in F^+(Y),\ |v| = m\}$.

G ist dann eine Λ-freie NGSM, und wir haben nur noch zu zeigen:

<u>Zwischenbehauptung</u>: Sei w aus $F^+(X)$ beliebig gewählt, und sei $g(w)=y_1'y_2'\ldots y_k'$ mit y_i' aus Y. (Wegen $g(X)\subseteq Y^2Y^*$ ist $k\geq 2|w|$). Dann gilt

$$t_g^*(s_g,w)=\{(y_1'y_2'\ldots y_{k-1}',y_k')\}\cup$$
$$\cup\{(u,-)\,|\,u\in F^+(Y),\ |w|\leq|u|<k\}\cup$$
$$\cup\{(u,0)\,|\,u\in F^+(Y),\ u\neq g(w),\ |u|=k\}\cup$$
$$\cup\{(u,+)\,|\,u\in F^+(Y),\ k<|u|\leq m|w|\}.$$

Denn aus der Zwischenbehauptung folgt,

– daß jedes v aus $F^+(Y)$ mit $|w|\leq|v|\leq m|w|$ und $v\neq g(w)$ in $T_G(w)$ liegt, woraus $T_M(w)-g(w)\subseteq T_G(w)$ folgt,

– und daß andererseits $T_G(w)$ keine anderen Elemente enthält, weil $|w|\leq 2|w|-1\leq|y_1'y_2'\ldots y_{k-1}'|<m|w|$ und $y_1'y_2'\ldots y_{k-1}'\neq g(w)$ ist.

Die Zwischenbehauptung beweisen wir mit vollständiger Induktion über die Länge von w.

Für $|w|=1$ folgt die Behauptung aus der Definition von $\dot{t}_g$.

Nehmen wir nun an, die Behauptung gelte für alle w mit $|w|=r\geq 1$.

Sei ferner x beliebig aus X und $g(x)=y_1y_2\ldots y_n$ mit y_i aus Y.

Dann ist aufgrund der Voraussetzungen über g

$n\geq 2$ und $g(wx)=y_1'y_2'\ldots y_k'y_1y_2\ldots y_n$.

Aufgrund der Definitionen von t_g und t_g^* gilt

$$t_g^*(s_g,wx)=\{(uv,z')\,|\,\text{Es gibt ein } z\in Z_g \text{ mit } (u,z)\in t_g^*(s_g,w) \text{ und}$$
$$(v,z')\in t_g(z,x)\}.$$

Je nach der Lage des Zwischenzustands z in Z_g gilt es, aufgrund der Definition von t_g vier Fälle zu unterscheiden; (wegen $w\neq\Lambda$ ist $z\neq s_g$).

(1) $z=-$. Dann sei

$$K_-=\{(uv,z')\,|\,(u,-)\in t_g^*(s_g,w) \text{ und } (v,z')\in t_g(-,x)\}$$
$$=\{(uv,z')\,|\,|w|\leq|u|<k,\ v\in Y,\ z'=-\}$$
$$=\{(w',-)\,|\,w'\in F^+(Y),\ |wx|\leq|w'|<k+1\}.$$

(2) $z=0$. Dann sei

$$K_0=\{(uv,z')\,|\,(u,0)\in t_g^*(s_g,w) \text{ und } (v,z')\in t_g(0,x)\}$$
$$=\{(uv,z')\,|\,u\neq g(w),\ |u|=k,\ 1\leq|v|<n,\ z'=-\}\cup$$
$$\cup\{(uv,z')\,|\,u\neq g(w),\ |u|=k,\ |v|=n,\ z'=0\}\cup$$
$$\cup\{(uv,z')\,|\,u\neq g(w),\ |u|=k,\ n<|v|\leq m,\ z'=+\}$$
$$K_0'=\{(w',-)\,|\,w'\in F^+(Y),\ k+1\leq|w'|<k+n\}\cup$$
$$\cup\{(w',0)\,|\,w'\in F^+(Y),\ w'\neq g(wx),\ |w'|=k+n\}\cup$$

$$\cup\{(w',+)\,|\,w'\in F^+(Y),\ k+n<|w'|\leq k+m\}.$$

(3) $z=+$. Dann sei
$$K_+=\{(uv,z')\,|\,k<|u|\leq m|w|,\ |v|=m,\ z'=+\}$$
$$=\{(w',+)\,|\,w'\in F^+(Y),\ k+m<|w'|\leq m|wx|\}.$$

(4) $z\in Y$. Dann sei
$$K_Y=\{(uv,z')\,|\,(u,y)\in t^*(s_g,w),\ y\in Y,\ (v,z')\in t_g(y,x)\}$$
$$=\{(uv,z')\,|\,(y'_1\ldots y'_{k-1},y'_k)\in t^*(s_g,w),\ v=y'_k v',\ (v',z')\in t_g(s_g,x)\}$$
$$=\{(y'_1\ldots y'_k y_1\ldots y_{n-1},y_n)\}\cup$$
$$\cup\{(y'_1\ldots y'_k v',-)\,|\,v'\in F^+(X),\ |v'|<n\}\cup$$
$$\cup\{(y'_1\ldots y'_k v',0)\,|\,v'\in F^+(X),\ v'\neq g(x),|v'|=n\}\cup$$
$$\cup\{(y'_1\ldots y'_k v',+)\,|\,v'\in F^+(X),\ n<|v'|\leq m\}.$$

Mit $K'_Y=\{(y'_1\ldots y'_k y_1\ldots y_{n-1},y_n)\}$ gilt nun $K_Y=K'_y\cup(K'_0-K_0)$.

Man sieht daher sofort, daß
$$t^*_g(s_g,wx)=K'_Y\cup K_-\cup K'_0\cup K_+$$
ist, und daß damit die Behauptung mit wx anstelle von w (und
dementsprechend k+n anstelle von k) erfüllt ist. ∎

Das Postsche Korrespondenzproblem

Der im Beweis von Satz 8.3.2.(ii) benutzte Unentscheidbarkeitssatz ist eine Modifikation des häufig benutzten Satzes über die
Unlösbarkeit des sog. Postschen Korrespondenzproblems.

<u>Definition 8.3.4.</u>: Seien n eine natürliche Zahl sowie
$u=(u_1,u_2,\ldots,u_n)$ und $v=(v_1,v_2,\ldots,v_n)$ zwei n-Tupel von Worten
u_i,v_i aus $F^+(X)$. Das Quadrupel $Q=(X,n,u,v)$ heißt dann ein <u>Fall</u>
des Postschen Korrespondenzproblems über X (abgekürzt: PKP).
Eine <u>Lösung</u> von Q ist eine endliche, nichtleere Folge
$i_1,i_2,\ldots,i_k$ von natürlichen Zahlen i_j mit $1\leq i_j\leq n$ und
$$u_{i_1}u_{i_2}\ldots u_{i_k}=v_{i_1}v_{i_2}\ldots v_{i_k}.$$

Das <u>allgemeine Postsche Korrespondenzproblem über X</u> ist das
Problem, einen Algorithmus zu finden, der für jeden Fall des PKP
über X entscheidet, ob er eine Lösung besitzt oder nicht.
Das <u>spezielle PKP über X vom Rang r</u> (mit r aus $\mathbb{N}$) ist das Problem, einen Algorithmus zu finden, der für jeden Fall
$Q=(X,r,u,v)$ des PKP über X entscheidet, ob Q eine Lösung besitzt
oder nicht.

__Hilfssatz 8.3.5.__ (Post): (i) Das allgemeine PKP über jeder mindestens zweielementigen Menge X ist unlösbar, d.h. es gibt keinen Algorithmus, der für jeden Fall des PKP über X entscheidet, ob er eine Lösung besitzt oder nicht.

(ii) Für jedes $r \geq 9$ und jedes X mit mindestens zwei Elementen ist das spezielle PKP vom Range r über X unlösbar.

(iii) Das allgemeine PKP über einer einelementigen Menge X ist lösbar.

(iv) Das allgemeine PKP über X ist lösbar g.d.,w. ein Algorithmus existiert, der für jede endliche Menge Y und für je zwei Homomorphismen g und h von $F^+(Y)$ in $F^+(X)$ mit $h(Y) \cup g(Y) \subseteq X^2 X^*$ entscheidet, ob ein w aus $F^+(Y)$ mit $g(w)=h(w)$ existiert.

__Beweis__: (i) Die Unlösbarkeit des allgemeinen PKP über X wird i.a. aus der Unlösbarkeit des Halteproblems für Turingmaschinen abgeleitet. Es sei deshalb auf Lehrbücher über Turingmaschinen, Berechenbarkeit, Algorithmentheorie oder formale Sprachen (insbesondere auf letztere) verwiesen.

(ii) ergibt sich aus dem üblichen Beweis von (i) unter Berücksichtigung der Tatsache, daß es universelle Turingmaschinen gibt.

(iii) Sei $Q=(\{x\},n,u,v)$ ein Fall des PKP über $\{x\}$ mit $p_i = |u_i|$, $q_i = |v_i|$ sowie $p_i \neq q_i$ (sonst existiert stets die Lösung i) für $i=1,\ldots,n$. Dann hat Q eine Lösung g.d.,w. es k_i aus $\mathbb{N}_0$ mit
$$k_1(p_1-q_1)+k_2(p_2-q_2)+\ldots+k_n(p_n-q_n)=0 \text{ gibt.}$$
Haben alle Differenzen p_i-q_i gleiches Vorzeichen, so existiert keine Lösung. Andernfalls ergibt sich eine Lösung mit
$$k_{r_1}=\ldots=k_{r_a}=(q_{s_1}-p_{s_1})+\ldots+(q_{s_c}-p_{s_c}) \text{ und}$$
$$k_{s_1}=\ldots=k_{s_c}=(p_{r_1}-q_{r_1})+\ldots+(p_{r_a}-q_{r_a}),$$
wobei $r_1,\ldots,r_a$ (bzw. $s_1,\ldots,s_c$) alle Indizes r (bzw. s) aus $\{1,\ldots,n\}$ mit $p_r-q_r>0$ (bzw. $p_s-q_s<0$) seien.

(iv) Zunächst geben wir zu jedem Fall Q des PKP über X eine endliche Menge Y und Homomorphismen g und h von $F^+(Y)$ in $F^+(X)$ so an, daß Q genau dann eine Lösung besitzt, wenn ein w in $F^+(Y)$ mit $g(w)=h(w)$ existiert. Sei $Q=(X,n,u,v)$, dann sei $Y=\{y_1,y_2,\ldots,y_n\}$ und $g(y_i)=u_i$ sowie $h(y_i)=v_i$ für $i=1,\ldots,n$.

Sind umgekehrt eine endliche Menge $Y=\{y_1,\ldots,y_n\}$ und zwei Homomorphismen g und h von $F^+(Y)$ in $F^+(X)$ gegeben, so ist $Q=(X,n,u,v)$ mit $u_i=g(y_i)$ und $v_i=h(y_i)$ für $i=1,\ldots,n$ ein Fall des PKP über X, der genau dann eine Lösung hat, wenn ein w in $F^+(Y)$ mit $g(w)=h(w)$ existiert.

Schließlich geben wir zu jeder endlichen Menge Y und je zwei Homomorphismen g und h von $F^+(Y)$ in $F^+(X)$ zwei Homomorphismen g' und h' von $F^+(Y)$ in $F^+(X)$ mit $h'(Y) \cup g'(Y) \subseteq X^2 X^*$ so an, daß für jedes w aus $F^+(Y)$ gilt $g(w)=h(w)$ g.d.,w. $g'(w)=h'(w)$.

Dazu sei d der Homomorphismus von $F^+(X)$ in sich, der definiert ist durch

$d(x)=xx$ für jedes x aus X.

Offenbar gilt $d(u)=d(v)$ für u,v aus $F^+(X)$ g.d.,w. $u=v$ ist.

Deshalb haben g'=dg und h'=dh die gewünschten Eigenschaften und (iv) ist bewiesen. ∎

Weiteres zum PKP findet man in Aufgabe 8.8.

8.4. Der Zweiband-Elgot-Mezei-Automat (2-EMA)

Ohne die formale Beschreibung des a-Transduktors zu ändern, können wir (ähnlich wie im Beweis des Satzes von Nivat) in der anschaulichen Interpretation beide Bänder als Eingabebänder auffassen. Wir haben dann einen Automaten, der auf zwei Bändern parallel liest und Paare von Worten (Elemente aus $F(X) \times F(Y)$) akzeptiert; die Leistung eines solchen Automaten ist also nicht eine Korrespondenz, sondern eine Teilmenge des kartesischen Produktes zweier endlich erzeugter Monoide. Der Automat arbeitet ganz ähnlich wie ein NRSA: Wird ihm ein Paar von Worten vorgelegt, versucht er, irgendeine Folge von Lese- und Zustandsänderungsschritten zu finden, die vom Anfangszustand zu einem Endzustand führt und beide Worte ganz abarbeitet - falls irgendeine solche Folge existiert, ist das Wortpaar akzeptiert, andernfalls nicht. Wir lassen in Analogie zum NRSA deshalb auch zu, daß der Automat mehr als einen Anfangszustand besitzt.

<u>Definition 8.4.1.</u>: Ein <u>(nichtdeterministischer)</u> <u>Zweiband-Elgot-Mezei-Automat über (X,Y)</u> (abgekürzt: 2-EMA) ist ein Sechstupel

$A = (Z, X, Y, t, S, F)$, wobei

Z die Menge der <u>Zustände</u>,

X, Y die <u>Eingabealphabete</u> und

$S \subseteq Z$ (bzw. $F \subseteq Z$) die Menge der <u>Anfangs- (bzw. End-)zustände</u> von A

sowie $t = (Z \times F(X) \times F(Y), Z, \tau)$ eine endliche Korrespondenz (die <u>Tran-</u>

<u>sitionskorrespondenz von A</u>) seien.

Die Elemente von τ heißen die <u>Transitionen</u> von A.

t wird erweitert zur sequentiellen Korrespondenz $t^* =$

$= (Z \times F(X) \times F(Y), Z, \tau^*)$ von A, indem man τ^* wie in Definition 8.2.2.

erklärt.

Die <u>Leistung</u> von A (oder die von A <u>akzeptierte Menge</u>) ist die

Menge

$L(A) = \{(w, v) \in F(X) \times F(Y) \mid t^*(S, (w, v)) \cap F \neq \emptyset\}$.

Zwei 2-EMA'n heißen <u>äquivalent</u>, wenn sie die gleiche Leistung

besitzen.

<u>Bemerkung</u>: (i) Einen 2-EMA kann man wie einen NRSA durch einen

bewerteten gerichteten Graphen darstellen: die Kantenbewertungen

sind beim 2-EMA lediglich Wortpaare.

(ii) Sei A ein 2-EMA. Jedes Eingabewortpaar (w, v) aus $pr_{2,3}\tau$ er-

zeugt ähnlich wie beim NRSA eine Korrespondenz $t_{w,v} =$

$= (Z, Z, pr_{1,4}(\tau \cap Z \times \{(w, v)\} \times Z))$ von Z in sich. Ihr Graph entspricht

der Menge aller mit (w, v) bewerteten Kanten (mit den zugehöri-

gen Ecken) im Graphen von A.

(iii) Sei A ein 2-EMA. Dann wird (w, v) von A akzeptiert, d.h. es

gilt $t^*(S, (w, v)) \cap F \neq \emptyset$ g.d.,w. es eine Folge $z_0, z_1, \ldots, z_n$ von Zu-

ständen von A und eine Folge $(u_1, u_1'), (u_2, u_2'), \ldots, (u_n, u_n')$ aus

$F(X) \times F(Y)$ gibt, so daß z_0 aus S, z_n aus F und $(z_{i-1}, u_i, u_i', z_i)$

aus τ für $i = 1, \ldots, n$ sowie $w = u_1 u_2 \ldots u_n$ und $v = u_1' u_2' \ldots u_n'$ ist. Das

Paar (Λ, Λ) wird schon akzeptiert, wenn $S \cap F \neq \emptyset$ ist.

(iv) Im folgenden schreiben wir immer $t^*(z, w, v)$ statt

$t^*(z, (w, v))$, um Klammern zu sparen.

<u>Beispiel 8.4.2.</u>: (i) Der Graph in Figur 8.2.3. kann als Graph

eines 2-EMA A_1 aufgefaßt werden - man ersetze die Kantenbewer-

tungen w/v stets durch (w, v). Die Leistung von A_1 erhält man aus

der in Beispiel 8.2.5. angegebenen Menge R, indem man komponen-

tenweise ausmultipliziert. Sei $X = \{0, 1\}$. Dann ist

$L(A_1) = \{(w,v) \in F(X) \times F(X) \mid \text{Es gibt } u,u',v \in F(X) \text{ mit } w = uvu'\}.$

Gleichwertigkeit von 2-EMA'n und a-Transduktoren

Offenbar ist der Graph jeder von einem a-Transduktor erzeugten Transduktion von dem als 2-EMA aufgefaßten a-Transduktor akzeptierbar. Es gilt sogar die Umkehrung, d.h. 2-EMA'n und a-Transduktoren sind in gewisser Hinsicht gleichwertig.

<u>Satz 8.4.3.</u>: Für jede Teilmenge L von $F(X) \times F(Y)$ sind folgende Aussagen äquivalent

(i)   L ist die Leistung eines 2-EMA über (X,Y).

(ii) L ist der Graph einer rationalen Transduktion von $F(X)$ in $F(Y)$.

<u>Beweis</u>: Wir brauchen nur noch zu zeigen, daß (ii) aus (i) folgt. Da jeder 2-EMA A mit nur einem Anfangszustand als a-Transduktor aufgefaßt werden kann, dessen Transduktion als Graph gerade die Leistung von A besitzt, sind wir fertig, wenn wir zu jedem 2-EMA A einen 2-EMA A' mit nur einem Anfangszustand aber gleicher Leistung konstruieren können. Das aber ist einfach: Sei A ein 2-EMA. Dann fügen wir zu A einen neuen Zustand s hinzu, von dem aus spontane Transitionen (Eingabe (Λ,Λ)) zu jedem Anfangszustand von A führen, und machen s zum einzigen Anfangszustand von A':
$A' = (Z \cup s, X, Y, t', s, F)$ mit $s \notin Z$ und
$\tau' = \tau \cup \{(s,\Lambda,\Lambda,z) \mid z \in S\}$ sowie $t' = ((Z \cup s) \times F(X) \times F(Y), Z \cup s, \tau')$.
Offenbar gilt dann $L(A') = L(A)$. ∎

Wir können nun alle Ergebnisse über a-Transduktoren (vgl. auch die Aufgaben 8.1. bis 8.6.) unmittelbar auf 2-EMA'n übertragen - so erhalten wir insbesondere einen Charakterisierungssatz für die Leistungen von 2-EMA'n, zwei im Vergleich zu Satz 5.5.9. (hoffentlich) erstaunliche Unentscheidbarkeitsresultate sowie ein notwendiges Kriterium für die Akzeptierbarkeit einer Menge durch einen 2-EMA.

<u>Folgerung 8.4.4.</u>: (i) Eine Teilmenge L von $F(X) \times F(Y)$ ist die Leistung eines 2-EMA über (X,Y) g.d.,w. es eine endliche Menge P, eine rationale Teilmenge R von $F(P)$ und Homomorphismen h_1 und h_2 von $F(P)$ in $F(X)$ bzw. $F(Y)$ gibt mit
$L = \{(h_1(w), h_2(w)) \mid w \in R\}.$

Als P kann eine Teilmenge von $F(X)\times F(Y)$ und als h_1 und h_2 können die folgendermaßen definierten Homomorphismen π_X von $F(P)$
in $F(X)$ und π_Y von $F(P)$ in $F(Y)$ - sie werden Projektionen genannt - gewählt werden:

$\pi_X(u,v)=u$, $\pi_Y(u,v)=v$ für alle (u,v) aus P.

(ii) Folgende Probleme sind für 2-EMA'n A und A' unentscheidbar:

- Sind A und A' äquivalent?

- Sind $L(A)$ und $L(A')$ disjunkt?

- Ist $L(A)\cap L(A')$ unendlich?

(iii) Sei $L\subseteq F(X)\times F(Y)$. Ist L die Leistung $L=L(A)$ eines 2-EMA,
so sind $pr_1(L)$ und $pr_2(L)$ rationale Mengen. Aus der Rationalität
von $pr_i(L)$, $i=1,2$ folgt aber nicht notwendig, daß L die Leistung
eines 2-EMA ist.

<u>Beweis</u>: (i) folgt aus dem Satz von Nivat und seinem Beweis.
(ii) Die Unentscheidbarkeit der Äquivalenz folgt aus dem Satz
von Griffiths.
Sei $|X|\geq 2$ und $Q=(X,n,u,v)$ ein Fall des PKP über X (vgl. Defini-
tion 8.3.4.). Weiter sei A ein 2-EMA, der $\{(w,w)\mid w\in F^+(X)\}$ akzeptiert:

$A=(\{z_1,z_2\},X,X,t,z_1,z_2)$ mit $\tau=\{(z_1,x,x,z_2)\mid x\in X\}\cup$
$\cup\{(z_2,x,x,z_2)\mid x\in X\}$.
Schließlich sei A' ein 2-EMA, der die Menge aller Wortpaare
$(u_{i_1}u_{i_2}\ldots u_{i_n},v_{i_1}v_{i_2}\ldots v_{i_n})$ akzeptiert:

$A'=(z',X,X,t',z')$ mit $\tau'=\{(z',u_i,v_i,z')\mid i=1,\ldots,n\}$.
Offensichtlich ist dann $L(A)\cap L(A')$ leer g.d.,w. Q keine Lösung
besitzt, und $L(A)\cap L(A')$ ist unendlich g.d.,w. es nicht leer ist
(vgl. Aufgabe 8.8.(i)), denn mit (w,w) liegen auch alle (w^k,w^k)
im Durchschnitt. Die restlichen Behauptungen von (ii) folgen
damit aus Hilfssatz 8.3.5.(i).

(iii) Sei $L=L(A)$. Sei $i=1$ oder $i=2$. Man ändere den Graphen von
A so, daß an jeder Kante jeweils nur die i-te Komponente des
Eingabepaares stehen bleibt - das ergibt den Graphen eines NRSA
mit der Leistung $pr_i(L(A))$.
Ein Gegenbeispiel ist die Menge $M=\{(w,\tilde{w})\mid w\in F(X)\}$, deren beide
Projektionen gleich $F(X)$, also rational sind. Denn wäre diese
Menge die Leistung eines 2-EMA, so wäre nach Satz 8.4.3. die

Spiegelwortabbildung eine rationale Transduktion, was nach Folgerung 8.2.8. nicht sein kann.
Ein anderes Gegenbeispiel ist in Aufgabe 8.9.(i) angegeben. Andere Beweise dafür, daß die Menge M nicht Leistung eines 2-EMA ist, ergeben sich mit Aufgabe 8.9.(iii) und (vi). ∎

Bemerkung: Aus Folgerung 8.4.4.(i) folgt jedoch, daß entscheidbar ist, ob L(A) leer ist, oder ob es unendlich ist - vgl. Aufgabe 8.9.(iv).

2-EMA'n und NRSA'n, Darstellung der Leistung von 2-EMA'n

Ist P die Menge der in den Transitionen eines 2-EMA A auftretenden Wortpaare, so kann man A als NRSA mit dem Eingabealphabet P auffassen, der eine Teilmenge von F(P) akzeptiert. Umgekehrt läßt sich jeder NRSA mit einer endlichen Teilmenge P von $F(X) \times F(Y)$ als Eingabealphabet auch als 2-EMA über (X,Y) auffassen. Die von NRSA'n akzeptierbaren Teilmengen lassen sich sehr schön durch rationale Ausdrücke beschreiben. Es liegt nahe zu fragen, ob sich die von 2-EMA'n akzeptierbaren Mengen mit Hilfe der von den entsprechenden NRSA'n akzeptierbaren Mengen einfach darstellen lassen. Dazu müssen wir untersuchen, wie F(P) und $F(X) \times F(Y)$ zusammenhängen, falls P eine endliche Teilmenge von $F(X) \times F(Y)$ ist.

Auf $F(X) \times F(Y)$ läßt sich auf sehr einfache Weise eine Verknüpfung (Multiplikation) so definieren, daß ein Monoid entsteht: Man verknüpfe komponentenweise, d.h. man definiere
$(u,v) \cdot (u',v') = (uu', vv')$.

Dann ist (Λ, Λ) das Einselement. Das so entstandene Monoid heißt **direktes Produkt** der Monoide F(X) und F(Y). Man bezeichnet es einfach nur mit $F(X) \times F(Y)$ und läßt oft die explizite Angabe eines Verknüpfungszeichens weg, was wir jedoch nicht tun wollen, um Verwechselungen mit der Verknüpfung in F(P), die ja die bloße Hintereinanderschreibung ist, zu vermeiden. Wir wollen diese Konstruktion - gleich etwas verallgemeinert - in einem Hilfssatz festhalten:

Hilfssatz 8.4.5.: Seien $(M_i, \circ_i)$, $i = 1, \ldots, n$ Monoide; e_i sei jeweils das Einselement von M_i. Sei weiter $M = M_1 \times M_2 \times \ldots \times M_n$ das

kartesische Produkt der M_i. Auf M sei folgende Verknüpfung $\circ$
definiert:

$(u_1,u_2,\ldots,u_n)\circ(v_1,v_2,\ldots,v_n)=(u_1\circ_1 v_1,u_2\circ_2 v_2,\ldots,u_n\circ_n v_n)$.

Dann ist $(M,\circ)$ ein Monoid mit dem Einselement $(e_1,e_2,\ldots,e_n)$.
Es heißt das direkte Produkt der M_i und wird mit $M_1\times\ldots\times M_n$ bezeichnet.

Der Beweis ist trivial, denn man hat nur zu zeigen, daß "$\circ$"
eine Abbildung von M×M in M ist und dem Assoziativgesetz genügt;
daß $(e_1,\ldots,e_n)$ das Einselement ist, ist offensichtlich.

Jetzt läßt sich die gesuchte Beziehung zwischen F(P) und
$(F(X)\times\dot{F}(Y),\cdot)$ - gleich verallgemeinert auf die Situation des
Hilfssatzes - einfach angeben.

Folgerung 8.4.6.: Seien $(M_i,\circ_i)$ für $i=1,\ldots,n$ Monoide und sei P
eine endliche Teilmenge von $M=M_1\times\ldots\times M_n$. Dann gibt es einen eindeutig bestimmten Homomorphismus ν_P von F(P) in M, den sog.
natürlichen Homomorphismus, der auf P die Identität ist, d.h.
für den $\nu_P(p)=p$ für jedes p aus P gilt.

Beweis: Ein Homomorphismus von F(P) in ein Monoid ist eindeutig
durch die Bilder der erzeugenden Elemente von F(P), d.h. der
Elemente von P bestimmbar.

Bemerkung: Das Bild unter ν_P des Produktes zweier Elemente aus
P erhält man, indem man komponentenweise ausmultipliziert:
$\nu_P((u_1,\ldots,u_n)(v_1,\ldots,v_n))=(u_1\circ_1 v_1,\ldots,u_n\circ_n v_n)$.

Damit ergibt sich ein Darstellungssatz für die Leistungen von
2-EMA'n, der im wesentlichen dem Satz von Nivat äquivalent ist.

Satz 8.4.7.: L ist genau dann Leistung eines 2-EMA über (X,Y),
wenn es eine endliche Teilmenge P von $F(X)\times F(Y)$ und eine rationale Teilmenge R von F(P) so gibt, daß für den natürlichen Homomorphismus ν_P gilt: $L=\nu_P(R)$.

Beweis: (i) Sei A ein 2-EMA, und wie im Beweis von Satz 8.2.4.
(i) sei $P=pr_{2,3}\tau$. Dann ist
$A'=(Z,P,t',S,F)$ mit $t'=(Z\times P,Z,\tau')$ und $\tau'=\tau$
ein NRSA, es gilt $L(A)=\nu_P(L(A'))$ und $L(A')$ ist eine rationale
Teilmenge von F(P).

(ii) Ist andererseits P eine endliche Teilmenge von $F(X) \times F(Y)$ und R eine rationale Teilmenge von $F(P)$, so existiert nach dem Satz von Kleene ein RSA $A'=(Z,P,t',s,F)$ mit $L(A')=R$. Dann ist $A=(Z,X,Y,t,s,F)$ mit $t=(Z \times F(X) \times F(Y),Z,\tau)$ und $\tau=\tau'$ ein 2-EMA mit $L(A) = \nu_p(L(A'))$. ∎

Bemerkung: Den in Teil (i) des Beweises zu einem 2-EMA A konstruierten NRSA A' nennen wir den A_zugrundeliegenden_NRSA.

Beispiel 8.4.8.: Wir wollen die a-GSM M_0 aus Beispiel 8.2.1. als 2-EMA auffassen und die von diesem akzeptierte Menge mit Hilfe von Satz 8.4.7.(i) durch eine rationale Menge darstellen. Dazu verwenden wir eine anschaulichere Darstellung der Elemente des direkten Produktes $(F(X) \times F(Y), \cdot)$ die sog. Spaltendarstellung: Für (u,v) schreibe man $\binom{u}{v}$.
Zwei Elemente in Spaltendarstellung multipliziert man, indem man ihre Komponenten zeilenweise hintereinanderschreibt.
Sei nun also
$A'=(\{s,z\},P,t,s,s)$ mit $P=\{\binom{0}{0},\binom{1}{1},\binom{0}{\Lambda},\binom{1}{\Lambda}\}$ und
$\tau=\{(s,\binom{0}{0},s),(s,\binom{1}{1},z),(z,\binom{0}{\Lambda},z),(z,\binom{1}{\Lambda},s)\}$
der NRSA, der entsteht, wenn man die in Figur 8.2.2. dargestellte a-GSM M_0 als NRSA auffaßt.
Die von A' akzeptierte Teilmenge von $F(P)$ ist
$L(A')=\binom{0}{0}^*[\binom{1}{1}\binom{0}{\Lambda}^*\binom{1}{\Lambda}\binom{0}{0}^*]^*$.

Faßt man M_0 oder A' als 2-EMA A auf, so ist
$L(A)=\nu_p(L(A'))$,
d.h. man erhält alle Elemente von $L(A)$, indem man jedes Element von $L(A')$ komponentenweise ausmultipliziert.

$$L(A) = \left\{ \begin{pmatrix} 0^a u_1 u_2 \ldots u_k \\ 0^a v_1 v_2 \ldots v_k \end{pmatrix} \middle| \begin{array}{l} a,k \in \mathbb{N}_0, \ u_i=10^{b_i}10^{c_i}, \ v_i=10^{c_i} \text{ mit} \\ \qquad b_i,c_i \in \mathbb{N}_0, \ i=1,\ldots,k \end{array} \right\}.$$

Rationale Teilmengen von $F(X) \times F(Y)$

Satz 8.4.7. legt es nahe, den Begriff der rationalen Teilmenge von endlich erzeugten freien Monoiden auf direkte Produkte endlich erzeugter freier Monoide zu übertragen und dementsprechend den Satz von Kleene (Satz 5.3.7.) zu verallgemeinern.

<u>Definition 8.4.9.</u>: Die Menge Rat(X,Y) der <u>rationalen Teilmengen</u> von $F(X) \times F(Y)$ ist die kleinste Teilmenge $\mathcal{R}$ von $\mathcal{P}(F(X) \times F(Y))$ mit folgenden Eigenschaften

(i) $\emptyset \in \mathcal{R}$ sowie $\{(x,\Lambda)\} \in \mathcal{R}$ und $\{(\Lambda,y)\} \in \mathcal{R}$ für alle $x \in X$, $y \in Y$.

(ii) Sind U und V in $\mathcal{R}$, so sind auch $U \cup V$ und das Komplexprodukt $U \cdot V = \{u \cdot v \mid u \in U, v \in V\}$ in $\mathcal{R}$.

(iii) Ist $U \in \mathcal{R}$, so enthält $\mathcal{R}$ auch das von U erzeugte Untermonoid U^* von $(F(X) \times F(Y), \cdot)$, d.h. die Menge
$$U^* = U^0 \cup U^1 \cup U^2 \cup \ldots = \{u_1 \cdot u_2 \cdot \ldots \cdot u_n \mid n \in \mathbb{N}_0, \ u_i \in U\}$$

mit $U^0 = \{(\Lambda,\Lambda)\}$ und $U^{i+1} = U^i \cdot U$.

<u>Satz 8.4.10.</u> (Elgot, Mezei, Rosenberg): Eine Teilmenge von $F(X) \times F(Y)$ ist rational g.d.,w. sie die Leistung eines 2-EMA über (X,Y) ist.

<u>Beweis</u>: Sei $P = (X \cup \Lambda) \times (Y \cup \Lambda)$ und ν_P der natürliche Homomorphismus von $F(P)$ auf $F(X) \times F(Y)$ (vgl. Folgerung 8.4.6.). Dann gilt, wie man leicht nachprüft, $\nu_P(\mathrm{Rat}(P)) = \mathrm{Rat}(X,Y)$. Aus Satz 8.4.7. folgt dann sofort die Behauptung. $\blacksquare$

<u>Bemerkung</u>: (i) Die rationalen Transduktionen sind also genau die Korrespondenzen, deren Graphen rationale Mengen sind. Da die Graphen von Korrespondenzen oft als Relationen bezeichnet werden, nennt man die rationalen Teilmengen von $F(X) \times F(Y)$ oft auch <u>ratio-nale Relationen</u>.

(ii) Die rationalen Teilmengen von $F(X) \times F(Y)$ lassen sich entsprechend Beispiel 8.4.8. durch rationale Ausdrücke in Spaltendarstellung beschreiben.

Offensichtlich läßt sich nun eine Reihe von Resultaten aus den Kapiteln 5 bis 7 auf 2-EMA'n und rationale Transduktionen übertragen (vgl. auch Aufgabe 8.9.(iii), (iv) und (vi)). Weil $(F(X) \times F(Y), \cdot)$ kein freies Monoid ist, d.h. weil ein Wortpaar (u,v) auf verschiedene Weise als Produkt von Faktoren der Form (x,Λ) und (Λ,y) dargestellt werden kann, lassen sich jedoch nicht alle Aussagen übertragen (vgl. auch Folgerung 8.4.4.(ii).

<u>Satz 8.4.11.</u>: Rat(X,Y) ist für $|X| + |Y| \geq 3$ nicht abgeschlossen

unter Durchschnitt und Komplementbildung.

<u>Beweis</u>: Offenbar sind die Mengen

$$U = \{(0^m 1^n, 0^{m+2n}) \mid n,m \in \mathbb{N}_0\} = \nu_P\left(\binom{0}{0}^* \binom{1}{00}^*\right) \text{ mit } P = \left\{\binom{0}{0}, \binom{1}{00}\right\} \text{ und}$$

$$V = \{(0^m 1^n, 0^{2m+n}) \mid n,m \in \mathbb{N}_0\} = \nu_P\left(\binom{0}{00}^* \binom{1}{0}^*\right) \text{ mit } P = \left\{\binom{0}{00}, \binom{1}{0}\right\}$$

beide Leistungen von 2-EMA'n über $(\{0,1\},\{0\})$. Es ist aber $U \cap V = \{(0^m 1^m, 0^{3m}) \mid m \in \mathbb{N}_0\}$, also $\mathrm{pr}_1(U \cap V)$ nach Satz 5.4.12. nicht rational, so daß $U \cap V$ nach Folgerung 8.4.4.(iii) nicht Leistung eines 2-EMA sein kann. Deshalb ist der Durchschnitt der Leistungen zweier 2-EMA'n nicht notwendig wieder die Leistung eines 2-EMA.

Aus der Abgeschlossenheit bezüglich der Vereinigung und den De Morganschen Regeln folgt auch die Nichtabgeschlossenheit gegenüber der Komplementbildung.

2-EMA'n und Wortmengen

Einen 2-EMA A über (X,X) kann man auf mehrere Weisen auch zur Akzeptierung von Worten aus $F(X)$ verwenden:

1. Das Wort w wird akzeptiert, wenn (w,w) im üblichen Sinne von A akzeptiert wird.

2. Das Wort w wird von A akzeptiert, wenn man es so in zwei Teilworte u,v (mit $uv=w$) zerlegen kann, daß (u,v) von A akzeptiert wird.

3. Das Wort $w=uv$ wird akzeptiert, wenn $(u,\tilde{v})$ von A akzeptiert wird.

Für die erste Version der Akzeptierung kann man den 2-EMA auch uminterpretieren zu einem Automaten mit nur einem Eingabeband aber zwei Leseköpfen auf diesem Band, die zu Beginn beide am Bandanfang stehen, sich nur nach rechts bewegen und beide gleichzeitig vom selben Feld lesen können.

Für die zweite Version muß man sich die Eingabebänder des 2-EMA hintereinandergelegt denken, wobei dann ein Trennzeichen das Ende des ersten (und den Anfang des zweiten Bandes) markieren muß.

Die dritte Version entspricht der Vorstellung, daß man die beiden Eingabebänder des 2-EMA so zu einem Band zusammenfügt, daß die Bandenden in der Mitte zusammentreffen, daß zu Beginn ein

Lesekopf ganz links, der andere ganz rechts steht und daß die
Leseköpfe sich beim Lesen aufeinander zu bewegen bis sie neben-
einander stehen.

Faßt man einen 2-EMA in der dritten Interpretation als erzeugen-
des System auf, so kann man ihm (ganz ähnlich wie dem NRSA -
vgl. Abschnitt 5.2.) eine sogenannte lineare Grammatik
$G=(Z,X,R,S)$ zuordnen mit Regeln der Form
$z \rightarrow uz'v$ oder $z \rightarrow w$ mit z,z' aus Z und u,v,w aus $F(X)$.

Der Ableitungsbegriff ist wie in Abschnitt 5.2. erklärt:
Es gilt $w_1 z w_2 \Longrightarrow_G w_3$ (für $w_i \in F(X)$) g.d.,w.
in G eine Regel $z \rightarrow w'$ mit $w_3 = w_1 w' w_2$ existiert.

Offensichtlich können nicht-rationale Teilmengen von $F(X)$, wie
etwa $\{0^n 1^n \mid n \in \mathbb{N}\}$, mit solchen Grammatiken erzeugt (bzw. von
2-EMA'n bei jeder der drei obigen Interpretationen akzeptiert)
werden: Für die erste Interpretation nehme man einen 2-EMA, der
$\{(0^k 1^m, 0^n 1^k) \mid k,m,n \in \mathbb{N}\}$ akzeptiert, für die zweite und dritte
einen 2-EMA mit der Leistung $\{(0^n, 1^n) \mid n \in \mathbb{N}\}$.

8.5. Der Zweiband-Elgot-Eilenberg-Shepherdson-Automat (2-EESA)

Der 2-EMA ist in zweifacher Hinsicht nichtdeterministisch: Es
ist nicht nur der zugrundeliegende NRSA i.a. nichtdeterministisch, sondern auch die Auswahl des Eingabebandes, von dem gelesen werden soll, geschieht i.a. nichtdeterministisch, selbst
wenn der zugrundeliegende NRSA ein DRSA ist. So steht z.B. bei
dem 2-EMA, den man erhält, wenn man den durch Figur 8.2.3. dargestellten a-Transduktor als 2-EMA auffaßt (vgl. Beispiel
8.4.2.) im Zustand s nicht fest, ob bei Vorliegen eines Wort-
paares $(00,0)$ mit $(0,\Lambda)$ auf Band 1 oder mit $(0,0)$ auf beiden
Bändern gelesen werden soll. Es liegt also nahe, eine zusätzliche Vorschrift über die Bandauswahl hinzuzunehmen.

Wir machen in diesem Abschnitt die Einschränkung, daß der Automat solange wie möglich auf beiden Bändern liest - und zwar jeweils nur ein Zeichen - ist er auf einem Band am Wortende angelangt, liest er nur noch auf dem anderen Band. Eine andere Art
der Festlegung der Bandauswahl werden wir in Abschnitt 8.7. untersuchen.

<u>Definition 8.5.1.</u>: Ein 2-EMA $A=(Z,X,Y,t,S,F)$ mit $Z=Z_0 \cup Z_1 \cup Z_2$ und $Z_0 \cap (Z_1 \cup Z_2)=\emptyset$, $Z_1 \cap Z_2=\{z \in Z_1 \cap Z_2 \mid t(z,X \cup \Lambda, Y \cup \Lambda)=\emptyset\}$ und $\tau \subseteq Z_0 \times X \times Y \times Z \cup (Z_1 \cup Z_0) \times X \times \Lambda \times Z_1 \cup (Z_2 \cup Z_0) \times \Lambda \times Y \times Z_2$ heißt <u>Zweiband-Eilenberg-Elgot-Shepherdson-Automat</u> (kurz 2-EESA).

<u>Beispiel 8.5.2.</u>: (i) Die Menge $\{(0^k 1^m, 1^k) \mid k,m \in \mathbb{N}\}$ ist die Leistung des 2-EESA $A_1=(\{s,z,z'\},\{0,1\},\{0,1\},t,s,z')$ mit $\tau=\{(s,0,1,z),(z,0,1,z),(z,1,\Lambda,z'),(z',1,\Lambda,z')\}$.
(ii) Die Menge $\{(w,w) \mid w \in F^+(\{0,1\})\}$ ist die Leistung des 2-EESA $A_2=(\{s,z\},\{0,1\},\{0,1\},t,s,z)$ mit $\tau=\{(s,0,0,z),(s,1,1,z),(z,0,0,z),(z,1,1,z)\}$.

Die durch Satz 8.4.7. und seinen Beweis beschriebene Beziehung zwischen 2-EMA'n und NRSA'n kann im Fall der 2-EESA'n noch genauer analysiert werden und führt zu einer sehr nützlichen Charakterisierung der Leistungen von 2-EESA'n. Die wesentliche Idee steckt dabei in der Beobachtung, daß jedes Wortpaar (u,v) aus $F(X) \times F(Y)$ sich eindeutig in folgender Weise in ein Produkt zerlegen läßt (die der Leseweise eines 2-EESA entspricht):
$$(u,v)=(x_1,y_1) \cdot (x_2,y_2) \cdot \ldots \cdot (x_k,y_k) \cdot (u',v')$$
mit k aus $\mathbb{N}_0$, $(x_1,y_1),\ldots,(x_k,y_k)$ aus $X \times Y$, (u',v') aus $F(X) \times F(Y)$ und $u'=\Lambda$ g.d.,w. $|u| \leq |v|$ sowie $v'=\Lambda$ g.d.,w. $|u| \geq |v|$.

<u>Satz 8.5.3.</u> (Eilenberg, Elgot, Shepherdson): Seien $P_0=X \times Y$, $P_1=X \times \Lambda$, $P_2=\Lambda \times Y$ und $P=P_0 \cup P_1 \cup P_2$.
Für die rationale Teilmenge $V=P_0^*(P_1^* \cup P_2^*)$ von $F(P)$ und den natürlichen Homomorphismus ν_P von $F(P)$ auf $F(X) \times F(Y)$ gilt dann:
(i) $\nu_P(V)=F(X) \times F(Y)$.
Die Einschränkung ν_P/V von ν_P auf V ist injektiv und surjektiv, so daß ihre Umkehrabbildung β eine Bijektion von $F(X) \times F(Y)$ auf V ist.

(ii) Ist A ein 2-EESA über (X,Y), und bezeichnet A' den NRSA, den man erhält, wenn man A als NRSA über P interpretiert, so gilt $L(A')=\beta(L(A)) \subseteq V$.

(iii) Ist A' ein D-minimaler DRSA über P mit $L(A') \subseteq V$, und bezeichnet A den 2-EMA, den man erhält, wenn man A' als 2-EMA über (X,Y) auffaßt, so ist A ein 2-EESA mit $L(A)=\nu_P(L(A'))$.
(iv) Eine Teilmenge L von $F(X) \times F(Y)$ ist Leistung eines 2-EESA über (X,Y) g.d.,w. $\beta(L)$ eine rationale Teilmenge von $F(P)$ ist.

<u>Beweis</u>: (i) folgt sofort aus der oben angegebenen eindeutigen Zerlegung der Elemente von $F(X) \times F(Y)$ als Produkt von Elementen aus P_0 gefolgt von Elementen aus P_1 oder P_2 je nachdem, ob die erste oder die zweite Komponente länger ist. Man beachte, daß β kein Homomorphismus ist, denn V ist kein Monoid, und β ist nicht multiplikativ: z.B. ist $\beta(0,\Lambda)\beta(\Lambda,0) \notin V$.

(ii) folgt unmittelbar aus dem Beweis von Satz 8.4.7. und der Definition 8.5.1.

(iii) Ein D-minimaler DRSA $A'=(Z,P,t,s,F)$ über P enthält keine überflüssigen Zustände: jeder Zustand von A ist erreichbar, und von jedem Zustand kommt man zu einem Endzustand.

Sei $Z_0'=t^*(s,P_0^*)$, $Z_1=t^*(Z_0',P_1^+)$ und $Z_2=t^*(Z_0',P_2^+)$ sowie $Z_0=Z_0'-(Z_1 \cup Z_2)$ (Man beachte, daß $E^+=E^*-\Lambda=EE^*$ ist, falls $\Lambda \notin E$ ist).

Um zu zeigen, daß A', als 2-EMA aufgefaßt, ein 2-EESA ist, brauchen wir nur folgendes zu zeigen:

(a) $\tau \cap Z_i \times P \times Z \subseteq Z_i \times P_i \times Z_i$ für $i=1,2$

(b) $Z=Z_0 \cup Z_1 \cup Z_2$ und $Z_1 \cap Z_2 = \{z \in Z_1 \cap Z_2 \mid t(z,P)=\emptyset\}$.

Zu (a): Sei z aus Z_i, z' aus Z und p aus P mit $(z,p,z') \in \tau$, sowie $i=1$ oder $i=2$. Dann gibt es nach Voraussetzung u,v,w aus $F(P)$ mit u aus P_0^*, v aus P_i^+, $t^*(s,uv)=z$ und $uvpw$ aus $L(A')$. Wegen $L(A') \subseteq V$ folgt daraus $uvpw \in P_0^* P_i^+$, also $p \in P_i$. Wegen $z'=t^*(s,uvp)=t^*(t^*(s,u),vp)$ und $t^*(s,u) \in Z_0'$ ist deshalb z' aus Z_i, womit (a) bewiesen ist.

Zu (b): Sei z aus Z. Dann existieren u und v in $F(X)$ mit $uv \in L(A') \subseteq V$ und $z=t^*(s,u)$. Ist u aus P_0^*, so ist z in Z_0', sonst in $Z_1 \cup Z_2$, d.h. es gilt $Z=Z_0 \cup Z_1 \cup Z_2$.

Gäbe es zu einem $z \in Z_1 \cap Z_2$ ein $p \in P$ mit $t(z,p) \neq \emptyset$, so wäre nach (a) $p \in P_1 \cap P_2$, was nicht sein kann, so daß $Z_1 \cap Z_2 = \{z \in Z_1 \cap Z_2 \mid t(z,P)=\emptyset\}$ sein muß und (b) bewiesen ist.

(iv) Ist L die Leistung eines 2-EESA A über (X,Y), so ist $L=L(A)$, so ist nach (ii) dann also $\beta(L)=\beta(L(A))=L(A')$, d.h. $\beta(L)$ ist rationale Teilmenge von $F(P)$.

Ist für $L \subseteq F(X) \times F(Y)$ andererseits $\beta(L)$ rational, so existiert ein D-minimaler DRSA A' über P, der $\beta(L)$ akzeptiert. Nach (iii) ist dann

$L=\nu_P(\beta(L))=\nu_P(L(A'))=L(A)$.

Also ist L die Leistung des 2-EESA A über (X,Y). ∎

<u>Bemerkung</u>: (i) Aus den Aussagen (iii) und (iv) des Satzes 8.5.3. folgt, daß es zu jedem 2-EESA einen äquivalenten 2-EESA gibt, der völlig deterministisch arbeitet, d.h. dessen zugrundeliegender NRSA ein DRSA ist.

(ii) Offenbar lassen sich die Aussagen (ii) bis (iv) des Satzes 8.5.3. auf beliebige Mengen P, für die ν_P die Aussage (i) des Satzes erfüllt, und entsprechende Automatentypen verallgemeinern - insbesondere läßt sich die Menge P_0 im Satz durch die Menge $P_0' = \{(x,\Lambda)(\Lambda,y) \mid (x,y) \in P_0\}$ ersetzen (vgl. Aufgabe 8.10.).

<u>Folgerung 8.5.4.</u>: Die Menge der Leistungen von 2-EESA'n über (X,Y)

- ist abgeschlossen gegenüber den Booleschen Operationen (Vereinigung, Durchschnitt, Komplement),
- enthält alle Mengen der Form $R_1 \times R_2$, wobei R_1 bzw. R_2 aus Rat(X) bzw. Rat(Y) ist,
- enthält alle endlichen Teilmengen von $F(X) \times F(Y)$ und
- ist nicht abgeschlossen gegenüber der Produktbildung.

<u>Beweis</u>: (i) Seien L und L' Leistungen von 2-EESA'n über $F(X) \times F(Y)$. Nach Satz 8.5.3.(iv) sind dann $\beta(L)$ und $\beta(L')$ rationale Teilmengen von $F(P)$. Weil nach Satz 5.5.5. Rat(P) abgeschlossen gegenüber den Booleschen Operationen ist, weil V in Rat(P) liegt und weil β nach Satz 8.5.3.(i) injektiv ist, sind auch

$$\beta(L \cup L') = \beta(L) \cup \beta(L'), \quad \beta(L \cap L') = \beta(L) \cap \beta(L')$$

und $\beta(F(X) \times F(Y) - L) = V - \beta(L)$ rational. Nach Satz 8.5.3.(iv) sind daher $L \cup L'$, $L \cap L'$ und $F(X) \times F(Y) - L$ Leistungen von 2-EESA'n.

(ii) Sei R aus Rat(X) und A ein D-minimaler DRSA der R akzeptiert. Dann wird $R \times F(Y)$ von folgendem 2-EESA A' akzeptiert:

$$A' = (Z \times z_1 \cup Z \cup z_2, P, t', (s, z_1), F \times z_1 \cup F \cup z_2) \text{ mit}$$

$$\tau' = \{((z,z_1),x,y,(z',z_1)) \mid f(z,x) = z', \; y \in Y\} \cup$$

$$\cup \{((z,z_1),x,\Lambda,z') \mid f(z,x) = z'\} \cup$$

$$\cup \{(z,x,\Lambda,z') \mid f(z,x) = z'\} \cup$$

$$\cup \{(z,z_1),\Lambda,y,z_2) \mid z \in F, \; y \in Y\} \cup$$

$$\cup \{(z_2,\Lambda,y,z_2) \mid y \in Y\}.$$

In Zuständen aus $F \times z_1$ werden die Paare (w,v) mit $|w|=|v|$ und
w aus R akzeptiert, in Zuständen aus F die Paare (w,v) mit
$|w|>|v|$ und w aus R und in z_2 die Paare (w,v) mit $|w|<|v|$ und
w aus R.

Analog zeigt man, daß $F(X) \times R'$ für R' aus $Rat(Y)$ die Leistung
eines 2-EESA ist. Nach (i) ist dann auch $R \times R' = R \times F(Y) \cap F(X) \times R'$
die Leistung eines 2-EESA.

(iii) Wegen $\{(u,v)\} = \{u\} \times \{v\}$ folgt aus (i) und (ii), daß alle
endlichen Mengen Leistungen von 2-EESA'n sind.

(iv) Sei $W=(\Lambda \times 0^+) \cdot \{(0^k 1^m, 1^k) \mid k,m \in \mathbb{N}\} = \{(0^k 1^m, 0^n 1^k) \mid k,m,n \in \mathbb{N}\}$.
Nach Beispiel 8.5.2.(i) und Teil (ii) dieses Beweises sind die
beiden Faktoren von W Leistungen von 2-EESA'n. Ferner ist nach
Beispiel 8.5.2.(ii) die Menge

$D = \{(w,w) \mid w \in F^+(\{0,1\})\}$

die Leistung eines 2-EESA. Wäre nun W die Leistung eines
2-EESA'n, so müßte nach (i) auch

$W \cap D = \{(0^k 1^k, 0^k 1^k) \mid k \in \mathbb{N}\}$ die Leistung eines 2-EESA sein, was nach
Folgerung 8.4.4.(iii) und Satz 5.4.12. nicht sein kann. Also ist
das Produkt W zweier Leistungen von 2-EESA'n nicht wieder die
Leistung eines 2-EESA'n.

<u>Bemerkung</u>: Aus der Folgerung ergibt sich, daß nicht zu jedem
2-EMA ein äquivalenter 2-EESA existiert.

8.6. Deterministische Zweiband-Automaten

Der deterministische 2-EMA

Sei A_1 der durch Figur 8.2.3. dargestellte 2-EMA (vgl. Beispiel
8.4.2.(i)). Dieser 2-EMA hat eine Eigenschaft, die bei NRSA'n
nicht auftritt: Die Transitionskorrespondenz t_1 von A_1 ist eine
partielle Abbildung aber die sequentielle Korrespondenz t_1^* von
A_1 ist keine Abbildung, denn es ist z.B.
$t_1^*(s,00,0) = \{z,z'\}$, weil $(0,\Lambda) \cdot (0,0) = (0,0) \cdot (0,\Lambda)$ gilt.
Um den allgemeinen Begriff des deterministischen 2-EMA zu defi-
nieren, müssen wir also mehr fordern, als bei NRSA'n.

<u>Definition 8.6.1.</u>: Sei A ein 2-EMA wie in Definition 8.4.1.

A heißt <u>lokal deterministisch</u>, wenn t eine partielle Abbildung ist.

A heißt <u>deterministisch</u> (abgekürzt: A ist ein D2-EMA), wenn $|S|=1$ und t^* eine partielle Abbildung ist.

<u>Bemerkung</u>: (i) Ein 2-EMA A ist offenbar lokal deterministisch, wenn der ihm zugrundeliegende NRSA A' deterministisch ist. Aus dem Beweis von Satz 8.4.7. zusammen mit Satz 6.2.8. folgt, daß zu jedem 2-EMA ein äquivalenter lokal deterministischer 2-EMA konstruiert werden kann.

(ii) Nach Satz 8.5.3. (vgl. die Bemerkung dazu) läßt sich zu jedem 2-EESA ein äquivalenter D2-EMA, der zugleich 2-EESA ist, konstruieren, aber nicht umgekehrt, denn die Menge W aus Teil (iv) des Beweises von Folgerung 8.5.4. ist zwar von einem D2-EMA akzeptierbar, nicht aber von einem 2-EESA.

<u>Beispiel 8.6.2.</u>: (i) Der 2-EMA aus Beispiel 8.4.2. ist (wie oben gezeigt wurde) zwar lokal deterministisch, aber nicht deterministisch.
(ii) Die im Beweis von Folgerung 8.4.4. (ii) konstruierten 2-EMA'n A und A' sind offensichtlich deterministisch. Also ist schon für D2-EMA'n unentscheidbar, ob der Durchschnitt ihrer Leistungen leer ist.
(iii) Jede a-GSM ist, als 2-EMA aufgefaßt, ein D2-EMA, da ihr "Leseteil" deterministisch ist (so auch die a-GSM in Figur 8.2.1. und die in Beispiel 8.2.1.).
(iv) Die Mengen U und V aus dem Beweis der Folgerung 8.4.11. lassen sich offensichtlich durch D2-EMA'n akzeptieren. Also ist i.a. der Durchschnitt der Leistungen von D2-EMA'n von keinem 2-EMA akzeptierbar.

Da wir bei einem 2-EMA nicht lokal, d.h. durch Inspektion der Wirkung der Transitionskorrespondenz an den einzelnen Zuständen, feststellen können, ob er deterministisch ist, ist diese Prüfung im allgemeinen sehr schwer.

<u>Satz 8.6.3.</u>: Für 2-EMA'n (mit mindestens zweielementigen Eingabealphabeten) ist es unentscheidbar, ob sie deterministisch sind.

<u>Beweis</u>: Wir benutzen die Unlösbarkeit des allgemeinen PKP
(Hilfssatz 8.3.5.). Dazu ordnen wir jedem Fall Q des PKP über
$X=\{0,1\}$ (gegeben wie in Definition 8.3.4.) den durch Figur
8.6.1. bestimmten 2-EMA A_Q zu.

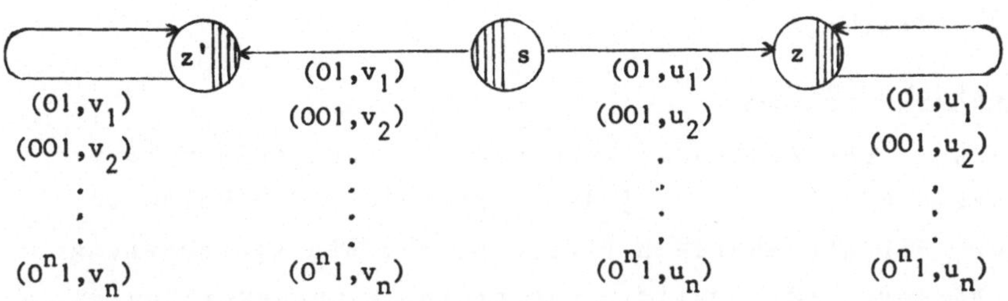

Figur 8.6.1.: Der 2-EMA A_Q

Es sei also $A_Q=(\{s,z,z'\},X,X,t,s,\{z,z'\})$ mit
$$\tau=\{(z'',0^i1,u_i,z)\mid i=1,2,\ldots,n,\ z''=s \text{ oder } z''=z\}\cup$$
$$\cup\{(z'',0^i1,v_i,z')\mid i=1,2,\ldots,n,\ z''=s \text{ oder } z''=z'\}.$$
Man sieht sofort:

(1) Ist A_Q nicht lokal deterministisch, so muß $u_i=v_i$ für mindestens ein $i\in\{1,\ldots,n\}$ sein. Dann hat Q die Lösung i.

(2) Ist A_Q lokal deterministisch, so ist A kein D2-EMA g.d.,w.
es natürliche Zahlen $i_1,i_2,\ldots,i_k$ gibt mit
$$u_{i_1} u_{i_2}\ldots u_{i_k}=v_{i_1} v_{i_2}\ldots v_{i_k}.$$

Denn genau dann ist
$$t^*(s,0^{i_1}10^{i_2}1\ldots0^{i_k}1,u_{i_1} u_{i_2}\ldots u_{i_k})=t^*(s,0^{i_1}10^{i_2}1\ldots0^{i_k}1,$$
$$v_{i_1}\ldots v_{i_k})=\{z,z'\}.$$

Also gilt: Ist A_Q lokal deterministisch, so ist A_Q ein D2-EMA
g.d.,w. der Fall Q des PKP über X keine Lösung besitzt.
(3) Aus (1) und (2) folgt, daß man mit einem Verfahren, das
entscheidet, ob ein 2-EMA über (X,X) deterministisch ist, auch
entscheiden kann, ob das allgemeine PKP über X lösbar ist, was
nach Hilfssatz 8.3.5. unmöglich ist. ∎

<u>Bemerkung</u>: (i) Man beachte, daß es bei einem a-Transduktor sehr
einfach ist, festzustellen, ob er deterministisch, d.h. ob er

eine a-GSM ist, weil dazu nur zu prüfen ist, ob der "Leseteil"
ein DRSA ist.

(ii) Ein D2-EMA braucht, als a-Transduktor aufgefaßt, nicht
notwendig eine a-GSM zu sein: Ein Gegenbeispiel ist der D2-EMA
$A=(\{1,2,3\},\{0\},\{0,1\},t,1,\{2,3\})$ mit
$\tau=\{(1,0,0,2),(1,1,1,2),(1,0,1,3),(2,0,0,2),(2,1,1,2),$
$\quad (3,0,1,3),(3,1,0,2)\}$.

Der alphabetische D2-EMA

Durch Hinzufügen von Zuständen kann man (wie bei NRSA'n im Beweis des Satzes 6.2.7.(i)) zu jedem 2-EMA einen äquivalenten
konstruieren, der alphabetisch ist, d.h. der nie gleichzeitig
auf beiden Bändern und jeweils nur einzelne Eingabezeichen
liest. Anders als bei NRSA'n kann dieser jedoch nicht immer
deterministisch sein.

Definition 8.6.4.: Ein 2-EMA A heißt <u>alphabetisch</u>, wenn
$\tau\subseteq Z\times(X\cup\Lambda)\times\Lambda\times Z\cup Z\times\Lambda\times(Y\cup\Lambda)\times Z$ gilt.

Beispiel 8.6.5.: Der in Figur 8.6.2. angegebene D2-EMA ist alphabetisch und akzeptiert die Menge W aus Teil (iv) des Beweises
von Folgerung 8.5.4.

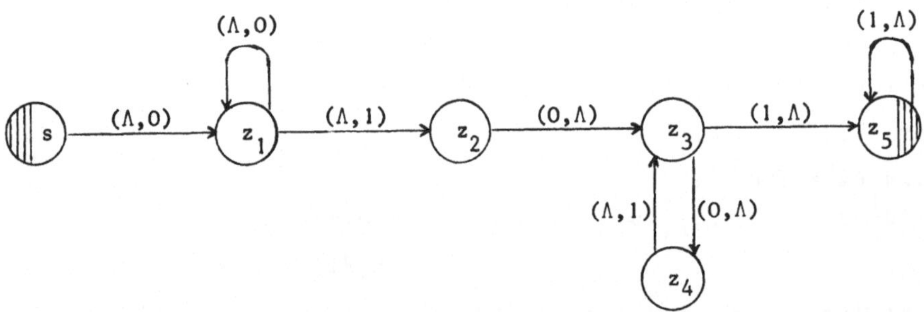

Figur 8.6.2.: Ein D2-EMA mit der Leistung W

Aus dem Beweis von Satz 8.6.3. ergibt sich, daß auch für einen
alphabetischen 2-EMA nicht entscheidbar ist, ob er ein D2-EMA
ist (vgl. Aufgabe 8.11.(i)).

Satz 8.6.6.: Die Menge
$M=\{(0^k,0^m1^n)\mid k,m,n\in\mathbb{N}, k=m \text{ oder } k=n\}$

kann zwar von einem alphabetischen 2-EMA, aber nicht von einem
alphabetischen D2-EMA akzeptiert werden. M ist jedoch Vereinigung der Leistungen zweier alphabetischer D2-EMA'n.

<u>Beweis</u>: (i) Ein alphabetischer 2-EMA, der M akzeptiert, ist
durch Figur 8.6.3. gegeben.

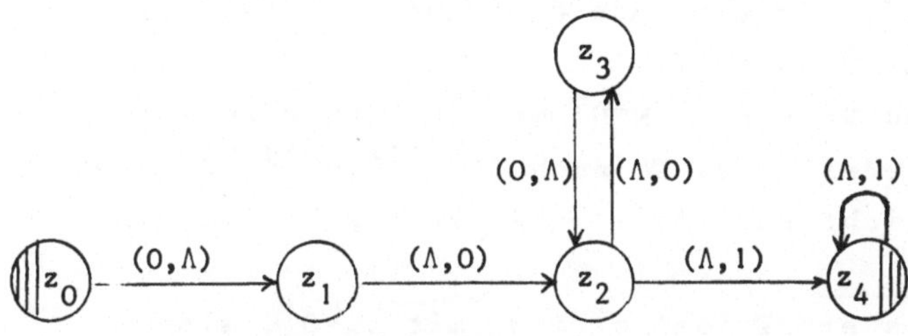

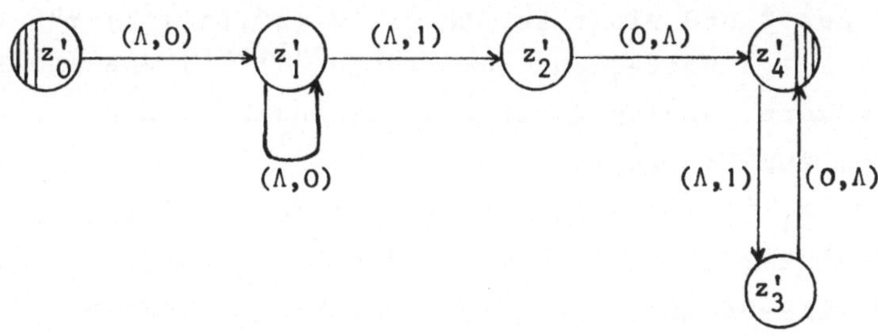

Figur 8.6.3.: Ein alphabetischer 2-EMA mit der Leistung M

Die beiden Teile der Figur 8.6.3. stellen zwei D2-EMA'n dar -
die Vereinigung ihrer Leistungen ist M.
Unter Berücksichtigung der Überlegungen im folgenden Beweis
läßt sich ohne große Schwierigkeiten ein nicht-alphabetischer
D2-EMA konstruieren, der M akzeptiert (vgl. Aufgabe 8.11.(ii)).
(ii) Sei $X=\{0,1\}$. Nehmen wir an, daß ein D2-EMA
$A=(Z,X,X,t,s,F)$ mit $\tau\subseteq Z\times X\times\Lambda\times Z\cup Z\times\Lambda\times X\times Z$ und $L(A)=M$ existiert.
Sei p aus $I\!N$ mit $p>|Z|$ sowie
$L_{0,p}=\{(0^k,0^k1^n)\mid k,n\in I\!N , n,k\geq p\}$
$L_{1,p}=\{(0^k,0^m1^k)\mid k,m\in I\!N , m,k\geq p\}$

und (u,v) aus $L_{0,p} \cup L_{1,p}$.

I. Da (u,v) von A akzeptiert werden soll, muß ein Zustand z aus
Z mit $t^*(z,0^i,w)=z$ und $i \geq 1$ sowie w aus $F(X)$ existieren.
Für solche Tripel z,i,w gilt dann:

(1) Es ist w aus 0^* oder aus 1^*; denn wäre $w=a01b$, so ließe
sich $(0^{q+2i},ca01ba01bd)$ für passende $q \in \mathbb{N}$ und $c,d \in F(X)$ von A
akzeptieren, was nicht sein darf.

(2) Es ist $|w|=i$; denn wäre etwa $w=0^q$ mit $q \neq i$, so wäre mit
$(u,v)=(0^k,0^m 1^n)$ für jedes j aus $\mathbb{N}$ auch $(0^{k+j \cdot i},0^{m+j \cdot q} 1^n)$ von
A akzeptierbar, was nicht sein darf – für $w=1^q$ schließt man
analog.

(3) Es gibt mindestens ein Tripel z_0,i,w_0 mit $w_0=0^i$, also
$t^*(z_0,0^i,0^i)=z_0$ und
mindestens ein Tripel z_1,j,w_1 mit $w_1=1^j$, also $t^*(z_1,0^j,1^j)=z_1$.
Denn wäre etwa stets w aus 0^*, so müßten zur Akzeptierung von
$(0^p,0^{p-1} 1^p)$ ein z'' aus Z und ein r aus $\mathbb{N}$ mit $t^*(z'',(\Lambda,1^r))=z''$
existieren, was zur Folge hätte, daß auch $(0^p,0^{p-1} 1^{p+r})$ von A
akzeptiert werden könnte. Analog führt man die Annahme, daß
stets w aus 1^* wäre, zum Widerspruch.
Zustände wie z_0 bzw. z_1 in (3) sollen im folgenden als $\underline{(0,0)}$-
$\underline{bzw.\ (0,1)\text{-}Schleifenzustände}$ bezeichnet werden.

II. Auf einem $\underline{Akzeptierungsweg}$, d.h. einem Weg vom Anfangszustand zu einem Endzustand, im Graphen von A können nicht zugleich ein $(0,0)$- und ein $(0,1)$-Schleifenzustand liegen, denn
sonst könnte für beliebige q,r aus $\mathbb{N}$ auch $(0^{p+qi+rj},0^{p+qi} 1^{p+rj})$
von A akzeptiert werden.

Um $(0^p,0^p 1^{2p})$ akzeptieren zu können, ist also auch ein $\underline{(\Lambda,1)\text{-}}$
$\underline{Schleifenzustand}$, d.h. ein Zustand z_2 mit $t^*(z_2,\Lambda,1^k)=z_2$ für
passendes k aus $\mathbb{N}$ nötig, solch ein Zustand darf natürlich nur
mit einem $(0,0)$- nicht aber mit einem $(0,1)$-Schleifenzustand
zusammen auf einem Akzeptierungsweg liegen.

Analog zeigt man, daß es einen $\underline{(\Lambda,0)\text{-}Schleifenzustand}$ geben muß.
Weitere Typen von Schleifenzuständen darf es in A nicht geben,
denn aus $t^*(z,w,w')=z$ folgt nach I., daß z ein $(0,0)$-, $(0,1)$-,
$(\Lambda,0)$- oder $(\Lambda,1)$-Schleifenzustand ist, außerdem ist nach obigem jeder Schleifenzustand nur von genau einem Typ.

Wir haben also drei Arten von Akzeptierungswegen:

(i) 0-Wege: Auf ihnen liegen zuerst $(0,0)$-Schleifenzustände, erst nach dem letzten $(0,0)$-Schleifenzustand folgen $(\Lambda,1)$-Schleifenzustände, und von jedem Typ ist mindestens ein Zustand vorhanden; mit ihnen werden unendlich viele Elemente von $L_{0,p}$ akzeptiert.

(ii) 1-Wege: Auf ihnen liegen zuerst $(\Lambda,0)$-Schleifenzustände und nach diesen $(0,1)$-Schleifenzustände – und zwar von jeder Sorte mindestens einer; mit ihnen werden unendlich viele Elemente von $L_{1,p}$ akzeptiert.

(iii) Wege, auf denen keine oder nur Schleifenzustände eines Typs liegen.

III. Wir interessieren uns jetzt dafür, wie die Elemente aus $L_{0,p} \cap L_{1,p}$ akzeptiert werden – das geht nur über 0- oder über 1-Wege:

Nehmen wir an, $(0^{3p}, 0^{3p} 1^{3p})$ werde über einen 1-Weg von s zum Endzustand z_e akzeptiert. Der erste der Schleifenzustände auf diesem Weg sei z_1; er muß ein $(0,1)$-Schleifenzustand sein. Von z_1 nach z_e führt nur noch ein Weg, auf dem vom zweiten Band nur noch Einsen gelesen werden.

$(0^{3p}, 0^{3p} 1^{4p})$ kann nur über einen 0-Weg mit einem Endzustand z'_e akzeptiert werden. Der erste $(\Lambda,1)$-Schleifenzustand auf diesem Weg sei z'_1. Von z'_1 nach z'_e führt dann nur ein Weg, auf dem vom zweiten Band nur noch Einsen gelesen werden. Wir haben also die in Figur 8.6.4. angedeutete Situation.

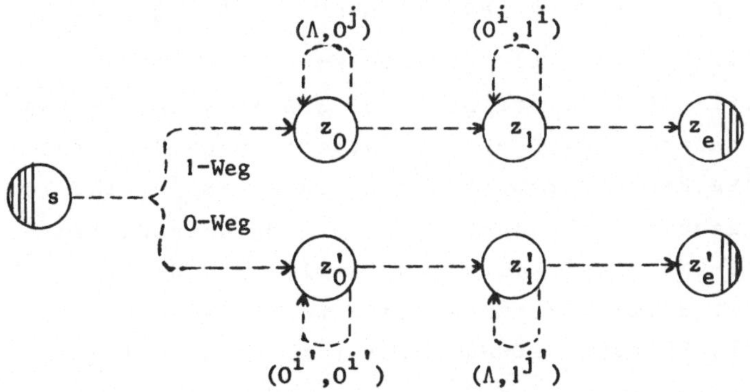

Figur 8.6.4.: Mögliche Akzeptierungswege

Da $p > |Z|$ gilt, muß es einen Weg von s nach z_1' geben, auf dem $(0^k, 0^{3p}1^q)$ mit $2p < k \leq 3p$ und $0 \leq q < p$ gelesen wird.

Weil A alphabetisch ist, gibt es auf der Schleife bei z_1 oder dem Weg von z_1 nach z_e einen Zustand z mit $t^*(s, 0^k, 0^{3p}1^n) = z$ und $n \geq p$. Da A alphabetisch ist, gibt es wegen $q < n$ dann auf der Schleife bei z_1' einen Zustand z' mit $t^*(s, 0^k, 0^{3p}1^n) = z'$.

Weil A deterministisch ist, muß $z' = z$ sein; daher wäre entweder z zugleich $(0,1)$- und $(\Lambda, 1)$-Schleifenzustand, oder der $(\Lambda, 1)$-Schleifenzustand z' läge auf dem 1-Weg von z_1 nach z_e, was nicht sein kann.

Also kann $(0^{3p}, 0^{3p}1^{3p})$ nicht über einen 1-Weg akzeptiert werden. Nehmen wir nun an, $(0^{3p}, 0^{3p}1^{3p})$ werde über einen 0-Weg akzeptiert; dieser habe dieselbe Gestalt wie in Figur 8.6.4., d.h. der erste $(\Lambda, 1)$-Schleifenzustand auf diesem Weg sei z_1'. $(0^{4p}, 0^{3p}1^{4p})$ wird über einen 1-Weg akzeptiert; dieser habe dieselbe Gestalt wie in Figur 8.6.4., d.h. der erste $(0,1)$-Schleifenzustand auf diesem Weg sei z_1.

Wir gehen nun ganz ähnlich wie oben vor.

Auf einem Weg von s nach z_1' kann $(0^k, 0^{3p}1^m)$ mit $2p < k \leq 3p$ und $m \leq p$ gelesen werden. Da A alphabetisch ist, gibt es auf der Schleife bei z_1 oder danach einen Zustand z mit $t^*(s, 0^k, 0^{3p}1^n) = z$ und $n \geq p$. Weil A alphabetisch ist, gibt es wegen $m \leq n$ dann auf der Schleife bei z_1' einen Zustand z' mit $t^*(s, 0^k, 0^{3p}1^n) = z'$.

Da A deterministisch ist, muß $z = z'$ sein, was nicht sein darf. Also kann $(0^{3p}, 0^{3p}1^{3p})$ überhaupt nicht akzeptiert werden, d.h. es gibt keinen M akzeptierenden alphabetischen D2-EMA. ∎

<u>Bemerkung</u>: (i) Aus den Teilen (ii) der Bemerkungen zu Satz 8.5.3. und zu Definition 8.6.1. ergibt sich, daß zu jedem 2-EESA ein äquivalenter alphabetischer D2-EMA existiert; nach Beispiel 8.6.5. ist deshalb die Menge der Leistungen von 2-EESA'n echt in der Menge der Leistungen von alphabetischen D2-EMA'n enthalten. (ii) Ob es zu jedem 2-EMA einen äquivalenten D2-EMA gibt, ist nicht bekannt - es ist aber zu vermuten, daß folgende Menge D, die offensichtlich die Leistung eines 2-EMA ist, nicht von einem D2-EMA akzeptiert werden kann:
$$D = \{(uc, vuw) \mid u, v, w \in F^+(Y)\} \text{ mit } c \notin Y \text{ und } |Y| = 2.$$

Der vollständige D2-EMA

Aus einem DRSA konnten wir durch Hinzunahme eines Zustandes einen äquivalenten vollständigen deterministischen Automaten (einen RSA) konstruieren. Wir werden sehen, daß Entsprechendes bei D2-EMA'n nicht möglich ist.

Definition 8.6.7.: Ein D2-EMA heißt **vollständig** (kurz: ist ein VD2-EMA), wenn t^* eine totale Abbildung, d.h. $pr_{1,2,3}(\tau^*) =$ $= Z \times F(X) \times F(Y)$ ist.

Beispiel 8.6.8.: (i) Figur 8.6.5. zeigt einen VD2-EMA über $(\{0\},\{0\})$, der $\{(0,\Lambda),(\Lambda,0)\}$ akzeptiert.

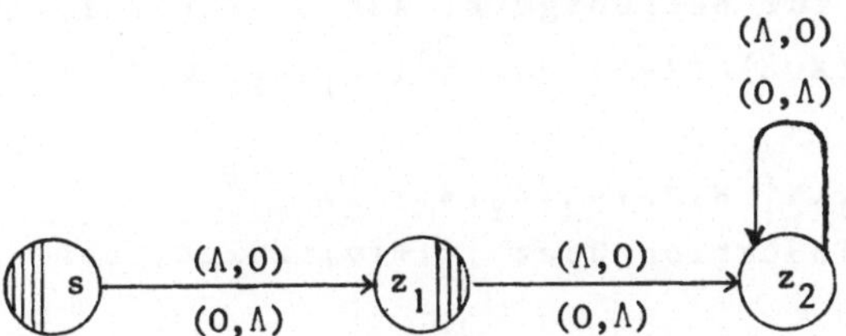

Figur 8.6.5.: Ein VD2-EMA mit der Leistung $\{(0,\Lambda),(\Lambda,0)\}$

(ii) Figur 8.6.6. zeigt einen VD2-EMA über $(\{0,1\},\{0,1\})$, der $\{(0,1)\}$ akzeptiert.

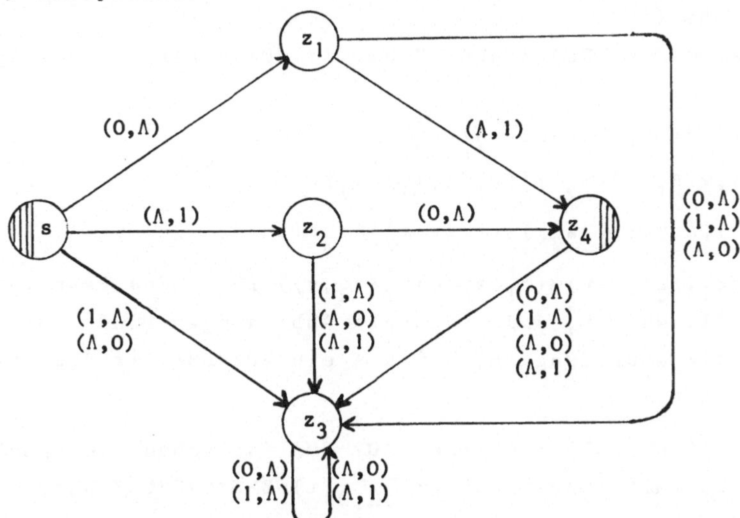

Figur 8.6.6.: Ein VD2-EMA mit der Leistung $\{(0,1)\}$

(iii) Sei A ein VD2-EMA in üblicher Notation. Dann ist $\bar{A}=$
$=(Z,X,Y,t,s,Z-F)$ ein VD2-EMA, der das Komplement $F(X)\times F(Y)-L(A)$
der Leistung von A akzeptiert - man vergleiche den Beweis von
Satz 5.5.5. und beachte, daß A vollständig und deterministisch
ist.

(iv) Seien A_1 und A_2 alphabetische VD2-EMA'n über (X,Y). Dann
ist

$A=(Z_1\times Z_2,X,Y,t,(s_1,s_2),F_1\times F_2)$ mit
$\tau=\{((z_1,z_2),x,y,(z_1',z_2'))\mid (z_1,x,y,z_1')\in\tau_1,\ (z_2,x,y,z_2')\in\tau_2\}$
ein VD2-EMA, der den Durchschnitt der Leistungen $L(A_1)\cap L(A_2)$
von A_1 und A_2 akzeptiert (vgl. Aufgabe 5.16.). Denn A ist offensichtlich vollständig und für beliebige z_i aus Z_i $(i=1,2)$, (u,v)
aus $F(X)\times F(Y)$, (x,y) aus $(X\cup\Lambda)\times(Y\cup\Lambda)$ und $t^*((z_1,z_2),u,v)=(z_1',z_2')$
gilt

$t(t^*((z_1,z_2),u,v),x,y)=(t_1(z_1',x,y),t_2(z_2',x,y))$,
woraus mit vollständiger Induktion über $|u|+|v|$ folgt, daß
stets gilt

$t^*((z_1,z_2),u,v)=(t_1^*(z_1,u,v),t_2^*(z_2,u,v))$.
Also ist A auch deterministisch, und (u,v) wird von A akzeptiert g.d.,w. es sowohl von A_1 als auch von A_2 akzeptiert wird.
Eine Verallgemeinerung dieser Konstruktion enthält Aufgabe
8.11.(iii) und (iv).

(v) Seien A_1 und A_2 RSA'n über X bzw. Y. Dann sei A der folgende 2-EMA:

$A=(Z_1\times Z_2,X,Y,t,(s_1,s_2),F_1\times F_2)$ mit

$\tau=\{((z_1,z_2),x,\Lambda,(z_1',z_2))\mid (z_1,x,z_1')\in\tau_1\}\cup$

$\quad\cup\{((z_1,z_2),\Lambda,y,(z_1,z_2'))\mid (z_2,y,z_2')\in\tau_2\}$.

Es ist $t^*((z_1,z_2),u,v)=(t_1^*(z_1,u)t_2^*(z_2,v))$ für jedes Paar (u,v)
aus $F(X)\times F(Y)$. Weil t_1^* und t_2^* totale Abbildungen sind, ist auch
t^* eine totale Abbildung. Also ist A ein VD2-EMA mit der Leistung $L(A_1)\times L(A_2)$.

<u>Bemerkung</u>: (i) Ein alphabetischer D2-EMA ist schon ein VD2-EMA,
wenn t den Definitionsbereich $\mathrm{pr}_{1,2,3}(\tau)=Z\times X\times\Lambda\cup Z\times\Lambda\times Y$ hat.
(ii) Zu jedem VD2-EMA A läßt sich ein äquivalenter alphabeti-
scher VD2-EMA $A'=(Z,X,Y,t',s,F)$ wie folgt konstruieren: Man
setze $\tau'=(Z\times X\times\Lambda\times Z\cup Z\times\Lambda\times Y\times Z)\cap\tau^*$.

Wir können uns daher im folgenden auf alphabetische D2-EMA'n,
die die Bedingung aus (i) erfüllen, beschränken.

(iii) Sei A ein alphabetischer VD2-EMA. Dann gilt für jeden Zustand z und beliebige (u,v) aus $F(X) \times F(Y)$

$$t^*(z,u,v) = t^*(t^*(z,u,\Lambda),\Lambda,v) = t^*(t^*(z,\Lambda,v),u,\Lambda).$$

Die Leseköpfe von A können also in beliebiger Reihenfolge bewegt werden. Wir können A deshalb auch äquivalent ersetzen durch die Hintereinanderschaltung zweier NRSA'n A_1, A_2 die jeweils nur auf einem Band arbeiten:

$$A_1 = (Z,X,t_1,s,Z) \; , \; \tau_1 = pr_{1,2,4}(\tau),$$
$$A_2 = (Z,Y,t_2,Z,F) \; , \; \tau_2 = pr_{1,3,4}(\tau).$$

Ein Eingabewortpaar (u,v) wird gelesen, indem erst u von A_1 gelesen wird und A_2 dann mit dem Zustand startet, in dem A_1 aufhörte, und v liest, man vergleiche hierzu auch Aufgabe 8.10.(ii).

Aus der vorangegangenen Bemerkung und Beispiel 8.6.8. ergeben sich Eigenschaften, die eine sehr enge Verwandtschaft zwischen RSA'n und VD2-EMA'n zeigen.

<u>Satz 8.6.9.</u>(i) Die Menge der Leistungen von VD2-EMA'n über (X,Y) bildet (mit den mengentheoretischen Operationen) eine Boolesche Algebra.

(ii) Eine Teilmenge L von $F(X) \times F(Y)$ ist die Leistung eines VD2-EMA über (X,Y) g.d.,w. sie Vereinigung von endlich vielen kartesischen Produkten $R \times R'$ rationaler Teilmengen R, R' von $F(X)$ bzw. $F(Y)$ ist.

(iii) Sei $\kappa : F(X) \times F(Y) \longrightarrow F(X \cup Y)$ definiert durch

$\kappa(u,v) = uv$ für alle (u,v) aus $F(X) \times F(Y)$.

κ heiße <u>Konkatenationsabbildung</u>.

Für jeden VD2-EMA A über (X,Y) ist dann $\kappa(L(A))$ eine rationale Teilmenge von $F(X \cup Y)$.

(iv) Ist $X \cap Y = \emptyset$, so folgt für $L \subseteq F(X) \times F(Y)$ aus $\kappa(L) \in Rat(X \cup Y)$, daß L die Leistung eines VD2-EMA ist.

<u>Beweis:</u> (i) Aus Beispiel 8.6.8.(iii) und (iv) ergibt sich sofort die Abgeschlossenheit gegenüber Komplement und Durchschnitt, weil wir uns aufgrund obiger Bemerkung auf alphabetische VD2-EMA'n beschränken dürfen. Der Abschluß unter Vereinigung folgt aus den De Morganschen Regeln.

(ii) Sei A ein VD2-EMA über (X,Y) - nach obiger Bemerkung können wir annehmen, daß A alphabetisch ist. Teil (iii) obiger Bemerkung läßt sich noch etwas verschärfen: Wir können A ersetzen durch die Vereinigung endlich vieler Hintereinanderschaltungen je zweier NRSA'n. Für jeden Zustand z von A seien nämlich die folgenden NRSA'n definiert:

$A_1(z)=(Z,X,t_1,s,z)$ mit $\tau_1=pr_{1,2,4}(\tau)$
$A_2(z)=(Z,Y,t_2,z,F)$ mit $\tau_2=pr_{1,3,4}(\tau)$.

A_i arbeitet auf dem i-ten Band. Sei (u,v) aus $F(X)\times F(Y)$ und $z'= =t^*(s,u,\Lambda)$. Dann wird u von $A_1(z')$ akzeptiert, und v wird von $A_2(z')$ akzeptiert g.d.,w. (u,v) von A akzeptiert wird. Also gilt $L(A)=\cup\{L(A_1(z'))\times L(A_2(z'))\,|\,z'\in Z\}$.

Also ist die Leistung jedes VD2-EMA endliche Vereinigung von kartesischen Produkten jeweils zweier rationaler Mengen.

Da nach Beispiel 8.6.8.(v) das kartesische Produkt zweier rationaler Mengen von einem VD2-EMA akzeptierbar ist, und weil nach (i) jede endliche Vereinigung von solchen kartesischen Produkten dann auch wieder die Leistung eines VD2-EMA ist, ist (ii) bewiesen.

(iii) Sei R aus Rat(X) und R' aus Rat(Y). Dann ist $\kappa(R\times R')=RR'$ eine rationale Teilmenge von $F(X\cup Y)$.

Ferner gilt offenbar $\kappa(M\cup M')=\kappa(M)\cup\kappa(M')$, und wenn $\kappa(M)$ und $\kappa(M')$ rational sind, ist also auch $\kappa(M\cup M')$ rational. Aus (ii) folgt deshalb sofort (iii).

(iv) Ist $\kappa(L)\in Rat(X\cup Y)$, so ist $\kappa(L)\subseteq X^*Y^*$, und es gibt einen RSA A, der $\kappa(L)$ akzeptiert. Wie im Beweis von (ii) zeigt man, daß sich A durch endlich viele Hintereinanderschaltungen von jeweils einem NRSA über X und einem NRSA über Y ersetzen läßt, so daß $\kappa(L)$ endliche Vereinigung von Produkten der Form RR' mit $R\in Rat(X)$ und $R'\in Rat(Y)$ ist. Da $\kappa(R\times R')=RR'$ und für $M\subseteq R\times R'$ stets $\kappa(M)\subseteq RR'$ gilt, folgt (iv) nun sofort aus (ii). ∎

Folgerung 8.6.10.: (i) Jede endliche Teilmenge von $F(X)\times F(Y)$ ist die Leistung eines VD2-EMA über (X,Y).
(ii) Das Produkt der Leistungen zweier VD2-EMA'n über (X,Y) ist wieder die Leistung eines VD2-EMA über (X,Y).
(iii) Nennen wir eine Teilmenge E von $F(X)\times F(Y)$ <u>erkennbar</u>, wenn

es ein endliches Monoid $(M;\circ)$ und einen Homomorphismus h von $(F(X) \times F(Y), \cdot)$ auf $(M,\circ)$ so gibt, daß $E = h^{-1}(h(E))$ ist, so gilt für $L \subseteq F(X) \times F(Y)$: Es ist L erkennbar g.d.,w. L Leistung eines VD2-EMA über (X,Y) ist.

Man vergleiche hierzu auch Aufgabe 8.10.(ii).

(iv) Das von der Leistung eines VD2-EMA über (X,Y) erzeugte Untermonoid von $F(X) \times F(Y)$ ist nicht notwendig wieder die Leistung eines VD2-EMA.

(v) Es gibt alphabetische D2-EMA'n, zu denen keine äquivalenten VD2-EMA'n existieren.

(vi) Zu jedem VD2-EMA läßt sich ein äquivalenter 2-EESA konstruieren, aber nicht umgekehrt.

<u>Beweis</u>: (i) folgt wegen $\{(u,v)\} = \{u\} \times \{v\}$ aus Satz 8.6.9.(ii).
(ii) folgt ebenfalls aus Satz 8.6.9.(ii), weil
$(R_1 \times R_2) \cdot (R_1' \times R_2') = R_1 R_1' \times R_2 R_2'$ und $(M \cup M') \cdot M'' = M \cdot M'' \cup M' \cdot M''$ gilt.
(iii) (1) Da für jede Abbildung f gilt: $f(U_1 \cup U_2) = f(U_1) \cup f(U_2)$
und $f^{-1}(V_1 \cup V_2) = f^{-1}(V_1) \cup f^{-1}(V_2)$ brauchen wir wegen Satz 8.6.9.(ii)
nur zu beweisen, daß jedes kartesische Produkt $R_1 \times R_2$ mit R_1 aus
Rat(X) und R_2 aus Rat(Y) erkennbar ist. Aufgrund des Satzes von
Kleene, Myhill (Folgerung 5.5.4.) gibt es endliche Monoide
$(M_1,\circ)$ und $(M_2,\circ)$ sowie Homomorphismen h_1 von $F(X)$ auf M_1 und h_2
von $F(Y)$ auf M_2 so, daß $R_i = h_i^{-1}(h_i(R_i))$ für $i=1,2$ gilt. Dann ist,
wie man leicht nachrechnet, die Abbildung
$h: F(X) \times F(Y) \longrightarrow M_1 \times M_2$ mit $h(u,v) = (h_1(u), h_2(v))$
ein Homomorphismus von $(F(X) \times F(Y), \cdot)$ auf das direkte Produkt der
Monoide $(M_1,\circ)$ und $(M_2,\circ)$, und es gilt $R_1 \times R_2 = h^{-1}(h(R_1 \times R_2))$, d.h.
$R_1 \times R_2$ ist erkennbar.
(2) Sei h ein Homomorphismus von $(F(X) \times F(Y), \cdot)$ auf das Monoid
$(M,\circ)$. Dann sind $M_1 = h(F(X) \times \Lambda)$ und $M_2 = h(\Lambda \times F(Y))$ Untermonoide von
$(M,\circ)$, derart daß $M_1 \circ M_2 = M$ gilt. Ferner ist die Einschränkung von
h auf $F(X) \times \Lambda$ (bzw. von h auf $\Lambda \times F(Y)$) als Homomorphismus h_1 (bzw.
h_2) von $F(X)$ auf $(M_1,\circ)$ (bzw. von $F(Y)$ auf $(M_2,\circ)$) auffaßbar.
Ist nun E eine erkennbare Teilmenge von $F(X) \times F(Y)$, so gibt es
einen Homomorphismus h von $F(X) \times F(Y)$ auf ein endliches Monoid
$(M,\circ)$ so, daß $E = h^{-1}(h(E))$ ist. Da $h(E)$ also endlich ist, ist E
endliche Vereinigung von Mengen der Form $h^{-1}(m)$ mit m aus M.

Nach obigem läßt sich jedes m aus M (eventuell auf mehrere, aber höchstens endlich viele Weisen) in der Form $m=m_1 \circ m_2$ mit m_i aus M_i für $i=1,2$ schreiben. Es ist also
$$h^{-1}(m)=\{h^{-1}(m_1)\cdot h^{-1}(m_2)\,|\,m=m_1\circ m_2\}=\{h_1^{-1}(m_1)\times h_2^{-1}(m_2)\,|\,m=m_1\circ m_2\}.$$

Offensichtlich ist jedes $h_i^{-1}(m_i)$ für $i=1,2$ eine rationale Menge, so daß E nach Satz 8.6.9.(ii) die Leistung eines VD2-EMA ist.

(iv) Nach (i) ist $\{(0,1)\}$ die Leistung eines VD2-EMA über $(\{0\},\{1\})$ (vgl. auch Beispiel 8.6.8.(ii)).

Das von $\{(0,1)\}$ erzeugte Untermonoid von $F(0)\times F(1)$ ist $U_0=$ $=\{(0^n,1^n)\,|\,n\in\mathbb{N}_0\}$; es ist nach Satz 8.6.9.(iii) nicht von einem VD2-EMA akzeptierbar, weil $\kappa(U_0)=0^n 1^n$ nach Satz 5.4.12. keine rationale Teilmenge von $F(\{0,1\})$ ist.

(v) folgt aus dem Beweis von (iv), weil U_0 von einem alphabetischen D2-EMA akzeptierbar ist. Ein anderes Beispiel ist die Menge aus Beispiel 8.5.2.(ii).

(vi) folgt unmittelbar aus Folgerung 8.5.4. zusammen mit Satz 8.6.9.(ii) sowie aus obigem Beweis von (v). ∎

<u>Bemerkung</u>: Bezeichnen wir mit Erk(X,Y) die Menge der erkennbaren Teilmengen von $F(X)\times F(Y)$, so haben wir also - ganz im Gegensatz zu den Verhältnissen in $F(X)$ - folgende Hierarchie
$$\text{Erk}(X,Y)\subsetneq\{\text{Leistungen von 2-EESA'n über }(X,Y)\}\subsetneq$$
$$\subsetneq\{\text{Leistungen von alphabetischen D2-EMA'n über }(X,Y)\}\subsetneq$$
$$\subsetneq\text{Rat}(X,Y).$$

8.7. Der Zweiband-Rabin-Scott-Automat (2-RSA)

Da es nicht entscheidbar ist, ob ein 2-EMA deterministisch ist, ist es besonders interessant, spezielle Klassen deterministischer 2-EMA'n zu kennen, bei denen leicht entschieden werden kann, ob ein 2-EMA zu ihr gehört. Eine solche Klasse waren die deterministisch arbeitenden 2-EESA'n aus Abschnitt 8.5. Ähnlich wie dort wird auch bei der jetzt zu definierenden Klasse die Bandauswahl eine wichtige Rolle spielen - aber nur wenn die betreffenden 2-EMA'n lokal deterministisch sind (andernfalls ist dieser Automatentyp dem des allgemeinen 2-EMA äquivalent).

Wir betrachten alphabetische 2-EMA'n, bei denen in einem Zustand jeweils nur auf einem Band gelesen werden darf, wobei jetzt jedoch (anders als bei 2-EESA'n) beliebiger Bandwechsel erlaubt sein soll. Ähnlich wie bei 2-EESA'n zerlegen wir die Zustandsmenge in zwei Mengen Z_1 und Z_2, wobei der Automat in einem Zustand aus Z_i nur auf dem i-ten Band liest. Man braucht dann die Transitionen nur noch als Tripel (z,x,z') zu schreiben, weil je nachdem, ob z in Z_1 oder Z_2 ist, solche Tripel als Transition (z,x,Λ,z') oder (z,Λ,x,z') eines 2-EMA zu verstehen ist. Es ist praktisch, dann X=Y zu wählen.

Definition 8.7.1.: Ein Zweiband-Rabin-Scott-Automat (kurz 2-RSA) über X ist ein Sechstupel
$A=(Z_1,Z_2,X,t,s,F)$ mit $Z_1 \cap Z_2 = \emptyset$
derart, daß $A'=(Z_1 \cup Z_2,X,t,s,F)$ ein RSA ist.
Die Arbeitsweise von A ist dadurch bestimmt, daß A arbeitet wie der 2-EMA
$A''=(Z_1 \cup Z_2,X,X,t'',s,F)$ mit
$\tau''=\{(z_1,x,\Lambda,z') \mid (z_1,x,z') \in \tau$ und $z_1 \in Z_1\} \cup$
  $\cup \{(z_2,\Lambda,x,z'') \mid (z_2,x,z'') \in \tau$ und $z_2 \in Z_2\}$.

Die Leistung L(A) von A ist gleich der Leistung von A'': $L(A)=L(A'')$. Ist A' nur ein DRSA, so heißt A unvollständiger 2-RSA. Ersetzen wir A' durch einen NRSA, so heißt A nicht deterministischer 2-RSA.

Beispiel 8.7.2.: (i) $A=(Z_1,Z_2,X,t,s,z)$ mit $Z_1 = \{s,z\}$
$Z_2 = \{z_x \mid x \in X\}$ und
$\tau = \cup \{\{(s,x,z_x),(z_x,x,z),(z,x,z_x)\} \mid x \in X\}$
ist ein 2-RSA mit der Leistung $L(A)=\{(w,w) \mid w \in F^+(X)\}$.
(ii) Die Mengen U und V aus dem Beweis von Satz 8.4.11. sind Leistungen von 2-RSA'n über $\{0,1\}$ – in Figur 8.7.1. ist ein 2-RSA A dargestellt, der U akzeptiert; ganz ähnlich konstruiert man einen 2-RSA mit der Leistung V. Aufgrund der Definition gibt es zwei Möglichkeiten der Darstellung von A durch einen Graphen:
(a) Man zeichne den Graphen des RSA A' aus Definition 8.7.1. und gebe bei jeder Zustandsecke durch eine Bewertung $i \in \{1,2\}$ an, ob der Zustand zu Z_1 (für i=1) oder zu Z_2 (für i=2) gehört.
(b) Man zeichne den Graphen des 2-EMA A'' aus Definition 8.7.1.

Den Graphen von U geben wir nach (a) an.

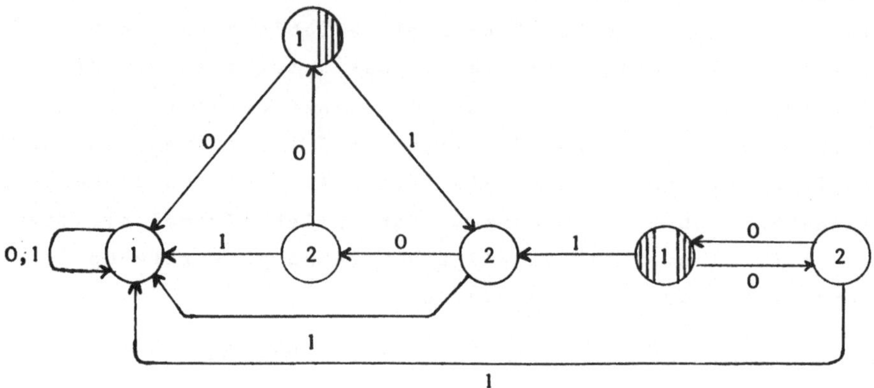

Figur 8.7.1.: Ein 2-RSA mit der Leistung U

(iii) So wie man einen DRSA durch Hinzunahme eines Zustandes vervollständigen kann, kann man auch zu einem unvollständigen 2-RSA einen äquivalenten 2-RSA konstruieren: Sei A ein unvollständiger 2-RSA und $0\notin Z_1\cup Z_2$. Dann ist $A_0=(Z_1\cup 0,Z_2,X,t_0,s,F)$ mit $\tau_0=\tau\cup\{(z,x,0)\mid t(z,x)=\emptyset\}\cup 0\times X\times 0$ ein 2-RSA mit $L(A_0)=L(A)$. Wir brauchen also künftig bei Beispielen von 2-RSA'n nur unvollständige 2-RSA'n mit der gewünschten Leistung anzugeben.

Figur 8.6.2. stellt - in der Form (b) aus (ii) - z.B. einen unvollständigen 2-RSA dar, der die Menge W aus dem Beweis der Folgerung 8.5.4. akzeptiert, so daß also W die Leistung eines 2-RSA ist.

Läßt man in Figur 8.6.2. den Anfangszustand und die Schleife mit $(\Lambda,0)$ im zweiten Zustand weg und macht diesen Zustand zum Anfangszustand, so erhält man einen unvollständigen 2-RSA mit der Leistung $\{(0^k 1^m,1^k)\mid k,m\in\mathbb{N}\}$.

Läßt man jetzt auch noch den Endzustand weg und macht den vorletzten Zustand zum Endzustand, so erhält man einen unvollständigen 2-RSA mit der Leistung $\{(0^k,1^k)\mid k\in\mathbb{N}\}$.

(iv) Sei E ein Präfixcode über X, d.h. eine Teilmenge von $F^+(X)$ mit der Eigenschaft $E\cap EF^+(X)=\emptyset$. (D.h. kein echtes Anfangsstück eines Wortes aus E liege in E) - vgl. Aufgabe 4.5. Außerdem sei $E=\{\Lambda\}$ zugelassen.

Sei weiter A_E ein D-minimaler DRSA mit der Leistung E und z ein Endzustand von A_E. Dann darf A_E im Zustand z kein Zeichen mehr lesen, denn wegen der D-Minimalität müßte A_E sonst von z aus durch Lesen einer nichtleeren Zeichenfolge wieder in einen Endzustand z' gelangen können, so daß in z ein Anfangsstück eines in z' akzeptierbaren Wortes akzeptierbar wäre, was der Voraussetzung über E widerspricht.

Ferner sei R eine beliebige rationale Teilmenge von F(X) und A_R ein RSA, der R akzeptiert. Dann läßt sich ein 2-RSA A mit der Leistung L(A)=E×R wie folgt konstruieren:

A_E arbeite auf Band 1; an jeden Endzustand z von A_E hänge man A_R, indem man den Anfangszustand von A_R mit z identifiziere; A_R arbeite dann auf Band 2. Es sei also

$$A=(Z_E-F_E,(Z_R-s_R)\cup F_E,X,t,s_E,F_R) \text{ mit}$$

$$\tau=\tau_E\cup(\tau_R\cap(Z_R-s_R)\times X\times(Z_R-s_R))\cup\{(z,x,z')\mid(s_R,x,z')\in\tau_R,\ z\in F_E\}\cup$$

$\cup\{(z,x,z_0)\mid(z,x,s_R)\in\tau_R\}$, wobei z_0 ein.beliebiger fest gewählter Endzustand von A_E sei (dabei sei $Z_R\cap Z_E=\emptyset$ vorausgesetzt). Indem man in obiger Konstruktion die Bänder vertauscht, d.h. A_E auf dem zweiten und A_R auf dem ersten Band arbeiten läßt, erhält man einen RSA mit der Leistung R×E.

Außerdem ist klar, daß A_R sowohl als 2-RSA, mit der Leistung R×Λ als auch als 2-RSA mit der Leistung Λ×R aufgefaßt werden kann.

(v) Zu jedem alphabetischen 2-EMA A über (X,X) läßt sich auf folgende Weise ein nichtdeterministischer 2-RSA A' mit gleicher Leistung konstruieren: Sei z_1 ein Zustand von A, in dem von beiden Bändern ein nichtleeres Zeichen gelesen werden darf. Besitzt A keinen solchen Zustand, so ist A bereits ein nichtdeterministischer 2-RSA. Andernfalls wird der Zustand z_1 durch einen Zustand z_2 ergänzt, so daß ein 2-EMA A_1 entsteht, der im Zustand z_i, i=1,2 nur noch auf dem i-ten Band liest: dazu werden alle von z_1 ausgehenden Kanten im Graphen von A, die mit einem Paar (Λ,y) bewertet sind (y≠Λ) bei z_1 weggelassen und bei z_2 angebracht und alle nach z_1 führenden Kanten werden auch nach z_2 geführt. Es sei also

$$A_1 = (Z \cup z_2, X, X, t_1, S_1, F) \quad \text{mit} \quad S_1 = \begin{cases} S \cup z_2, & \text{falls } z_1 \in S \\ S & \text{sonst} \end{cases}$$

$$\tau_1 = \tau - (\tau \cap z_1 \times \Lambda \times X \times Z) \cup \{(z_2, \Lambda, y, z') \mid (z_1, \Lambda, y, z') \in \tau\} \cup$$
$$\cup \{(z', x, y, z_2) \mid (z', x, y, z_1) \in \tau\}.$$

Offenbar gilt $L(A_1) = L(A)$ und die Zahl der Zustände, in denen auf beiden Bändern gelesen werden darf, ist bei A_1 um 1 kleiner als bei A.

Mit A_1 statt A wird die obige Konstruktion wieder angewandt. Da Z endlich ist, bricht das Verfahren nach endlich vielen Schritten mit dem gesuchten 2-RSA A' ab.

<u>Bemerkung</u>: 2-RSA'n lassen sich nach Definition 8.7.1. als alphabetische 2-EMA'n auffassen, also gelten für ihre Leistungen die notwendigen Bedingungen in Folgerung 8.4.4.(i) und (iii) sowie Satz 8.4.7. Anders als bei D2-EMA'n (Satz 8.6.3.) ist es trivialerweise entscheidbar, ob ein 2-EMA ein 2-RSA ist. Es ist aber nicht entscheidbar, ob zu einem 2-EMA ein äquivalenter 2-RSA existiert - vgl. Aufgabe 8.11.(v).

Der folgende Satz liefert ein sehr nützliches Kriterium dafür, daß eine Menge nicht Leistung eines 2-RSA ist und zeigt, daß 2-RSA'n recht andere Eigenschaften als die bisher betrachteten 2-EMA'n haben.

<u>Satz 8.7.3.</u>: (i) Der einem 2-RSA A gemäß Definition 8.7.1. zugrundeliegende 2-EMA A" ist ein alphabetischer D2-EMA, aber nicht zu jedem alphabetischen D2-EMA gibt es einen äquivalenten 2-RSA.

(ii) Sei A ein 2-RSA über X, und seien u,v,u',v' aus $F(X)$. Aus $\{(u,vv'),(uu',v)\} \subseteq L(A)$ folgt dann $u'=\Lambda$ oder $v'=\Lambda$.

(iii) Die Menge der Leistungen von 2-RSA'n über X ist weder gegenüber den Booleschen Operationen, noch gegenüber der Produkt- oder der Untermonoidbildung abgeschlossen und enthält nicht alle endlichen Teilmengen von $F(X)^2$, sowie keine Menge der Form $F(X)^2-E$, wobei E eine endliche Teilmenge von $F(X)^2$ ist.

(iv) Die Mengen der Leistungen von 2-RSA'n über X und von VD2-EMA'n über (X,X) (bzw. 2-EESA'n über (X,X)) sind unvergleichbar,

d.h. keine ist in der anderen enthalten und ihr Durchschnitt
ist nicht leer.

(v) Es ist unentscheidbar, ob die Leistungen zweier 2-RSA'n
disjunkt sind.

<u>Beweis</u>: (i) Mit $u=\Lambda=v$ und $u'=v'=0$ folgt aus (ii) sofort, daß
$\{(\Lambda,0),(0,\Lambda)\}$ nicht die Leistung eines 2-RSA ist; diese Menge
ist natürlich von einem alphabetischen D2-EMA akzeptierbar.

Sei nun A ein 2-RSA und A" der ihm zugrundeliegende 2-EMA. Für
jeden Zustand z von A und jedes Paar (u,v) aus $F(X)^2$ mit
$t''^*(z,u,v)\neq\emptyset$ ist dann $|t''^*(z,u,v)|=1$ zu zeigen. Wir wollen das
für beliebiges, aber festes z mit vollständiger Induktion über
$|uv|$ tun.

Ist $|uv|=0$, so ist $u=v=\Lambda$, nach Definition des 2-RSA also
$t''^*(z,u,v)=t''(z,\Lambda,\Lambda)=z$.

Ist $|uv|=1$, so ist entweder $u\in X$ und $v=\Lambda$ oder $u=\Lambda$ und $v\in X$.
In beiden Fällen ist nach Definition des 2-RSA
$|t''^*(z,u,v)|=|t''(z,u,v)|\leq 1$.

Nehmen wir nun an, die Behauptung gelte für alle (u,v) aus
$F(X)^2$ mit $|uv|\leq r$, und sei $(u',v')\in F(X)^2$ so, daß $|u'v'|=r+1$
und $t''^*(z,u',v')\neq\emptyset$ gilt.

Wir betrachten nur den Fall $(u',v')=(ux,v')$ mit $x\in X$ und
$|uv'|=r$; den Fall $(u',v')=(u',vy)$, $y\in Y$ behandelt man ganz
analog.

Da A alphabetisch ist, folgt aus $t''^*(z,u',v')\neq\emptyset$ die Existenz
eines Zustandes, in dem auf Band 1 genau das Wort u gelesen
worden ist, d.h. die Existenz eines Anfangsstücks w von v' mit
$t''^*(z,u,w)\neq\emptyset$.

Sei w' maximal unter allen Anfangsstücken w von v' mit
$t''^*(z,u,w)\neq\emptyset$. Nach Induktionsannahme ist dann $|t''^*(z,u,w')|=1$.
Sei $z'=t''^*(z,u,w')$.

Wäre $z'\in Z_2$, so müßte es aufgrund der Definition des 2-RSA
ein y aus Y so geben, daß w'y Anfangsstück von v' und
$\emptyset\neq t''(z',\Lambda,y)=t''^*(z,u,w'y)$ ist, denn nach Induktionsannahme
gilt $|t''^*(z,u,w'y)|=1$. Das widerspricht jedoch der Maximalität
von w'. Also gilt $z'\in Z_1$.

Für jedes Anfangsstück $\bar{w}$ von w' mit $\bar{w}\neq w'$ und $t''^*(z,u,\bar{w})\neq\emptyset$ gilt

nach Induktionsannahme $|t''^*(z,u,\bar{w})|=1$, und es ist
$\bar{z}=t''^*(z,u,\bar{w})\in Z_2$, denn andernfalls könnte z' von $\bar{z}$ aus nicht
durch das Lesen des Restes von w' erreicht werden.

Sei nun $v'=w'w''$ sowie $z''=t''(z',x,\Lambda)$. Dann ist $t''^*(z,u',v')=$
$=t''^*(z,ux,v')=t''^*(t''(t''^*(z,u,w'),x,\Lambda),\Lambda,w'')=t''^*(z'',\Lambda,w'')$, und
dies ist nach Definition des 2-RSA einelementig, da von z'' aus
nur auf dem zweiten Band gelesen wird, so daß der 2-RSA A" hier
wie der RSA A' aus Definition 8.7.1.arbeitet, d.h. daß
$t''^*(z'',\Lambda,w'')=t^*(z'',w)$ ist.

Damit ist die Behauptung und somit (i) bewiesen.

(ii) Seien A und A" wie in Definition 8.7.1.und u,v,u',v' aus
$F(X)$ mit $\{(u,vv'),(uu',v)\}\subseteq L(A)$.

Nehmen wir an, es sei $u'\neq\Lambda$, d.h. $u'=xu''$ mit x aus X. Aufgrund
der Überlegungen aus dem zweiten Teil des Beweises von (i) ergibt sich aus $(uu',v)\in L(A)$ die Existenz von w,w' aus $F(X)$ und
eines z aus Z_1 mit
$t''^*(s,u,w)=z$, $t''(z,x,\Lambda)=t''^*(s,ux,w)$ und $ww'=v$.

Wegen $(u,vv')\in L(A)$ muß dann aufgrund des zweiten Teils des Beweises von (i) gelten:
$t''^*(s,u,vv')=t''^*(t''^*(s,u,w),\Lambda,w',v')=t''^*(z,\Lambda,w',v')$.

Das aber ist wegen $z\in Z_1$ unmöglich. Daraus folgt $w'v'=\Lambda$,
also $v'=\Lambda$.

Analog zeigt man, daß $u'=\Lambda$ aus $v'\neq\Lambda$ folgt.

(iii) Daß nicht jede endliche Teilmenge von $F(X)^2$ die Leistung
eines 2-RSA ist, haben wir schon in (i) gezeigt.

Aus Beispiel 8.7.2.(ii) und dem Beweis von Satz 8.4.11. folgt
die Nichtabgeschlossenheit unter Durchschnittsbildung.

Die Leistungen der beiden Teilautomaten in Figur 8.6.3. sind
die Leistungen von 2-RSA'n; ihre Vereinigung ist es nach Satz
8.6.6. und wegen (i) nicht.

Sei E eine endliche (oder auch die leere) Teilmenge von $F(X)^2$,
$k=\max\{\max(|w|,|w'|)\,|\,(w,w')\in E\}$ und (u,v) aus $F(X)^2$ mit
$|u|>k$ und $|v|>k$.

Dann gilt $\{(u,vv'),(uu',v)\}\subseteq F(X)^2-E$ für $u'=v'=x$ aus X.

Nach (ii) kann deshalb $F(X)^2 - E$ nicht die Leistung eines 2-RSA
sein.

Da es offenbar endliche Mengen gibt, die Leistungen von RSA'n
sind, folgt daraus sofort die Nichtabgeschlossenheit gegenüber
Komplementbildung.

Nach Beispiel 8.7.2.(iv) sind $\Lambda \times F(X)$ und $F(X) \times \Lambda$ Leistungen von
2-RSA'n. Nach obigem ist es ihr Produkt
$F(X)^2 = (\Lambda \times F(X)) \cdot (F(X) \times \Lambda)$ aber nicht.

$A = (s, \{z_2, z_2'\}, X, t, s, \{s, z_2, z_2'\})$ mit $\tau = s \times X \times z_2 \cup z_2 \times X \times z_2'$
ist ein unvollständiger 2-RSA über X mit der Leistung $L(A) =$
$= (X \cup \Lambda)^2$.

Nach Beispiel 8.7.2.(iii) existiert dann auch ein 2-RSA mit
derselben Leistung. Das von $(X \cup \Lambda)^2$ erzeugte Untermonoid von
$F(X)^2$ ist aber die nach obigem nicht von einem 2-RSA akzeptier-
bare Menge $F(X)^2$.

(iv) folgt wegen Folgerung 8.6.10. (bzw. Folgerung 8.5.4.) unmittelbar aus (iii).

(v) Wir benutzen die Unlösbarkeit des allgemeinen PKP (Hilfssatz 8.3.5.).

Sei $W_n = \{w_1, w_2, \ldots, w_n\} \subseteq F(X)$ mit $X = \{0, 1\}$. Dann konstruieren wir
wie folgt einen 2-RSA $A(W_n)$ mit der Leistung

$L(A(W_n)) = \{(w_{i_1} w_{i_2} \ldots w_{i_p}, 1^{i_1} 0 1^{i_2} 0 \ldots 1^{i_p} 0 \mid p \in \mathbb{N}, 1 \leq i_j \leq n$ für $1 \leq j \leq p\}$.

Dazu sei A_i ein offensichtlich leicht konstruierbarer RSA mit
einem Endzustand und der Leistung $\{w_i\}$.

Der 2-RSA $A(W_n)$ liest dann zuerst auf Band 2, findet er dort
$1^i 0$ für $1 \leq i \leq n$, so geht er auf Band 1 über und läßt dort A_i
lesen. Ist A_i beim Endzustand angelangt, so läßt A in diesem
Zustand wieder auf Band 2 lesen, findet er dort eine 1, so geht
er wieder in den Zustand über, den A durch Lesen einer 1 vom
Anfangszustand aus erreichte. A hat also die in Figur 8.7.2.
angedeutete Gestalt.

Sei also $A_i = (Z_{1i} \cup z_{2i}, X, t_i, s_i, z_{2i})$ ein RSA mit $z_{2i} \notin Z_{1i}$ und
$L(A_i) = w_i$ für $i = 1, \ldots, n$. Weiter sei $Z_0 = \{z_{0j} \mid j = 0, 1, \ldots, n\}$ mit
$Z_0 \cap (Z_{1i} \cup z_{2i}) = \emptyset$ sowie $(Z_{1i} \cup z_{2i}) \cap (Z_{1j} \cup z_{2j}) = \emptyset$ für $1 \leq j < i \leq n$.

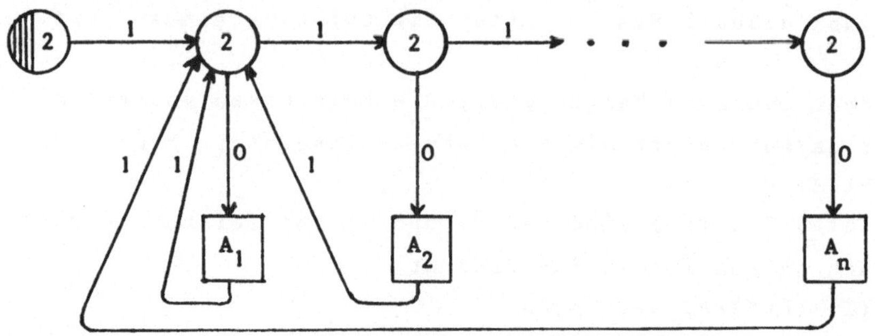

Figur 8.7.2.: Der 2-RSA $A(W_n)$

Dann ist

$A(W_n)=(Z_{11}\cup\ldots\cup Z_{1n},Z_0\cup\{z_{21},z_{22},\ldots,z_{2n}\},X,t,z_{00},\{z_{21},\ldots,z_{2n}\})$

mit $\tau=\{(z_{0j},1,z_{0,j+1})\,|\,j=0,\ldots,n-1\}\cup\{(z_{0i},0,s_i)\,|\,i=1,\ldots,n\}\cup$

$\cup\tau_1\cup\tau_2\cup\ldots\cup\tau_n\cup\{(z_{2i},1,z_{01})\,|\,i=1,\ldots,n\}$

ein unvollständiger 2-RSA mit der gesuchten Leistung.

Nach Beispiel 8.7.2.(iii) existiert also der gesuchte 2-RSA $A(W_n)$.

Sei nun Q ein Fall des PKP über X (wie in Definition 8.3.4.).
Wir setzen $U_n=\{u_1,u_2,\ldots,u_n\}$ und $V_n=\{v_1,v_2,\ldots,v_n\}$.
Dann lassen sich, wie soeben gezeigt, die 2-RSA'n $A(U_n)$ und $A(V_n)$ konstruieren. Offenbar gilt
$L(A(U_n))\cap L(A(V_n))=\emptyset$ g.d.,w. Q keine Lösung besitzt. ∎

Weitere Varianten von 2-EMA'n bringt Aufgabe 8.12.

8.8. Verallgemeinerungen

Die Ergebnisse der vorangegangenen Abschnitte lassen sich auf
zwei Weisen verallgemeinern: Statt zwei kann man $n\geq 2$ Eingabebänder, statt des Monoids $(F(X)\times F(Y),\cdot)$ kann man beliebige Monoide
zulassen.

Mehrbandautomaten

Es ist offensichtlich, daß sich die Definitionen in den Abschnitten 8.5. bis 8.7. ohne weiteres auf den Fall verallgemeinern lassen, daß man Automaten mit n Eingabebändern ($n \in \mathbb{N}$) betrachtet: Man hat dann n Eingabealphabete $X_1,\ldots,X_n$ und untersucht Teilmengen des direkten Produkts $(F(X_1) \times \ldots \times F(X_n), \cdot)$; auch die Begriffe der rationalen und der erkennbaren Teilmenge lassen sich unmittelbar auf dieses Monoid übertragen. Bei der Definition des n-EESA muß man verlangen, daß der Automat auf allen den Bändern gleichzeitig je ein Zeichen liest, bei denen noch kein Wortende erreicht ist. Beim n-RSA muß man die Zustandsmenge in n disjunkte Teilmengen aufteilen.

Man sieht sofort, daß sich alle Ergebnisse der Abschnitte 8.5. bis 8.7. ohne Schwierigkeiten auf n-EMA'n des jeweiligen Typs übertragen lassen. Zusätzlich gilt z.B.:

Bezeichne $\overline{pr}_i$ für $1 \leq i \leq n$ die Projektion von $F(X_1) \times \ldots \times F(X_n)$ auf $F(X_1) \ldots F(X_{i-1}) \times F(X_{i+1}) \ldots F(X_n)$, die dem Weglassen der i-ten Komponente entspricht, so gilt:

Ist L die Leistung eines n-EMA (bzw. n-EESA) über $(X_1,\ldots,X_n)$, so ist $\overline{pr}_i(L)$ die Leistung eines (n-1)-EMA (bzw. (n-1)-EESA) über $(X_1,\ldots,X_{i-1},X_{i+1},\ldots,X_n)$ und $\overline{pr}_{n+1}^{-1}(L) = L \times F(X_{n+1})$ die Leistung eines (n+1)-EMA (bzw. (n+1)-EESA) über $(X_1,\ldots,X_{n+1})$.

Ferner beachte man, daß sich jeder alphabetische n-EMA über $(X_1,\ldots,X_n)$ auch auffassen läßt als

n-EMA über $(X_{i_1},\ldots,X_{i_n})$, wobei $i_1,\ldots,i_n$ eine Permutation von $1,\ldots,n$ ist,

sowie als 2-EMA über (Y,X_n) mit $Y = (X_1 \cup \Lambda) \times \ldots \times (X_{n-1} \cup \Lambda)$.

Ein n-EMA A mit $n \geq 3$ läßt sich in noch vielfältigerer Weise als ein 2-EMA zur Akzeptierung von Worten verwenden: Neben der Akzeptierung von w als $(w,w,\ldots,w)$ gibt es folgende Möglichkeiten: Man zerlege w in n Teilworte $w = w_1 w_2 \ldots w_n$. Für jedes $i = 1,\ldots,n$ sei f_i entweder die identische oder die Spiegelwortabbildung. Dann werde w akzeptiert, wenn das n-Tupel $(f_1(w_1),\ldots,f_n(w_n))$ von A akzeptiert wird.

Da diese Aufteilungsmethoden zusätzlichen Nichtdeterminismus erzeugen, kann man z.B. fordern, daß alle Teilworte w_i gleich lang sein sollen (oder daß ihre Längen in festen Verhältnissen zueinander stehen).

Automaten über Monoiden

Sei $(M, \circ)$ ein beliebiges Monoid. Dann lassen sich die Begriffe
der rationalen und der erkennbaren Teilmenge genau so wie bei
$F(X)$ und bei $(F(X) \times F(Y), \cdot)$ erklären.
Im folgenden schreiben wir M statt $(M, \circ)$, wenn klar ist, welche
Verknüpfung gemeint ist.

Definition 8.8.1.: (i) Die Menge Rat(M) der <u>rationalen Teilmengen</u> des Monoids M ist die kleinste Teilmenge $\mathfrak{R}$ der Potenzmenge
von M, die die folgenden Bedingungen erfüllt:
(1) $\emptyset \in \mathfrak{R}$ und $\{m\} \in \mathfrak{R}$ für jedes m aus M.
(2) Sind U,V in $\mathfrak{R}$, so enthält $\mathfrak{R}$ auch $U \cup V$ und $U \circ V = \{u \circ v \mid u \in U, v \in V\}$.
(3) Mit U enthält $\mathfrak{R}$ auch das von U erzeugte Untermonoid U^* von M:
$U^* = U^0 \cup U^1 \cup \ldots \cup U^i \cup \ldots$ mit $U^0 = \{e\}$, wobei e das Einselement von M
sei, und $U^{i+1} = U^i \circ U$ für alle i aus $\mathbb{N}$.
(ii) Eine Teilmenge E des Monoids M heißt <u>erkennbar</u>, wenn es
einen Homomorphismus h von M auf ein endliches Monoid so gibt,
daß $E = h^{-1}(h(E))$ gilt.
Erk(M) sei die Menge aller erkennbaren Teilmengen von M.

Aus den Abschnitten 8.4. und 8.6. wissen wir bereits, daß i.a.
Rat(M)$\neq$Erk(M) gilt und daß Rat(M) i.a. nicht abgeschlossen bezüglich Durchschnitt und Komplementbildung, sowie Erk(M) nicht
abgeschlossen bezüglich Untermonoidbildung ist. Daß i.a. Erk(M)
auch nicht gegenüber Produktbildung abgeschlossen ist, zeigt
folgendes Beispiel.

Beispiel 8.8.2.: Sei M das kommutative additive Monoid, das aus
dem kommutativen additiven Monoid $\mathbb{Z}$ der ganzen Zahlen durch
Hinzunahme der Elemente e und a sowie der folgenden erweiterten
Additionsregeln entsteht: a+a=0,
e+m=m+e=m für jedes m aus M,
a+z=z+a=z für jedes z aus $\mathbb{Z}$.
Sei weiter $\bar{M}$ das homomorphe Bild von M unter der durch $\bar{h}(e) = \bar{e}$,
$\bar{h}(a) = \bar{a}$ und $\bar{h}(z) = \bar{0}$ für alle z aus $\mathbb{Z}$ definierten Abbildung $\bar{h}$.
Dann ist a eine erkennbare Teilmenge von M, und es gilt
$\{a\} + \{a\} = \{0\}$.
Nehmen wir an, es wäre $\{0\}$ eine erkennbare Teilmenge von M. Dann

gäbe es ein endliches Monoid M' und einen Homomorphismus h von
M auf M' mit $\{0\}=h^{-1}(h(0))$, so daß eine Zahl $z\geq|M'|$ mit
$h(z)=h(0)$ existieren müßte, weil nicht alle Elemente
$h(1),h(2),\ldots$ verschieden sein können und aus $h(i)=h(j)$
(mit $i>j$) sich $h(i-j)=h(0)$ ergibt. Also wäre auch z in $h^{-1}(h(0))$,
so daß die Annahme falsch ist.

Es liegt nun die Frage nahe, ob sich die Begriffe 2-EMA, D2-EMA
und VD2-EMA sowie die weiteren Aussagen der Abschnitte 8.4. und
8.6. auf beliebige Monoide verallgemeinern lassen.

<u>Definition 8.8.3.</u>: Ein <u>Walljasper-Automat</u> (kurz WA) über M ist
ein Quintupel $A=(Z,X,t,S,F)$, wobei X eine endliche Teilmenge von
M und (Z,X,t,S,F) als buchstabierender NRSA A_F über $F(X)$ im Sinne von Definition 5.2.1. auffaßbar ist, wenn man die Verknüpfung
in M nicht beachtet, d.h. es ist Z eine endliche Menge, $S,F\subseteq Z$
und $t=(Z\times X,Z,\tau)$ eine Korrespondenz mit dem Graphen $\tau\subseteq Z\times X\times Z$.
A heißt <u>lokal deterministisch</u> (bzw. <u>schwach vollständig</u>), wenn
A_F deterministisch (bzw. vollständig) im Sinne von Definition
5.4.1. ist, d.h. wenn t eine partielle Abbildung und $|S|=1$
(bzw. t eine totale Abbildung) ist.
A_F heißt der A <u>zugrundeliegende NRSA</u>.
Die sequentielle Korrespondenz t^* wird in zwei Schritten erklärt:
(1) Es sei t_F^* die sequentielle Korrespondenz von A_F, d.h. es sei
$\tau_F^0=\{(z,\Lambda,z)\,|\,z\in Z\}$, $\tau_F^1=\tau$ und für $i\in\mathbb{N}$

$\tau_F^{i+1}=\{(z,wx,z')\,|\,\text{Es gibt ein } z'' \text{ in } Z \text{ mit } (z,w,z'')\in\tau^i, \text{ und}$

$(z'',x,z')\in\tau\}$ sowie $\tau_F^*=\cup\{\tau_F^i\,|\,i\in\mathbb{N}_0\}$ und $t_F^*=(Z\times F(X),Z,\tau_F^*)$.

(2) $t^*(z,m)=\cup\{t_F^*(z,x_1,\ldots,x_n)\,|\,x_1\circ x_2\circ\ldots\circ x_n=m,\ n\in\mathbb{N},\ x_i\in X \text{ für}$
$i=1,\ldots,n\}$ für jedes z aus Z und m aus M.
Die <u>Leistung</u> von A ist $L(A)=\{m\in M\,|\,t^*(S,m)\cap F\neq\emptyset\}$.
A heißt <u>deterministischer WA</u> (kurz DWA), wenn $|S|=1$ und t^* eine
partielle Abbildung ist.

A heißt <u>streng deterministischer WA</u> (kurz SDWA), wenn A ein DWA
und X eine <u>Basis</u> des Untermonoids X^* von M ist, d.h. wenn für
$Y\subseteq X$ aus $Y^*=X^*$ stets $Y=X$ folgt.
A heißt <u>vollständiger DWA</u> (kurz VDWA), wenn A ein schwach vollständiger DWA und X ein <u>Erzeugendensystem</u> von M, d.h. $X^*=M$ ist.

A heißt <u>multiplikativer WA</u> (kurz MWA), wenn für alle $z \in Z$ und $m, m' \in M$ gilt

$t^*(t^*(z,m),m') = t^*(z, m \circ m')$.

Sei $\mathcal{B}$ eine der Buchstabenfolgen WA, DWA, VDWA, MWA, dann sei $\mathcal{B}(M)$ die Menge aller Leistungen von $\mathcal{B}$'n.

<u>Bemerkung</u>: (i) Ein SDWA über $F(X)$ bzw. $F(X) \times F(Y)$ ist ein DRSA bzw. ein alphabetischer D2-EMA.

(ii) Ein nicht-alphabetischer NRSA braucht nicht multiplikativ zu sein, vgl. Teil (ii) der Bemerkung zu Definition 5.2.2.

Viele Ergebnisse der vorangegangenen Abschnitte kann man im wesentlichen auf WA'n und die oben definierten Teilklassen übertragen. Wir wollen uns auf den folgenden Satz beschränken.

<u>Satz 8.8.4.</u> (Walljasper): Sei M ein endlich erzeugtes Monoid. Dann gilt $Erk(M) = VDWA(M) = MWA(M) \subseteq WA(M) = Rat(M)$.

Besitzt M außerdem eine Basis, so ist $Erk(M) \subseteq SDWA(M) \subseteq Rat(M)$.

Es gibt Monoide M, für die die Inklusionen echt sind.

<u>Beweisskizze</u>: Offensichtlich ist jeder VDWA multiplikativ. Bei einem MWA bilden die Korrespondenzen t_m^* von Z in sich (definiert durch $t_m^*(z) = t^*(z,m)$) ein Monoid (das Transitionsmonoid). Wie im Beweis von Satz 5.4.4. läßt sich dann zeigen, daß eine Teilmenge von M genau dann erkennbar ist, wenn sie Leistung eines MWA über M ist.

$Rat(M) = WA(M)$ ergibt sich, wie bei Satz 8.4.10., sofort daraus, daß für den natürlichen Homomorphismus $\nu_{X,M}$ von $F(X)$ in M, der durch die Einbettung von X in M bestimmt ist, folgendes gilt:

(1) $\nu_{X,M}(L(A_F)) = L(A)$ für jeden WA A mit der Eingabemenge X.

(2) $Rat(X^*) = \nu_{X,M}(Rat(X))$, wobei X^* als (Unter-)Monoid (von M) aufzufassen ist.

Gibt es ein endliches Erzeugendensystem X von M, so ist $Rat(X^*) = Rat(M)$, also ist $Rat(M)$ die Menge aller Leistungen von WA'n mit der Eingabemenge X und umfaßt daher $Erk(X)$.

Ist X sogar Basis von M, so ist jeder VDWA mit der Eingabemenge X auch SDWA.

Die angegebenen Inklusionen sind i.a. echt, weil sie es für den Fall $M = F(X) \times F(Y)$ sind. $\blacksquare$

<u>Bemerkung</u>: Ist M nicht endlich erzeugt, so ist zwar $M \in Erk(M)$, aber es gibt keinen VDWA über M, und es ist nicht $M \in Rat(M)$.

Abschließend sei eine Methode angegeben, mit der man auf der Menge der Worte über einem Alphabet X andere Verknüpfungen als die Hintereinanderschreibung, d.h. andere Monoide als das freie Monoid F(X) erzeugen kann.

<u>Beispiel 8.8.5.</u>: Sei X eine endliche Menge. Mit W(X) sei die Menge aller Worte über X, d.h. die Menge der Elemente von F(X) bezeichnet.

(1) Eine <u>W-Abbildung</u> bezüglich X sei eine Abbildung f von W(X) in sich mit folgenden Eigenschaften:

(i) Für jedes $w \in W(X)$ ist $f(w)$ ein stückweises Teilwort von w, und ist $\bar{f}(w)$ der Rest von w, der aus w durch Weglassen der zu $f(w)$ gehörenden Teile entsteht, so gilt $f(\bar{f}(w)) = \Lambda$, d.h. es gibt eine Zerlegung $w = u_1 v_1 u_2 v_2 \ldots u_n v_n$ von w, mit $u_i, v_i \in W(X)$ so, daß $f(w) = u_1 u_2 \ldots u_n$, $\bar{f}(w) = v_1 v_2 \ldots v_n$ und $f(v_1 v_2 \ldots v_n) = \Lambda$ ist.

(ii) Zu jedem Paar u,v aus $W(X) - \Lambda$ mit $f(v) = \Lambda$ existiert genau ein w aus W(X) mit $f(w) = u$ und $\bar{f}(w) = v$.

Aus (i) und (ii) ergibt sich für alle w,w' aus W(X):
Aus $w \neq w'$ und $f(w) = f(w')$ folgt $\bar{f}(w) \neq \bar{f}(w')$.

Ein Beispiel für eine W-Abbildung ist die Abbildung f_m, die erklärt ist durch $\bar{f}_m(x_1 \ldots x_{2n-1}) = \bar{f}_m(x_1 \ldots x_{2n}) = x_n$, wenn alle x_i aus X sind.
Es ist dann $f_m(x) = \Lambda$ und $f_m(xy) = y$ für $x, y \in X$.

(2) Die <u>WS-Verknüpfung</u> $\circ_f$ auf W(X) sei wie folgt definiert.
Für u,v aus W(X) sei

$$u \circ_f v = \begin{cases} u, & \text{falls } f(v) = v \\ \text{das } w \in W(X), \text{ für das } f(w) = u \text{ und } \bar{f}(w) = v \text{ gilt, falls } f(v) = \Lambda \\ (u \circ_f f(v)) \circ_f \bar{f}(v), & \text{falls } \Lambda \neq f(v) \neq v. \end{cases}$$

Man sieht sofort, daß $\circ_f$ wohldefiniert ist, denn für $f(v) = v$ oder $f(v) = \Lambda$ ist $u \circ_f v$ eindeutig definiert, und da aus $\Lambda \neq f(v) \neq v$ folgt, daß $|f(v)| < |v| > |\bar{f}(v)|$ gilt, ergibt sich die Behauptung mit vollständiger Induktion über die Länge des zweiten Faktors. Da $f(\Lambda) = \Lambda$ gilt, ist Λ Einselement bzgl. $\circ_f$.

Auch die Assoziativität von $\circ_f$ läßt sich leicht mit vollständiger Induktion über die Länge des äußersten rechten Faktors nachweisen.

Seien u,v,v' aus $W(X)-\Lambda$.

Ist $f(v')=v'$ so ist $(u\circ_f v)\circ_f v'=u\circ_f v=u\circ_f(v\circ_f v')$.

Ist $f(v')=\Lambda$, so ist $v\circ_f v'=w'$ mit $f(w')=v$ und $\bar{f}(w')=v'$. Wäre $f(w')=w'$, so wäre $\Lambda=\bar{f}(w')=v'$. Also ist $\Lambda\neq f(w')\neq w'$ und $u\circ_f w'=$
$=(u\circ_f f(w'))\circ_f\bar{f}(w')=(u\circ_f v)\circ_f v'$.

Ist $\Lambda\neq f(v')\neq v'$, so sind $f(v')$ und $\bar{f}(v')$ kürzer als v, also ist nach Induktionsannahme
$(u\circ_f v)\circ_f v'=[(u\circ_f v)\circ_f f(v')]\circ_f\bar{f}(v')=(u\circ_f[v\circ_f f(v')])\circ_f\bar{f}(v')=$
$=u\circ_f([v\circ_f f(v')]\circ_f\bar{f}(v'))=u\circ_f(v\circ_f v')$.

(3) Bezeichnen wir die durch obige Abbildung f_m definierte WS-Verknüpfung kurz mit $\circ_m$, so gilt z.B. für $X=\{0,1\}$ und $n\in\mathbb{N}$:
$0^n 1^n=(1\circ_m 0)\circ_m(1\circ_m 0)\circ_m\ldots\circ_m(1\circ_m 0)$.

Denn für u,u' aus $W(X)$ mit $|u|=|u'|$ ist $uu'\circ_m 01=(uu'\circ_m 1)\circ_m 0=$
$=u1u'\circ_m 0=u01u'$.

Einen WA über $(W(X),\circ_m)$, der $\{0^n 1^n|n\in\mathbb{N}\}$ akzeptiert, kann man sich deshalb als einen Automaten mit einem Eingabeband und zwei Leseköpfen vorstellen, die zu Beginn in der Mitte des Bandes stehen und die immer abwechselnd bewegt werden (einer nach links, einer nach rechts). Man überlegt sich übrigens leicht, daß $W(X,\circ_m)$ ein freies Monoid ist, denn für $u\in W(X)$ und $x\in X$ ist stets $|u\circ_m x|=|u|+1$, und aus $u\circ_m x=v\circ_m x'$ für $v\in W(X)$ und $x'\in X$ folgt $u=v$ und $x=x'$.

(4) Sei $d=(s_1,\ldots,s_n;d_1,\ldots,d_n)$ aus $\mathbb{N}^n\times\{-1,+1\}^n$ und $s=s_1+\ldots+s_n$. Dann sei die Abbildung f_d von $W(X)$ in sich wie folgt definiert:

Man zerlege w aus $W(X)$ in der Form
$w=w_0 w_1 w_1' w_2 w_2'\ldots w_n w_n'$ mit $|w_0|<s$ und, falls $|w|\geq s$,

$$|w_i|=\begin{cases}ks_i, & \text{falls } d_i=+1\\ s_i & \text{sonst}\end{cases}\quad,\quad |w_i'|=\begin{cases}s_i, & \text{falls } d_i=+1\\ ks_i & \text{sonst}\end{cases}$$

wobei k durch $(k+1)s+|w_0|=|w|$ definiert ist.

Nun setze man
$$f_d(w)=w_0 v_1 v_2\ldots v_n \text{ mit } v_i=\begin{cases}w_i, & \text{falls } d_i=+1\\ w_i' & \text{sonst.}\end{cases}$$

Da die obige Zerlegung von w stets existiert und eindeutig be-
stimmt ist (denn k und $|w_0|$ lassen sich durch Division mit Rest
von $|w|$ durch s eindeutig bestimmen), ist f_d eine wohldefinier-
te Abbildung und f_d stückweises Teilwort von w. Offenbar ist

$$\bar{f}_d(w) = v_1' v_2' \ldots v_n' \text{ mit } v_i' = \begin{cases} w_i', & \text{falls } d_i = +1 \\ w_i & \text{sonst.} \end{cases}$$

Weil $|\bar{f}_d(w)| = s$ ist, gilt $f_d(\bar{f}_d(w)) = \Lambda$.

Da $\bar{f}_d(w)$ auf nur genau eine Weise aus w herausgeschnitten werden
kann, sind auch die Bedingungen (ii) und (iii) aus (1) erfüllt,
d.h. f_d ist eine W-Abbildung.
Sei mit $\circ_d$ die mit Hilfe von f_d nach (2) konstruierte WS-Verknüpfung bezeichnet.
Dann beschreibt $\circ_d$ für $d = (1;+1)$ gerade die Hintereinanderschreibung, d.h. $(W(X), \circ_d)$ ist isomorph zu $F(X)$.
Sei $d = (1,1;+1,-1)$. Für $\Lambda \neq w \in W(X)$ und $x, y \in X$ ist dann $f_d(x) = x$ sowie
$f_d(xy) = \Lambda$, also gilt $w \circ_d x = w$ und $w \circ_d (xy) = w_0 w_1 xy w_2$, wobei $w = w_0 w_1 w_2$
mit $|w_1| = |w_2|$ und $|w_0| \leq 1$ sei. Einen WA über $(W(X), \circ_d)$ können wir
uns also auch als einen Zweikopfautomaten vorstellen, dessen
beide Köpfe zuerst in der Mitte stehen und sich dann gleichzeitig um je ein Feld pro Schritt voneinander weg bewegen - solch
einen Zweikopfautomaten kann man natürlich auch durch einen
2-EESA ersetzen, dem man ein Wort w als ein Wortpaar (u,v) mit
$|v| \leq |u| \leq |v| + 1$ und $w = u\tilde{v}$ vorlegt.
Man kann sich aufgrund der Überlegungen zu den beiden speziellen Wahlen von d jetzt leicht klar machen, daß die am Ende des
vorigen Unterabschnitts angegebenen deterministischen Methoden
zur Akzeptierung von Worten durch Zerlegung in Teilworte mit
festen Längenverhältnissen Spezialfälle der durch WA'n über
$(W(X), \circ_d)$ mit beliebigem d darstellbaren Akzeptierungsmöglich-
keiten für Worte sind.

Die vielfältigen Möglichkeiten einer Verallgemeinerung der
Theorie endlicher Automaten von endlich erzeugten freien Monoiden auf beliebige Monoide konnten hier nur angedeutet werden - es sei noch darauf hingewiesen, daß entsprechend Abschnitt 8.2. auch Transduktionen zwischen beliebigen Monoiden
mit den obigen Mitteln untersucht werden können.

Aufgaben

<u>8.1.</u> (Ginsburg, Rose) (i) Sei M eine GSM. Man zeige, ohne Verwendung von Folgerung 8.2.6., daß für jedes R aus Rat(Y) auch $M^{-1}(R)=\{w\in F(X)\,|\,T_M(w)\subseteq R\}$ rational ist.

(ii) Man beweise, daß eine Abbildung h von F(X) in F(Y) eine von einer GSM erzeugte Transduktion ist g.d.,w. (a),(b),(c) und (d) gelten:

(a) Für jedes w aus F(X) und jedes Anfangsstück u von w (d.h. uv=w für passendes v) ist h(u) Anfangsstück von h(w) (d.h. h(u)v'=h(w) für passendes v').

(b) Es existiert eine natürliche Zahl k so, daß für alle w aus F(X) und alle x aus X gilt $|h(wx)|-|h(w)|\leq k$.

(c) $h(\Lambda)=\Lambda$.

(d) $h^{-1}(R)$ ist rational für jedes R aus Rat(Y)

(Vgl. die Aufgaben 2.7. und 2.8.).

(iii) Sei X=Y={a,b} und h: $F(X)\longrightarrow F(Y)$ definiert durch:

$$h(w)=\begin{cases} a^{2i+1}b^{|v|}, & \text{falls } w=a^{i}buv \text{ mit } |u|=i\geq 0 \\ a^{|w|} & \text{sonst.} \end{cases}$$

Man zeige, daß h die Bedingungen (a),(b) und (c) erfüllt und daß h(R) rational ist, wenn R es ist, daß aber h keine von einer GSM erzeugte Transduktion ist.

(iv) Sei X={a,b,c} und L={a,b}*c.

Man zeige, daß für jedes R≠∅ aus Rat(X) eine GSM M mit M(L)=R existiert, und daß keine GSM M mit M({a,b}*)=L oder M({a,b}*-Λ)=L existiert.

<u>8.2.</u>* (Salomon) Eine Teilmenge $L\subseteq F(X)$ heißt beschränkt, wenn $w_1,w_2,\ldots,w_n$ aus F(X) so existieren, daß $L\subseteq w_1^{*}w_2^{*}\ldots w_n^{*}$ gilt.

(i) Sei M eine a-GSM. Man beweise, daß für jede beschränkte rationale Menge R auch M(R) beschränkt (und rational) ist, und daß daraus z.B. folgt: Eine rationale Menge R ist nicht beschränkt, wenn es eine a-GSM M mit M(R)={0,1}* gibt.

(ii) Sei R aus Rat(X) und A ein reduzierter DRSA, der R akzeptiert. Man beweise unter Benutzung von (i): R ist nicht beschränkt g.d.,w. A eine überlappende Schleife besitzt, d.h. wenn Zustände z_1,z_2,z_3 von A, Worte u,v aus F(X) und verschiedene

Buchstaben x,x' aus X so existieren, daß gilt

$f^*(z_2,u)=z_1$, $f^*(z_1,x)=z_2$

$f^*(z_2,v)=z_3$, $f^*(z_3,x')=z_2$.

(Hinweis: Man beachte Beispiel 8.2.1.).

(iii) Sei R eine beliebige nicht beschränkte rationale Menge.
Unter Verwendung von (ii) beweise man: Es gibt zu jeder rationalen Menge R' eine a-GSM M mit M(R)=R'.

(iv) Man beweise: Es gibt einen Algorithmus, der für je zwei beschränkte rationale Mengen R und R' entscheidet, ob eine a-GSM
mit M(R)=R' existiert.

(v) Unter Verwendung des obigen beweise man: Es gibt einen Algorithmus, der für je zwei rationale Mengen R und R' entscheidet,
ob eine a-GSM M mit M(R)=R' existiert.

<u>8.3.</u> (i) Man beweise, daß die Äquivalenz von a-GSM'n entscheid-
bar ist (man benutze die Sätze 5.5.9.(i) und 8.3.2.(i)).

(ii) Man zeige, daß für beliebige a-Transduktoren M und M' mit X
als Eingabe- und Y als Ausgabealphabet sowie beliebige R aus
Rat(X) und R' aus Rat(Y) die folgenden Probleme entscheidbar
sind: (Man benutze die Sätze 8.2.4. und 5.5.9. sowie Folgerung
8.2.6.)

(a) Ist M(R) leer?

(b) Ist M(R) unendlich?

(c) Ist $M(R) \subseteq M'(R)$?

(d) Ist M(R)=M'(R)?

(e) Ist $M(R) \subseteq R'$?

(f) Ist M(R)=R'?

(iii) Seien X und Y beliebige endliche Mengen und h_i für i=1,2
die durch $h_i(x,y)=pr_i(x,y)$, für (x,y) aus $(X\cup\Lambda)\times(Y\cup\Lambda)$, definierten
Homomorphismen von $F((X\cup\Lambda)\times(Y\cup\Lambda))$ in F(X) bzw. F(Y). Man gebe
ein Beispiel an für zwei verschiedene rationale Teilmengen R und
R' von $F((X\cup\Lambda)\times(Y\cup\Lambda))$ mit
$h_2(h_1^{-1}(L)\cap R)=h_2(h_1^{-1}(L)\cap R')$ für alle $L\subseteq F(X)$.

<u>8.4.</u> (i) (Elgot, Mezei) Man beweise, daß zu jedem a-Transduktor
M ein äquivalenter alphabetischer a-Transduktor existiert (vgl.
die Bemerkung zu Definition 8.2.2., sowie Satz 6.2.7.(i)).

(ii) (Elgot, Mezei) Man beweise, daß die Hintereinanderausführung zweier a-Transduktorabbildungen wieder eine a-Transduktorabbildung ist. (Hinweis: Vgl. Aufgabe 5.16.(i) - Zu zwei alphabetischen a-Transduktoren konstruiere man einen a-Transduktor mit dem kartesischen Produkt der Zustandsmengen der gegebenen a-Transduktoren als Zustandsmenge. Man zeige, daß der neue a-Transduktor Λ-frei ist, wenn es die gegebenen a-Transduktoren waren.)

(iii) (Nivat) Man zeige unter Benutzung von (i), daß man in Satz 8.2.4.(i) auch voraussetzen kann, daß h_1 und h_2 alphabetische Homomorphismen sind, und daß zugleich R eine Standardmenge ist (vgl. die Bemerkungen zu Satz 8.2.4.).

(iv) (Elgot, Mezei) Man beweise, daß die Klasse aller rationalen Transduktionen die kleinste Klasse von Korrespondenzen zwischen endlich erzeugten freien Monoiden ist, die die Homomorphismen freier Monoide und die längenerhaltenden Korrespondenzen (bei denen jedes Bildelement die gleiche Länge wie das Urbild hat) enthält, und die abgeschlossen ist unter Hintereinanderausführung und Bildung der konversen Korrespondenz (k^{-1} zu k).

(v) (Boasson, Nivat) Man zeige, daß für jeden a-Transduktor M die folgenden Aussagen (a) und (b) äquivalent sind:

(a) Für jedes v aus F(Y) ist $M^{-1}(\{v\})$ endlich, und für jedes u aus $F^+(X)$ ist $M(\{u\}) \subseteq F^+(Y)$.

(b) Es gibt eine endliche Menge P, ein R aus Rat(P), einen Homomorphismus g_1 von F(P) in F(X) und einen Λ-freien alphabetischen Homomorphismus g_2 von F(P) in F(Y) so, daß der Graph von T_M die Menge $\{(g_1(w), g_2(w)) \mid w \in R\}$ ist, d.h. daß $M(L) = g_2(g_1^{-1}(L) \cap R)$ für jedes $L \subseteq F(X)$ gilt.

<u>8.5.</u> Man beweise, daß die folgenden Abbildungen a-Transduktorabbildungen sind:

(i) Rationale Substitutionen.

(ii) Sei $R \in Rat(X)$. Dann seien v_R, d_R und p_R folgende Abbildungen von $\mathcal{P}(F(X))$ in sich: Für $L \subseteq F(X)$ sei
$v_R(L) = L \cup R$, $d_R(L) = L \cap R$, $p_R(L) = RL$.

(iii) Sei $R \in Rat(X)$ und q_R (bzw. q_R') eine Abbildung, die jedem $L \subseteq F(X)$ den Linksquotienten (bzw. Rechtsquotienten) nach R zuordnet (vgl. Definition 5.5.6.).

(iv) Sei $R\in\mathrm{Rat}(X)$ und f_R die Abbildung, der die Korrespondenz
mit dem Graphen $\{(u,v)\in F(X)\times F(X)\mid uv\in R\}$ zugrunde liegt.

(v) Sei $f:F(X)\longrightarrow F(X)$ definiert durch $f(\Lambda)=\Lambda$ und
$f(x_1 x_2 \ldots x_n)=x_1 x_3 \ldots x_m$ mit $n\in\mathbb{N}$, $x_i\in X$ für $i=1,\ldots,n$ und $n=m$,
wenn n ungerade, $m=n-1$ sonst.

<u>8.6.</u> (Berstel) Sei r eine beliebige rationale Zahl mit $0\leq r\leq 1$
und $W_r=\{a^n b^k\mid n\in\mathbb{N}_0$ und $nr\leq k\leq n\}$ sowie $L=\{a^n b^n\mid n\in\mathbb{N}_0\}$.
Ferner seien U und V wie in Folgerung 8.2.7.
Dann beweise man:

(i) Es gibt einen a-Transduktor M_r mit $M_r(W_r)=U$. (Hinweis: vgl.
Aufgabe 3.12.)

(ii) Es gibt keinen a-Transduktor M mit $M(V)=L$. (Hinweis: Man
sehe sich den Beweis von Folgerung 8.2.7. genau an.)

(iii) Es gibt keinen a-Transduktor M mit $M(V)=W_r$. (Hinweis: Man
kann das durch leichte Abänderung des Beweises von Folgerung
8.2.7. oder aus Folgerung 8.2.7. mit Hilfe von (i) erhalten.

<u>8.7.</u> (Ibarra) Wir betrachten Λ-freie a-NGSM'n (kurz: Λa-NGSM'n)
und Λ-freie NGSM'n (kurz Λ-NGSM'n) über $X\times Y$, d.h. mit X als
Eingabe- und Y als Ausgabealphabet.

(i) Man beweise, daß folgende Aussagen äquivalent sind:

(a) Für $|X|\geq 2$ ist die Äquivalenz von Λa-NGSM'n über $X\times\{1\}$
entscheidbar.

(b) Die Äquivalenz von Λ-NGSM'n über $\{0,1\}\times\{1\}$ ist entscheidbar.

(ii)[*] Es existiert kein Algorithmus, der für beliebige X entschei-
det, ob eine Λa-NGSM über $X\times\{1\}$ zu folgender Λa-NGSM M_X äquivalent
ist: $M_X=(z,X,1,t,z,z)$ mit $t(z,x)=\{(1^k,z)\mid k=1,2,3\}$ für jedes $x\in X$.

(iii) Aus (ii) folgere man die Nichtexistenz eines Algorithmus
zur Konstruktion einer zu einer vorgegebenen Λa-NGSM über $X\times\{1\}$
äquivalenten zustandsminimalen Λa-NGSM.

(iv) Aus (i) und (ii) folgere man die Nichtentscheidbarkeit der
Äquivalenz von Λ-NGSM'n der Form $M=(Z,\{0,1\},1,t,s)$ mit:
$(1^k,z')\in t(z,x)$ impliziert $k=1,2,3$ für $z\in Z$ und $x\in\{0,1\}$.

(v)[*] Man beweise die aus (i) bis (iii) durch Vertauschen von
Ein- und Ausgabealphabet entstehenden Aussagen und folgere daraus
die Nichtentscheidbarkeit der Äquivalenz von Λ-NGSM'n der Form
$M=(Z,1,\{0,1\},t,s)$ mit $|w|\in\{2,3,6\}$ für $(w,z')\in t(z,1)$.

8.8. (i) Man beweise, daß jeder Fall eines PKP entweder keine oder unendlich viele Lösungen besitzt.

(ii) Man beweise, daß das folgende abgeschwächte PKP (APKP) lösbar ist:

Ein Fall des APKP über X ist ein Quadrupel $Q=(X,n,u,v)$ mit n aus $\mathbb{N}$, $u=(u_1,\ldots,u_n)$, $v=(v_1,\ldots,v_n)$ und u_i,v_i aus $F(X)$. Der Fall Q hat eine Lösung, wenn es Zahlenfolgen $i_1,\ldots,i_p$ und $j_1,\ldots,j_q$ mit $u_{i_1}u_{i_2}\ldots u_{i_p}=v_{j_1}v_{j_2}\ldots v_{j_q}$ gibt.

Das allgemeine APKP über X besteht darin, einen Algorithmus zu finden, der für jeden Fall des APKP über X feststellt, ob er eine Lösung besitzt oder nicht.

(iii) Man beweise, daß es einen Algorithmus gibt, der für je zwei endlichen Mengen X und Y, je zwei UM1A'n A und A' mit X als Eingabe- und Y als Ausgabealphabet sowie je zwei Zustände z von A und z' von A' entscheidet, ob ein w aus $F^+(X)$ mit $g^*(z,w)=g'^{*}(z',w)$ existiert.

(iv) Man beweise, daß es keinen Algorithmus gibt, der für je zwei endliche Mengen X und Y sowie je zwei GSM'n M und M' mit X als Eingabe- und Y als Ausgabealphabet entscheidet, ob es ein w aus $F^+(X)$ mit $M(\{w\})=M'(\{w\})$ gibt.

(v) Seien X und Y endliche Mengen und h_1 der durch
$h_1(x,y)=x$ für alle x aus X und y aus Y
definierte Homomorphismus von $F((X\cup\Lambda)\times(Y\cup\Lambda))$ in $F(X)$. Dann beweise man, daß es keinen Algorithmus gibt, der für je zwei rationale Teilmengen R und R' von $F((X\cup\Lambda)\times(Y\cup\Lambda))$ entscheidet, ob
$h_1^{-1}(w)\cap R=h_1^{-1}(w)\cap R'$ für alle w aus $F(X)$ gilt.

8.9. (i) Man beweise, daß die Menge $\{(0^m1^n,1^n0^m)\mid m,n\in\mathbb{N}\}$ nicht von einem 2-EMA akzeptierbar ist. (Hinweis: Man gehe ähnlich vor wie beim Beweis von Folgerung 8.2.7. oder man benutze 8.9.(ii) und Folgerung 8.2.8. oder aber 8.9.(iii).)

(ii) Man beweise: Ist $R\in\mathrm{Rat}(X)$ und A ein 2-EMA über (X,Y), so sind $R\times F(Y)\cap L(A)$ und $F(X)\times R\cap L(A)$ ebenfalls Leistungen von 2-EMA'n über (X,Y) (vgl. auch Aufgabe 8.11.(iii).

(iii) Mit Hilfe von Folgerung 8.4.4.(i) oder Satz 8.4.7.

übertrage man den Satz vom iterierenden Faktor (Satz 5.4.8.)
und das uvw-Theorem (Folgerung 5.4.10.) auf 2-EMA'n.
(iv) In Analogie zum Beweis von Satz 5.5.9.(ii) und (iii) beweise man mit Hilfe von (iii), daß für 2-EMA'n entscheidbar ist,
ob sie eine leere oder eine unendliche Leistung besitzen.
(v) Man beweise Folgerung 8.2.7. mit Hilfe von (iii) und vergleiche diesen Beweis mit dem im Text angegebenen Beweis.
(vi) (Elgot, Mezei, Mirkin) Man beweise folgende Behauptung und
leite daraus ab, daß der Graph W der Spiegelwortabbildung (vgl.
die Beweise der Folgerungen 8.2.8. und 8.4.4.) nicht Leistung
eines 2-EMA sein kann.
Für $U \subseteq F(X) \times F(Y)$ sind folgende Aussagen (a) und (b) äquivalent:
(a) $U \in \mathrm{Rat}(X,Y)$, und $|u|=|u'|$ für alle (u,u') aus U.
(b) Sei $P = X \times Y$. Dann gilt für den natürlichen Homomorphismus ν_P
(vgl. Folgerung 8.4.6.) $U \in \nu_P(\mathrm{Rat}(P))$.
(Hinweis: Zur Untersuchung von W beachte man, daß in (b) ν_P injektiv ist, und betrachte in F(P) die Mengen
$U' = (0,0)^{*}(1,1)(0,0)^{*}$ und $V' = \nu_P^{-1}(\nu_P(U') \cap W)$.

8.10. (i) Man modifiziere die Definition des 2-EESA derart, daß
man festlegt, daß der Automat solange wie möglich abwechselnd
auf jedem Band ein Zeichen liest (statt gleichzeitig je eines
von jedem Band). Man beweise dann, daß Satz 8.5.3. für die modifizierten 2-EESA'n gültig bleibt, wenn man P_0 durch
$P_0' = \{(x,\Lambda)(\Lambda,y) \mid (x,y) \in P_0\}$ ersetzt.
(ii) Man verallgemeinere die Aussagen von Abschnitt 8.5. wie
folgt: Sei P eine endliche Teilmenge von $F(X) \times F(Y)$ und V eine
rationale Teilmenge von F(P) derart, daß $\nu_P(V) = F(X) \times F(Y)$ und die
Einschränkung $\varphi_{P,V} = \nu_P/V$ von ν_P auf V injektiv ist.
Ein 2-EMA A heiße 2-EMA mit Lesevorschrift V (kurz 2-EMA-LV),
wenn die Leistung des ihm zugrundeliegenden NRSA in V liegt,
d.h. wenn für jeden Weg von einem Anfangs- zu einem Endzustand
im Graphen von A die Folge der Kantenbewertungen in V liegt.
(Beispiele: Sei P wie in Satz 8.5.3. Ist V wie in Satz 8.5.3.,
so ist ein 2-EMA-LV ein 2-EESA. Ist $V' = (P_1 P_2)^{*}(P_1^{*} \cup P_2^{*})$, so ist
ein 2-EMA-LV' ein modifizierter 2-EESA wie in (i). Ist $V'' = P_1^{*} P_2^{*}$,
so ist ein 2-EMA-LV'' ein 2-EMA, der solange auf dem ersten Band
liest, bis er am Wortende angelangt ist, und danach auf dem
zweiten Band weiterliest.)

Dann gelten die Aussagen (ii) bis (iv) von Satz 8.5.3., sowie
die ersten drei Aussagen der Folgerung 8.5.4., wenn man stets
2-EESA durch 2-EMA-LV und β durch $\varphi_{P,V}^{-1}$ ersetzt.
(Hinweis: Man gehe wie in Abschnitt 8.5. vor und beweise, daß
für $R\in\text{Rat}(X)$ gilt: $\nu_P^{-1}(R\times F(Y))\in\text{Rat}(P)$ sowie $\varphi_{P,V}^{-1}(R\times F(Y))=$
$=\nu_P^{-1}(R\times F(Y))\cap V$.)

<u>8.11.</u> (i) Man beweise, daß es nicht entscheidbar ist, ob ein
alphabetischer 2-EMA ein D2-EMA ist.
(ii) Man konstruiere einen D2-EMA, der die Menge M aus Satz
8.6.6. akzeptiert.
(iii) Zwei 2-EMA'n A_i über (X,Y), $i=1,2$ mögen verträglich heißen,
wenn für alle (u,v) aus $F(X)\times F(Y)$ sowie alle z_i aus Z_i gilt:
$t_1^*(z_1,u,v)\neq\emptyset$ g.d.,w. $t_2^*(z_2,u,v)\neq\emptyset$.
Man beweise: Sind A_1 und A_2 verträgliche 2-EMA'n und ist A_1 deterministisch, so liegt $L(A_1)\cap L(A_2)$ in $\text{Rat}(X,Y)$.
(iv) (Walljasper) Aus (iii) folgere man, daß der Durchschnitt
einer rationalen mit einer erkennbaren Teilmenge von $F(X)\times F(Y)$
rational ist.
(v) (Starke) Man beweise, daß es nicht entscheidbar ist, ob zu
einem 2-EMA ein äquivalenter 2-RSA existiert.

<u>8.12.</u>* In der Literatur werden häufig 2-EMA'n mit Bandendemarkie-
rungen (kurz 2-EMA/BEM'n) betrachtet. Dazu sei die Existenz
eines Sonderzeichens #, das nicht in den Eingabealphabeten des
2-EMA vorkommt ($\#\notin X\cup Y$) angenommen. An das Ende jedes der beiden
Eingabewörter werde jeweils # gesetzt, so daß das Eingabewortpaar die Form
$(u\#,v\#)$ mit u aus $F(X)$, v aus $F(Y)$
habe. Schließlich werde die Arbeitsweise des 2-EMA wie folgt ab-
geändert: # wird als Eingabezeichen zugelassen; liest der Automat auf einem Band die Bandendemarkierung #, so liest er fortan
auf diesem Band nicht weiter (d.h. nur das Leerzeichen Λ); ein
Wortpaar wird akzeptiert, wenn der Automat nach dem Lesen beider
Bandendemarkierungen in einen ausgezeichneten Zustand, den Ak-
zeptierungszustand a gelangt ist (die Endzustandsmenge F bestehe
also nur aus a). Ferner nimmt man oft auch noch einen Zurück-
weisungszustand r hinzu, in dem der Automat stehen bleibt, wenn

er eine nicht akzeptable Eingabe erhalten hat - auch nach r gelangt er erst, wenn er beide Bandendemarkierungen gelesen hat.
(i) Man gebe eine formale Definition des 2-EMA/BEM an und beweise, daß sich zu jedem 2-EMA/BEM ein normaler 2-EMA mit gleicher Leistung konstruieren läßt und umgekehrt.
(ii) Man übertrage die Definition des D2-EMA auf 2-EMA/BEM'n
und zeige, daß die Menge M aus Satz 8.6.6. von einem alphabetischen D2-EMA/BEM akzeptiert wird.
(iii) Man übertrage die Definition des VD2-EMA auf 2-EMA/BEM'n
und beweise, daß eine Menge L genau dann Leistung eines
VD2-EMA/BEM ist, wenn sie von einem VD2-EMA akzeptiert wird.
(Hinweis: Zur Konstruktion eines zu einem alphabetischen VD2-EMA
äquivalenten VD2-EMA/BEM gehe man ähnlich wie im Beweis von Satz
8.6.9.(ii) vor. Die umgekehrte Konstruktion führe man in zwei
Schritten durch:
(1) zu jedem alphabetischen VD2-EMA/BEM A' über (X,Y) konstruiere man einen alphabetischen VD2-EMA A" über (X∪#,Y∪#) - hier
wird # also als normales Zeichen, nicht als Bandendemarkierung
aufgefaßt, derart daß gilt:
$L(A")=L(A')\cdot(\#,\#)\subseteq F(X)\#\times F(Y)\#$, d.h. $L(A')=\{(u,v)\,|\,(u\#,v\#)\in L(A")\}$.
(2) Zu jedem VD2-EMA A" über (X∪#,Y∪#) mit $L(A")\subseteq F(X)\#\times F(Y)\#$
konstruiere man einen VD2-EMA A'" über (X,Y) mit $L(A")=$
$=L(A'")\cdot(\#,\#)$.)
(iv) (Rosenberg) Man übertrage die Definition des 2-RSA auf
2-EMA/BEM und beweise, daß die Klasse der Leistungen dieser
2-RSA/BEM'n, die wir Zweiband-Rosenberg-Automaten (kurz 2-RA)
nennen wollen, abgeschlossen ist unter Komplementbildung, aber
nicht unter Durchschnitt, Vereinigung, Produkt- und Untermonoidbildung, und daß sie die Klasse der Leistungen von 2-RSA'n echt
umfaßt.
(Hinweis: Man zeige, daß $\{(0,\Lambda),(\Lambda,0)\}$ Leistung eines 2-RA ist
und daß jeder 2-RSA in einen äquivalenten 2-RA umgeformt werden
kann (wie in (i)). Den Abschluß unter Komplementbildung zeigt
man, indem man zunächst den 2-RA vervollständigt, und dann analog zum Beweis von Satz 5.5.5. vorgeht (vgl. Starke (1976)).
Für die Nichtabschlußeigenschaften betrachte man 2-RA'n über
$X=\{0,1,2\}$ und beweise mit $E=\{(0,0),(1,1)\}$, $G=\{(2,2)\}$,

$H=\{(0,\Lambda),(1,\Lambda)\}$ daß $J=E^*GH^*$ Leistung eines 2-RA ist, nicht aber J^2 und J^*; bezüglich des Durchschnitts gehe man wie bei 2-RSA'n vor.)

(v) (Rabin, Scott) Man wandele die Definition des 2-RSA/BEM derart ab, daß ein Wortpaar schon akzeptiert wird, wenn der Automat beim Lesen des ersten Bandendezeichens in einen Endzustand gelangt (unabhängig davon, was noch auf dem anderen Band steht) und untersuche die Klasse der Leistungen dieser Automaten – i.a. ist für diese Automaten das Äquivalenzproblem entscheidbar (Bird).

Literaturhinweise und historische Bemerkungen

Die GSM ist ein Spezialfall des von Schützenberger (1961) eingeführten "finite transducer", sie wurde unabhängig· auch von
Ginsburg (1962) definiert und, hauptsächlich im Rahmen der Theorie kontextfreier Sprachen, außer von Schützenberger vor allem
von Ginsburg, Rose (1963, 1966) untersucht - hierzu und zu Aufgabe 8.1. siehe auch Ginsburg (1966). Eine Beziehung zu M1A'n
zeigt Aufgabe 2.8.
Die a-GSM wurde von Salomon (1975) als f-gsm (gsm with final
states) eingeführt - auf dieser Arbeit beruht Aufgabe 8.2.
Satz 8.3.2.(ii) und sein Beweis sind von Griffiths (1961); die
in Aufgabe 8.7. angegebene Verschärfung dieses Resultats bewies
Ibarra (1977). Zum Postschen Korrespondenzproblem (Hilfssatz
8.3.5. und Aufgabe 8.8.) vergleiche man die in Kapitel 4 bzw. 6
zitierten Lehrbücher von Harrison bzw. Albert, Ottmann.

Der Begriff Transduktion stammt von Schützenberger (1961); in
der heute üblichen Form wurde er sowie der zugehörige Automat
(in Form des 2-EMA) von Elgot, Mezei (1965) definiert und ausführlich untersucht - die Sätze 8.4.10. und 8.4.11., Folgerung
8.2.8. und die Aufgaben 8.4.(i), (ii) und (iv) sind aus dieser
Arbeit. Der Name a-Transduktor stammt von Ginsburg, Greibach
(1969), die die Bedeutung des a-Transduktors für die Theorie
formaler Sprachen erkannten und ihn und seine Anwendungen in
weiteren Arbeiten ausführlich untersuchten - vgl. dazu Ginsburg
(1975).
Anschließend an Schützenberger (1961) und Elgot, Mezei (1965)
und zunächst parallel zu Ginsburg und Greibach entwickelte die
französische Schule um Schützenberger, insbesondere Nivat,
Fliess, Boasson und Berstel, zum Teil in Zusammenarbeit mit
Eilenberg, die Theorie der rationalen Transduktionen weiter -
vgl. das in Kapitel 2 zitierte Lehrbuch von Eilenberg sowie
Berstel (1979).
Satz 8.2.4. wurde unabhängig voneinander von Nivat (1967),
Ginsburg, Greibach (1969) und, in der Form von Satz 8.4.7. von
Böhling, Indermark (1969) bewiesen - der hier gegebene Beweis

lehnt sich an letzteren an; bei Nivat (1967) steht bereits die
in Aufgabe 8.4.(iii) angegebene Version. Folgerung 8.2.7. und
ihr Beweis sowie Aufgabe 8.6. stammen aus einem unveröffentlich-
ten Manuskript von Berstel (Straßburg, 1971).

Die Idee, Worte in mehrere Teilstücke aufzuteilen, und diese
simultan von mehreren Leseköpfen lesen zu lassen (oder sie simultan zu erzeugen) stammt von Čulik (1963) und Schnelle (1964)
- vgl. auch Čulik, Havel (1967). Unabhängig davon stellten Amar,
Putzolu (1964) im Spezialfall der Aufteilung in zwei gleichgroße
Teile und Rosenberg (1965, 1967) für den allgemeinen Fall den
Zusammenhang zwischen 2-EMA'n und linearen Grammatiken her, der
von Brzozowski (1968) verallgemeinert wurde - aus der letzteren
Arbeit stammt auch die Idee der Spaltendarstellung (Beispiel
8.4.8.). Eine sich teilweise damit überlappende unabhängige Verallgemeinerung der Ideen von Amar, Putzolu wurde von Schnorr
(1967) durchgeführt.
Der Begriff des Mehrkopfautomaten bzw. die Methode, ein Wort w
als n-Tupel (w,w,...,w) von einem n-Bandautomaten akzeptieren
zu lassen, stammt von Rosenberg (1965, 1966).

Der Begriff des EESA, Satz 8.5.3. und die erste Behauptung von
Folgerung 8.5.4. beruhen auf Eilenberg, Elgot, Shepherdson
(1969).

Zweibandautomaten, bei denen der jeweilige Zustand bestimmt,
von welchem Band gelesen wird, werden schon in der in Kapitel 5
zitierten Arbeit von Rabin, Scott eingeführt - und zwar in der
in Aufgabe 8.12.(v) angegebenen Form. Rabin, Scott zeigten, daß
die Projektionen der Leistungen solcher Automaten rational sind
(vgl. Folgerung 8.4.4.(iii)) und als Folgerung davon die Nichtabgeschlossenheit der Menge der Leistungen unter Durchschnitten.
Zweibandautomaten wie in Definition 8.7.1. wurden zuerst von
Mirkin (1966) untersucht; Mirkin zeigte, daß nichtdeterministische 2-RSA'n genau die rationalen Teilmengen von F(X)×F(Y) akzeptieren, daß sich die oben erwähnten Resultate von Rabin,
Scott übertragen lassen und bewies die Äquivalenz der Aussagen
(a) und (b) aus Aufgabe 8.9.(vi). Teil (ii) von Satz 8.7.3. ist
ein Spezialfall eines allgemeinen Resultats von Starke (1975,

1976); die Aussagen (iii) und (v) von Satz 8.7.3. wurden (in
z.T. anderer Weise) ebenfalls von Starke (1976) bewiesen – der
hier angegebene Beweis von (v) findet sich im wesentlichen
schon bei Rabin, Scott. Bird (1972) bewies die Entscheidbarkeit
des Äquivalenzproblems für 2-RSA'n.

Unabhängig von Elgot, Mezei hat Rosenberg (1964, 1965, 1967)
(vgl. auch Fischer, Rosenberg (1968)) die deterministischen und
nichtdeterministischen 2-RSA/BEM'n eingeführt und untersucht
(vgl. Aufgabe 8.12.(iv)) und unter anderem die Satz 8.4.10 entsprechende Aussage bewiesen (denn im nichtdeterministischen
Fall sind alle genannten Automatenmodelle äquivalent).

In allen erwähnten Arbeiten (außer der von Rabin, Scott) wurden
nicht nur Zwei- sondern Mehrbandautomaten behandelt.

Die Begriffe der erkennbaren und der rationalen Teilmengen be-
liebiger Monoide wurden von Eilenberg (vgl. die in Kapitel 5
zitierte Vorlesungsausarbeitung und das in Kapitel 2 zitierte
Lehrbuch) eingeführt; Beispiel 8.8.2. stammt von Winograd (vgl.
das Lehrbuch von Eilenberg).
Definition 8.8.3. und Satz 8.8.4. (außer den Aussagen über
SDWA'n) stammen (in z.T. etwas anderer Terminologie) von
Walljasper (1969), die Begriffe des D2-EMA und des VD2-EMA
sind Spezialfälle der allgemeinen Begriffe von Walljasper; die
Aussagen (i) und (ii) von Satz 8.6.9. und die Aussagen (iii)
und (iv) von Folgerung 8.6.10. sowie Aufgabe 8.11.(iii) stammen
im wesentlichen ebenfalls von Walljasper.
Die Methode, mit W-Abbildungen WS-Verknüpfungen zu definieren
ist eine Verallgemeinerung der von Wechsung (1973) angegebenen
Methode, derart, daß dadurch auch die Konstruktionen aus
Schnorr (1967) erfaßt werden; die W-Abbildung f_m und die WS-
Verknüpfung $\circ_m$ stammen von Wechsung (1973), die den Abbildungen
f_d zugeordneten WS-Verknüpfungen liefern eine Darstellung der
Verknüpfungen aus Schnorr (1967) – vgl. dazu Brauer (1976).

Literatur zu 8.

V.Amar, G.Putzolu, On a family of linear grammars,
Inf. & Control 7 (1964) 283-291

J.Berstel, Transductions and Context-Free Languages,
Teubner-Verlag, Stuttgart, 1979

M.Bird, The equivalence problem for deterministic two-tape
automata, J.Comp.Syst.Sci. 7 (1973) 218-236

L.Boasson, M.Nivat, Sur diverses familles de langages fermées
par transduction rationnelle, Acta Informatica 2 (1973) 180-188

K.H.Böhling, K.Indermark, Endliche Automaten I,
Bibliograph.Institut, Mannheim, 1969

W.Brauer, W-automata and their language, in: A.Mazurkiewicz
(ed.) Proceedings MFCS '76, LNCS 45, Springer-Verlag, Berlin
(1976) 12-22

J.A.Brzozowski, Regular-like expressions for some irregular
languages, IEEE Conf.Record 1968, Ninth Ann.Symp.on Switching
and Automate Theory, Schenectady, N.Y. (1968) 278-286

K.Čulik, Some axiomatic systems for formal grammars and languages, in: Proceedings IFIP Congress 62, München 1962,
North-Holland, Amsterdam, 1963, 134-137

K.Čulik, I.Havel, On multiple finite automata, in: W.Händler,
E.Peschl, H.Unger, 3. Colloquium über Automatentheorie,
Hannover 1965, Birkhäuser, Basel, 1967, 158-169

S.Eilenberg, C.C.Elgot, J.C.Shepherdson, Sets recognized by
n-tape automata, J. Algebra 13 (1969) 447-464

C.C.Elgot, J.E.Mezei, On relations defined by generalized
finite automata, IBM J. Develop. 9 (1965) 47-68

P.C.Fischer, A.L.Rosenberg, Multitape one-way non writing
automata, J.Comp.Syst.Sci. 2 (1968) 88-101

S.Ginsburg, Examples of abstract machines, IRE Trans.Electron.
Computers, EC11 (1962) 132-135

S.Ginsburg, The Mathematical Theory of Context-Free-Languages, McGraw-Hill, New York, 1966

S.Ginsburg, Algebraic and Automata-Theoretic Properties of Formal Languages, North-Holland, Amsterdam, 1975

S.Ginsburg, S.A.Greibach, Abstract families of languages, in: S.Ginsburg, S.A.Greibach, J.E.Hopcroft (eds.) Studies in Abstract Families of Languages, Memoirs Amer.Math.Soc. 87 (1969) 1-32

S.Ginsburg, G.F.Rose, Operations which preserve definability in languages, J.Assoc.Comput.Mach. 10 (1963) 175-195

S.Ginsburg, G.F.Rose, A characterisation of machine mappings, Can.J.Math. 18 (1966) 381-388

T.V.Griffiths, The unsolvability of the equivalence problem for Λ-free nondeterministic generalized machines, J.Assoc.Comput.Mach. 15 (1968) 409-413

O.H.Ibarra, The unsolvability of the equivalence problem for ε-free NGSM's with unary input (output) alphabet and applications, in: Proc. 18th Ann.Symp.on Foundations of Computer Science (FOCS), IEEE, New York, 1977, 74-81

B.G.Mirkin, On the theory of multitape automata, Cybernatics 2,5 (1966) 9-14

M.Nivat, Transductions des langages de Chomsky, Thèse d'Etat, Univ.de Paris, 1967, und in: Ann. de l'Inst.Fourier, Grenoble 18 (1968) 339-456

A.L.Rosenberg, On n-tape finite state-acceptors, in: Proc. of Fifth Ann.Symp. on Switching Circuit Theory and Logical Design, IEEE Publ. S-164, 1964, 76-81

A.L.Rosenberg, Nonwriting Extensions of Finite Automata, Unpublished Doctoral Dissertation, Harvard Univ.Report BL-39, 1965

A.L.Rosenberg, On multi-head finite automata, IBM J.Res. Develop. 10 (1966) 388-394

A.L.Rosenberg, A machine realization of the linear context-free languages, Inf.& Control 10 (1967) 175-188

K.B.Salomon, The decidability of a mapping problem for generalized sequential machines with final states, J.Comp.Syst. Sci. 10 (1975) 200-218

H.Schnelle, CC-Automata and CF-Grammars, unveröffentlichtes Manuskript, Vortrag auf dem Colloquium on Algebraic Linguistics and Automata Theory, Jerusalem, 1964

C.-P.Schnorr, Freie assoziative Systeme, EIK 3 (1967), 319-340

M.P.Schützenberger, A remark on finite transducers, Inf.& Control 4 (1961) 185-196

P.H.Starke, On the representability of relations by deterministic and nondeterministic multi-tape automata, in: J.Bečvář (ed.) Proceeding MFCS '75 LNCS 32, Springer-Verlag, Berlin 1975, 114-124

P.H.Starke, Closedness properties and decision problems for finite multi-tape automata, Kybernetika, Praha 12 (1976) 61-75

S.J.Walljasper, Non-Deterministic Automata and Effective Languages, Ph.D.Thesis, Univ.of Iowa, AD-69 2421, 1969

G.Wechsung, Isomorphe Darstellungen der Kleeneschen Algebra der regulären Mengen, Mitt.Math.Ges. DDR, 1973, Nr.2/3, 161-171

Sachverzeichnis

Teubner Studienbücher

Mathematik

Ahlswede/Wegener: **Suchprobleme**
328 Seiten. DM 29,80

Aigner: **Graphentheorie**
269 Seiten. DM 29,80

Ansorge: **Differenzenapproximationen partieller Anfangswertaufgaben**
298 Seiten. DM 29,80 (LAMM)

Behnen/Neuhaus: **Grundkurs Stochastik**
376 Seiten. DM 34,—

Bohl: **Finite Modelle gewöhnlicher Randwertaufgaben**
318 Seiten. DM 29,80 (LAMM)

Böhmer: **Spline-Funktionen**
Theorie und Anwendungen. 340 Seiten. DM 32,—

Bröcker: **Analysis in mehreren Variablen**
einschließlich gewöhnlicher Differentialgleichungen und des Satzes von Stokes
VI, 361 Seiten. DM 32,80

Clegg: **Variationsrechnung**
138 Seiten. DM 18,80

v. Collani: **Optimale Wareneingangskontrolle**
IV, 150 Seiten. DM 29,80

Collatz: **Differentialgleichungen**
Eine Einführung unter besonderer Berücksichtigung der Anwendungen
6. Aufl. 287 Seiten. DM 29,80 (LAMM)

Collatz/Krabs: **Approximationstheorie**
Tschebyscheffsche Approximation mit Anwendungen. 208 Seiten. DM 28,—

Constantinescu: **Distributionen und ihre Anwendung in der Physik**
144 Seiten. DM 21,80

Dinges/Rost: **Prinzipien der Stochastik**
294 Seiten. DM 34,—

Fischer/Sacher: **Einführung in die Algebra**
3. Aufl. 240 Seiten. DM 21,80

Floret: **Maß- und Integrationstheorie**
Eine Einführung. 360 Seiten. DM 32,—

Grigorieff: **Numerik gewöhnlicher Differentialgleichungen**
Band 1: Einschrittverfahren. 202 Seiten. DM 19,80
Band 2: Mehrschrittverfahren. 411 Seiten. DM 32,80

Hainzl: **Mathematik für Naturwissenschaftler**
3. Aufl. 376 Seiten. DM 34,— (LAMM)

Hässig: **Graphentheoretische Methoden des Operations Research**
160 Seiten. DM 26,80 (LAMM)

Hettich/Zencke: **Numerische Methoden der Approximation und semi-infinitiven Optimierung**
232 Seiten. DM 24,80

Preisänderungen vorbehalten

Teubner Studienbücher Fortsetzung

Mathematik

Hilbert: **Grundlagen der Geometrie**
12. Aufl. VII, 271 Seiten. DM 26,80

Jeggle: **Nichtlineare Funktionalanalysis**
Existenz von Lösungen nichtlinearer Gleichungen. 255 Seiten. DM 26,80

Kall: **Analysis für Ökonomen**
238 Seiten. DM 28,80 (LAMM)

Kall: **Mathematische Methoden des Operations Research**
Eine Einführung. 176 Seiten. DM 25,80 (LAMM)

Kohlas: **Stochastische Methoden des Operations Research**
192 Seiten. DM 25,80 (LAMM)

Krabs: **Optimierung und Approximation**
208 Seiten. DM 26,80

Müller: **Darstellungstheorie von endlichen Gruppen**
IX, 211 Seiten. DM 24,80

Rauhut/Schmitz/Zachow: **Spieltheorie**
Eine Einführung in die mathematische Theorie strategischer Spiele
400 Seiten. DM 32,— (LAMM)

Schwarz: **FORTRAN-Programme zur Methode der finiten Elemente**
208 Seiten. DM 23,80

Schwarz: **Methode der finiten Elemente**
2. Aufl. 346 Seiten. DM 36,— (LAMM)

Stiefel: **Einführung in die numerische Mathematik**
5. Aufl. 292 Seiten. DM 29,80 (LAMM)

Stiefel/Fässler: **Gruppentheoretische Methoden und ihre Anwendung**
Eine Einführung mit typischen Beispielen aus Natur- und Ingenieurwissenschaften
256 Seiten. DM 26,80 (LAMM)

Stummel/Hainer: **Praktische Mathematik**
2. Aufl. 368 Seiten. DM 36,—

Topsøe: **Informationstheorie**
Eine Einführung. 88 Seiten. DM 16,80

Uhlmann: **Statistische Qualitätskontrolle**
Eine Einführung. 2. Aufl. 292 Seiten. DM 38,— (LAMM)

Velte: **Direkte Methoden der Variationsrechnung**
Eine Einführung unter Berücksichtigung von Randwertaufgaben bei partiellen
Differentialgleichungen. 198 Seiten. DM 26,80 (LAMM)

Vogt: **Grundkurs Mathematik für Biologen**
224 Seiten. DM 21,80

Walter: **Biomathematik für Mediziner**
2. Aufl. 206 Seiten. DM 22,80

Winkler: **Vorlesungen zur Mathematischen Statistik**
276 Seiten. DM 26,80

Witting: **Mathematische Statistik**
Eine Einführung in Theorie und Methoden. 3. Aufl. 223 Seiten. DM 26,80 (LAMM)

Preisänderungen vorbehalten

Teubner Studienbücher

Informatik

Berstel: Transductions and Context-Free Languages
278 Seiten. DM 38,– (LAMM)

Beth: Verfahren der schnellen Fourier-Transformation
316 Seiten. DM 34,– (LAMM)

Bolch/Akyildiz: **Analyse von Rechensystemen**
Analytische Methoden zur Leistungsbewertung und Leistungsvorhersage
269 Seiten. DM 29,80

Dal Cin: **Fehlertolerante Systeme**
206 Seiten. DM 24,80 (LAMM)

Ehrig et al.: **Universal Theory of Automata**
A Categorical Approach. 240 Seiten. DM 24,80

Giloi: **Principles of Continuous System Simulation**
Analog, Digital and Hybrid Simulation in a Computer Science Perspective
172 Seiten. DM 25,80 (LAMM)

Kandzia/Langmaack: **Informatik: Programmierung**
234 Seiten. DM 24,80 (LAMM)

Kupka/Wilsing: **Dialogsprachen**
168 Seiten. DM 21,80 (LAMM)

Maurer: **Datenstrukturen und Programmierverfahren**
222 Seiten. DM 26,80 (LAMM)

Oberschelp/Wille: **Mathematischer Einführungskurs für Informatiker**
Diskrete Strukturen. 236 Seiten. DM 24,80 (LAMM)

Paul: **Komplexitätstheorie**
247 Seiten. DM 26,80 (LAMM)

Richter: **Betriebssysteme**
Eine Einführung. 152 Seiten. DM 25,80 (LAMM)

Richter: **Logikkalküle**
232 Seiten. DM 24,80 (LAMM)

Schlageter/Stucky: **Datenbanksysteme: Konzepte und Modelle**
2. Aufl. 368 Seiten. DM 32,– (LAMM)

Schnorr: **Rekursive Funktionen und ihre Komplexität**
191 Seiten. DM 25,80 (LAMM)

Spaniol: **Arithmetik in Rechenanlagen**
Logik und Entwurf. 208 Seiten. DM 24,80 (LAMM)

Vollmar: **Algorithmen in Zellularautomaten**
Eine Einführung. 192 Seiten. DM 23,80 (LAMM)

Weck: **Prinzipien und Realisierung von Betriebssystemen**
299 Seiten. DM 32,– (LAMM)

Wirth: **Compilerbau**
Eine Einführung. 3. Aufl. 117 Seiten. DM 17,80 (LAMM)

Wirth: **Systematisches Programmieren**
Eine Einführung. 4. Aufl. 160 Seiten. DM 22,80 (LAMM)

Preisänderungen vorbehalten